Die Bonus-Seite

Ihr Vorteil als Käufer dieses Buches

Auf der Bonus-Webseite zu diesem Buch finden Sie zusätzliche Informationen und Services. Dazu gehört auch ein kostenloser **Testzugang** zur Online-Fassung Ihres Buches. Und der besondere Vorteil: Wenn Sie Ihr **Online-Buch** auch weiterhin nutzen wollen, erhalten Sie den vollen Zugang zum **Vorzugspreis**.

So nutzen Sie Ihren Vorteil

Halten Sie den unten abgedruckten Zugangscode bereit und gehen Sie auf **www.sap-press.de**. Dort finden Sie den Kasten **Die Bonus-Seite für Buchkäufer**. Klicken Sie auf **Zur Bonus-Seite/ Buch registrieren**, und geben Sie Ihren **Zugangscode** ein. Schon stehen Ihnen die Bonus-Angebote zur Verfügung.

Ihr persönlicher Zugangscode   fqs3-hyj6-5rmc-2vdt

Praxishandbuch Gemeinkosten-Controlling mit SAP®

 **PRESS**

SAP PRESS ist eine gemeinschaftliche Initiative von SAP und Galileo Press. Ziel ist es, Anwendern qualifiziertes SAP-Wissen zur Verfügung zu stellen. SAP PRESS vereint das fachliche Know-how der SAP und die verlegerische Kompetenz von Galileo Press. Die Bücher bieten Expertenwissen zu technischen wie auch zu betriebswirtschaftlichen SAP-Themen.

Uwe Brück
Praxishandbuch SAP-Controlling
531 S., 3., aktualisierte Auflage 2009, geb.
ISBN 978-3-8362-1190-1

Martin Munzel, Renata Munzel
Projektcontrolling mit SAP
308 S., 2009, geb.
ISBN 978-3-8362-1334-9

Andrea Hölzlwimmer
Integrierte Werteflüsse mit SAP ERP
487 S., 2009, geb.
ISBN 978-3-8362-1358-5

Oliver Schöb
Ergebnisrechnung mit SAP
396 S., 2009, geb.
ISBN 978-3-8362-1313-4

Martin Kießwetter, Alex Arrenbrecht, Sascha Kertzel
Praxisworkshop BEx-Reporting
306 S., 2009, geb.
ISBN 978-3-8362-1217-5

Aktuelle Angaben zum gesamten SAP PRESS-Programm finden Sie unter *www.sap-press.de*.

Uwe Brück, Alfons Raps

Praxishandbuch
Gemeinkosten-Controlling mit SAP®

Galileo Press

Bonn • Boston

Liebe Leserin, lieber Leser,

vielen Dank, dass Sie sich für ein Buch von SAP PRESS entschieden haben.

Kann das Lesen eines Controllingbuches tatsächlich Spaß machen? Ja, es kann, finde ich. Und ich hoffe, dass Sie mir nach der Lektüre dieses Buches aus vollem Herzen zustimmen werden. Die Autoren dieses Praxishandbuches verstehen es auch in der zweiten Auflage, Ihnen das Gemeinkostencontrolling mit SAP fundiert und verständlich näherzubringen. Uwe Brück und Alfons Raps verfügen zusammengenommen über 60 Jahre Erfahrung im Controlling: An dieser Erfahrung lassen die beiden Sie in diesem Buch teilhaben. Ich bin mir sicher, dass Sie – egal, ob Sie aus der IT-Abteilung oder aus der Fachabteilung kommen – hier wertvolle Informationen finden werden.

Wir freuen uns stets über Lob, aber auch über kritische Anmerkungen, die uns helfen, unsere Bücher zu verbessern. Am Ende dieses Buches finden Sie daher eine Postkarte, mit der Sie uns Ihre Meinung mitteilen können. Als Dankeschön verlosen wir unter den Einsendern regelmäßig Gutscheine für SAP PRESS-Bücher.

Ihre Eva Tripp
Lektorat SAP PRESS

Galileo Press
Rheinwerkallee 4
53227 Bonn

eva.tripp@galileo-press.de
www.sap-press.de

Auf einen Blick

Der Name Galileo Press geht auf den italienischen Mathematiker und Philosophen Galileo Galilei (1564–1642) zurück. Er gilt als Gründungsfigur der neuzeitlichen Wissenschaft und wurde berühmt als Verfechter des modernen, heliozentrischen Weltbilds. Legendär ist sein Ausspruch *Eppur se muove* (Und sie bewegt sich doch). Das Emblem von Galileo Press ist der Jupiter, umkreist von den vier Galileischen Monden. Galilei entdeckte die nach ihm benannten Monde 1610.

Lektorat Eva Tripp
Korrektorat Angelika Glock, Wuppertal
Einbandgestaltung Daniel Kratzke
Titelbild Fotolia
Illustration Peter Butschkow
Typografie und Layout Vera Brauner
Herstellung Iris Warkus
Satz SatzPro, Krefeld
Druck und Bindung Bercker Graphischer Betrieb, Kevelaer

Gerne stehen wir Ihnen mit Rat und Tat zur Seite:
eva.tripp@galileo-press.de bei Fragen und Anmerkungen zum Inhalt des Buches
service@galileo-press.de für versandkostenfreie Bestellungen und Reklamationen
thomas.losch@galileo-press.de für Rezensionsexemplare

Bibliografische Information der Deutschen Nationalbibliothek
Die Deutsche Nationalbibliothek verzeichnet diese Publikation in der Deutschen National-bibliografie; detaillierte bibliografische Daten sind im Internet über *http://dnb.d-nb.de* abrufbar.

ISBN   978-3-8362-1485-8

© Galileo Press, Bonn 2010
2., aktualisierte und erweiterte Auflage 2010

Inhalt

Vorwort

Ich kenne SAP im Prinzip seit den Anfangszeiten dieser Software. Es waren in der praktischen Anwendung erst die R/2-Module, dann R/3 mit all seinen neueren Ausprägungen, die mich über Jahrzehnte in verschiedenen Branchen begleitet haben. Was mich von Beginn an faszinierte, war die Integration, die so umfassend in keinem anderen Softwaresystem gegeben war und ist.

Im innerbetrieblichen Rechnungswesen heißt dies, dass man schnittstellenfrei z. B. auf die Systeme der Finanzbuchhaltung, Materialwirtschaft, der Produktionsplanung und -steuerung und der Vertriebsabwicklung/Fakturierung zugreifen kann, umgekehrt aber auch die Daten des innerbetrieblichen Rechnungswesens für andere Anwendungen bereithält. In diesem Zusammenhang sehe ich auch die Berücksichtigung der Controllinganforderungen, die heute über den Umfang der Kosten- und Ergebnisrechnung weit hinausgehen.

Ein wichtiger Teilaspekt dabei sind die Gemeinkosten, die zwar nicht mehr die Bedeutung wie vor Jahrzehnten haben, trotzdem aber nach wie vor eine wesentliche Zielrichtung der Controllingaktivitäten sind.

Hierzu zählt auch die Entwicklung der Prozesskostenrechnung für eine verursachungsgerechte Kostenzuordnung der indirekten Leistungsbereiche oder der Konzernkostenrechnung mit Verrechnungspreisen ungleich Kosten und den Konsolidierungsanforderungen, beides Aspekte, die im Zeitalter der Internationalisierung und Globalisierung immer wichtiger werden.

Gut an diesem Buch, das Sie soeben aufgeschlagen haben, finde ich insbesondere, dass Softwarelösungen vermittelt werden, die auf betriebswirtschaftlichen Anforderungen und Ansätzen basieren, sodass auch für den Nicht-Controller oder Anfänger die Zusammenhänge leichter verständlich werden.

In diesem Sinne wünsche ich Ihnen, dass Sie beim erstmaligen Lesen dieses Buches zusätzliche Erkenntnisse gewinnen bzw. bei späterem gezieltem Nachschlagen die Beantwortung Ihrer offenen Fragen erhalten.

Thomas Rövekamp
Mitglied des Vorstands, BHS tabletop AG

Kapitel 1

Bestandsaufnahme

»Controller is everyone«. In modernen Unternehmen ist das betriebswirtschaftliche Know-how nicht auf die Bereiche Buchhaltung und Controlling beschränkt. Bei allen Führungskräften sowie Kosten-/Ergebnisverantwortlichen gehören die Methoden und Werkzeuge zur Verrechnung und Analyse von Kosten zum täglichen Handwerkszeug.

1 Grundlagen

1.1 Liebe Leserin, lieber Leser!

Wir freuen uns, Sie bei unserem Buch »Praxishandbuch Gemeinkosten-Controlling mit SAP« begrüßen zu dürfen.

Die Autoren

Wir, das sind Alfons Raps, selbstständiger Unternehmensberater, ehemals geschäftsführender Gesellschafter der Unternehmensberatung Plaut, und Uwe Brück, selbstständiger Unternehmensberater, der sein »Handwerk« bei einem Anwender von SAP-Software, der Hochland AG, gelernt hat. Alfons Raps hat als seitens der Plaut-Gruppe verantwortlicher Betriebswirt die Entwicklung der Abrechnungs- und Controllingfunktionen in den SAP-Systemen RK (R/2) bzw. CO (R/3, ERP) maßgeblich beeinflusst. Von ihm stammen die betriebswirtschaftlichen Beiträge dieses Buches. Uwe Brück hat bei Hochland als Mitarbeiter und bei diversen anderen Unternehmen als Berater Controllingkonzepte erstellt und diese mit SAP ERP, SAP NetWeaver Business Warehouse (BW) und der BI-integrierten Planung von SAP umgesetzt. Er beschreibt in diesem Buch, wie die Controllingstrategien mit SAP-Software umgesetzt werden, und dokumentiert Beispiele aus der Praxis.

In meinem ersten Buch, »Praxishandbuch SAP-Controlling«, habe ich, Uwe Brück, ein produzierendes Unternehmen, die Bäckerei Becker, mit allen Facetten des Controllings mit SAP dargestellt. Dieses Buch umfasst sowohl Gemeinkosten- als auch Produktkosten- und Ergebniscontrolling. Dieser globale Ansatz bedingt, dass für einzelne Funk-

Praxishandbuch SAP-Controlling

tionen des Systems jeweils ausgewählte Ausprägungen dargestellt werden; auf die vollständige Beschreibung von alternativen Einstellungen und Abläufen musste dort verzichtet werden. Außerdem liegt dem »Praxishandbuch SAP-Controlling« ein durchgängiges betriebswirtschaftliches Beispiel aus der Fertigungsindustrie zugrunde; entsprechend eingeschränkt ist die Aussagekraft dieses Werkes für Unternehmen aus anderen Branchen, z. B. Dienstleistung oder Handel.

Gemeinkosten-Controlling mit SAP

Im hier vorliegenden Buch, »Praxishandbuch Gemeinkosten-Controlling mit SAP«, geben wir den Fokus auf eine einzelne Branche auf. Denn Gemeinkosten-Controlling findet in jedem Unternehmen statt, ob in der Fertigungsindustrie, im Handel oder bei einem Dienstleister. Mit diesem Buch sind jetzt alle Unternehmen angesprochen, die Software aus dem Hause SAP im Einsatz haben oder haben werden. Für die einzelnen Funktionen innerhalb der Gemeinkostenrechnung werden unterschiedliche betriebswirtschaftliche Beispiele mit unterschiedlichen Ausprägungen im SAP-System vorgestellt.

Allerdings soll hier, wie auch schon im ersten Buch, durchaus kritisch hinter die Kulissen des Controllings und anderer Bereiche im Unternehmen geblickt werden. Alle Aussagen spiegeln unsere persönliche Meinung und unsere Erfahrung aus 40 bzw. 20 Jahren Industrietätigkeit und Unternehmensberatung wider. Und die Illustrationen von Peter Butschkow entlocken Ihnen, wie wir hoffen, das eine oder andere Schmunzeln.

Neuerungen der 2. Auflage

Für diese zweite Auflage des Buches haben wir alle Systembeispiele an die aktuellen Releases der SAP-Software angepasst (SAP ERP 6.0 und SAP NetWeaver BW 7.0) und das Buch intensiv nach Fehlern durchforstet. In Kapitel 3, »Kostenstellen«, ist in Abschnitt 3.5.6 eine Passage zur Tarifermittlung auf Basis von Kapazitäten hinzugekommen. Kapitel 9, »SAP NetWeaver BW und BI-integrierte Planung«, haben wir komplett neu geschrieben.

Kontakt

Über jede Anregung und Kritik freuen wir uns, nur so kann dieses Buch in einer weiteren Auflage besser werden. Die aktuellen Kontaktmöglichkeiten finden Sie im Internet unter *www.uwebrueck.de*.

Wer sind Sie?

Sie sind in Ihrem Unternehmen Mitarbeiter oder Leiter eines Projekts zur Einführung oder zur Weiterentwicklung des Controllings mit SAP. Sie sind entweder in der IT-Abteilung tätig, und Begriffe wie »relationales Datenbankmodell« oder »Variable vom Typ Integer« sind Ihnen aus der täglichen Praxis geläufig. Oder Sie sind Mitarbeiter aus einer betriebswirtschaftlichen Abteilung (Controlling, Buchhaltung, Rechnungswesen) und wissen ganz selbstverständlich, was der Unterschied ist zwischen »Vollkosten- und Teilkostenrechnung« oder zwischen »Aufwand und Kosten«. Für Sie beide, IT-Spezialisten und Betriebswirte, schreiben wir dieses Buch. Sie beide lernen einiges aus dem Bereich des anderen und vielleicht auch das eine oder andere SAP-Spezifische aus Ihrem eigenen Umfeld dazu. Da Sie als Softwarespezialist vielleicht zum ersten Mal mit betriebswirtschaftlichen Fragestellungen konfrontiert sind oder als Betriebswirt vielleicht erstmals mit einem integrierten IT-System zu tun haben, werden wir in beiden Bereichen Grundlagen vermitteln. Vorkenntnisse sind nicht erforderlich. Sollten wir Sie in manchen Passagen mit Details langweilen, in denen Sie schon Experte sind, blättern Sie einfach weiter, und denken Sie an Ihre Kollegen, denen vielleicht gerade jetzt neue, entscheidende Kenntnisse vermittelt werden.

Controller und IT-Mitarbeiter

Als Student der Betriebswirtschaft oder der Wirtschaftsinformatik streben Sie vielleicht eine Tätigkeit in einem internationalen Konzern an. In diesen Unternehmen, immer häufiger allerdings auch im Mittelstand, werden Sie mit großer Wahrscheinlichkeit Software aus dem Hause SAP im Einsatz finden. Einsatz von SAP-Software, das bedeutet fast immer Einsatz der SAP-Buchhaltung und, fast ebenso oft, Einsatz der SAP-Kostenrechnung. Zusätzlich zu den Grundkenntnissen, die Ihnen in den Vorlesungen über Controlling und Kostenrechnung vermittelt werden, erhalten Sie hier einen Einblick in die Praxis.

Studierende

Als Leiter eines Seminars oder einer Vorlesung an einer Hochschule oder bei einem Schulungsunternehmen suchen Sie nach griffigen Beispielen zur Umsetzung des Gemeinkosten-Controllings in der Praxis. Vielleicht suchen Sie auch nach Ergänzungen Ihres Schulungsprogramms. Hier werden Sie fündig.

Lehrende

Andere
Wissbegierige Sie sind als Manager verantwortlich für die Kosten Ihrer Kostenstellen und wollen endlich verstehen, warum Sie immer mit Kosten belastet werden, die Sie nicht beeinflussen können. Sie sind Mitarbeiter des Vertriebs, der Produktion oder des Einkaufs und wollten immer schon einmal wissen, was der Unterschied ist zwischen Umlage und Leistungsverrechnung bei der Kostenverrechnung von Kostenstelle zu Kostenstelle. Sie wollen Ihr Wissen erweitern und endlich Klarheit bekommen, wie die Begriffe »Kostenstelle«, »Innenauftrag«, »Prozesskostenrechnung«, »Business Warehouse« und andere zu verstehen sind. Sie alle halten das richtige Buch in der Hand.

Ihnen allen wünschen wir viel Spaß beim Lesen und Erfolg bei der Konzeption Ihres Controllings sowie bei der Umsetzung dieser Konzepte mit Software von SAP.

1.2 Betriebswirtschaft »for Beginners«

Zum Verständnis für die Nicht-Betriebswirte unter unseren Lesern erlauben Sie uns eine kleine Einführung in die doppelte Buchführung, wie sie von jeder Finanzbuchhaltung durchgeführt wird. Als Buchhaltungsexperte verzeihen Sie uns bitte die sehr vereinfachte Darstellung.

**Beispiel
Bäckerei Becker** Als Beispiel soll die kleine, mittelständische Bäckerei Becker dienen. Die Firma wird als GmbH geführt. Wie jedes andere Unternehmen auch ist die Bäckerei Becker auf eine funktionierende Buchhaltung angewiesen.

Anfangsbilanz Am Beginn jeder buchhalterischen Tätigkeit steht eine Bestandsaufnahme. So ermittelt unser Herr Becker folgende Vermögenswerte zu Beginn des ersten Jahres seiner Tätigkeit. Die Bestandskonten sind durch Anführungsstriche gekennzeichnet:

- Pkw (Kombi): 20.000 EUR → »Pkw«
- Rührer, Backofen und andere Maschinen: 20.000 EUR → »Maschinen«
- Rohstoffe (Mehl, Zucker etc.): 10.000 EUR → »Rohstoffe«
- Guthaben Girokonto: 5.000 EUR → »Bank«

Außerdem muss bei der Bestandsaufnahme berücksichtigt werden, mit welchen Schulden das Unternehmen belastet ist:

▸ Bankdarlehen, Zins 8 % pro Jahr mit 5 % anfänglicher Tilgung: 30.000 EUR

Als Ergebnis der Bestandsaufnahme entsteht eine erste Bilanz zum 1.1.2009 (siehe Tabelle 1.1). Die Vermögenswerte werden auf der linken Seite als *Aktiva* dargestellt, die rechte Seite zeigt Schulden und Eigenkapital und heißt *Passiva*. Buchhalter sagen statt Aktiva auch Mittelverwendung und statt Passiva Mittelherkunft. Jeder Eintrag der Tabelle stellt ein eigenes Bilanzkonto dar. »Pkw«, »Maschinen«, »Rohstoffe« und »Bank« sind die Kategorien, in denen der Unternehmenswert gebunden ist; sie heißen *Aktivkonten*. Die Konten »Eigenkapital« und »Bankdarlehen« geben an, wie der Unternehmenswert finanziert ist. Diese Konten nennt man *Passivkonten*. Die Summe der Aktiva muss immer exakt mit der Summe der Passiva übereinstimmen. Diese Summe, hier 55.000 EUR, wird *Bilanzsumme* genannt.

In diesem Beispiel ergibt sich das Eigenkapital aus der Differenz von Bilanzsumme und Bankdarlehen mit 25.000 EUR. Das Eigenkapital repräsentiert den Eigenbeitrag unseres Existenzgründers und stellt den buchhalterischen Unternehmenswert dar.

Eigenkapital

Aktiva		Passiva	
Pkw	20.000 EUR	Eigenkapital	25.000 EUR
Maschinen	20.000 EUR	Bankdarlehen	30.000 EUR
Rohstoffe	10.000 EUR		
Bank	5.000 EUR		
Summe	55.000 EUR	Summe	55.000 EUR

Tabelle 1.1 Bilanz zum 1.1.2009

Alle Einnahmen und Ausgaben, die während des Jahres anfallen, werden in der Finanzbuchhaltung festgehalten und in einer monatlichen *Gewinn-und-Verlust-Rechnung*, kurz GuV, dargestellt.

Gewinn-und-Verlust-Rechnung (GuV)

Unser Jungunternehmer backt im ersten Geschäftsjahr Kuchen und Dauergebäck im Wert von 40.000 EUR. Drei Viertel der Produktion werden im gleichen Jahr verkauft. Der Saldo aus Bestandserhöhung durch Produktion (+ 40.000 EUR) und Bestandsverringerung durch

Bestandsveränderung

Verkauf (–30.000 EUR) ist 10.000 EUR. Dieser Saldo wird als Bestandsveränderung in der GuV ausgewiesen.

Erlös und Gesamtleistung

Für die verkauften Produkte erzielt das Unternehmen einen Erlös von 60.000 EUR. Die Summe aus Erlösen und Bestandsveränderungen nennt der Buchhalter *Gesamtleistung*.

Aufwand

Im Laufe des Jahres entsteht Aufwand in der Bäckerei. Die Aufwandskonten der Buchhaltung sind im Folgenden in Anführungsstrichen angegeben:

- Verbrauch von Rohstoffen: 12.000 EUR → »Materialaufwand«
- Gehalt für Unternehmer: 30.000 EUR → »Personalaufwand«
- Lohn für Aushilfe: 10.000 EUR → »Personalaufwand«
- Abschreibung für Pkw und Maschinen, vier Jahre linear: 2 × 5.000 EUR → »Abschreibungen«
- Energie und Sonstiges: 2.000 EUR → »Energie und Sonstiges«
- Zinsen für Bankdarlehen: 2.400 EUR → »Zinsaufwand«

GuV

Aus den Erlösen, Bestandsveränderungen und Aufwänden entsteht die Gewinn-und-Verlust-Rechnung für das Jahr 2009 (siehe Tabelle 1.2). Das Ergebnis oder auch der Gewinn dieses Jahres wird hier mit 3.600 EUR ausgewiesen.

GuV 1–12.2009	
Erlös	+ 60.000 EUR
Bestandsveränderungen	+ 10.000 EUR
Gesamtleistung	+ 70.000 EUR
Materialaufwand	– 12.000 EUR
Personalaufwand	– 40.000 EUR
Abschreibungen	– 10.000 EUR
Energie und Sonstiges	– 2.000 EUR
Zinsaufwand	– 2.400 EUR
Gewinn	+ 3.600 EUR

Tabelle 1.2 Gewinn-und-Verlust-Rechnung

Doppelte Buchführung

Es ist ein Grundsatz der doppelten Buchführung, dass jede Buchung zweimal ausgeführt wird. Die Buchung in der GuV wird gleichzeitig auf einem entsprechenden Konto der Bilanz ausgewiesen. »Was soll das?«, werden Sie fragen. »Wenn ich Geld ausgegeben habe und das einmal sauber aufschreibe, muss das doch reichen!« Nein, das reicht in der doppelten Buchführung nicht. Dafür gibt es drei Gründe:

1. Ein historischer Grund

Die doppelte Buchführung wurde im Mittelalter von italienischen Kaufleuten erfunden. Damals gab es noch keine Computer; alle Aufzeichnungen und Berechnungen mussten von Hand vorgenommen werden. Wenn jeder Vorgang unter verschiedenen Aspekten zweimal gebucht wurde, konnten die Berechnungen in beiden Aufzeichnungen abgestimmt werden. Nur so konnte man Fehler finden. Heute gibt es Computer, und die machen keine Fehler beim Rechnen. Trotzdem ist die doppelte Buchführung bis heute internationaler Standard. Also muss es noch andere Gründe geben.

2. Ein praktischer Grund

Wenn Sie jeden Vorgang gleichzeitig in der GuV und in der Bilanz buchen, dann wissen Sie zu jeder Zeit, über welche Ressourcen Sie verfügen (Bilanz) und welchen Weg Sie bereits bewältigt haben (GuV). Vergleichen könnte man das vielleicht mit einem Auto: Wenn Sie von München nach Hamburg fahren, fühlen Sie sich nur dann wohl, wenn Sie zuverlässig zu jedem Zeitpunkt den Stand Ihrer Tankfüllung kennen (Bilanz) und wissen, wie weit Sie schon gefahren sind (GuV). Natürlich kämen Sie auch ans Ziel, wenn Sie nur einen Kilometerzähler hätten und alle 200 km anhalten würden, um mit einer Sonde zu prüfen, wie viel Benzin noch im Tank ist. Das entspräche einer Buchhaltung, die laufend Aufwand und Ertrag bucht und einmal am Ende des Jahres eine Bestandsaufnahme macht. Moderne Autos verfügen allerdings über einen Kilometerzähler *und* eine Tankanzeige, die gleichzeitig und zeitnah die richtigen Werte liefern. Und genauso ist es bei einer modernen Buchhaltung auch. Bilanz und GuV werden gleichzeitig fortgeschrieben.

3. Der wahre Grund

Die doppelte Buchführung mit Buchung und Gegenbuchung ist, wie sie ist. Punkt.

Betrachten wir die Gegenbuchungen im Einzelnen:

Gegenbuchungen
in der Bilanz

▶ Durch die Lieferung von Waren gewähren wir den Kunden einen Kredit, bis die Rechnung bezahlt ist. Der »Erlös« aus der GuV erzeugt in der Bilanz einen offenen Posten für »Forderungen aus Lieferungen und Leistungen«, kurz »Ford. aLuL«.

▶ Für die produzierten Waren werden »Bestandsveränderungen« in der GuV gebucht. Gleichzeitig erhöht sich der Wert des Bestandskontos »Fertigprodukte« in der Bilanz. Die Lieferung an Kunden reduziert den Wert der Fertigprodukte in der Bilanz und wird – wie die Produktion – gleichzeitig in der GuV als Bestandsveränderung gebucht.

▶ Der »Materialaufwand« (GuV) verringert den Bestand des Kontos »Rohstoffe« (Bilanz).

▶ Die »Abschreibungen« (GuV) verringern die Werte der Sachanlagenkonten »Pkw« und »Maschinen« (beide Bilanz).

▶ »Energie und Sonstiges«, »Zinsaufwand« und »Personalaufwand« (alle GuV) werden gegen das Konto »Bank« (Bilanz) gebucht.

Bilanzbuchungen Nicht alle betriebswirtschaftlichen Vorgänge sind in der GuV sichtbar. Folgende Vorgänge werden beispielsweise mit jeweils zwei Bilanzkonten gebucht, und zwar ohne Beteiligung der GuV:

▶ Das Unternehmen tilgt 5 % des Darlehens, also 1.500 EUR. Die Tilgung wird innerhalb der Bilanz auf den Konten »Bank« (Aktiva) und »Bankdarlehen« (Passiva) gebucht. Beide Konten weisen jetzt einen niedrigeren Saldo aus.

▶ Außerdem hat der Betrieb für 10.000 EUR Rohmaterial eingekauft. Dadurch entsteht eine Schuld dem Lieferanten gegenüber in gleicher Höhe. Die entsprechende Buchung betrifft das Aktivkonto »Rohstoffe« sowie das Passivkonto »Verbindlichkeiten aus Lieferungen und Leistungen« (kurz »Verb. aLuL«).

▶ Ein Teil der Rechnungen an Kunden wird durch Zahlung ausgeglichen. Im Beispiel gehen 50.000 EUR im Jahr 2009 auf dem Bankkonto ein. Dadurch verringert sich der Wert des Kontos »Forderungen aus Lieferungen und Leistungen« und erhöht sich mit gleichem Betrag das Bankguthaben. Am Ende des Jahres bleiben unbezahlte Rechnungen an Kunden mit einem Betrag von 10.000 EUR auf dem Konto »Ford. aLuL« stehen.

▶ Zuletzt wird die Hälfte des angelieferten Rohmaterials bezahlt. Die Schuld im Konto »Verbindlichkeiten aus Lieferungen und Leistungen« verringert sich um 5.000 EUR. Entsprechend verringert sich das Guthaben auf dem Konto »Bank«.

Aus der Anfangsbilanz, den Buchungen der GuV und den Buchungen innerhalb der Bilanz, ergibt sich die Schlussbilanz zum 31.12.2009 (siehe Tabelle 1.3).

Schlussbilanz

Aktiva		Passiva	
Pkw	15.000 EUR	Eigenkapital	35.600 EUR
Maschinen	15.000 EUR	Verb. aLuL	5.000 EUR
Fertigprodukte	10.000 EUR	Bankdarlehen	28.500 EUR
Rohstoffe	15.000 EUR		
Ford. aLuL	10.000 EUR		
Bank	4.100 EUR		
Summe	69.100 EUR	Summe	69.100 EUR

Tabelle 1.3 Bilanz zum 31.12.2009

Die einzelnen Buchungen auf dem Konto »Bank« sind zusammengefasst in Tabelle 1.4 zu sehen.

Bankkonto

Bankguthaben	
Anfangsbestand am 1.1.2009	+ 5.000 EUR
Energie und Sonstiges	– 2.000 EUR
Lohn und Gehalt	– 40.000 EUR
Zins für Darlehen	– 2.400 EUR
Tilgungen für Darlehen	– 1.500 EUR
Zahlungseingang von Kunden	+ 50.000 EUR
Zahlungsausgang an Lieferanten	– 5.000 EUR
Endbestand am 31.12.2009	+ 4.100 EUR

Tabelle 1.4 Buchungen auf dem Konto »Bank«

Die Veränderung des Eigenkapitals von 25.000 EUR auf 35.600 EUR, also eine Steigerung um 10.600 EUR, stimmt exakt mit dem Ergebnis überein, das die GuV ausweist. Das ist kein Zufall. Ein ordentlicher Buchhalter bildet das Eigenkapital nicht als Saldo von Bilanzsumme und Verbindlichkeiten ab, wie bei der Anfangsbilanz angedeutet. Stattdessen bucht der Buchhalter den Gewinn auf dem sogenannten *Schlussbilanzkonto* der GuV gegen die Position »Eigenkapital« in der Bilanz.

Betriebswirt-
schaftliche
Steuerung durch
das Controlling

Für den Kleinunternehmer im angeführten Beispiel reicht die zeit-
nahe Erstellung einer GuV und einer Bilanz für die Steuerung seines
Betriebs sicherlich aus. Bei einer Betriebsgröße von fünfzig, hundert
oder gar Tausenden von Mitarbeitern, mit verschiedenen Produktlinien und verschiedenen Kundengruppen, werden detailliertere
Analysen notwendig. Dazu reicht die Buchhaltung nicht aus, denn sie
kann die folgenden Fragen nicht beantworten:

1. Wie kann ich die Kosten einzelnen Bereichen und Produkten im
   Unternehmen zuordnen, d.h., welche Kosten entstehen pro Artikel und Kunde?

2. Wie kann ich Erlöse, Kosten und Gewinne meinen Kunden und
   Kundengruppen sowie meinen Produkten und Produktgruppen
   zuordnen, d.h., welchen Gewinn erwirtschafte ich mit welchem
   Artikel und welchem Kunden?

3. Und ganz wichtig: Wie kann ich planen, welche Erlöse, welche
   Kosten und welche Gewinne eintreffen werden – möglichst,
   solange ich noch reagieren kann?

Gemeinkosten-,
Produktkosten-
und Ergebnis-
rechnung

Diese Fragen beantwortet das Controlling in seinen verschiedenen
komplexen Teilgebieten. Die Kosten der einzelnen Kostenstellen und
Bereiche des Unternehmens werden mit der *Gemeinkostenrechnung*
ermittelt. Die Gemeinkosten sind die Kosten, die nicht direkt
bestimmten Produkten oder Ergebnisobjekten, also Kunden, Ländern, Marken etc., zugeordnet werden können. Die Analyse der Kosten für die Produkte im Plan und im Ist erfolgt in der *Produktkostenrechnung*. Für die Gliederung des Gewinns nach sogenannten
Ergebnisobjekten, d.h. Kunden, Kundengruppen, Ländern, Produkten,
Produktgruppen, Marken, dient die *Ergebnisrechnung*.

GuV im wahren
Leben

Wie sieht die GuV bei einem echten Unternehmen aus? Mit dem
Blick auf reale Gewinn-und-Verlust-Rechnungen möchten wir Ihnen
ein Gefühl dafür vermitteln, was mit dem Begriff *Gemeinkosten*
gemeint ist. Werfen wir einen Blick auf die GuV von drei großen
deutschen Unternehmen: Metro, BMW und Deutsche Bank. Damit
beleuchten wir drei ganz unterschiedliche Branchen mit unterschiedlichen Strukturen in den Kosten: Handel, Industrie und Finanzdienstleistung. Sie werden sehen, welche Bedeutung die Gemeinkosten in
jedem Unternehmen haben. Die wirksame Steuerung der Gemeinkosten ist in allen Branchen unverzichtbar.

Als erstes Beispiel betrachten wir die GuV der Metro AG (siehe Tabelle 1.5).

Beispiel Metro

Umsatzerlöse	+51.526
Einstandskosten der verkauften Waren	−40.126
Sonstige betriebliche Erträge	+1.532
Vertriebskosten	−10.377
Allgemeine Verwaltungskosten	−1.013
Sonstige betriebliche Aufwendungen	−115
Aufwendungen gesamt	−50.099
Betriebliches Ergebnis	+1.427

Tabelle 1.5 GuV Metro (alle Angaben in Mio. EUR)

Sie sind sicher nicht überrascht, dass der größte Kostenblock bei Metro mit 40.126 Mio. EUR auf »Einstandskosten der verkauften Waren« entfällt. Diese Kosten repräsentieren 80 % des Gesamtaufwands und sind ein typisches Beispiel dafür, was Gemeinkosten *nicht* sind. Die Einstandskosten für verkaufte Waren sind das Gegenteil von Gemeinkosten, nämlich *Einzelkosten*. Sie können den verkauften Waren exakt zugeordnet werden; die Verantwortlichkeit im Unternehmen liegt unzweifelhaft beim Einkauf. Eine Verrechnung und Analyse der Kosten mit den Werkzeugen des Gemeinkosten-Controllings erübrigen sich. Die Zuordnung bzw. das Controlling dieser Kosten erfolgt mit Kalkulation und Ergebnisrechnung.

Einstandskosten

Hinter der Position »Sonstige betriebliche Erträge« verbergen sich u.a. Mieteinnahmen, Werbeleistungen, Dienstleistungen bzw. Kostenerstattungen, Kontor-Vertriebslinienvergütungen und Erträge aus Bauleistungen. Die größten Positionen bei »Sonstige betriebliche Aufwendungen« sind Aufwendungen für Bauleistungen und Verluste aus Abgängen des Anlagevermögens. Bei den Mieteinnahmen sowie den Erträgen und Aufwendungen für Bauleistungen handelt es sich um Positionen, die nicht dem eigentlichen Betriebszweck der Metro zuzuordnen sind – Metro ist kein Bau-, sondern ein Handelskonzern. Wir finden hier ebenfalls keine Gemeinkosten. Die Erträge aus Werbeleistungen, Dienstleistungen und Vergütungen haben ihren Ursprung bei den Lieferanten der verkauften Waren. Die Konsumgüterindustrie unterstützt mit diesen Zahlungen den Verkauf ihrer Waren. Bei diesen Leistungen handelt es sich offensichtlich nicht um

Kosten (also auch nicht um Gemeinkosten). Stattdessen würden bei einer detaillierten Zuordnung dieser Beträge zu verkauften Produkten die Einstandskosten der verkauften Waren reduziert.

Vertriebs- und Verwaltungskosten

Die Vertriebskosten mit 10.377 Mio. EUR und die allgemeinen Verwaltungskosten mit 1.013 Mio. EUR repräsentieren die Gemeinkosten der Metro AG. In der Buchhaltung sind für diese Kosten Analysen nach Sachkonten möglich, also nach Begriffen wie Aufwand für Personal, Abschreibungen, Büromaterial etc.

Zusätzlich zu diesen Informationen fordern die Controller jedoch detailliertere Auswertungen zu den Gemeinkosten. Im Gemeinkosten-Controlling werden die verantwortlichen Stellen und Projekte im Unternehmen identifiziert und bei der Buchung mit erfasst. Leistungen, die eine Kostenstelle innerhalb des Unternehmens für andere Bereiche erbringt, werden dargestellt. Nach diversen Verrechnungen, eventuell unter Einbeziehung der Prozesskosten, kann der Controller vorschlagen, wie die Kosten für Vertrieb und Verwaltung den verkauften Produkten oder Vertriebsschienen zuzuordnen sind.

Die Vertriebs- und Verwaltungskosten repräsentieren »nur« 20 % der gesamten Aufwendungen (19 % Vertriebs-, 1 % Verwaltungskosten). Lohnt sich der zusätzliche Aufwand, der im Gemeinkosten-Controlling betrieben wird? Wir glauben: Ja! Die Beschaffungsmärkte werden für die Einzelhändler zunehmend transparenter. Besonders in Deutschland sind einzelne Artikel und Marken innerhalb einer Produktgruppe fast beliebig austauschbar. Eine Differenzierung auf der Seite des Einkaufs ist kaum möglich. Umso wichtiger ist im Handel die wirksame Steuerung der Gemeinkosten. Nur so kann der entscheidende Zehntel-Prozentpunkt in der Umsatzrendite gegenüber der Konkurrenz erwirtschaftet werden.

Beispiel BMW

Als nächstes Beispiel betrachten wir ein führendes Industrieunternehmen, die BMW AG (siehe Tabelle 1.6).

Umsatzerlöse	+ 35.315
Herstellkosten der zur Erzielung der Umsatzerlöse erbrachten Leistungen	– 32.058
Vertriebskosten	– 2.365
Allgemeine Verwaltungskosten	– 558

Tabelle 1.6 GuV BMW (alle Angaben in Mio. EUR)

Sonstige betriebliche Erträge und Aufwendungen	+ 51
Aufwendungen gesamt	– 34.930
Betriebliches Ergebnis	+ 385

Tabelle 1.6 GuV BMW (alle Angaben in Mio. EUR) (Forts.)

Statt »Einstandskosten der verkauften Waren« wie bei Metro lautet die zweite Position in der GuV von BMW »Herstellkosten der zur Erzielung der Umsatzerlöse erbrachten Leistungen«. Diese Position repräsentiert 92 % der gesamten Aufwendungen und ist damit für BMW noch bedeutender als die vergleichbare Zeile »Einstandskosten« bei Metro. Was verbirgt sich hinter »Herstellkosten«? BMW kauft Komponenten von Automobilzulieferern. Aus diesen Komponenten und Teilen aus der eigenen Fertigung werden Kraftfahrzeuge hergestellt. In den Herstellkosten sind die Kosten für die zugekauften Teile, die Kosten der eigenen Fertigung und die der Endmontage zusammengefasst.

Herstellkosten

Die Kosten für die zugekauften Teile sind wie die eingekauften Waren bei Metro keine Gemeinkosten, sondern Einzelkosten. Aus Stücklisten und Verwendungsnachweisen kann BMW genau ableiten, welches Teil in welchem Fahrzeug verbaut wurde. Die Einstandskosten sind ebenfalls bekannt und können so exakt den einzelnen Produkten zugeordnet werden.

Für die eigene Fertigung und die Endmontage fallen Gemeinkosten an, z.B. für Personal, Abschreibungen, Energie und Instandhaltung der Maschinen. Die Kosten der Fertigung lassen sich, anders als die Kosten des Vertriebs und der Verwaltung, sehr genau den hergestellten Produkten zuordnen. Deshalb wird hier der Begriff »unechte« Gemeinkosten benutzt. Auch unechte Gemeinkosten sind Gemeinkosten; dementsprechend werden wir uns in diesem Buch auch mit den Kosten der Fertigung beschäftigen.

Fertigung

Die Struktur der weiteren Positionen »Vertriebskosten«, »Allgemeine Verwaltungskosten« und »Sonstige betriebliche Erträge und Aufwendungen« kennen Sie bereits aus dem vorigen Abschnitt.

Als drittes und letztes Beispiel beleuchten wir einen Finanzdienstleister, die Deutsche Bank AG.

Beispiel Deutsche Bank

Hier finden wir ein wahres Eldorado für den Gemeinkosten-Controller. Die »Zinsunabhängigen Aufwendungen« in Höhe von 20.907 Mio. EUR repräsentieren zu 100 % Gemeinkosten. In diesem Unternehmen werden keine Waren hergestellt oder verkauft. Dem »Produkt« Finanzdienstleistung können die anfallenden Kosten nur auf Umwegen zugeordnet werden, eben mit einer funktionierenden Gemeinkostenrechnung bzw. der Prozesskostenrechnung.

Zinserträge	+ 35.781
Zinsaufwendungen	− 28.595
Risikovorsorge im Kreditgeschäft	− 2.091
Zinsunabhängige Erträge	+ 19.361
Erträge gesamt	+ 24.456
Personalaufwand	− 11.358
Mieten und Unterhaltskosten für Gebäude	− 1.291
Betriebs- und Geschäftsausstattung	− 230
EDV-Aufwendungen	− 2.188
Aufwendungen für Beratungsleistungen	− 761
Kommunikation und Datenadministration	− 792
Aufwendungen im Versicherungsgeschäft	− 759
Sonstige Aufwendungen	− 2.883
Abschreibungen auf Goodwill	− 62
Restrukturierungsaufwand	− 583
Zinsunabhängige Aufwendungen	+ 20.907
Ergebnis vor Steuern	+ 3.549

Tabelle 1.7 GuV Deutsche Bank aus dem Jahre 2002 (alle Angaben in Mio. EUR)

Zusammenfassung *Gemeinkosten* sind das Gegenteil von *Einzelkosten*. Einzelkosten lassen sich den Produkten oder Dienstleistungen eines Unternehmens direkt zuordnen, die Gemeinkosten dagegen nicht.

Gemeinkosten sind Kosten der Verwaltung und des Vertriebs. Der Anteil dieser Gemeinkosten an den gesamten Kosten eines Unternehmens schwankt von Branche zu Branche erheblich. Anteile von 100 % bei Dienstleistern und 20 % bei Händlern sind typische Werte.

Bei Fertigungsunternehmen kommen zu den Gemeinkosten der Verwaltung und des Vertriebs die der Fertigung hinzu. Bei den Gemeinkosten der Fertigung unterscheiden wir die *echten Gemeinkosten*, z. B.

für die Abschreibung von Maschinen und Gebäuden, und die *unechten Gemeinkosten*, z. B. für Personal und Energie in der Produktion. Die unechten Gemeinkosten lassen sich durch Stundenaufschreibungen und Energieverbrauchsmessungen den Produkten fast so genau zuordnen wie die Einzelkosten.

Beschaffungs- und Absatzmärkte werden immer transparenter. Die Differenzierung der Unternehmen durch Reduzierung der Produktionskosten wird mit der Austauschbarkeit der Technik immer schwieriger. In allen Branchen gewinnt deshalb die wirksame Steuerung der Gemeinkosten immer mehr an Bedeutung.

1.3 Internes Rechnungswesen und Controlling

Internes Rechnungswesen und Controlling sind nicht synonym zu sehen; sie sind aber im Rahmen eines umfassenden Planungs-, Abrechnungs- und Steuerungssystems eng miteinander verknüpft.

1.3.1 Internes Rechnungswesen

Das *interne Rechnungswesen* beschäftigt sich primär mit der Abrechnung der *Istkosten* und *Istleistungen*. Abrechnung heißt aber nicht, dass nur diese verarbeitet und aufgezeigt werden. Die Abrechnung läuft bereits seit Jahrzehnten so ab, dass den *Istdaten* (Mengen und Werten) entsprechende *Plan-* bzw. *Solldaten* gegenübergestellt und die Abweichungen, getrennt nach Abweichungsarten, ausgewiesen werden. Dabei ist der Begriff der Sollwerte noch erläuterungsbedürftig:

Istkosten und Istleistungen

Die Planwerte werden, was die Monatswerte anbelangt, üblicherweise als Jahreszwölftel, gegebenenfalls unter Berücksichtigung von Saisonkurven, festgelegt.

Selbst wenn man saisonale Einflüsse berücksichtigt – dazu zählt beispielsweise für die variablen Kostenstellenkosten auch die zwischen 18 und 23 Arbeitstagen pro Monat schwankende Anzahl der Arbeitstage –, kann zum Planungszeitpunkt, Monate vor dem tatsächlichen Abrechnungszeitraum, keine definitive Aussage über die wirklich zu erwartende Istleistung gemacht werden. Deswegen werden die differenzierten Planwerte im Rahmen der monatlichen Abrechnung entsprechend der effektiven Istleistung der Abrechnungsperiode zu Sollmengen und Sollkosten umgerechnet und dann den Istdaten

gegenübergestellt. Dafür zwei praktische Beispiele aus der Kosten-
stellen- und Kostenträgerrechnung:

Beispiel 1: Kostenstellenrechnung

Fertigungsstelle 1

Planbeschäftigung: 100 Std.

Istbeschäftigung: 120 Std.

Kostenart: Hilfsstoffe, Material 1, variabel geplant mit einem Verbrauch
von 5 kg/Std.

Planverbrauch

100 Std. × 5 kg/Std. = 500 kg

Sollverbrauch

120 Std. × 5 kg/Std. = 600 kg

Beispiel 2: Kostenträgerrechnung

Fertigungsauftrag X

Plan: 1.000 Stück

Ist: 900 Stück

Vorgabewert für die Produktion: 0,1 Std./Stück

Plan AVOR[1] 10 auf KST[2] 1

1.000 Stück × 0,1 Std./Stück = 100 Std.

Soll AVOR 10 auf KST 1

900 St. × 0,1 Std./Stück = 90 Std.

Für beide Beispiele gilt: Der Plan wird an die aktuelle Istsituation
angepasst. In Beispiel 1 wird bei den Hilfsstoffen der Plan von 500 kg
auf ein Soll von 600 kg angehoben. In Beispiel 2 hingegen wird beim
Fertigungsauftrag der Planzeitverbrauch von 100 auf einen Sollwert
von 90 Stunden gesenkt.

Damit wird mithilfe des Softwaresystems aus dem Plan ein an die
aktuelle Situation angepasstes und damit korrektes Soll ermittelt,
dem die effektiven Verbräuche gegenübergestellt werden können. In
der Kostenstellenrechnung bedeutet dies, dass als Monatssollwert
nicht das Plan-Jahreszwölftel, sondern ein der tatsächlichen Istbeschäftigung entsprechendes Soll vorgegeben wird. Analog werden in
den übrigen Teilbereichen des internen Rechnungswesens der Istleistung entsprechende Sollwerte ermittelt.

---

1 AVOR: Arbeitsvorgang
2 KST: Kostenstelle

Diese Zusammenhänge mit der Differenzierung nach Plan, Soll und Ist sind für die drei Hauptkomplexe des internen Rechnungswesens schematisch dargestellt (siehe Abbildung 1.1).

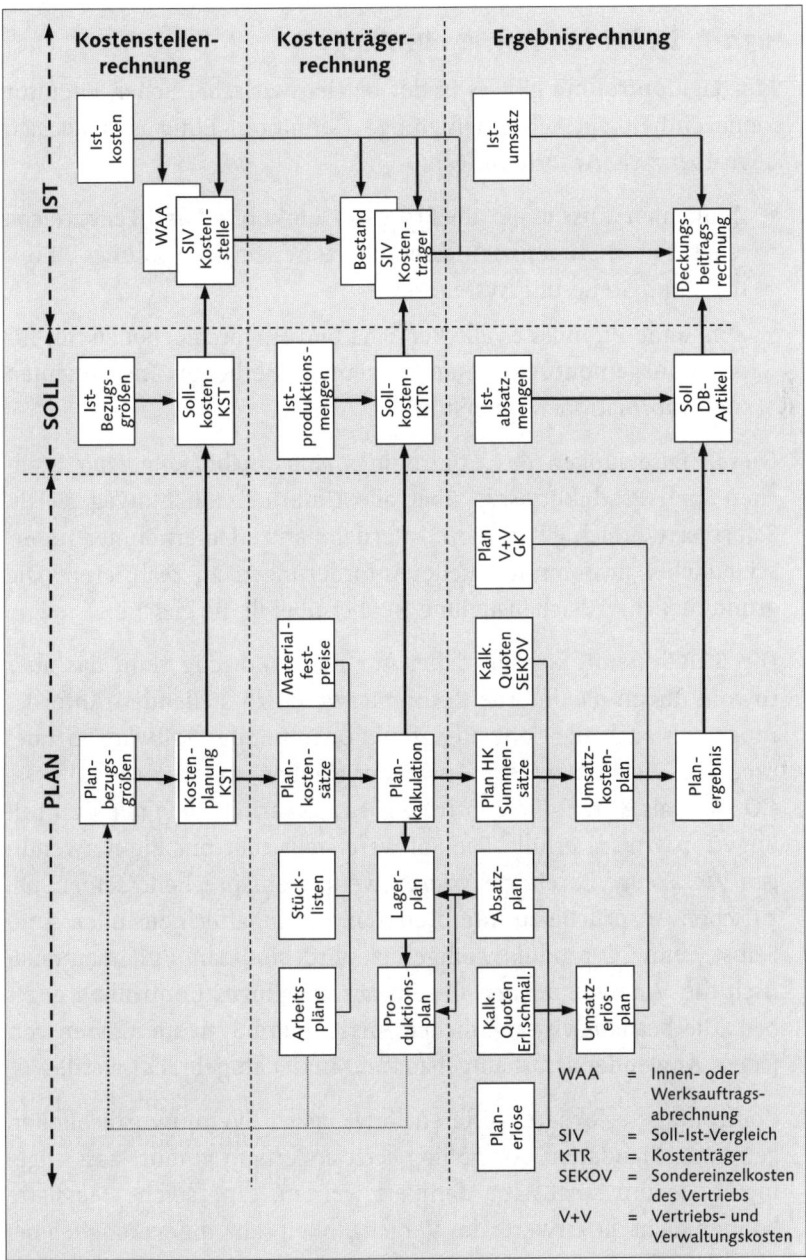

Abbildung 1.1 Datenfluss einer am Controlling orientierten Kosten- und Leistungsrechnung im Industriebetrieb

Dieses Schema gilt, was die Kostenstellenrechnung anbelangt, für Industrie-, Handels- und Dienstleistungsunternehmen gleichermaßen.

1.3.2 Definition von »Controlling«

Ziele des Controllings

Für das Controlling gibt es in der betriebswirtschaftlichen Literatur keine einheitliche, allgemeingültige Definition. Einig ist man sich aber über zwei Anforderungen:

▶ Zum einen muss es ein alle Prozesse, Funktionen und Teilbereiche eines Unternehmens umfassendes Zielsetzungs-, Planungs-, Kontroll- und Steuerungssystem sein.

▶ Zum anderen muss es alle Bereiche und Hierarchieebenen mit für das Management relevanten Konzepten, Methoden, Instrumenten und Informationen unterstützen.

Diese Zielsetzungen des Controllings sind unabhängig vom Branchen- und Produktionstyp über alle Unternehmen hinweg gleich. Selbstverständlich gilt es, von Unternehmen zu Unternehmen unterschiedliche, firmenindividuelle Anforderungen zu realisieren. Die grundsätzliche Weichenstellung ist aber überall die gleiche.

Die SAP-Software CO

Die SAP-Systeme können dabei nur das Werkzeug sein, das aber sowohl die an das interne Rechnungswesen zu stellenden Anforderungen als auch alle Controllingfunktionen mit der Software abzudecken hat. Viele potenzielle Anwender glauben, dass das Modul CO – CO steht als Kürzel für Controlling – automatisch auch alle Controllingerfordernisse erfüllt. Die Software stellt aber nur die notwendigen Werkzeuge bereit, die vom Anwender entsprechend seiner spezifischen Ansprüche zu interpretieren und inhaltlich zu füllen sind. Selbst wenn CO produktiv eingesetzt wird, sind damit nicht automatisch die Voraussetzungen für ein aussagefähiges Controlling gegeben. Die betriebswirtschaftlichen Ansätze und Systeme müssen von jedem Anwender selbst aufgebaut und in CO eingebracht werden.

Voraussetzungen für das Controlling

Controlling erfordert differenzierte, nach Verantwortlichkeiten getrennte Plandaten. Controlling setzt außerdem voraus, dass allgemeine Leistungsmaßstäbe definiert werden. Eine solche Messlatte können nicht die Istwerte der Vergangenheit sein, die womöglich bei anderen Absatz-/Umsatzdaten, einer anderen Beschäftigung und unter anderen Voraussetzungen entstanden sind. Als Maßstab können nur geplante, über alle Teilbereiche eines Unternehmens abge-stimmte Mengen und Werte zugrunde gelegt werden. Planung ist das Ergebnis quantifizierter Ergebnisziele für alle Teilbereiche und Funktionen eines Unternehmens, und zwar differenziert – was sehr wichtig ist – nach Verantwortlichkeiten.

Überwacht werden diese Plandaten, indem ihnen ständig (laufend und/oder periodisch) die entsprechenden Istdaten gegenübergestellt werden.

Aufgrund der Abweichungen dieser Istdaten von den Plan-/Sollmengen und -werten sind adäquate Gegensteuerungsmaßnahmen in die Wege zu leiten. Da für die Abweichungen unterschiedliche Verantwortlichkeiten bestehen, sind sie nach Preis- und den verschiedenen Mengenabweichungen zu differenzieren. Die Preisabweichungen entstehen – außer im Vertrieb – in vorgelagerten Arbeitsgebieten, können also vom Leistungsempfänger nicht oder nur bedingt direkt beeinflusst werden. Die Mengenabweichungen hingegen haben, insbesondere in der Kostenträger- und Ergebnisrechnung, doch vom Produktionsverantwortlichen zu beeinflussende, unterschiedliche Ursachen. Deshalb sind sie in diesen Arbeitsgebieten nach ihrer Art – in der Kostenträgerrechnung beispielsweise nach Losgrößen-, Verfahrens- und tatsächlichen Mengenabweichungen – zu differenzieren und zu verfolgen.

Abweichungen zwischen Plan, Soll und Ist

Die SAP-Systeme genügen der Forderung, in allen Teilbereichen des internen Rechnungswesens diese Abweichungen, getrennt nach Ursachen, zu ermitteln und auszuweisen. Dabei besteht die Möglichkeit, in Grafikauswertungen relevante Abweichungen optisch aufzuzeigen und damit erforderlichen Handlungsbedarf zu signalisieren (z. B. mit Ampelfunktionen). Ob man diese Abweichungen im Verhältnis der Planwerte in nachgelagerte Arbeitsgebiete, also z. B. von der Kostenstellen- in die Kostenträger- und Ergebnisrechnung, weiterverrechnet, ist anwenderindividuell festzulegen.

Grundsätzlich gilt, dass Abweichungen nur dort beeinflusst werden können, wo sie tatsächlich anfallen. In der Praxis der industriellen Serienfertigung muss im Controlling diesen Abweichungen im Einzelnen nachgegangen werden. Sie sind ein wichtiger Bestandteil des Reportings; man übernimmt sie getrennt nach Abweichungsarten in die Bereichs- und Gesamtergebnisrechnungen.

Serienfertigung versus Einzelfertigung

Anders muss beim Einzelfertiger (Anlagenbau etc.) vorgegangen werden. Dort müssen die Istkosten – selbstverständlich getrennt nach Soll und Abweichungen – dem einzelnen Auftrag bzw. Projekt und Kunden zugeordnet werden. Ein Vergleich des Nettoerlöses mit den entsprechenden Standardkosten, also ohne anteilige Abweichungen, könnte verheerende Folgen haben.

An sich sollte sich dieses Kapitel mehr mit grundsätzlichen Ausführungen zum Controlling beschäftigen. Aber die Abweichungen, untergliedert nach Abweichungsarten, sind – wenn man das Ist gegen entsprechende Plan-/Solldaten laufen lässt – ein wesentliches Steuerungskriterium des Controllings. Deshalb wurde im Rahmen des hier vorliegenden Kapitels 1, »Grundlagen«, auf dieses Thema etwas ausführlicher eingegangen, auch wenn die Abweichungen mehr die Kostenträger- und Ergebnisrechnung als die Gemeinkostenseite betreffen.

Differenzierung der Kosten in variable und fixe Bestandteile

Eine weitere wesentliche Voraussetzung für die Durchführung des Controllings ist die Unterteilung der Kosten in *variable*[3] und *fixe* Bestandteile. Dies betrifft insbesondere die Gemeinkosten der Kostenstellenrechnung, die für den Fertigungsbereich via Kostensatz auf die Kostenträger übernommen werden. Die Einzelkosten wie Fertigungsmaterial oder Sondereinzelkosten des Vertriebs sind als voll variabel einzustufen, sodass hier eine Unterteilung nicht notwendig ist.

Warum ist diese Auflösung der Plankosten in ihre variablen und fixen Bestandteile so wichtig? Diese Differenzierung ist deshalb so zentral, weil sie alle Teilgebiete des innerbetrieblichen Rechnungswesens betrifft.

▶ Will man einen *Soll-Istkosten-Vergleich* in der Kostenstellenrechnung erstellen – d.h. den Istkosten an die Istbeschäftigung der Abrechnungsperiode angepasste Planwerte gegenüberstellen –, sind zwei Maßnahmen erforderlich. Die Plankosten sind zum einen in variable und fixe Anteile zu unterteilen, und zum anderen sind die variablen Plankosten an die Istbeschäftigung anzupassen,

---

3 Bei leistungsabhängigen Kosten spricht SAP von *variablen* Kosten, während in der betriebswirtschaftlichen Literatur überwiegend der Ausdruck *proportional* verwendet wird. Von einem Experten wurde dazu bemerkt, dass im Prinzip auch die fixen Kosten variabel sind. Trotzdem werden wir, SAP folgend, künftig den Ausdruck *variabel* benutzen.

um auf diese Weise der Istleistung entsprechende Sollkosten als Leistungsmaßstab zu gewinnen. (Die fixen Kosten werden innerhalb einer bestimmten Bandbreite davon nicht tangiert.)

▶ In der *Produktkostenrechnung* (Kalkulation) können verursachungsgerecht dem Produkt nur die variablen Kosten (Grenzkosten) zugerechnet werden.

▶ In der *Vertriebsergebnisrechnung* sollen Deckungsbeiträge ausgewiesen werden. Als Deckungsbeitrag bezeichnet man die Spanne zwischen Nettoerlös und den Grenzkosten.

▶ Schließlich ist noch eine Reihe von Sonderrechnungen anzuführen, wie etwa die Entscheidung *Eigen- oder Fremdfertigung*, die *Verfahrenswahl bei alternativen Fertigungsmöglichkeiten* und ähnliche Entscheidungsrechnungen. Bei diesen Sonderrechnungen sind die relevanten, d.h. die variablen Kosten zugrunde zu legen.

▶ In den letzten Jahren haben dank der Softwarevoraussetzungen auch über mehrere Jahre reichende *Forecast-/Simulationsrechnungen* an Bedeutung gewonnen, die, was die Gemeinkosten anbelangt, auch die Trennung in variable und fixe Kostenbestandteile voraussetzen.

Fazit ist, dass bei allen fundierten Rechnungen und Entscheidungen, die auf dem innerbetrieblichen Rechnungswesen basieren, die Kenntnis der variablen Kosten unerlässlich ist. Da diese Unterteilung in variable und fixe Kostenbestandteile im Rahmen der Kostenplanung der Kostenstellen vorzunehmen ist, wird darauf im Detail in Abschnitt 3.4, »Betriebswirtschaftliche Grundlagen der Kostenstellenplanung«, eingegangen.

Die Entwicklung des Controllings in den letzten Jahren ist in den folgenden beiden Übersichten dargestellt:

Controlling gestern und heute

Controlling in der Vergangenheit

▶ vorwiegend retrospektiv (Betrachtung im Nachhinein)
▶ zu sehr auf Teilbereiche konzentriert, vor allem auf das innerbetriebliche Rechnungswesen
▶ häufig nur periodisch (monatlich) durchgeführt
▶ zu wenig im Bewusstsein der Manager
▶ partiell, nicht alle Controllingkriterien umfassend
▶ funktional, nicht prozessorientiert

Controlling heute und künftig

▸ sämtliche Prozesse, Funktionen und Teilbereiche des Unternehmens umfassend

▸ nicht nur monetäre, sondern auch mengenmäßige und prozessbegleitende Aspekte betrachtend

▸ integraler Bestandteil der Prozesse

▸ Forward(in die Zukunft gerichtetes)-Controlling des Managers

In beiden Übersichten taucht der Begriff »Prozess« auf, in der ersten Übersicht als »nicht prozessorientiert«, sondern rein funktional; in der zweiten wird das Controlling »in die Prozesse integriert«. Generell, aber insbesondere beim prozessbezogenen Controlling, sind Controllingkriterien für Menge, Ressource, Preis/Kosten, Zeit und Qualität zu bestimmen (siehe Abbildung 1.2).

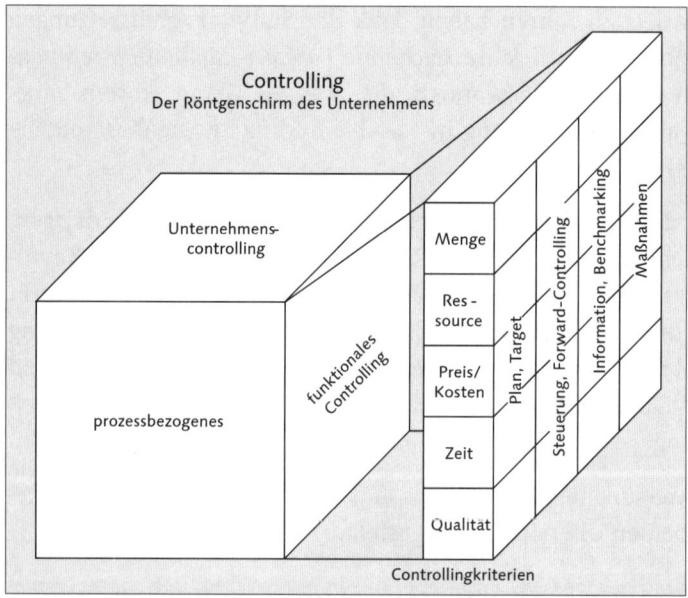

Abbildung 1.2 Controllingkriterien

Für den Prozess »Abwicklung Lageraufträge« ist das Controllingkriterium Qualität mit repräsentativen Beispielen für die einzelnen Teilprozesse angeführt (siehe Abbildung 1.3). Ein wesentlicher Vorteil des in die Prozessabwicklung integrierten Controllings ist, dass bereits zum Zeitpunkt der Entscheidung spezifische Controllingaspekte zum Tragen kommen und nicht erst, wenn der Prozess abgewickelt ist.

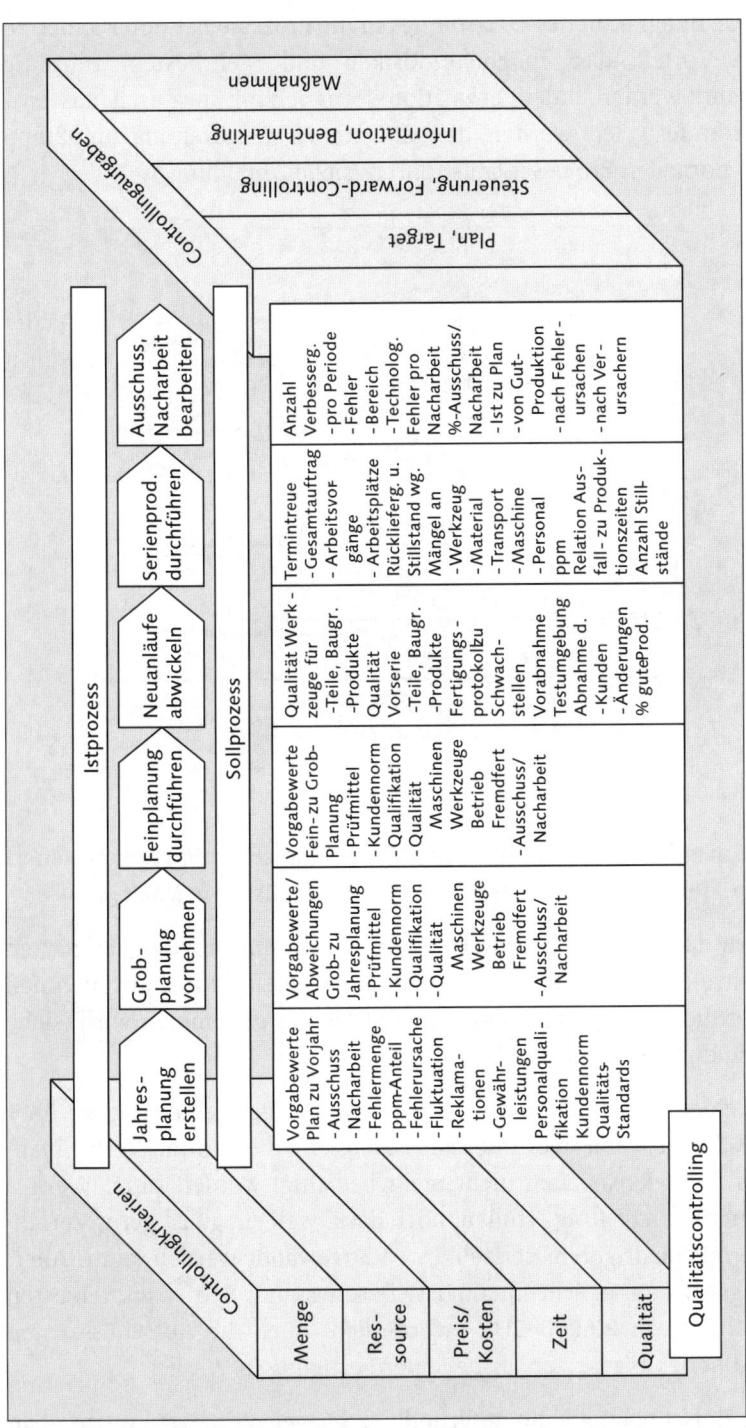

Abbildung 1.3 Controllingkriterien – Abwicklung der Lageraufträge

Diese Integration des Controllings in die Prozesse hat unter anderem den Vorteil, dass mögliche Risiken und Mehrkosten frühzeitig erkannt werden, indem Eskalationsszenarien mit spezifischen Grenzwerten festgelegt werden, die bei Unter-/Überschreitung zum Stopp des normalen Prozessablaufs führen (siehe Abbildung 1.4).

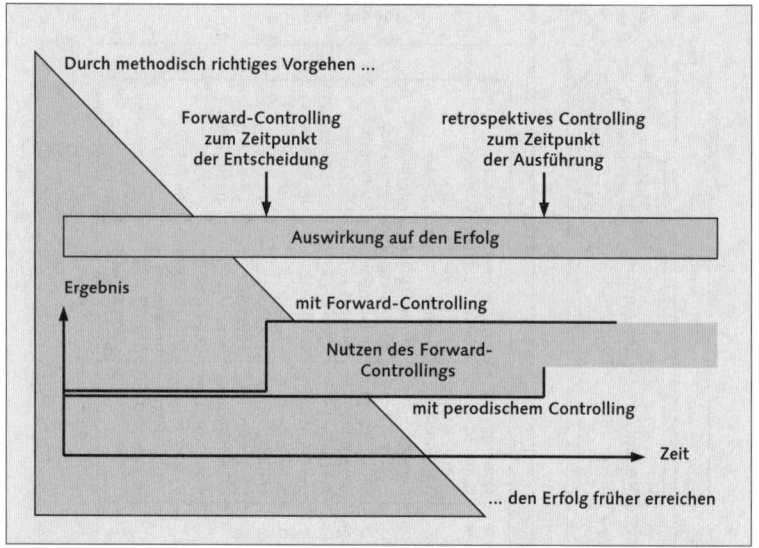

Abbildung 1.4 Prozesscontrolling – Ziele

Auf diese Weise kann gegebenenfalls noch rechtzeitig gegengesteuert bzw. dem Prozess-Owner grünes Licht signalisiert werden.

Dazu das folgende praktische Beispiel, wie mit prozessorientiertem Controlling bereits bei der Entscheidung, einen Auftrag anzunehmen oder nicht, Einfluss auf das spätere Ergebnis genommen wird (siehe Abbildung 1.5 und Tabelle 1.8).

Beispiel Auftragsannahme   Im einem Unternehmen mit zwei Werken geht eine Anfrage über 20.000 Stück eines bestimmten Artikels ein, die aber im Werk 1 mangels freier Kapazitäten nicht mehr bewältigt werden kann. Werk 2 kann diesen Auftrag erfüllen, noch dazu, weil ein günstigeres Verfahren mit niedrigeren Herstellkosten angewandt werden kann. Allerdings sind zusätzliche Qualitätssicherungs- und Betriebsmittelkosten in Höhe von 20.000 EUR erforderlich. Auch die Ausschusskosten sind höher anzusetzen als bei einer Fertigung in Werk 1.

Die Entscheidung kann aufgrund der festgelegten Grenzwerte nicht vom zuständigen Sachbearbeiter getroffen werden. Der Prozess-

Owner entschließt sich aber nach Abstimmung mit der Produktionsleitung in Werk 2, den Auftrag anzunehmen (siehe Abbildung 1.5).

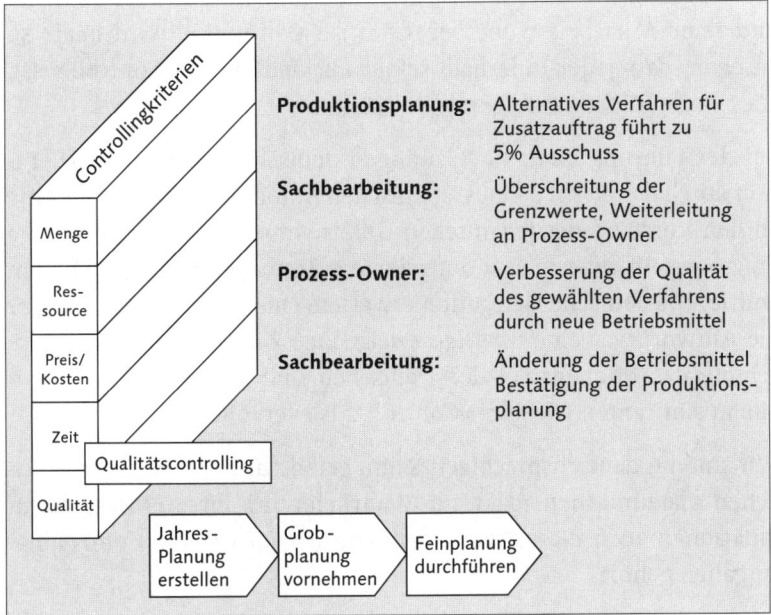

Abbildung 1.5 Aufgaben bei der Abwicklung der Lageraufträge

Die Ergebnissituation bei möglicher Annahme des Auftrags im Werk 2 ist in Tabelle 1.8 dargestellt: Werk 1 hätte zwar einen Deckungsbeitrag von 50.000 EUR erzielt, kann aber den Auftrag nicht annehmen. In Werk 2 beträgt der Deckungsbeitrag wegen der zusätzlichen Kosten nur 40.000 EUR, der aber als Zusatznutzen zu sehen ist, weil Werk 1 den Auftrag hätte ablehnen müssen.

Ergebnisbeurteilung	Werk 1	Werk 2
Stückzahl	20.000	20.000
Herstellkosten pro Stück	5,00 EUR	4,50 EUR
Erlös	150.000 EUR	150.000 EUR
Herstellkosten Produktion	100.000 EUR	90.000 EUR
Zusatzkosten QS und BM		20.000 EUR
Kosten gesamt	100.000 EUR	110.000 EUR
Deckungsbeitrag	50.000 EUR	40.000 EUR
QS: Qualitätssicherung, BM: Betriebsmittel		

Tabelle 1.8 Ergebnisbeurteilung

1.3.3 Position des Controllers

»Controller is everyone«

Bei der prozessorientierten Abwicklung des Controllings wird besonders deutlich, wie weit die Verantwortlichkeit an den Prozess-Owner und seine Mitarbeiter übergegangen ist. Controlling wird heute so gesehen, dass jeder innerhalb seiner Zuständigkeiten Controller ist. Dies verdeutlicht das folgende Beispiel.

Bei der Führung einer hochkarätigen deutschen Wirtschaftsdelegation durch den Betrieb eines japanischen Automobilherstellers wurde an den Vorstand des japanischen Unternehmens unter anderem die Frage gestellt, wie viele Controller das Unternehmen beschäftigen würde. Die deutsche Delegation erwartete eine dreistellige Zahl, aber die Antwort war eine niedrige zweistellige Zahl. Der Japaner beobachtete das Mienenspiel der Deutschen und antwortete dann mit einem süffisanten Lächeln: »Controller is everyone«.

Wir sind im deutschsprachigen Raum gerade dabei, den Verantwortlichen klarzumachen, dass zur Wahrnehmung ihrer Managementfunktionen auch die aktive Verantwortlichkeit für alle Controllingaufgaben gehört.

Als Gegenbeispiel zum Besuch der deutschen Delegation in Japan folgendes, gar nicht so altes Erlebnis in einem deutschen Unternehmen. Bei einem Betriebsrundgang kam von einem der Teilnehmer die Frage an den Produktionsleiter, wofür er verantwortlich zeichne. Er nannte eine Reihe richtiger Aufgabenstellungen wie Qualität, Personal, Auslastung der Anlagen/Maschinen, Höhe Ausschuss/Nacharbeit etc. Auf die Frage, warum er die Kosten nicht genannt hätte, kam die Antwort, dass dafür nicht er, sondern das Controlling zuständig wäre. Also ist er vom Sollzustand der Verantwortlichkeit, auch für Kosten und Controlling, meilenweit entfernt.

Aufgaben der Organisationseinheit Controlling

Wenn man jeden Verantwortlichen als obersten Controller seines Aufgaben- und Zuständigkeitsbereichs sieht, erhebt sich die Frage, wozu dann noch eine eigene Organisationseinheit Controlling notwendig ist. Die Aufgabenbereiche des nach wie vor erforderlichen Controllings sind:

▶ **Service**

  ▷ betriebswirtschaftliche, unternehmenseinheitliche Auslegung der Systeme

  ▷ inhaltliche Definition der Informationsbausteine

▷ Unterstützung aller Managementebenen bei Interpretation und Analysen

▷ Sicherstellung eines bereichsübergreifenden, unternehmens-zentralen Berichtswesens

▶ **Überwachung**

▷ Überprüfung der Wahrnehmung der Controllingaktivitäten durch die dezentralen Unternehmensbereiche

▷ Beobachtung der Abweichungen und gegebenenfalls Mithilfe bei der Abweichungsanalyse und -beeinflussung

▶ **Ergebnisverbesserung (innovativ)**

▷ Vorschläge zur Beseitigung von Unwirtschaftlichkeiten

▷ Mithilfe bei Rationalisierungsmaßnahmen; Investitions- und Wirtschaftlichkeitsrechnungen

▷ Kunden-, Markt-, Kapazitätsanalysen etc.

Zum Thema Aufgaben und Verantwortlichkeiten des Controllers stellen wir Ihnen hier ein von der IGC (International Group of Controlling) unter Federführung von Herrn Dr. Deyhle verabschiedetes Controller-Leitbild vor:

Controller-Leitbild

▶ Controller leisten begleitenden betriebswirtschaftlichen Service für das Management zur zielorientierten Planung und Steuerung.

▶ Controller sorgen für Ergebnis-, Finanz-, Prozess- und Strategietransparenz und tragen somit zu höherer Wirtschaftlichkeit bei.

▶ Controller koordinieren Teilziele und Teilpläne ganzheitlich und organisieren unternehmensübergreifendes, zukunftsorientiertes Berichtswesen.

▶ Controller moderieren den Controllingprozess so, dass jeder Entscheidungsträger zielorientiert handeln kann.

▶ Controller sichern die dazu erforderliche Daten- und Informationsversorgung.

▶ Controller gestalten und pflegen Controllingsysteme.

▶ Controller sind interne betriebswirtschaftliche Berater aller Entscheidungsträger und wirken als Navigator zur Zielerreichung.

Eine immer wieder gestellte Frage betrifft die Differenzierung zwischen operativem und strategischem Controlling. Nach allgemeiner und auch nach unserer Auffassung lassen sich die wesentlichen Aufgabenstellungen wie folgt abgrenzen:

Operatives und strategisches Controlling

Operatives Controlling

- ▸ Ziel: Gewinnerzielung und -maximierung
- ▸ deckungsbeitragsorientierte Steuerung
- ▸ mit primär unternehmensinternen Daten
- ▸ auf Basis von »harten« Zahlen
- ▸ aufgrund messbarer betriebswirtschaftlicher Tatbestände
- ▸ betriebswirtschaftliches Handeln als Regelkreis
- ▸ Instrumente:
  - – Zielformulierung
  - – Plan-Ist- und Soll-Ist-Vergleiche

Strategisches Controlling

- ▸ Ziel: Absicherung der langfristigen Entwicklung des Unternehmens
- ▸ mit unternehmensinternen und -externen Daten
- ▸ Ursachen zukünftiger Erfolge und Misserfolge erkennen, bevor diese sich in Zahlen ausdrücken
- ▸ Auslegung und Aufbau von Frühwarnsystemen
- ▸ auf Basis von »weichen« Zahlen
- ▸ Vorsteuergrößen
- ▸ Instrumente:
  - – strategische Plan-Ist-Vergleiche
  - – als Auslöser organisierter Lernprozesse

Zielsetzungen der Kostenstellenrechnung

Die wesentlichen Unterschiede zwischen operativem und strategischem Controlling liegen in der generellen Zielsetzung und im zeitlichen Horizont begründet. Während das operative Controlling auf Fakten beruht und sich primär über das laufende und das nächste Geschäftsjahr erstreckt, sieht das strategische Controlling sein Hauptziel in der Absicherung der langfristigen Entwicklung und bezieht verstärkt externe Daten mit ein. Diese Aufgabenabgrenzung entspricht im Wesentlichen der Differenzierung zwischen operativem und strategischem Management.

Zusammenfassung

Zusammenfassend ist festzuhalten, dass die Software SAP ERP alle Funktionen des internen Rechnungswesens abdeckt, gleichzeitig aber auch die Voraussetzungen bietet, ein aussagefähiges Controlling aufzubauen. Immer ist dabei aber zu bedenken, dass SAP nur das – sicherlich hervorragende – Werkzeug sein kann; die Detailausprägung und die Inhalte sind firmenindividuell vom Anwender selbst festzulegen.

Außerdem darf nicht vergessen werden, dass Mengen, Preise und Kosten nicht die ausschließlichen Controllingkriterien sind. Sicherlich sind sie im Gemeinkostenbereich der wichtigste Faktor, während in den übrigen Teilbereichen – insbesondere im Fall der prozessorientierten Steuerung – andere Controllingkriterien wie z. B. Ressourcenverbrauch, Termine und Qualität eine mindestens ebenso wichtige Position einnehmen.

1.4   Strukturen im SAP-System

Im vorigen Abschnitt haben wir Ihnen einen Überblick über das interne Rechnungswesen und das Controlling aus betriebswirtschaftlicher Sicht gegeben. Jetzt möchten wir Ihnen einen ersten Eindruck von der Software verschaffen, die von SAP zur Verfügung gestellt wird, um das Controlling zu unterstützen.

1.4.1   Softwarelösungen

In diesem Buch werden wir uns mit betriebswirtschaftlichen Grundlagen des Controllings und der technische Umsetzung im SAP-System beschäftigen. Die drei Softwarelösungen von SAP, die wir hier beleuchten, sind:

▶ SAP ERP

▶ SAP NetWeaver Business Warehouse (SAP NetWeaver BW)

▶ BI-integrierte Planung von SAP

Bei der Lösung SAP ERP handelt es sich um ein klassisches ERP-System. »ERP« steht für *Enterprise Resource Planning*. ERP-Systeme haben – anders als der Name vermuten lässt – nicht nur mit Planung zu tun. Eine wesentliche Aufgabe von Software dieses Typs ist die Erfassung von Istdaten an allen denkbaren Stellen in einem Unternehmen. Ein integriertes System wie SAP ERP wird z. B. in der Buchhaltung, im Personalwesen, im Einkauf, bei der Lagerverwaltung, im Vertrieb und in der Produktion eingesetzt. Dieses System wird von Sachbearbeitern aller Abteilungen benutzt. Sie erfassen Bestellungen, Wareneingänge, Warenbewegungen innerhalb des Unternehmens, Warenverbräuche, Rückmeldungen aus der Produktion, Arbeitszeiten von Mitarbeitern. Sie erstellen Lohn- und Gehaltsabrechnungen, Buchhaltungsbelege, Rechnungen an Kunden etc. SAP ERP wird von vielen

SAP ERP

Personen im Unternehmen benutzt, die jeweils kleine Datenmengen sehr schnell an der richtigen Stelle im IT-System speichern wollen.

Bei SAP NetWeaver BW steht nicht die Erfassung von Daten im Vordergrund, sondern deren Auswertung, das Reporting. Daten werden aus ERP-Systemen kopiert und in neuen Datenstrukturen in SAP NetWeaver BW abgelegt. Diese Datenstrukturen sind für die schnelle Auswertung von großen Datenmengen optimiert. SAP bietet mit BW moderne, flexible Analysewerkzeuge und die Möglichkeit, Anwendungen für die Internettechnologie zu erstellen. Dieses System wird vielfach von Managern benutzt, die keinen Zugriff auf das zugrunde liegende ERP-System haben.

Gerade im Controlling werden Daten aus unterschiedlichen Fachbereichen ausgewertet. Außerdem ist die Arbeit des Controllers weniger von der Datenerfassung geprägt als von der Analyse, der Interpretation und der Präsentation dieser Informationen. Deshalb sind oft die Controller die treibenden Kräfte im Unternehmen bei der Einführung eines Business Warehouses.

Bei SAP NetWeaver BW handelt es sich, wie gesagt, um ein reines Reportingsystem. Controller wollen allerdings nicht nur in die Vergangenheit blicken und Daten analysieren, die im abgelaufenen Monat oder im vergangenen Jahr entstanden sind. Controller wollen auch planen und damit – wie böse Zungen behaupten – die Unwissenheit durch den Irrtum ersetzen. Zur Erfassung von Plandaten in den Datenstrukturen des BW-Systems bietet SAP die BI-integrierte Planung. Damit können Planungen und Simulationen auf verdichteten Strukturen und für einen längeren Zeitraum in die Zukunft gerichtet durchgeführt werden. Ein längerer Zeitraum kann in der BI-integrierten Planung fünf, zehn oder gar zwanzig Jahre in die Zukunft reichen. Verdichtete Struktur heißt, dass z. B. für Kundengruppen statt Einzelkunden oder für Produktgruppen statt Artikel Absatz, Umsatz oder Kosten geplant werden. Ein wesentlicher Vorteil ist auch die Möglichkeit, einmal erfasste Daten beliebig hochzurechnen und zu simulieren.

1.4.2 Module in SAP ERP

Von den Lösungen SAP ERP, SAP NetWeaver BW und der BI-integrierten Planung von SAP hat für das Gemeinkosten-Controlling das

ERP-System die größte Bedeutung. Betrachten wir SAP ERP genauer. SAP hat die Software ERP in einzelne Module gegliedert, die jeweils die speziellen Anforderungen der einzelnen Bereiche im Unternehmen abdecken.

Die wichtigsten Module aus der Sicht des Controllings sind:

Module in SAP ERP

- **SD (Sales and Distribution) – Vertrieb**
  Das Modul SD wird genutzt für die Verwaltung von Kundenbestellungen und Angeboten, für die Abwicklung von Kundenaufträgen, Lieferungen und für die Erstellung von Rechnungen (Fakturen genannt).

- **MM (Material Management) – Materialwirtschaft**
  Im Modul MM sind das Bestellwesen und die Einkaufsabwicklung zu finden. Außerdem ist hier die Lagerverwaltung für Rohstoffe, Halbfertig- und Fertigerzeugnisse der Materialwirtschaft zugeordnet.

- **PP (Production Planning) – Produktionsplanung und -steuerung**
  In den Stücklisten des Moduls PP wird festgehalten und verwaltet, welche Rohstoffe, Zukaufteile und Halbfabrikate für die Produktion welcher Fertigerzeugnisse eingesetzt werden. In Arbeitsplänen ist hinterlegt, welcher Zeitbedarf für welche Ressourcen bei der Produktion zu berücksichtigen ist. Auf der Basis dieser Stamm- und Plandaten werden Produktionspläne erstellt, Kalkulationen gerechnet und Fertigungsaufträge abgewickelt.

- **HCM (Human Capital Management) – Personalwirtschaft**
  Im Modul HCM werden Personaleinsatzzeiten erfasst, die Abrechnungen für Lohn und Gehalt erzeugt und die Personalorganisation und -entwicklung verwaltet.

- **FI (Financial Accounting) – Finanzwesen**
  Die wichtigsten Aufgaben des Moduls FI kennen Sie bereits: Hier werden durch die Erfassung von vielen Einzelbelegen Bilanzen sowie Gewinn-und-Verlust-Rechnungen generiert.

- **CO – Controlling**
  Auch die Aufgaben des *Controllings* (Modul CO) haben wir bereits beschrieben: Die summarische Darstellung der GuV in der Finanzbuchhaltung wird hier differenzierter nach allen möglichen Sortierkriterien betrachtet. Außerdem werden alle betriebswirtschaftlichen Faktoren des Unternehmens nicht nur im Ist abgerechnet,

sondern bereits in der Planung bearbeitet. Zur Steuerung des Unternehmens werden die Daten in Soll-Ist-Vergleichen aufbereitet.

Englische Abkürzungen wurden vom deutschen Softwarehaus SAP wegen der internationalen Ausrichtung des Unternehmens gewählt, zumal der nicht deutschsprachige Absatzmarkt bei Weitem überwiegt.

CO-Komponenten in SAP ERP

Die Module werden weiter in Komponenten gegliedert. Die drei wichtigsten Komponenten des Controllings wollen wir im Folgenden kurz vorstellen. Sie entsprechen den Bereichen des Controllings, die Sie in Abschnitt 1.3.2, »Definition von »Controlling«, bereits kennengelernt haben.

- **CO-OM (Overhead Management) – Gemeinkostenrechnung**
  Die *Gemeinkostenrechnung* beschäftigt sich mit der Planung und Abrechnung von Kostenstellen, Innenaufträgen (Gemeinkostenaufträgen) und Projekten. Diese Komponente ist das zentrale Thema dieses Buches.

- **CO-PC (Product Costing) – Produktkostenrechnung**
  Das Thema der *Produktkostenrechnung* steckt im Namen – es geht um die Dinge, die ein Unternehmen produziert und verkauft. Die Kosten der Kostenstellen beeinflussen die Kosten der Produkte. Diese Verbindung werden wir Ihnen im Verlauf des Buches noch verdeutlichen.

- **CO-PA (Profitability Analysis) – Ergebnis- und Marktsegmentrechnung (kurz Ergebnisrechnung)**
  Die *Ergebnis- und Marktsegmentrechnung* verknüpft Erlöse aus dem Vertrieb mit Kosten aus der Gemeinkosten- und Produktkostenrechnung.

Beziehungen zwischen Modulen und Komponenten

Die drei Komponenten des Controllings stehen in enger Beziehung zueinander. Ohne die Gemeinkostenrechnung ist keine Produktkostenrechnung möglich. Die Ergebnisrechnung ist auf Daten aus der Gemeinkosten- und der Produktkostenrechnung angewiesen. Außerdem besteht eine enge Verbindung von jeder einzelnen Komponente des Controllings zu einem oder zwei anderen Modulen (siehe Abbildung 1.6).

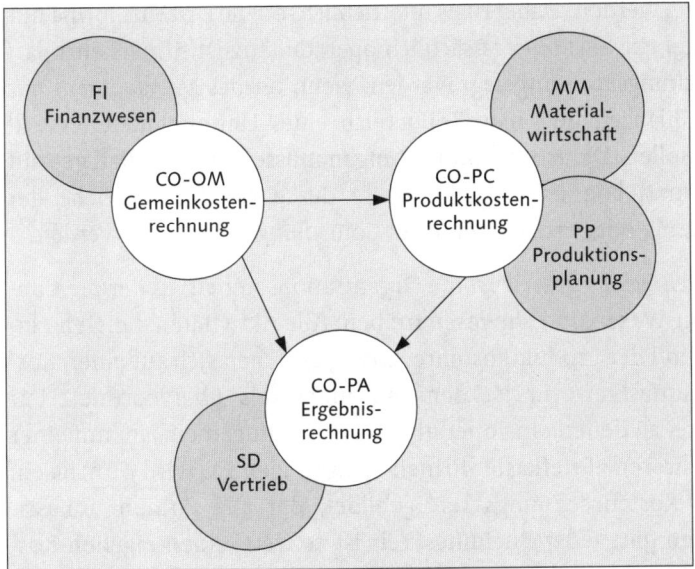

Abbildung 1.6 Komponenten des Controllings in Verbindung mit anderen Modulen

Die Gemeinkostenrechnung übernimmt viele Buchungen aus dem Finanzwesen (selbstverständlich können Daten aus der Finanzbuchhaltung, im Folgenden auch entsprechend dem Modul in SAP ERP FI genannt, auch direkt in die Produktkosten- bzw. Ergebnisrechnung übernommen werden). Rechnungen an Kunden werden vom Vertrieb erzeugt und direkt in die Ergebnisrechnung übergeben; die Produktkostenrechnung ist bei der Kalkulation auf Materialstämme aus der Materialwirtschaft sowie auf Stücklisten und Arbeitspläne aus der Produktion angewiesen, im Ist nutzt die Produktkostenrechnung Fertigungsaufträge und detaillierte Rückmeldungen.

1.4.3 Organisationsstrukturen

Fragen zur Struktur von Unternehmen werden im System SAP ERP mit Organisationseinheiten beantwortet. Für das Gemeinkosten-Controlling sind zwei zentrale Organisationseinheiten wichtig:

▶ Buchungskreis

▶ Kostenrechnungskreis

Der *Buchungskreis* in SAP steht für eine rechtlich selbstständige Einheit. Jede juristisch selbstständige Unternehmenseinheit (GmbH, AG, KG oder Personengesellschaft) muss in SAP als eigener Buchungskreis

Buchungskreis

49

abgebildet werden. Dabei ist es unerheblich, ob die einzelne Firma nur als Mantel existiert oder tatsächlich operativ tätig ist. Umgekehrt darf kein Buchungskreis angelegt werden, wenn für das Management nur interne Bilanzen für einen Teilbereich eines Unternehmens erstellt werden sollen. Derartige Anforderungen müssen im Einzelfall geprüft werden und können möglicherweise durch Geschäftsbereiche der Buchhaltung oder Profit-Center des Controllings abgedeckt werden.

Kostenrech-
nungskreis

Der *Kostenrechnungskreis* ist die Organisationseinheit, in der die Controller ihr Wesen und Unwesen treiben. Alle Aktivitäten der Gemeinkosten- und der Produktkostenrechnung beziehen sich auf einen Kostenrechnungskreis. Er ist dem Buchungskreis übergeordnet. Für Standorte, an denen eine operative Gesellschaft gemeinsam mit einer oder mehreren »Briefkastenfirmen« eingetragen ist, wird oftmals ein einziger Kostenrechnungskreis gebildet, der alle Firmen umfasst. Ansonsten gilt: Jeder Buchungskreis ist es wert, einen eigenen Kostenrechnungskreis zu bekommen.

Diverse andere Organisationseinheiten wie z. B. Werk, Lagerort und Vertriebsbereich werden in den Modulen Materialwirtschaft und Vertrieb angelegt und verwaltet. Sie spielen für das Gemeinkosten-Controlling keine grundsätzliche Rolle.

1.5   Zusammenfassung

Sie wissen jetzt, wie die Buchhaltung im Prinzip funktioniert und was mit Bilanz und GuV gemeint ist. Sie kennen die Inhalte und die Aufgaben der Buchhaltung und können diese von den Inhalten und Aufgaben des Controllings abgrenzen.

Gemeinkosten fallen in jedem Unternehmen und in jeder Branche an. Der Anteil der Gemeinkosten an den Gesamtkosten unterscheidet sich von Branche zu Branche erheblich, dennoch ist die wirksame Steuerung der Gemeinkosten für jedes Unternehmen von erheblicher Bedeutung.

Die Grundbegriffe des internen Rechnungswesens und des Controllings sind Ihnen vertraut. Sie kennen die Begriffe Plan-, Soll- und Istkosten, Prozesskostenrechnung und Forward-Controlling sowie die wesentlichen Unterschiede zwischen operativem und strategischem Controlling.

Sie kennen die drei Softwarelösungen SAP ERP, SAP NetWeaver BW und die BI-integrierte Planung. Sie wissen, welche Aufgaben die ERP-Module Personalwirtschaft (HCM), Finanzbuchhaltung (FI), Vertrieb (SD), Materialwirtschaft (MM), Produktion (PP) und Controlling (CO) haben. Innerhalb des Moduls CO werden die Aufgaben auf die Komponenten Ergebnisrechnung (CO-PA), Produktkostenrechnung (CO-PC) und Gemeinkostenrechnung (CO-OM) verteilt. Als wichtige Organisationseinheiten haben Sie Buchungskreis und Kostenrechnungskreis kennengelernt.

Kapitel 2

Erst einmal jeder auf seinen Platz!

*Die Buchhaltung arbeitet mit ihrem Kontenrahmen und
Kontenplan. Im Hintergrund stehen dabei immer Bilanz und
GuV-Rechnung. Aufgabe der Kostenarten ist es, die Konten
unter Controllingaspekten weiter aufzuteilen (oder auch
zusammenzufassen) und alle innerbetrieblichen Verrechnungen abzubilden.*

2 Kostenarten

In diesem Kapitel behandeln wir die Rolle der Kostenarten zunächst
aus betriebswirtschaftlicher Sicht. Danach, ab Abschnitt 2.2, sehen
Sie anhand von konkreten Beispielen, wie Kostenarten in SAP ERP
abgebildet werden.

2.1 Betriebswirtschaftliche Grundlagen

Kostenarten bezeichnen die Art des Kostenanfalls. Für den externen
(primären) Aufwand sind sie weitgehend identisch mit den Konten
der Finanzbuchhaltung. Dazu kommen, auch durch das SAP-System
bedingt, zusätzliche, für das externe Rechnungswesen nicht relevante
Kostenarten für die Weiterverrechnung der Sekundärstellen und für
die Weiterbelastung der primären Kostenstellen auf die Kostenträger
bzw. in die Ergebnisrechnung (die *Kostenstellen* werden in Kapitel 3
im Detail behandelt).

2.1.1 Kostenartenrechnung

Die *Kostenartenrechnung* ist deswegen als eigenständige Aufgabe zu
sehen, weil sie sich über alle Kosten im Unternehmen erstreckt. Über
die *Kostenstellenrechnung* werden nur die sogenannten *Gemeinkosten*
abgerechnet, die im Gegensatz zu den *Einzelkosten* nicht direkt einem
Kostenträger oder Ergebnisobjekt zugeordnet werden können. In
Industrieunternehmen sieht das so aus: Einzelkosten wie das Fertigungsmaterial oder Zukaufteile, aber auch die Sondereinzelkosten

Kostenarten-
rechnung

der Fertigung wie Sonderbetriebsmittel oder Lizenzen können unmittelbar einem Kostenträger bzw. die Sondereinzelkosten des Vertriebs (Provisionen, Ausgangsfrachten etc.) einem Ergebnisobjekt zugerechnet werden. Hingegen müssen die Gemeinkosten via Kostensatz (Fertigungsstellen), per Zuschlag oder in Form einer stufenweisen Deckungsrechnung (Verwaltungs- und Vertriebsstellenkosten) oder aber mithilfe der Prozesskostenrechnung (Materialbereitstellung etc.) weiterbelastet werden.

Als Beispiel für die nicht direkte Zuordenbarkeit der Gemeinkosten seien die Instandhaltungskosten einer Fertigungsanlage genannt. Diese können normalerweise nicht direkt auf das Produkt verrechnet werden, weil über diese Kostenstelle eine Vielzahl von Fertigungsaufträgen unterschiedlicher Erzeugnisse abgewickelt wird und außerdem zwischen dieser Reparatur und den in der jeweiligen Periode gefertigten Produkten kein unmittelbarer Zusammenhang besteht.

Jede Istkostenbuchung muss, um eine korrekte Zuordnung der Kosten vornehmen zu können, nicht nur die Kostenart, sondern auch eine zusätzliche Belastungskontierung enthalten; d.h. für den Umfang der Gemeinkosten die zu belastende Kostenstelle oder einen Innenauftrag, für die Einzelkosten den Kostenträgerbegriff, z. B. den Fertigungsauftrag, oder ein Bezugsobjekt der Ergebnisrechnung.

Zielsetzungen Kostenartenrechnung
Die Zielsetzungen der *Kostenartenrechnung* sind auf der einen Seite:

▶ **aus Abrechnungsgründen**

▷ die Zuordnung der Buchungssätze zu den jeweiligen Kontierungsbegriffen der Kostenstellen-, Innenauftrags-, Kostenträger- oder Ergebnisrechnung

▷ die Abstimmbarkeit mit dem externen Rechnungswesen

▷ keine gemischten Kostenarten aus Primäraufwand und Sekundärverrechnung (z. B. bei der Instandhaltung für Fremdrechnungen und Eigenleistungen)

▶ **aus Controllingsicht**

▷ eine genügend transparente, aber nicht zu differenzierte Auffächerung des Kostenvolumens

▷ bei Materialien vom Lager, für die ein Festpreis fixiert ist, die Aufteilung des Einstandswerts in Festwert und Preisdifferenz (wobei die Kostenart nicht zu kontieren ist, sondern über die Materialnummer maschinell generiert wird). Alle Preisdifferenzen, nicht nur die der lagerhaltigen Materialien, sondern z. B. auch die Tarifabweichungen bei Lohn und Gehalt, werden entsprechend der firmenindividuellen Festlegung entweder ausgebucht oder anteilig zum Festwert prozentual auf die Belastungskontierung übernommen.

Die Zielsetzungen der *Kostenstellenrechnung* sind auf der anderen Seite:

- **aus Sicht der Abrechnung**
  die Kostensammlung der *Gemeinkosten* nach Kostenstellen und Kostenarten sowie deren Bereitstellung für die nachgelagerten Arbeitsgebiete

- **unter Controllingaspekten**
  primär die Schaffung der Voraussetzungen für das *Gemeinkosten-Controlling*

Nicht alle Kostenstellen können aber direkt und unmittelbar auf Erzeugnisse und Ergebnisobjekte verrechnet werden. Beispiele dieser sogenannten *sekundären Kostenstellen* sind die Betriebshandwerker, der innerbetriebliche Transport, die Energie-, Sozial- und Leitungsstellen (was nicht ausschließt, dass in einigen Branchen, z. B. in der chemischen Industrie, gewisse Energiestellen wie primäre Stellen zu sehen sind und mit produktspezifischen Verbrauchsmengen im Arbeitsplan bzw. in der Stückliste stehen).

2.1.2 Differenzierung primär und sekundär

Ganz allgemein ist sowohl bei den Kostenarten als auch bei den Kostenstellen zwischen sekundär und primär zu unterscheiden.

Die *sekundären Kostenstellen* werden mithilfe *sekundärer Kostenarten* auf andere *sekundäre* und die *primären Kostenstellen* verrechnet. Letztendlich landen – auch unter Berücksichtigung gegenseitiger Verrechnungen von Sekundär- zu Sekundärstelle und von Interdependenzen – alle Kosten auf den primären Stellen und belasten von dort via Kosten- oder Verrechnungssatz die Produkte bzw. Ergebnisobjekte.

Diese Abhängigkeiten gehen aus der vereinfachten Abbildung der Zusammenhänge von sekundären und primären Kostenarten und Kostenstellen hervor (siehe Abbildung 2.1).

Zusammenhänge von Kostenarten- und Kostenstellenrechnung

Kostenarten	Kostenstellen	Sekundärkostenstellen			Primärkostenstellen			Gesamt
		Handw.	Energie	Summe	Fertig.	V+V	Summe	
primäre Kostenarten	Personalkosten	2.000	–	2.000	10.000	5.000	15.000	17.000
	Sachkosten	500	2.500	3.000	5.000	5.000	10.000	13.000
	Summe primäre Kosten	2.500	2.500	5.000	15.000	10.000	25.000	30.000
sekundäre Kostenarten	verr. Handwerkerkosten	–	500	500	1.500	500	2.000	2.500
	verr. Energiekosten	–	–	–	2.500	500	3.000	3.000
	Summe sekundäre Kosten	–	500	500	4.000	1.000	5.000	5.500
Gesamtkosten		2.500	3.000	5.500	19.000	11.000	30.000	35.500

Abbildung 2.1 Sekundäre und primäre Kostenarten und Kostenstellen

Zu den Zahlen konkret: Der Primäraufwand, beispielhaft nur in Form von Personal- und Sachkosten, beträgt 30.000,00 EUR, die sich auf sekundäre (5.000,00 EUR) und primäre (25.000,00 EUR) Stellen verteilen.

Die sekundären Kostenstellen »Handwerker« und »Energie« werden intern weiterverrechnet, wobei in unserem Beispiel die Handwerkerstelle auch Leistungen für die Energiestelle erbringt. In Summe entlastet sich die Handwerkerstelle unter der Kostenart »Verrechnete Handwerkerkosten« mit 500,00 EUR auf die Sekundärstelle »Energie«; 2.000,00 EUR gehen auf Primärstellen. Das Volumen bei »Energie« erhöht sich dadurch von 2.500,00 auf 3.000,00 EUR, die unter der sekundären Kostenart »Verrechnete Energiekosten« weiterbelastet werden. Die Gesamtsumme über alle Kostenarten und Kostenstellen beträgt 35.500,00 EUR – von der auf den primären Stellen 30.000,00 EUR gelandet sind, ein Betrag, der genau der Summe der primären Kostenarten entspricht. Die restlichen 5.500,00 EUR stellen Doppelverrechnungen dar, blähen das Gesamtvolumen zwar auf 35.500,00 EUR auf, lassen sich aber jederzeit, auch maschinell, als Doppelverrechnungen erkennen.

Da es in der Praxis nicht nur zu Doppel-, sondern auch zu Drei- und Vierfachverrechnungen kommt, kann die Gesamtsumme über alle Kostenarten und Kostenstellen hinweg einen Wert ergeben, der unter Umständen doppelt so hoch wie der Primäraufwand ausfällt (zumal heute, mit zunehmender Automatisierung, immer mehr Aufwand bei sekundären Kostenstellen anfällt).

> **Beispiel 1: Doppelverrechnung**
>
> Bei einem namhaften Unternehmen – das Ganze liegt mehr als 30 Jahre zurück – waren Controlling und der IT-Bereich stolz darauf, nach vielen Wirrungen und mit entsprechender zeitlicher Verzögerung den mit großem Aufwand im Hause konzipierten und programmierten ersten Kostenstellen-Soll-Ist-Vergleich (SIV) der Unternehmensleitung vorlegen zu können. Der kaufmännische Vorstand warf nur einen kurzen Blick auf den Unternehmens-SIV und wies die Unterlagen mit dem Argument, dass alles falsch wäre, zurück. Seine Aussage war, dass der SIV, der ja nur die Gemeinkosten umfassen sollte, nicht stimmen könnte, weil »die Summe höher als der Umsatz dieser ersten Periode wäre«. Ihm mit wenigen Worten klarzumachen, dass hier Doppel- und Mehrfachverrechnungen enthalten wären, war nicht möglich.

Mit der heute verfügbaren Standardsoftware wäre dies kein Problem gewesen, weil man dort die Doppelverrechnungen im Prinzip »per Knopfdruck« eliminieren kann.

Wir haben die Kostenart als Identifikationsbegriff für die Art des Kostenanfalls und, für den Umfang der primären Kostenarten, als weitgehend übereinstimmend mit dem Konto des externen Rechnungswesens kennengelernt.

Eliminierung von Doppelverrechnungen

2.1.3 Externes und internes Rechnungswesen

In älteren Softwaresystemen gab es vielfach jeweils einen eigenen Konten- und Kostenartenstamm mit den Zielrichtungen *externes* bzw. *internes Rechnungswesen*. Heute sind beide für den Umfang der primären Kosten, von speziellen, aber klar definierten Abweichungen abgesehen, identisch. Die Besonderheiten des internen Rechnungswesens werden im Folgenden ausführlich beschrieben.

Solche Kriterien können sowohl im externen als auch im internen Rechnungswesen begründet sein. So würde im externen Rechnungswesen im Zweifel ein Konto »Lohn«, allenfalls je ein Konto »Fertigungslohn« und »Hilfslohn«, genügen. Im internen Rechnungswesen und Controlling möchte man aber den Fertigungslohn differenziert u.a. nach »Fertigungslohn Akkord«, »Fertigungslohn Akkorddurchschnitt«, »Fertigungszeitlohn« bzw. die Hilfslöhne nach »Hilfslohn Aufsichtspersonal/Vorarbeiter«, »Transport«, »Reinigung« etc. und gegebenenfalls die Zusatzlöhne u.a. nach Wartezeiten aufgrund unterschiedlicher Ursachen sehen. Selbstverständlich ließen sich der-

Löhne und Gehälter

artige Aussagen auch aus speziellen Lohnauswertungen gewinnen. Nachteilig dabei wäre aber, dass man dies nicht direkt aus dem Kostenstellen-Soll-Ist-Vergleich ersehen könnte, sondern Zusatzauswertungen aus der Lohnabrechnung heranziehen müsste.

Grundsätzlich ist diese Kostenartendifferenzierung beim Lohn insofern unproblematisch, als die Kostenart maschinell aus der Lohnart abgeleitet werden kann. Außerdem ist es bei den heutigen IT-Ressourcen und der maschinellen Buchung uninteressant, wie viele Lohnkostenarten gebildet werden. Priorität hat in diesem Fall die Aussagefähigkeit des Controllings.

Überleitung externes/internes Rechnungswesen

Darüber hinaus gibt es in der Finanzbuchhaltung (Fibu) einige wenige Konten, die aufgrund anderer Definition und Zielsetzung mit den Ansätzen des internen Rechnungswesens nicht übereinstimmen. Dies trifft aber nur für ganz bestimmte Verrechnungsmodalitäten zu, die eindeutig festliegen und deren Abstimmung in praxi bei einer Überleitung vom externen zum internen Rechnungswesen keine Probleme bereitet. Beispiele hierfür sind bilanzielle versus kalkulatorische Abschreibungen sowie die Verzinsung von Anlage- und Umlaufvermögen.

Eine weitere Besonderheit können in der Fibu als Jahreswerte gebuchte Aufwendungen im Gegensatz zur periodischen, abgegrenzten Verrechnung in der Kostenrechnung sein (für Steuern und Versicherungen, spezielle Beiträge etc.), wobei aber heute, nachdem auch im externen Rechnungswesen Wert auf Monatsergebnisse gelegt wird, solche Zahlungen größeren Umfangs auch in der Fibu abgegrenzt verrechnet werden.

Beispiel Instandhaltung

Im internen Rechnungswesen würde man z. B. die Instandhaltung nicht unbedingt mit getrennten Kostenarten nach Gebäuden, Maschinen/maschinellen Anlagen, Betriebs- und Geschäftsausstattung etc. abbilden wollen. Dies geht weitgehend aus der Belastungskostenstelle oder dem Text des verrechneten Innenauftrags hervor, sodass die Differenzierung nach unterschiedlichen Primärkostenarten aus Sicht des internen Rechnungswesens nicht zwingend erforderlich wäre.

Beispiel Belegschaftsnebenkosten

Ein anderes Beispiel unterschiedlicher Ansätze im externen und internen Rechnungswesen sind häufig die Belegschaftsnebenkosten. Üblicherweise geht man in der Kostenrechnung den Weg, dass man die Belegschaftsnebenkosten auf Lohn und Gehalt – darunter sind alle gesetzlichen und freiwilligen Sozialleistungen vom Urlaubs- und Feiertagsentgelt über die gesetzlichen und tarifvertraglichen Sozialaufwendungen bis hin zu freiwilligen Sozialleistungen zu verstehen – mit einem Prozentsatz, bezogen auf das Anwesenheitsentgelt, berücksichtigt. Das heißt, dass in Monaten mit höherem Urlaubs- oder Feiertagsanteil nicht die in diesen Perioden gegenüber dem durchschnittlichen Monat erheblich höheren Soziallöhne und Sozialaufwendungen verrechnet werden, sondern nur ein als Jahresmittel errechneter Prozentwert, bezogen auf die Anwesenheitsentgelte. Wenn also z. B. im Juli oder August nur eine Woche gearbeitet wird, aber drei Wochen Betriebsurlaub anfallen, somit die Betriebsleistung und auch die Anwesenheitslöhne nur bei etwa 25 % eines normalen Monats liegen, dann kommen auch nur anteilig über den Prozentsatz 25 % der Belegschaftsnebenkosten zum Ansatz. Der Abgleich Istanfall zu kalkulatorischer Verrechnung erfolgt über Abgrenzungsaufträge »kalkulatorische Belegschaftsnebenkosten Lohn bzw. Gehalt« (siehe Abschnitt 4.2, »Grundeinstellungen im SAP-System«, und Abschnitt 4.3, »Abwicklung, Planung und Abrechnung der Innenaufträge«).

2.1.4   Preis- und Mengenabweichungen

Wie bereits in Abschnitt 2.3, »Primäre kalkulatorische Kostenarten«, ausführlich erläutert, sollen die Abweichungen als wesentliches Steuerungskriterium des operativen Controllings in allen Teilgebieten des internen Rechnungswesens unter den Aspekten Beeinflussbarkeit und Verantwortlichkeit nach Preis- und Mengenabweichungen differenziert werden.

Preis- und Mengen- abweichungen als Steuerungs- kriterium

Die *Preisabweichung* ist im Gemeinkosten-Controlling der Kostenbestandteil, der vom Kostenstellenleiter nicht unmittelbar oder nur bedingt beeinflusst werden kann. Deshalb bietet CO die Möglichkeit, Preisabweichungen abzuspalten und getrennt weiterzuverrechnen. Die Eliminierung der Preisabweichungen geschieht im GK-Bereich für die nicht lagerhaltigen Materialien, für die Personalkosten etc. sowohl nach Herkunftskontierungen als auch nach Kostenarten.

Preis- abweichungen

Bei den lagerhaltigen Materialien, unabhängig davon, ob im Gemeinkosten- oder Kostenträgerbereich, wird die Preisabweichung dort, wo ein Festpreis für ein Material hinterlegt ist, pro Materialnummer vom System im Modul MM ermittelt und, falls in CO so vorgesehen, anteilig zum Standardwert weiterbelastet.

Mengen-
abweichungen

Dagegen fallen die Mengenabweichungen in die Zuständigkeit des jeweiligen Teilgebiets- bzw. Prozessverantwortlichen (siehe Abschnitt 2.3.2, »Kalkulatorische Zinsen«).

Wenn bei den Personalkosten die Löhne mit der Herkunftskontierung (Ressource) »Lohngruppe« geplant sind (siehe SAP-Masken zur Ressourcenplanung in Abschnitt 3.5.5, »Ressourcenplanung«), wird – über alle Kostenstellen hinweg – die Aufspaltung vorgenommen.

Beispiel: Preis- und
Mengen-
abweichung

In unserem Beispiel ist die Planung der Lohnkosten differenziert nach Lohngruppen vorgenommen worden. Laut Tarifvertrag ist der Wert in einer Lohngruppe von 10,00 EUR auf 10,30 EUR pro Vorgabestunde (VST) gestiegen.

PLAN

Kostenstelle: »421 NC-Drehmaschinen«

Planbezugsgröße: 1.000 Vorgabestunden (VST)

Plankostensatz: 10,00 EUR/VST

Kostenart: »4101 Fertigungslohn«

Plankosten variabel (für Lohngruppe 3):

Planbezugsgröße × Plankostensatz
1.000 VSTD × 10,00 EUR/VST = 10.000,00 EUR

SOLL

Istbeschäftigung: 1.200 Vorgabestunden (VST)

Beschäftigungsgrad:

Istbeschäftigung / Planbeschäftigung x 100
(1.200 VST / 1.000 VST) × 100 = 120%

Sollkosten Fertigungslohn:

Plankosten, variabel × Beschäftigungsgrad
10.000,00 EUR × 120% = 12.000,00 EUR

IST

Istbezugsgröße: 1.250 Vorgabestunden (VST)

Istkostensatz: 10,30 EUR/VST

Istkosten (für Lohngruppe 3):

Istbezugsgöße × Istkostensatz
1.250 VST × 10,30 EUR/VST = 12.875,00 EUR

Soll-Ist-Abweichung:

Istkosten – Sollkosten
12.875,00 EUR – 12.000,00 EUR = 875,00 EUR

Diese Abweichung umfasst Mengen- und Preisabweichungen (MA bzw. PA), die nach folgenden Rechenformeln aufgelöst werden:

Mengenabweichung (MA)

(Istmenge – Sollmenge) × Plankostensatz
(1.250 VST – 1.200 VST) × 10,00 EUR/VST = 500,00 EUR

Preisabweichung (PA)

Istmenge × (Istkostensatz – Plankostensatz)
1.250 VST × (10,30 EUR/VST – 10,00 EUR/VST) = 375,00 EUR

Diese differenzierte Ermittlung setzt voraus, dass die Planung detailliert durchgeführt wurde. In lohnintensiven Branchen ist das sicherlich sinnvoll, zumal in den letzten Jahren die Lohnerhöhungen meist unterschiedlich für die einzelnen Lohngruppen ausgefallen sind (so war die prozentuale Erhöhung in den niedrigeren Lohngruppen stets höher als in den oberen Lohngruppen). Außerdem kann bei einer maschinellen Umwertung im Rahmen der jährlichen Planungsüberholungen oder bei What-if-Rechnungen auf diese differenzierten Ansätze zurückgegriffen werden.

Die Planung der Personalkosten wird meist so vorgenommen, dass für das erste Halbjahr zu erwartende generelle Tarifänderungen bereits anteilig in den Planwerten berücksichtigt werden. Wenn z. B. zum 1. April (Geschäftsjahr Januar bis Dezember) eine Lohnerhöhung von 4 % erwartet wird, dann wird sie mit

(4 % × 9 Monate) / 12 Monate = 3 %

in die Planwerte einbezogen, um in Kalkulation und Ergebnisrechnung mit dem durchschnittlichen Jahresmittelwert berücksichtigt zu sein. Im Ist wird dann in den ersten drei Monaten mit einer negativen Tarifabweichung von 3 % im Hundert = 2,91 % und in den Monaten von April bis Dezember mit einer positiven Abweichung von 0,99 % gerechnet.

Ressourcen-
planung

In unserem vereinfachten Beispiel wird vor der Umwertung von 12,00 EUR/Std. für die Lohngruppe 3 und von 10,00 EUR/Std. für die Lohngruppe 2 ausgegangen (siehe Abbildung 2.2). Die Lohnerhöhung ergibt die neuen Lohnwerte von 12,30 EUR/Std. für die Lohngruppe 3 (= + 2,6 %) bzw. 10,50 EUR/Std. für die Lohngruppe 2 (= + 5,0 %) (siehe Abbildung 2.3).

Kostenarten \ Kostenstellen	Handwerker	Energie	Summe sek.KSt.	Fertigung	Gesamt
Lohnstunden	500			2.000	
Lohn LG 3 (12,00)	6.000		6.000		6.000
Lohn LG 2 (10,00)				20.000	20.000
Sachkosten	4.000	15.000	19.000	30.000	49.000
Summe primäre Kosten	10.000	15.000	25.000	50.000	75.000
verrechnete Handw.kosten		2.000	2.000	8.000	10.000
verrechnete Energiekosten				17.000	17.000
Summe sekundäre Kosten		2.000	2.000	25.000	27.000
Gesamtkosten	10.000	17.000	27.000	75.000	102.000

Abbildung 2.2 Ressourcenplan vor Umwertung

Durch die Umwertung ändern sich auch die Werte der beiden Sekundärstellen: bei den Handwerkern durch die Lohnerhöhung für die Handwerker; der Kostensatz steigt von 20,00 EUR/Std. (10.000,00 EUR/500 Std.) auf 20,30 EUR/Std. (10.150,00 EUR/500 Std.), was einer Erhöhung von 1,5 % entspricht. Die Energiekosten steigen, obwohl der Fremdbezugspreis (Sachkosten) unverändert bleibt, um 0,73 %. Ursache für die höheren Kosten der Energiestelle sind die verrechneten Handwerkerstunden, die sich durch die Lohnerhöhung verteuert haben.

Kostenarten \ Kostenstellen	Handwerker	Energie	Summe sek.KSt.	Fertigung	Gesamt
Lohnstunden	500			2.000	
Lohn LG 3 (12,30 = + 2,6 %)	6.150		6.150		6.150
Lohn LG 2 (10,50 = + 5,0 %)				21.000	21.000
Sachkosten	4.000	15.000	19.000	30.000	49.000
Summe primäre Kosten	10.150	15.000	25.150	51.000	76.150
verrechnete Handw.kosten		2.030	2.030	8.210	10.150
verrechnete Energiekosten				17.030	17.030
Summe sekundäre Kosten		2.030	2.030	25.150	27.180
Gesamtkosten	10.150	17.030	27.180	76.150	103.330

Abbildung 2.3 Ressourcenplanung nach Umwertung

Dieses einfache Beispiel zeigt, dass sich die Verrechnungssätze durch die Lohnerhöhung verändern können, auch wenn auf einer Stelle, wie der Energiestelle, überhaupt kein Lohn anfällt. Wäre die Planung nicht so detailliert nach Lohngruppen mit Menge und Preis/Einheit erstellt, könnte die Abspaltung der Preisabweichungen nur mit einem mittleren Prozentsatz je Kostenart vorgenommen werden, also mit einem Mittelwert über alle Lohngruppen hinweg.

Die differenzierte Planung hätte ferner den Vorteil, dass bei einer Queraddition solcher Herkunftsbegriffe über einen Bereich, ein Werk oder über das gesamte Unternehmen der Bedarf an Mitarbeitern dieser Lohngruppe oder analog sonstiger Herkunftsbegriffe ermittelt und umgerechnet werden könnte.

Diese detaillierte Lösung kann analog bei Materialien vom Lager eingesetzt werden, wenn A-Materialien mit der Herkunftsmaterialnummer und dem Festpreis pro Einheit geplant sind. Sie gilt für Primär- und Sekundärstellen gleichermaßen, mit der Konsequenz, dass sich analog die Werte und damit auch die Kostensätze der Sekundärstellen ändern.

2.1.5 Zusammenfassung

Hier möchten wir Ihnen nochmals die Anforderungen an die Kostenartendifferenzierung auf einen Blick auflisten:

Anforderungen an die Kostenartendifferenzierung

- ▸ ausreichende Transparenz, insbesondere unter den Aspekten der Kostenkontrolle
- ▸ keine gemischten Kostenarten für Primär- und Sekundäraufwand (auch systemtechnisch ist es in CO nicht möglich, unter einer Kostenart Primäraufwand und Sekundäraufwand für innerbetriebliche Leistungen zu verquicken)
- ▸ soweit möglich Identität von Aufwandskonten des externen mit den Kostenarten des internen Rechnungswesens

Kostenarten sind abrechnungstechnisch Kopien von Sachkonten aus der Finanzbuchhaltung (primäre Kostenarten) oder »Rucksäcke« zum Transport von Kosten zwischen Controllingobjekten (sekundäre Kostenarten), d.h. Kostenstellen, Aufträgen, Ergebnisobjekten etc.

Die Kostenarten lassen sich abrechnungstechnisch in die vier folgenden Gruppen untergliedern:

Kostenartentypen

▶ primäre originäre Kostenarten

▶ primäre kalkulatorische Kostenarten

▶ direkt verrechnete sekundäre Kostenarten

▶ indirekt verrechnete sekundäre Kostenarten

Im Folgenden werden wir diese vier Gruppen detailliert beschreiben.

2.2 Primäre originäre Kostenarten

Vorgelagerte Quellen für primäre Kosten

Die *primären originären Kosten* werden aus vorgelagerten Arbeitsgebieten wie der Materialabrechnung für über Lager abgerechnete Materialien, aus der Lohn- und Gehaltsabrechnung für die Personalkosten sowie aus der Kreditorenbuchhaltung für Fremdlieferungen und -leistungen übernommen. Diese Übernahme erfolgt bei der integrierten Software SAP ERP schnittstellenfrei aus den Modulen MM, HR oder FI; falls die Datenübernahme aus einem Nicht-SAP-System erfolgt, müssen Schnittstellenprogramme, die auch alle Plausibilitätsprüfungen vorzunehmen haben, zwischengeschaltet werden.

Übernahme der Gemeinkosten

Dabei werden die Gemeinkosten je nach Belastungskontierung entweder direkt in die Kostenstellenrechnung oder in die vorgelagerte Innenauftragsabrechnung übergeleitet. Zu den primären originären Kosten zählen auch vom externen Rechnungswesen übernommene Abgrenzungsbuchungen, z. B. für ins Gewicht fallende Steuern, Versicherungen sowie Beiträge.

Die Soziallöhne, Sozialversicherungsbeiträge etc. werden aus der Personalabrechnung auf entsprechende Innenaufträge (GK-Aufträge) übernommen. Die Berücksichtigung in der monatlichen Kostenstellenrechnung erfolgt unabhängig von Istanfall mithilfe kalkulatorischer Belegschaftsnebenkosten-Zuschläge.

Die dafür vorzusehenden Abgrenzungsaufträge, auf denen die Gegenüberstellung der zum Teil in unregelmäßigen Zeitintervallen oder nur einmal jährlich anfallenden Istkosten mit der in der Kostenstellenrechnung vorgenommenen kalkulatorischen Verrechnung erfolgt, ähneln den T-Konten der Finanzbuchhaltung. Auf der Sollseite werden die effektiv anfallenden Kosten gesammelt, denen auf der Habenseite die kalkulatorisch verrechneten Zuschläge gegenübergestellt werden.

Die wichtigste Datenquelle für die Kostenrechnung ist in jedem Unternehmen und in jeder Softwarelösung die Finanzbuchhaltung. In der Finanzbuchhaltung, in SAP im Modul FI, werden Eingangsrechnungen von Lieferanten gebucht. In diesen Buchungen werden steuerliche Belange und Anforderungen im Hinblick auf Jahresabschlüsse genauso berücksichtigt wie die internen Vorgaben des Controllings. Die erste Entscheidung des Controllings in diesem Sinne betrifft die Frage, ob eine Buchung überhaupt in die Kostenrechnung einfließen soll oder nicht. Viele Vorgänge im Unternehmen betreffen zwar die Finanzbuchhaltung, nicht jedoch das interne Rechnungswesen. Beispiele dafür sind:

Datenquelle
Finanzbuchhaltung

- Wareneingang von Rohmaterial auf Lager
- Banküberweisung von fälligen Rechnungen
- Aufnahme eines Darlehens

Diese Buchungen, die nur Bilanzkonten betreffen, werden nicht in die Kostenrechnung übergeben. Aber auch manche Vorgänge auf GuV-Konten, z. B. Zahlung von Darlehenszinsen oder betriebsfremder Aufwand in Form von Spenden, werden nicht im internen Rechnungswesen dargestellt.

Technisch wird die grundsätzliche Entscheidung für die Übernahme von Buchungen in die Kostenrechnung durch die Anlage von primären Kostenarten getroffen. Wenn für ein Sachkonto eine primäre Kostenart definiert ist, werden alle Fibu-Buchungen zeitgleich auch in CO übernommen. Wenn die primäre Kostenart nicht existiert, besteht keine Möglichkeit, die Daten des Sachkontos im internen Rechnungswesen sichtbar zu machen oder weiterzuverarbeiten.

Als Einstieg in die Demonstration des SAP-Systems und als Praxisbeispiel zum Thema Kostenarten zeigen wir Ihnen nun einen FI-Beleg in einem produktiven SAP ERP-System.

Sachkonto in der
Buchhaltung

Vor der ersten Buchung in der Finanzbuchhaltung müssen Sachkonten als Stammdaten eingerichtet sein. Zur Darstellung dieser Stammdaten nutzen wir die Transaktion FS00 im Menü RECHNUNGSWESEN • FINANZWESEN • HAUPTBUCH • STAMMDATEN • EINZELBEARBEITUNG • ZENTRAL (siehe Abbildung 2.4).

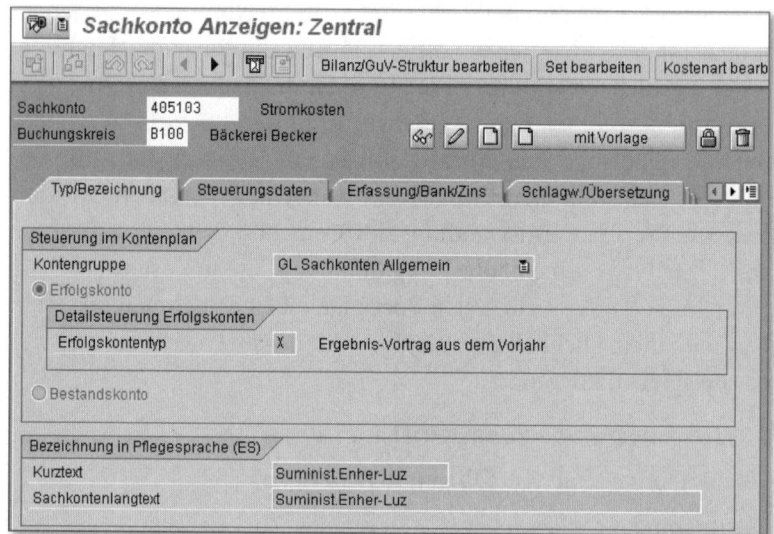

Abbildung 2.4 Sachkonto »Stromkosten« – Stammdaten der Buchhaltung

Das Sachkonto 405103 »Stromkosten« ist hier im Buchungskreis B100 »Bäckerei Becker« angelegt. Beim Anlegen des Sachkontos wird auf dieser Bildschirmseite entschieden, ob das Konto in der Finanzbuchhaltung für die Bilanz (BESTANDSKONTO) genutzt wird oder für die Gewinn- und Verlustrechnung (ERFOLGSKONTO). Nur Sachkonten mit der Eigenschaft ERFOLGSKONTO können im internen Rechnungswesen als primäre Kostenart angelegt werden.

Einzelposten in der Buchhaltung
Buchhaltung und Kostenrechnung/Controlling werden in allen größeren Unternehmen von unterschiedlichen Personen wahrgenommen. Der Controller wird FI-Buchungen normalerweise nicht selbst durchführen. Allerdings sollten die Controller, die mit SAP ERP arbeiten, Grundkenntnisse aller Module haben, aus denen ihre Daten stammen. Diese Grundkenntnisse sollten ausreichen, um die wichtigsten Einstellungen bei den Stammdaten interpretieren und um gebuchte Belege finden und überprüfen zu können. Die Grundkenntnisse zum Finden und Überprüfen von FI-Buchungen vermitteln wir Ihnen im Folgenden. Benutzen Sie die Transaktion FBL3N im Menü RECHNUNGSWESEN • FINANZWESEN • HAUPTBUCH • KONTO • POSTEN ANZEIGEN/ÄNDERN (siehe Abbildung 2.5). Für das Konto »Stromkosten« werden alle Belege gesucht, die zum 31.7.2009 angelegt wurden.

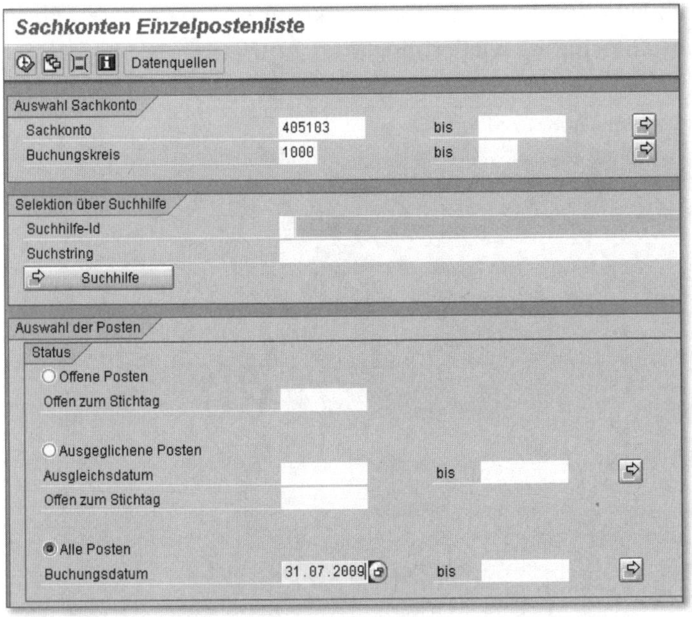

Abbildung 2.5 Selektion von Einzelposten in der Buchhaltung

Das System findet drei Belege (siehe Abbildung 2.6). Die Beträge in dieser Maske und den folgenden Screenshots haben wir unkenntlich gemacht.

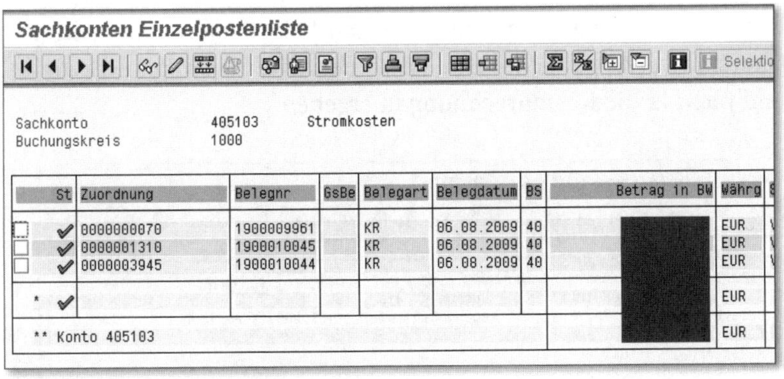

Liste der FI-Einzelposten

Abbildung 2.6 Liste der Einzelposten

Der Doppelklick auf den letzten gefundenen Beleg mit der Nummer 1900010044 führt zu Position 002 der zugrunde liegenden Buchung (siehe Abbildung 2.7). Zu sehen ist hier der GuV-Teil der Buchung. Nur für die Buchhalter ist wichtig, dass hier eine Sollbuchung dargestellt ist. Der Controller interessiert sich auf diesem Bild eher für den

Eintrag im Feld KOSTENSTELLE. Daran erkennt er, wo er diesen Beleg in der Kostenrechnung wiederfindet.

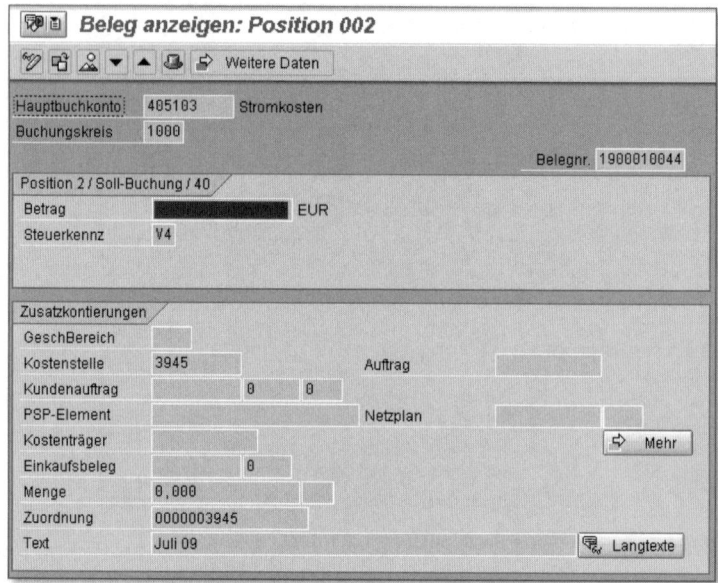

Abbildung 2.7 Buchhaltungsbeleg – Detail

Der Button BELEGÜBERSICHT zeigt alle Positionen (siehe Abbildung 2.8). Außer dem soeben dargestellten GuV-Konto »Stromkosten« wurde in der Bilanz ein offener Posten beim Lieferanten »Allgäuer Überlandwerk« gebucht. Die Vorsteuer wird separat ausgewiesen und nicht in die Kostenrechnung übergeben.

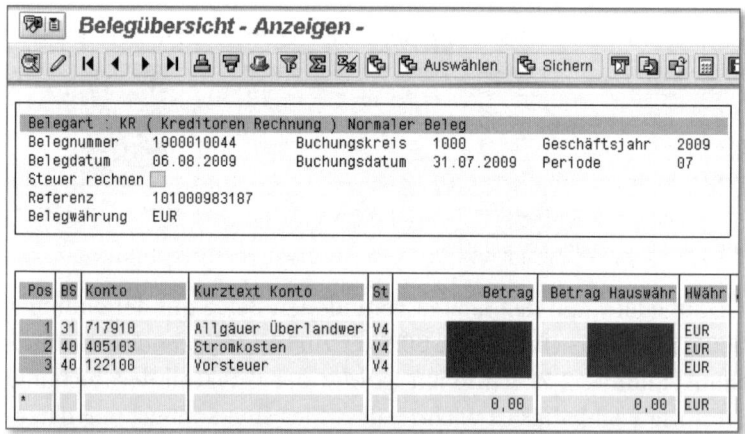

Abbildung 2.8 Buchhaltungsbeleg – Übersicht

Wenn wie bei diesem Unternehmen die optische Archivierung von Belegen eingerichtet ist, kann von hier auf den eingescannten Originalbeleg verzweigt werden. Nutzen Sie hierfür im Menü UMFELD • WEITERE ZUORDNUNGEN • OBJEKTVERKNÜPFUNGEN (siehe Abbildung 2.9).

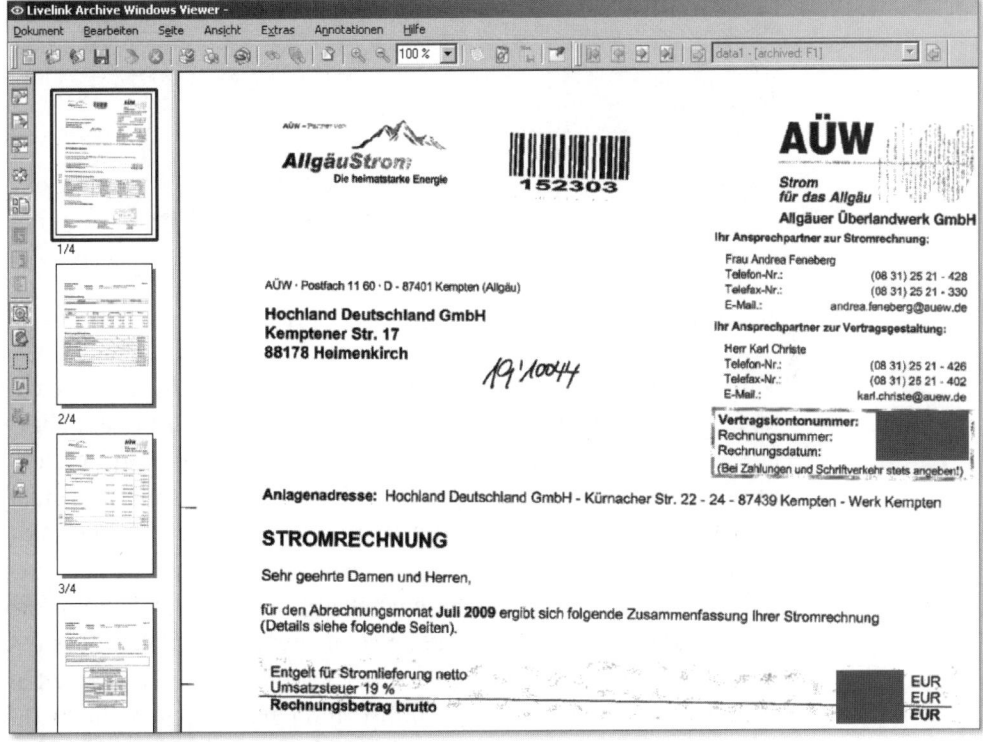

Abbildung 2.9 Archivierte Originalrechnung

Von den drei betroffenen Konten, Kreditor »Allgäuer Überlandwerk«, »Stromkosten« und »Vorsteuer«, ist nur das zweite für die Kostenrechnung relevant. Entsprechend wurde auch nur für dieses Konto eine primäre Kostenart mit den Transaktionen KA01, KA02 und KA03 im Menü RECHNUNGSWESEN • CONTROLLING • KOSTENARTENRECHNUNG • STAMMDATEN • KOSTENART • EINZELBEARBEITUNG • ANLEGEN PRIMÄR/ÄNDERN/ANZEIGEN angelegt (siehe Abbildung 2.10).

Primäre Kostenart

Grundsätzlich sind die Autoren dieses Buches von der Software SAP ERP, insbesondere vom Modul Controlling, überzeugt. Dennoch möchten wir Ihnen einige Ärgernisse bei der Verwaltung von Bezeichnungen der Konten in FI und der Kostenarten in CO an dieser Stelle nicht vorenthalten.

Bezeichnung, Beschreibung

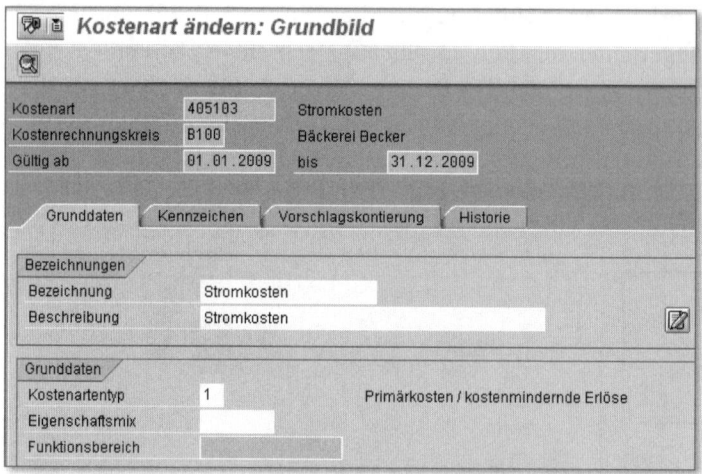

Abbildung 2.10 Kostenart »Stromkosten« im Controlling

Mit dem ersten Anlegen der primären Kostenart wird die Bezeichnung, hier »Stromkosten«, kopiert, also zusätzlich im System abgelegt. Der Kurztext aus dem FI-Sachkonto wird in das Feld BEZEICHNUNG der primären Kostenart kopiert. Der Sachkontenlangtext landet bei der Kostenart im Feld BESCHREIBUNG. Für KURZTEXT/BEZEICHNUNG funktioniert dieses Kopieren, beide Felder sind 20 Zeichen lang. Bei der Übertragung des Sachkontenlangtextes (60 Zeichen lang) in die Beschreibung der Kostenart (40 Zeichen lang) werden allerdings die letzten 20 Zeichen abgeschnitten. Bei komplizierten Sachverhalten stehen allerdings die wichtigen Informationen oft genau in diesen 20 abgeschnittenen Zeichen des Sachkontenlangtextes.

Das Kopieren der Informationen hat zur Folge, dass die Controllingstammdaten von Änderungen in der Quelle abgeschnitten werden. Wenn in der Buchhaltung Kurztext oder Langtext des Kontos geändert werden, berührt das bereits bestehende primäre Kostenarten nicht. Schon so manches Missverständnis zwischen Buchhaltern und Controllern wurde durch diesen Mangel ausgelöst. Eine Funktion zum nachträglichen Synchronisieren der Bezeichnungen bietet das SAP-System nicht.

Mehrere Sprachen Noch aufwendiger wird die Synchronisation der Bezeichnungen von Sachkonten und primären Kostenarten im internationalen Umfeld. Der beschriebene Kopiervorgang wird nämlich nur für die Sprache durchgeführt, in der der Benutzer gerade angemeldet ist. Im folgenden Beispiel wird dies deutlich.

Ein Unternehmen hat sich auf Englisch als Konzernsprache festgelegt. Nach umfangreichen Diskussionen sind auch die französischen Kollegen bereit, ihre landesspezifischen Konten in der Buchhaltung zusätzlich in Englisch zu pflegen. Sie nutzen hierfür die Registerkarte SCHLAGWORT/ÜBERSETZUNG in der bereits erwähnten Transaktion FS00 (siehe Abbildung 2.11). Beim Anlegen der primären Kostenart wird der französische Kollege sicher mit der Sprache FR am System angemeldet sein. Das System kopiert nur die Bezeichnung der Anmeldesprache (hier französisch »Achats-électricité«) aus dem Sachkonto in die Stammdaten der primären Kostenart.

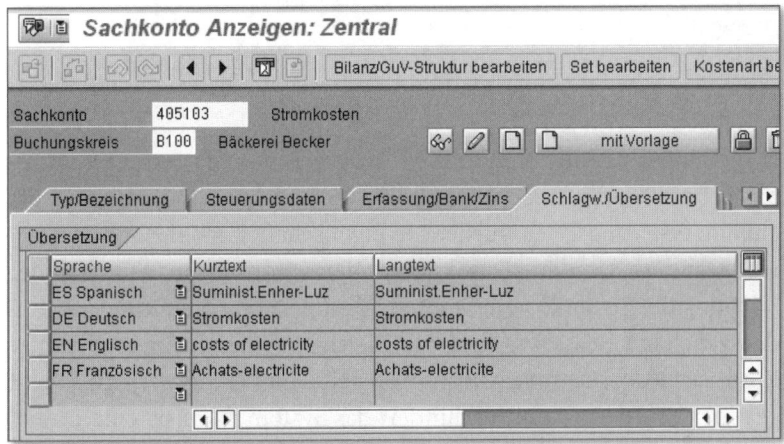

Abbildung 2.11 Übersetzung von FI-Konten

Die Kurz- und Langtexte der anderen Sprachen (hier Deutsch und Englisch) müssen in der Kostenart manuell nachgetragen werden. Zum manuellen Nachtragen der Kostenartenbezeichnung sucht unser französischer Kollege eine Funktion zum Übersetzen, wie sie beim Sachkonto angeboten wird – er sucht vergeblich. Zum Nachtragen von Bezeichnung und Beschreibung der Kostenarten muss sich der Benutzer mit der jeweiligen Sprache am System anmelden, d.h. zum Pflegen der englischen Texte mit EN (siehe Abbildung 2.12) und danach zum Pflegen der deutschen Texte mit DE. Wie bereits erwähnt, werden die Bezeichnungen für Sachkonto und Kostenart getrennt gespeichert – Änderungen auf einer Seite bleiben ohne Auswirkungen auf der anderen. In einem internationalen Umfeld mit jeweils mehreren Hundert landesspezifischen Benennungen in jeweils zwei oder mehr Sprachen führt allein die Synchronisation dieser Texte zu erheblichem Aufwand.

Anmeldesprache Englisch

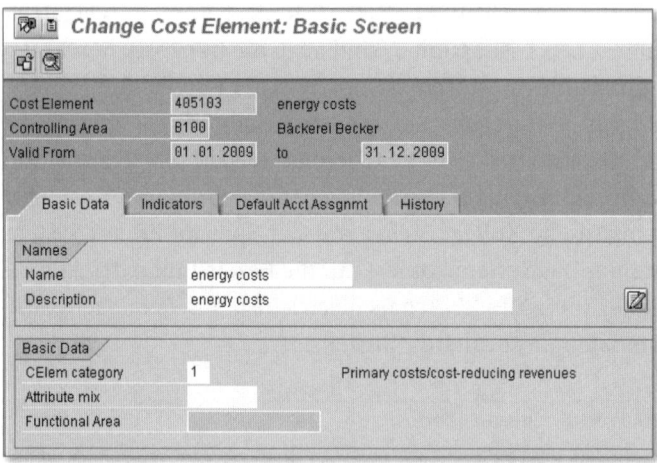

Abbildung 2.12 Übersetzung der Kostenart ins Englische

Zeitabhängige Eigenschaften

Nach der Darstellung dieser für ein ausgereiftes integriertes Software-paket unbefriedigenden Lösung wieder zu einer Anforderung, die angemessen umgesetzt wurde. Die Eigenschaften einer Kostenart sollen geändert werden. Das kommt dann vor, wenn z. B. bei der Buchung der Stromkosten die Menge der verbrauchten Kilowattstunden gleich mit erfasst werden soll. Die entsprechende Eigenschaft der Kostenart MENGE FÜHREN kann innerhalb eines Geschäftsjahres nicht geändert werden. Damit verhindert das System inkonsistente Daten, die dann auftreten würden, wenn Teile der Belege mit Mengen und andere ohne gespeichert wären. Also sieht die Software vor, die Eigenschaft MENGE FÜHREN zum Jahreswechsel zu ändern. Für die Erfassung von Feldänderungen mit Gültigkeitszeitraum nutzen Sie aus der Pflegetransaktion der Kostenart heraus das Menü BEARBEITEN • BETRACHTUNGSZEITRAUM (siehe Abbildung 2.13).

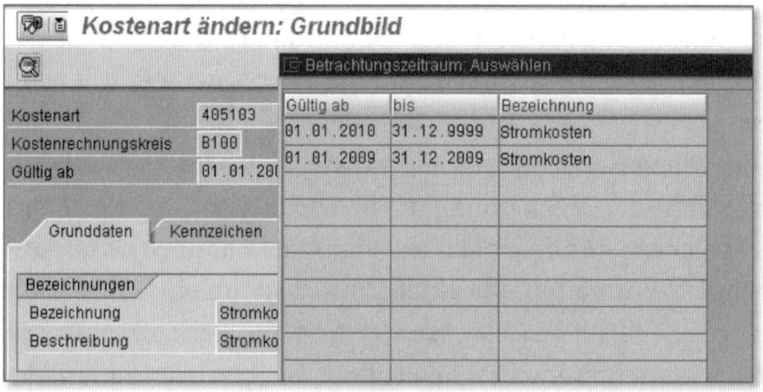

Abbildung 2.13 Betrachtungszeitraum wählen

Die Eigenschaft MENGE FÜHREN gilt nicht für die gesamte »Lebens-zeit« der Kostenart (1.1.2009 bis 31.12.9999), sondern erst ab dem 1.1.2010 (siehe Abbildung 2.14).

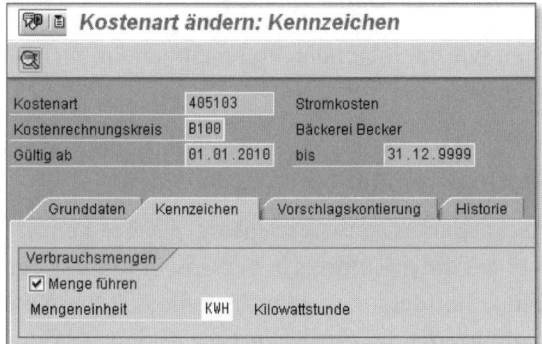

Abbildung 2.14 Stammdaten der Kostenart ab 1.1.2010 – »Menge führen«

2.3 Primäre kalkulatorische Kostenarten

Die *primären kalkulatorischen Kosten* haben zwei unterschiedliche Zielrichtungen. Zum einen sind es, vereinfacht ausgedrückt, »Anstatt«-Kosten, wenn im internen Rechnungswesen, unabhängig vom Istaufwand des externen Rechnungswesens, kalkulatorische Kosten zum Ansatz gelangen. Dazu zählen insbesondere die kalkulatorischen Kapitalkosten, wenn im internen Rechnungswesen, unabhängig von den Ansätzen des externen Rechnungswesens, lineare, den leistungs- und zeitabhängigen Verschleiß eines Anlageguts berücksichtigende *kalkulatorische Abschreibungen* (meist ausgehend vom Wiederbeschaffungswert und von betriebswirtschaftlichen Nutzungsdauern) gerechnet werden sollen. Zum anderen sind vom Istaufwand losgelöste *kalkulatorische Zinsen* auf Anlage- und Umlaufvermögen zu berücksichtigen. Auf die kalkulatorischen Abschreibungen und Zinsen wird bei den Ausführungen zur Kostenplanung in Abschnitt 3.4.4, »Durchführung der Kostenplanung«, nochmals im Detail eingegangen.

Kalkulatorische Abschreibungen und kalkulatorische Zinsen

Aus Sicht des Controllings/innerbetrieblichen Rechnungswesens sind Abschreibungen, also der jährliche Wertverlust von Maschinen, Fahrzeugen, Gebäuden etc., nichts anderes als Kosten – direkt vergleichbar mit den Stromkosten, die im vorigen Abschnitt als Beispiel dienten. Dennoch lohnt eine genauere Betrachtung der Abschreibungen, weil sie nicht manuell in FI erfasst werden, sondern automatisch in der Anlagenbuchhaltung (Modul FI-AA – *Asset Accounting*) ermittelt und von dort in das Controlling (CO) übertragen werden. Entsprechend der Forderung »die Controller, die mit SAP ERP arbeiten, sollten in allen Modulen, aus denen sie Daten bekommen, Grundkenntnisse haben« geben wir im Folgenden einen kurzen Einblick in die Anlagenbuchhaltung.

2.3.1 Anlagen und Abschreibungen

Beim Kauf eines Wirtschaftsgutes, das über mehrere Jahre genutzt wird, erscheint nicht der gesamte Kaufpreis in der GuV des Jahres der Anschaffung als Aufwand. Stattdessen werden über die Zeit der Nutzung Teilbeträge als *Abschreibung für Abnutzung* – kurz AfA – gebucht. Die AfA repräsentiert, aufgrund der vom Fiskus festgelegten Nutzungsdauern, den Wertverlust für jedes einzelne Jahr. Dabei werden entweder lineare oder degressive Berechnungsmethoden genutzt.

Beispiel 2: Produktionsmaschine (lineare AfA)

Angeschafft wird eine Produktionsmaschine für 100.000,00 EUR. Die Abschreibungsdauer beträgt zehn Jahre. Die Maschine »verliert« also jedes Jahr einen Wert von 10.000,00 EUR. Der Restbuchwert am Anfang des zweiten Jahres der Nutzung beträgt demnach 90.000,00 EUR, am Anfang des dritten Jahres 80.000,00 EUR etc. Die Abschreibung von 10.000,00 EUR wird in jedem Jahr als Aufwand in der Finanzbuchhaltung dargestellt. Nach zehn Jahren ist die Maschine vollständig abgeschrieben, der Restbuchwert ist null, es entstehen keine weiteren Aufwandsbuchungen.

Beispiel 3: Pkw (degressive AfA)

Angeschafft wird ein Betriebs-Pkw für 30.000,00 EUR. Entsprechend dem hohen Wertverlust zu Beginn der Nutzungsdauer entscheidet sich das Unternehmen, hier die degressive Methode der Abschreibung zu nutzen. Abgeschrieben werden in jedem Jahr 20 %, im ersten Jahr also 6.000,00 EUR.

Im zweiten Jahr werden wieder 20 % abgeschrieben, jetzt allerdings vom Restbuchwert in Höhe von 24.000,00 EUR, also nur noch 4.800,00 EUR. In jedem Jahr verringert sich so der Abschreibungsbetrag. Dieses Verfahren allein würde nie zu einer vollständigen Abschreibung einer Anlage führen. Deshalb wird die degressive Abschreibung zu einem geeigneten Zeitpunkt durch die lineare Abschreibung ersetzt.

In diesem Beispiel wäre bei einer Nutzungsdauer des Fahrzeugs von sechs Jahren die lineare Abschreibung 16,7 % des Anschaffungswerts pro Jahr, also 5.000,00 EUR. Bereits im zweiten Jahr der Nutzung übersteigt die lineare Abschreibung (5.000,00 EUR) die degressive Abschreibung (4.800,00 EUR), demnach ist dies der geeignete Zeitpunkt zum Wechsel. Im zweiten bis fünften Jahr werden also jeweils 5.000,00 EUR als AfA verbucht. Zu Beginn des sechsten Jahres sind noch 4.000,00 EUR als Restbuchwert für den Pkw in der Anlagenbuchhaltung verzeichnet. Dieser verbleibende Betrag wird dann in diesem Jahr als Abschreibung in der GuV dargestellt.

Die Abschreibungen in den Beispielen Produktionsmaschine und Pkw spiegeln Abschreibungsverfahren wider, wie sie bei einem deutschen Unternehmen gemäß Handelsrecht (HGB) angewandt werden. Die so generierten Wertverluste und Restbuchwerte werden in die GuV bzw. Bilanz des Buchhaltungsabschlusses überführt. Controller sind in vielen Unternehmen der Meinung, dass die so errechneten Abschreibungen nicht den betriebswirtschaftlichen Anforderungen entsprechen. Abschreibungen beeinflussen die Produktkosten, die wiederum Grundlage für Verkaufsangebote sind.

Steuer- und Handelsrecht versus interne Abschreibung

Die kalkulatorischen Abschreibungen des internen Rechnungswesens unterscheiden sich von der buchhalterischen AfA in folgenden Punkten:

► Nutzungsdauer

► Abschreibung unter null

► Abschreibung vom indizierten Anschaffungswert

In der Buchhaltung wird für eine Anlagenklasse eine einheitliche *Nutzungsdauer* unterstellt. Die tatsächliche Nutzungsdauer einzelner Maschinen kann sowohl kürzer als auch länger sein, was die jährlichen Abschreibungen natürlich maßgeblich beeinflusst.

Nutzungsdauer

Die betriebswirtschaftlich anzusetzenden Abschreibungszeiten, die für die kostenstellenbezogenen Abschreibungen linear festgesetzt werden und Sonderabschreibungen außer Acht lassen, entsprechen eher der vom Statistischen Bundesamt fixierten Gruppierung, wobei aber auch dort eine allgemeine, wenn auch differenziertere und besser zutreffende Klassifizierung vorgenommen ist. Im Einzelfall sind aber auch diese Werte aufgrund der heutigen immensen technologischen Entwicklung durch anlagenindividuelle Ansätze zu ersetzen.

Zu bedenken ist ferner, dass Anlagen, unabhängig von der technischen/wirtschaftlichen Nutzbarkeit, nur für eine bestimmte, durch die Produktlebenszeit vorgegebene Nutzungsdauer eingesetzt werden. So werden z. B. Pressen in der Automobilfertigung nur für ein Produkt eines bestimmten Typs, etwa den linken vorderen Kotflügel einer Modellreihe, genutzt und beim nächsten Modellwechsel durch neue, auf die künftige Linie ausgerichtete Pressen ersetzt, obwohl sie technisch (allerdings mit entsprechenden Kosten und nicht unbedingt dem neuesten Technologiestand gemäß) auf das neue Modell umgerüstet werden könnten.

Abschreibung unter null

Aus Sicht des Controllings ist es wichtig, zu sagen: »Auch wenn die Maschine schon 15 Jahre im Einsatz ist und bereits nach zehn Jahren abgeschrieben war, müssen wir die Abschreibungen, die wir bei einer neuen Maschine hätten, in den Produktkosten berücksichtigen. Nur so stellen wir die Kontinuität in unseren Kalkulationen sicher. Mit der Nutzung der buchhalterischen Abschreibungen würden wir bei abgeschriebenen Maschinen zu billig anbieten und könnten dann bei der nächsten Neuinvestition und entsprechend hohen Abschreibungen die Kosten nicht mehr an den Markt weitergeben.«

Die buchhalterische Abschreibung dient im Prinzip der Verteilung – linear oder degressiv – des tatsächlichen Anschaffungswerts einschließlich der zu aktivierenden Eigenleistung über die vom Fiskus festgelegten Nutzungsjahre. Ausgangspunkt ist immer, auch wenn die Abschreibung über viele Jahre läuft, der effektive Anschaffungswert.

Abschreibung vom indizierten Anschaffungswert

Demgegenüber geht die kalkulatorische Abschreibung von einem auf das jeweilige Geschäftsjahr hochgerechneten, indizierten Anschaffungswert (= Wiederbeschaffungswert) aus. Insofern dient die kalkulatorische Abschreibung primär der Substanzerhaltung und der Sicherstellung, dass in die Produktkosten über alle Jahre der Nutzung hinweg eine aktualisierte Abschreibungsbelastung eingeht. Da die kalkulatorische Abschreibung über eigene Kostenarten abgewickelt wird und die finanzbuchhalterische Abschreibung als nicht kostenrechnungsrelevant deklariert wird, ist es kein Problem, die Differenz in der Abstimmung zwischen externem und internem Rechnungswesen zu berücksichtigen.

2.3.2 Kalkulatorische Zinsen

Die *kalkulatorischen Zinsen* stellen ein Äquivalent für das im Anlage- und Umlaufvermögen gebundene Kapital dar. Die Meinungen, ob bei der Verzinsung des Anlagevermögens die Zinsen nur auf das eingesetzte Fremdkapital oder das gesamte gebundene Eigen- und Fremdkapital berücksichtigt werden sollten, gehen auseinander. In praxi hat sich aber aus verschiedenen Gründen die Variante, Zinsen auf das gesamte betriebsnotwendige Kapital zu verrechnen, durchgesetzt. Durchgesetzt nicht dergestalt, dass die Anpassung an die Istzinsen über den Zinssatz vorgenommen wird, sondern so, dass ein üblicher Zinssatz für langfristig aufgenommenes Geld angesetzt wird, der z. B. auch den Investitionsrechnungen zugrunde gelegt wird.

Die Diskussion wurde in den letzten Jahren vor allem im Zusammenhang mit den Überlegungen zur wertorientierten Unternehmensführung (EVA) neu belebt. Unabhängig davon ist bei den kalkulatorischen Zinsen die Frage weniger das »Ob«, sondern vielmehr das »Wohin«, nämlich ob man die kalkulatorischen Zinsen auf die einzelnen Kostenstellen übernehmen oder in Summe gegen das Ergebnis der Unternehmensbereiche oder das Unternehmensgesamtergebnis rechnen sollte, für die solche Kennziffern ermittelt und kontrolliert werden. Dabei sollte man gedanklich zwischen den kalkulatorischen Zinsen auf das Anlage- und Umlaufvermögen unterscheiden.

Bei den *kalkulatorischen Zinsen auf Anlagevermögen* spricht für die Zuordnung zu den einzelnen Kostenstellen, dass damit dem Kostenstellenverantwortlichen die gesamten Kosten einschließlich der Kapitalbindung gezeigt werden (auch wenn er die Zinsen nicht beeinflussen kann) und dass diese Kapitalkosten damit auch im Gesamtkostensatz (Vollkostensatz) – nur dort, da die Zinsen auf das Anlagevermögen voll fix zu sehen sind (siehe die Ausführungen zur Kostenplanung in Abschnitt 3.4.4, »Durchführung der Kostenplanung«) – enthalten sind. Es spricht einiges dafür, dieses Gesamtkostenvolumen aufzuzeigen. Es ist auch kein Problem, trotz dieser Zuordnung die Kosten für Auswertungen der wertorientierten Unternehmensführung summarisch zu separieren, da die kalkulatorischen Zinsen, ebenso wie die kalkulatorischen Abschreibungen, über eigene Kostenarten verrechnet werden. Dagegen spricht, dass die Zinsen nicht Bestandteil der bilanziellen Herstellkosten und nicht entscheidungsrelevant sind und vom Kostenstellenverantwortlichen nicht beeinflusst werden können.

> Kalkulatorische Zinsen auf Anlagevermögen

Als Basis der kalkulatorischen Zinsen auf das Anlagevermögen bieten sich der indizierte Anschaffungswert (Wiederbeschaffungswert) oder der Restwert der Anlagegüter an. Bei der Verzinsung der Wiederbeschaffungswerte geht man vom halben Wiederbeschaffungswert aus, um damit über die gesamte Nutzungsdauer des Anlageguts eine gleichmäßige Zinsbelastung für die erzeugten Produkte zu erhalten.

Geht man dagegen vom Restwert aus, nimmt die Zinsbelastung über die gesamte Nutzungsdauer kontinuierlich ab, mit der Konsequenz, dass der Gesamtkostensatz, was den Zinsanteil anbelangt, immer weiter bis auf null zurückgeht und im Ersatzbeschaffungsfall daraus ein erheblicher Anstieg des Gesamtkostensatzes und eine Verteuerung der betroffenen Produkte resultieren, während bei der Methode der Wiederbeschaffungswert-Zinsen der Zinsanteil über die gesamte Nutzungszeit, von der Teuerungsrate abgesehen, immer gleich bleibt.

Als Prozentsatz für die Verzinsung des Anlagevermögens wird der Zinssatz für langfristig disponiertes Geld zugrunde gelegt. Alternativ kommt der in den Investitionsrechnungen angesetzte Zinsfuß zur Anwendung.

Kalkulatorische Zinsen auf Umlaufvermögen

Kalkulatorische Zinsen auf Umlaufvermögen werden auf die monatlichen Durchschnittsbestände an Roh-, Hilfs- und Betriebsstoffen, Halb- und Fertigfabrikaten und Ersatzteilen, jeweils in Verbindung mit der Planbeschäftigung und den Umschlagshäufigkeiten, sowie auf die offenen Posten der Debitoren gerechnet. Bei extrem langen Beschaffungszeiten sind gegebenenfalls Reservebestände zu berücksichtigen. Als Wertansätze werden bei Roh-, Hilfs- und Betriebsstoffen sowie Zukaufteilen die Planpreise, für die Ware in Arbeit, Halb- und Fertigfabrikate die Planherstellkosten gewählt.

Die kalkulatorischen Zinsen auf das Umlaufvermögen werden entweder den verantwortlichen Kostenstellen angelastet (Roh-, Hilfs- und Betriebsstoffe den jeweiligen Lagerkostenstellen, Ware in Arbeit und Halbfabrikate meist den Fertigungsleitungen, Fertigfabrikate dem Fertigwarenlager, Debitorenbestände den Verkaufsleitungen In- und Ausland) oder auf die Bereiche verteilt direkt in die Ergebnisrechnung übernommen.

Zu erwähnen ist noch, dass in vielen Unternehmen, z. B. in der Automobilfertigung, die Bestände durch die Just-in-time-Fertigung erheblich zurückgegangen sind, indem die Thematik Bestandsführung weitgehend auf die Zulieferer abgeschoben wurde.

Als Prozentsatz für die Verzinsung des Umlaufvermögens wird meist ein Wert angesetzt, der wegen der kürzeren Bindungszeit um ein bis zwei Punkte über dem Zinssatz für das Anlagevermögen liegt.

Zur Abbildung der Abschreibungen und Zinsen im SAP-System ist Folgendes anzumerken: Die technischen Möglichkeiten zur parallelen Abbildung unterschiedlicher Abschreibungsverfahren für ein Anlagegut sind in der Anlagenbuchhaltung von SAP ERP vorhanden. Unterschiedliche Abschreibungsdauern und -methoden werden in unterschiedlichen Bewertungsbereichen verwaltet.

2.3.3 Anlagen in SAP ERP

Werfen wir einen Blick auf den Anlagenstamm in SAP ERP. Nutzen Sie hierfür die Transaktion AS03 im Menü RECHNUNGSWESEN • FINANZWESEN • ANLAGEN • ANLAGE • ANZEIGEN • ANLAGE (siehe Abbildung 2.15). Zu sehen ist ein Backofen, den die Beispielfirma Bäckerei Becker zum 1.1.2009 angeschafft hat.

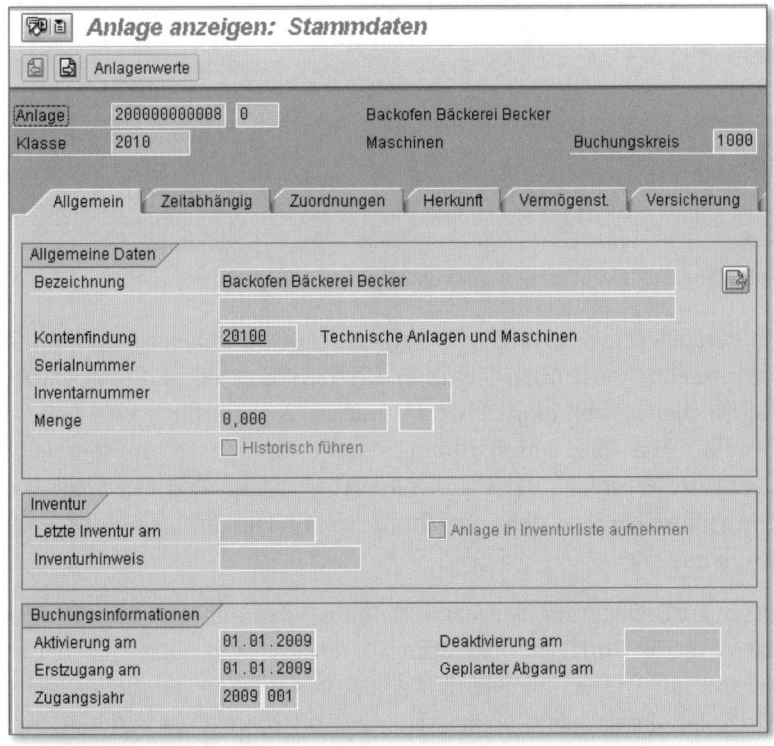

Abbildung 2.15 Stammdaten der Anlagenbuchhaltung

Der Button ANLAGENWERTE zeigt im Bewertungsbereich »Geplante Werte HL Kalkulatorische AfA« auf der Registerkarte PLANWERTE Werte für Anschaffung, Bestand und Abschreibung (siehe Abbildung 2.16).

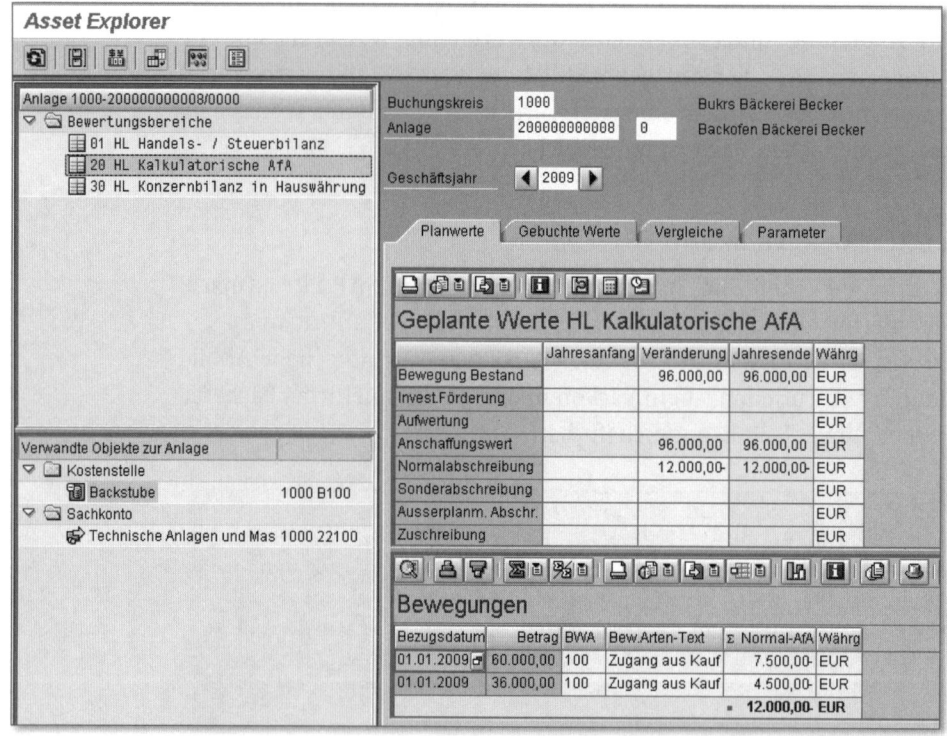

Abbildung 2.16 Kalkulatorische Abschreibung (AfA) für Backofen

Verbindung zum Controlling

Im Bereich VERWANDTE OBJEKTE ZUR ANLAGE im linken unteren Bildschirmbereich erkennen Sie unter KOSTENSTELLE den Eintrag »Backstube« (siehe Abbildung 2.16). Mit dieser Verknüpfung wird sichergestellt, dass die Abschreibungsbeträge des Bewertungsbereichs »Geplante Werte HL Kalkulatorische AfA« an der richtigen Stelle im Controlling landen (siehe Abschnitt 3.4.4, »Durchführung der Kostenplanung«).

Abschreibungslauf

Nach der Betrachtung der Stammdaten werden wir jetzt Bewegungsdaten in der Anlagenbuchhaltung erzeugen. Wir nutzen dazu die Transaktion AFAB im Menü RECHNUNGSWESEN • FINANZWESEN • ANLAGEN • PERIODISCHE ARBEITEN • ABSCHREIBUNGSLAUF • DURCHFÜHREN (siehe Abbildung 2.17).

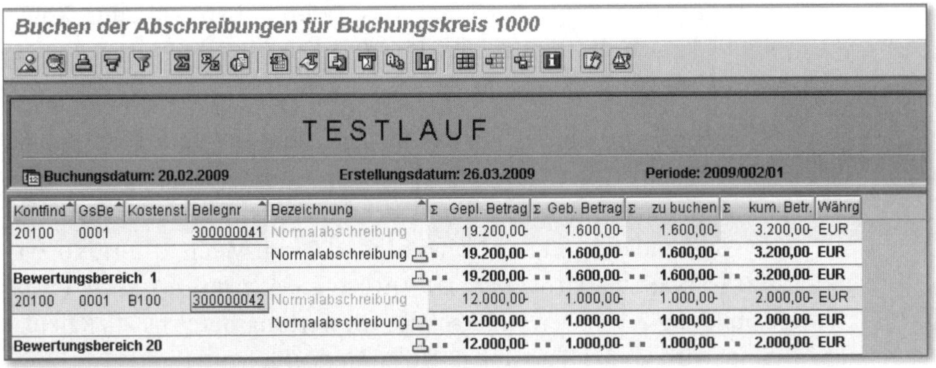

Abbildung 2.17 Protokoll zum Abschreibungslauf

Sie sehen in Abbildung 2.17 das Protokoll für den Testlauf zur Abschreibung im Monat Februar 2009. »Bewertungsbereich 1« steht für »Handels-/Steuerbilanz«. Unter »Bewertungsbereich 20« sind die Daten für die kalkulatorische AfA dargestellt. Im »Bewertungsbereich 20« ist in der Spalte KOSTENSTELLE »B100« für »Backstube« zu sehen. In der Spalte GEPLANTER BETRAG steht die Abschreibung für das gesamte Jahr 2009. GEBUCHTER BETRAG zeigt die Buchung des Monats Januar, die bereits durchgeführt wurde. ZU BUCHEN steht für die Februarabschreibung, die in diesem Lauf gebucht wird. Ein Mausklick auf die Belegnummer 300000042 führt zu den Details der kalkulatorischen AfA (siehe Abbildung 2.18).

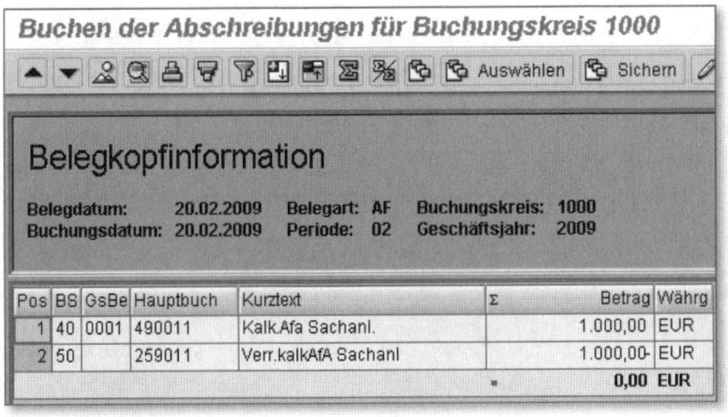

Abbildung 2.18 Beleg aus Abschreibungslauf

Der Abschreibungslauf generiert im »Bewertungsbereich 20, kalkulatorische AfA« einen Beleg mit zwei Positionen. Für das Hauptbuchkonto (= Sachkonto) »490011 Kalk.AfA Sachanlagen« ist im System eine Kostenart angelegt. So wird diese Buchung an das Controlling übergeben. Buchhaltung funktioniert immer, wie Sie wissen, mit

Buchung und Gegenbuchung. Also wird zusätzlich zum Konto 490011 noch das Konto 259011 »Verr.kalkAfA Sachanlagen« angesprochen.

Kalkulatorische Zinsen

Kalkulatorische Zinsen für das in den Anlagen gebundene Kapital können durch die Anlagenbuchhaltung ermittelt und ausgewiesen werden. Dazu ändern wir den Abschreibungsschlüssel der Anlage in den Stammdaten mit der Transaktion AS01 im Menü RECHNUNGSWESEN • FINANZWESEN • ANLAGEN • ANLAGE • ÄNDERN • ANLAGE (siehe Abbildung 2.19). Der Schlüssel des »Bewertungsbereichs 20, Kalkulation« wird von »LINB« auf »LINC« umgestellt.

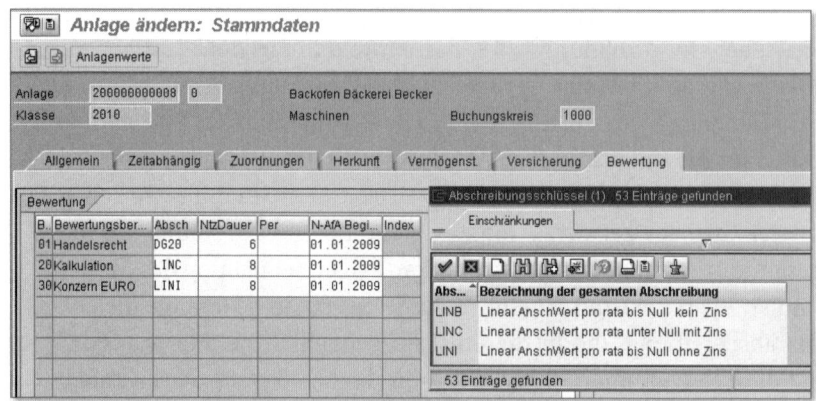

Abbildung 2.19 Abschreibungsschlüssel ändern

Der Abschreibungslauf generiert jetzt für den »Bewertungsbereich 20« zusätzlich zu den 12.000,00 EUR Normalabschreibungen noch Zinsen in Höhe von 4.800,00 EUR (siehe Abbildung 2.20).

Buchen der Abschreibungen für Buchungskreis 1000

TESTLAUF

Buchungsdatum: 20.02.2009   Erstellungsdatum: 29.04.2009   Periode: 2009/002/01

Kontfind	GsBe	Kostenst.	Belegnr	Bezeichnung	Σ Gepl. Betrag	Σ Geb. Betrag	Σ zu buchen	Σ kum. Betr.	Währg
20100	0001		300000041	Normalabschreibung	19.200,00-	1.600,00-	1.600,00-	3.200,00-	EUR
				Normalabschreibung	19.200,00-	1.600,00-	1.600,00-	3.200,00-	EUR
Bewertungsbereich 1					19.200,00-	1.600,00-	1.600,00-	3.200,00-	EUR
20100	0001	B100	300000042	Normalabschreibung	12.000,00-	1.000,00-	1.000,00-	2.000,00-	EUR
				Normalabschreibung	12.000,00-	1.000,00-	1.000,00-	2.000,00-	EUR
20100	0001	B100	300000042	Zinsen	4.800,00	0,00	800,00	800,00	EUR
				Zinsen	4.800,00	0,00	800,00	800,00	EUR
Bewertungsbereich 20					7.200,00-	1.000,00-	200,00-	1.200,00-	EUR

Abbildung 2.20 Abschreibungslauf mit kalkulatorischen Zinsen

2.3.4 Sonstige primäre kalkulatorische Kostenarten

Die zweite Gruppe der primären kalkulatorischen Kostenarten umfasst die abgegrenzte Verrechnung aperiodisch anfallender Gemeinkosten.

Abgrenzung
aperiodisch
anfallender Kosten

Hierzu zählen vor allem besondere, wertmäßig ins Gewicht fallende, nicht artikelbezogene, sondern kostenstellengebundene Sonderbetriebsmittel oder auch nicht aktivierungspflichtige Großreparaturen, die in größeren zeitlichen Abständen anfallen (wie etwa die alle eineinhalb bis zwei Jahre anstehende Ausmauerungsreparatur der Brennöfen in der keramischen Industrie).

Die Verrechnungstechnik ist bei beiden Gruppen der Kategorie primäre kalkulatorische Kostenarten die gleiche: Die entsprechenden Planpositionen werden im monatlichen Kostenstellen-Soll-Ist-Vergleich Soll = Ist abgerechnet, d. h., die an die Istbeschäftigung der Periode angepassten Sollkosten werden in gleicher Höhe (unabhängig vom tatsächlichen Istkostenanfall) als Istkosten übernommen.

Die auf diese Weise kalkulatorisch verrechneten Beträge werden monatlich den entsprechenden, mit der Planung angelegten Innenaufträgen, Gruppe »Abgrenzungsaufträge«, gutgeschrieben, denen belastungsseitig bei Anfall die effektiven Istkosten gegenübergestellt werden.

Durch dieses Procedere werden im monatlichen Istkostensatz die entsprechenden Sollkosten berücksichtigt; der nur über einen längeren Zeitraum aussagefähige Vergleich der an die Istbeschäftigung angepassten Abgrenzungswerte mit den effektiven Istkosten wird in die Auftragsabrechnung ausgelagert (siehe die Ausführungen zu den Abgrenzungsaufträgen in Abschnitt 4.3.3).

2.4 Sekundäre Kostenarten

Wir haben in Abschnitt 2.1, »Betriebswirtschaftliche Grundlagen«, bei den allgemeinen betriebswirtschaftlichen Ausführungen zu den Kostenarten am Ende des Kapitels eine abrechnungstechnische Gliederung der Kostenarten in vier Gruppen vorgenommen. Die für Gruppe 3 (*direkt verrechnete Sekundärkosten*) und Gruppe 4 (*indirekt verrechnete Sekundärkosten*) vorzusehenden Verrechnungskostenarten dienen einzig der Weiterbelastung der jeweiligen Sekundär-

Direkt und indirekt
verrechnete
Sekundärkosten

stelle auf Primärstellen, andere Sekundärstellen, auf Innenaufträge und gegebenenfalls in die Ergebnisrechnung.

Diese Kostenarten können keine Istkosten aufnehmen; sie sind sogar systemmäßig für Plan- und Istkostenbelastungen gesperrt. Der Kostenanfall – Plan und Ist – kann nur unter den originären Primär- und Sekundärkostenarten erfasst werden.

Die Verrechnungskostenarten von Gruppe 3 und Gruppe 4 sind an die Leistungsarten der ausführenden Kostenstellen gekoppelt. Maßgebend für die Zuordnung zu Gruppe 3 bzw. Gruppe 4 ist die Erfassbarkeit der monatlichen Istbelastung, und zwar nicht nur in Summe für die ausführende Kostenstelle (»Sender«), sondern vor allem nach der effektiven Inanspruchnahme durch die verbrauchenden Kostenstellen (»Empfänger«).

Beispiele für direkt verrechnete Sekundärkosten
Damit kann für die direkt verrechneten Sekundärkosten eine (monatliche) Weiterbelastung der in Anspruch genommenen Mengen mal dem Kostensatz der abgebenden Kostenstelle vorgenommen werden. Beispiele sind:

▸ *Betriebshandwerkerstellen* (Schlosser, Elektriker, Bauhandwerker etc.), deren Stunden über Aufschreibungen oder Betriebsdatenerfassung nach Leistungsempfängern (zu belastende Kostenstellen oder Innenaufträge) festgehalten werden

▸ *Energiestellen*, wenn bei den verbrauchenden Kostenstellen über Subzähler effektiv die abgenommene Strommenge (kWh) bzw. der Gasverbrauch (m³) gemessen wird

▸ *Transportstellen* wie Fuhrparks mit Pkws und Lkws, wenn die gefahrenen Kilometer und die angefallenen Stunden der Fahrer und Beifahrer nach den einzelnen Belastungskontierungen im Ist erfasst werden

Infrage kommen alle Sekundärstellen, bei denen die detaillierte Erfassbarkeit von Istverbrauchsmengen sichergestellt sind.

CO definiert eine Kostenstelle bereits dann als sekundär, wenn im Plan auch nur eine Belastung zulasten einer anderen Kostenstelle vorliegt. Deshalb ist in einem solchen Fall im Rahmen der Planung vorzusehen, für diese Verrechnung eine eigene Leistungsart bei der ausführenden Kostenstelle festzulegen.

Zu den indirekt verrechneten Sekundärkosten gehören alle Sekundär-stellen, für die keine direkt erfassbare Leistungsmessung, weder für den Sender noch für die Empfänger, möglich ist. Bestes Beispiel sind die betrieblichen Leitungsstellen (Betriebsleitung, Meistereien).

Beispiele für indirekt verrechnete Sekundärkosten

Zu dieser Gruppe 4 würden auch die Energiestellen zählen, wenn die Istinanspruchnahme nicht nach den einzelnen Leistungsempfängern separat ermittelbar ist (wenn also keine Subzähler vorhanden sind). Denkbar sind gerade bei der Energie auch Mischkonfigurationen. Das heißt, dass also für einige wenige Hauptverbraucher Subzähler für die direkte Istverbrauchsmengen-Erfassung vorhanden sind, für alle anderen Verbraucher aber keine Istmengen festgehalten werden kön-nen. In diesem Fall müssen für die Energiestelle zwei Leistungsarten, für die direkt erfassbaren Leistungsempfänger einerseits und für alle übrigen Empfänger andererseits, festgelegt werden.

Diese Aufteilung in Gruppe 3 und Gruppe 4 muss firmenindividuell vorgenommen werden und unterscheidet sich sicherlich in der Serien-/Teilefertigung und in der Einzelfertigung. So wird z. B. die Arbeitsvorbereitung/Vorkalkulation in der Serien-/Teilefertigung der Gruppe 4 zuzuordnen sein, während in der Einzelfertigung wegen der direkten Leistungserfassung auf Innenaufträge bzw. Projekte die Gruppe 3 vorzusehen ist.

Aufteilung in indirekt und direkt verrechnete Sekundärkosten

In fast allen Kapiteln dieses Buches geht es um Verrechnung von Kos-ten. Für die Kostenverrechnung in SAP ERP benötigen Sie sekundäre Kostenarten. Entsprechend häufig und detailliert werden wir später noch auf sekundäre Kostenarten zu sprechen kommen. Zur Abrun-dung dieses Kapitels so viel: Nutzen Sie für die Pflege der sekundären Kostenarten die Transaktionen KA06, KA02 und KA03 im Menü RECHNUNGSWESEN • CONTROLLING • KOSTENARTENRECHNUNG • STAMM-DATEN • KOSTENART • EINZELBEARBEITUNG • ANLEGEN SEKUNDÄR/ ÄNDERN/ANZEIGEN (siehe Abbildung 2.21 und Abbildung 2.22). Diese Beispiele beziehen sich wieder auf die Ihnen bekannte Bäckerei Becker.

Sekundäre Kostenarten in SAP ERP

Die Leistungsverrechnung mit Kostenart »6006« wird sowohl in der Ent- als auch in der Belastung auf Kostenstellen durchgeführt. Die Ent- und Belastung wird in diesem Bericht zu null saldiert, was in einem Kostenartenbericht zu der Leerzeile für diese Kostenart führt. Anders bei der Umlage in die Ergebnisrechnung. Für die Kostenart »6020« wird die Entlastung von der Kostenstelle mit negativem Vorzeichen dargestellt; die Belastung in der Ergebnisrechnung wird in einer anderen Spalte mit positivem Vorzeichen ausgewiesen. Der Saldo aus Entlastungen der Kostenstellen und Belastungen in der Ergebnisrechnung ist dann, wie bei allen sekundären Kostenarten, null.

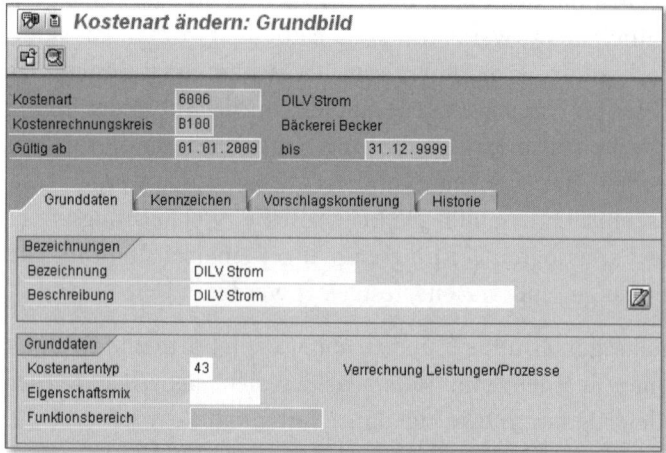

Abbildung 2.21 Sekundäre Kostenart für Leistungsverrechnung

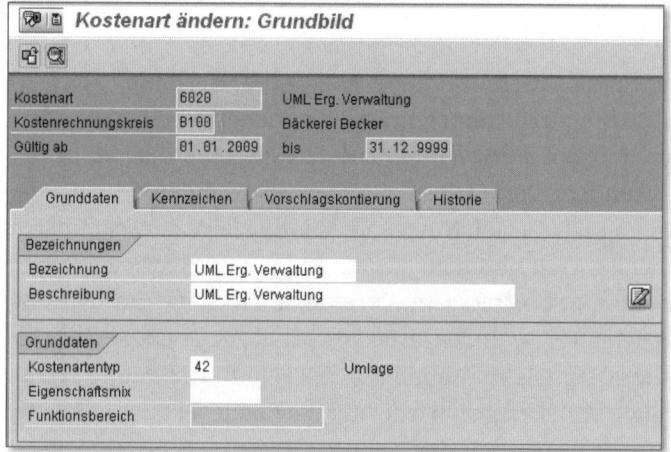

Abbildung 2.22 Sekundäre Kostenart für Umlage

Auf die Unterschiede zwischen Umlagerechnung und der kalkulatorischen Leistungsverrechnung (über die sogenannte *Deckungsrechnung*) sowie auf die Vor- und Nachteile dieser beiden Verfahren gehen wir in Abschnitt 3.2.3, »Umlage versus Leistungsverrechnung«, noch ausführlich ein.

2.5   Weitere Kostenartentypen

In den vorigen Abschnitten haben sie die folgenden Kostenarten-typen kennengelernt:

- ▶ »1 Primärkosten/kostenmindernde Erlöse«

- ▶ »42 Umlage«

- ▶ »43 Verrechnung Leistungen/Prozesse«

Im weiteren Verlauf dieses Buches werden Sie über diese und ver-schiedene andere Kostenartentypen jeweils anhand konkreter Bei-spiele noch mehr erfahren.

Die primären Kostenarten für Aufwand aus der Finanzbuchhaltung und für Abschreibungen sind im System mit dem Kostenartentyp 1, »Primärkosten/kostenmindernde Erlöse«, gekennzeichnet. Sie finden den Kostenartentyp in den Stammdaten der Kostenarten mit den Transaktionen KA01, KA02 und KA03 im Menü RECHNUNGSWESEN • CONTROLLING • KOSTENARTENRECHNUNG • STAMMDATEN • KOSTENART • EINZELBEARBEITUNG • ANLEGEN PRIMÄR/ÄNDERN/ANZEIGEN (siehe Abbildung 2.23).

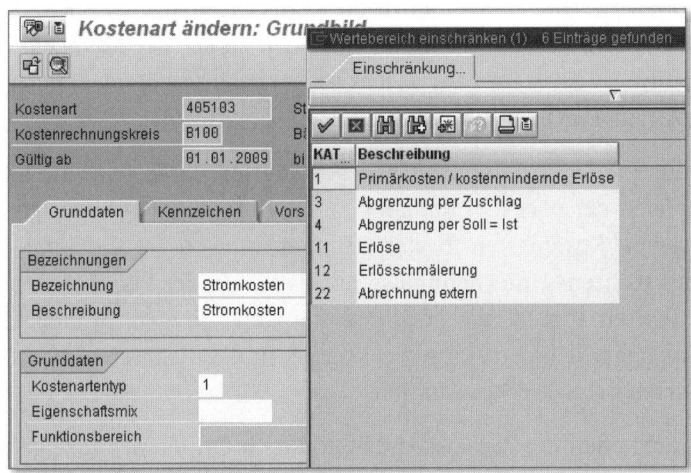

Abbildung 2.23 Auswahl zu Kostenartentypen

Die Kostenartentypen 3 und 4 sowie 22 für die Abgrenzung und die Abrechnung werden in Kapitel 4, »Innenaufträge«, behandelt.

FI-Sachkonten für Erlöse oder Erlösschmälerungen werden dann als Kostenart vom Typ 11 bzw. 12 angelegt, wenn die entsprechenden

Erlöse und Erlösschmälerung

Buchungen automatisch vom Modul Vertrieb (SD) in die Ergebnis-rechnung (CO-PA) gebucht werden. Wenn Sie Erlöse und Erlösschmälerungen manuell auf Kostenstellen buchen, nutzen Sie für die entsprechenden Kostenarten bitte den Typ 1. Nur so stellen Sie sicher, dass die Erlöse als »echte« negative Kosten erscheinen und verrechnet werden können. Buchungen auf Kostenstellen mit Kostenartentyp 11 und 12 werden nur »statistisch« dargestellt; sie nehmen nicht an der Kostenstellenverrechnung teil.

2.6 Kostenartengruppen

In mittleren Unternehmen finden Sie meist eine zwei- bis dreistellige Anzahl an Kostenarten. Bei großen Unternehmen liegt diese Anzahl im vierstelligen, teilweise sogar im fünfstelligen Bereich. Ob drei-, vier- oder fünfstellig, die Daten so vieler Kostenarten kann niemand ohne eine zusätzliche Struktur verstehen oder analysieren. Die Kostenarten werden deshalb in mehreren Ebenen hierarchisch gegliedert.

Für die hierarchische Gliederung von Kostenarten legen Sie Kostenartengruppen an. Nutzen Sie hierfür die Transaktionen KAH1, KAH2 und KAH3 im Menü RECHNUNGSWESEN • CONTROLLING • KOSTENARTENRECHNUNG • STAMMDATEN • KOSTENARTENGRUPPE • ANLEGEN/ÄNDERN/ANZEIGEN (siehe Abbildung 2.24).

Primäre Kostenarten In Abbildung 2.24 sind die primären Kostenarten dargestellt, die in den Beispielen der nächsten Kapitel benutzt werden. Die hier dargestellten sieben Kostenarten in vier Gruppen reichen für die Abbildung eines »echten« Unternehmens niemals aus. In der Praxis finden Sie Sachkontenrahmen der Buchhaltung mit einigen Hundert, manchmal sogar einigen Tausend Konten und entsprechend fast ebenso vielen primären Kostenarten.

Sekundäre Kostenarten Mit dem Schließen des Zweiges »B01« und dem Öffnen des Zweiges »B02« werden die sekundären Kostenarten sichtbar (siehe Abbildung 2.25). Die hier aufgeführten Kostenarten werden ebenfalls in den Beispielen im Buch benutzt.

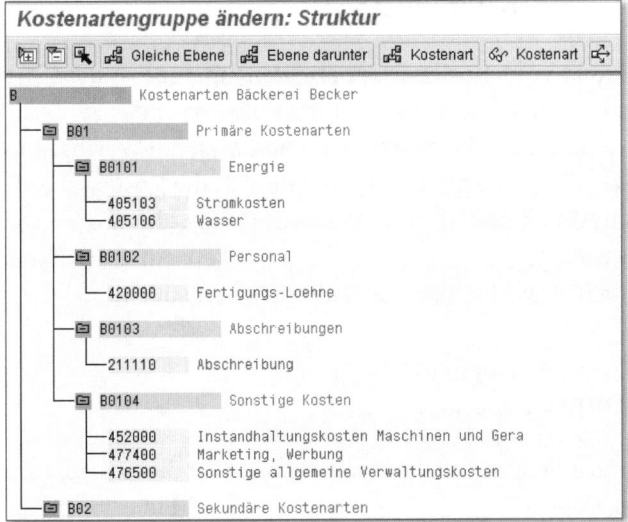

Abbildung 2.24 Kostenartengruppen – primäre Kostenarten

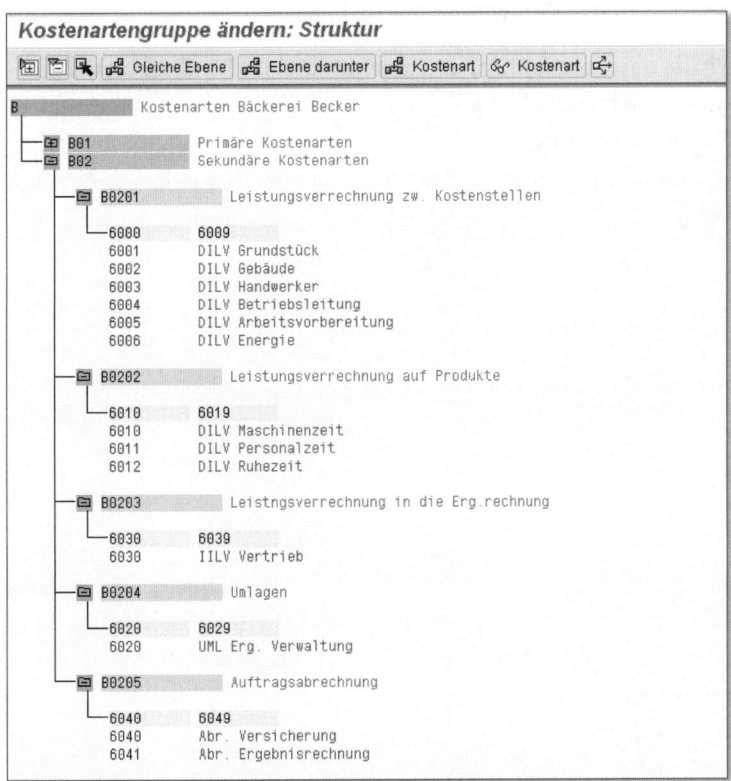

Abbildung 2.25 Kostenartengruppen – sekundäre Kostenarten

2.7 Kostenarten-Infosystem

Die Aussagekraft von Kostenartenberichten im Infosystem ist begrenzt. Was hier zu sehen ist, wissen die Kollegen in der Buchhaltung sowieso schon. Der Controller will eher wissen: »Wer hat die Kosten verursacht?« (Kostenstelle), »Wo kann ich die Kosten zuordnen?« (Kostenträger, Produkt) und »Wie wirken sich die Kosten auf das Ergebnis aus?« (Ergebnisobjekt, Kunde, Artikel). Antworten auf diese Fragen suchen wir im Kostenartenbericht vergeblich.

2.8 Zusammenfassung

Kostenarten sind eine wesentliche Voraussetzung für die Kostenrechnung und das Controlling. Aus externen Quellen (Finanzbuchhaltung, Anlagenbuchhaltung, Materialwirtschaft) werden Kosten mit primären originären Kostenarten oder primären kalkulatorischen Kostenarten in das Controlling übergeben.

Innerhalb des Controllings werden direkte und indirekte Verrechnungen von Kostenstellen an Kostenstellen, an Innenaufträge oder in die Ergebnisrechnung mit sekundären Kostenarten durchgeführt. Diese Verrechnungen sind ein wesentliches Thema der folgenden Kapitel.

Kapitel 3

»Kostenstelle!«

Während die Kostenart die Art des Kostenanfalls wiedergibt und für alle Kosten, egal ob Einzel- oder Gemeinkosten, gilt, hat die Kostenstelle nur für den Umfang der Gemeinkosten Bedeutung. Sie nimmt dort die Zuordnung zum Ort der Kostenentstehung vor. Die Kontierung muss also stets mit Kostenart und Kostenstelle oder Innenauftrag erfolgen.

3 Kostenstellen

Im vorigen Kapitel zu den Kostenarten haben wir die Grundlage geschaffen, um mit dem Controlling in SAP ERP arbeiten zu können. Die Komponente »Kostenstellenrechnung«, die wir ihnen jetzt vorstellen ist die erste und zugleich wichtigste Komponente im SAP-Controlling.

3.1 Betriebswirtschaftliche Grundlagen

Die *Kostenstellenrechnung* stellt das Basissystem jeder Kosten- und Leistungsrechnung dar. Die generellen Anforderungen sind dabei für Industrie, Dienstleistungs- und Handelsunternehmen gleich, unabhängig von Branche, Produktionstyp und Unternehmensgröße.

Über die Kostenstellenrechnung werden Gemeinkosten abgewickelt – im Gegensatz zu den Einzelkosten, die direkt auf Produkte (Kostenträgerrechnung) oder Ergebnisobjekte (Ergebnis-/Deckungsbeitragsrechnung) übernommen werden.

3.1.1 Zielsetzungen der Kostenstellenrechnung

Die Zielsetzungen der Kostenstellenrechnung sind:

▸ **aus Abrechnungsgründen**

  ▹ Kostensammlung der Gemeinkosten nach Kostenstellen und Kostenarten

> als zwischengeschaltetes Instrumentarium für eine möglichst verursachungsgerechte und korrekte Kostenverrechnung der Gemeinkosten auf die Erzeugnisse bzw. Ergebnisobjekte

> Abgleich Kostenanfall mit dem externen Rechnungswesen und systeminterne Abstimmung der Kostenstellen- und Innenauftragsabrechnung

▶ **aus Controllingsicht**

> Schaffung der Voraussetzungen für das Gemeinkosten-Controlling

> Bereitstellung von Kosten- und Verrechnungssätzen für die Leistungsbewertung in der Kostenträger- und Ergebnisrechnung als Basis von Produktkosten- und Vertriebscontrolling

> Überwachung der Kosten- und Verrechnungssatzabweichungen

Definition Kostenstelle Wir haben die Zielsetzungen der Kostenstellenrechnung kennengelernt und sind bei den Ausführungen zu den Kostenarten in Abschnitt 2.1.2, »Differenzierung primär und sekundär«, bereits kurz auf den Unterschied zwischen primären und sekundären Kostenstellen eingegangen. Was ist nun eigentlich eine Kostenstelle? Ganz allgemein ist die Kostenstelle der Ort der Kostenentstehung für die Gemeinkosten.

Maßgebend für die Differenzierung des Unternehmens in Kostenstellen sind folgende Punkte:

▶ Jede Kostenstelle muss räumlich und kostenmäßig von anderen Kostenstellen abgegrenzt werden können.

▶ Es muss eine klare Verantwortlichkeit geben (wobei eine Person auch für mehrere Kostenstellen zuständig sein kann, nicht aber mehrere Personen für eine Kostenstelle).

▶ Die Istkosten müssen je Kostenstelle erfassbar sein (eine Bedingung, die sich einfacher liest, als sie sich in der Praxis verwirklichen lässt).

3.1.2 Sekundäre und primäre Kostenstellen

Untergliederung in sekundäre und primäre Kostenstellen *Sekundäre Kostenstellen* sind nicht unmittelbar für Kostenträger oder Ergebnisobjekte tätig, sondern erbringen ihre Leistung für andere Kostenstellen; hierzu zählen z. B. die Leitungs- oder Sozialstellen.

Primäre Kostenstellen werden via Kalkulation oder Prozesskostenrechnung auf die Produkte verrechnet (Fertigungs-, Materialstellen etc.)

oder über Zuschläge oder eine *stufenweise Kostendeckungsrechnung* in die Ergebnisrechnung übernommen (Verwaltungs- und Vertriebsstellen).

Die Kostenstellennummerierung und -gruppierung sind im Zuge der heutigen Softwaremöglichkeiten sekundär, da parallel verschlüsselt die organisatorische und kostenmäßige Zuordnung zu Kostenstellenverdichtungsgruppen erfolgt. Sollte der Kostenstellenplan neu aufgebaut werden, ist z. B. im Industriebereich folgende Gruppierung denkbar:

- **Sekundäre Kostenstellen**
  - Leitungsstellen (Betriebsleitungen, Arbeitsvorbereitung etc.)
  - Raumstellen
  - Energiestellen
  - Transportstellen
  - Sozialstellen
  - Betriebshandwerker
  - Fertigungshilfsstellen
- **Primäre Kostenstellen**
  - Forschung und Entwicklung
  - Materialstellen (Einkauf, Materialprüfung, RHB-Lager)
  - Fertigungsstellen
  - Verwaltungsstellen
  - Vertriebsstellen
  - neutrale Stellen

Wichtig bei der Kostenstellendifferenzierung ist u. a. die Zuordenbarkeit der Istkosten. Aus diesem Grund werden im Bereich der Fertigung sogenannte *Bereichskostenstellen* für die allgemeinen, für den gesamten Bereich anfallenden, aber nicht detailliert zuordenbaren Kosten gebildet. Wenn ein Verantwortlicher für einen Bereich mit mehreren Kostenstellen zuständig ist, wird man seine eigenen Kosten, das Gehalt, die allgemeinen Bürokosten etc., im Ist nicht den einzelnen Kostenstellen zuordnen können. Dies gilt analog für allgemeine Hilfs- und Betriebsstoffe, die für den gesamten Bereich zur Verfügung stehen. Diese Bereichskostenstellen werden als sekundäre Stellen nach im Einzelnen festzulegenden, zum Teil sogar kosten-

Bereichskostenstellen

artenweise fixierten Schlüsseln auf die nachgelagerten primären Stellen verrechnet. Sie sind damit kostenmäßig in den Kostensätzen dieser Stellen enthalten.

Das gleiche Prinzip kann für die Verrechnung von Löhnen (z. B. der bereichsweise organisierten Fertigungslöhner) angewandt werden: Wird z. B. Fertigungspersonal innerhalb eines Bereichs wechselnd, d. h. je nach Bedarf, bei unterschiedlichen Kostenstellen eingesetzt, lässt sich dies am besten so lösen, dass man für diesen Fall einen eigenen *Arbeitsplatz* und eine eigene *Lohnverrechnungsstelle* vorsieht. Diese wird über den Arbeitsplan als eigene Arbeitsfolge parallel zu den Maschinenkosten den Erzeugnissen zugerechnet.

Bei den Fertigungsstellen eines Industrieunternehmens kommen weitere Anforderungen hinzu:

▶ In einer Kostenstelle müssen alle dort zusammengefassten Maschinen oder Maschinengruppen in etwa den gleichen Kostensatz je Leistungsarteneinheit (z. B. Maschinenstunde) haben.

▶ Die unterschiedlichen Maschinen(-gruppen) müssen nicht nur einen annähernd gleichen Kostensatz, sondern auch eine in etwa gleiche Kostenstruktur haben. Das heißt, dass nicht zwei Maschinengruppen, die eine lohn-, die andere anlagenkostenintensiv, zusammengefasst werden dürfen. Zwar wäre der Kostensatz stimmig, nicht aber die Sollkostenvorgabe, je nachdem, welche der beiden Maschinengruppen mehr oder weniger ausgelastet ist.

Bei der Verwendung integrierter SAP-Software besteht eine weitere Besonderheit: Für das PPS-System (Modul PP) ist die Kostenstellennummer kein Identifikations- und Kontierungsbegriff. Maßgebend ist dort einzig und allein die *Maschinen- oder Arbeitsplatzgruppe*, die im *Arbeitsplan* je Arbeitsvorgang/Arbeitsfolge enthalten ist. Aus der Arbeitsplatznummer wird dann für Kalkulation und Kostenträgerrechnung der übergeordnete Begriff der Kostenstelle zugespielt. Das heißt, dass in einer Kostenstelle/Leistungsart mehrere Maschinengruppen zusammengefasst sein können, nicht aber eine Maschinengruppe in mehrere Kostenstellen einlaufen kann. Sollten also gleiche Maschinen an einem zweiten Standort im Unternehmen stehen und einem anderen Kostenstellenverantwortlichen zugeordnet sein, ist dafür ein eigener Arbeitsplatz zu vergeben.

Die Bedeutung des Arbeitsplatzes für das PPS-System ist leicht verständlich. So können z. B. mehrere hinsichtlich des Wertes, der Ausstattung und der technischen Leistung prinzipiell gleichartige Anlagen eines Herstellers für die Fertigungsplanung und -steuerung – etwa aus Gründen der Fertigungstoleranzen – unterschiedlich zu behandeln sein, obwohl sie in Kostenstruktur und Kostensatz identisch sind.

Zugeordnet zu den Arbeitsplätzen oder Maschinengruppen sind jeweils eine oder mehrere *Leistungsarten*. Diese werden wir im nächsten Abschnitt genauer vorstellen.

3.1.3 Leistungsarten

Die *Leistungsart* (in der Betriebswirtschaft besser als *Bezugsgröße* bekannt; der Terminus *Leistungsart* wird von SAP verwendet) ist als Leistungsmaßstab diejenige Maßgrößeneinheit, zu der sich die *beschäftigungs-/leistungsabhängigen Kosten* einer Kostenstelle proportional verhalten. Für *leistungs- oder beschäftigungsabhängig* werden synonym die Begriffe *proportional* oder *variabel* benutzt (SAP hat sich für den Ausdruck *variabel* entschieden). Über die Leistungsarten müssen sich die beschäftigungsabhängigen Kostenanteile einer Kostenstelle maschinell an die aktuelle Istbeschäftigung der Abrechnungsperiode anpassen lassen. Diese Möglichkeit zur Anpassung der Kosten ist die Basis für den Soll-Istkosten-Vergleich. Welche Rolle die Leistungsart spielt, zeigt das folgende erste Beispiel.

Beschäftigungs-/ leistungsabhängige Kosten

> **Beispiel 1: Stromkosten**
>
> Für eine Stromkostenstelle ist die Leistungsart Kilowattstunde (kWh) gebildet worden. Wenn die Leistung dieser Kostenstelle im Plan mit 100.000 kWh angenommen wurde und ein leistungsabhängiger Arbeitspreis von 0,10 EUR/kWh geplant ist, ergibt sich für die leistungsabhängigen Kosten im Plan:
>
> *Planleistung × leistungsabh. Preis = leistungsabh. Kosten*
>
> *100.000 kWh × 0,10 EUR/kWh = 10.000,00 EUR*
>
> Bei einer Istleistung der Stromstelle von 120.000 kWh statt der geplanten 100.000 kWh können wir annehmen, dass die leistungsabhängigen Kosten entsprechend höher ausfallen, sie müssen angepasst werden. Diese angepassten Kosten nennen wir *Sollkosten*.
>
> *Istleistung × leistungsabh. Preis = leistungsabh. Sollkosten*
>
> *120.000 kWh × 0,10 EUR/kWh = 12.000,00 EUR*

Die Bezugsgröße als Maßgröße der Kostenverursachung – wie Kilger[1] die Bezugsgrößenart nennt – ist maßgebend für korrekte Sollkostenvorgaben in der Kostenstellenrechnung und für korrekte (vor allem Grenz-)Kostensätze in der Kalkulation und Kostenträgerrechnung.

3.1.4 Leistungsarten in der Produktion

Arbeitsplan und Arbeitsplatz

In Abschnitt 3.1.3 hatten wir für die Leistungsarten gefordert, dass sie die Basis für die individuelle Anpassung der leistungsabhängigen Kosten gemäß Istleistung bilden. Wenn Sie Arbeitspläne in produzierenden Unternehmen für die Kalkulation und Kostenträgerrechnung nutzen, ist außerdem sicherzustellen, dass diese Leistungsarten auch Bestandteil der einzelnen Arbeitsvorgänge des Arbeitsplans und damit des PPS-Systems sind. Selbst wenn andere Leistungsarten als richtig erscheinen würden, muss gewährleistet sein, dass die Leistungsmengen auch pro Artikel ermittelbar sind. Dies sollen die folgenden Beispiele illustrieren.

Nicht als Leistungsart infrage kommt der Fertigungslohn, da dieser üblicherweise als Steuerungskriterium nicht im Arbeitsplan enthalten ist und weil vor allem kein direkter Zusammenhang zwischen dem Fertigungslohn und den übrigen variablen Kosten einer Kostenstelle besteht. Dies illustriert im Folgenden Beispiel 2.

> **Beispiel 2: Fertigungslohn als Leistungsart**
>
> Wenn der Fertigungslohn in einer Kostenstelle/Leistungsart planmäßig bei 15,00 EUR/Std. liegt und die übrigen Kosten 45,00 EUR/Std. betragen, würde dies einen Fertigungsgemeinkosten-Zuschlag (FGK-Zuschlag) von 300 % bzw. einen Plankostensatz von 60,00 EUR/Std. ergeben. Wenn aber im Ist ein Mitarbeiter einer höheren Lohngruppe mit 17,00 EUR/Std. eingesetzt würde, kämen über den FGK-Zuschlag anteilig 51,00 EUR/Std. Maschinenkosten hinzu. Die Maschinenkosten pro Stunde sind aber sicher die gleichen, unabhängig davon, ob die ausführende Person der Lohngruppe X oder Y angehört. Hinzu kommt, dass im Zuge der heutigen Mechanisierung und Automatisierung der Produktion in vielen Fertigungsstellen überhaupt kein Fertigungslohn mehr anfällt.

Leistungsarten in der Prozess-/ Fließfertigung

In der Großserien- und Prozessfertigung werden oftmals Leistungsarten wie Tonnen, Kubikmeter, Stück u.Ä. genutzt. Wenn in einer

---

1 W. Kilger: Flexible Plankostenrechnung und Deckungsbeitragsrechnung. 1988, S. 324

Kostenstelle nur ein Produkt gefertigt werden kann (wie es häufig in der Automobilindustrie geschieht), kann selbstverständlich als Leistungsart die Stückzahl gewählt werden, die auch alle PPS-Anforderungen abdeckt.

Unabhängig vom Produktionstyp sind die wichtigsten Leistungsarten in den industriellen Fertigungsbereichen die Zeitbezugsgrößen (z. B. Fertigungs-, Vorgabe-, Rüst- und Maschinen-/Anlagestunden). Entscheidend ist, dass die Mengeneinheiten (Tonnen, Kubikmeter, Stück) oder Zeitangaben (Stunde, Minute) gleichlautend sowohl als Leistungsarten für die Kostenstellenrechnung – zur Anpassung der beschäftigungsabhängigen (variablen) Plankosten an die monatliche Istbeschäftigung – und die Kalkulation als auch als Leistungsarten im PPS-System genutzt werden. Zeitleistungsarten werden meist auch in der Prozesskostenrechnung zugrunde gelegt.

Zeit-Mengen-Einheiten als Leistungsarten

Eine einzige Leistungsart reicht allerdings bei vielen Fertigungsstellen nicht aus. Dies zeigt das folgende Beispiel 3.

Mehrere Leistungsarten für eine Kostenstelle

> **Beispiel 3: Pressenführer und Helfer**
>
> Wenn in Abhängigkeit von Gewicht, Abmessungen oder der Bearbeitungszeit an einer großen Presse neben dem Pressenführer artikelabhängig ein bis drei Helfer eingesetzt werden müssen, sind zwei getrennte Leistungsarten für die Maschinen- und die Personenzeit vorzusehen. Eine einzige Leistungsart (man würde wahrscheinlich die Maschinenzeit wählen) würde nur dann genügen, wenn stets, d. h. bei allen Artikeln, ein konstantes Bedienungsverhältnis zutreffen würde.

Die Berücksichtigung unterschiedlicher Personen- und Maschinenzeiten ist in SAP ERP kein Problem, da je Arbeitsplatz bis zu sechs Vorgabewertschlüssel zur Verfügung stehen. Der Vorgabewertschlüssel ist im Modul PP die Verknüpfung zur Leistungsart des Controllings. Sollte im Beispiel 3 für das Rüsten an den Pressen eine separate Zeit zu vergeben und ein unterschiedlicher Kostensatz zu berücksichtigen sein, ist dafür ein zusätzlicher Vorgabewertschlüssel im Arbeitsplatz zu definieren.

Vorgabewertschlüssel

Unterschiedliche Leistungsarten sind auch erforderlich, wenn in Abhängigkeit von zu bearbeitendem Material oder von Produkteigenschaften abweichende Kostenstrukturen und Kostensätze zu berücksichtigen sind. Dies verdeutlicht im Folgenden Beispiel 4.

Differenzierung von Leistungsarten aufgrund unterschiedlicher Kostenstrukturen

> **Beispiel 4: Unterschiedliche Kostenstrukturen**
>
> Differenzierende Leistungsarten sind anzulegen, wenn etwa in einer mechanischen Fertigung an der gleichen Maschine sowohl Wolfram- als auch Molybdän-Artikel – beide mit unterschiedlichen Werkzeugkosten – zu bearbeiten sind oder wenn bei Schleifmaschinen in Abhängigkeit von der Materialart der Produkte entweder normale Korund- oder Diascheiben erforderlich werden.
>
> In einem Glühofen wird je nach Produkt sowohl bei 800 als auch bei 1.200°C geglüht. Zusätzlich wird in dem gleichen Ofen auch gehärtet; das Füllen bzw. Entleeren des Ofens erfolgt wiederum mit differierenden Personenzeiten. Diese unterschiedlichen Kostenansätze müssen mit eigenen Leistungsarten bedient werden.

Neuaufbau des Controllings in Abstimmung mit PPS-Aktivitäten

Beim Neuaufbau der Controllingsysteme müssen solche grundsätzlichen Überlegungen zu den Leistungsarten und ihrer kostenrechnerischen Berücksichtigung angestellt und mit den PPS-Aktivitäten abgestimmt werden. Wenn die Arbeitsplätze bereits angelegt und die Arbeitspläne schon vorhanden sind, müssen entsprechende Korrekturen in den PPS-Stamm- und -Plandaten vorgenommen werden.

Im Idealfall sollten Sie bereits vor dem Neuaufbau überlegen, wie Sie beide Anforderungsprofile berücksichtigen können. Im schlechtesten Falle müssen Sie die Stamm- und Plandaten der PPS-Seite korrigieren. Aber der Abgleich ist zwingend erforderlich, um neben der generellen Abstimmung eine aussagefähige Kostenstellenrechnung, exakte Kalkulationen und damit auch eine korrekte Deckungsbeitragsrechnung in CO zu erhalten.

3.2 Kostenstellentypen und ihre Verrechnung

Für die primären und sekundären Kostenstellen gelten in den einzelnen Branchen und Unternehmenstypen unterschiedliche Verrechnungsmöglichkeiten und -regeln, die in den nächsten Abschnitten behandelt werden.

3.2.1 Verrechnung der primären Kostenstellen

In Abschnitt 3.1.2, »Sekundäre und primäre Kostenstellen«, wurden die primären Kostenstellen als diejenigen Stellen definiert, die unmittelbar auf Produkte, Ergebnisobjekte und Projekte verrechnen. In der

Industrie sind folgende Verrechnungsmodi primärer Kostenstellen zu unterscheiden, auf die wir gleich näher eingehen werden:

▸ Fertigungsstellen

▸ Forschungs- und Entwicklungsstellen

▸ Material-, Verwaltungs- und Vertriebsstellen

Die Verrechnung der *Fertigungsstellen* erfolgt mithilfe der Kalkulation bzw. Kostenträgerrechnung, indem die für die einzelnen Arbeitsvorgänge vorgesehenen Verbrauchsmengen, im Wesentlichen die Fertigungszeiten, mit den Kostensätzen der ausführenden Kostenstellen/ Leistungsarten bewertet werden. Eventuelle Probleme ergeben sich allenfalls daraus, dass der Controllingbereich zusätzliche, im Arbeitsplan bisher nicht berücksichtigte Kostenabhängigkeiten feststellt, die für die Terminierung und Kapazitätsplanung nicht relevant sind, wohl aber für das innerbetriebliche Rechnungswesen.

Fertigung

Die *Forschungs- und Entwicklungsstellen* (F&E) werden meist über Stundenerfassung auf Projekte oder Entwicklungsaufträge verrechnet und in der Kalkulation über Zuschläge bzw. Quoten berücksichtigt. In der Kostenstellenrechnung sind für diese Stellen meist Stunden als Leistungsart angelegt, gegebenenfalls weiter unterteilt nach Kategorien vom leitenden Mitarbeiter bis zur Hilfskraft.

Forschung und Entwicklung

Die *Material-, Verwaltungs- und Vertriebsstellen* des Industrieunternehmens werden in der Vorkalkulation mit Zuschlägen auf entsprechende Basismengen bzw. -werte oder Quoten verrechnet. In der Planungs- und der monatlichen Ergebnisrechnung geschieht dies für die Materialstellen auch über differenzierte Zuschläge, während die Verwaltungs- und Vertriebsstellen besser über eine stufenweise Kostendeckungsrechnung abgewickelt werden.

Material-, Verwaltungs-, Vertriebsstellen

Für diese Bereiche oder für Teile dieser Bereiche kommt ferner die Prozesskostenrechnung infrage (siehe Kapitel 7, »Prozesse«). Die von den einzelnen Kostenstellen erbrachten Leistungen werden den relevanten Prozessen zugeordnet, z. B. der Materialbereitstellung oder der Kundenauftragsabwicklung.

Diese Verrechnungsmöglichkeiten primärer Stellen gelten analog für *Handels- und Dienstleistungsunternehmen*. Dort werden allerdings zur Zuordnung zu Kostenträgern oder Ergebnisobjekten als Basis weniger die Arbeitspläne, sondern insbesondere Vorgangspläne mit

Handel und Dienstleistung

anschließender Prozesskalkulation und eine stufenweise Kostendeckungsrechnung in der Ergebnisrechnung verwendet.

Generell gilt, dass die Kostenstellenrechnung – im Gegensatz zur Kostenträgerrechnung – keine prinzipiellen Unterschiede nach Unternehmenstypen oder Branchen kennt. Selbstverständlich sind die Inhalte und Verrechnungsmöglichkeiten bei einem Industrieunternehmen anders als bei einem Dienstleistungs- oder Handelsbetrieb. Die Berücksichtigung von Verantwortlichkeiten, räumlicher und organisatorischer Aspekte, der Istkostenerfassbarkeit etc. sind aber identisch gültig.

3.2.2 Verrechnung der sekundären Kostenstellen

Sie erinnern sich: *Sekundäre Kostenstellen* sind – im Gegensatz zu den Primärstellen – nicht für Produkte oder Ergebnisobjekte, sondern in erster Linie für andere Kostenstellen tätig. Sekundär bezieht sich auf die grundsätzliche Leistungserbringung, was aber nicht ausschließt, dass im Einzelfall auch Leistungen für Kostenträger (Fertigungsaufträge) oder Ergebnisobjekte erbracht werden.

Direkte und indirekte Leistungsver-rechnung

Bei den Sekundärstellen sind zu unterscheiden:

▸ Kostenstellen mit direkter Leistungsverrechnung (Plan- bzw. Istmenge mal Kostensatz)

▸ Kostenstellen mit indirekter (kalkulatorischer) Verrechnung

Zu den *direkt verrechnenden Kostenstellen* gehören all jene, die im Ist aufgrund effektiver Leistungserfassung nach Belastungsobjekten weiterverrechnen. Bestes Beispiel sind die Betriebshandwerker, die sich im Ist über die konkret festgehaltenen Stunden nach Belastungskontierungen (Kostenstellen, Innenaufträge etc.) entlasten.

Bei den *indirekt verrechnenden Kostenstellen* besteht diese Möglichkeit, die Empfänger mit der Istleistung der Periode zu belasten, nicht. Als praktisches Beispiel sei die Weiterverrechnung einer betrieblichen Leitungsstelle genannt. Hier kann nur im Rahmen der Kostenplanung durch Gespräche mit den Kostenstellenverantwortlichen der abgebenden und zu belastenden Kostenstellen die Planinanspruchnahme ermittelt, abgestimmt und festgelegt werden. Beide Varianten – direkte und indirekte Verrechnung – sind für eine leistende Kostenstelle auch parallel denkbar.

> **Beispiel 5: Energieverbrauch**
>
> Der Energieverbrauch eines Werkes, z. B. an Strom oder Gas, ist vielfach so geregelt, dass für einige wenige Großverbraucher über Subzähler die monatlich verbrauchten Istmengen ermittelt werden, während aus Kostengründen für den Großteil der Kostenstellen diese Ist-Verbrauchsmengenmessungen nicht möglich sind. Dann wird man, was im Modul CO von SAP ERP machbar ist, für eine abgebende Kostenstelle/Leistungsart mittels zweier Leistungsarten eine Mischung aus direkter und kalkulatorischer Verrechnung vorsehen.

3.2.3 Umlage versus Leistungsverrechnung

CO bietet generell zwei Verrechnungsmöglichkeiten:

▶ **Leistungsverrechnung**
Hier rechnet man Plan- bzw. Istmenge mal Kostensatz (direkte Leistungsverrechnung) oder geht von einer planmäßigen, über die Sollkostenrechnung angepassten Verrechnung, unterteilt in variable und fixe Kosten, aus (indirekte Leistungsverrechnung).

▶ **Umlage**
In der Weiterbelastung per Umlage werden keine Leistungsarten als Verrechnungsschlüssel genutzt, sondern sogenannte *statistische Kennzahlen* oder *freie Schlüssel*, die in der Verrechnungsregel, dem Umlagezyklus, erfasst werden.

Die sonstigen Primärstellen z. B. des Verwaltungs- und Vertriebsbereichs unterscheiden sich insofern von den Sekundärstellen, als es sich um »End«-Kostenstellen handelt, die getrennt nach Plan und Abweichungen in die Ergebnisrechnung übernommen werden. Diese Verrechnung könnte theoretisch auch per Umlage vorgenommen werden.

Anders ist die Ausgangslage bei den Sekundärstellen, die in einen Kreislauf gegenseitiger Verrechnungen eingebunden sind. Während es sich bei den infrage kommenden Primärstellen meist um reine Fixkostenstellen handelt, ist bei der Verrechnung der Sekundärstellen zu beachten, dass es hier überwiegend um Kostenstellen mit variablen und fixen Anteilen geht. Kommen wir auf Beispiel 1 (Stromkosten) zurück: So ist beispielsweise auf der Stromkostenstelle der Fremdbezug an Strom entsprechend dem Vertrag mit dem E-Werk preislich in einen fix zu planenden Anteil Leistungspreis (aufgrund gemessener

Spitzenverbräuche zu bestimmten Zeiten der Vergangenheit) und einen variabel zu planenden Arbeitspreis für den effektiven Strom- verbrauch in kWh pro Periode zu untergliedern. Der variable Anteil der abgebenden Stelle kann auf der empfangenden Stelle unter Umständen auch fix sein (z. B. der Beleuchtungsstrom auf den Raum- stellen).

Aus diesen Gründen schlagen wir, zumindest für die Sekundärstellen, vor, die Umlage durch eine direkte bzw. indirekte Leistungsverrech- nung zu ersetzen, die sowohl die Funktionen der Umlage abdeckt als auch die getrennte Durchrechnung variabler und fixer Kostenanteile (getrennt nach Plan und Abweichung) über beliebig viele Stufen ermöglicht. Zwei Gründe sprechen generell für die Leistungsverrech- nung:

▶ Nur mit der Leistungsverrechnung können variable Kostenbe- standteile (auch über mehrere Stufen) variabel weiterverrechnet werden. Die Umlage dagegen stellt auf der empfangenden Kosten- stelle alle Kosten als fix dar.

▶ Zwischen der Umlagekostenstelle und Kostenstellen der Leistungs- verrechnung ist keine in einem Durchlauf stattfindende Iteration möglich.

3.3 Stammdaten in SAP ERP

In IT-Systemen werden grundsätzlich drei verschiedene Datenstruk- turen unterschieden:

▶ Customizing

▶ Stammdaten

▶ Bewegungsdaten

Customizing heißt Anpassung des Systems an Ihre speziellen Anforde- rungen. Beim Customizing werden während der Einführung von Modulen oder Komponenten Steuerungsparameter z. B. für den Kos- tenrechnungskreis gesetzt, die meist über die gesamte Nutzungszeit des Systems unverändert bleiben. Das Customizing obliegt dem Modulverantwortlichen, der in vielen Unternehmen der EDV zuge- ordnet ist und nicht der Fachabteilung, hier dem Controlling.

Nach der Vorbereitung des Systems durch das Customizing beginnt die Pflege der *Stammdaten* in den Fachabteilungen, also z. B. in der Buchhaltung und dem Controlling. Kostenarten und Kostenstellen, aber auch Artikel und Kunden sind typische Stammdaten, die vom Unternehmen vorgegeben werden.

Die letzte Datenstruktur in einem laufenden EDV-System sind die *Bewegungsdaten*. Beispielsweise Materialbewegungen, Buchungen in der Buchhaltung oder Plandaten im Controlling werden als Dokumente in den Bewegungsdaten abgelegt. Bewegungsdaten beziehen sich immer auf einen Zeitpunkt (Tag) oder Zeitraum (Monat). Dabei werden Werte (Beträge oder Mengen) in Bezug auf Stammdaten gespeichert.

Wir gehen nun davon aus, dass wir ein funktionsfähiges SAP-System zur Verfügung haben. Die wesentlichen Customizing-Einstellungen, insbesondere zum Kostenrechnungskreis, sind abgeschlossen. Wir beginnen unser Systembeispiel mit der Erfassung von Stammdaten, den Kostenstellen.

3.3.1 Kostenstellen

Jetzt blicken wir ins SAP-System. Wir wollen mit Kostenstellen arbeiten, also benötigen wir Stammdaten für Kostenstellen. Nutzen Sie hierfür die Transaktionen KS01, KS02 und KS03 im Menü RECHNUNGSWESEN • CONTROLLING • KOSTENSTELLEN • STAMMDATEN • KOSTENSTELLE • ANLEGEN/ÄNDERN/ANZEIGEN (siehe Abbildung 3.1).

Sie sehen auf dem entsprechenden Register die GRUNDDATEN der Kostenstelle »B150 Strom«. Mit dem Eintrag im Feld ART DER KOSTENSTELLE legen Sie später fest, welche Leistungsarten für diese Kostenstelle zugelassen sind (siehe Abschnitt 3.3.3). In HIERARCHIEBEREICH definieren Sie für die Kostenstelle eine Position in der Kostenstellengruppe, die als Standardhierarchie festgelegt wurde (siehe auch Abbildung 3.3). Die Auswahl eines BUCHUNGSKREISES ist nur dann erforderlich, wenn für den Kostenrechnungskreis (hier »1000«) mehrere Buchungskreise zugelassen sind. Der GESCHÄFTSBEREICH ist ein Ordnungskriterium der Buchhaltung und wird hier nicht näher behandelt. Auf das Profit-Center werden wir in Kapitel 8, »Ergebnisrechnung und Profit-Center-Rechnung« eingehen.

Grunddaten der Kostenstelle

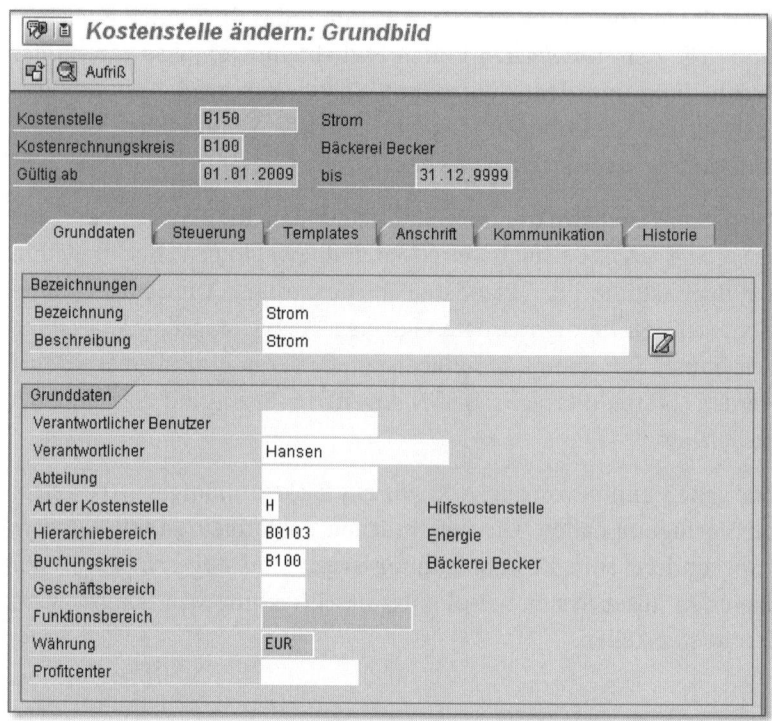

Abbildung 3.1 Stammdaten der Kostenstelle »B150 Strom«

Exkurs: Währungen

Im Feld Währung (siehe Abbildung 3.1) legen Sie die Objektwährung der Kostenstelle fest. Innerhalb der Gemeinkostenrechnung speichert SAP ERP jeden Wert unter unterschiedlichen Währungstypen dreimal:

- in der Kostenrechnungskreiswährung
- in der Objektwährung
- in der Transaktionswährung

Die *Kostenrechnungskreiswährung* der Bäckerei Becker in unserem Beispiel ist Euro (EUR). Wir haben für die Kostenstelle »210 Strom« als *Objektwährung* »EUR« gewählt. Die Beispiele in diesem Buch werden ebenfalls in Euro erfasst, womit die *Transaktionswährung* sich nicht von den beiden erstgenannten unterscheidet. Auf den ersten Blick scheint das System mit den drei Währungstypen erhebliche Ressourcen an Rechenzeit und Speicherplatz zu verschwenden – und das ohne erkennbaren Nutzen.

Internationales Umfeld

Um den Nutzen der unterschiedlichen Währungstypen zu erkennen, bitten wir Sie, uns gedanklich in ein international ausgerichtetes Unternehmen zu folgen. Die Bäckerei Becker expandiert in den Osten Europas und errichtet eine Produktionsstätte in Moskau. Für diese Produktionsstätte wird in Russland ein Unternehmen gegründet, die »Becker Russland ooo«. Zur Abbildung dieses Unternehmens wird in SAP ein neuer Buchungskreis mit der Währung Rubel (RUB) eingerichtet. Wir gehen davon aus, dass vor Ort in Moskau ein eigenes operatives Controlling installiert wird, sodass wir dem neuen Buchungskreis auch einen neuen Kostenrechnungskreis spendieren. Als Währung des russischen Kostenrechnungskreises wählen wir ebenfalls Rubel, um die Abstimmung der Buchungskreis- mit den Kostenrechnungskreisdaten zu ermöglichen. Die Zentrale in Deutschland möchte alle Daten des Konzerns in einer einheitlichen Währung darstellen, nämlich in Euro, also wählen wir als Objektwährung für alle Kostenstellen »EUR«. Nehmen wir weiter an, dass unser russisches Werk einige Rohwaren nicht im eigenen Land beschafft, sondern international zukauft. Verträge für solche Lieferbeziehungen werden in Moskau oft auf der Basis von US-Dollar (USD) abgeschlossen. Im Rahmen einer solchen Lieferung beziehen unsere russischen Kollegen Waren im Wert von 1.200,00 USD. Mit Umrechnungskursen von 1,00 EUR = 1,20 USD und 1,00 EUR = 35,00 RUB ergeben sich für die drei Währungen die folgenden Beträge:

▶ Kostenrechnungskreiswährung: 35.000,00 RUB

▶ Objektwährung: 1.000,00 EUR

▶ Transaktionswährung: 1.200,00 USD

Alle drei Beträge werden im System gespeichert und stehen für spätere Auswertungen zur Verfügung. Im eben skizzierten Umfeld macht das durchaus Sinn. Trotzdem beschränken wir uns in diesem Buch auf eine Währung: Euro. Die Beispiele werden auch so kompliziert genug.

Auf der zweiten Registerkarte, STEUERUNG, haben Sie die Möglichkeit, die Kostenstelle für bestimmte Vorgänge zu sperren (siehe Abbildung 3.2). Hier sind Buchungen mit Primär- und Sekundärkosten in Plan und Ist erlaubt. Erlösbuchungen sind nicht zugelassen.

Registerkarte »Steuerung«

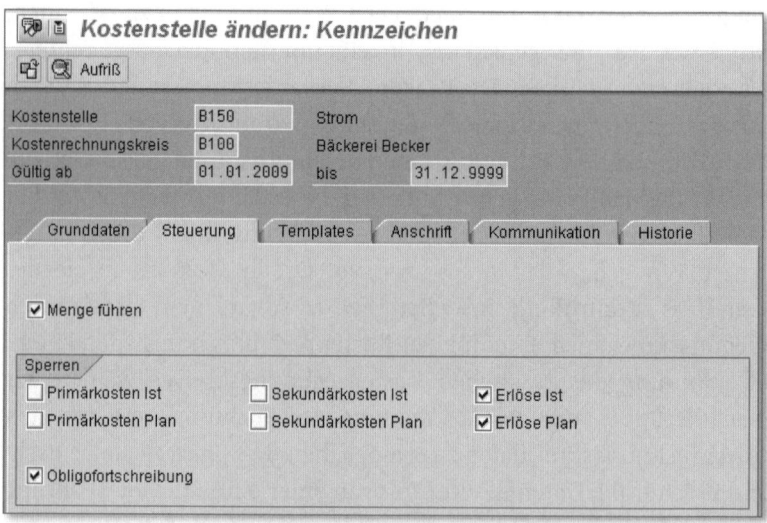

Abbildung 3.2 Stammdaten der Kostenstelle – »Steuerung«

Kostenstel-
lengruppen

Zur Strukturierung der Kostenstellen in Ihrem Unternehmen können Sie beliebig viele Kostenstellengruppen anlegen. Durch die Zusammenfassung von Gruppen zu Übergruppen entstehen Hierarchien. Kostenstellengruppen und Hierarchien haben keine Auswirkungen auf die Speicherung von Daten oder auf Verrechnungen. Sie werden ausschließlich beim Auswerten von Kostenstellendaten benutzt. Mit Kostenstellengruppen und -hierarchien bildet das System Summen in Kostenstellenberichten.

Aber Vorsicht: In vielen Unternehmen entsteht hier ein Wildwuchs. Viele Gruppen, die nur für eine einmalige Auswertung angelegt sind, bleiben ewig im System stehen. Wir empfehlen, die Struktur der Kostenstellengruppen zentral vorzugeben und Alternativen nur in dokumentierten Ausnahmefällen zuzulassen.

Sie pflegen Kostenstellengruppen mit den Transaktionen KSH1, KSH2 und KSH3 im Menü RECHNUNGSWESEN • CONTROLLING • KOSTENSTELLEN • STAMMDATEN • KOSTENSTELLENGRUPPE • ANLEGEN/ÄNDERN/ANZEIGEN (siehe Abbildung 3.3 und Abbildung 3.4). Wie Sie sehen, sind die Kostenstellen den Gruppen zugeordnet (und nicht umgekehrt die Gruppen den Kostenstellen). Nur so ist es technisch möglich, dass eine Kostenstelle in beliebig vielen Gruppen und Hierarchien dargestellt wird.

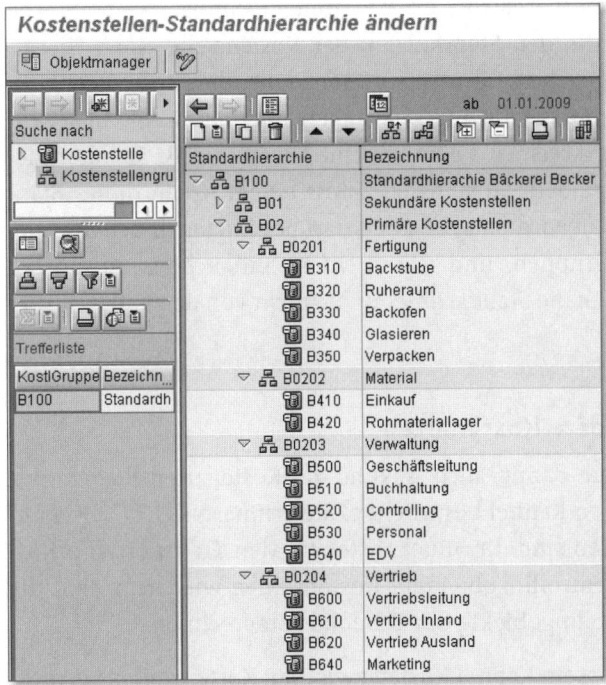

Abbildung 3.3 Primäre Kostenstellen in der Standardhierarchie der Bäckerei Becker

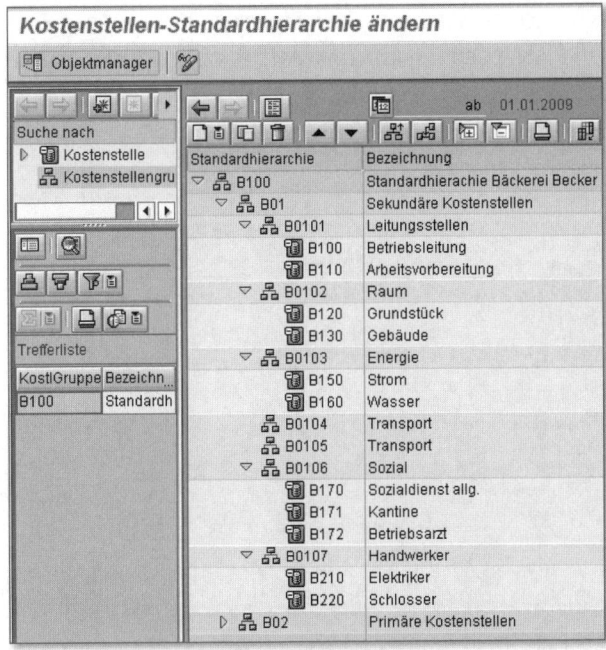

Abbildung 3.4 Sekundäre Kostenstellen der Bäckerei Becker

Standardhierarchie Der aufmerksame Leser ruft jetzt: »Moment einmal, weiter vorne haben wir doch in den Stammdaten der Kostenstelle einen Hierarchiebereich angegeben, also eine Zuordnung der Kostenstelle zu einer Gruppe erfasst.« Richtig, Sie haben mich erwischt. In jedem Kostenrechnungskreis wird nämlich eine Hierarchie als Standardhierarchie festgelegt. Jede Kostenstelle *muss* einem Ast in dieser Standardhierarchie zugeordnet sein, *kann* darüber hinaus in beliebig vielen anderen Gruppen und Hierarchien auftauchen. Ansonsten unterscheidet sich die Standardhierarchie nicht von den anderen Hierarchien.

3.3.2 Sekundäre Kostenarten

Kostenarten und damit auch sekundäre Kostenarten haben wir bereits im vorigen Kapitel besprochen. Sie erinnern sich? Die sekundären Kostenarten sind die »Rucksäcke« für den Transport von Kosten zwischen Controllingobjekten. Kostenstellen wiederum sind die zentralen Controllingobjekte der Gemeinkostenrechnung.

Sekundäre Kostenarten definieren Wir wollen in diesem Kapitel Kosten zwischen Kostenstellen verrechnen, also benötigen wir sekundäre Kostenarten. Nutzen Sie hierfür die Transaktionen KA06, KA02 und KA03 im Menü RECHNUNGSWESEN • CONTROLLING • KOSTENSTELLEN • STAMMDATEN • KOSTENART • EINZELBEARBEITUNG • ANLEGEN SEKUNDÄR/ÄNDERN/ANZEIGEN (siehe Abbildung 3.5).

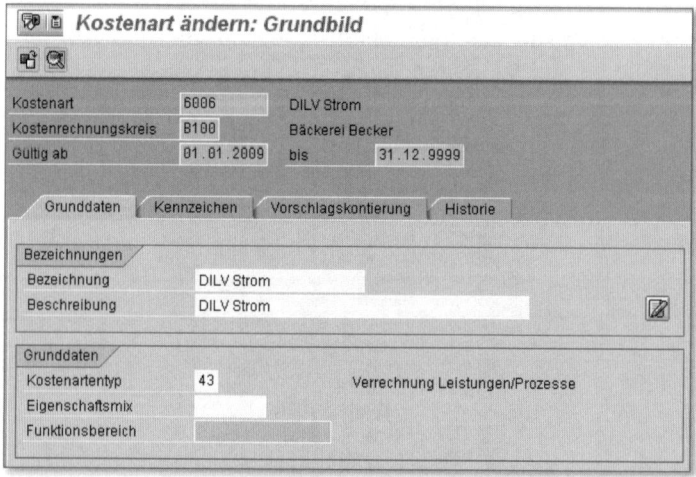

Abbildung 3.5 Stammdaten der sekundären Kostenart »Strom« für die direkte interne Leistungsverrechnung (DILV)

Auf dem Bild GRUNDDATEN pflegen Sie die Bezeichnung und die Beschreibung der Kostenart. DILV steht für *Direkte Interne Leistungsverrechnung*. Außerdem wählen Sie den KOSTENARTENTYP. Für die Verrechnung von Kosten zwischen Kostenstellen stehen Ihnen zwei Verfahren zur Verfügung, die mit unterschiedlichen Kostenartentypen bedient werden:

▶ »42 Umlagen«

▶ »43 Verrechnung der Leistungen/Prozesse«

Wir empfehlen die Leistungsverrechnung, deshalb sind alle sekundären Kostenarten, die in diesem Buch für die Kostenverrechnung zwischen Kostenstellen definiert sind, mit dem Typ 43 angelegt.

Das Grundprinzip der Leistungsverrechnung (siehe Abschnitt 3.5.2, »Mengenbeziehungen«) ist die parallele Abbildung von Mengen- und Wertbeziehungen. Wir wollen nicht einfach nur 100.000,00 EUR von einer Kostenstelle auf die andere verrechnen, sondern ein Mengengerüst als Verursacher zugrunde legen. Zum Beispiel wird bei der Nutzung von Strom die Anzahl der Kilowattstunden (kWh) als Verrechnungsschlüssel genutzt. Für die Verrechnung der Kosten von Betriebshandwerkern ist die geleistete Stundenzahl eine geeignete Mengenbasis. Die Mengeneinheiten werden später mit sogenannten *Tarifen* bewertet (EUR pro kWh bzw. EUR pro Stunde). Die verrechnete Menge multipliziert mit dem Tarif ergibt dann den Wert, der auf der Senderkostenstelle ent- und auf den Empfängerkostenstellen belastet wird. Der langen Rede kurzer Sinn: Der sekundären Kostenart wird eine Mengeneinheit mitgegeben (siehe Abbildung 3.6).

Kennzeichen »Menge«

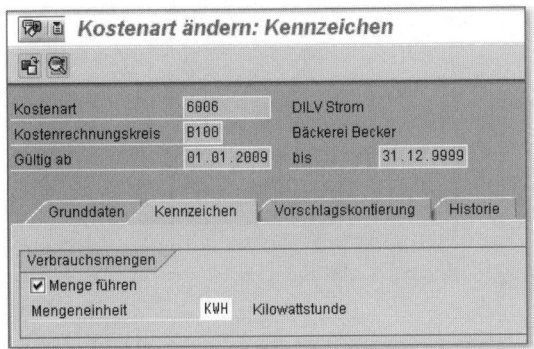

Abbildung 3.6 Kennzeichen der sekundären Kostenart »Strom«

Kostenarten – Übersicht

Zur Anzeige der Kostenarten, die in einem System definiert sind, bietet sich folgende Transaktion an: KA23 im Menü RECHNUNGSWESEN • CONTROLLING • KOSTENSTELLEN • STAMMDATEN • KOSTENART • SAMMELBEARBEITUNG • ANZEIGEN (siehe Abbildung 3.7).

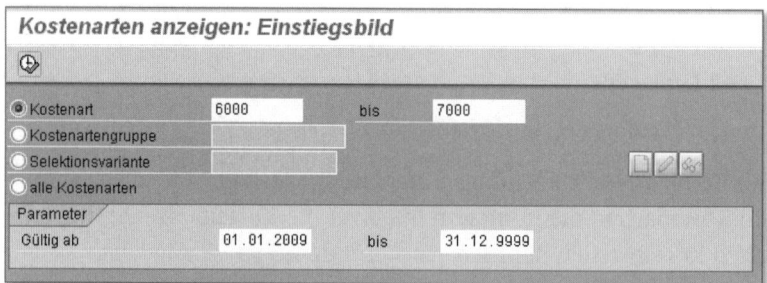

Abbildung 3.7 Einstieg in die Sammelanzeige von Kostenarten

Sie sehen alle sekundären Kostenarten, die für die Bäckerei Becker zur Verrechnung von Kosten zwischen Kostenstellen und von Kostenstellen auf Produkte angelegt sind (siehe Abbildung 3.8).

Kostenart	Bezeichnung	KArtentyp	KT	Eig.-Mix	Menge	ME	
6001	DILV Grundstück	43			X	M2	
6002	DILV Gebäude	43			X	M2	
6003	DILV Handwerker	43			X	STD	
6004	DILV Betriebsleitung	43			X	LE	
6005	DILV Arbeitsvorb.	43			X	LE	
6006	DILV Strom	43			X	KWH	
6007	DILV Wasser	43			X	M3	
6010	DILV Maschinenzeit	43			X	STD	
6011	DILV Personalzeit	43			X	STD	
6012	DILV Ruhezeit	43			X	STD	
6020	UML Erg. Verwaltung	42					
6030	IILV Vertrieb	43					
6040	Abr. Versicherung	21					
6041	Abr. Ergebnisreg.	21					

Kostenrechnungskreis B100
Datum 01.01.2009 bis 31.12.9999
Kostenart 6000 bis 7000

Abbildung 3.8 Sekundäre Kostenarten der Bäckerei Becker

3.3.3 Leistungsarten

Wir haben Kostenstellen und sekundäre Kostenarten zum Transport von Kosten angelegt. Der sekundären Kostenart »DILV Strom« im Beispiel wurde als Mengeneinheit bereits »kWh« mitgegeben. Für die Leistungsverrechnung in SAP ERP benötigen wir noch ein weiteres Konstrukt: die *Leistungsart* (siehe Abschnitt 3.1.3).

Nutzen Sie hierfür die Transaktionen KL01, KL02 und KL03 im Menü RECHNUNGSWESEN • CONTROLLING • KOSTENSTELLEN • STAMMDATEN • LEISTUNGSART • EINZELBEARBEITUNG • ANLEGEN/ÄNDERN/ANZEIGEN (siehe Abbildung 3.9).

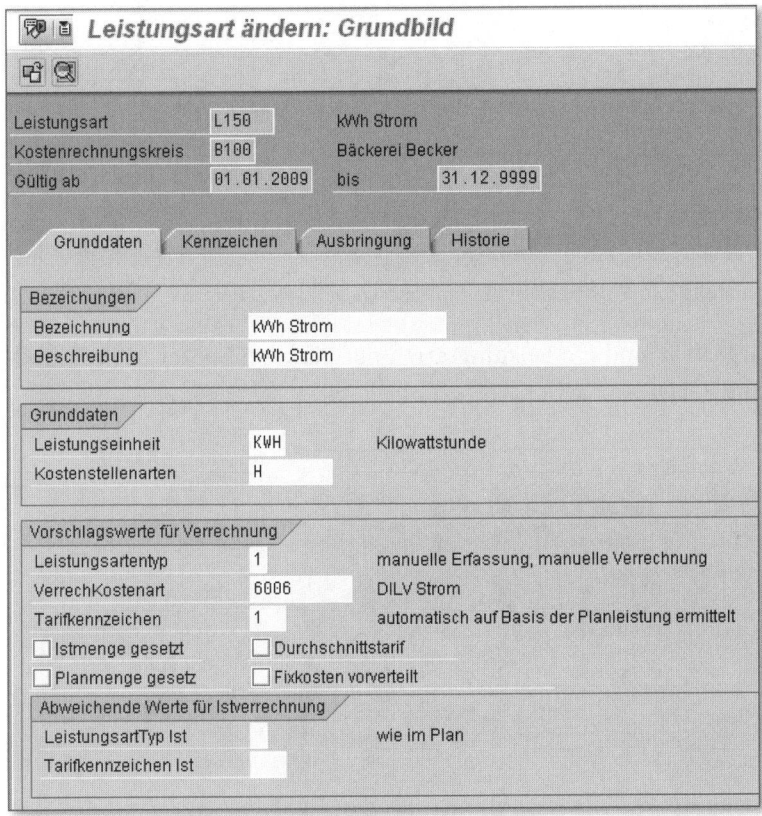

Abbildung 3.9 Leistungsart »Strom«

Warum reicht die Definition der sekundären Kostenart »6006 DILV Strom« für die Leistungsverrechnung nicht aus? Wozu brauchen wir zusätzlich noch die Leistungsart »L150 Strom«? Weil es im SAP-Standard so eingerichtet ist!

In Einführungsprojekten erklären wir das folgendermaßen: Die Mengenbeziehung wird mit der Leistungsart erfasst, der verrechnete Wert wird in der sekundären Kostenart gespeichert. Das ist zwar keine technisch oder betriebswirtschaftlich zwingende Erklärung, aus didaktischen Gründen allerdings eine erlaubte Vereinfachung.

Leistungsarten – Übersicht

Wie bei den sekundären Kostenarten ist für die Leistungsarten ein Übersichtsbild mit der Transaktion KA13 im Menü RECHNUNGSWESEN • CONTROLLING • KOSTENSTELLEN • STAMMDATEN • LEISTUNGSART • SAM-MELBEARBEITUNG • ANZEIGEN abrufbar (siehe Abbildung 3.10).

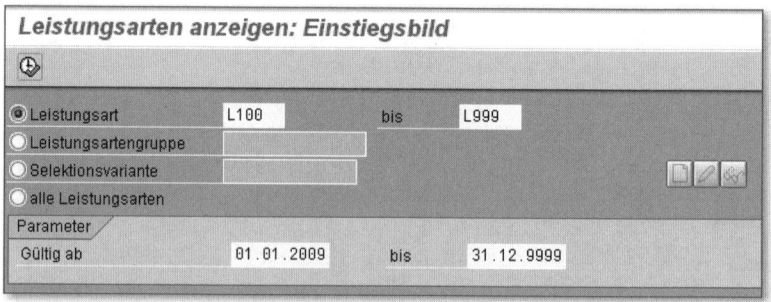

Abbildung 3.10 Einstieg in die Sammelanzeige von Leistungsarten

Dargestellt sind die Leistungsarten der Bäckerei Becker (siehe Abbildung 3.11).

Leistungsarten anzeigen: Grundbild

Kostenrechnungskreis B100
Datum   01.01.2009 bis 31.12.9999
Leistungsart   L100 bis L999

LeistArt	Bezeichnung	KArten	LE	VerrKArt
L100	Anteil Betriebsltg.	H	LE	6004
L110	Anteil AVOR	H	LE	6005
L120	qm Grundstück	H	M2	6001
L130	qm Gebäude	H	M2	6002
L150	KWh Strom	H	KWH	6006
L160	M3 Wasser	H	M3	6007
L210	Std Elektriker	H	STD	6003
L220	Std Schlosser	H	STD	6003
L301	Maschinenzeit	F	STD	6010
L302	Personalzeit	F	STD	6011
L303	Ruhezeit	F	STD	6012

Abbildung 3.11 Leistungsarten der Bäckerei Becker

Die Leistungsarten sind als Stammdaten im System angelegt. In den vorigen Abschnitten hatten wir uns bereits um die Stammdaten der Kostenstellen und der sekundären Kostenarten gekümmert. Jetzt beginnen wir mit der eigentlichen Planung.

3.4 Betriebswirtschaftliche Grundlagen der Kostenstellenplanung

Die Stammdaten für Kostenstellen und Leistungsarten sind nun angelegt. Der Unterschied zwischen primären und sekundären Kostenarten ist Ihnen ebenso klar wie der Unterschied zwischen primären und sekundären Kostenstellen. Überlegen wir nun, wie wir diese Stammdaten in ihren verschiedenen Ausprägungen für die Planung in der betrieblichen Praxis einsetzen können.

3.4.1 Zielsetzungen der Kostenplanung

Elementare Grundlage aller Controllingaktivitäten für den Gemeinkostenbereich stellt das Vorhandensein einer detaillierten Kostenplanung je Kostenstelle/Leistungsart mit einer Untergliederung in variable und fixe Kostenbestandteile dar. Nur mithilfe dieser nach Kostenstellen und Kostenarten durchzuführenden Auflösung in variable und fixe Kosten und einer monatlichen Anpassung der Plankosten an die jeweilige Istleistung der Kostenstelle ist es möglich, den Istkosten einen adäquaten Leistungsmaßstab gegenüberzustellen.

Als Maßstab der Kostenkontrolle können weder Vergleichswerte der Vergangenheit (z. B. Kosten des Vormonats) noch Durchschnittswerte (die ja auch aus Istkosten der Vergangenheit abgeleitet wären) verwendet werden. Hinzu kommt, dass in diesen Vergleichswerten Kostenremanenzen und Unwirtschaftlichkeiten enthalten sein können. Womöglich sind sie unter völlig anderen Voraussetzungen entstanden, z. B. bei einer anderen Istbeschäftigung oder anderen Produktionsabläufen.

Maßstabcharakter können nur geplante Kosten haben, die aufgrund analytischer Kostenüberlegungen und -untersuchungen, losgelöst vom Ist der Vergangenheit, festgelegt worden sind. Ziel einer solchen Planung muss es sein, den betrieblich notwendigen Verbrauch an Personal, Gütern und Dienstleistungen je Kostenstelle/Leistungsart, differenziert nach Kostenarten oder Kostenartengruppen, zu bestimmen. | Analytische Kostenplanung

Besonders wichtig ist, dass in diese Überlegungen und Arbeiten von Anfang an die Kostenstellenverantwortlichen mit einbezogen werden. Dies ist aus Akzeptanzgründen, aber auch weil diese Personen ihre Kostenstellen am besten kennen und beurteilen können, zwingend erforderlich. | Kostenstellenverantwortliche einbeziehen

Unwirtschaft-lichkeiten

Im Rahmen einer solchen analytischen Kostenplanung, die verbunden ist mit einer systematischen Durchforstung von Ablauf- und Strukturorganisationen des jeweiligen Bereichs, werden meist auch Unwirtschaftlichkeiten erkannt, für die noch während der Planungsarbeiten Beseitigungsvorschläge erarbeitet werden.

Planungsüber-holungen

Die hier genannten grundsätzlichen Ziele sind natürlich vor allem für eine detaillierte, differenzierte Erstplanung von Bedeutung. Planungsüberholungen in den Folgejahren sind, sofern keine größeren strukturellen Veränderungen zu berücksichtigen sind, einfacher, weniger aufwendig und auch in kürzerer Zeit zu bewerkstelligen. Die Parameter können unverändert beibehalten werden, die Mitarbeiter sind bereits geschult und mit der Materie vertraut. Außerdem steht eine Vielzahl maschineller Planungshilfen zur Verfügung.

Vergleich Kostenplanung und Budgetierung

Zum Schluss dieses allgemeinen Abschnitts sei noch kurz auf den Unterschied zwischen Kostenplanung und Budget hingewiesen. Budgetierung heißt, vereinfacht ausgedrückt, möglichst genau die zu erwartenden Istkosten des nächsten Geschäftsjahres festzuhalten. Das heißt, dass Unwirtschaftlichkeiten, die, obwohl erkannt, kurzfristig nicht zu beseitigen sind, generell oder zumindest für die Zeit bis zu ihrer Abstellung im Budget berücksichtigt sind. In der analytischen Kostenplanung würden diese Unwirtschaftlichkeiten nicht geplant werden. Auf diese Weise sind Abweichungen zwischen dem Soll-Ist-Vergleich des Controllings und dem Budget-Ist-Vergleich vorprogrammiert.

Soll-Istkosten-Vergleich

Es gibt aber etliche Unternehmen, die das Budget als wesentliches Kriterium des zu erwartenden Gemeinkostenvolumens parallel zur Kostenplanung im System hinterlegt haben und monatlich neben dem auf der Kostenplanung basierenden Soll-Istkosten-Vergleich einen Budget-Ist-Vergleich erstellen. Dieser ist aber als eigentliches Controllinginstrument nicht zu gebrauchen, da er nur die Istkosten in Relation zum Budget wiedergibt.

3.4.2 Planbeschäftigung

Festlegung der Planbeschäftigung

Voraussetzung für die Durchführung der Kostenplanung für das nächste Geschäftsjahr ist die Festlegung der Planbeschäftigung für alle Kostenstellen, primär und sekundär.

Planbeschäftigung der Primärstellen

Die Planbeschäftigung der primären Stellen ist vor allem für die Vollkostenbetrachtung wichtig, da der Fixkostensatz nur bei dieser Planbeschäftigung korrekt ist (siehe Abschnitt 6.7, »Istkostennachweis«). Für die variablen Kostensätze ist dies uninteressant, da der Kostensatz innerhalb einer bestimmten Bandbreite gleich bleiben sollte.

Es liest sich so einfach, wenn gesagt wird, dass sich die Planbeschäftigung der Fertigungsstellen, abgeleitet aus dem Absatzplan einschließlich der Berücksichtigung des Lagerplans, ergibt, indem diese Mengen mit den Fertigungsdaten des Arbeitsplans aufgelöst werden.

Dies war zumindest früher ein riesiges Unterfangen. Niemand im Unternehmen lässt sich so ungern festlegen wie der Vertrieb. Auch das Argument, dass es primär um die Ableitung der Planleistungsarten und -mengen ginge, konnte und kann den Vertrieb nicht überzeugen. Etwa nach dem Motto: »Je genauer man plant, umso härter trifft einen der Zufall.«

Planbeschäftigung Serien-/Prozessfertigung

Es gibt aber dabei auch ein sachliches Problem: Die Absatzplanung erfolgt nicht generell auf Artikelebene. Wenn z. B. ein Unternehmen eine hohe fünf- oder gar sechsstellige Zahl verkaufsfähiger Produkte hat, ist dies dem Vertrieb einfach nicht zumutbar. Man behilft sich in der Praxis vielfach so, dass man alle neu hinzukommenden Artikel, für die vor dem Start der Produktion detaillierte Absatzprognosen erstellt werden und für die es zum Zeitpunkt der Planung bereits Arbeitspläne geben muss, detailliert plant. Bei den übrigen Artikeln wird entweder auf repräsentative, alle ausführenden Kostenstellen/Leistungsarten umfassende Dummy-Artikel ausgewichen oder aber die Ist-Ergebnisrechnung z. B. des letzten Jahres oder Halbjahres auf den PC heruntergeladen und dort über pauschale Korrekturfaktoren pro Artikel(-gruppe) die Absatz-/Umsatzplanung variiert. Dieser modifizierte Plan wird nicht nur als Ausgangspunkt für die neue Absatz-/Umsatzplanung, sondern auch als Basis für die Ermittlung der neuen Planbeschäftigung aufgrund der zugrunde liegenden Arbeitspläne genommen. Zusätzlich bleibt immer noch die Möglichkeit, aufgrund der Vorjahreswerte und der Prognosen die Planleistungsartenmengen festzulegen. Diese Auflösung kann so nur in der Serien-/Fließfertigung funktionieren, in der detaillierte Arbeitspläne, zumindest auf Gruppenebene, vorliegen.

In der Einzel-/Projektfertigung kann dieses Verfahren nur für den Teil des Absatzes Anwendung finden, für den bereits konkrete Aufträge vorliegen. Der Rest muss aufgrund von Angeboten, Anfragen und Erfahrungswerten extrapoliert werden.

Eine detaillierte Auflösung bereitet auch insofern Schwierigkeiten, als für viele Teile, Baugruppen und vor allem Endprodukte zu diesem Zeitpunkt gar keine Arbeitspläne vorliegen. Die Planleistungsartenmengen werden deshalb mit Blick auf die konkret vorliegenden Aufträge meist »zu Fuß« festgelegt.

Zu den ermittelten neuen Planleistungsartenmengen müssen in allen Industrieunternehmen noch die Zeiten für Ausschussbearbeitung, Nacharbeit, Versuchsaufträge etc., die sich nicht aus der retrograden Auflösung ergeben, hinzugezählt werden.

Weitere Primärstellen

Planbeschäftigung
F&E-, Material-,
Verwaltungs- und
Vertriebsstellen
Es gibt weitere primäre Stellen, für die es ebenfalls die Planbeschäftigung festzulegen gilt, und zwar ohne Zugriffsmöglichkeit auf Arbeitspläne. Beispiel für solche Stellen sind die Forschungs- und Entwicklungsstellen sowie die Bereiche Material, Verwaltung und Vertrieb.

Für die F&E-Stellen werden als Leistungsart meist die Stunden zugrunde gelegt, unterteilt nach Mitarbeiterkategorien. Diese Stunden ergeben sich aus der Anzahl der für die geplanten Aktivitäten erforderlichen Mitarbeiter in den einzelnen Kategorien.

Bei den Material-, Verwaltungs- und Vertriebsstellen werden für den Umfang der Stellen mit sich wiederholenden Tätigkeiten (z. B. die Materialbereitstellung oder die Kundenauftragsabwicklung) »Standard«-Stunden angesetzt. »Standard« deswegen, weil sich dahinter, ähnlich wie bei den Arbeitsplänen in der Fertigung, Tätigkeitskataloge mit Bearbeitungszeiten für die einzelnen Vorgänge eines Teil- oder Hauptprozesses verbergen, die aber nicht im Ist erfasst, sondern über die Anzahl der Vorgänge mal den Standardzeiten gewonnen werden.

Bei bestimmten Fertigungsstellen ist die Situation ähnlich, z. B. in der optischen Industrie, wo es unwirtschaftlich wäre, die tatsächlich gebrauchte Istzeit zu erfassen. Dort, wo wir bei den Material-, Verwaltungs- und Vertriebsstellen keine Prozessstrukturen und damit auch keine Prozesskalkulationen vorfinden, wählt man als Leistungsart häufig »100 %« oder »100 Verrechnungseinheiten« (VE). Dies ist insofern unproblematisch, weil es sich überwiegend um reine Fixkostenstellen handelt, die per Zuschlag oder im Rahmen einer stufenweisen Kostendeckungsrechnung verrechnet werden, bei denen also der Planbeschäftigung keine besondere Bedeutung zukommt.

Planbeschäftigung der Sekundärstellen

Die Planbeschäftigung bei den *direkt verrechneten Sekundärstellen* (z. B. Handwerkerstellen) ist kein grundsätzliches Problem. Kritisch dabei ist aber, dass die Planleistungsartenmenge der abgebenden Kostenstelle/Leistungsart (»Sender«-Kostenstelle) mit den verrechneten Mengeneinheiten (auf den »Empfänger«-Stellen) übereinstimmen muss. Häufig finden sich aber hier, gerade bei einer analytischen Erstplanung, große Differenzen.

Direkt verrechnete Sekundärstellen

Bei den Handwerkern beispielsweise besteht häufig zwischen den Vorstellungen der abgebenden Stelle und der Inanspruchnahme durch die Leistungsempfänger eine Differenz, die im Rahmen der Abstimmung (siehe Abschnitt 3.4.6, »Kostenplanung der sekundären Kostenstellen«) dazu führen kann, dass bei intensiverem Nachhaken die Anzahl an Handwerkern verringert werden kann.

Bei den *indirekt verrechneten Sekundärstellen*, z. B. einer betrieblichen Leitungsstelle, für die die Leistungsabnahme beim Empfänger im Ist nicht quantifizierbar ist, wird als Leistungsart meist »Euro-Deckung« gewählt. Die Leistungsartenmenge ist die Summe variabler Kosten der abgebenden Stelle, die sich über eine sekundäre kalkulatorische Kostenart aufgrund detaillierter Überlegungen im Rahmen der Kostenplanung auf die leistungsabnehmenden Kostenstellen verrechnet.

Indirekt verrechnete Sekundärstellen

Im Rahmen der monatlichen Abrechnung wird auf diese Gruppe der indirekten sekundären Kostenstellen näher eingegangen (siehe Abschnitt 6.3, »Sollkostenrechnung«).

3.4.3 Planpreise

Controlling setzt voraus, dass, soweit möglich, Plan-/Soll- und Istmengen mit dem gleichen Preis pro Einheit bewertet werden. Nur so ist es möglich, Mengen- und Preisabweichungen getrennt zu halten. Wir haben in den Abschnitten 1.3.2, »Definition von ›Controlling‹«, und 2.1, »Betriebswirtschaftliche Grundlagen«, bereits deutlich darauf hingewiesen, dass in allen Teilgebieten des innerbetrieblichen Rechnungswesens aus Controllinggründen eine strikte Trennung von Preis- und Mengenabweichungen vorgenommen werden sollte. Für die Kostenstellenrechnung heißt dies, dass dort, wo Mengen geplant werden können, dies auch getan werden sollte.

Dies sollte für die Personalkosten, die Materialien vom Lager und alle innerbetrieblichen Verrechnungen gelten. Bei den Materialien vom Lager, auch wenn sie nicht explizit geplant sind, geschieht dies automatisch, wenn für sie ein Standardpreis fixiert ist. Der Istmaterialpreis kann getrennt nach Standardwert und Preisabweichung aufgelöst werden. Bei den innerbetrieblichen Leistungsverrechnungen, egal ob direkt oder kalkulatorisch verrechnet, wird dies ebenso gehandhabt.

Bei den Personalkosten können, wenn die Planung wie in unserem Beispiel nach Ressourcen – Lohn- bzw. Gehaltsgruppen – erfolgt ist, ebenso die Preisabweichungen nach Herkunftskontierungen differenziert abgespalten und getrennt dargestellt werden.

Die Mengenplanung nach Materialnummern bzw. Lohn- und Gehaltsgruppen hat (siehe Abschnitt 3.4.7, »Kostenplanung der primären Kostenstellen«) darüber hinaus den Vorteil, dass bei den jährlichen Planungsüberholungen, die neben der Bearbeitung struktureller Änderungen vor allem eine Kostenanpassung auf den aktuellen Wertstand bedeuten, automatisch die Umrechnung auf aktuelle Preise pro Einheit einschließlich aller Folgeänderungen (wie etwa geänderte Kostensätze für die sekundären Stellen unter Berücksichtigung aller Interdependenzen) vorgenommen wird.

Aus unserer Sicht sollte man für eine Erstplanung, aber auch bei einer Planungsüberholung überlegen, ob man den etwas höheren Aufwand für eine differenziertere Ressourcenplanung auf sich nimmt, um eine genauere Abspaltung der Preisabweichungen zu erhalten und insbesondere die Planung gezielter umrechnen zu können (siehe Abschnitt 3.4.10, »Umwertung und Simulation«).

3.4.4 Durchführung der Kostenplanung

Voraussetzungen Kostenplanung Die Grundpfeiler der Kostenplanung haben Sie bereits kennengelernt:

- Kostenartenplan
- Kostenstellenplan
- Leistungsartenplan
- Planbeschäftigung
- Planpreise

Weitere elementare Kriterien betreffen den Zeitrahmen bzw. die Art der Kostenplanung:

- Fristigkeit der Planung
- Erst- oder Wiederholplanung

Bei der *Fristigkeit* geht man normalerweise von der Gültigkeit für das nächste Geschäftsjahr aus. Dieser Zeitraum liegt auch der Ermittlung der Planbeschäftigung für unsere Kostenstellen zugrunde. Er entspricht dem üblichen Planungshorizont. Manche Unternehmen erstellen zwar parallel eine rollierende Mittelfristplanung, die aber primär für Vorschaurechnungen gilt und jährlich an die aktuelle Situation angepasst wird. Die Fristigkeit von einem Jahr ist in der praktischen Handhabung für die variablen Kosten weniger von Belang als für die fixen Kosten.

Fristigkeit der Kostenplanung

Zu unterscheiden ist schließlich, ob es sich um die *Erst-* oder um eine *Wiederholplanung* handelt. Bei der Erstplanung sind viele grundsätzliche Festlegungen zu treffen, während die Wiederholplanung, von strukturellen Änderungen abgesehen, in erster Linie aus einer Anpassung an die neue Planbeschäftigung und die neuen Planpreise besteht. Beides sind Aktivitäten, für die spezielle Planungshilfen zur Verfügung stehen, sodass sich die Planer voll auf die strukturellen Änderungen konzentrieren können.

Erst- oder Wiederholplanung

Zwei Punkte sollten gerade bei einer Erstplanung besonders beachtet werden. Zum einen ist von Anfang an der Betriebsrat zu informieren, und zwar generell, nicht nur wenn die Planung mit möglichen Einsparungen verbunden ist. Zum anderen sind die Kostenstellenverantwortlichen von Anfang an einzubinden, sodass diese die Kostenverantwortung übernehmen. Es empfiehlt sich, bei einer Erstplanung die Kostenstellenverantwortlichen in einer allgemeinen Startveranstaltung im Beisein des Betriebsrats von der Geschäftsleitung und dem Controlling über den Sinn und die Bedeutung dieser Kostenplanung zu informieren.

Information des Betriebsrats und Einbeziehung der Kostenstellen-verantwortlichen

Im Verlauf der folgenden Abschnitte möchten wir Ihnen die einzelnen Planungsschritte etwas detaillierter vorstellen.

Organisatorische Vorarbeiten

Wichtige generelle Voraussetzung ist die Erstellung eines Zeit-, Termin- und Maßnahmenplans.

Planungsformulare

Ein Vorschlag, der zumindest überlegt und diskutiert werden sollte, ist die Idee, zumindest die Erstplanung in speziellen Planungsformularen festzuhalten. Dazu gehören insbesondere auch Aufzeichnungen über den Umfang der Kostenstelle, die Abgrenzung zu anderen Stellen, über das Planpersonal und dessen Aufteilung auf verschiedene Lohnkostenarten (die so auch im Ist kontiert werden müssen), die Ermittlung der Plan- und Istleistungsartenmenge, spezielle Planungshinweise u.Ä.m.

Eine solche Vorgehensweise hat den Vorteil, dass ein anderer Mitarbeiter sich später in die Planung hineinfinden kann, dass man auch nach Jahren noch weiß, was sich der Erstplaner gedacht und was er mit dem Kostenstellenleiter festgelegt hat (der gemeinsam mit den Planern auch die Planung unterschreiben sollte). Papier geht – im Gegensatz zu in der DV festgehaltenen Texten – üblicherweise nicht verloren.

Planungs-vorarbeiten

Nun zu den eigentlichen Planungsvorarbeiten. Dazu gehören die Festlegung der betrieblichen Arbeitszeit für ersetzte und nicht ersetzte Arbeitsplätze, die Ermittlung prozentualer Zuschläge für die Lohn- und Gehaltsnebenkosten, bezogen auf die Kosten der Anwesenheitszeiten, Lohn- und Gehaltslisten, ein Anlagenverzeichnis nach Kostenstellen mit Anschaffungsjahr und -wert, indiziertem Anschaffungs- bzw. Wiederbeschaffungswert sowie der kalkulatorischen Abschreibung, variabel und fix, den kalkulatorischen Zinsen auf das Anlagevermögen, eine Raumverteilung nach Kostenstellen etc.

Empfehlenswert ist es ferner, bei Erstplanungen die Energieanschlusswerte vorzubereiten, eventuell vorhandene Wartungspläne für Maschinen und Anlagen sowie spezielle Vereinbarungen über Arbeitsschutzkleidung etc. bereitzustellen. In größeren Unternehmen ist es darüber hinaus sinnvoll, zentral – um Vielfachkontakte mit ein und demselben Ansprechpartner zu vermeiden und um zu verhindern, dass Positionen übersehen oder doppelt geplant werden –

einen Verteiler der verschiedenen Gemeinkosten (Steuern, Versicherungen, Abgaben, Beiträge etc.) anzufertigen. Ratsam ist, eine Aufstellung des zu verzinsenden Umlaufvermögens (Bestände Roh-, Hilfs- und Betriebsstoffe, Ware in Arbeit, Halb- und Fertigfabrikate, Debitoren etc.) vorzubereiten. Zu den Vorarbeiten gehört ferner, zumindest in größeren Unternehmen mit mehreren beteiligten Personen, die Erstellung einer Planungsrichtlinie, um für die Planung eine »einheitliche Handschrift« sicherzustellen, sowie eine Schulung der betroffenen Personen im Umgang mit dem System SAP ERP.

Die Beachtung einer bestimmten Reihenfolge bei der Planung, insbesondere was die Verbindung zu den Sekundärstellen und deren Verknüpfung untereinander angeht, ist nicht erforderlich. Früher war dies ein wichtiges Thema, weil man für die Planung der Primärstellen verbindliche Kostensätze der Sekundärstellen benötigte; heute kann die Planung beliebig oft iteriert werden.

Reihenfolge der Kostenplanung

Planungstechnik

Die Planung selbst erfolgt bezüglich der Planungstechnik sinnvollerweise nach ABC-Kriterien, d.h., man versucht, innerhalb einer Kostenstelle/Leistungsart bei einigen wenigen A-Kostenarten (die im Schnitt ca. 70 bis 80% des gesamten Kostenvolumens ausmachen) rechnerisch oder mittels Messung die Planwerte zu bestimmen.

ABC-Kriterien

Rechnerisch ermitteln lassen sich z.B. Energieverbrauchsmengen, bestimmte Hilfs- und Betriebsstoffmengen und zum Teil auch Transportleistungen und der Personalbedarf. Messen kann man Energieverbräuche und natürlich Leistungs- und Ausbeutemengen.

Scheiden diese beiden Möglichkeiten aus, muss man auf Schätzen und Vergleichen zurückgreifen. Häufig werden solche Erstplanungen mit Unterstützung durch Externe durchgeführt, die hier ihren besonderen Erfahrungsschatz, z.B. bei der Planung der Werkzeug- oder der Reparatur-/Instandhaltungskosten, insbesondere auch bei der Aufteilung in variable und fixe Kosten, einbringen können. Die Einschaltung externer Berater, in diesen Bereichen meist erfahrene Techniker, empfiehlt sich auch deswegen, weil dabei meist Unwirtschaftlichkeiten aufgedeckt werden, deren konkrete Lösungsansätze man einem Nicht-Firmenmitarbeiter doch eher abnimmt. In den administrativen Bereichen lässt sich mit den bislang im Vordergrund stehenden Planungstechniken Rechnen und Messen, aber auch mit Schätzen relativ wenig anfangen. Hier wird man neben externer Erfahrung auf Methoden wie Funktionsablaufstudien zurückgreifen müssen.

Planung einzelner Kostenartengruppen

Lassen Sie uns nun auf die Planung einzelner Kostenartengruppen bzw. Kostenarten eingehen. Beispielhaft werden wir Ihnen die folgenden Gruppen näher vorstellen:

- Lohnkosten
- Gehaltskosten
- kalkulatorische Belegschaftsnebenkosten
- Hilfs- und Betriebsstoffe
- Instandhaltung
- verschiedene Gemeinkosten
- kalkulatorische Abschreibungen
- kalkulatorische Zinsen

Lohn In vielen Industriebranchen ist trotz in den letzten Jahren vorgenommener Rationalisierungsinvestitionen der Lohnanteil noch immer sehr hoch. Klassisch ist die Untergliederung in die Gruppen Fertigungs- und Hilfslohn mit jeweils mehreren Kostenarten sowie in Zulagen/Zuschläge.

Selbstverständlich werden personenbezogen nicht nur die Iststunden des Monats zur Überprüfung der Gesamtjahresstunden festgehalten, sondern separat auch, meist mit der Bezahlung nicht im laufenden, sondern im Folgemonat, die Mehrarbeits-, Sonn- und Feiertagszuschläge sowie Schicht-, Erschwerniszulagen etc. abgerechnet.

Wichtig aus Sicht des Controllings ist, dass nicht nur der Lohn in Summe pro Kostenstelle, sondern differenziert nach Fertigungs-, Zusatz-, Hilfslohn und Zulagen/Zuschlägen ausgewiesen wird. Im Ist wird er jeweils noch weiter untergliedert nach Fertigungslohn im Akkord, Akkorddurchschnitts- oder Zeitlohn bzw. die Zusatzlöhne nach Ursachen (Maschinenstillstand etc.), die Hilfslöhne nach Reinigungs-, Transport- oder Kontrollarbeiten etc.

Es genügt nicht, den Anwesenheitslohn der Kostenstelle in Summe zu sehen, der Lohn muss vielmehr für das Gemeinkosten-Controlling im Ist nach Lohnkostenarten differenziert gezeigt werden. Wenn wir den Lohn untergliedert nach den Ressourcen der Lohngruppe geplant haben, muss der Istlohnsatz diese Kennung Lohngruppe enthalten, um so lohngruppenspezifische Preisabweichungen ermitteln zu können. Dies gilt für Zusatz- und Hilfslöhne gleichermaßen.

Analog ist die Handhabung beim Gehalt, wenn die Planung nach Gehaltsgruppen vorgenommen wird. Beim Gehalt werden vielfach nicht die tatsächlichen Gehälter auf den Kostenstellen ausgewiesen. In den meisten Unternehmen sind die tatsächlichen Gehälter nicht offiziell bekannt. Um eine solche Offenlegung zu umgehen, wird häufig mit einem Durchschnittsgehalt pro Gehaltsgruppe oder auch mit dem Tarifgehalt gearbeitet, seltener mit einem Durchschnittsgehalt für das gesamte Unternehmen. Die monatliche Differenz wird auf eine übergeordnete allgemeine Stelle (Bereichsstelle) genommen oder der Kostenstelle »Gehaltsbüro« zugeordnet.

Gehalt

Wir haben in den Abschnitten zu Lohn und Gehalt nur vom Anwesenheitsentgelt gesprochen und die Personalnebenkosten ausgeklammert. Die gängige Praxis ist die, dass man die Soziallöhne und -gehälter sowie alle gesetzlichen und freiwilligen Sozialaufwendungen nicht mit dem Istaufwand auf die Kostenstellen übernimmt. Abgesehen von Kontierungsschwierigkeiten ist dies primär ein betriebswirtschaftliches Problem:

Kalkulatorische Belegschafts-nebenkosten

Die Soziallöhne fallen schwergewichtig in den Monaten an, in denen die Betriebsleistung aufgrund des Betriebsurlaubs oder vieler Feiertage niedrig ist. Dies würde bedeuten, dass nicht nur riesige Abweichungen gegenüber den Sollkosten entstünden, sondern auch die Istkostensätze völlig aus dem Rahmen fielen.

In der Praxis ermittelt man im Rahmen der jährlichen Planung für die Personalnebenkosten Zuschläge und bringt dann kalkulatorisch diese Prozentsätze, bezogen auf Soll- und Istanwesenheitslöhne bzw. -gehälter, in Ansatz. Wenn also z. B. in einem Sommermonat drei von vier Wochen auf den Betriebsurlaub entfallen, folglich also die Anwesenheitslöhne nur etwa ein Viertel betragen, aber auch die Betriebsleistung nur bei etwa einem Viertel des Durchschnittsmonats liegt, würde über den kalkulatorischen Zuschlag auch entsprechend weniger Sozialaufwand verrechnet werden.

Zur Überwachung der Zuschläge schaltet man die Innenauftragsabrechnung mit je einem Auftrag für Lohn bzw. Gehalt sowie einem dritten Auftrag für lohn- und gehaltsbezogene Aufwendungen aus der Gruppe der Abgrenzungsaufträge zwischen, die im Prinzip einem T-Konto gleichen: Auf der Sollseite werden die laufenden Istsozialaufwendungen summiert, denen auf der Habenseite die kalkulatorische Verrechnung der Periode gegenübergestellt wird. Zum Jahresende sollten die Kosten auf beiden Seiten in etwa gleicher Höhe ausgewiesen sein. Die Differenz könnte (wenn absehbar) mit höheren Istzuschlägen in den letzten Monaten oder in einem »13. BAB« berücksichtigt bzw. wie andere Abgrenzungsdifferenzen direkt in die Betriebsergebnisrechnung übernommen werden.

Sollte sich im Laufe des Jahres der Sozialaufwand gravierend ändern, beispielsweise durch eine generelle Verringerung der Anzahl an Urlaubstagen, wird man, ähnlich wie dies bei generellen unterjährigen Lohn- oder Gehaltserhöhungen geschieht, maschinell die Differenz als Preis-/Tarifabweichung, quasi »unterm Strich«, ausweisen.

Die kalkulatorischen Sozialkostenzuschläge in der Kostenplanung bzw. der monatlichen Abrechnung sind nicht von einer betriebswirtschaftlichen Abteilung explizit zu errechnen; sie werden maschinell durch Definition der Basiskostenarten, auf die die Zuschläge zu rechnen sind, und separat gespeicherte Prozentsätze ermittelt.

Hilfs- und Betriebsstoffe

Die Kategorie Hilfs- und Betriebsstoffe umfasst alle Gemeinkostenmaterialien, die nicht via Stückliste als Einzelmaterial direkt dem einzelnen Erzeugnis zugeordnet werden bzw. die, selbst wenn sie aus dispositiven Gründen in der Stückliste aufgeführt sind, wegen Geringfügigkeit (bezogen auf den zu fertigenden Artikel) als Gemeinkosten auf die Kostenstellen übernommen werden und im Kostensatz anteilig enthalten sind.

Gerade die Hilfsstoffe sind größtenteils branchenspezifisch. Die Hilfs- und Betriebsstoffe werden zum Teil über Lager geführt und über Bestand abgerechnet, teilweise aber auch unmittelbar disponiert, bezogen und deshalb Eingang = Verbrauch gebucht. Sie eignen sich gut für die Ressourcenplanung (siehe Abschnitt 3.5.5), mit dem Vorteil, sowohl bei Alternativrechnungen als auch bei Planungsumrechnungen oder Simulationen gezielte und vor allem korrekte Veränderungen vornehmen zu können.

Zu den Instandhaltungskosten zählen Materialien vom eigenen Lager, Fremdmaterialien sowie Eigen- und Fremdleistungen. In größeren Unternehmen erfolgt die Planung in dieser Differenzierung nach Instandhaltungsmaterialien vom Lager, Fremdmaterialien sowie Eigen- und Fremdleistungen. Die Eigenleistungen sind in jedem Fall getrennt nach ausführenden Stellen (Schlosser, Elektriker etc.) zu planen, weil im Rahmen der Planungsabstimmung die geplanten Stunden (bei den »Empfängern«) mit der Stundensumme der ausführenden Kostenstelle/Leistungsart (»Sender«) abzugleichen sind.

Instandhaltung

In den monatlichen Kostenstellenauswertungen fasst man die Instandhaltungskosten meist in einer Zeile zusammen, um »Zeilenverschieber« auszuschalten (man kann aber jederzeit die dahinter liegende Kostenart sehen).

Darüber hinaus empfiehlt es sich, bei Bedarf eine eigene Kostenart »kalkulatorische Instandhaltungskosten« vorzusehen. Hierunter sind die Reparaturleistungen zu planen, die sich nicht innerhalb eines Geschäftsjahres wiederholen. Fällt eine solche Reparatur im Ist alle drei Jahre an, kann dies in der Planung korrekt berücksichtigt werden, indem man die voraussichtlichen Kosten durch die Anzahl der Monate dividiert und das Ergebnis als Planwert pro Monat festschreibt.

Kalkulatorische Instandhaltungskosten

Das Problem sind die Istkosten. Unterstellt, die Reparatur kommt erst im dritten Jahr, hätte man zwei Jahre lang negative (Gewinn-)Abweichungen. Im dritten Jahr würden als »geballte Ladung« die Istkosten ankommen und zu einem gewaltigen Kostenmehrverbrauch führen. Die Abweichungen in Summe und die Istkostensätze wären in all den Jahren und Monaten nicht aussagefähig.

Deshalb rechnet man diese Planpositionen in der monatlichen Abrechnung Soll = Ist ab, sodass sowohl die Abweichungen als auch die Istkostensätze unberührt bleiben. Die kalkulatorisch verrechneten Kosten werden einem Abgrenzungsauftrag für diese Kostenstelle und Kostenart gutgeschrieben, dem bei Anfall die effektiven Istkosten belastet werden. Im Prinzip hat man damit die eigentliche Abrechnung in die Innenauftragsabrechnung verlagert. In der Kostenstellenrechnung selbst gibt es keine Abweichungen und keine Auswirkung auf den Istkostensatz. Die gleiche Vorgehensweise wählt man übrigens bei entsprechend hohen Kosten für kostenstellenbezogene Betriebsmittel und Messwerkzeuge.

Verschiedene Gemeinkosten

Bei den Erläuterungen zu den Planungsvorarbeiten zu Beginn dieses Abschnitts wurde bereits vorgeschlagen, zumindest in größeren Unternehmungen mit mehreren beteiligten Planern zentral einen Verteiler für einen Teil der »verschiedenen Gemeinkosten« zu erstellen. Dies gilt für die Kostenartengruppen »Steuern«, »Versicherungen«, »Beiträge/Gebühren«, »Mieten« und »Pachten«.

Für die übrigen Kostenartengruppen der verschiedenen Gemeinkosten sind die Planwerte vom Kostenplaner mit den jeweiligen Kostenstellenverantwortlichen festzulegen, z. B. für die Reise-, Bewirtungs- und Repräsentationskosten. Für einzelne Kostenarten, z. B. Schulungen und Seminarbesuche, gibt es in manchen Firmen spezielle Kontierungsanweisungen.

Beim Büromaterial besteht vielfach die Regelung, dass das gesamte allgemeine Büromaterial auf eine allgemeine Verwaltungsstelle übernommen wird und nur spezielles Büromaterial, Drucksachen, Vertriebsprospekte, Preislisten u.Ä. auf die veranlassende Kostenstelle verrechnet werden.

Zu erwähnen ist auch, dass nicht alle verschiedenen Gemeinkosten auf Kostenstellen ausgewiesen werden. So werden gezielte Werbemaßnahmen, Messebesuche etc. vielfach auf Innenaufträgen geplant und erfasst, z. B. für bestimmte Produktgruppen und/oder Länder, und von dort dem richtigen Adressaten in der Ergebnisrechnung zugerechnet. Gerade in der Einzel-/Projektfertigung werden Reise-, Bewirtungs-, aber auch Prüf- und Abnahmekosten direkt Projekten oder Aufträgen zugerechnet.

Kalkulatorische Abschreibungen

Abschreibungen vom Wiederbeschaffungswert

Während die finanzbuchhalterische Abschreibung im Prinzip eine Verteilung der Anschaffungskosten über eine vom Gesetzgeber vorgegebene Anzahl von Nutzungsjahren bedeutet, hat die kalkulatorische Abschreibung eines Anlageguts zum Ziel, primär eine Art kostenmäßige Rückstellung für den Ersatzbeschaffungsfall zu schaffen. Deswegen basiert die kalkulatorische Abschreibung in der Regel nicht auf dem tatsächlichen, sondern einem indizierten Anschaffungswert, dem sogenannten *Wiederbeschaffungswert*. Außerdem geht sie im Gegensatz zur finanzbuchhalterischen Abschreibung nicht von einer fiskalisch festgelegten, sondern der erwarteten betriebswirtschaftlichen Nutzungsdauer aus. Die kalkulatorische Abschreibung gliedert sich an sich in einen variablen und einen fixen Anteil (siehe Abschnitt 3.4.5, »Kostenauflösung«).

Das hier geschilderte Verfahren stellt die betriebswirtschaftlich korrekte Berücksichtigung kalkulatorischer Abschreibungen dar. Nur – man muss es ganz klar aussprechen – wird dies heute nicht mehr generell so praktiziert. Im Rahmen der Annäherung von externem und internem Rechnungswesen werden vielfach buchhalterische und kalkulatorische Abschreibung gleichgesetzt, indem auch für das interne Rechnungswesen die Abschreibungen des externen Rechnungswesens übernommen werden.

Abschreibungen im externen und internen Rechnungswesen

An sich wäre es bei unterschiedlichen Wertansätzen kein Problem, in einer Überleitung des externen in das interne Rechnungswesen die Differenz zwischen beiden Abschreibungsarten zu berücksichtigen. Das Problem liegt jedoch tiefer, weil in der Kalkulation und der Ergebnisrechnung des innerbetrieblichen Rechnungswesens andere Wertansätze enthalten wären, als sie sich aus dem externen Rechnungswesen ergäben. Diese Differenz möchte man zugunsten des im Außenverhältnis maßgebenden externen Rechnungswesens vermeiden.

Ein weiteres Problem in diesem Zusammenhang stellt die Unterteilung in variable und fixe Bestandteile dar. Viele Unternehmen sehen heute die kalkulatorischen Abschreibungen als generell fix an und ignorieren damit, dass für den Gebrauchsverschleiß auch variable Anteile anzusetzen wären.

Variable und fixe Abschreibungsanteile

> **Beispiel 6: Abschreibung von Autos**
>
> Als Beispiel dafür, wie in vielen Fällen, das Auto: Zwei Personen kaufen sich zum gleichen Zeitpunkt zwei völlig identische Fahrzeuge. Der eine fährt im Laufe des nächsten Jahres 15.000 km, der andere 75.000 km. Die 75.000 km wurden überwiegend auf Langstrecken gefahren, während die 15.000 km in erster Linie aus Kurzstreckenfahrten zum Arbeitsplatz resultierten. Erfahrungsgemäß ergeben sich für beide Fahrzeuge beim Wiederverkauf nach diesem Jahr unterschiedliche Erlöse, eindeutig auf den Gebrauchsverschleiß zurückzuführen. Diese Komponente variabler Abschreibungen geht verloren, wenn man – wie dies vielfach geschieht – die Abschreibungen voll fix ansetzt.

Es ist sicherlich richtig, dass bei den heute allgemein zu beobachtenden kürzeren Nutzungszeiten der variable Anteil zurückgeht. Trotzdem ist es nicht richtig, wenn man generell die Abschreibungen nur als Fixkosten ausweist, ganz abgesehen davon, dass damit in dem für Kalkulation und Ergebnisrechnung maßgebenden Grenzkostensatz überhaupt keine Abschreibung enthalten wäre.

FI-AA Bleibt abschließend nur noch zu erwähnen, dass das entsprechende SAP-Modul (FI-AA), unabhängig von der betriebswirtschaftlichen Auslegung, alle Varianten – gesonderte Berücksichtigung finanzbuchhalterischer und kalkulatorischer Abschreibung, unterschiedliche Nutzungsdauern, Abschreibung vom Anschaffungs- oder von einem indizierten Anschaffungswert, Aufteilung variabel/fix – abzudecken vermag.

Kalkulatorische Zinsen

Verzinsung von Anlage- und Umlaufvermögen Bei der Planung der kalkulatorischen Zinsen ist prinzipiell zwischen der Verzinsung Anlage- und Umlaufvermögen zu unterscheiden. Im innerbetrieblichen Rechnungswesen gibt es drei Varianten, Zinsen zu verrechnen, wobei aus unserer Sicht der dritten der Vorzug zu geben ist:

▸ Zinsen sind nicht als Kosten zu berücksichtigen.

▸ Zinsen kommen nur in Höhe der Fremdkapitalzinsen zum Ansatz.

▸ Zinsen werden unabhängig von effektiv zu bezahlenden Zinsen auf das gesamte betriebsnotwendige Kapital gerechnet.

Kalkulatorische Zinsen auf Anlagevermögen Dabei geht man bei den kalkulatorischen Zinsen für das Anlagevermögen von den indizierten Anschaffungswerten (Wiederbeschaffungswerten) der Anlagegüter aus, und zwar vom halben Wert, um über die gesamte Nutzungszeit eines Anlageguts eine gleichbleibende Zinsbelastung zu erhalten, und verzinst diesen Wert mit dem üblichen Zinssatz für langfristige Kredite. Die Zinsbelastung verändert sich von Jahr zu Jahr, von Anlagezu- und -abgängen abgesehen, nur entsprechend den Veränderungen der Preisindizes für die Errechnung des aktuellen Wiederbeschaffungswerts je Anlagegut.

Generell ist zu den kalkulatorischen Zinsen auf das Anlagevermögen anzumerken, dass sie in vielen Unternehmen heute nicht mehr nach Kostenstellen in die Kostenrechnung übernommen werden, sondern direkt in die Ergebnisrechnung des jeweiligen Werkes, Profit-Centers oder Unternehmensbereichs einfließen.

Die kalkulatorischen Zinsen für das Umlaufvermögen gehen von den monatlichen Durchschnittsbeständen an Roh-, Hilfs- und Betriebsstoffen, Halb- und Fertigfabrikaten, gegebenenfalls an Ersatzteilen sowie dem Debitorenbestand aus. Der Zinssatz ist höher als beim Anlagevermögen, da hier zum Teil wirklich kurzfristig disponiert werden muss. Die Umlaufzinsen werden angelastet:

Kalkulatorische Zinsen auf Umlaufvermögen

▸ für die Roh-, Hilfs- und Betriebsstoffe den Lagerkostenstellen, speziell den Rohmateriallagern

▸ für die Halbfabrikate den zuständigen Betriebsleitungsstellen

▸ für die Fertigfabrikate dem Fertigwarenlager

▸ für die Debitoren den Vertriebsleitungen In- und Ausland

Bei den Erläuterungen zur Kostendifferenzierung nach variablen und fixen Kostenbestandteilen in Abschnitt 3.4.5, »Kostenauflösung«, und zur Planung einzelner Kostenstellen in Abschnitt 3.4.6, »Kostenplanung der sekundären Kostenstellen«, wird nochmals auf relevante Kostenarten eingegangen.

3.4.5 Kostenauflösung

Der eigentlichen Kostenplanung vorangegangen sind die Bestimmung der Kostenstellen und Leistungsarten sowie die Festlegung der Planbeschäftigung für jede einzelne Kostenstelle und Leistungsart. Die Aufteilung in variable und fixe Kostenbestandteile kann nur je Kostenstelle/Leistungsart und in Kenntnis der anzusetzenden Planbeschäftigung vorgenommen werden.

Die früher für den Gemeinkostenbereich zum Teil angewandte Methode, eine Kostenart als generell variabel oder fix einzustufen, ist heute längst als falsch abgehakt. Es gibt nur ganz wenige Kostenarten, die eindeutig als variabel oder fix einzustufen sind. Voll variabel ist der Stückakkord zu sehen, voll fix die Verzinsung des Anlagevermögens. Die meisten Kostenarten haben je nach Kostenstelle/Leistungsart unterschiedliche variable/fixe Anteile. Insofern ist auch die früher gelegentlich praktizierte Variatorenrechnung, eine Kostenart nach einem festgelegten Prozentsatz aufzugliedern, nicht haltbar.

Eine Auflösung statistischer, rechnerischer Art aufgrund von Vergangenheitswerten ist nicht zielführend, weil diese womöglich bei einer ganz anderen Beschäftigung entstanden sind oder weil Unwirtschaftlichkeiten und Kostenremanenzen enthalten sein können. Für die Bestimmung der Fixkostenansätze werden in der Praxis im Wesentlichen drei Vorgehensweisen unterschieden, die wir im Folgenden kurz vorstellen:

- Modell der Betriebsbereitschaft
- Modell der Intervallplanung
- Modell des Nutzungsdauerverhältnisses

Modell der Betriebs-bereitschaft

Modell der Betriebsbereitschaft heißt, dass man überlegt, welche Kosten im Zustand der Betriebsbereitschaft, also unmittelbar vor dem Anlauf der Fertigung oder einer Funktion, anfallen würden. Das Modell der Betriebsbereitschaft wird man bei Energieverbräuchen oder bei Hilfslöhnen, beispielsweise für das Aufsichtspersonal, anwenden.

Modell der Intervallplanung

Beim *Modell der Intervallplanung* ermittelt man die Kosten einer bestimmten Kostenart in einer Kostenstelle/Leistungsart für unterschiedliche Beschäftigungssituationen, also beispielsweise neben der Planbeschäftigung für eine mögliche Beschäftigung von 80 und 120 %. Verbindet man in einer Grafik die Kosten dieser Kostenart für diese drei Beschäftigungsalternativen und zieht die Linie bis zur Ordinate durch, erhält man mit diesem Schnittpunkt den Anteil der fixen Kosten.

Diese Zusammenhänge, die sinngemäß, nur eben ohne die beiden fiktiven Planbeschäftigungssituationen, auch für das Modell der Betriebsbereitschaft gelten, sind in der nachfolgenden Grafik festgehalten (siehe Abbildung 3.12). In der Praxis hat man hier gelegentlich nicht nur drei Beschäftigungssituationen wie in unserem Beispiel, sondern gerade bei der Energie eine Vielzahl von Messpunkten. Die bereinigte Gerade bis zur Ordinate ergibt dann den Fixkostenanteil.

Das Modell der Intervallplanung wendet man vor allem bei Energiekostenarten, aber auch bei Hilfslöhnen, Transportleistungen und Instandhaltungsarbeiten an.

Modell des Nutzungsdauer-verhältnisses

Die dritte Möglichkeit ist das *Modell des Nutzungsdauerverhältnisses*, das insbesondere für die Ermittlung der Proportional- und Fixkostenanteile bei der kalkulatorischen Abschreibung Anwendung findet.

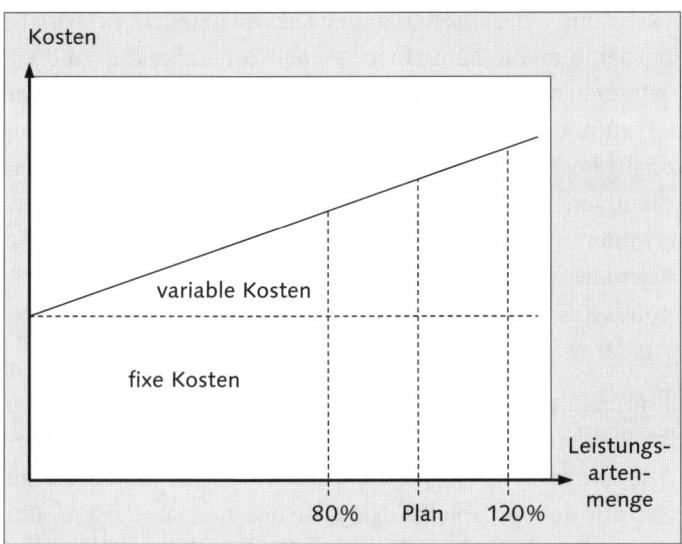

Abbildung 3.12 Fixe und variable Kosten in Abhängigkeit von der Leistungsartenmenge

---

Beispiel 7: Gebrauchs- und Zeitverschleiß

Unterstellt, dass der indizierte Anschaffungswert bei 120.000,00 EUR liegt, der Gebrauchsverschleiß mit 7,5 Jahren und der Zeitverschleiß mit zehn Jahren angesetzt wird, ergeben sich folgende kalkulatorische Abschreibungswerte:

Abschreibung Gebrauchsverschleiß (AfaG) =
120.000,00 EUR/90 Monate = 1.333,00 EUR/Monat

Fixe Abschreibung Zeitverschleiß (AfaZ) =
120.000,00 EUR/120 Monate = 1.000,00 EUR/Monat

Variable Abschreibung = AfaG – AfaZ =
1.333,00 EUR/Monat – 1.000,00 EUR/Monat = 333,00 EUR/Monat

Die Abschreibungszeiten für die variable Abschreibung beziehen sich auf eine einschichtige Auslastung. Wenn im Plan für das nächste Geschäftsjahr in dieser Kostenstelle/Leistungsart eineinhalbschichtig gearbeitet wurde, erhöht sich die variable Abschreibung um diesen »Schichtfaktor«, würde also in unserem Beispiel 500,00 EUR/Monat betragen. Die fixe Abschreibung, die den Zeitverschleiß (Korrosion, technische/wirtschaftliche Alterung) abdeckt, bleibt davon unberührt.

3.4.6 Kostenplanung der sekundären Kostenstellen

Grundsätzlich ist die logische Reihenfolge, erst die Sekundärstellen mit all ihren gegenseitigen Verrechnungen und dann erst die Primärstellen in Kenntnis der Kostensätze der Sekundärstellen zu planen, heute kein Thema mehr. Zum einen ist die Kostenplanung im SAP-Modul CO in erster Linie eine Mengenplanung (mit nachgelagerter Bewertung), zum anderen stellt die Bewertung durch Preisiteration mit mehrmaligem Durch- und Umrechnen der gesamten Planung dank der heutigen Softwaremöglichkeiten kein Problem mehr dar. Trotzdem wollen wir bei unserer Erörterung der Kostenplanung zunächst Beispiele für die Planung sekundärer Stellen bringen, zuvor aber ein grundsätzliches Problem bezüglich der Verrechnung der Fixkosten sekundärer Stellen ansprechen.

Verrechnung der Fixkosten sekundärer Kostenstellen Prinzipiell sind bei allen Gruppen – außer den Raumstellen – auf den abgebenden Stellen sowohl variable als auch fixe Kostenanteile vorzusehen. Die Weiterbelastung erfolgt zunächst – in einem ersten Schritt – nur mit den variablen Kosten, nicht zu Gesamtkosten, um auf diese Weise zu verhindern, dass fixe Kosten einer abgebenden Stelle auf den empfangenden Stellen plötzlich zu variablen Kosten werden. Aus diesem Grund werden im ersten Schritt nur die variablen Kosten verrechnet. Selbstverständlich müssen, um die Sekundärstellen zur Gänze zu entlasten, auch die fixen Kosten weiterbelastet werden. Dies geschieht aber in einem separaten Arbeitsschritt. Dafür sind in CO technisch zwei Varianten vorgesehen. Beide Varianten sind möglich, wobei wir betriebswirtschaftlich die Fixkosten-Vorverteilung präferieren.

- ▸ Fixkosten-Vorverteilung
- ▸ parallele Verrechnung der fixen Kosten

Fixkosten-Vorverteilung In der *Fixkosten-Vorverteilung* werden die fixen Kosten der »Sender«-Kostenstelle im Rahmen der Planung verteilt, bei den Empfängern in dieser Höhe als Fixkosten unter der gleichen Kostenart wie die verrechneten variablen Kosten festgeschrieben und so auch in der monatlichen Abrechnung ausgewiesen. Die Vorteile dieses Verfahrens sind, dass sich bei der »Sender«-Stelle in der monatlichen Abrechnung keine Über- oder Unterdeckung ergibt, also keine sogenannte *Beschäftigungsabweichung* entsteht. Der zweite Vorteil ist, dass die Fixkosten beim Empfänger immer in Höhe der Planverteilung anfallen, eine Größe, auf die sich Kostenstellenverantwortlicher und Planer im Rahmen der Kostenplanung geeinigt haben.

In der parallelen Verrechnung wird die Sekundärstelle technisch genauso wie eine Primärstelle weiterverrechnet. Dies bedeutet, dass es hier wie bei einer Primärstelle Beschäftigungsabweichungen gibt, wenn die Istbeschäftigung größer oder kleiner 100 % ist. Die Fixkosten folgen bei dieser Variante praktisch im »Huckepack« zu den variablen Kosten (im Prinzip mit Menge × Fixkostensatz).

Parallele Verrechnung der fixen Kosten

Bei beiden Lösungen ist gewährleistet, dass die abgebende Stelle variable und fixe Kostenanteile haben kann, was bei den Sekundärstellen meist auch der Fall ist, und dass fixe Kosten des Senders beim Empfänger nicht zu variablen Kosten werden können. Zu bemerken ist noch, dass variable Kosten der abgebenden Stelle auf den empfangenden Stellen auch fix gesetzt werden können.

Nun zu der Einzelbetrachtung der Kostenplanung sekundärer Kostenstellen. Dazu sollen zunächst die Sekundärstellen mit direkten, im zweiten Teil die Stellen mit indirekten Leistungsarten behandelt werden.

Raumstellen

Bei den *Raumstellen* ist eine Untergliederung in eigene Kostenstellen für Fabrik- und Bürogebäude, gegebenenfalls noch mit eigenen Kostenstellen oder Leistungsarten für die Grundstücke, für Raumheizung und für Klimatisierung, vorzusehen.

Die Kostenstelle »Grundstücke« umfasst alle Kosten, die unmittelbar mit den Grundstücken zusammenhängen, von der Verzinsung des Grundstückswerts (Abschreibungen fallen ja für Grundstücke nicht an) über die Grundsteuer bis zur Bewachung durch eigenes Personal oder eine Wach- und Schließgesellschaft.

Eine Untergliederung nach Kostenstellen in Fabrik- und Bürogebäude wird nicht vorgenommen, wenn Produktions- und Büroräume überwiegend in einem Gebäude untergebracht sind und sich die Kosten im Ist nicht eindeutig auseinanderhalten lassen. In diesem Fall kann eine Gebäudekostenstelle, aber mit zwei Leistungsarten, eingerichtet werden. Diese getrennten Leistungsarten sind gerechtfertigt, weil die Büroräume von den Baukosten her (Abschreibungen, Zinsen), aber auch wegen der Instandhaltung und der Raumreinigung höhere Kosten verursachen. Seitens der Planung ist die Differenzierung nach den beiden Leistungsarten kein Problem. Im Ist werden bei größerem

Kostenanfall Innenaufträge (Einzelaufträge oder Daueraufträge für immer wiederkehrende Leistungen) zwischengeschaltet, sodass der Instandhaltungsaufwand auch differenziert aufgezeigt werden kann.

Für die Heizung wird in vielen Unternehmen eine eigene Kostenstelle angelegt. Bei den Istkosten sind bei einigen Kostenarten Abgrenzungen erforderlich. Speziell bei der Raumheizung enthält der Plan pro Monat ein Jahreszwölftel, während die Istkosten schwergewichtig nur in den Wintermonaten anfallen. Der gesamte Beleuchtungsstrom für die Gebäude – außer der Außenbeleuchtung, die auf der Kostenstelle »Grundstücke« ausgewiesen wird – geht aus Vereinfachungsgründen nicht auf die Endkostenstellen, sondern in Summe auf die Gebäudekostenstelle und ist dort anteilig in den Quadratmeterpreisen enthalten.

Die Kosten der Raumstellen werden als Kosten der Betriebsbereitschaft eingestuft und deshalb voll fix gesetzt. Die Verrechnung der Raumstellen erfolgt mit Preisen pro Quadratmeter, seltener, z. B. bei der Raumheizung oder Klimatisierung, auch mit Werten je Kubikmeter.

Energiestellen

Als *Energiestellen* sind generell die Kostenstellen Strom, Wasser, Gas, Dampf, Warmwasser und Pressluft zu nennen. Fallweise kommen Kostenstellen für spezielle Energiearten, z. B. Kälte, hinzu.

In den meisten Unternehmen setzt sich die Stromrechnung aus einer Grundpreiskomponente und dem Arbeitspreis zusammen. Diesen Grundpreis würde man als Kosten der Leistungsbereitschaft in der Kostenplanung fix setzen. Der Arbeitspreis wird auf der Stromkostenstelle variabel gesetzt, wobei der weiterverrechnete Wert auf der Verbraucherkostenstelle auch fix gesetzt werden kann.

Bei der Planung des Stromverbrauchs auf den verbrauchenden Kostenstellen wird man vielfach von den installierten kW-Werten der jeweiligen Aggregate ausgehen müssen. Dabei ist aber zu berücksichtigen, dass es sich hierbei um Maximalwerte handelt, die allenfalls in der Anlaufphase und bei Spitzenbelastung erreicht werden. Der Durchschnittsverbrauch dürfte bei etwa 50 bis 70 % liegen, wobei für diesen Wirkungsgrad als Richtwert Erfahrungswerte für die wichtigsten Anlagetypen vorliegen. Sind keine Subzähler installiert, empfiehlt es sich, für die Großverbraucher ganz gezielt für einen bestimmten Zeitraum die Istverbräuche zu messen.

Außerdem ist zu berücksichtigen, dass die Plan-Leistungsartenmengen bei den Empfängern häufig auf Vorgabestunden lauten. Um die effektive Laufzeit zu erhalten, müssen diese Leistungsartenmengen durch den durchschnittlichen Zeitgrad der jeweiligen Kostenstelle/Leistungsart dividiert werden.

Beim Fremdwasser setzen sich die Kosten aus einem – im Vergleich zum Strom geringfügigen – Grundpreis, der fix gesetzt wird, und dem Preis für Wasser und Abwasser zusammen.

Wichtig bei der Energie ist, dass, insbesondere bei Fremdbezug, die Planmenge auf der abgebenden Stelle genau gemessen werden kann, die dann mit den von den Planern auf den empfangenden Kostenstellen vorgesehenen Mengen abzustimmen ist. Hält sich die Differenz in vertretbarem Rahmen, wird man einzelne Verbrauchsmengen kritisch überprüfen und gezielt ändern, den Rest eventuell prozentual anpassen.

Häufig ergeben sich aber gerade bei Erstplanungen größere Differenzen, die trotz Nachprüfung bestehen bleiben. Hier lässt sich die Differenz oft nur durch temporäres Abschalten oder Absperren von Teilnetzen oder von einzelnen Abnehmern näherungsweise ermitteln.

Beispiel 8: Wasserverbrauch

Bei einem Unternehmen verblieb trotz langwieriger, exakter Nachprüfung eine große Differenz zwischen dem Fremdbezug und den auf den Abnehmerstellen geplanten Mengen. Man hat dann in einer Wochenendaktion sukzessive einzelne Verbräuche überprüft, wobei am Wochenende der Großteil der angeschlossenen Verbraucher nicht arbeitete. Die Differenz blieb bestehen, bis man schließlich feststellte, dass die Leitung eines Teilbereichs defekt war und das Wasser im Freien einfach versickerte. Es handelte sich um mehr als 1.000 m³ pro Monat. Nach Reparatur des Leitungsschadens war die Differenz nicht mehr vorhanden.

Die Differenzen bei Fremdbezug von Strom, Wasser oder Gas lassen sich exakt feststellen, weil der Energiebezug über geeichte Messgeräte erfasst wird und keine Lagerhaltung zwischen Zugang und Verbrauch stattfindet. Kritischer wird es mit den Differenzen bei Energiearten wie der Pressluft, wo die erzeugten Mengen ebenso wie die Mengen bei den Verbrauchern nur rechnerisch ermittelt werden können.

Die Planung der Energiestellen an sich ist für einen Techniker selbst bei Energiearten wie Wärme oder Kälte ein lohnenswertes Betätigungsfeld und gerade bei Erstplanungen auch eine Quelle möglicher Einsparungspotenziale.

Betriebshandwerker

Unter die Kostenstellengruppe *Betriebshandwerker* fallen die Stellen für die Schlosser, Elektriker, Schreiner, Maler und Bauhandwerker einschließlich zugehöriger Hilfsarbeiter. Hinzu kommen vielfach spezielle Kostenstellen für den Vorrichtungs-, Modell-, Formen- und Werkzeugbau.

Als Leistungsart werden die Handwerkerstunden zugrunde gelegt, teilweise unterteilt nach Handwerkern und Helfern oder differenziert nach Handarbeits- und Maschinenstunden (z. B. im Werkzeugbau). In manchen Branchen, die in der Fertigung an sechs Tagen in der Woche 24 Stunden arbeiten, können Instandhaltungsarbeiten, insbesondere die vorbeugende Instandhaltung, nur am Wochenende oder an Feiertagen gemacht werden. Aufgrund der Nacht-, Sonn- und Feiertagszuschläge kommen hier erheblich höhere Lohnsätze zum Tragen, die den Kostensatz der speziell dafür gebildeten eigenen Leistungsart um ca. 20 bis 40 % verteuern.

Eigene Leistungsarten sind in einigen Unternehmen auch für Fremdarbeiter vorgesehen, die genauso Stunden auf zu belastende Kostenstellen oder Innenaufträge erfassen wie die eigenen Handwerker. Der Unterschied besteht nicht in der Belastungskontierung, sondern ist lediglich darin begründet, dass statt Lohn, Lohnzuschlägen und kalkulatorischen Belegschaftsnebenkosten anfallseitig eine Fremdrechnung erscheint.

Auf die Handwerkerstellen werden neben den Personalkosten nur die Werkzeuge, allgemeine Hilfs- und Betriebsstoffe, Arbeitskleidung sowie für die Arbeit benötigte Kleinmaterialien kontiert. Die eigentlichen Instandhaltungsmaterialien werden direkt auf die zu belastenden Kostenstellen oder Innenaufträge übernommen. Ein Problem, das bei der Abstimmung der Handwerkerstunden zwischen abgebenden und belasteten Kostenstellen auftritt, ist die oft große Lücke zwischen diesen beiden Stundensummen.

Ein sachlicher Grund dafür ist, dass die für Aufträge vorzusehenden Stunden selten in der Planung explizit festgehalten sind, obwohl dies vom System her für die kostenstellenrelevanten Aufträge möglich wäre. Aufträge können aber auch Invest- oder gar Kundenaufträge sein, die auf keinen Fall in der Gemeinkostenplanung ausgewiesen werden. Dieses Ungleichgewicht zwischen Sender und Belastungskontierungen würde auch dazu führen, dass es Probleme bei der Abstimmung der Fixkosten gäbe, weil nur ein Teil der Stunden vom System erkannt würde. Unser Vorschlag geht dahin, auf einer Ausgliederungsstelle diese Stundendifferenz zu planen und damit auch eine korrekte Abstimmung und Fixkostenverteilung herbeizuführen.

Der zweite Grund für die Stundendifferenz liegt darin, dass häufig die Stunden der Handwerkerstelle nicht mit den bei den Empfängern erforderlichen Stunden übereinstimmen. Hier sind im Zweifel nicht unerhebliche Einsparungsmöglichkeiten vorhanden.

Transportstellen

Eine Gruppe in vielen Unternehmen bilden die *Transportstellen*. Hierzu zählen die eigentlichen Fuhrparkstellen Pkw und Lkw sowie die Kostenstellen des innerbetrieblichen Transports (z. B. Gabelstapler). Als Leistungsarten werden für die Fahrzeuge Pkw- und Lkw-Kilometer sowie Fahrer- und Beifahrerstunden gewählt.

Damit werden diese Kostenstellen mit direkten Leistungsarten abgerechnet. Mit der direkten Leistungsart »Transportarbeiterstunden« würde auch die Transport- oder Hofarbeiterkolonne weiterverrechnet. Transportstellen mit indirekten Leistungsarten sind meist Gabelstapler und E-Karren, die nur in Ausnahmefällen über Stunden oder Anzahl Fahrten verrechnet werden.

Eine weitere Möglichkeit der Verrechnung einzelner Transportstellen, beispielsweise des innerbetrieblichen Transports, wäre die direkte Berücksichtigung in Prozesskalkulationen, etwa für die Materialbereitstellung, die Fertigungsunterstützung oder die Kundenauftragsabwicklung. Dann würde diese Kostenstelle nicht über eine indirekte Leistungsart abgerechnet, sondern – im Prinzip wie eine Fertigungsstelle über die Leistungsartenmenge in der einzelnen Arbeitsfolge – direkt, beispielsweise über die Leistungsart »Standardstunden«, dem einzelnen Teilprozess zugeordnet werden.

Die indirekten Leistungsarten werden bei der Planung der jeweiligen Kostenstelle kostenmäßig in variable und fixe Kostenbestandteile aufgelöst. Verteilt unter der sekundären Kostenart »kalkulatorische Transportkosten« würden zunächst nur die variablen Kosten. Die Fixkosten würden nach unserem Vorschlag separat über die Fixkosten-Vorverteilung unter der gleichen sekundären Kostenart verrechnet werden.

Sozialstellen

Zu der Gruppe der *Sozialstellen* gehören z. B. die Sozialräume (Aufenthaltsräume etc.), Küche und Kantine, der Sanitätsdienst (einschließlich Werksarzt) und die Kostenstelle »Betriebsrat«. Für die Verrechnung infrage kommen alternativ direkte oder indirekte Leistungsarten wie etwa »Anzahl Essen«, »Anzahl Mitarbeiter« bzw. »Euro-Deckung« oder »100 %«. Auf den Sozialstellen können auch Erlöse ausgewiesen werden, sodass beispielsweise die Kostenstelle »Werksküche« den Aufwand saldiert gegen die Essenserlöse zeigt.

Betriebliche Leitungsstellen

Als letzter Teilbereich sind noch die *betrieblichen Leitungsstellen* zu nennen: Hierzu zählen die Betriebsleitung(en), die Bereichsstellen/Meistereien, aber auch die Arbeitsvorbereitung, die Zeitstudienabteilung etc.

Für diese Kostenstellen kommen im Wesentlichen nur indirekte Leistungsarten infrage. Dies gilt für die industrielle Serienproduktion sowie für Dienstleistungs- und Handelsunternehmen, es sei denn, Teilbereiche wie etwa die Arbeitsvorbereitung werden über Prozesse verrechnet. In der Einzelfertigung dagegen werden für die Vorkalkulation, Projektierung, Arbeitsvorbereitung etc. direkte Leistungsarten, meist Stunden, gegebenenfalls unterteilt nach Mitarbeiterkategorien, festgelegt, über die die Istleistungen erfasst und auf Projekte bzw. Aufträge verrechnet werden.

Die betrieblichen Leitungsstellen werden den nachgelagerten Fertigungsstellen über die Leistungsarten »Euro-Deckung« oder »100 %« belastet.

Hier ist es wichtig, da es meist auch um größere Kostensummen geht, bei der Aufschlüsselung detaillierte Überlegungen, zum Teil differenziert nach Kostenarten oder Personen, anzustellen. Auf derartigen Stellen werden beispielsweise in einer mechanischen Fertigung Einsteller erfasst und abgerechnet, die nur für ganz bestimmte Kostenstellen tätig sind. Ähnliches gilt für Vorarbeiter, Reinigungs-, Kontroll- oder Transportpersonal. Der Planer muss bei der Aufteilung auf die nachgelagerten Stellen detaillierte Überlegungen anstellen und diese mit den Kostenstellenverantwortlichen diskutieren und abstimmen. Dies ist ein Punkt, wo man bei späteren Planungsüberholungen alte Schlüssel infrage stellen muss.

Ebenso sind Überlegungen zur Verteilung der meist nicht geringen Fixkosten dieser Kostenstellen anzustellen. Wenn die für die variablen Kosten festgelegten Schlüssel für die Fixkosten nicht gelten können, sind unter Umständen eigene Leistungsarten für die Fixkosten mit getrennten Verteilerschlüsseln festzulegen.

Wir haben uns in diesem Abschnitt mit der Kostenplanung der sekundären Kostenstellen beschäftigt und dabei sowohl über Stellen mit direkten als auch über solche mit indirekten Leistungsarten gesprochen. Wir sind dabei auch auf die Verrechnung der Fixkosten dieser Stellen eingegangen. Mit wenigen Ausnahmen (z. B. Raumstellen) findet die Verrechnung im ersten Schritt nur mit variablen Werten statt. Damit wird gewährleistet, dass Fixkosten der abgebenden Stelle auf einer empfangenden Stelle nicht plötzlich zu variablen Kosten werden.

Zusammenfassung: Kostenplanung der Sekundärstellen

Wir haben bei der separaten Verrechnung der Fixkosten zwei Verfahren kennengelernt:

- Fixkosten-Vorverteilung
- Verrechnung der Menge mal Kostensatz, fix

Die von uns favorisierte Methode ist die sogenannte *Fixkosten-Vorverteilung*. Die in der Fixkosten-Vorverteilung ermittelten Anteile werden entsprechend der Planinanspruchnahme festgeschrieben und Monat für Monat in dieser Höhe bei den Empfängern ausgewiesen. Das heißt, dass bei der abgebenden Kostenstelle keine Fixkostenüber- oder -unterdeckung, also keine Beschäftigungsabweichung, entsteht und bei der empfangenden Stelle keine Verbrauchsabweichung aus diesem Titel.

Die Alternative ist die *Verrechnung der Menge mal Kostensatz, fix*, allerdings nur für Sekundärstellen mit direkten Leistungsarten und einer Erfassung der monatlichen Istleistungen nach Belastungskontierungen. Sie würde der Verrechnung der primären Stellen entsprechen, mit Beschäftigungsabweichungen auf den abgebenden und Verbrauchsabweichungen bei den empfangenden Kostenstellen.

Im Beispiel Bäckerei Becker wurden als Sekundärstellen mit direkten Leistungsarten die Raum-, Energie- und Betriebshandwerkerstellen eingerichtet, während die (innerbetrieblichen) Transport-, Sozial- und betrieblichen Leitungsstellen mit indirekten Leistungsarten angelegt wurden. Selbstverständlich ist dies nur beispielhaft zu sehen. Mit den aufgeführten Beispielen und den allgemeinen Ausführungen zur Verrechnung der Sekundärstellen müssten auch in Ihrem Unternehmen entsprechende Zuordnungen festgelegt werden können.

3.4.7 Kostenplanung der primären Kostenstellen

In Abschnitt 3.2, »Kostenstellentypen und ihre Verrechnung«, haben wir bereits die generelle Zuordnung getroffen und all jene Stellen als primär eingestuft, die unmittelbar auf Produkte, Ergebnisobjekte oder Projekte verrechnen.

Fertigungsstellen in der Industrie

Lassen Sie uns mit den Fertigungsstellen beginnen, als jenen Kostenstellen, die unmittelbar der Bearbeitung der zu produzierenden Halb- und Fertigfabrikate dienen.

Nachdem man davon ausgehen kann, dass sich alle Fertigungsstellen und ihre Leistungsarten in den Arbeitsplänen wiederfinden, bekommt man über die Auflösung des Arbeitsplans unter Berücksichtigung der Bestandsveränderungen von Halb- und Fertigfabrikaten die Planbeschäftigung der einzelnen Kostenstellen/Leistungsarten, die um die Bearbeitungszeit für Ausschuss und Nacharbeit sowie (sofern die Fertigung involviert ist) für Versuchs- und Entwicklungsaufträge zu ergänzen sind.

Probleme bei der Planung ergeben sich im Prinzip nicht, wohl aber unter Umständen in der Fließ-/Kleinserienfertigung bei der Ermittlung der Istleistungsmengen, weil die Leistungsmengen der ausführenden Kostenstelle/Leistungsart für die einzelnen Fertigungsaufträge unter Umständen gar nicht oder nicht mit vertretbarem Aufwand erfassbar sind. Wir werden darauf in Abschnitt 6.2, »Ermittlung der Istleistungsartenmengen«, unter dem Stichwort *retrograde Istleistungsarten-Ermittlung* noch näher eingehen.

Forschungs- und Entwicklungsstellen (F&E-Stellen)

Zu den *Forschungs- und Entwicklungsstellen* gehören alle Kostenstellen, die sich im Unternehmen mit Grundlagenforschung und -entwicklung sowie mit Aktivitäten Richtung Neu- und Weiterentwicklung von Produkten und Fertigungsverfahren beschäftigen. Besonders ausgeprägt sind diese Stellen in der Einzel- und Projektfertigung.

Die Kostenstellen sind häufig in mehrere Leistungsarten untergliedert, um einerseits unterschiedliche Verrechnungssätze nach Mitarbeiterkategorien zu berücksichtigen und um andererseits spezifische Kostensätze für Versuchseinrichtungen, Prüffelder etc. ansetzen zu können. Jeder Mitarbeiter dieser Bereiche erfasst unter seiner ausführenden Kostenstelle/Leistungsart sämtliche Stunden, auch die nicht direkt verrechenbaren.

Die Verrechnung der Entwicklungskosten bereitet oft große Schwierigkeiten: Wie soll beispielsweise die Grundlagenforschung verrechnet werden? Soll die Weiterbelastung direkt in die Ergebnisrechnung erfolgen oder sollen in Form eines Zuschlags bestehende Produkte bedacht werden? Was geschieht mit derzeit abgewickelten Entwicklungsprojekten, wobei bis zur tatsächlichen Produktion noch Jahre vergehen können? Unternehmen der Pharmaindustrie z. B. investieren mehrstellige Millionenbeträge in die Genforschung, obwohl zu dieser Zeit nicht abzusehen ist, ob derartige Produkte überhaupt einmal produziert und verkauft werden dürfen.

Die Erfassung und die exakte Kostenermittlung für Entwicklungsvorhaben bereiten keine grundsätzlichen Schwierigkeiten. Schwierigkeiten entstehen bei der Verrechnung dieser Kosten. Das gilt insbesondere dann, wenn es sich um Grundlagenforschung handelt bzw. wenn es sich um Projekte handelt, die nie zur Serienreife gelangen oder wenn vom Zeitpunkt der Entwicklung bis zur Produktion Jahre vergehen. Zwar können wir bestimmen, was ein bestimmtes Entwicklungsprojekt gekostet hat – nicht gelöst ist allerdings die Weiterverrechnung auf Kostenträger.

Die erste Frage dabei ist, ob es einen kausalen Zusammenhang zur bestehenden Produktpalette gibt. In diesem Fall kann eine direkte Verrechnung über Zuschläge, bezogen auf die Herstellkosten der jeweiligen Produktgruppe, gelegentlich auch als Quote (EUR je Kalkulationseinheit) vorgenommen werden. Bei der Zuschlagsverrechnung ist zu berücksichtigen, dass die Untergliederung in variable und fixe Kosten auf den ausführenden Kostenstellen unter dem Aspekt der Abhängigkeit von der gewählten Leistungsart, meist »Entwicklungsstunden«, erfolgt ist. Deshalb hat man die Gehälter und die anteiligen Personalnebenkosten überwiegend variabel geplant. Für die Kostenträger-/Ergebnisrechnung ist aber zu bedenken, dass es sich um keine entscheidungsrelevanten Kosten handelt.

Die zweite Möglichkeit, die genutzt wird, wenn die Entwicklungskosten den bestehenden Produkten nicht zugeordnet werden können, besteht darin, die Kosten direkt in die Ergebnisrechnung abzurechnen. Dabei wird nicht auf die einzelnen Produkte verrechnet, sondern auf Produktgruppen, Profit-Center oder auf das Gesamtergebnis.

Für die Bäckerei Becker existiert bei der derzeitigen Betriebsgröße kein eigener F&E-Bereich.

Materialstellen

Zu den *Materialstellen* zählen Einkauf/Beschaffung, Wareneingang einschließlich Wareneingangsprüfung, die Lager für Roh-, Hilfs- und Betriebsstoffe sowie Zukaufteile, die Materialverwaltung und die Materialausgabe. Auch hier gibt es zwei Verrechnungsmöglichkeiten:

▸ Zuschlagsverrechnung

▸ Prozesskostenrechnung

Die Leistungsarten für diese Kostenstellen sind davon abhängig, ob sie über Materialzuschläge oder die Prozesskostenrechnung (siehe Kapitel 7, »Prozesse«) verrechnet werden. Wir gehen hier zunächst von der Zuschlagsverrechnung aus. Trotzdem werden der Kostenplanung von Anfang an leistungsbezogene direkte Leistungsarten zugrunde gelegt. Diese direkten Leistungsarten lauten auf »Standardstunden«. Sie erinnern sich, dass wir die Stunden-Leistungsarten, bei denen die Leistung im Ist nicht detailliert nach Belastungskontierungen erfasst werden kann, sondern retrograd über die Ausbringung ermittelt werden muss, mit dem Vorspann »Standard« versehen hatten.

Die Überlegungen, sich bei einem Teil der Materialstellen für die Verrechnung der Prozesskostenrechnung zu bedienen, haben in den letzten Jahren mit ständig zunehmenden Logistikkosten an Bedeutung gewonnen. Werden in einem Unternehmen unterschiedliche Materialien eingesetzt, die im Preis pro Einheit um ein Mehrfaches voneinander abweichen, dann kann bei Zuschlagsverrechnung auf keinen Fall mit einem einheitlichen Materialgemeinkosten-Zuschlag (MGK-Zuschlag) gerechnet werden. Auch die Manipulationskosten beim Wareneingang und bei der Wareneingangsprüfung können zu einer Vielzahl von MGK-Zuschlägen führen. Wenn in Ihrem Unternehmen die Verrechnung mit prozentualen Zuschlägen erfolgt, sollte in jedem Fall geprüft werden, wie viele unterschiedliche MGK-Zuschläge anzusetzen sind.

Verwaltungsstellen

Zu den Kostenstellen des *Verwaltungsbereichs* zählen die der kaufmännischen Leitung unterstellten Abteilungen bzw. Bereiche. Dies sind – neben der kaufmännischen Geschäftsführung selbst – die Funktionseinheiten externes/internes Rechnungswesen, Controlling, Personalwesen, EDV/Organisation sowie die allgemeine Verwaltung.

Direkte Leistungsarten sind eher die Ausnahme, und zwar deshalb, weil der Erfassungsaufwand unangemessen hoch wäre und weil vor allem keine direkte Beziehung zu den Erzeugnissen besteht. Hinzu kommt, dass es sich fast ausschließlich um fixe Kosten handelt.

Wenn man davon absieht, dass man in einer Angebotskalkulation auch einen Verwaltungskostenzuschlag berücksichtigen muss, spielen die Leistungsarten der Verwaltungsstellen sowieso nur eine untergeordnete Rolle. In der Planung und Istabrechnung werden die Verwaltungskosten in der stufenweisen Kostendeckungsrechnung berücksichtigt und dabei häufig nur gegen Sparten-/Profit-Center- oder gegen das Gesamtergebnis verrechnet.

Die großen Kostenblöcke in den Verwaltungsbereichen der Unternehmen sind der Personalaufwand, die verschiedenen Gemeinkosten und die Kosten des IT-Bereichs. Beim Personalaufwand ließe sich der Plan-Personalbedarf der kaufmännischen Stellen allenfalls über einen Funktionsanalyse ermitteln. Die verschiedenen Gemeinkosten (Steuern, Versicherungen etc.) sind vielfach analytisch nicht planbar, außerdem voll fix zu sehen. Bei den IT-Kosten sind zum Teil direkte Leistungsarten möglich (z. B. CPU-Minuten). Die Kosten für diese Leistungsartenmengen sind auf der abgebenden Stelle noch überwiegend variabel zu planen, auf den empfangenden Stellen aber zum Teil auch fix.

Vertriebsstellen

Über die *Vertriebskostenstellen* sollten nur die allgemeinen Vertriebsgemeinkosten abgerechnet werden. Spezielle Vertriebskosten, insbesondere Werbe-/Marketingkosten, sollten über differenzierte Innenaufträge erfasst und von dort in die Vertriebsgemeinkosten-Zuschläge (für die Angebotskalkulation) oder in die stufenweise Kostendeckungsrechnung (für die Ergebnisrechnung) übernommen werden. Die Vertriebsgemeinkosten-Zuschläge sind nach Ländern/Regionen und parallel nach Erzeugnisgruppen, eventuell noch nach weiteren Kriterien wie z. B. Groß- oder Einzelhandel zu verteilen.

Die Sondereinzelkosten des Vertriebs wie Ausgangsfrachten, Provisionen etc. werden nicht über Kostenstellen, sondern direkt oder kalkulatorisch in der Ergebnisrechnung verrechnet. Die Leistungsarten sind ähnlich wie bei den Materialstellen davon abhängig, ob die Weiterverrechnung mit Gemeinkosten-Zuschlägen oder auf Basis der Prozesskostenrechnung erfolgt.

Konventionell abgerechnet werden sicher die Vertriebsleitung, meist auch die Kostenstellen des Werbe-/Marketingbereichs, sodass dafür die Leistungsart 100 % vorgeschlagen wird (zumal dort fast ausschließlich Fixkosten anfallen). Für die Kostenstellen, die für die Prozesse der Kundenauftragsabwicklung infrage kommen, sollte man als Leistungsart »Standardstunden« vorsehen, wobei die Abrechnung bis zur Einführung der Prozesskostenrechnung mit 100 % erfolgen kann.

Bei der Zuordnung der einzelnen Kostenstellen zu den Erzeugnisgruppen ist für jede einzelne Vertriebsstelle zu überlegen, ob der Aufwand für alle Erzeugnisgruppen gleich zu sehen ist. Eventuell muss bei der Aufteilung einer Kostenstelle auf Erzeugnisgruppen mit Indizes gearbeitet werden, um beispielsweise Ersatzteile anders zu gewichten als die eigentlichen Erzeugnisse.

Die wichtigsten Kostenpositionen sind auf den Vertriebsstellen die Personalkosten, Reise- und Bewirtungskosten sowie die kalkulatorischen Zinsen auf das Umlaufvermögen (Verzinsung der Fertigwarenbestände) sowie die differenzierten Werbe- und Marketingkosten aus der Innenauftragsabrechnung.

3.4.8 Planungsabstimmung

Nach Abschluss der Kostenplanung muss zwingend die Abstimmung der Planwerte durchgeführt werden. Zielsetzungen dieser Aktivitäten sind:

Abstimmung der Kostenplanung

▶ die Abstimmung der Kosten der Sekundärstellen mit ihrer Verrechnung

▶ die Eliminierung der Doppelverrechnungen

▶ das Aufzeigen des Gesamtvolumens der Gemeinkosten

▶ die Überprüfung der Kostenauflösung in variable und fixe Kosten

▶ die Kontrolle der Plankostensätze

Bei den *Sekundärstellen* gilt es, das Gleichgewicht zwischen abgebender Kostenstelle/Leistungsart (Sender) und den belasteten Kostenstellen/Leistungsarten (Empfängern) herzustellen. Stimmen die Mengen nicht überein, gibt es z. B. Probleme bei der Fixkosten-Vorverteilung, weil zum Teil zu viele oder viel zu wenig Fixkosten verteilt werden. Problematisch ist es vor allem bei indirekt verrechneten Sekundärstellen, weil sich in der Istabrechnung automatisch nicht korrekte Istleistungsartenmengen und damit ein falscher Beschäftigungsgrad ergeben würden. Kritisch wären auch maschinelle Simulationsrechnungen (siehe Abschnitt 3.4.9, »Primärkostensätze«), wenn sich die Planung nicht im Gleichgewicht befindet. Deshalb die Empfehlung, bei den sekundären Stellen dieser Abstimmung zwischen Sender und Empfängern entsprechende Aufmerksamkeit zu widmen.

Abgleich von Sekundärstellen

Die Kostenplanung enthält *Doppel- und Mehrfachverrechnungen*. So sind beispielsweise auf der Handwerkerstelle primäre Kostenarten geplant, aber auch sekundäre Kostenarten, deren Primäraufwand auf den Senderkostenstellen ausgewiesen ist. Im Rahmen der Abstimmung der Kostenplanung müssen diese Mehrfachverrechnungen eliminiert werden (was softwaremäßig heute maschinell gemacht werden kann).

Eliminierung von Doppelverrechnungen

Nur wenn man diese Doppel- und Mehrfachverrechnungen ausklammert, was beispielsweise auch über separate Verdichtungsbereiche für die Sekundärstellen, allerdings nur in Summe, geschehen kann, erhält man die tatsächlichen Kosten. Diese Darstellung über eine separate Kostenstellenhierarchie hat aber den Vorteil, dass man dort sowohl die sekundären Stellen in der Untergliederung nach direkt und indirekt verrechneten Stellen als auch die primären Stellen in der

Differenzierung nach Fertigungs- und Prozesskostenstellen und nach Kostenstellen, die in die stufenweise Deckungsrechnung der Ergebnisrechnung eingehen oder die auf Projekte verrechnen, sehen kann. Mit solchen Auswertungen über Verdichtungshierarchien, parallel zu Standardhierarchien, lassen sich konkrete Aussagen darüber machen, was planmäßig wie verrechnet wird.

Gesamtvolumen der Kostenstellenkosten Aus der Planabstimmung wird ferner das *Volumen der gesamten Plankosten*, detailliert nach Kostenartengruppen oder Kostenarten, ersichtlich. Wenn Kostenarten versehentlich überhaupt nicht oder in falscher Höhe geplant worden wären, könnte man dies aus derartigen Auswertungen (mit der Möglichkeit, Details in den einzelnen Kostenstellen nachzuprüfen) erkennen.

Aufteilung in variable und fixe Kosten Aus der Abstimmung lässt sich ferner ersehen, was das Ergebnis der Aufteilung in *variable* und *fixe Kostenbestandteile* ist, ob erstens die Gesamtrelation stimmt und ob zweitens bei einzelnen Kostenarten an sich fixe Kosten variabel geplant wurden oder umgekehrt.

Plankostensätze Der letzte Schritt dieser Abstimmung besteht darin, die Plankostensätze in ihrer absoluten Höhe und in Relation zu ähnlich gelagerten vergleichbaren Kostenstellen zu verifizieren und zu überprüfen.

Es ist sehr wichtig, die Planabstimmung gewissenhaft durchzuführen und Vergleiche, wie sie hier angesprochen wurden, anzustellen. Nicht nur, dass falsche Kostenvorgaben für den monatlichen Soll-Ist-kosten-Vergleich entstehen könnten, sondern auch, weil nicht stimmende Kostensätze zu unkorrekten Kalkulationen und falschen Aussagen in der Ergebnisrechnung/Deckungsbeitragsrechnung führen würden.

Einsparungen Zu den Abschlussarbeiten der Kostenplanung gehört neben der Abstimmung der Plandaten auch die Fixierung der Einsparungsvorschläge, die im Laufe der analytischen Kostenplanung erkannt wurden. Diese bei der gründlichen Durchleuchtung der Ablauf- und Aufbauorganisation im Rahmen der Kostenplanung des Unternehmens festgestellten Unwirtschaftlichkeiten führen in der Regel zu erheblichen Einsparungen, die die Kosten für die Durchführung der analytischen Kostenplanung innerhalb kürzester Zeit, meist in weniger als einem Jahr, amortisieren.

Die Hauptansatzpunkte dabei sind die Personalkosten und gelegentlich die Energiekosten. Wichtig ist, diese Einsparungen richtig zu

»verkaufen«. Die einzelnen Einsparungsvorschläge (deren Realisierungsfristigkeiten genau zu planen sind) müssen den Entscheidungsgremien mit Wirtschaftlichkeitsrechnungen, erforderlichen Investitionen und Amortisationszeiten vorgelegt und vorgestellt werden.

3.4.9 Primärkostensätze

Ziel der Primärkostenrechnung ist es, die primären Kostenarten oder Kostenartengruppen wie Fertigungslöhne, sonstige Personalkosten, Fremdenergie, kalkulatorische Abschreibungen etc. über alle Kostenstellen durchzurechnen, sodass der Kostensatz nur noch aus Anteilen primärer Kostenarten besteht. Der Kostensatz bleibt in Summe gleich, nur setzt er sich nach vollzogener Iteration nur noch aus primären Kostenelementen zusammen.

Ermittlung von Primärkostensätzen

Die Kalkulation eines Industrieunternehmens läuft für den Umfang der Fertigungskosten so ab, dass die Leistungsartenmenge, beispielsweise die Fertigungszeit, die eine Kostenstelle für einen Arbeitsvorgang braucht, mit den Kostensätzen, variabel und fix, dieser Kostenstelle/Leistungsart bewertet wird.

Sie könnten jetzt fragen, was hat dies mit der Kostenstellenrechnung zu tun? Nun, es ist so, dass die Kostensätze im Rahmen der Kostenstellenrechnung ermittelt werden, indem die Kostensummen durch die Leistungsartenmenge dividiert werden. In diesen Kostensätzen sind aber sowohl primäre wie auch sekundäre Kostenarten zusammengefasst, wobei die sekundären Kostenarten steigende Tendenz haben. Die sekundären Kostenarten gehen über Menge mal Kostensatz ein. In diesem Kostensatz sind wie in dem auf diese Kostenstelle verrechneten Quadratmetersatz der Raumstellen primäre wie sekundäre Kostenarten enthalten.

Beispiel 9: Primärkostenschichtung

In einem großen Unternehmen der Kabelfertigung war die Anforderung der Konzernleitung an die Reorganisation des internen Rechnungswesens – noch zu R/2-Zeiten –, dass man in der Ergebnisrechnung bei der Darstellung Nettoerlös minus Kosten diese in wichtige Kostenarten aufgelöst sehen wollte.

Beim Fertigungsmaterial war dies kein Problem, weil man den Kupfer- oder Bleianteil über die Kostenart entsprechenden Kostenelementen zuordnen konnte. Die Schwierigkeit lag bei den Fertigungskosten, weil dafür die Auflösung der Kostensätze in ihre Primärkostenanteile Voraussetzung war. SAP bot damals ab dem R/2-Release 5.0 diese Möglichkeit. Damit war das K.o.-Kriterium aus dem Weg geräumt; die betriebswirtschaftliche Lösung konnte wie konzipiert umgesetzt werden. Auch im aktuellen Softwarestand SAP ERP (Version 6.0) ist die hier beschriebene Primärkostenrechnung umsetzbar. Die entsprechende Funktion lautet hier *Primärkostenschichtung*.

Diese Primärkostensätze, auch partielle Kostensätze genannt, zeigen auf einen Blick, wie – nach Auflösung der sekundären Kostenarten – die tatsächliche Kostenstruktur ist, wie hoch dann in der Kalkulation, durchgerechnet über alle Kalkulationsstufen, der Anteil Fertigungslohn, Primärenergie, Abschreibungen etc. tatsächlich ist.

3.4.10 Umwertung und Simulation

Generelle Planungshilfen

Im Laufe der bisherigen Ausführungen zur Kostenplanung wurde bereits mehrfach auf vom SAP-System zur Verfügung gestellte Planungshilfen hingewiesen. Die wichtigsten davon waren:

▶ **Mengenplanung**
Überall dort, wo Mengen explizit geplant werden, können die Kosten mit CO ermittelt werden. Die Multiplikation der Mengen mit dem nur einmal aufzugebenden Preis je Ressource ergibt dann die Plankosten.

▶ **Ressourcenplanung**
In der Kostenplanung werden die Vorgabe- bzw. Zeitlohnstunden mit der Lohngruppe als Ressource hinterlegt und die Plankosten je Planposition maschinell vom System ermittelt.

▶ **Relativziffernplanung**
Hier wird für weniger wichtige Planpositionen vom Kostenplaner ein Wert in Euro je Plan-Leistungsartenmenge der jeweiligen Kostenstelle/Leistungsart aufgegeben. Der entsprechende Planwert wird dann für diese Position vom System errechnet.

▶ **Prozentuale Ermittlung**
Die prozentuale Ermittlung kann bezogen auf eine oder mehrere Basiskostenarten erfolgen.

Planwerte können auch aus anderen SAP-Modulen übernommen werden, etwa die kalkulatorischen Abschreibungen und Zinsen aus FI-AA, seltener auch die gesamte Personalkostenplanung aus HR. Nun aber zu den Hauptthemen dieses Abschnitts, *Umwertung* und *Simulation*.

Die *Umwertung* dient dazu, die Kostenstellenplanung wertmäßig maschinell an einen gewünschten Planstand anzupassen. Umwertung heißt, dass für die primären Kostenarten neue Plansätze aufzugeben sind, entweder prozentual je Kostenart oder dort, wo die Planung nach Herkünften (Ressourcen) erfolgt ist, mit neuen Werten je Einheit des Herkunftsbegriffs. Sie kann im Rahmen der jährlichen Planungsüberholungen zur Anpassung der Planwerte an das neue Geschäftsjahr, genauso aber auch für Sonderrechnungen, basierend auf anderen Planwerten, eingesetzt werden (siehe Abbildung 3.13).

Umwertung

Kostenstellengruppe			sekundäre Kostenstellen		primäre Kostenstellen	Gesamt
	Kostenstelle Leistungsart		Handwerker Handw.-Std.	Energie Prozent	Fertigung Fert.-Stunde	
	Leistungsartenmenge		200 Std.	100%	1.000 Std.	
Kostenarten						
primäre Kostenarten	Lohn	alt	2.000		10.000	12.000
		neu	2.400		12.000	14.400
	Heizöl	alt		2.500		2.500
		neu		3.750		3.750
	Summe	alt	2.000	2.500	10.000	14.500
		neu	2.400	3.750	12.000	18.150
sekundäre Kostenarten	verrechnete Handwerkerleistung	alt		500	1.500	2.000
		neu		600	1.800	2.400
	verrechnete Energiekosten	alt			3.000	3.000
		neu			4.350	4.350
	Summe	alt		500	4.500	5.000
		neu		600	6.150	6.750
Gesamtkosten		alt	2.000	3.000	14.500	19.500
		neu	2.400	4.350	18.150	24.900
Kostensätze		alt	10,00		14,50	
		neu	12,00		18,15	

Abbildung 3.13 Zahlenbeispiel für die Umwertung

Sie erinnern sich an Abbildung 2.1 in Abschnitt 2.1, »Betriebswirtschaftliche Grundlagen«, in der wir den Zusammenhang zwischen primären und sekundären Kostenstellen/Leistungsarten in Verbindung mit primären und sekundären Kostenarten erläutert haben? Umwertung heißt, dass nur für die primären Kostenarten neue Planansätze aufzugeben sind, entweder prozentual je Kostenart oder dort, wo die Planung nach Herkünften (Ressourcen) erfolgt ist, mit neuen Werten je Einheit des Herkunftsbegriffs. Alle Folgeänderungen übernimmt das System.

In unserem Beispiel (siehe Abbildung 3.13) sind diese Zusammenhänge vereinfacht dargestellt. Wir haben nur zwei Sekundärstellen, »Handwerker« und »Energie«, und eine Primärstelle, »Fertigung«, gewählt. Außerdem haben wir, damit die Zahlen einfacher verfolgt werden können, auf Interdependenzen zwischen der Handwerker- und der Energiestelle verzichtet: Es verrechnet nur die Handwerker- auf die Energiestelle, aber nicht umgekehrt. Außerdem ist die Aufteilung in variable und fixe Kosten unterblieben, da mit der Umwertung beide Werte gleichermaßen verändert werden.

Wir sind in diesem Beispiel von folgenden Prämissen ausgegangen:

▶ Lohn: Die Planung erfolgt nach Ressourcen. Der Wert für die Ressource »Lohngruppe 01« liegt bisher bei 10,00 EUR je Stunde, künftig bei 12,00 EUR je Stunde.

▶ Heizöl: Die Umwertung für die Kostenart »Heizöl« wird prozentual vorgenommen. Der Preis für den Fremdbezug von Heizöl verteuert sich von 0,50 auf 0,75 EUR/Liter.

Auf der Kostenstelle »Handwerker« wird der Lohn mit 200 Std./Monat, auf der Fertigungsstelle mit 1.000 Std. geplant (Ressource »Lohngruppe 01« auf beiden Kostenstellen). Die Verrechnung der Sekundärstelle »Handwerker« erfolgt mit 50 Stunden (= 25 %) auf die Energiestelle, mit 150 Stunden (= 75 %) auf die Fertigung. Da aus Vereinfachungsgründen auf der Handwerkerstelle keine Gemeinkosten (auch keine Personalnebenkosten) geplant sind, entspricht der Kostensatz dem Lohnsatz.

Die Verrechnung der Energiestelle wird nur auf die Fertigungskostenstelle vorgenommen. Der Verrechnungspreis für das Heizöl enthält neben der Primärenergie anteilige Handwerkerkosten, die sich aufgrund der Lohnerhöhung um 20 % verteuert haben.

Außerdem ist für alle Kostenarten und bei allen Kostenstellen keine Splittung in variable und fixe Kostenbestandteile durchgeführt, da diese Differenzierung für die Umwertung der primären Kostenarten nicht relevant ist. Wir werden diese Unterteilung jedoch für die Erläuterung der Simulation vorsehen müssen. Die geplanten Mengen bleiben bei der Umwertung unverändert (wobei unterstellt ist, so wie dies auch in der Praxis sein sollte, dass sich die Planung im Gleichgewicht befindet).

Die Ergebnisse der Umwertung sind also:

▶ Aufgegeben werden nur Wertansätze für die primären Kostenarten, die primäre wie sekundäre Kostenstellen betreffen können.

▶ Die neuen Wertansätze können Werte je Herkunftsbegriff (Ressource), aber auch Prozentsätze sein. Diese haben dann für die gesamte Kostenart über alle Kostenstellen Gültigkeit (ausgenommen Planansätze dieser Kostenart mit Ressource). Neue Wertansätze können für alle primären Kostenarten aufgegeben werden, also nicht nur für die primären originären Kostenarten, sondern auch für die primären kalkulatorischen Kostenarten.

▶ Umwertungsprozentsätze können jedoch nicht für sekundäre Kostenarten aufgegeben werden, weil sich der Verrechnungswert für eine sekundäre Kostenart bzw. Kostenstelle nur über die systeminterne Generierung ergeben kann.

▶ Durch die Umwertung ändern sich nicht nur die variablen und fixen Plankosten, sondern analog auch beide Plankostensätze.

▶ Die Relation variable zu fixen Kosten kann sich geringfügig verschieben, wenn die Veränderungen bei überwiegend variablen Kostenarten anders als bei solchen mit vor allem fixen Kostenanteilen ausfallen.

Durch die Umwertung werden nicht verändert:

▶ die Plan-Leistungsartenmengen, die als Menge fixiert sind

▶ die mengenmäßige Verteilung sekundärer Kostenstellen/Leistungsarten

▶ die Mengenplanung bei primären Kostenarten

Die Umwertung bewirkt zusammen mit der Simulation eine enorme Zeitersparnis bei den jährlichen Planungsüberholungen. Man kann davon ausgehen, dass bei derartigen Planungsänderungen etwa 25 bis 35 % des Zeitaufwands für echte strukturelle Änderungen anfallen, während ca. 65 bis 75 % (ohne Einsatz von Umwertung und Simulation) auf die wertmäßige Umrechnung der Planpositionen einschließlich aller Folgeänderungen bei der Verrechnung der Sekundärstellen entfallen.

Beispiel 10: Umwertung

Bei einem großen Unternehmen der Serienfertigung waren in den vielen dezentralen Fertigungsbetrieben in den 50er-Jahren jeweils etwa vier Personen in der »Betriebsabrechnung« des Werkes beschäftigt, deren Aufgabe u.a. die damals noch rein manuell durchzuführenden Planungsüberholungen waren. Dieser Personalstand ging aus Kostengründen in den 60er-Jahren erst auf drei, dann auf ein bis zwei Personen zurück. Die Folge war, dass irgendwann – es handelte sich um ein extrem lohnintensives und damit planungsaufwendiges Unternehmen – die jährlichen Planungsüberholungen mangels personeller Ressourcen nicht mehr durchführbar waren und damit die mit viel Aufwand und Akribie aufgebauten Kostenplanungen »einschliefen«.

Im gleichen Unternehmen wurde dann Anfang der 70er-Jahre Standardsoftware eingeführt, verbunden mit einer gründlichen Neuplanung (dies weniger aus betriebswirtschaftlichen Gründen, sondern in erster Linie wegen des erhofften und dann auch realisierten Einsparungspotenzials). Ergebnis war, dass die jährlichen Planungsanpassungen, von den strukturellen Änderungen abgesehen, dank Umwertung und Simulation, nachdem man sich über die Parameter geeinigt hatte, jetzt voll maschinell und im Prinzip über Nacht abliefen.

Die betriebswirtschaftlichen Abteilungen konnten sich also in den Planungsmonaten voll auf die strukturellen Änderungen konzentrieren, den Rest besorgte die Software.

Für die Umwertung gibt es eine Vielzahl von Anwendungsmöglichkeiten, die in den letzten Jahren durch den zunehmenden Einsatz der Mittelfristplanung und ähnlicher Aufgabenstellungen an Bedeutung gewonnen haben. Auch SAP geht mit der BI-integrierten Planung (BI-IP) (siehe Abschnitt 9.2) in diese Richtung, nur eben noch viel umfassender, tiefer greifend und in das Gesamtsystem integriert.

Simulation Mit der *Simulation* wird die Kostenanpassung an eine veränderte Planbeschäftigung vorgenommen, sei es die für das nächste Geschäftsjahr vorzusehende oder eine simulierte Planbeschäftigung.

Im Gegensatz zur Umwertung, bei der neue Wertansätze für die primären Kostenarten aufgegeben werden, die Planbeschäftigung aber unverändert beibehalten wird, geht es hier inputseitig um eine geänderte Planbeschäftigung für die primären Stellen, aus der dann auch eine veränderte Planbeschäftigung der sekundären Stellen resultiert. Wertmäßig ändert sich durch die Simulation nichts an den Werten pro Einheit, sei es für die Werte je Ressourceneinheit oder bei den kostenartenweise festgelegten Werten je Leistungsartenmenge. Die

Werte werden nur absolut auf die neue oder eine fiktive Planbeschäftigung umgerechnet.

Im Prinzip geschieht nichts anderes als in der monatlichen Sollkostenrechnung, mit der die variablen Plankosten je Kostenstelle/Leistungsart an die aktuelle Istbeschäftigung angepasst und die Fixkosten als beschäftigungsunabhängige Kosten unverändert beibehalten werden.

Aus der neuen Planbeschäftigung der primären Stellen ergibt sich auch eine veränderte Planbeschäftigung der Sekundärstellen, indem die auf den empfangenden Stellen variabel geplanten und an deren neue Planbeschäftigung angepassten Kosten gemeinsam mit den auf den empfangenden Stellen fix gesetzten Anteilen einen neuen »Bedarf« an Sekundärleistungen und damit, summiert über alle Empfänger, eine neue Planbeschäftigung für die jeweilige Sekundärstelle ergeben.

Als Ergebnisse der Simulation verändern sich:

Ergebnisse der
Simulation

▸ neben den neuen, von außen eingegebenen Plan-Leistungsartenmengen der primären Stellen die variablen Mengenansätze und damit die variablen Plankosten je Planposition

▸ die Verteiler, da über die neue Planbeschäftigung der leistungsempfangenden Kostenstellen/Leistungsarten auch neue Mengen und damit auch Kosten der Sekundärleistungen ermittelt werden

▸ die Fixkostenansätze der einzelnen Kostenstellen, da zwar die Fixkostensumme jeweils unverändert bleibt, sich aber auf eine andere, höhere oder niedrigere, Plan-Leistungsartenmenge verteilt

Einschränkend muss gesagt werden, dass diese Aussage nur bedingt gilt, nämlich für die originären Fixkosten der Stelle. Dagegen verändern sich die Fixkostenanteile der Sekundärverrechnung, da die verrechneten variablen Kostenanteile nach durchgeführter Simulation nicht mehr mit den alten Werten übereinstimmen. Folglich ergibt sich auch eine neue Verteilung der Fixkostenanteile der sekundären Stellen.

Durch die Simulation werden nicht verändert:

▸ die Bewertungsansätze der primären Kostenarten

▸ die variablen Kostensätze

▸ die originären Fixkosten der einzelnen Kostenstellen

Die Simulation ist in einem Übersichtsbild dargestellt (siehe Abbildung 3.14).

Kostenstellengruppe		sekundäre Kostenstellen		primäre Kostenstellen		Gesamt	
Kostenstelle Leistungsart		Handwerker Handw.-Std.	Energie Prozent	Fertigung Fert.-Stunde			
LA-Menge Plan		200 Std.	100%	1.000 Std.			
LA-Menge Simulation		223,3 Std. =111,65%	113,33%	1.200 Std. =120%			

Kostenarten		var.	fix	var.	fix	var.	fix	var.	fix
primäre Kostenarten Lohn	P	2.000				10.000		12.000	
	S	2.233				12.000		14.233	
Heizöl	P			2.500				2.500	
	S			2.833				2.833	
Summe	P	2.000		2.500		10.000		14.500	
	S	2.233		2.833		12.000		17.066	
sekundäre Kostenarten verrechnete Handwerkerleistung	P			250	250	1.000	500	1.250	750
	S			283	250	1.200	500	1.483	750
verrechnete Energiekosten	P					2.000	1.000	2.000	1.000
	S					2.400	1.000	2.400	1.000
Summe	P			250	250	3.000	1.500	3.250	1.750
	S			283	250	3.600	1.500	3.883	1.750
Gesamtkosten	P	2.000		2.750	250	13.000	1.500	17.750	1.750
	S	2.233		3.116	250	15.600	1.500	20.949	1.750
Kostensätze	P	10,00				13,00	1,50		
	S	10,00				13,00	1,25		

P = Plan   S = Simulation   LA = Leistungsart

Abbildung 3.14 Zahlenbeispiel für die Simulation

Die Simulation setzt in unserem Beispiel auf dem Wertstand der Ausgangsplanung vor der Umwertung auf. Im Gegensatz zur Umwertung verändert die Simulation nur die variablen Kostenanteile.

Bei der Simulation wird für die primären Stellen eine neue Planbeschäftigung aufgegeben. In unserem Beispiel wird die Planbeschäftigung der Fertigungsstelle von 1.000 auf 1.200 Fertigungsstunden korrigiert. Im ersten Schritt werden die variablen Kosten der Fertigungsstelle angepasst und als Folgeänderungen auch die Plan-Leistungsartenmengen und damit die variablen Kosten der Sekundärstellen umgerechnet. Dabei zeigt sich, dass sich die variablen Kostensätze weder auf der Primärstelle noch auf den beiden Sekundärstellen verändern, wohl aber die Fixkostensätze. Nachdem die Planbeschäftigung der Fertigungsstelle um 20 % gestiegen ist, ergibt sich nach durchgeführter Simulationsrechnung ein niedrigerer Fixkostenansatz für diese Stelle. Dies gilt ähnlich für die beiden Sekundärstellen, deren Planbeschäftigung ebenfalls gestiegen ist.

Problematischer kann sich die Situation bei den variabel verrechneten Sekundärleistungen darstellen. Die variabel geplanten Verrechnungen der Sekundärstelle würden auf den Empfängerstellen entsprechend angepasst. Wäre die Planbeschäftigung dieser Primärstellen generell höher als bisher geplant, bedeutete dies, dass auf der Senderstelle höhere variable Kosten vorgegeben würden. Der rechnerisch ermittelte Mehraufwand könnte z. B. mit der bestehenden Personalkapazität der Arbeitsvorbereitung abzudecken sein. In diesem Fall müsste korrigierend in die Kostenplanung eingegriffen werden.

Aus diesen Ausführungen zu Umwertung und Simulation wird klar, dass die Ergebnisse der Umwertung im Normalfall direkt übernommen werden können, während die Ergebnisse der Simulation als »Vorschlag« zu sehen sind, der kritisch zu überprüfen ist.

Fazit

Eine allgemeingültige Aussage zur Reihenfolge von Umwertung und Simulation kann es nicht geben, weil die spezifischen Voraussetzungen in den Unternehmen doch sehr unterschiedlich sind. Eines kann aber ganz klar festgehalten werden, nämlich dass durch Umwertung und Simulation der Aufwand für Planungsüberholungen und Simulationsrechnungen erheblich verringert und die Zeitstrecke reduziert werden kann. Die strukturellen Änderungen sind in jedem Fall vom jeweiligen Controlling vorzunehmen. Alle Rechenoperationen werden von CO übernommen oder zumindest erheblich unterstützt.

3.5 Planung in SAP ERP

Die betriebswirtschaftliche Diskussion in diesem Kapitel ist nun abgeschlossen. Wir haben Ihnen die Herausforderungen bei der Planung in der Theorie erklärt und zeigen Ihnen jetzt, wie die Planung im internen Rechnungswesen in der Praxis aussehen kann.

3.5.1 Vorbereitung

Sind Sie, lieber Leser, ebenso gespannt wie wir, wann es jetzt endlich losgeht mit der Planung von Kostenstellen in SAP ERP? Ein wenig

Planversion definieren

müssen Sie sich leider noch gedulden. Am Anfang eines jeden neuen Planjahres müssen wir nämlich Einstellungen in einer *Planversion* vornehmen. Nutzen Sie hierfür die Transaktion S_ALR_87005830 im Menü RECHNUNGSWESEN • CONTROLLING • PLANUNG • LAUFENDE EINSTELLUNGEN • VERSIONEN PFLEGEN (siehe Abbildung 3.15). Wir nutzen die Planversion »0 Plan/Ist-Version«.

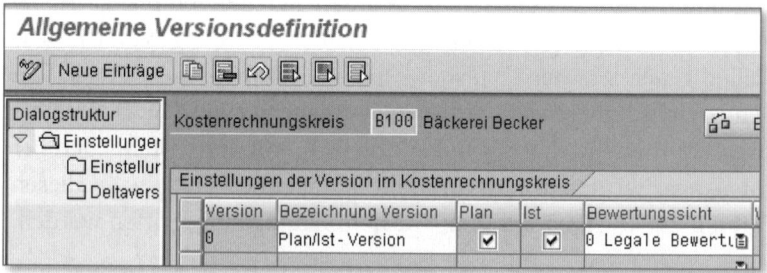

Abbildung 3.15 Plan/Ist-Version definieren

Der Klick auf EINSTELLUNGEN PRO GESCHÄFTSJAHR zeigt Einträge für die Jahre 2009 bis 2013 (siehe Abbildung 3.16). Die ausgewählte Planversion ist also bereits für die Planung in einigen zukünftigen Jahren vorbereitet worden.

Sicht "Einstellungen pro Geschäftsjahr" ändern: Übersicht

Jahr	Version gesperrt	Planungsintegration	Kopieren erlaubt
2009	☐	☐	☑
2010	☐	☐	☑
2011	☐	☐	☑
2012	☐	☐	☑
2013	☐	☐	☑

Kostenrechnungskreis B100 Bäckerei Becker
Version 0 Plan/Ist-Version

Abbildung 3.16 Einstellungen pro Geschäftsjahr auswählen

In den folgenden Beispielen werden Plandaten für das Jahr 2009 gezeigt (siehe Abbildung 3.17).

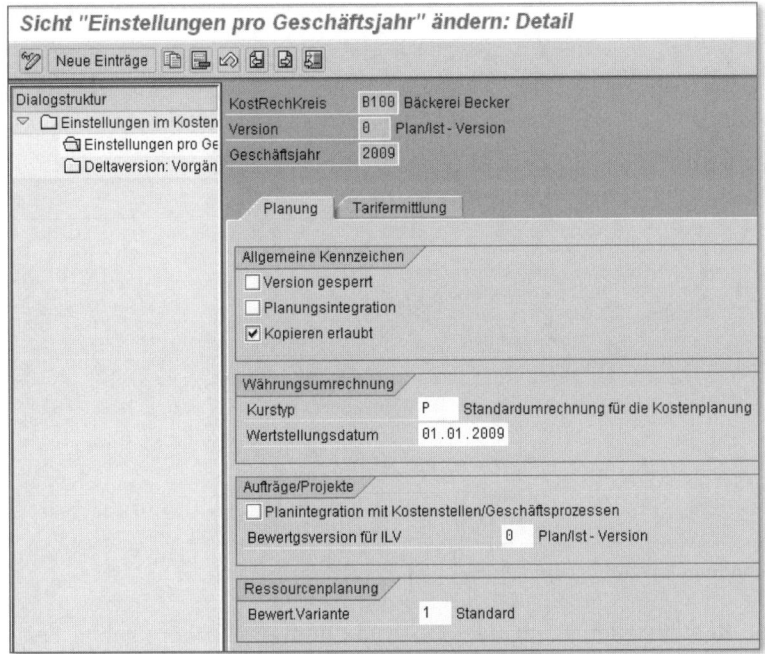

Abbildung 3.17 Details zur Plan/Ist-Version im Jahr 2009

3.5.2 Mengenbeziehungen

Intuitiv beginnen die meisten Kostenrechner mit der Planung der Kosten und suchen dann mehr oder weniger geeignete Schlüssel, nach denen sie die Kosten verteilen können. Der betriebswirtschaftliche Ansatz der Leistungsverrechnung und die entsprechende Funktion in SAP ERP funktioniert genau umgekehrt: Am Beginn der Kostenstellenplanung steht die Planung der Mengenbeziehungen. Erst danach planen Sie die Kosten, die für die zu leistenden Mengen anfallen werden.

Planung von Mengen und Werten

Die Leistungsbeziehungen der Kostenstellen in der Bäckerei Becker sind in Abbildung 3.18 dargestellt.

Die Elektriker nutzen Strom und einen Teil des Gebäudes. Sie arbeiten für die Backstube und das Gebäude. Zwischen Elektriker und Gebäude entsteht so eine zirkuläre Beziehung der gegenseitigen Kostenverrechnung. In der Praxis entstehen solche zirkulären Leistungsbeziehungen noch in weit größerem Umfang, sogenannte *Interdependenzen*, die uns später bei der Tarifermittlung wieder beschäftigen werden.

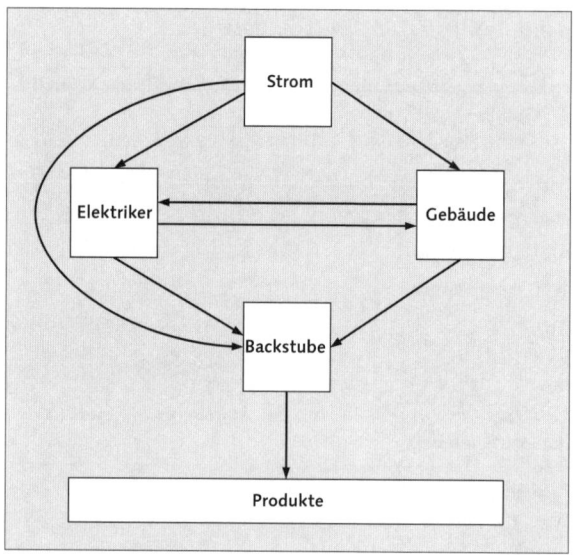

Abbildung 3.18 Mengenbeziehungen zwischen Kostenstellen

Die Kostenstellen »Gebäude«, »Strom« und »Elektriker« geben Leistungen an andere Kostenstellen ab. Entsprechend der betriebswirtschaftlichen Definition aus dem ersten Abschnitt dieses Kapitels sprechen wir hier von sekundären Kostenstellen. Die primäre Kostenstelle »Backstube« gibt ihre Leistungen nicht an andere Kostenstellen ab, sondern an Produkte.

Die Mengenbeziehungen zwischen Kostenstellen sehen Sie in Abbildung 3.19 in tabellarischer Form.

Verrechnung Sekundäre Kostenstellen
Bäckerei Becker, Planjahr 2009, Stand 26.9.2009

Sender

Kostenstelle	Gebäude	Strom	Elektriker	Backstube	
Leistungsart				Masch.	Pers.
Einheit	m²	kWh	Std.	Std.	Std.
Faktor	1	1.000	1	1	1
Planleistung	100	250	1.500	4.000	12.800

Empfänger

Gebäude		50	500		
Strom					
Elektriker	20	50			
Backstube	80	150	1.000		
Produkte				4.000	12.800
Leistungsaufnahme	100	250	1.500	4.000	12.800

Abbildung 3.19 Mengenbeziehungen zwischen Kostenstellen in tabellarischer Form

Weitere primäre Kostenstellen wie »Geschäftsleitung«, »Finanzbuchhaltung«, »Vertrieb« sind hier im Bild nicht dargestellt. Die dort
geplanten Kosten werden in die Ergebnisrechnung übernommen.

Bei primären und sekundären Kostenarten haben Sie unterschiedliche Funktionen zum Anlegen im System SAP ERP kennengelernt.
Bei den primären und sekundären Kostenstellen werden Sie entsprechend unterschiedliche Funktionen vergeblich suchen. Im System
SAP ERP tauchen nicht einmal die Begriffe *primäre und sekundäre Kostenstellen* auf. Es handelt sich um betriebswirtschaftliche Definitionen, die sich aus der Verwendung der Kostenstellen ergeben.

Verrechnungen zwischen Kostenstellen

Zum Einstieg in die Planung müssen Sie zunächst ein Planerprofil
wählen. Mit dem Planerprofil legen Sie fest, welche Bildschirmmasken Sie für die Planung verwenden wollen. Einige Planungsmasken
aus dem SAP-Standard werden Sie in diesem und in den kommenden
Abschnitten kennenlernen. Zur Einstellung des Planerprofils nutzen
Sie die Transaktion KP04 im Menü RECHNUNGSWESEN • CONTROLLING
• KOSTENSTELLEN • PLANUNG • PLANERPROFIL SETZEN (siehe Abbildung
3.20). Wir wählen SAPALL, mit diesem Planerprofil können (fast) alle
Planungsaktivitäten durchgeführt werden.

Einstieg in die Planung

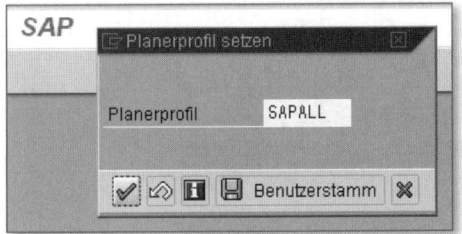

Abbildung 3.20 Planerprofil »SAPALL« setzen

Jetzt beginnt die Mengenplanung mit der Erfassung einer Leistungs-
abgabe. Nutzen Sie hierfür die Transaktion KP26 im Menü RECH-
NUNGSWESEN • CONTROLLING • KOSTENSTELLEN • PLANUNG • LEISTUNGS-
ERBRINGUNG/TARIFE • ÄNDERN (siehe Abbildung 3.21).

Alle Aktivitäten in der Gemeinkostenrechnung von SAP beziehen
sich auf einen Kostenrechnungskreis. Die meisten Benutzer arbeiten
tagtäglich mit ein und demselben Kostenrechnungskreis. Also macht
es Sinn, diesen »Heimat«-Kreis als Vorzugswert im System zu hinterlegen. In SAP ERP werden hierfür die sogenannten *Benutzervariablen*
genutzt. In den Benutzervariablen merkt sich das System einige Ihrer

*Kostenrech-
nungskreis setzen*

persönlichen Vorlieben. Den Eintrag ändern Sie mit der Funktion KOSTENRECHNUNGSKREIS SETZEN, die Sie z. B. aus der gezeigten Planungsmaske heraus über das Menü ZUSÄTZE • KOSTENRECHNUNGSKREIS SETZEN erreichen (siehe Abbildung 3.22).

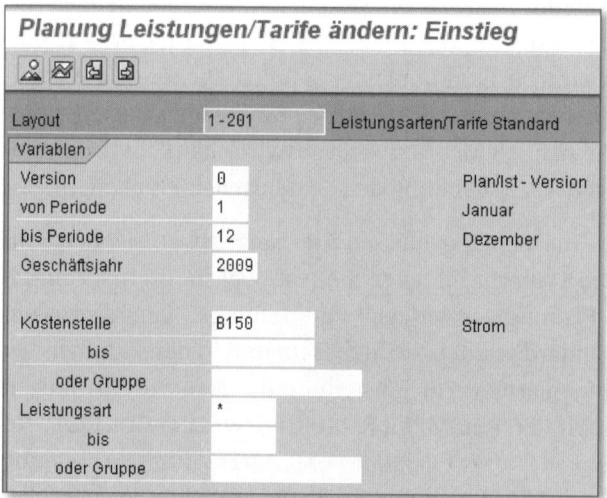

Abbildung 3.21 Einstieg in die Mengenplanung der Kostenstelle »Strom«

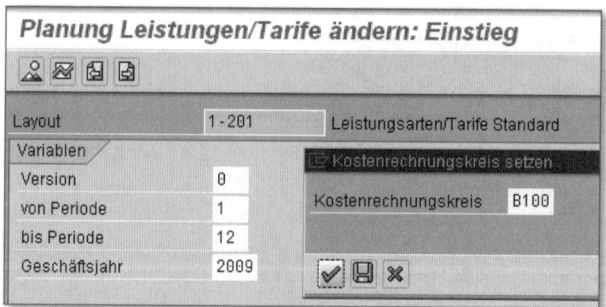

Abbildung 3.22 Kostenrechnungskreis setzen

Sie können den Kostenrechnungskreis hier ändern und mit dem Button ALS BENUTZERPARAMETER SICHERN fest im System hinterlegen.

Übersichtsbild

Der KOSTENRECHNUNGSKREIS ist somit gesetzt. VERSION, PERIODE, GESCHÄFTSJAHR und KOSTENSTELLE sind selektiert. Wir steigen in die Planung ein, indem wir den Button ÜBERSICHTSBILD drücken (siehe Abbildung 3.23). Entsprechend der Periodenauswahl »1« bis »12« pflegen wir mit einem Eintrag in der Spalte PLANLEISTUNG die Stromabgabe für das ganze Jahr 2009 in Höhe von 250.000 kWh.

Abbildung 3.23 Mengenplanung für die Kostenstelle »Strom«

Planwerte werden in der Gemeinkostenrechnung immer in Perioden, d.h. Monaten gespeichert. Der Jahreswert von 250.000 kWh wird automatisch auf zwölf Monate mit jeweils 20.033 kWh verteilt. Die Werte der Einzelmonate sind im PERIODENBILD sichtbar (siehe Abbildung 3.24). Statt der Planung des Jahreswerts mit automatischer Verteilung auf die einzelnen Monate können Sie auch direkt in das Periodenbild einsteigen und die einzelnen Monate getrennt planen.

Periodenbild

Planung Leistungen/Tarife ändern: Periodenbild

Version	0		Plan/Ist - Version			
Geschäftsjahr	2009					
Kostenstelle	B150		Strom			
Leistungsart	L150		kWh Strom			

Pe	Text	Planleistung	Kapazität	EH	Ta
1	Januar	20.833,333		KWH	
2	Februar	20.833,334		KWH	
3	März	20.833,333		KWH	
4	April	20.833,333		KWH	
5	Mai	20.833,334		KWH	
6	Juni	20.833,333		KWH	
7	Juli	20.833,333		KWH	
8	August	20.833,334		KWH	
9	September	20.833,333		KWH	
10	Oktober	20.833,333		KWH	
11	November	20.833,334		KWH	
12	Dezember	20.833,333		KWH	
*Pe		250.000	0		

Abbildung 3.24 Periodenbild für Mengenplanung

Leistungsaufnahme Jetzt haben wir im System hinterlegt, dass die Kostenstelle »Strom« 250.000 kWh als Leistung bereitstellt. Im nächsten Schritt definieren wir die Leistungsempfänger. Dabei wurde der Verbrauch des größten Abnehmers, des Backofens (Kostenstelle »B310«), über einen längeren Zeitraum mit paralleler Festhaltung der Laufzeit echt gemessen. Gerundet ergibt sich für die Planlaufzeit von einem Jahr ein Verbrauch von 150.000 kWh. Diese Menge wird dann mit einem durchschnittlichen Planpreis pro kWh bewertet. Durchschnittlich deswegen, weil der Planpreis einen Mischwert zwischen Tag- und Nachtstrom darstellt. Bei stromintensiven Aggregaten, wie etwa Elektroschmelzöfen in der Eisen- bzw. Stahlindustrie, wird sogar eine getrennte Verrechnung von Tag- und Nachtstrom vorgenommen.

Bei den übrigen Kostenstellen wird der durchschnittliche Monatsverbrauch rechnerisch über Nutzungszeit, Anschlusswert und den durchschnittlichen Lastgrad ermittelt. Geringfügige Verbräuche werden geschätzt. Auf den Gebäudekostenstellen ist auch der Beleuchtungsstrom für das gesamte Areal und die Produktions- bzw. Bürogebäude geplant.

Nutzen Sie für die Planung der Leistungsaufnahme die Transaktion KP26 im Menü RECHNUNGSWESEN • CONTROLLING • KOSTENSTELLEN • PLANUNG • KOSTEN/LEISTUNGSAUFNAHMEN • ÄNDERN (siehe Abbildung 3.25).

Nächstes Layout

Springen Sie mit dem Button NÄCHSTES LAYOUT zum Planungsbildschirm »1–102 Leistungsaufnahmen leistungsunabhängig/abhängig«. Bei KOSTENSTELLE bzw. LEISTUNGSART wählen Sie die Empfänger der Leistungsverrechnung (hier »B310 Backstube«), bei SENDERKOSTENSTELLE bzw. SENDERLEISTUNGSART tragen wir »*« ein, d.h. keine Einschränkung. Senderkostenstelle und Senderleistungsart werden erst im folgenden Planungsbild selektiert.

Fixe und variable Anteile beim Stromverbrauch Für das hier gezeigte Planungsbeispiel nehmen wir an, dass der Backofen während des ganzen Arbeitstags in Betrieb ist. Die Kosten für den Stromverbrauch (Kostenstelle »B150«, Leistungsart »L150«) sind damit von der Leistung der Backstube unabhängig, also fix (siehe Abbildung 3.26). Ebenfalls fix geplant wird die Inanspruchnahme von Fläche (Kostenstelle »B130 Gebäude«) und Elektrikerstunden (Kostenstelle »B210«).

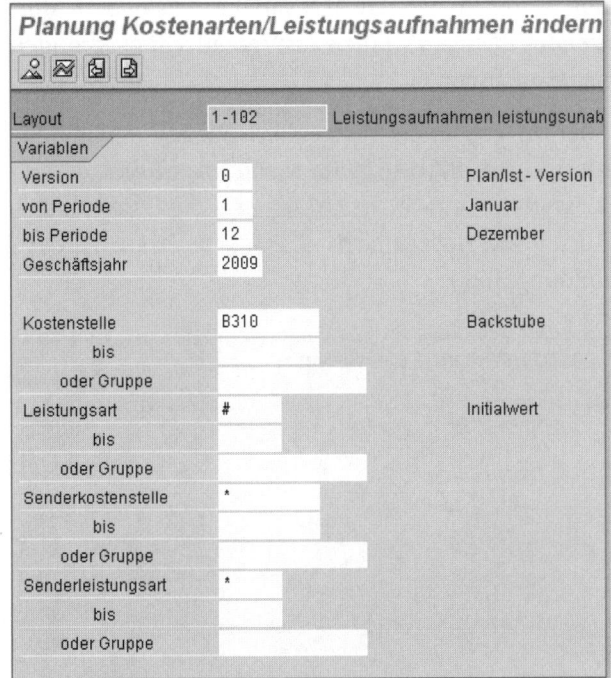

Abbildung 3.25 Einstieg in die Planung von Leistungsaufnahmen

Planung Kostenarten/Leistungsaufnahmen ändern: Übers

	E-LArt	Send.-KoSt	S-LArt	Planverbr. fix	VS	Planverbr. var	VS	EH	F
	#	B130	L130	80	2	0	2	M2	
		B150	L150	150.000	2	0	2	KWH	
		B210	L210	1.000,0	2	0,0	2	STD	
		*Send.-KoS	*S-LAr			0			

Version 0   Plan/Ist-Version
Periode 1   bis 12
Geschäftsjahr 2009
Kostenstelle B310   Backstube

Abbildung 3.26 Leistungsaufnahme für die Kostenstelle »Backstube«

Über die Differenzierung der Kostenanteile, in diesem Fall der Stromverbräuche, in variable und fixe Anteile finden Sie mehr Informationen in den Ausführungen zur Kostenplanung (siehe Abschnitt 3.5.4,
»Primäre Kostenarten«).

Die übrigen Stromverbräuche werden voll variabel geplant. Die dort an sich fix zu setzenden Mengen werden aus Vereinfachungsgründen ebenfalls als variabel angesetzt.

Bericht »Leistungsarten« | Eine Übersicht über die geplanten Mengenbeziehungen erhalten Sie mit der Transaktion S_ALR_87013629 im Menü RECHNUNGSWESEN • CONTROLLING • KOSTENSTELLEN • INFOSYSTEM • BERICHTE ZUR KOSTEN-STELLENRECHNUNG • PLANUNGSBERICHTE • LEISTUNGSARTEN: ABSTIM-MUNG (siehe Abbildung 3.27).

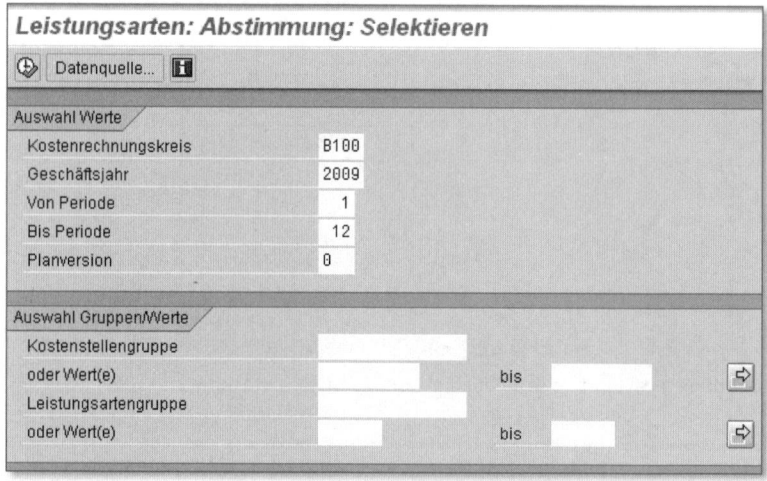

Abbildung 3.27 Einstieg in den Bericht »Leistungsarten: Abstimmung«

Disponierte Leistung versus Planleistung | Der Abruf von Leistungen durch die Empfänger erzeugt beim Sender *disponierte Leistungen.* Die von den Empfängern abgerufenen Leistungsmengen sind in unserem Beispiel in der Spalte DISPONIERT dargestellt (siehe Abbildung 3.28). Die Leistungsmenge, die von jeder Kostenstelle abgegeben wird, sehen wir in der Spalte PLAN.

Mit dem Vergleich von disponierten Leistungen (Planung bei den Empfängern) und Planleistungen (Planung auf der Senderkostenstelle) haben Sie als Controller eine Gelegenheit, mit den Kostenstellenverantwortlichen zu diskutieren, um die Mengen abzustimmen. Anders als in diesem Beispiel dargestellt, werden die Planungen der leistenden Kostenstellen oft nicht mit den Planungen der Empfänger übereinstimmen. In der Kostenstellenrechnung von SAP ERP finden Sie eine Funktion zur Abstimmung dieser unterschiedlichen Planzahlen (siehe Abschnitt 3.5.6, »Tarifermittlung«).

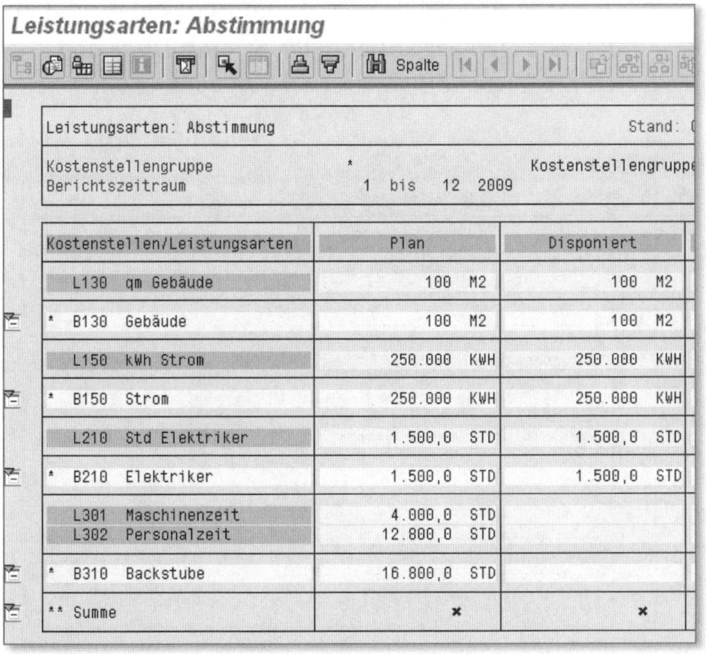

Leistungsarten: Abstimmung

Kostenstellen/Leistungsarten	Plan		Disponiert	
L130 qm Gebäude	100	M2	100	M2
* B130 Gebäude	100	M2	100	M2
L150 kWh Strom	250.000	KWH	250.000	KWH
* B150 Strom	250.000	KWH	250.000	KWH
L210 Std Elektriker	1.500,0	STD	1.500,0	STD
* B210 Elektriker	1.500,0	STD	1.500,0	STD
L301 Maschinenzeit	4.000,0	STD		
L302 Personalzeit	12.800,0	STD		
* B310 Backstube	16.800,0	STD		
** Summe	✕		✕	

Leistungsarten: Abstimmung — Stand:

Kostenstellengruppe * — Kostenstellengruppe
Berichtszeitraum 1 bis 12 2009

Abbildung 3.28 Geplante und disponierte Leistungsmengen

Wollen Sie jetzt noch sehen, wie sich die disponierten Leistungen zusammensetzen? Welche Kostenstellen nutzen z. B. die 250.000 kWh Strom von der Stromkostenstelle? Diese Frage beantwortet der Bericht hinter der Transaktion S_ALR_87013630 im Menü Rechnungswesen • Controlling • Kostenstellen • Infosystem • Berichte zur Kostenstellenrechnung • Planungsberichte • Leistungsarten: Empfänger Plan (siehe Abbildung 3.29).

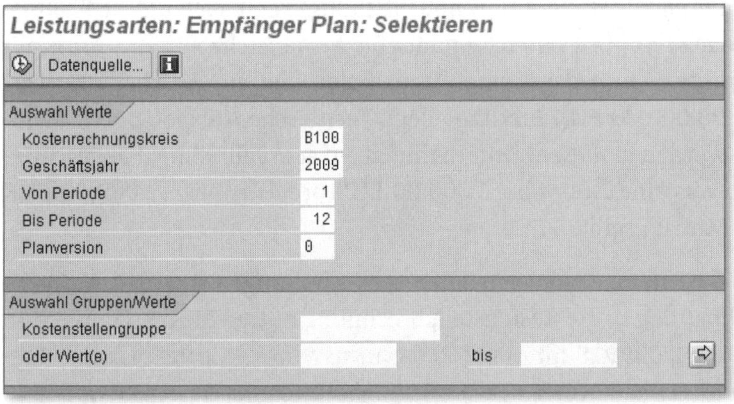

Leistungsarten: Empfänger Plan: Selektieren

Auswahl Werte

Kostenrechnungskreis	B100
Geschäftsjahr	2009
Von Periode	1
Bis Periode	12
Planversion	0

Auswahl Gruppen/Werte

Kostenstellengruppe			
oder Wert(e)		bis	

Abbildung 3.29 Einstieg in den Bericht »Leistungsarten: Empfänger Plan«

Die Kostenstellen »Gebäude«, »Elektriker« und »Backstube« sind die Empfänger von Leistungen der Kostenstelle »Strom«. Diese drei Kostenstellen haben Leistungen disponiert (siehe Abbildung 3.30).

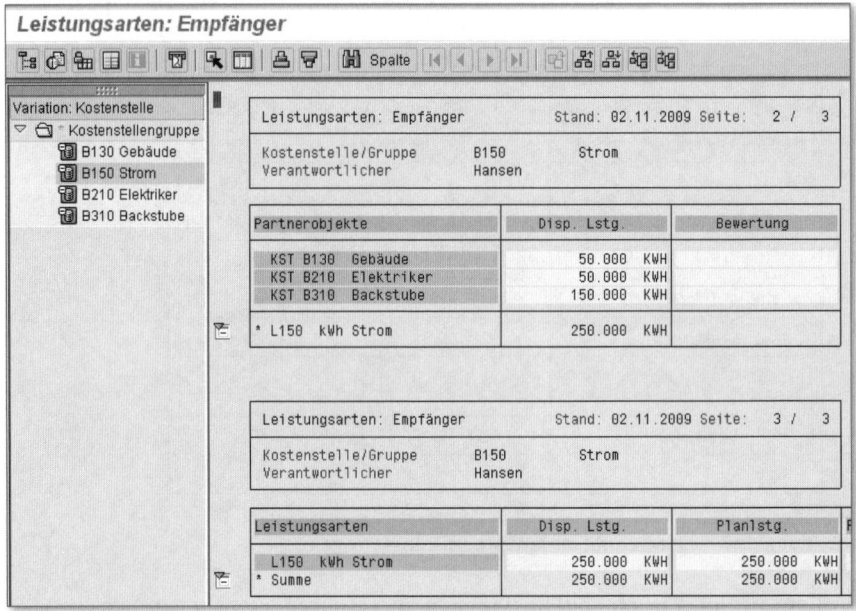

Abbildung 3.30 Disponierte Leistungen der Kostenstelle »Strom« im Detail

3.5.3 Abschreibungen

Die Pflege von Anlagen mit den entsprechenden Regeln zur Ermittlung der Abschreibungen haben Sie bereits in Kapitel 2, »Kostenarten«, kennengelernt. Das dort beschriebene Modul FI-AA – *Asset Accounting* (deutsch: Anlagenbuchhaltung) kann auch für die Planung hilfreich sein. Wir betrachten hier die Kostenstelle »B150 Strom« mit einer einzigen Anlage, einer Trafostation, der ein Anschaffungswert von 96.000,00 EUR zugrunde liegt. Technische Anlagen und Maschinen werden in diesem Unternehmen auf acht Jahre linear abgeschrieben, was eine AfA von 12.000,00 EUR pro Jahr bzw. 1.000,00 EUR pro Monat ergibt.

Zur Übernahme von geplanten Abschreibungen aus der Anlagenbuchhaltung in die Kostenstellenrechnung nutzen Sie die Transaktion S_ALR_87099918 im Menü RECHNUNGSWESEN • CONTROLLING • KOSTENSTELLENRECHNUNG • PLANUNG • PLANUNGSHILFEN • ÜBERNAHMEN • AFA/ZINSEN AM (siehe Abbildung 3.31).

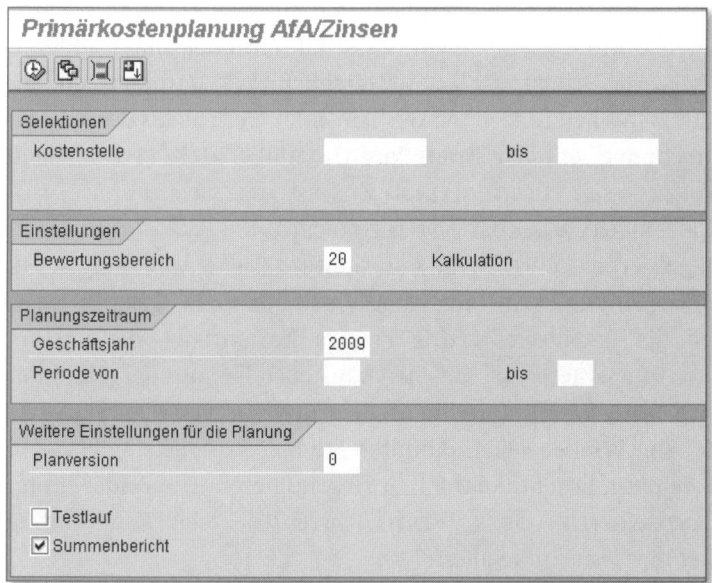

Abbildung 3.31 Einstieg in die Übertragung von Abschreibungen aus der Anlagenbuchhaltung auf Kostenstellen

Die Abschreibungen werden für jeden Monat des Planjahres ermittelt und gespeichert (siehe Abbildung 3.32).

Geplante Abschreibungen

```
Primärkostenplanung AfA/Zinsen

 |◄  ◄  ►  ►|    ⊕ ▽    🖶 🖶    Σ ％    🖿 🖿 Auswählen    🖿 Sichern    ▣ 🖿 🖿 🖿 🖿 AB

Berichtsjahr:       2009           Primärkostenplanung AfA/Zinsen - 20 Kalkulation
Erstellungsdatum:   05.07.2009     Perioden 001-012 - Version 0 - Echtlauf


        Bezeichn. Obart      GK Per.01    GK Per.02    GK Per.03    GK Per.04    GK Per.05
                             fix Per.01   fix Per.02   fix Per.03   fix Per.04   fix Per.05

        Anlagen              1.000,00     1.000,00     1.000,00     1.000,00     1.000,00
                             1.000,00     1.000,00     1.000,00     1.000,00     1.000,00

*       Kostenart 211110     1.000,00     1.000,00     1.000,00     1.000,00     1.000,00
                             1.000,00     1.000,00     1.000,00     1.000,00     1.000,00

**      Leistungsart L150    1.000,00     1.000,00     1.000,00     1.000,00     1.000,00
                             1.000,00     1.000,00     1.000,00     1.000,00     1.000,00

***     Kostenst. B150       1.000,00     1.000,00     1.000,00     1.000,00     1.000,00
                             1.000,00     1.000,00     1.000,00     1.000,00     1.000,00

*****   Buchungskreis B100   1.000,00     1.000,00     1.000,00     1.000,00     1.000,00
                             1.000,00     1.000,00     1.000,00     1.000,00     1.000,00

******                       1.000,00     1.000,00     1.000,00     1.000,00     1.000,00
                             1.000,00     1.000,00     1.000,00     1.000,00     1.000,00
```

Abbildung 3.32 Protokoll zur Übernahme von Abschreibungen auf die Kostenstelle »Strom«

Kosten-
stellen-
bericht

Als Controller sind Sie von Berufs wegen misstrauisch. Also glauben Sie ohne Kontrolle sicher nicht, dass das Protokoll eines anderen Moduls Werte anzeigt, die auch tatsächlich im Controlling ankommen. Zur Sicherheit nutzen wir deshalb einen Bericht aus der Kostenstellenrechnung mit der Transaktion S_ALR_87013611 im Menü Rechnungswesen • Controlling • Kostenstellenrechnung • Infosystem • Berichte zur Kostenstellenrechnung • Plan-/Ist-Vergleiche • Kostenstellen: Ist/Plan/Abweichung (siehe Abbildung 3.33). Sie wählen Kostenrechnungskreis, Geschäftsjahr, Periode von/bis und die Planversion. Die einzige Kostenstelle, die uns im Moment interessiert, ist die Stromkostenstelle mit der Nummer »B150«. Diesen Wert tragen Sie im Feld Kostenstellengruppe oder Wert(e) ein. Wie Sie sehen, könnten Sie hier Kostenstellengruppen selektieren, um Daten hierarchisch zu gruppieren. Die Felder hinter Kostenartengruppe oder Wert(e) lassen Sie leer. Kein Eintrag bedeutet hier »Selektiere alles.«

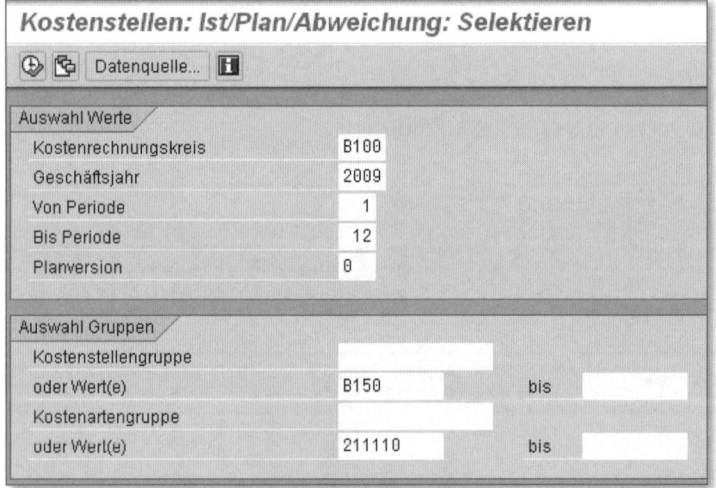

Abbildung 3.33 Einstieg in den Kostenstellenbericht »Ist/Plan/Abweichung«

 Mit dem Button Ausführen wird der Bericht gestartet (siehe Abbildung 3.34). Siehe da, die geplanten Abschreibungen aus der Anlagenbuchhaltung sind tatsächlich auf der Kostenstelle in der Spalte Plankosten angekommen.

Sie sehen hier einen Bericht zum Vergleich von Ist- und Plankosten. Für dieses Beispiel haben wir für das Jahr 2009 zunächst Plankostenkosten erfasst, aber noch keine Istkosten. Entsprechend sind die gesamten Plankosten zugleich Abweichungen. Diese Abweichung von Ist zum Plan ist in der Spalte ABW (ABS) als absoluter Betrag dargestellt.

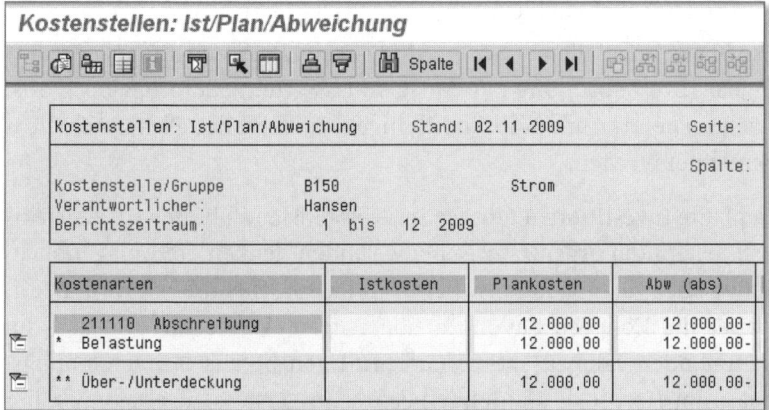

Abbildung 3.34 Abschreibungen im Kostenstellenbericht

Zu schön, um wahr zu sein? Die Controller drücken auf einen Knopf und bekommen die Abschreibungen des folgenden Jahres auf ihre Kostenstellen gebucht? Technisch ist das, wie Sie gesehen haben, kein Problem. In der Praxis müssen allerdings einige organisatorische Voraussetzungen erfüllt sein: — *Abschreibungen in der Praxis*

▶ Die Anlagen müssen den richtigen Kostenstellen zugeordnet sein.

▶ Bestehende Anlagen müssen vollständig aktiviert sein.

▶ Geplante Investitionen müssen im Anlagenstamm hinterlegt werden.

Untersuchen wir diese Voraussetzungen im Einzelnen:

Die Anlagen müssen den richtigen Kostenstellen zugeordnet sein. Lachen Sie nicht! Diese Forderung erscheint selbstverständlich. Wenn Sie die Organisation in den meisten Unternehmen betrachten, wird klar, warum sie nicht immer erfüllt ist. Die Anlagenbuchhalter sind dem Finanzwesen zugeordnet. Dementsprechend interessieren sie sich für Bilanzen und GuVs, die das Unternehmen als Ganzes beleuchten. Die Zuordnung von Anlagen und Anlagenteilen zu Kostenstellen ist oft ein eher lästiger Service für die benachbarte Abteilung, das Controlling. Insbesondere die Teilung von einmal aktivierten Anlagen und der Umzug auf andere Kostenstellen werden erfahrungsgemäß gar nicht oder nur schleppend nachvollzogen. — *Verknüpfung von Anlagen und Kostenstellen*

Vollständige Aktivierung der Anlagen

Bestehende Anlagen müssen vollständig aktiviert sein. Diese Forderung ist auch beim besten Willen der Anlagenbuchhalter nicht erfüllbar. Probleme gibt es bei den sogenannten *Anlagen im Bau*. Gebäude oder Maschinen, deren Bau zwar schon begonnen wurde, die aber noch nicht im Betrieb sind, werden in dieser Warteposition geführt. Die bisher angefallenen Kosten sind bereits als Anschaffungswert verfügbar. Die Zuordnung zur Anlagenklasse steht allerdings noch aus. Entsprechend können Abschreibungen, auch für den Plan, noch nicht gerechnet werden.

Geplante Investitionen

Geplante Investitionen müssen im Anlagenstamm hinterlegt sein. Aus den genannten organisatorischen Gründen denken die Anlagenbuchhalter eher vergangenheitsorientiert. Entsprechend hoch ist der Aufwand, die Kollegen davon zu überzeugen, Werte für eventuell im kommenden Jahr zu aktivierende Anlagen bereits in der Planungsphase im Herbst des laufenden Jahres im System zu erfassen. Über den Anlagenstamm hinaus bietet das System SAP ERP mit Innenaufträgen, dem Projektsystem und dem Investitionsmanagement Komponenten, mit denen zukünftige Investitionen geplant werden können.

Nacharbeit im Controlling

Was schließen wir daraus? Die Übernahme von Abschreibungen im Plan ist eine technische Spielerei – in der Praxis unbrauchbar? Moment, jetzt schütten wir das Kind mit dem Bade aus. Sorgen Sie dafür, dass die erste Voraussetzung, Zuordnung von Anlagen und Kostenstellen, in Ihrem Unternehmen erfüllt ist. Diese Zuordnung brauchen Sie für korrekte Istbuchungen sowieso. Jetzt können Sie zumindest für die bestehenden und bereits aktivierten Anlagen die geplanten Abschreibungen vom System buchen lassen. Danach werden Sie meistens manuell nacharbeiten (wenn Controller manuell arbeiten, nutzen sie Microsoft Excel, das ist ihre »Muttersprache«) oder eine der SAP-Komponenten Innenaufträge, Projektsystem oder Investitionsmanagement einsetzen. Sie untersuchen die Anlagen im Bau und besprechen mit der Technik die darüber hinaus geplanten Investitionen. Die so ermittelten Werte erfassen Sie dann zusätzlich zu den bereits maschinell gebuchten. Wie das geht, erfahren Sie im nächsten Abschnitt.

3.5.4 Primäre Kostenarten

Zusätzlich zur Abschreibung, die wir automatisch für Kostenstelle »B150 Strom« ermittelt haben, sollen die Kosten für Reparaturmaterial als fixe Kosten und der Fremdstrom vom Elektrizitätswerk als teilweise fix und teilweise variabel geplant werden.

Zur Erfassung von Plandaten nutzen Sie die Transaktion KP06 im Menü RECHNUNGSWESEN • CONTROLLING • KOSTENSTELLEN • PLANUNG • KOSTEN/LEISTUNGSAUFNAHMEN • ÄNDERN (siehe Abbildung 3.35). Die Angaben zu VERSION, PERIODE VON/BIS, GESCHÄFTSJAHR und KOSTEN- STELLE kennen Sie bereits aus dem Bericht PLAN-/IST-VERGLEICH (siehe Abbildung 3.33). Wenn Sie statt einer einzelnen Kostenstelle hier eine Kostenstellengruppe wählen, dann werden Ihnen in der folgen- den Planungsmaske alle einzelnen Kostenstellen der Gruppe zur Pla- nung angeboten. Eine verdichtete Planung für mehrere Kostenstellen ist hier nicht möglich.

Bei KOSTENART tragen Sie »*« ein. Das Zeichen »*« hat hier die gleiche Bedeutung wie das Leerzeichen beim Einstieg in den zuvor dargestell- ten Bericht, nämlich »Selektiere alles.«. Die Bedeutung der LEIS- TUNGSART wurde bereits erklärt (siehe Abschnitt 3.5.1, »Vorberei- tung«).

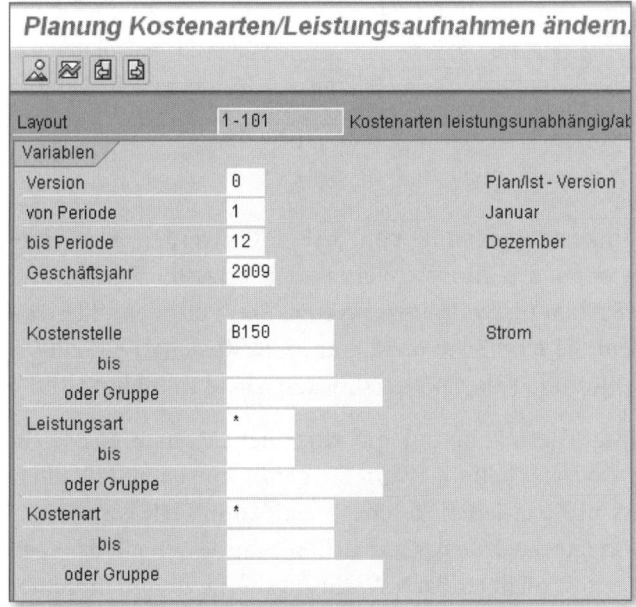

Abbildung 3.35 Einstieg in die Planung von primären Kostenarten

Zum Einstieg in die Planung drücken Sie bitte den Button ÜBER- SICHTSBILD (siehe Abbildung 3.36). Die geplanten Kosten von

12.000,00 EUR hinter der Kostenart »211110« kennen Sie bereits. Das sind die Abschreibungen, die uns die Anlagenbuchhaltung übergeben hat. Diesen Wert können Sie hier bei Bedarf ändern. In der zweiten Zeile dieses Planungsbildschirms sehen Sie die Planung für »405103 Stromkosten«. Dabei haben wir 5.000,00 EUR aus fixem Anteil für den Leistungspreis und 40.000,00 EUR als Arbeitspreis für den tatsächlichen Stromverbrauch eingestellt. In der dritten Zeile sind 5.000,00 EUR für »Instandhaltung« mit der Kostenart »452000« geplant.

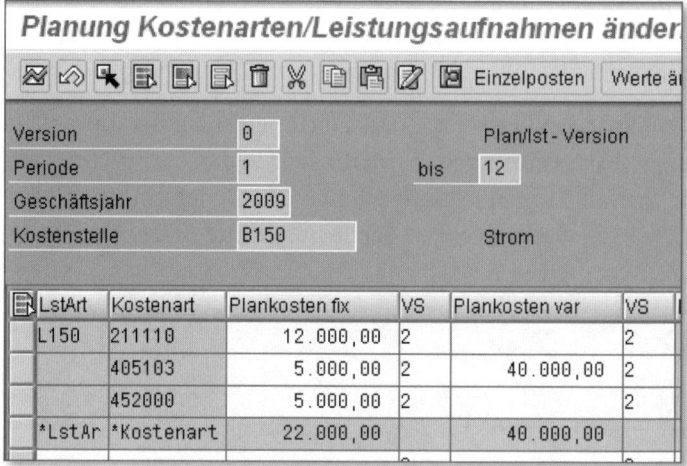

Abbildung 3.36 Primäre Kosten auf der Kostenstelle »Strom«

 In der Gemeinkostenrechnung von SAP ERP werden Planwerte immer auf Perioden, d.h. Monate, verteilt. Die erfassten Jahreswerte speichert das System in zwölf Einzelwerten. Das Periodenbild erreichen Sie, indem Sie eine Zeile markieren, z.B. Kostenart »452000«, und dann den Button PERIODENBILD drücken (siehe Abbildung 3.37).

Periodenbild Die gleichmäßige Verteilung auf die einzelnen Monate entspricht dem, was wir erwartet hatten. Wenn Sie genau hinsehen, fällt allerdings auf, dass nicht in jeder Periode 416,666666 EUR gespeichert sind – Microsoft Excel würde das so machen. Stattdessen gilt das SAP-Gesetz »Der Cent ist nicht teilbar!«. Währungsbeträge werden immer auf eine definierte Anzahl von Stellen gerundet, hier ganze Cent. Das System speichert in jedem einzelnen Monat 416,66 oder 416,67 EUR. Um in Summe auf den glatten Betrag von 5.000,00 EUR zu kommen, werden acht Mal 416,67 EUR und vier Mal 416,66 EUR berechnet und auf die zwölf Monate des Jahres 2009 verteilt. In diesem Beispiel mag der Hinweis auf diese Rundungsdifferenzen kleinlich sein. Tatsächlich gilt das SAP-Gesetz »Der Cent ist nicht teilbar!« für das gesamte System SAP ERP. Vielleicht ist die eine oder andere Irritation in Ihrer betrieblichen Praxis mit diesem Phänomen erklärbar, und Sie erinnern sich dann an diesen Absatz.

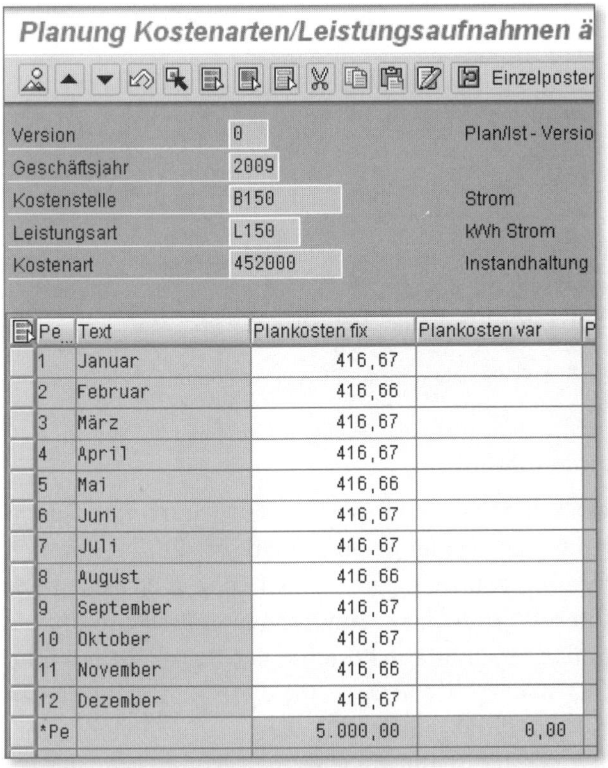

Planung Kostenarten/Leistungsaufnahmen ä

Version	0	Plan/Ist-Versio
Geschäftsjahr	2009	
Kostenstelle	B150	Strom
Leistungsart	L150	kWh Strom
Kostenart	452000	Instandhaltung

Pe	Text	Plankosten fix	Plankosten var	P
1	Januar	416,67		
2	Februar	416,66		
3	März	416,67		
4	April	416,67		
5	Mai	416,66		
6	Juni	416,67		
7	Juli	416,67		
8	August	416,66		
9	September	416,67		
10	Oktober	416,67		
11	November	416,66		
12	Dezember	416,67		
*Pe		5.000,00	0,00	

Abbildung 3.37 Kosten für Instandhaltung im Periodenbild

Wir führen den bereits vorgestellten Kostenstellenbericht mit der Transaktion S_ALR_87013611 im Menü RECHNUNGSWESEN • CONTROLLING • KOSTENSTELLENRECHNUNG • INFOSYSTEM • BERICHTE ZUR KOSTENSTELLENRECHNUNG • PLAN-/IST-VERGLEICHE • KOSTENSTELLEN: IST/PLAN/ABWEICHUNG erneut aus (siehe Abbildung 3.38). Sie sehen jetzt Plankosten für drei Kostenarten, im Bericht, anders als im Planungslayout, mit Texten für die Kostenarten.

Kostenstellenbericht

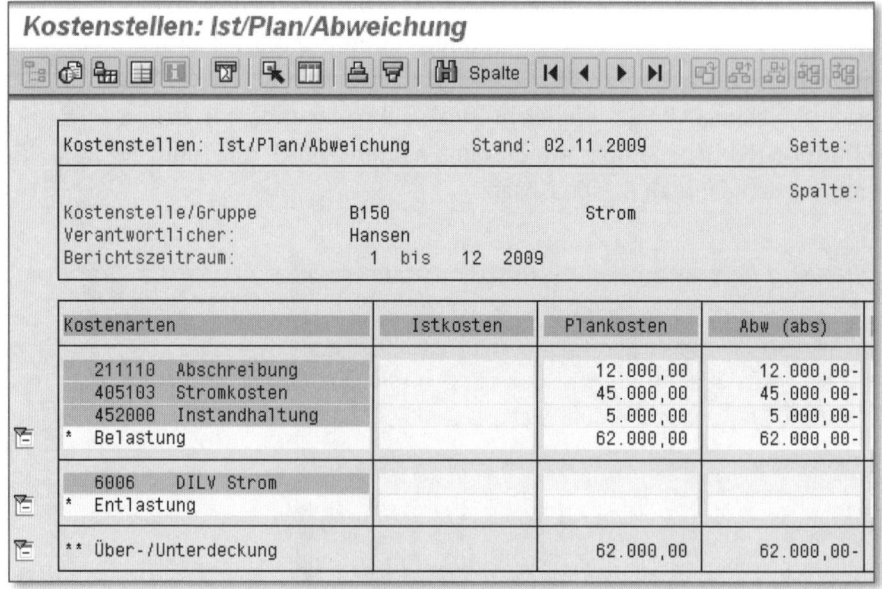

Abbildung 3.38 Kostenstellenbericht mit geplanten Primärkosten

3.5.5 Ressourcenplanung

Bei den Planungen bisher haben wir Werte in Euro bearbeitet. Durchaus sinnvoll kann bei der Planung von Primärkosten in bestimmten Fällen die Bearbeitung von Mengen sein. Bei Lohn z. B. wollen wir nicht den absoluten Wert erfassen, sondern einen Preis pro Stunde und die Lohnstunden für definierte Kostenstellen planen. Falls wir im Laufe der Planung den Preis ändern, wird diese Änderung nur an einer Stelle im System durchgeführt. Die Werte auf den verschiedenen Kostenstellen werden dann mit dem neuen Preis aktualisiert. Diese Art der Planung heißt im SAP-System *Ressourcenplanung*.

Vorbereitungen für die Ressourcen planung Viele Funktionen im System SAP ERP funktionieren erst, nachdem Sie Grundeinstellungen im Customizing vorgenommen haben. Das gilt auch die Ressourcenplanung. Für die Ressourcenplanung benötigen wir eine Bewertungsvariante, ein Kalkulationsschema und die Verknüpfung der Bewertungsvariante mit dem Kalkulationsschema und der Planversion. Klingt schlimmer, als es tatsächlich ist. Sehen wir uns die drei erforderlichen Transaktionen im System an.

Legen Sie eine Bewertungsvariante für die Ressourcenplanung mit der Transaktion KPR8 im Customizing SPRO • SAP REFERENZ-IMG •

CONTROLLING • KOSTENSTELLENRECHNUNG • PLANUNG • RESSOURCEN-PLANUNG • BEWERTUNGSVARIANTEN DEFINIEREN an (siehe Abbildung 3.39). Die Bewertungsvariante besteht nur aus einer Nummer (hier »1«) und einer Beschreibung (hier »Bew.var Becker«).

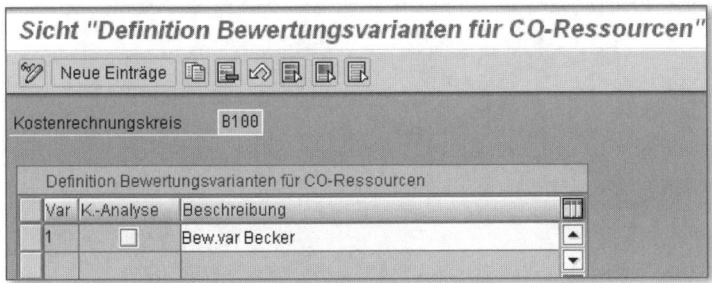

Abbildung 3.39 Bewertungsvariante für die Ressourcenplanung definieren

Das Kalkulationsschema für die Ressourcenplanung wird im Standard von SAP ERP bereits ausgeliefert und heißt RES1 CO-RESSOURCENPLA-NUNG. Wir verknüpfen dieses Kalkulationsschema RES1 mit der Bewertungsvariante »1 Bew.var Becker«, die wir gerade eben angelegt haben. Nutzen Sie hierfür die Transaktion KPRA im Customizing SPRO • SAP REFERENZ-IMG • CONTROLLING • KOSTENSTELLENRECHNUNG • PLANUNG • RESSOURCENPLANUNG • KALKULATIONSSCHEMATA ZU BEWERTUNGSVARIANTE ZUORDNEN (siehe Abbildung 3.40).

Sicht "Bewertungsvarianten für CO-Ressourcenpreise"

Neue Einträge

Kostenrechnungskreis   B100

	Var	LNr	Beschreibung	Sche...	Rf	Bezeichnung
	1		Bew.var Becker	RES1		CO-Ressourcenpreise

Abbildung 3.40 Bewertungsvariante und Kalkulationsschema verknüpfen

Jetzt müssen wir nur noch die Bewertungsvariante der Planversion verknüpfen, in der die Planung stattfinden soll. Dazu nutzen Sie die Transaktion SAPLCOZ3 im Customizing SPRO • SAP REFERENZ-IMG • CONTROLLING • KOSTENSTELLENRECHNUNG • PLANUNG • RESSOURCEN-PLANUNG • BEWERTUNGSVARIANTE ZU VERSION ZUORDNEN (siehe Abbildung 3.41).

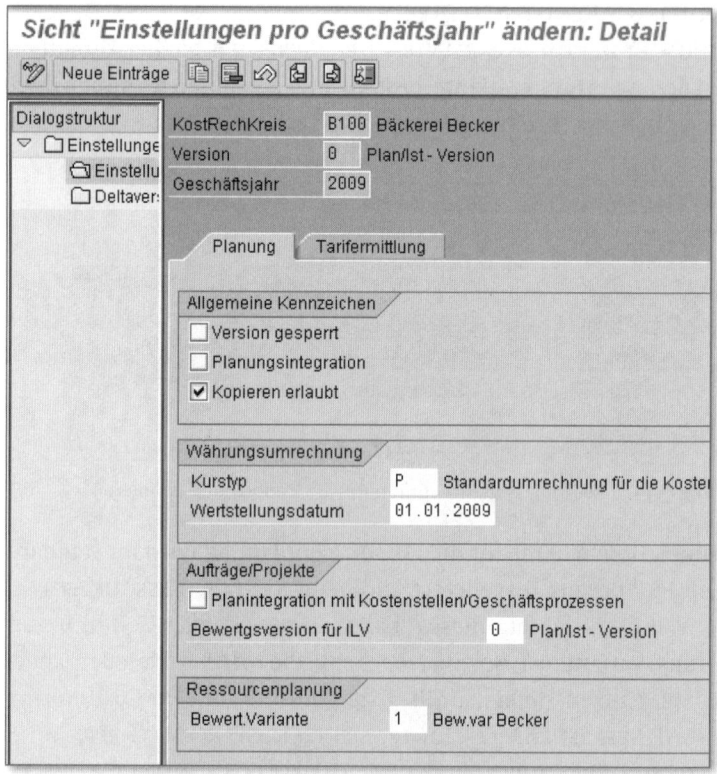

Abbildung 3.41 Bewertungsvariante mit Planversion verknüpfen

Ressource Stammdaten Wie sollte es anders sein – wie immer bei der Arbeit mit SAP geht's nach dem Customizing auch bei der Ressourcenplanung mit der Pflege von Stammdaten weiter. Nutzen Sie hierfür die Transaktion KPR2 im Menü RECHNUNGSWESEN • CONTROLLING • KOSTENSTELLEN-RECHNUNG • STAMMDATEN • RESSOURCEN • ANLEGEN/ÄNDERN (siehe Abbildung 3.42).

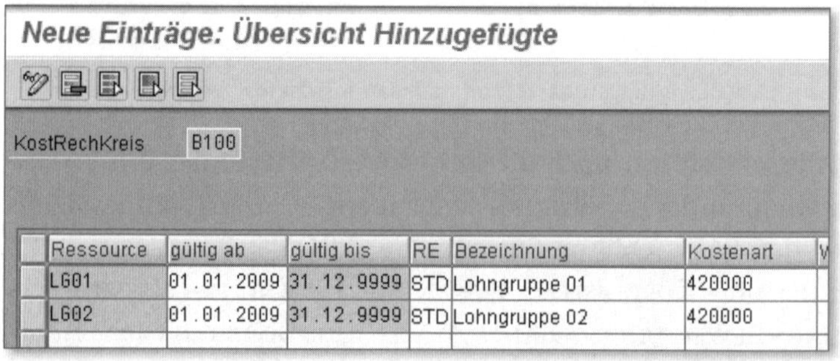

Neue Einträge: Übersicht Hinzugefügte

KostRechKreis B100

Ressource	gültig ab	gültig bis	RE	Bezeichnung	Kostenart	V
L601	01.01.2009	31.12.9999	STD	Lohngruppe 01	420000	
L602	01.01.2009	31.12.9999	STD	Lohngruppe 02	420000	

Abbildung 3.42 Ressourcen für die Ressourcenplanung pflegen

Für die Bäckerei Becker haben wir zwei Ressourcen für die Planung von Löhnen definiert. Betrachten wir die Ressource »Lohngruppe 01« genauer. Sie wird im System mit dem Schlüssel »LG01« gespeichert. In der Spalte RESSOURCENEINHEIT finden Sie »Std.«, die Abkürzung für Stunden. Das ist die Mengeneinheit, die wir bei der Planung verwenden wollen. Ebenso wichtig ist die Kostenart, hier »420000«.

Für die Auswahl des Planerprofils kennen Sie bereits die Transaktion KP04 im Menü RECHNUNGSWESEN • CONTROLLING • KOSTENSTELLEN • PLANUNG • PLANERPROFIL SETZEN. Für die Ressourcenplanung ist das weiter vorne benutzte Profil SAPALL ungeeignet. Nutzen Sie stattdessen das Profil SAPR&R, das für die Ressourcen- und Rezeptplanung eingerichtet wurde (siehe Abbildung 3.43).

Planerprofil wählen

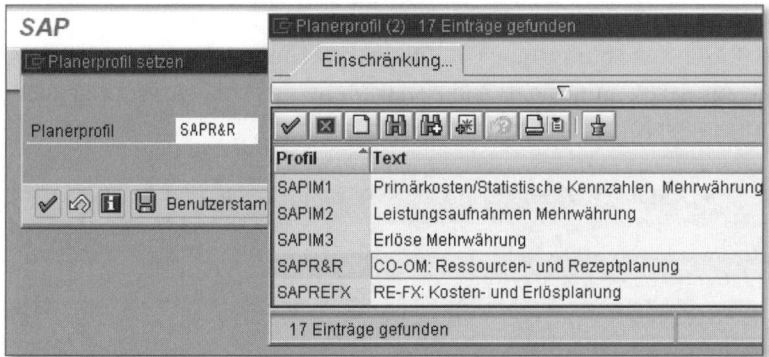

Abbildung 3.43 Planerprofil für die Ressourcenplanung setzen

Was wir Ihnen jetzt zeigen möchten, ist ganz einfach: Als Lohnsatz für die Hilfslöhne in der Lohngruppe 01 wird für das Jahr 2009 20,00 EUR/Std. angenommen. In der Kostenstelle »B150 Strom« wird eine Person dieser Lohngruppe mit 1.000 Stunden pro Jahr eingesetzt. Sie erwarten maximal zwei schlichte Bildschirmmasken für die Erfassung der Lohnstunden und des Preises. Die Stammdaten sind ja schon alle da – denken Sie. Die Ressourcenplanung in SAP ERP, Sie werden es gleich sehen, entspricht allerdings nicht dieser Erwartung.

Steigen wir ein in die Planung mit der bekannten Transaktion KP06 im Menü RECHNUNGSWESEN • CONTROLLING • KOSTENSTELLEN • PLANUNG • KOSTEN/LEISTUNGSAUFNAHMEN • ÄNDERN. Bei der Planung von »diversen Fixkosten« fanden Sie hier das Layout »1–101 Kostenarten leistungsunabhängig/abhängig« (siehe Abbildung 3.35), jetzt ist als Layout »1–1R1 Ressourcenplanung« eingestellt (siehe Abbildung

Plandaten für Ressourcen erfassen

3.44). Woran liegt das? Ja klar, am Planerprofil! Mit dem Planerprofil steuern Sie u.a., welches Layout hier in der Transaktion KP06 angeboten wird.

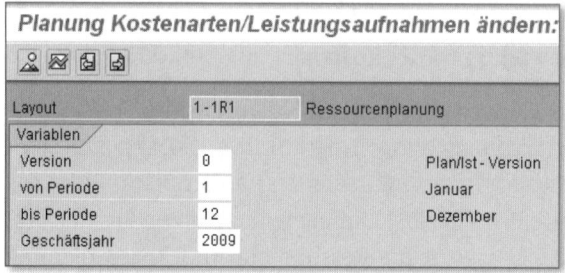

Abbildung 3.44 Einstieg in die Ressourcenplanung.

Wir beginnen mit der Erfassung des Ressourcenpreises von 20,00 EUR/Std. für Lohngruppe 01. Die entsprechende Funktion erreichen Sie aus der Planungsmaske über das Menü Zusätze • Ressourcenplanung • Preise pflegen (siehe Abbildung 3.45).

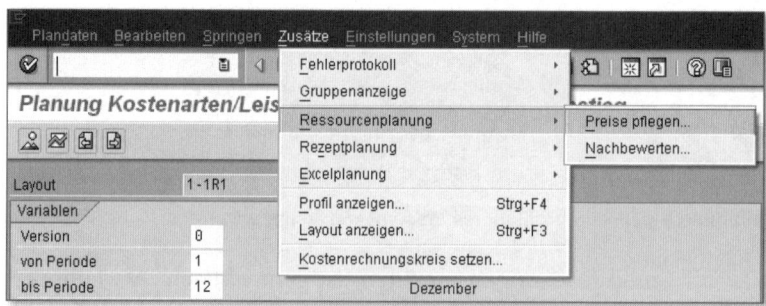

Abbildung 3.45 Preise für Ressourcen pflegen

Konditionssätze für Ressourcen

Sie steigen jetzt ein in die Pflege von Konditionssätzen, indem Sie die Zeile CQ01 Ressourcenpreise im Block Ressourcenpreise markieren und danach links im Block Dialogstruktur den Ordner Konditionssätze mit Doppelklick anwählen (siehe Abbildung 3.46).

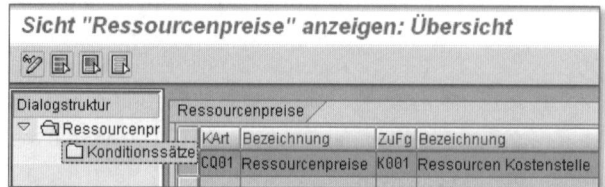

Abbildung 3.46 Konditionssätze für die Ressourcenpreise auswählen

Auf dem folgenden Bild wählen Sie die Zugriffsfolge PREIS PRO KOS-
TENRECHNUNGSKREIS (siehe Abbildung 3.47).

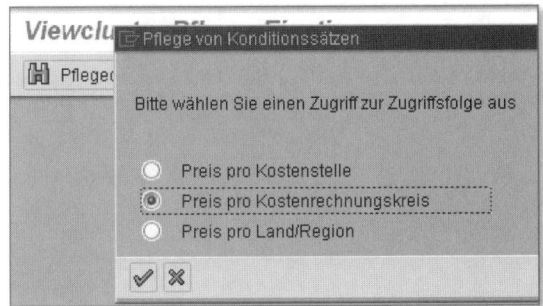

Abbildung 3.47 Zugriffsfolge »Preis pro Kostenrechnungskreis« auswählen

Und jetzt möchte das System wissen, in welchem Arbeitsbereich die
Pflege der Preise erfolgen soll. Arbeitsbereich heißt hier die Kombination von KOSTENRECHNUNGSKREIS, VERSION und GESCHÄFTSJAHR
(siehe Abbildung 3.48).

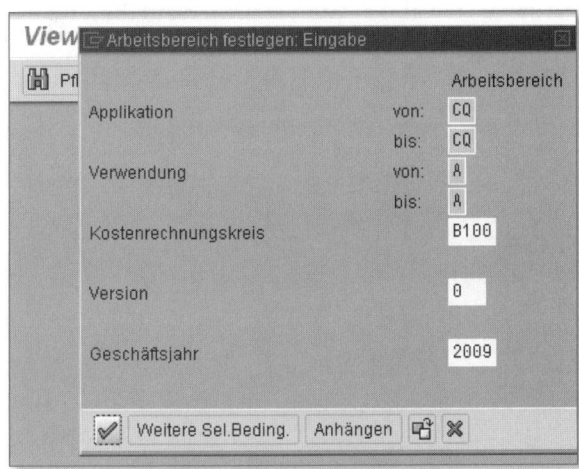

Abbildung 3.48 Arbeitsbereich festlegen

Und endlich, wir hatten die Hoffnung schon fast aufgegeben, erreichen wir einen Bildschirm, auf dem wir unsere Preise ablegen können (siehe Abbildung 3.49).

Preis planen

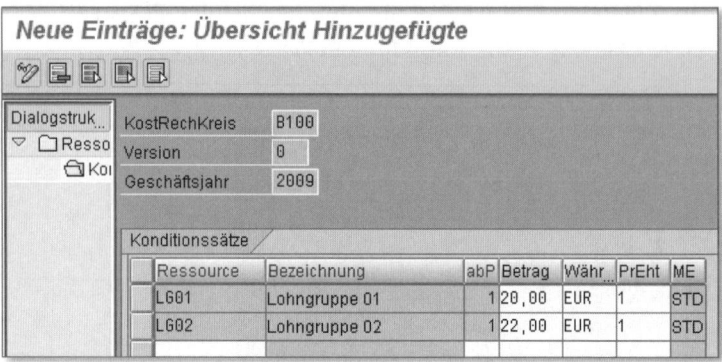

Abbildung 3.49 Ressourcenpreise pflegen

Menge planen

Die Mengenplanung kann ja nur einfacher sein, und sie ist es auch. Nach dem Speichern des Ressourcenpreises landen Sie wieder auf dem Einstiegsbild der Planung mit dem Layout RESSOURCENPLANUNG (siehe Abbildung 3.50). Die Auswahlfelder kennen Sie fast alle bereits aus der Planung der primären Kosten in Abschnitt 3.5.4, »Primäre Kostenarten« (siehe Abbildung 3.35). Zusätzlich besteht hier die Möglichkeit, die Ressource zu wählen. Wir verzichten auf die Vorauswahl, indem wir »*« eintragen.

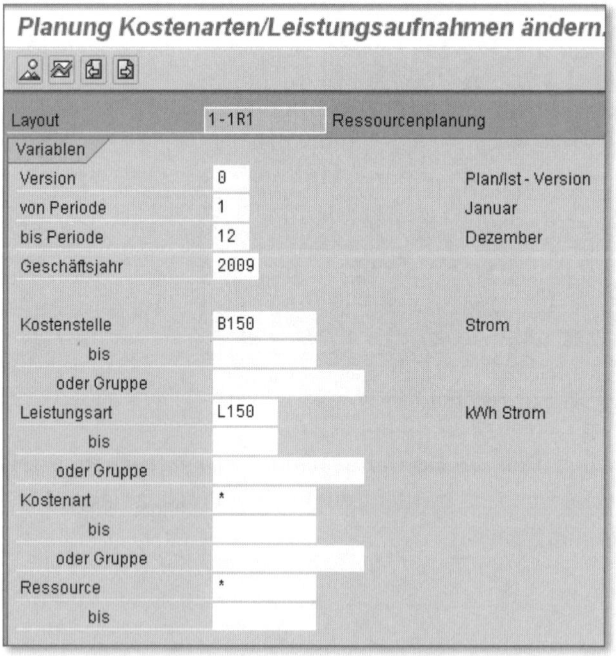

Abbildung 3.50 Einstieg in die Mengenplanung von Ressourcen

Im Übersichtsbild der Ressourcenplanung erfassen wir jetzt die Menge von 1.000 Std. zur Ressource »LG01« (siehe Abbildung 3.51). Der Wert in der Spalte PLANKOSTEN VAR. von 20.000,00 EUR wird vom System errechnet. Das Feld in dieser Zeile ist grau hinterlegt, ein Hinweis auf den Schreibschutz.

Die Werte in den anderen drei Zeilen kennen wir schon. Das sind unsere Plandaten für »Stromkosten«, »Abschreibungen« und »Instandhaltung«. Diese Kostenarten wurde ohne Ressource geplant, hier zu erkennen am Symbol »#« in der Spalte RESSOURCE. Für diese Kostenarten sind die Spalten PLANKOSTEN FIX und PLANKOSTEN VAR. nicht gesperrt, wir könnten hier Änderungen erfassen.

Planung Kostenarten/Leistungsaufnahmen ändern: Übersichtsbild

Einzelposten | Werte ändern

Version	0		Plan/Ist - Version	
Periode	1	bis	12	
Geschäftsjahr	2009			
Kostenstelle	B150		Strom	

	LstArt	Kostenart	Ressource	Planverbrauch fix	VS	EH	Ressourcenpreis	Preise	Plankosten fix	VS	F
	L150	211110	#	0,000	2		0,00	00001	12.000,00	2	
		405103	#	0,000	2		0,00	00001	5.000,00	2	
		420000	LG01	1.000,0	2	STD	20,00	00001	20.000,00	2	
		452000	#	0,000	2		0,00	00001	5.000,00	2	
	*LstAr	*Kostenart	*Ressource	1.000,0					42.000,00		

Abbildung 3.51 Planung der Stunden für Ressource »LG01«

Wieder lohnt ein Blick auf den Kostenstellenbericht mit der bekannten Transaktion S_ALR_87013611 im Menü RECHNUNGSWESEN • CONTROLLING • KOSTENSTELLENRECHNUNG • INFOSYSTEM • BERICHTE ZUR KOSTENSTELLENRECHNUNG • PLAN-/IST-VERGLEICHE • KOSTENSTELLEN: IST/PLAN/ABWEICHUNG (siehe Abbildung 3.52).

Kostenstellenbericht

Direkt in diesem Kostenstellenbericht sind die gespeicherten Mengeninformationen verfügbar. Nutzen Sie hierfür den Button SEITE RECHTS (siehe Abbildung 3.53).

Mengen im Kostenstellenbericht

Die Ressourcenplanung und damit die gesamte Planung der primären Kostenarten ist abgeschlossen. Die Leistungsbeziehungen der Kostenstellen untereinander haben wir ebenfalls bereits als Mengenpläne für die Leistungsverrechnung im System hinterlegt.

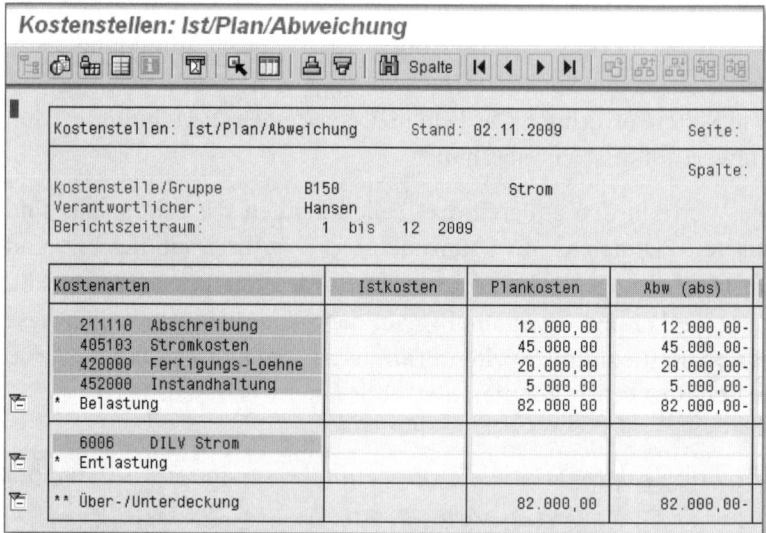

Abbildung 3.52 Kostenstellenbericht mit einer zusätzlichen Zeile für geplante Fertigungslöhne

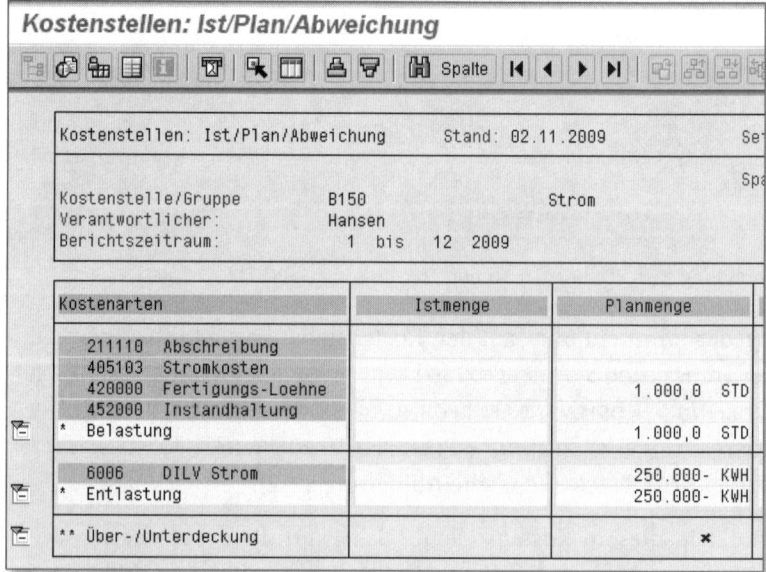

Abbildung 3.53 Planmenge für Fertigungslöhne im Kostenstellenbericht

Planabstimmung

Nachdem wir Ihnen in Abschnitt 3.4.8, »Planungsabstimmung«, die betriebswirtschaftlichen Anforderungen an die Planabstimmung dargelegt haben, wollen wir Ihnen nun die Lösungsansätze des Moduls CO im System SAP ERP vorstellen.

In Abschnitt 3.5.2, »Mengenbeziehungen«, hatten wir für die Kostenstelle »Strom« eine Leistungsabgabe geplant. In diesem Beispiel war die geplante Leistung der Kostenstelle »Strom« genauso hoch wie die disponierte Leistung, d. h. die Leistung, die von den drei Kostenstellen »Gebäude«, »Elektriker« und »Backstube« angefordert wurde. In der betrieblichen Praxis ist die Übereinstimmung von disponierter und geplanter Leistung bereits im ersten Planungsschritt die Ausnahme. Sehen wir uns deshalb eine Planungssituation an, bei der diese Übereinstimmung nicht gegeben ist.

Disponierte Leistung und Planleistung

Verschaffen wir uns einen Überblick über die Planung für die Kostenstelle »Strom« mit dem Planungsbericht in der Transaktion KSBL im Menü RECHNUNGSWESEN • CONTROLLING • KOSTENSTELLEN • INFOSYSTEM • BERICHTE ZUR KOSTENSTELLENRECHNUNG • PLANUNGSBERICHTE • KOSTENSTELLEN: PLANUNGSÜBERSICHT (siehe Abbildung 3.54).

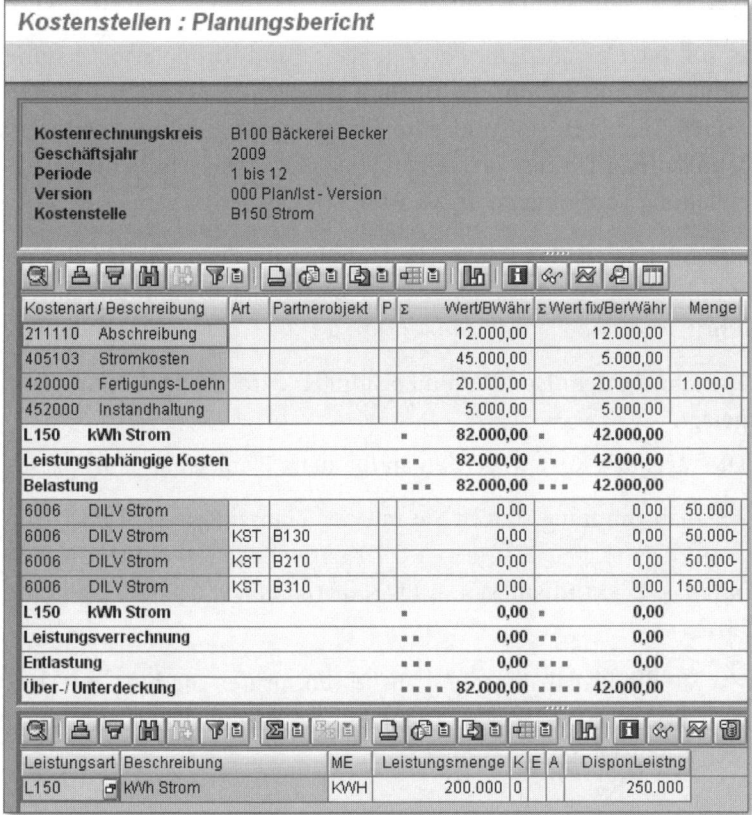

Abbildung 3.54 Kostenstelle »Strom« mit Leistungsdifferenz zwischen Leistungsmenge und disponierter Leistung

187

Die Kostenstelle »B150« plant jetzt, 200.000 kWh Strom abzugeben, zu erkennen im unteren Abschnitt in der Spalte LEISTUNGSMENGE (= Planleistung der Kostenstelle). Drei Kostenstellen, »B130 Gebäude«, »B210 Elektriker« und B310 »Backstube« benötigen Strom. In Summe fordern diese Leistungsempfänger 250.000 kWh Strom an. Die Leistungsbezüge sind in der Spalte KOSTENART/BESCHREIBUNG mit »6006 DILV Strom« gekennzeichnet. DILV steht für *direkte interne Leistungsverrechnung*. Die Summe der drei Leistungsbezüge, 50.000 kWh jeweils für das Gebäude und die Elektriker und 150.000 kWh für die Backstube, beträgt 250.000 kWh. Diese 250.000 kWh sind im unteren Abschnitt in der Spalte DISPONLEISTUNG (disponierte Leistung) dargestellt. Die disponierte Leistung ist für die Kostenstelle »Strom« also 50.000 kWh höher als die Planleistung. Diese Differenz finden wir als erste Zeile bei den Entlastungen; gekennzeichnet mit KOSTENART/BESCHREIBUNG »6006 DILV Strom«, ohne Bezug auf einen Empfänger, d.h. ohne Einträge in den Spalten ART und PARTNEROBJEKT.

Manuelle Anpassungen versus maschinelle Planabstimmung Was soll jetzt geschehen, wenn geplante und disponierte Leistung voneinander abweichen? Sie können alle Planungsverantwortlichen an einen Tisch bringen und eine Einigung herbeiführen. Mit dem Ergebnis dieser Diskussion steigen Sie dann wieder ein in die manuelle Planung von Mengen und Kosten.

Oder – Sie nutzen die maschinelle Funktion zur Planabstimmung von SAP ERP. Zwei Funktionen werden von der Planabstimmung durchgeführt:

▶ Die Summe der disponierten Leistungen wird als Planleistung festgelegt.

▶ Die variablen Kosten werden an die neue Planleistung angepasst.

Planabstimmung durchführen Die Planabstimmung starten Sie mit der Transaktion KPSI im Menü RECHNUNGSWESEN • CONTROLLING • KOSTENSTELLENRECHNUNG • PLANUNGEN • PLANUNGSHILFEN • PLANABSTIMMUNG (siehe Abbildung 3.55).

Bevor Sie die Planabstimmung ausführen, prüfen Sie bitte mit dem Button EINSTELLUNGEN die Parameter, die für die Planabstimmung gesetzt sind (siehe Abbildung 3.56).

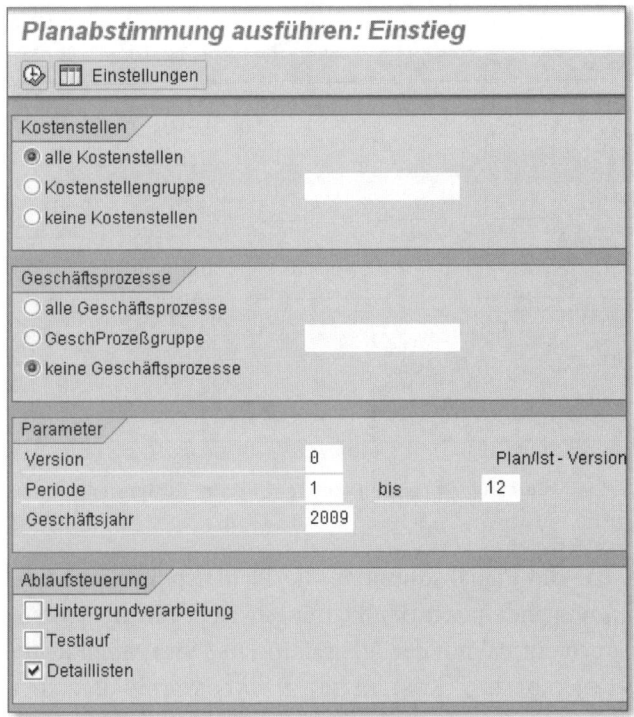

Abbildung 3.55 Einstieg in die Planabstimmung

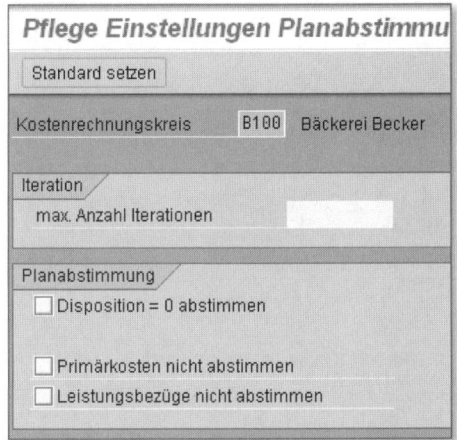

Abbildung 3.56 Einstellungen für die Planabstimmung

Nach dem Ausführen der Planabstimmung zeigt das Protokoll die Leistungsdifferenz für die Kostenstelle »Strom« (siehe Abbildung 3.57).

Planabstimmung: Liste

Auswählen Sichern

Kostenrechnungskreis B100 Bäckerei Becker
Version 0 Plan/Ist - Version
Geschäftsjahr 2009
Periode 001 bis 012
Verarbeitungsstatus Echtlauf

Verarbeitung wurde fehlerfrei abgeschlossen

Belegnummer von 200000100 bis 200000101

Anzeigestatus Summe aller Perioden

OAr	Objekt	Bezeichnung	LE	Planleistung gesamt	Planleistung neu	Leistungsdifferenz
LEI	B130/L130	Gebäude	M2	100	100	0
LEI	B150/L150	Strom	KWH	200.000	250.000	50.000
LEI	B210/L210	Elektriker	STD	1.500,0	1.500,0	0,0
LEI	B310/L301	Backstube	STD	4.000,0	4.000,0	0,0
LEI	B310/L302	Backstube	STD	12.800,0	12.800,0	0,0

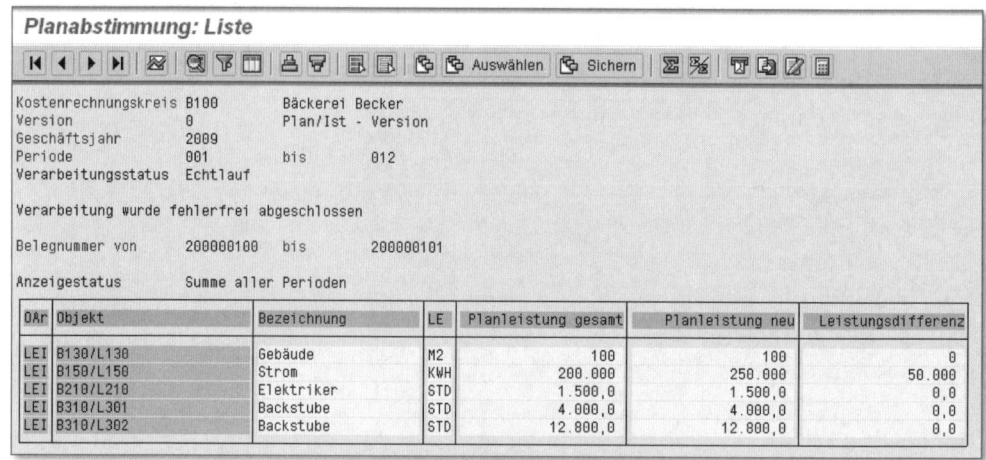

Abbildung 3.57 Planabstimmung mit Leistungsdifferenz bei der Kostenstelle »Strom«

Planleistung nach Planabstimmung

Wie erwähnt, hat die Planabstimmung die Planleistung verändert. Das überprüfen wir, indem wir den Planungsbericht für die Kostenstelle »Strom« noch einmal mit der Transaktion KSBL im Menü Rechnungswesen • Controlling • Kostenstellen • Infosystem • Berichte zur Kostenstellenrechnung • Planungsberichte • Kostenstellen: Planungsübersicht ausführen (siehe Abbildung 3.58).

Kostenstellen : Planungsbericht

Kostenrechnungskreis B100 Bäckerei Becker
Geschäftsjahr 2009
Periode 1 bis 12
Version 000 Plan/Ist - Version
Kostenstelle B150 Strom

Kostenart / Beschreibung	Art	Partnerobjekt	P	Σ	Wert/BWähr	Σ	Wert fix/BWähr	Menge
211110 Abschreibung					12.000,00		12.000,00	
405103 Stromkosten					54.999,96		5.000,00	
420000 Fertigungs-Loehn					20.000,00		20.000,00	1.000,0
452000 Instandhaltung					5.000,00		5.000,00	
L150 kWh Strom				•	91.999,96	•	42.000,00	
Leistungsabhängige Kosten				••	91.999,96	••	42.000,00	
Belastung				•••	91.999,96	•••	42.000,00	
6006 DILV Strom	KST	B130			0,00		0,00	50.000-
6006 DILV Strom	KST	B210			0,00		0,00	50.000-
6006 DILV Strom	KST	B310			0,00		0,00	150.000-
L150 kWh Strom				•	0,00	•	0,00	
Leistungsverrechnung				••	0,00	••	0,00	
Entlastung				•••	0,00	•••	0,00	
Über-/Unterdeckung				••••	91.999,96	••••	42.000,...	

Leistungsart	Beschreibung	ME	Leistungsmenge	K	E	A	DisponLeistng
L150	kWh Strom	KWH	250.000	0			250.000

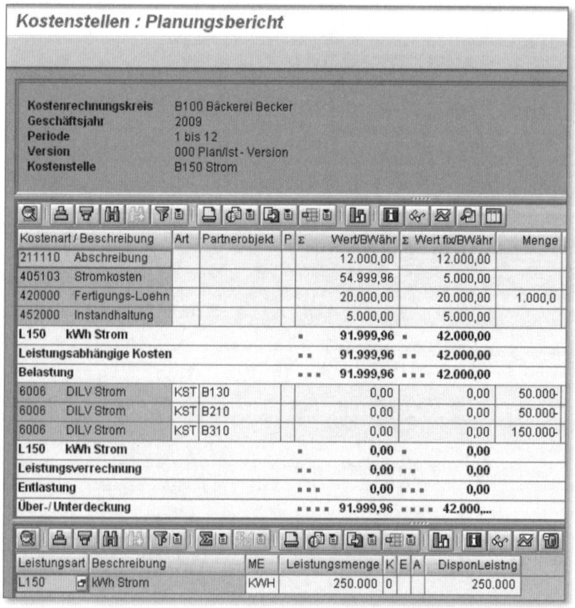

Abbildung 3.58 Kostenstelle »Strom« nach der Planabstimmung

Außerdem wurden die variablen Kosten angepasst. Beim zugekauften Strom unter der Kostenart »405103« waren für 200.000 kWh 40.000,00 EUR geplant worden. Entsprechend fallen bei der soeben ermittelten Erhöhung der Planleistung um 25 % auf 250.000 kWh 25 % höhere variable Kosten an, also 50.000,00 EUR. Die variablen Kosten können wir in Abbildung 3.58 aus den Werten in der Zeile »405103 Stromkosten« ableiten. Dort sind 54.999,96 EUR in der Spalte WERT/BWÄHR als Gesamtwert ausgewiesen. (BWÄHR steht für Berichtswährung, hier EUR.) Die Spalte daneben heißt WERT FIX/ BWÄHR und zeigt 5.000,00 EUR. Die Differenz aus dem Gesamtwert 54.999,96 EUR und dem Wert fix 5.000 EUR sind (fast genau) die 50.000,00 EUR, die wir nach der Planabstimmung als variable Kosten beim zugekauften Strom erwartet hatten. Die Differenz von 4 Cent erklärt sich daraus, dass die Abstimmung für jeden Monat einzeln ausgeführt wird und nicht für den Jahreswert.

Kosten nach Planabstimmung

Die soeben beschriebene Planabstimmung funktioniert auch sowohl bei der Planung von Leistungsbeziehungen über mehrere Stufen als auch bei der Planung von zirkulären Leistungsbeziehungen, d.h. auch iterativ. Wenn wir für die Stromkostenstelle z. B. variable Leistungen von Bedienungspersonal geplant hätten, dann wären die Planleistung und die variablen Kosten der leistenden Kostenstelle ebenfalls angepasst worden. Wie Sie sehen, bietet Ihnen SAP mit der Planabstimmung ein mächtiges Werkzeug, das mit angemessener Sorgfalt eingesetzt werden muss.

Die Kostenplanung ist bereits abgeschlossen. Mit der Planabstimmung haben wir Mengendifferenzen aufgelöst und gleichzeitig nochmals in die Kostenplanung eingegriffen. Jetzt können wir aus den Kosten und den Mengen Preise für die verschiedenen Leistungsarten berechnen. Dazu nutzen wir die SAP-Funktion *Tarifermittlung*.

3.5.6 Tarifermittlung

Die Mengenplanung ist abgeschlossen: Von der Stromkostenstelle werden 250.000 kWh an diverse Kostenstellen verteilt. Bei der manuellen Kostenplanung in Verbindung mit der Planabstimmung hatten wir 50.000,00 EUR variable Kosten für den externen Strom und insgesamt 42.000,00 EUR fixe Kosten für externen Strom, Abschreibungen, Löhne und Instandhaltung angenommen. Mit diesen Informationen können wir den erwarteten Kostensatz (in SAP ERP *Tarif* genannt) berechnen.

Für den variablen Tarif:

variable Kosten : Leistungsmenge = variabler Tarif
50.000,00 EUR : 250.000 kWh = 0,200 EUR/kWh

Für den fixen Tarif:

fixe Kosten : Leistungsmenge = fixer Tarif
42.000,00 EUR : 250.000 kWh = 0,168 EUR/kWh

Als Gesamttarif erwarten wir die Summe aus fixem und variablem Anteil:

fixer Tarif + variabler Tarif = Gesamttarif
0,168 EUR/kWh + 0,200 EUR/kWh = 0,368 EUR/kWh

Tarifermittlung in SAP ERP Was errechnet das System? Wir nutzen die Transaktion KSPI im Menü RECHNUNGSWESEN • CONTROLLING • KOSTENSTELLENRECHNUNG • PLANUNG • VERRECHNUNGEN • TARIFERMITTLUNG (siehe Abbildung 3.59).

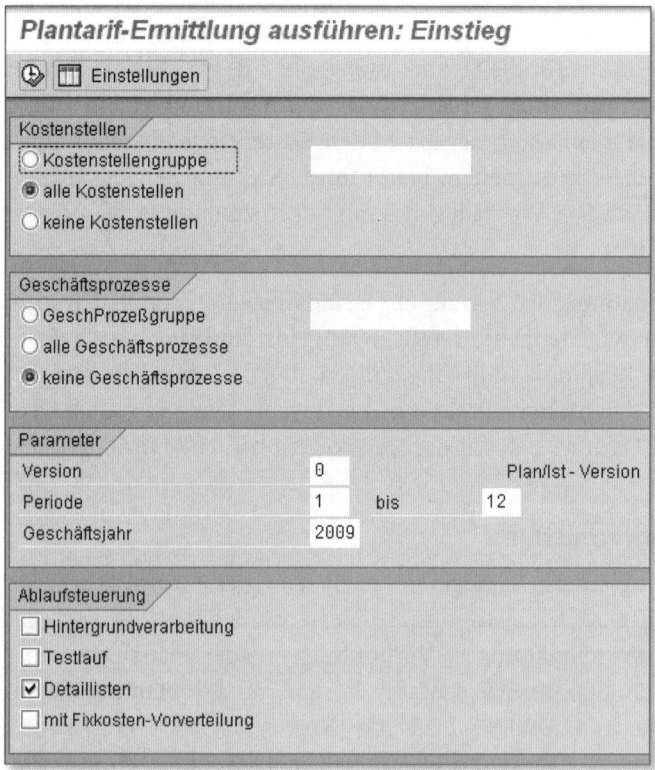

Abbildung 3.59 Einstieg in die Tarifermittlung

Das Protokoll der Tarifermittlung zeigt in der zweiten Zeile für das OBJEKT »B150/L150«, d.h. Kostenstelle und Leistungsart »Strom«, das Ergebnis für die hier besprochene Kostenstelle »Strom« (siehe Abbildung 3.60). Unter LEISTUNGSMENGE und LE (Leistungseinheit) finden wir die bekannten 250.000 kWh. Die Zahl 3,68 in der Spalte TARIF GESAMT korrespondiert allerdings nicht mit den 0,368 EUR/kWh, die wir an dieser Stelle erwartet hatten. Hm? Wenn wir den Blick zwei Spalten weiter nach rechts wenden, erkennen wir unter TAREH (Tarifeinheiten) die Zahl »10«, das bedeutet, dass sich der Tarif nicht auf eine, sondern auf 10 kWh bezieht. 3,68 EUR pro 10 Std. sind das Gleiche wie 0,368 EUR/Std.. Wir finden hier also das, was wir erwartet hatten – hurra!

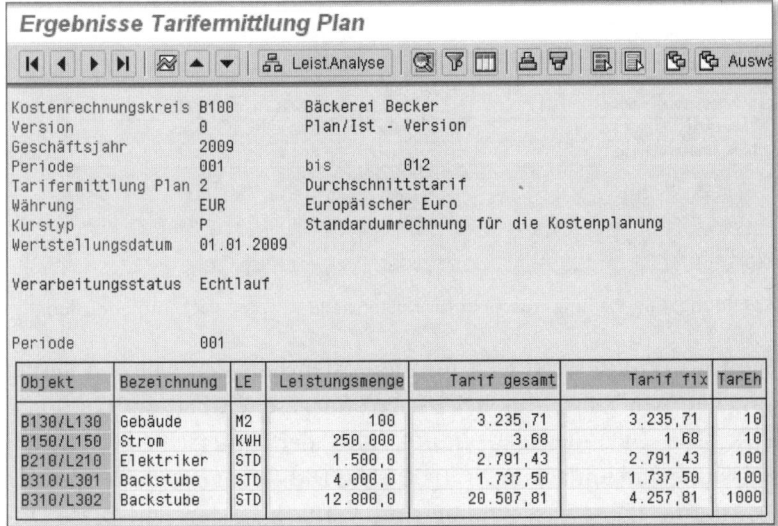

Abbildung 3.60 Protokoll der Tarifermittlung

Anmerkung zur Ermittlung der Tarifeinheit: Die Tarifermittlung verschiebt die Kommastellen für den Tarif in Kombination mit der Tarifeinheit so, dass für die berechnete Zahl ganze Cent angezeigt werden. Denn auch hier gilt das SAP-Gesetz »Der Cent ist nicht teilbar!«.

Welche Konsequenzen hat die Tarifermittlung für die Kosten auf der Kostenstelle? Sehen wir uns die Planungsübersicht für die Kostenstelle »Strom« mit der Transaktion KSBL im Menü RECHNUNGSWESEN • CONTROLLING • KOSTENSTELLEN • INFOSYSTEM • BERICHTE ZUR KOSTENSTELLENRECHNUNG • PLANUNGSBERICHTE • KOSTENSTELLEN: PLANUNGSÜBERSICHT noch einmal an (siehe Abbildung 3.61).

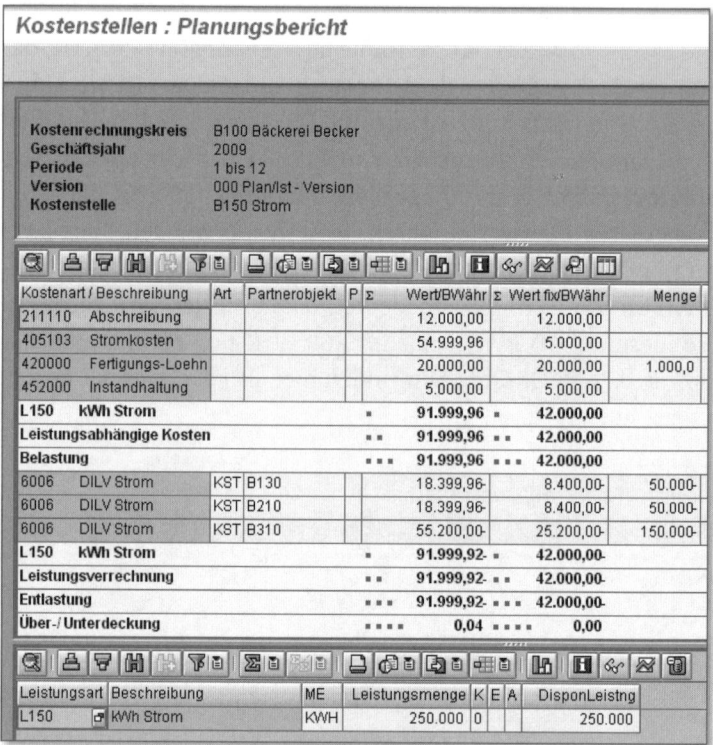

Kostenstellen : Planungsbericht

Kostenrechnungskreis	B100 Bäckerei Becker
Geschäftsjahr	2009
Periode	1 bis 12
Version	000 Plan/Ist - Version
Kostenstelle	B150 Strom

Kostenart / Beschreibung	Art	Partnerobjekt	P	Σ	Wert/BWähr	Σ	Wert fix/BWähr	Menge
211110 Abschreibung					12.000,00		12.000,00	
405103 Stromkosten					54.999,96		5.000,00	
420000 Fertigungs-Loehn					20.000,00		20.000,00	1.000,0
452000 Instandhaltung					5.000,00		5.000,00	
L150 kWh Strom				∎	91.999,96	∎	42.000,00	
Leistungsabhängige Kosten				∎∎	91.999,96	∎∎	42.000,00	
Belastung				∎∎∎	91.999,96	∎∎∎	42.000,00	
6006 DILV Strom	KST	B130			18.399,96-		8.400,00-	50.000-
6006 DILV Strom	KST	B210			18.399,96-		8.400,00-	50.000-
6006 DILV Strom	KST	B310			55.200,00-		25.200,00-	150.000-
L150 kWh Strom				∎	91.999,92-	∎	42.000,00-	
Leistungsverrechnung				∎∎	91.999,92-	∎∎	42.000,00-	
Entlastung				∎∎∎	91.999,92-	∎∎∎	42.000,00-	
Über-/Unterdeckung				∎∎∎∎	0,04	∎∎∎∎	0,00	

Leistungsart	Beschreibung	ME	Leistungsmenge	K	E	A	DisponLeistng
L150	kWh Strom	KWH	250.000	0			250.000

Abbildung 3.61 Planungsübersicht für Kostenstelle »Strom« nach Tarifermittlung

Die ENTLASTUNG weist jetzt für die Kostenstelle den gleichen Betrag aus, den wir bisher nur bei BELASTUNG gesehen hatten: 92.000,00 EUR. Die ÜBER-/UNTERDECKUNG, also der Unterschied zwischen Belastung und Entlastung, ist 0,00 EUR. Die 4 Cent Differenz, die hier als Unterdeckung ausgewiesen sind, vernachlässigen wir. Diese Differenz ergibt sich aus der Rechengenauigkeit bei der Tarifermittlung. Die Rechengenauigkeit ist im Standard auf sechs signifikante Stellen eingestellt.

Tarifermittlung mit zwei Leistungsarten Jetzt erhöhen wir den Schwierigkeitsgrad und sehen uns die Tarifermittlung für eine Kostenstelle an, die sich über zwei Leistungsarten verrechnet. Die Kostenstelle »B310 Backstube« erbringt Leistungen in Form von »Maschinenzeit« mit Leistungsart »L301« und in Form von »Personalzeit« mit Leistungsart »L302«. Die Planungsübersicht für diese Kostenstelle rufen wir wieder auf mit der Transaktion KSBL im Menü RECHNUNGSWESEN • CONTROLLING • KOSTENSTELLEN • INFOSYSTEM • BERICHTE ZUR KOSTENSTELLENRECHNUNG • PLANUNGSBERICHTE • KOSTENSTELLEN: PLANUNGSÜBERSICHT (siehe Abbildung 3.62).

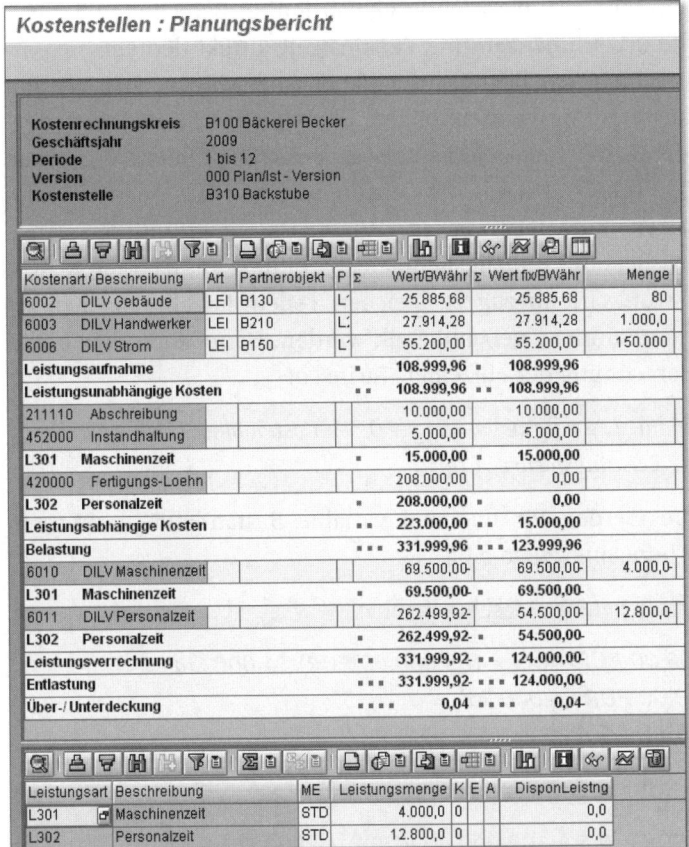

Abbildung 3.62 Planungsübersicht für Kostenstelle »Backstube«

In Abbildung 3.62 sehen Sie für die Kostenstelle »Backstube« die folgenden Positionen:

▸ Kosten aus Leistungsverrechnung von den sekundären Kostenstellen mit den Kostenarten »DILV Gebäude«, »DILV Handwerker« und »DILV Strom«, ohne Bezug auf die Leistungsarten der Kostenstelle »Backstube«: 109.000,00 EUR, komplett fix

▸ Primäre Kostenarten »Abschreibung« und »Instandhaltung« mit Bezug auf die Leistungsart »L301 Maschinenzeit«: 150.000,00 EUR, komplett fix

▸ Primäre Kostenart »Fertigungs-Loehne« mit Bezug auf die Leistungsart »L302 Personalzeit«: 208.000,00 EUR, komplett variabel

▸ Leistungsmenge (= Planleistung) für Maschinenzeit: 4.000 Std.

▸ Leistungsmenge (= Planleistung) für Personalzeit: 12.800 Std.

Die Kosten mit Leistungsartenbezug werden für Berechnung der beiden Tarife (Maschinenzeit und Personalzeit) direkt den Leistungsarten zugerechnet, das liegt auf der Hand. Aber was machen wir mit Kosten aus Leistungsverrechnungen, die wir ohne Leistungsartenbezug auf der Kostenstelle »Backstube« als Belastung finden? Wie sollen diese 109.000,00 EUR auf die Leistungsarten »Maschinenzeit« und »Personalzeit« aufgeteilt werden? Wie wär's mit fifty-fifty? Solange uns nichts Besseres einfällt, nehmen wir einmal an, dass die Kosten ohne Leistungsartenbezug zu gleichen Teilen auf alle abgehenden Leistungsarten (hier zwei) aufgeteilt werden. Dann lautet die Formel für die Berechnung der einzelnen Tarife so:

(Kosten mit Leistungsartenbezug + 0,5 × Kosten ohne Leistungsartenbezug) : Leistungsmenge = Tarif

Die Tarife werden für fixe und variable Bestandteile der Kosten getrennt berechnet. Also gilt:

Fixer Tarif für »L301 Maschinenzeit«:

(15.000,00 EUR + 0,5 × 109.000,00 EUR) : 4.000 Std. =
69.500,00 EUR : 4.000 Std. =
17,375 EUR/Std.

Fixer Tarif für »L302 Personalzeit«:

(0,00 EUR + 0,5 × 109.000,00 EUR) : 12.800 Std. =
54.500,00 EUR : 12.800 Std. =
4,258 EUR/Std.

Variabler Tarif für »L302 Personalzeit«:

(208.000,00 EUR + 0,5 × 0 EUR) : 12.800 Std. =
208.000,00 EUR : 12.800 Std. =
16,250 EUR/Std.

Und was hat die Tarifermittlung in SAP bei der Tarifermittlung herausbekommen? Diese Fragen können wir beantworten, indem wir die Tarifermittlung noch einmal ausführen oder indem wir die Planungsmaske für die Leistungserbringung aufrufen (dort werden die berechneten Tarife nämlich eingetragen). Dazu nutzen wir die Transaktion KP26 im Menü RECHNUNGSWESEN • CONTROLLING • KOSTENSTELLEN • PLANUNG • LEISTUNGSERBRINGUNG/TARIFE • ÄNDERN (siehe Abbildung 3.63).

Planung Leistungen/Tarife ändern: Übersichtsbild

Einzelposten | Werte ändern

Version	0		Plan/Ist - Version	
Periode	1	bis 12		
Geschäftsjahr	2009			
Kostenstelle	B310		Backstube	

LstArt	Planleistung	VS	EH	Tarif fix	Tarif var	Tar.EH	Ä-Ziff	Di
L301	4.000,0	2	STD	1.737,50		00100	1	
L302	12.800,0	2	STD	4.257,81	16.250,00	01000	1	
*LstAr	16.800,0						2	

Abbildung 3.63 Tarife für Kostenstelle »Backstube«

Beachten Sie bitte wieder die Einträge in der Spalte TAR.EH (Tarifeinheit). So können wir für Leistungsart »L301 Maschinenzeit »den fixen Tarif »1.737,50 EUR« in Kombination mit der Tarifeinheit »100« in einen Tarif von »17,375 EUR/Std.« übersetzen. Das ist genau der Betrag, den wir erwartet hatten. Auch die beiden Tarife für die Leistungsart »L302 Personalzeit« stimmen mit unserer Berechnung überein. Achtung, die Tarifeinheit ist hier »1000«.

Die von uns angenommene Aufteilung der Kosten ohne Leistungsartenbezug auf die beiden Leistungsarten ist offensichtlich genauso vom System durchgeführt worden, wie wir das angenommen hatten, nämlich fifty-fifty auf die beiden Leistungsarten »Maschinenzeit« und »Personalzeit«. Im SAP-Jargon heißt die Aufteilung von Kosten ohne Leistungsartenbezug auf die Leistungsarten *Splittung*. Die Splittung können Sie unabhängig von der Tarifermittlung mit der Transaktion KSS4 im Menü RECHNUNGSWESEN • CONTROLLING • KOSTENSTELLEN-RECHNUNG • PLANUNG • VERRECHNUNGEN • SPLITTUNG ausführen. Die Splittung wird aber immer auch durch die Tarifermittlung ausgelöst.

Splittung

Mit Äquivalenzziffern können Sie die Splittung beeinflussen. Die Einstellung der Äquivalenzziffern finden Sie in Abbildung 3.63 in der Spalte Ä-ZIFF (Äquivalenzziffer). Die Äquivalenzziffer 1, jeweils bei den Leistungsarten »L301 Maschinenzeit« und »L302 Personalzeit«, bedeutet nichts anderes als »Teile alle Kosten ohne Leistungsartenbezug gleichmäßig auf die Leistungsarten auf!«.

Schön, dass das System so rechnet, wie wir vermutet hatten, aber ist das wirklich so klug? Sollten wir tatsächlich die Hälfte der Kosten für

Strom und Elektriker der »Maschinenzeit« und die andere Hälfte der »Personalzeit« zuordnen? Wäre es nicht vernünftiger, diese Kosten vollständig der »Maschinenzeit« zuzuordnen? Wir meinen »Ja!«. Und wie machen wir das? Ganz einfach: Wir löschen die Äquivalenzziffer für die Leistungsart »L302 Personalzeit« (siehe Abbildung 3.64).

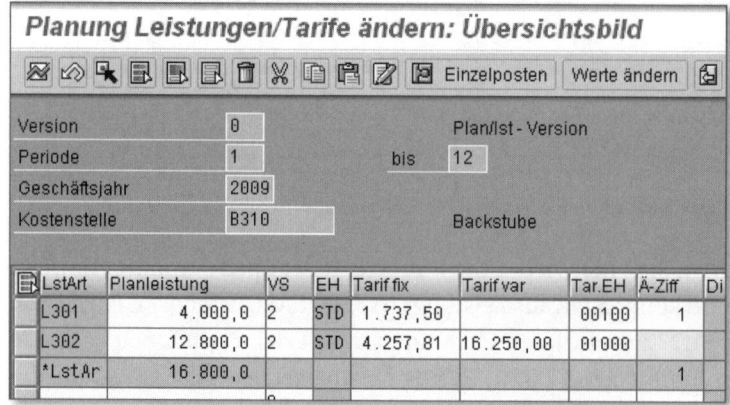

Abbildung 3.64 Äquivalenzziffer für Leistungsart »L302« löschen

Tarifermittlung mit veränderter Splittung

Wenn wir die Tarifermittlung jetzt noch einmal ausführen, werden alle Kosten ohne Leistungsartenbezug vollständig der Leistungsart »L301 Maschinenzeit« zugeschlagen:

Fixer Tarif für »L301 Maschinenzeit«:

(fixe Kosten mit Leistungsartenbezug + Kosten ohne Leistungsartenbezug) : Leistungsmenge = Tarif
(15.000,00 EUR + 109.000,00 EUR) : 4.000 Std. =
124.000,00 EUR : 4.000 Std. =
31,000 EUR/Std.

Variabler Tarif für »L302 Personalzeit«:

variable Kosten mit Leistungsartenbezug : Leistungsmenge = Tarif
208.000,00 EUR : 12.800 Std. =
16,250 EUR/Std.

Und tatsächlich! Das System kommt für die Objekte (= Kostenstelle/Leistungsart) »B310/L301« und »B310/L302« mit der Transaktion KSPI im Menü RECHNUNGSWESEN • CONTROLLING • KOSTENSTELLEN-RECHNUNG • PLANUNG • VERRECHNUNGEN • TARIFERMITTLUNG zum gleichen Ergebnis (siehe Abbildung 3.65).

Objekt	Bezeichnung	LE	Leistungsmenge	Tarif gesamt	Tarif fix	TarEh
B130/L130	Gebäude	.M2	100	3.235,71	3.235,71	10
B150/L150	Strom	KWH	250.000	3,68	1,68	10
B210/L210	Elektriker	STD	1.500,0	2.791,43	2.791,43	100
B310/L301	Backstube	STD	4.000,0	3.100,00	3.100,00	100
B310/L302	Backstube	STD	12.800,0	16,25	0,00	1

Abbildung 3.65 Tarifermittlung für Kostenstelle »Backstube« mit vollständiger Verrechnung der leistungsunabhängigen Kosten auf die Leistungsart »L301«

Jetzt gehen wir noch einen Schritt weiter und nehmen an, dass wir den Tarif für die Maschinenzeit nicht auf Basis der Planleistung berechnen wollen, sondern auf Basis der Kapazität. Damit wir Ihnen die Feinheiten bei der Tarifermittlung in diesem Fall zeigen können, benötigen wir variable Kosten mit Bezug auf die Maschinenzeit. Dazu ändern wir die Planung für den Leistungsbezug des Stroms auf der Kostenstelle »Backstube« mit der Transaktion KP26 im Menü RECHNUNGSWESEN • CONTROLLING • KOSTENSTELLEN • PLANUNG • LEISTUNGSERBRINGUNG/TARIFE • ÄNDERN. Wir wählen das Layout »1–102 Leistungsaufnahmen leistungsunabhängig/abhängig« (siehe Abbildung 3.66).

Tarifermittlung auf Basis der Kapazität

Planung Kostenarten/Leistungsaufnahmen ändern: Übersi

🖉 🖎 🔍 🗒 📑 🗐 🗑 ✂ 🗋 📋 🖉 🖺 Einzelposten | Werte ändern | 🖺 🖺

Version	0		Plan/Ist - Version
Periode	1	bis 12	
Geschäftsjahr	2009		
Kostenstelle	B310		Backstube

🖺	E-LArt	Send.-KoSt	S-LArt	Planverbr. fix	VS	Planverbr. var	VS	EH	P
	#	B130	L130	80	2	0	2	M2	
		B210	L210	1.000,0	2	0,0	2	STD	
	L301	B150	L150		2	150.000	2	KWH	
	*E-LAr	*Send.-KoS	*S-LAr			150.000			

Abbildung 3.66 Leistungsaufnahme der Kostenstelle »Backstube« mit variablem Verbrauch des Stroms von Kostenstelle »B150«

Die Leistungsverrechnung von der sendenden Kostenstelle »B150 Strom« (Spalte SEND-KOST) und der sendenden Leistungsart »L150 Strom« (Spalte S-LART) erfolgt jetzt mit Bezug auf die empfangende Leistungsart »L301 Maschinenzeit« (Spalte E-LART). Durch den Bezug auf die empfangende Leistungsart haben wir jetzt die Möglichkeit, fixe und variable Planverbräuche zu erfassen. Die Planverbrauchsmenge lassen wir mit 150.000 kWh genauso hoch wie in der bisherigen Planung. Jetzt nehmen wir allerdings an, dass der Strom zu 100 % variabel verbraucht wird, d. h., der Stromverbrauch ist für die Kostenstelle »Backstube« direkt proportional zur Maschinenzeit.

Leistungs-
erbringung mit
Planleistung und
Kapazität

Auf der Seite der Leistungserbringung ergänzen wir die Planung für die Kostenstelle »Backstube« mit der Transaktion KP26 im Menü RECHNUNGSWESEN • CONTROLLING • KOSTENSTELLEN • PLANUNG • LEISTUNGSERBRINGUNG/TARIFE • ÄNDERN (siehe Abbildung 3.67). Wir nehmen an, dass die Kapazität der Maschinenzeit (Leistungsart »L301«) für das Planjahr 2009 bei 5.000 Std. liegt. Die Tarifermittlung soll die Kapazität bei der Berechnung der Tarife berücksichtigen. Deshalb setzen wir das Plantarifkennzeichen (Spalte PTK) für diese Leistungsart auf »2«.

Planung Leistungen/Tarife ändern: Übersichtsbild

Version	0			Plan/Ist - Version					
Periode	1		bis	12					
Geschäftsjahr	2009								
Kostenstelle	B310			Backstube					

LstArt	Planleistung	VS	Kapazität	VS	EH	PTK	Ä-Ziff	D
L301	4.000,0	2	5.000,0	2	STD	2	1	
L302	12.800,0	2		2	STD	1		
*LstAr	16.800,0		5.000,0				1	
		2		2				

Abbildung 3.67 Leistungsabgabe der Kostenstelle »Backstube« auf Basis der Kapazität

Nach diesen Änderungen ergibt sich für die Kostenstelle »Backstube« im Planjahr 2009 das folgende Bild (siehe Abbildung 3.68):

▶ Kosten aus Leistungsverrechnung von den sekundären Kostenstellen mit den Kostenarten »DILV Gebäude« und »DILV Handwerker« und ohne Bezug auf die Leistungsarten der Kostenstelle »Backstube«: 53.800,00 EUR, komplett fix

▶ Leistungsverrechnung mit Bezug auf die Leistungsart »L301 Maschinenzeit« mit der Kostenart »DILV Strom«: 55.200,00 EUR, davon 25.200,00 EUR fix

- Primäre Kostenarten »Abschreibung« und »Instandhaltung« mit Bezug auf die Leistungsart »L301 Maschinenzeit«: 150.000,00 EUR, komplett fix

- Primäre Kostenart »Fertigungs-Loehne« mit Bezug auf die Leistungsart »L302 Personalzeit«: 208.000,00 EUR, komplett variabel

- Leistungsmenge für Maschinenzeit: 4.000 Std.

- Kapazität für Maschinenzeit: 5.000 Std.

- Leistungsmenge für Personalzeit: 12.800 Std.

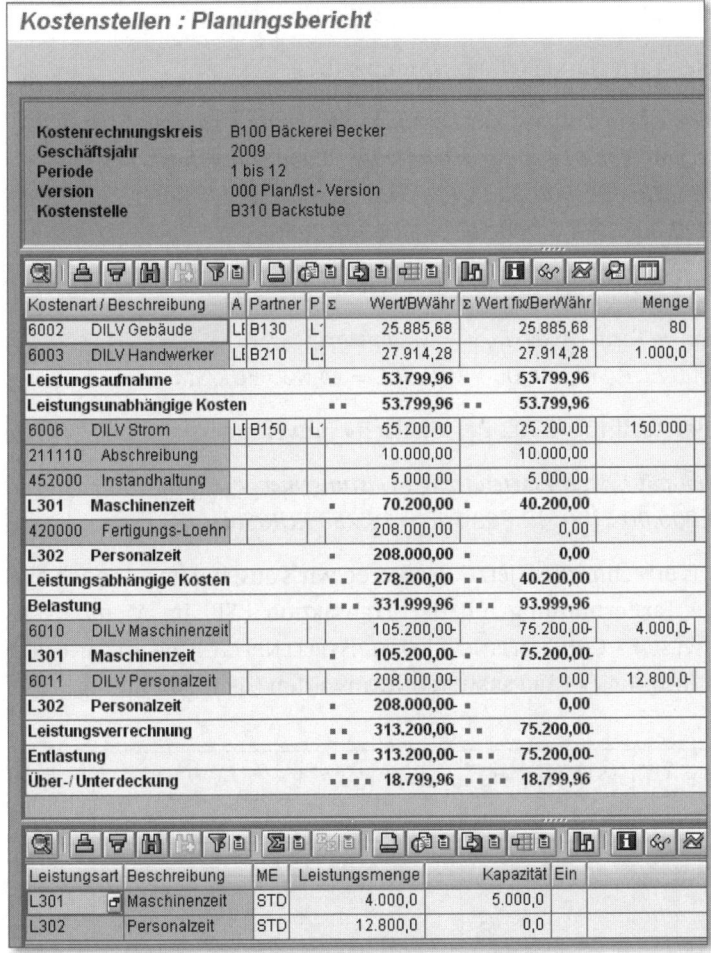

Abbildung 3.68 Planungsübersicht der Kostenstelle »Backstube« mit variablem Strom und Leistungsverrechnung auf Basis der Kapazität

Tarifermittlung
auf Basis der
Kapazität,
1. Versuch Wir haben uns gemerkt, dass wir für die Leistungsart »L301 Maschinenzeit« das Plantarifkennzeichen »2« »automatisch auf Basis der Kapazität ermittelt« gesetzt hatten (siehe Abbildung 3.68). Also sollte die Berechnung des Tarifs auf Basis der Kapazität von 5.000 Std. erfolgen:

Fixer Tarif für »L301 Maschinenzeit«:

(fixe Primärkosten mit Leistungsartenbezug + fixe Leistungsverrechnung mit Leistungsartenbezug + Kosten ohne Leistungsartenbezug[2])
: Kapazität = Tarif
(15.000,00 EUR + 25.200,00 EUR + 53.800,00 EUR) : 5.000 Std. =
94.000,00 EUR : 5.000 Std. = 18,800 EUR/Std.

Variabler Tarif für »L301 Maschinenzeit«:

(variable Primärkosten mit Leistungsartenbezug + variable Leistungsverrechnung mit Leistungsartenbezug) : Kapazität = Tarif
(0,00 EUR + 30.000,00 EUR) : 5.000 Std. =
30.000,00 EUR : 5.000 Std. = 6,000 EUR/Std.

Gesamttarif für »L301 Maschinenzeit«:[2]

variabler Tarif + fixer Tarif = Gesamttarif
18,800 EUR/Std. + 6,000 EUR/Std. = 24,800 EUR/Std.

Variabler Tarif für »L302 Personalzeit« (unverändert):

Kosten mit Leistungsartenbezug : Leistungsmenge = Tarif
208.000,00 EUR : 12.800 Std. = 16,250 EUR/Std.

Und was errechnet SAP jetzt? Probieren wir's aus, indem wir noch einmal die Tarifermittlung mit der Transaktion KSPI im Menü RECHNUNGSWESEN • CONTROLLING • KOSTENSTELLENRECHNUNG • PLANUNG • VERRECHNUNGEN • TARIFERMITTLUNG anwerfen (siehe Abbildung 3.69).

Objekt	Bezeichnung	LE	Leistungsmenge	Tarif gesamt	Tarif fix	TarEh
B130/L130	Gebäude	M2	100	3.235,71	3.235,71	10
B150/L150	Strom	KWH	250.000	3,68	1,68	10
B210/L210	Elektriker	STD	1.500,0	2.791,43	2.791,43	100
B310/L301	Backstube	STD	4.000,0	2.630,00	1.880,00	100
B310/L302	Backstube	STD	12.800,0	16,25	0,00	1

Abbildung 3.69 Tarifermittlung für Kostenstelle »Backstube« auf Basis der Kapazität von 5.000 Std.

---

2 Kosten ohne Leistungsartenbezug sind immer fixe Kosten.

Der fixe Tarif für das Objekt »B310/L301«, also Kostenstelle »Back-stube« und Leistungsart »Maschinenzeit«, wird in Abbildung 3.69 mit 1.880,00 EUR pro 100 Std. ausgewiesen. Das deckt sich mit unserer Berechnung von 18,80 EUR/Std. Aber der Gesamttarif ist mit 2.630,00 EUR pro 100 Std. bzw. 26,30 EUR/Std. um 1,50 EUR/Std. höher als die von uns berechneten 24,80 EUR/Std. Wenn der Gesamttarif von unserer Berechnung abweicht, der fixe Anteil aber mit unserer Berechnung übereinstimmt, dann ist die Tarifermittlung von SAP beim variablen Anteil offensichtlich zu einem anderen Ergebnis gekommen, als wir vermutet hatten. Das System hat einen variablen Tarif von 7,500 EUR/Std. errechnet statt der 6,000 EUR/Std., die wir erwartet hatten. Warum ist das so?

Bei der Tarifermittlung auf Basis der Kapazität wird nur der fixe Anteil des Tarifs mit der Formel *Kosten : Kapazität* berechnet. Der variable Anteil des Tarifs wird immer auf Basis der Planleistung ermittelt. Die korrekte Formel für den variablen Anteil des Tarifs der Leistungsart »L301 Maschinenzeit« lautet also:

Korrekte Tarif-ermittlung auf Basis der Kapazität

> *(variable Primärkosten mit Leistungsartenbezug + variable Leistungs-verrechnung mit Leistungsartenbezug) : Leistungsmenge = Tarif*
> *(0,00 EUR + 30.000,00 EUR) : 4.000 Std. =*
> *30.000,00 EUR : 4.000 Std. = 7,500 EUR/Std.*

Gesamttarif für »L301 Maschinenzeit«:

> *variabler Tarif (auf Basis der Planleistung)+ fixer Tarif (auf Basis der Kapazität) = Gesamttarif*
> *18,800 EUR/Std. + 7,500 EUR/Std. = 26,300 EUR/Std.*

Aha! Und macht das Sinn? Ja, klar! Wenn wir kurz darüber nachden-ken, bemerken wir unseren Denkfehler. Die variablen Kosten sollten immer in Bezug auf die Planleistung geplant werden. Die verändern sich, wie wir in Abschnitt 3.5.2, »Mengenbeziehungen«, gesehen haben, proportional mit der Änderung von Leistungsmengen, wenn wir die Funktion PLANABSTIMMUNG nutzen. Also sollte sich die Tari-fermittlung an dieser Beziehung von variablen Kosten und Planleis-tung orientieren – unabhängig vom Plantarifkennzeichen. Und das tut sie ja auch, wie wir gesehen haben.

Blicken wir noch einmal zurück auf Abbildung 3.68 und sehen uns die Zeile ÜBER-/UNTERDECKUNG an. Hier werden 18.800,00 EUR aus-gewiesen. Das ist die Differenz aus 332.000,00 EUR Belastung und

Unterdeckung durch Tarifer-mittlung auf Basis der Kapazität

313.200,00 EUR Entlastung. Die Entlastung ist niedriger als die Belastung, d.h., die Kostenbelastung wird durch die Entlastung nicht gedeckt. Die 18.800,00 EUR sind also eine Unterdeckung. Wie kommt es zu dieser Unterdeckung?

Die Entlastung der Kostenstelle wird immer mit der Formel *Tarif × Leistungsmenge* ermittelt. Diese Formel für die Entlastung gilt unabhängig davon, ob der Tarif auf Basis der Kapazität oder auf Basis der Planleistung ermittelt wurde. In unserem Fall gilt also:

Gesamttarif × Leistungsmenge = Entlastung pro Leistungsart

Für die Leistungsart »L301 Maschinenzeit«:

26,300 EUR/Std. × 4.000 Std. = 105.200,00 EUR

Für die Leistungsart »L302 Personalzeit«:

16,250 EUR/Std. × 12.800 Std. = 208.000,00 EUR

Für die Kostenstelle:

Summe der Entlastungen für alle Leistungsarten = Entlastung der Kostenstelle 105.200,00 EUR + 208.000,00 EUR = 312.200,00 EUR

Leerkosten

Diese 312.200,00 EUR reichen, wie wir gesehen haben, nicht aus, um die Belastung auf der Kostenstelle von 332.000,00 EUR zu decken. Die Unterdeckung ist erklärbar. Wir haben für die Tarifermittlung der Maschinenzeit ja ausdrücklich gewünscht, dass die Kapazität von 5.000 Std. für die Berechnung herangezogen wird und nicht die Leistungsmenge von 4.000 Std. Die Konsequenz ist die soeben analysierte Unterdeckung von 18.800,00 EUR. Diese Unterdeckung steht für die sogenannten *Leerkosten*. Also die Kosten, die dadurch entstehen, dass wir Kapazitäten im Unternehmen vorhalten, aber nicht vollständig nutzen.

Leerkosten ausweisen?

Für die Tarifermittlung auf Basis von Kapazitäten heißt das: Leerkosten auf Kostenstellen werden sichtbar, das ist gut! Diese Leerkosten müssen für eine vollständige Entlastung aller Kostenstellen zusätzlich verrechnet werden, z.B. durch Umlagen. Das ist aufwendig und damit schlecht. Bedenken Sie bitte, wenn Sie die Tarifermittlung auf der Basis von Kapazitäten nutzen wollen, ob Sie in Ihrem Unternehmen während der Planungsphase die Zeit und die Nerven haben, die Leerkosten mit Ihren Kostenstellenverantwortlichen zu diskutieren, oder ob Sie lieber alle Kosten in einem Schritt mittels Tarifermittlung auf Basis von Leistungsmengen auf Ihre Kostenträger verrechnen.

Die höhere Kunst des Gemeinkosten-Controllings liegt selbstverständlich im Ausweis, in der Diskussion und schließlich in der Vermeidung von Leerkosten. Nicht umsonst gibt's dieses Bonmot: »Das Glas ist halb voll.« Sagt der Optimist. »Das Glas ist halbleer.« Sagt der Pessimist. »Das Glas ist zu groß.« Sagt der Controller.

3.5.7 Planungshilfen

Die wichtigsten Planungshilfen sind Umwertung und Simulation, auf die wir in Abschnitt 3.4.10 im Detail, was die betriebswirtschaftlichen Zielsetzungen und Anforderungen betrifft, eingegangen sind. Im gleichen Abschnitt haben wir auch einige wesentliche Planungshilfen bereits erwähnt. Im Folgenden werden wir Ihnen die Funktionen im System SAP ERP näher erläutern.

Kopieren

Zunächst gehen wir davon aus, dass wir die Planung des Jahres 2009 im Jahr 2010 wieder als Arbeitsgrundlage verwenden wollen. Mit den hier beschriebenen Kopierfunktionen können Sie Plan- oder Istkosten und Mengen in ein neues Jahr übertragen und als Grundlage für eine neue Planung verwenden. Im Sinne einer analytischen Vorgehensweise raten wir bei der Erstplanung allerdings von dieser Gesamtkopie ab. Die Kopierfunktion sollten Sie nur dafür nutzen, die Strukturen der Planung, insbesondere die Verknüpfung von Kostenstellen und Leistungsarten, aus dem letzten Planjahr zu übernehmen.

Steigen Sie ein in die Kopie mit der Transaktion KP97 im Menü RECHNUNGSWESEN • CONTROLLING • KOSTENSTELLENRECHNUNG • PLANUNG • PLANUNGSHILFEN • KOPIEREN • PLAN IN PLAN (siehe Abbildung 3.70). *Kopie ausführen*

Wir prüfen das Ergebnis der Kopie mit der bekannten Transaktion KP06 im Menü RECHNUNGSWESEN • CONTROLLING • KOSTENSTELLEN • PLANUNG • KOSTENARTEN/LEISTUNGSAUFNAHMEN • ÄNDERN (siehe Abbildung 3.71). Beim Einstieg in die Planung haben wir beim Geschäftsjahr »2010« statt wie bisher »2009« gewählt. Ansonsten kennen Sie das Bild aus den Planungen in den vorigen Abschnitten. Hier können Sie jeden einzelnen Wert manuell an die Situation im neuen Planjahr anpassen. *Kopierte Werte verändern*

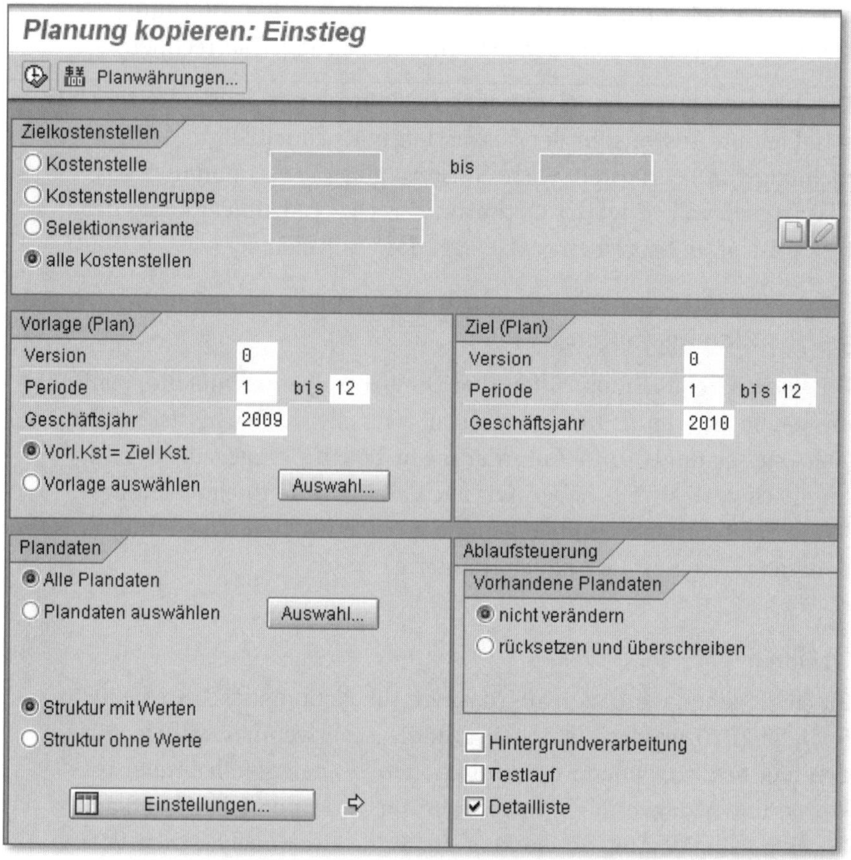

Abbildung 3.70 Einstieg in die Kopie von Plandaten

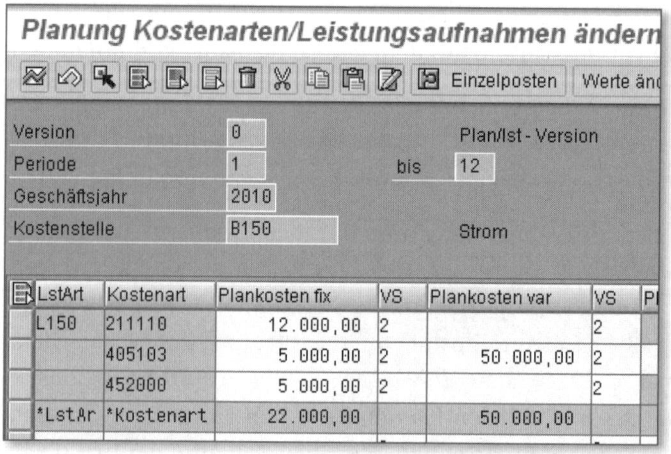

Abbildung 3.71 Kopierte Werte für Kostenstelle »Strom« im Planjahr 2010

Umwertung – Sammelverarbeitung

Nach der Kopie von Plandaten, oder besser noch nach einer ersten Planungsrunde mit analytischer Planung, wollen Sie vielleicht bestimmte Kostenarten oder Kostenartengruppen für bestimmte Kostenstellen oder Kostenstellengruppen pauschal anpassen. Pauschal anpassen heißt hier prozentual erhöhen oder, was häufiger vorkommt, prozentual verringern. Zur Unterstützung dieser Anpassung bietet Ihnen das System die Funktion UMWERTUNG. Die Umwertung in der Sammelverarbeitung bearbeitet eine voreingestellte Gruppe von Kostenstellen und Kostenarten gleichzeitig. Am Ende dieses Abschnitts sehen Sie außerdem, wie Sie im eben gezeigten Bildschirm PLANUNG KOSTENARTEN/LEISTUNGSAUFNAHMEN Datensätze direkt umwerten können.

Die Funktion UMWERTEN KOSTEN (SAMMELVERARBEITUNG) wird in zwei Schritten ausgeführt:

▸ Umwertung definieren

▸ Umwertung ausführen

Beim Definieren der Umwertung legen Sie fest, welche Kostenarten und Kostenstellen mit welchen Prozentsätzen bearbeitet werden sollen. Beim Ausführen der Umwertung werden diese Regeln genutzt und die entsprechenden Buchungen in den Plandaten durchgeführt.

Nutzen Sie für die Definition der Umwertung die Transaktionen KPU1, KPU2 und KPU2, zu erreichen über die Transaktion KSPU im Menü RECHNUNGSWESEN • CONTROLLING • KOSTENSTELLENRECHNUNG • PLANUNG • PLANUNGSHILFEN • UMWERTEN • KOSTEN und weiter über das Transaktionsmenü mit ZUSÄTZE • UMWERTUNG • ANLEGEN/ ÄNDERN/ANZEIGEN (siehe Abbildung 3.72). | Umwertung definieren

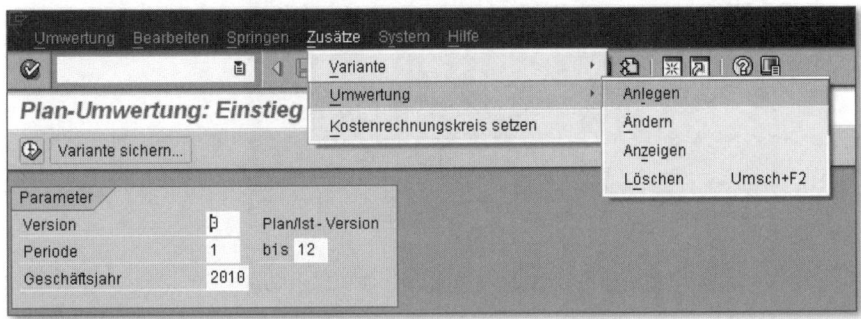

Abbildung 3.72 Einstieg in die Umwertung – Umwertung anlegen

Kostenstelle und
Kostenart
auswählen

Für die Definition der Umwertung vergeben Sie einen Identifikator (hier »B01«) und einen Text (hier »Umwertung Strom + 10 %«). Eine Umwertung gilt immer für ein Planjahr (hier »2010«) und eine Version (hier »0«). Beim Anlegen können Sie Definitionen aus dem Vorjahr oder aus anderen Versionen kopieren. Hier im Beispiel wollen wir die Kostenstelle »150 Strom« mit allen primären Kostenarten (»400000« bis »499999«) bearbeiten (siehe Abbildung 3.73).

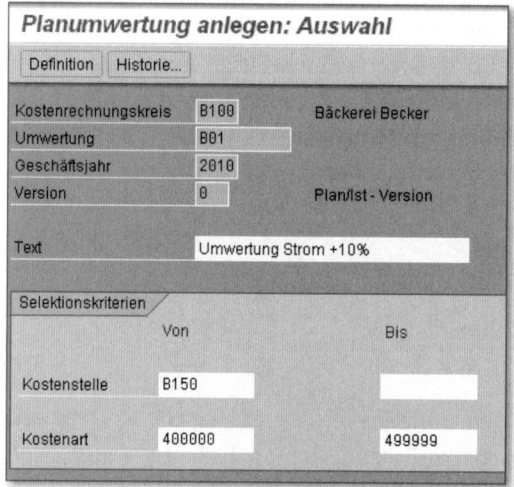

Abbildung 3.73 Auswahl für die Planumwertung

Detail zur
Umwertung

Mit dem Button DEFINITION gelangen Sie in den Detailbildschirm (siehe Abbildung 3.74). Für alle Perioden (»1« bis »12«) sollen hier die Kosten um 10 % erhöht werden.

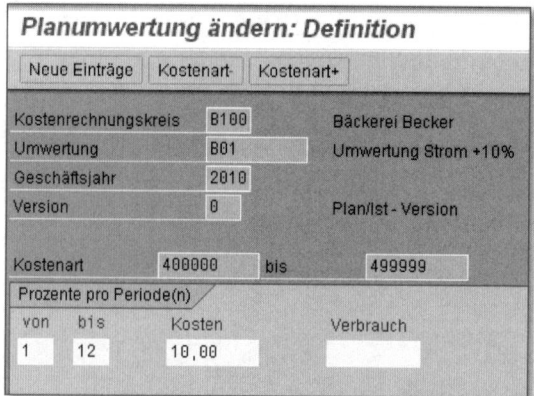

Abbildung 3.74 Detail zur Umwertung – Erhöhung der Kosten um 10 %

Zum Ausführen der Umwertung springen wir zurück zur Transaktion
KSPU im Menü Rechnungswesen • Controlling • Kostenstellen-
rechnung • Planung • Planungshilfen • Umwerten • Kosten (siehe
Abbildung 3.75).

Umwertung
ausführen

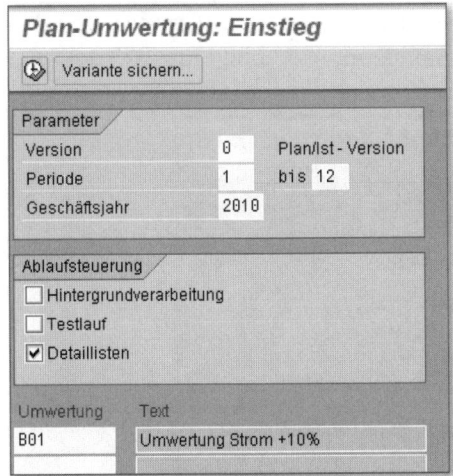

Abbildung 3.75 Umwertung ausführen – Einstieg

Nach dem Ausführen der Umwertung erhalten wir dieses kompakte
Protokoll (siehe Abbildung 3.76).

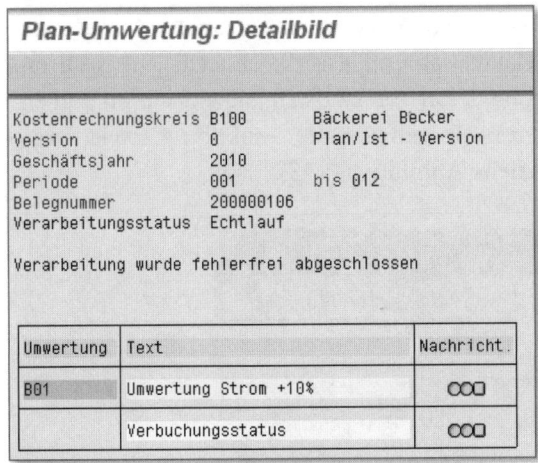

Abbildung 3.76 Umwertung ausführen – Protokoll

Zur Überprüfung der Ergebnisse strapazieren wir die manuelle Planung zum wiederholten Mal mit der Transaktion KP06 im Menü

Ergebnis der
Umwertung

RECHNUNGSWESEN • CONTROLLING • KOSTENSTELLENRECHNUNG • PLA-
NUNG • KOSTENARTEN/LEISTUNGSAUFNAHMEN • ÄNDERN (siehe Abbildung 3.77). Wie wir gehofft hatten: Die Werte für die Kostenarten
»405103 Fremdstrom« und »452000 Instandhaltung« wurden um
10 % erhöht. Die Unschärfen von 4 Cent bzw. 8 Cent ergeben sich aus
der Verteilung der Planwerte auf zwölf einzelne Perioden und den
damit verbundenen Rundungseffekten.

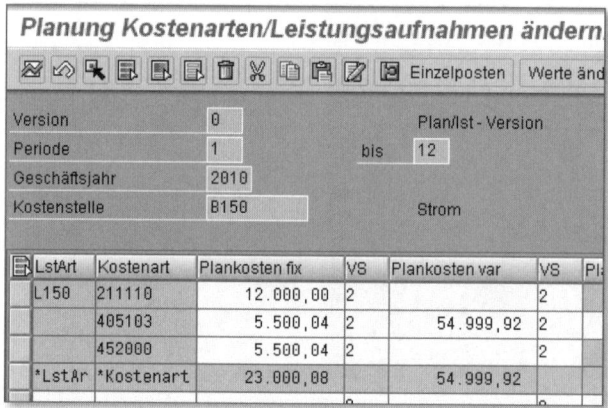

Abbildung 3.77 Kostenstelle »Strom« nach der Umwertung

Wiederholung der Umwertung

Was passiert, wenn Sie die Umwertung »B01« nochmals ausführen?
Sie vermuten (so vermuten wir): Alle Werte werden nochmals um
10 % erhöht. Falsch! Das System merkt sich, dass die Umwertung
»B01« schon einmal gelaufen ist, und lässt die neuerliche Ausführung
erst nach der Stornierung des ersten Laufs zu. Sie stornieren den ersten Lauf der Umwertung, indem Sie die Funktion UMWERTUNG •
STORNIEREN aufrufen (siehe Abbildung 3.78).

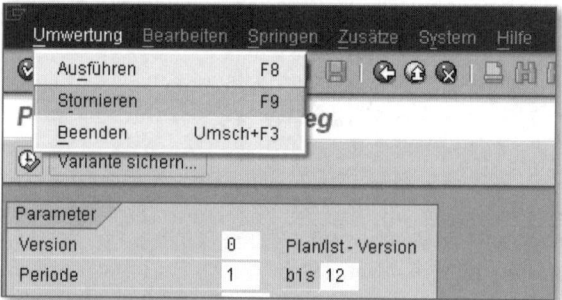

Abbildung 3.78 Einstieg in das Storno der Umwertung

Beim Stornieren werden die ursprünglich gebuchten Beträge wieder zurückgesetzt. In unserem Beispiel wurden bei der Umwertung der Kostenart »405103« die Kosten um 500,00 EUR erhöht. Ein Storno würde den zum Stornozeitpunkt gebuchten Betrag um 500,00 EUR verringern, unabhängig davon, ob zwischenzeitlich manuelle Buchungen auf dieser Kostenart durchgeführt wurden oder die Definition der Umwertung geändert wurde.

Umwertung – Einzelbearbeitung

Statt der Sammelfunktion können Sie auch eine Umwertung von einzelnen oder mehreren Kostenarten im Planungsbildschirm durchführen. Dazu rufen Sie die Kostenartenplanung mit der Transaktion KP06 im Menü RECHNUNGSWESEN • CONTROLLING • KOSTENSTELLEN-RECHNUNG • PLANUNG • KOSTENARTEN/LEISTUNGSAUFNAHMEN • ÄNDERN auf. Markieren Sie die Kostenarten, die verändert werden sollen, und klicken Sie danach auf den Button WERTE ÄNDERN (siehe Abbildung 3.79).

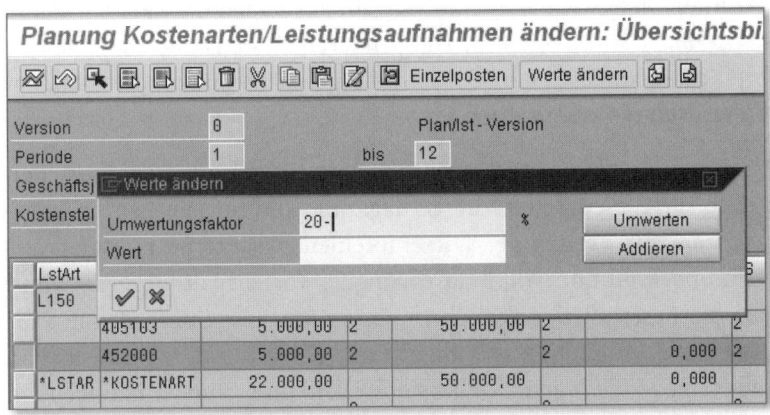

Abbildung 3.79 Manuelle Umwertung – Verringerung der Kosten um 20 %

Der Eintrag »20-« bei UMWERTUNGSFAKTOR im Popup-Menü WERTE ÄNDERN sorgt für eine Verringerung der Kosten um 20 %, aus den 5.000,00 EUR werden durch die Umwertung 4.000,00 EUR (siehe Abbildung 3.80).

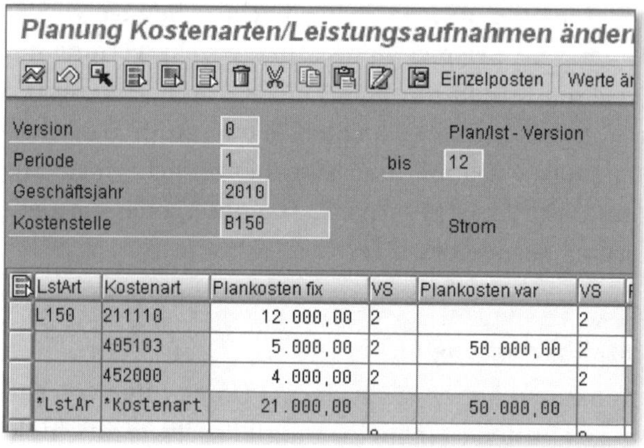

Abbildung 3.80 Kostenstelle »Strom« nach manueller Umwertung der Kostenart »452000«

3.6 Zusammenfassung

Die Kostenstellen sind die zentralen Bausteine einer Gemeinkosten-rechnung im System SAP ERP. Wir unterscheiden die Typen *primäre und sekundäre Kostenstellen*. Die primären Kostenstellen verrechnen ihre Kosten an Produkte oder in die Ergebnisrechnung, die sekundä-ren an andere Kostenstellen.

Als Methode zur Verrechnung von Kosten zwischen Kostenstellen stehen im Wesentlichen die Umlage und die interne Leistungsver-rechnung zur Verfügung. Wir empfehlen die interne Leistungsver-rechnung, weil nur so die durchgängige Kostenspaltung in fixe und variable Bestandteile möglich ist. Diese Kostenspaltung ist die Vor-aussetzung für ein aussagefähiges Controlling mit dem Ausweis von Soll-Ist-Abweichungen auf Kostenstellen und einer zielführenden Abweichungsanalyse. Der Ausweis von fixen und variablen Kosten auf Kostenstellen ist außerdem die Voraussetzung für die mehrstufige Deckungsbeitragsrechnung in der Ergebnisrechnung.

Kapitel 4

Abrechnung von Aufträgen

*Ein aussagefähiges Gemeinkosten-Controlling setzt eine gut
ausgebaute und zielführend eingesetzte Innenauftragsabwick-
lung und -abrechnung voraus. Erst durch die Zwischenschaltung von Innenaufträgen können die Kosten einzelner Maßnahmen oder Objekte gezielt verfolgt und überwacht werden.*

4 Innenaufträge

Im vorigen Kapitel zu den Kostenstellen haben Sie einen wesentlichen Aspekt des internen Rechungswesens und die zentrale Komponente des Controllings von SAP ERP kennengelernt. Manche Kosten
in der betrieblichen Praxis eignen sich allerdings nicht dafür, auf Kostenstellen gesammelt, analysiert und weiterverrechnet zu werden.
Wir zeigen Ihnen in diesem Kapitel, in welchen Fällen Innenaufträge
als Kontierungsobjekte die bessere Wahl sind.

4.1 Betriebswirtschaftliche Grundlagen

Vorweg etwas zur Begriffsklärung: SAP spricht von *Innenaufträgen*.
In betriebswirtschaftlichen Ausführungen werden dafür synonym die
Bezeichnungen *innerbetriebliche Aufträge*, *Gemeinkosten-* oder *Werks-
aufträge* verwendet. Dabei kommt nicht nur wegen der Ähnlichkeit
der Worte der innerbetriebliche Auftrag – übrigens auch der
gebräuchlichste Begriff – dem Innenauftrag am nächsten. Gemeinkostenauftrag ist nicht ganz zutreffend, weil auch Einzelkostenaufträge –
denken Sie z. B. an Aufträge zu den Sondereinzelkosten der Fertigung
oder des Vertriebs – über die Innenauftragsabrechnung abgewickelt
werden.

Der Begriff *Werksauftrag* wiederum könnte zu Verwechslungen mit
Fertigungsaufträgen führen. Eine klare Abgrenzung zu den Fertigungsaufträgen, die die Kosten für die Produktion von Erzeugnissen
erfassen und abrechnen, sowie zu den Kunden- oder Vertriebsaufträ-
gen ist demnach besonders wichtig.

Begriffsklärung

Außerdem muss zwischen Aufträgen und Projekten (SAP PS – *Projektsystem*) differenziert werden. Letztere werden für komplexe Investitions- oder Instandhaltungsvorhaben, aber teilweise auch für die Kostenträgerrechnung in der Einzelfertigung verwendet; wir werden in Kapitel 5, »Projekte«, näher darauf eingehen.

4.1.1 Definition von »Innenauftrag«

Was sind Innenaufträge, und wofür werden sie gebraucht? Innenaufträge werden für die Erfassung und Verrechnung der Kosten von Materialien, Lieferungen und Leistungen zwischengeschaltet, wenn die Kosten aus folgenden Gründen separat aufgezeigt und verrechnet werden sollen:

▸ gesonderte Kostenüberwachung

▸ dispositive Überlegungen

▸ Verrechnungsgründe

Kostenüberwachungsgründe

Kostenüberwachungsgründe sind z. B. maßgebend bei der Vergabe von Innenaufträgen für firmeneigene Fahrzeuge. Es lohnt sich nicht – ja, es ist praktisch meist gar nicht durchführbar –, pro Fahrzeug eine eigene Kostenstelle einzurichten. Man wird abrechnungstechnisch für die Pkws, Lkws oder Stapler nur je eine Kostenstelle vorsehen.

Trotzdem möchte man aber den Treibstoffverbrauch, die Reparaturanfälligkeit, den Reifenverschleiß, die Ersatzteilkosten etc. pro Fahrzeug oder zumindest pro Fahrzeugtyp ermitteln und überwachen. Dafür schalten Sie pro Fahrzeug oder Fahrzeugtyp einen Innenauftrag gleichsam zwischen. Auf der Kostenstelle ist der Soll-Ist-Vergleich nur in Summe für alle Fahrzeuge dieser Kostenstelle sichtbar. Mit den Innenaufträgen können aber die Kosten nach Fahrzeugen oder Fahrzeugtypen kontrolliert werden.

Beispiel 1: Fahrzeuge

Bei einem Pharmagroßhändler, der flächendeckend Apotheken in ganz Deutschland bedient, waren mehr als 200 Fahrzeuge mit etwa 20 bis 30 Fahrzeugtypen im Einsatz. Gerade in dieser Branche ist Zuverlässigkeit besonders wichtig, da auch in abgelegenen Gegenden sichergestellt werden muss, dass der Patient spätestens am nächsten Morgen das verschriebene Medikament abholen kann.

Wir haben damals vorgeschlagen, für die einzelnen Fahrzeuge in den Niederlassungen Innenaufträge einzurichten, um dann pro Fahrzeug und Fahrzeugtyp, auch niederlassungsübergreifend, Auswertungen anstellen zu können. Dieser Vorschlag wurde auch umgesetzt.

Bei einem Jahre später erfolgenden Besuch wurde in einer Sitzung mit dem kaufmännischen Vorstand und dem Zentralcontrolling über das Ergebnis dieser Innenauftragsaktion gesprochen. Der Controller berichtete, dass man inzwischen dank der Auftragsabrechnung einen genauen Überblick über die Kostensituation der einzelnen Fahrzeuge hätte. Quintessenz war, dass die Anzahl der Fahrzeugtypen mehr als halbiert war. Man hatte nun einwandfreie Informationen darüber, welcher Fahrzeugtyp bei welcher km-Leistung in welchen Regionen am besten geeignet war.

Beispiel 2: Reparaturanfälligkeit von Anlagen

Ein zweites Beispiel, in dem es sinnvoll sein kann, Innenaufträge aus Gründen der Kostenüberwachung einzuschalten, ist die Reparaturanfälligkeit einer Anlage.

Würde man die Instandhaltungskosten für diese spezielle Anlage ohne weiteres Sortiermerkmal auf die entsprechende Kostenstelle kontieren (der noch andere Maschinen zugeordnet sind), könnte bei Wirtschaftlichkeits- oder Ersatzbeschaffungsüberlegungen niemals exakt bestimmt werden, welche Kosten die Anlage verursacht hat. Diese Kosten wären mit den Reparaturkosten für alle übrigen Maschinen und Einrichtungen dieser Kostenstelle untrennbar vermischt. Auch hier wird durch die Zwischenschaltung eines Innenauftrags eine separate Kostenverfolgung – generell oder über einen bestimmten Zeitraum hinweg – ermöglicht.

Dispositive Gründe für den Einsatz von Innenaufträgen sind dann von Bedeutung, wenn es zu entscheiden gilt, ob Transportbehälter oder Werkzeuge eigen- oder fremdgefertigt werden. Nur durch Zwischenschaltung eines Innenauftrags kann exakt festgestellt werden, was die Eigenfertigung effektiv gekostet hat. Dieser Innenauftrag kann als Entscheidungshilfe für die nächste derartige Auftragsvergabe genutzt werden.

Dispositive
Überlegungen

Eine Frage in diesem Zusammenhang an die Betriebswirte und Controller unter Ihnen: Von welchen eigenen Kosten geht man bei diesem Vergleich von Eigen- und Fremdfertigung aus? Konkret, bewertet man die Eigenleistungen mit Vollkosten oder nur mit variablen Kostenansätzen? Wenn man unterstellt, dass solche Aufträge nicht mit Investitionen oder zusätzlichen Fixkosten, wie weiteres Aufsichtspersonal, andere Räumlichkeiten etc., verbunden sind, dann darf man nur von den variablen Kostensätzen ausgehen, da die normalen Fixkosten auch ohne derartige zusätzliche Aufträge anfallen würden. Einverstanden?

Verrechnungsgründe für die Einschaltung von Innenaufträgen spielen z. B. bei der Weiterbelastung aperiodisch anfallender Großreparaturen eine Rolle. Derartige Kosten, wie etwa die nicht aktivierungspflichtige Generalüberholung einer Anlage alle drei Jahre, können in der Kostenstellenrechnung wegen der Kostenkontrolle und der Istkostensätze für die Kalkulation nur abgegrenzt verrechnet werden. Das heißt, dass der Aufwand für die Großreparatur kostenrechnerisch über drei Jahre zu verteilen ist. Diese Kosten werden dann in der Kostenstellenrechnung mit einer Soll = Ist-Abgrenzung verrechnet. Es wird abrechnungstechnisch so getan, als ob die Istkosten den analytisch geplanten und an die Istbeschäftigung angepassten Sollkosten entsprechen würden. Unabhängig davon erfolgt über einen Innenauftrag der Vergleich der effektiv anfallenden Istkosten mit den in der Kostenstellenrechnung via Soll = Ist-Abgrenzung verrechneten Deckungsbeträgen.

Ein weiteres Beispiel für die Eröffnung eines Innenauftrags aus Verrechnungsgründen ist die Weiterbelastung von Werkzeug- oder Formenkosten, und zwar dann, wenn diese Kosten als Sondereinzelkosten der Fertigung in der Kalkulation verrechnet werden sollen. Mithilfe eines Innenauftrags kann über die Lebensdauer des Werkzeugs ein Vergleich der effektiv angefallenen Kosten für das Neuwerkzeug und alle Nacharbeitungskosten mit den in der Kalkulation oder Ergebnisrechnung kalkulatorisch verrechneten Kostenanteilen durchgeführt werden.

4.1.2 Istbelastung auf Innenaufträge

Soeben haben wir Gründe genannt, die für den Einsatz von Innenaufträgen sprechen. Jetzt betrachten wir verschiedene Quellen, von denen Kostenbelastungen auf Aufträge ausgehen. Von folgenden Kostenartengruppen können Belastungen auf Innenaufträge erfolgen:

▸ innerbetriebliche Leistungen

▸ Materialien vom Lager

▸ Fremdlieferungen und -leistungen

▶ Sondereinzelkosten

▶ Umbuchungen von anderen Aufträgen

Die Belastung aus diesen Kostenartengruppen möchten wir Ihnen in diesem Abschnitt näher vorstellen.

Als *innerbetriebliche Leistungen* (I-Leistungen) werden alle Aufwendungen bezeichnet, die von eigenen Kostenstellen erbracht und direkt weiterverrechnet werden sollen, aber keine Fertigungsaufträge betreffen. Für die Verrechnung kommen folgende ausführende Kostenstellen infrage:

Innerbetriebliche Leistungen

▶ **Verrechnung aufgrund von Stundenaufschreibungen**

  ▷ technische bzw. Konstruktionsbüros

  ▷ Labors

  ▷ Forschungs- und Entwicklungsstellen

  ▷ Versuchsstellen

  ▷ allgemeine Betriebshandwerker (Betriebsschlosser, Elektriker, Schreiner, Bauhandwerker, Hofkolonnen)

  ▷ Werkzeug-, Matrizen-, Vorrichtungs-, Maschinen- und Formenbau

  ▷ Fuhrpark (Pkw-, Lkw-, Stapler-, E-Karrenfahrer etc.)

  ▷ sämtliche Fertigungsstellen (sofern ausnahmsweise für I-Leistungen tätig, z. B. für Versuche)

  ▷ Verwaltungs- und Vertriebsstellen (die in der Einzel- bzw. Projektfertigung direkt auf Innenaufträge verrechnen, wie etwa Vorkalkulation, Vertriebsingenieure u. Ä.)

▶ **Verrechnung aufgrund sonstiger Aufzeichnungen**

  ▷ Pkw/Lkw (EUR/km)

  ▷ Telefon/Telefax (EUR/Telefoneinheit)

  ▷ Fotokopien (EUR/Kopie)

  ▷ Hausdruckerei (EUR/Blatt)

  ▷ PCs, DV-Endgeräte, Drucker (EUR/Gerät und Monat)

Diese Beispiele sollen keine lückenlose Aufzählung aller möglichen innerbetrieblichen Leistungsverrechnungen sein, sondern nur als Denkansatz für mögliche Direktverrechnungen dienen.

Außerdem ist in diesem Zusammenhang zu erwähnen, dass all diese Stellen als *Belastungskontierungen* – meist wertabhängig – nicht nur Innenaufträge, sondern ebenso Kostenstellenkontierungen (Direktverrechnungen Kostenstelle/Kostenart) kennen. Die Weiterverrechnung auf die zu belastenden Innenaufträge oder Kostenstellen erfolgt aufgrund eigener Leistungserfassung, aus der neben der ausführenden Kostenstelle/Leistungsart die Belastungskontierung sowie die Leistungsartenmenge pro Belastungskontierung hervorgehen.

Die Leistungserfassung war früher häufig, heute nur noch selten, gleichzeitig Lohnbeleg. Sie kann pro Vorgang oder Tag durchgeführt werden, bei Konstrukteuren oder F&E-Personal (Forschung und Entwicklung) auch monatlich, dann aber aufgrund täglicher Leistungsmeldungen. Wichtig aus unserer Sicht ist aber, dass die Mitarbeiter ihre Stunden lückenlos erfassen, nicht nur die verrechenbaren Stunden.

Materialien vom Lager

Als *Materialien vom Lager* gehen in die Innenauftragsabrechnung alle von lagerhaltig geführten Materialien entnommenen Hilfs-, Betriebs-, Instandhaltungs- und Verpackungsstoffe ein, außerdem alle Entnahmen der über Lager abgerechneten Teile, Baugruppen oder Endprodukte (z. B. für Entwicklungs- und Versuchsaufträge).

Fremdlieferungen und -leistungen

Zu den *Fremdlieferungen und -leistungen* zählen alle von außen bezogenen Lieferungen und Leistungen, die abrechnungstechnisch direkt den Innenaufträgen angelastet werden sollen. Den Ausgangspunkt bildet ein Bestellvorgang, der dann in eine Fremdrechnung mündet. Die Einbeziehung von Bestellungen ist deswegen so wichtig, weil damit in der Innenauftragsabrechnung auch das Bestellobligo, also eingegangene Verpflichtungen, gezeigt werden kann.

Sondereinzelkosten

Sondereinzelkosten werden nur in Ausnahmefällen in die Innenauftragsabrechnung übernommen, z. B. bei über Sondereinzelkosten der Fertigung zu verrechnenden Werkzeugen, falls sie für einen Innenauftrag eingesetzt werden.

Umbuchungen von anderen Aufträgen

Umbuchungen von anderen Aufträgen stellen Verrechnungen von anderen bzw. auf andere Aufträge dar. In den meisten Fällen wird es sich dabei um den Abschluss eines Einzelauftrags auf einen Dauer- oder – noch häufiger – auf einen Abgrenzungsauftrag handeln (siehe Ausführungen zu den Auftragsarten und -gruppen in Abschnitt 4.2.1, »Betriebswirtschaftliche Aspekte von Auftragsarten und -gruppen«).

Theoretisch ist es möglich, auch Löhne direkt auf Innenaufträge zu kontieren. Dieser Fall muss aber die Ausnahme sein, weil selten nicht nur die Lohnkosten der ausführenden Person, sondern zumindest auch der anteilige Sozialkostenzuschlag sowie meist noch anteilige Gemeinkosten der ausführenden Stelle weiterverrechnet werden müssen. Eine Ausnahme, bei der die Löhne doch auf einen Auftrag gebucht werden, werden wir bei den Abgrenzungsaufträgen für die Belegschaftsnebenkosten kennenlernen (siehe Abschnitt 6.5, »Innenauftragsabrechnung«).

4.2 Grundeinstellungen im SAP-System

Nach einer allgemeinen Betrachtung der Innenaufträge im ersten Abschnitt dieses Kapitels betrachten wir diese Objekte jetzt genauer. Zunächst beschäftigen wir uns – nochmals aus der betriebswirtschaftlichen Perspektive – mit der Differenzierung der Aufträge nach Auftragsarten. Danach schaffen wir die notwendigen Voraussetzungen im System SAP ERP, um mit Innenaufträgen arbeiten zu können. Der größte Teil dieses Abschnitts beschäftigt sich dann mit der Pflege von Auftragsstammdaten.

4.2.1 Betriebswirtschaftliche Aspekte von Auftragsarten und -gruppen

Aus der Aufzählung der Gründe, die für die Eröffnung von Innenaufträgen maßgebend sein können – Kostenüberwachungs-, Dispositions- oder Verrechnungsgesichtspunkte –, dürfte hervorgegangen sein, dass dafür unterschiedliche Auftragsarten verwendet werden müssen. So erfordert die Überwachung der Großreparaturkosten mit der Gegenüberstellung von effektiv angefallenen und kalkulatorisch weiterverrechneten Kosten eine andere Auftragsart als die Kontrolle der Fahrzeuge oder Gabelstapler, wo die Auftragsnummer praktisch nur kurzfristig vor der Übernahme der Istkosten in den monatlichen Soll-Ist-Vergleich zwischengeschaltet wird.

Prinzipiell sind drei Auftragsarten zu unterscheiden, die wir in diesem Abschnitt näher vorstellen werden:

- Einzelaufträge
- Daueraufträge
- Abgrenzungsaufträge

Hinzu kommt eine weitere Kategorie, die allerdings keine Auftragsart im klassischen Sinne darstellt:

- statistische Aufträge

Einzelaufträge   Bei den *Einzelaufträgen* wird für jeden eintretenden Einzelfall eine eigene Auftragsnummer vergeben. Unter dieser Auftragsnummer werden über die gesamte Auftragslaufzeit – von der Auftragseröffnung bis zum Auftragsabschluss – sämtliche Kosten gesammelt. Die Weiterverrechnung der pro Auftrag kumulierten Kosten kann erfolgen:

- im Monat des Kostenanfalls mit den in diesem Monat angefallenen Istkosten
- nach Abschluss des gesamten Auftrags, um die Kosten auch in der Weiterbelastung – und nicht nur in der Auftragsabrechnung – in einer Summe zu zeigen

Ein Grund, die Kosten nicht im Monat des Kostenanfalls, sondern erst später oder nach Auftragsabschluss weiterzuverrechnen, kann z. B. sein, dass bei Auftragsstart noch unklar ist, ob der Auftrag zu aktivieren ist oder als Kosten verrechnet werden kann. Typische Beispiele für den Einzelauftrag sind Investitions-, Reparatur- oder Entwicklungsaufträge. Einzelaufträge haben einen klar definierten Start und ein ebenso eindeutig feststehendes Ende.

Daueraufträge   *Daueraufträge* dienen vor allem der Kontrolle und zur besseren Verrechnung immer wiederkehrender Lieferungen und Leistungen. Sie werden lediglich vor der monatlichen Übernahme der Kosten in die Kostenstellenrechnung zwischengeschaltet, um die Aufwendungen gesondert aufzuzeigen und zu überwachen. Die Kosten werden aber im Monat des Kostenanfalls in voller Höhe in die Kostenstellenrechnung übernommen.

Beispiele für diese Auftragsart sind die differenzierte Kostenüberwachung der werkseigenen Fahrzeuge, Stapler etc. oder auch die Aufgliederung vieler immer wiederkehrender Kleinleistungen für bestimmte Kostenstellen.

Beispiel 3: Raumkostenstellen

Ein Sammeltopf der Handwerker für nicht zuordenbare Stunden sind z. B. die Raumkostenstellen. Ein Hilfsmittel, um etwas Licht in diese amorphe Masse zu bekommen, ist die Zwischenschaltung von Daueraufträgen, wobei sich die Handwerker diese Auftragsnummern genauso rasch merken wie häufig vorkommende Kostenstellen. Als Beispiel sei die Funktion »Auswechseln von Glühbirnen oder Leuchtstoffröhren« genannt. Es lohnt sich nicht, jedes Mal einen Einzelauftrag zu eröffnen. Der Aufwand hierfür wäre viel zu hoch; andererseits will man die Stunden nicht einfach Kostenstelle/Kostenart-verrechnet sehen.

Gerade bei Raumkostenstellen fallen von Betriebs- und Fremdhandwerkern viele Kleinleistungen an, die man über Daueraufträge gut auffächern kann. Meist gibt man bei einer Neuplanung den Betriebshandwerkern ein kleines Kontierungshandbuch (DIN-A6-Format) an die Hand, das neben Kostenstellen und den gebräuchlichsten Kostenarten – jeweils Nummernverzeichnis einschließlich kurzer Inhaltsbeschreibungen – auch die vergebenen Dauerauftragsnummern enthält. Auf diese Weise lassen sich solche Sammeltöpfe wie etwa die Raum- oder Energiestellen transparenter machen.

Beispiel 4: Wartung

Lassen Sie uns noch ein weiteres Beispiel zum erfolgreichen Einsatz von Daueraufträgen anführen. In einem Unternehmen der keramischen Industrie mit drei etwa gleich großen Werken waren an den riesigen Tunnelöfen Monoschreiber installiert, die regelmäßig von den Betriebselektrikern gewartet werden mussten. Für diese Wartungsarbeiten wurden bei der Erstplanung Daueraufträge vergeben.

Bei einer Jahre später erfolgenden Gemeinkostenwertanalyse (GWA) konnte man über diese Daueraufträge sehr gut den Elektrikeraufwand für diese Wartungsarbeiten vergleichen. Versieht man den erforderlichen Aufwand im günstigsten Werk mit dem Faktor 1,0, lag er im zweiten Werk bei etwa 1,4, im dritten Werk, trotz identischer Voraussetzungen und gleichen Wartungszyklus, bei rund 3,1. Gerade im dritten Werk zeigte sich bei gezieltem Nachfassen, auch bei anderen Beispielen, dass bei den Elektrikern größere Kapazitätsreserven vorhanden waren. Der Zeitraum zwischen der analytischen Planung und der GWA lag bei mehr als zehn Jahren.

Abschließend zu den Daueraufträgen vielleicht noch der Hinweis, dass diese Aufträge nach Anfallkostenarten verrechnet werden sollten, sodass der Treibstoff auch im Soll-Istkosten-Vergleich unter der

Kostenart »Treibstoffe« erscheint und »Sonstige Hilfs- und Betriebs-stoffe«, »Ersatzteile« etc. unter der Anfallkostenart durchgebucht werden.

Abgrenzungs-aufträge

Abgrenzungsaufträge werden hauptsächlich zum Zweck einer zeit-lichen Kostenabgrenzung bei aperiodisch anfallenden Kosten (z. B. Großreparaturen) sowie zur Kontrolle von kalkulatorisch oder per Zuschlag verrechneten Kosten (z. B. Werkzeug- oder Entwicklungs-kosten) verwendet.

Sie dienen in erster Linie dazu, große Istkostenschwankungen aus der Kostenstellen-, Kostenträger- oder Ergebnisrechnung fernzuhalten. Dort werden diese Kosten Soll = Ist verrechnet. Die eigentliche Abrechnung und Überwachung wird auf die Abgrenzungsauftrags-nummer verlagert, die mit einem maschinell geführten statistischen Konto zu vergleichen ist. Auf der Sollseite dieses Kontos werden die effektiv anfallenden Istkosten gesammelt, denen auf der Habenseite die in der Kostenstellen-, Kostenträger- oder Ergebnisrechnung kal-kulatorisch verrechneten Deckungsbeträge gegenübergestellt wer-den. Nachdem diese Aufträge am Ende des Geschäftsjahres nicht abgeschlossen werden (lediglich die Salden werden im Betriebsergeb-nis berücksichtigt) – wie bereits erwähnt, handelt es sich zum Teil um aperiodisch anfallende Aufwendungen, die sich oft erst nach Jahren wiederholen –, ergibt sich aus diesen Aufträgen über Jahre hinweg – und oft auch erst nach Jahren aussagefähig – ein exakter Kostenver-gleich der effektiv angefallenen mit den weiterverrechneten Kosten.

Beispiel 5: Großreparatur

Als Beispiel kann wieder die Großreparatur einer Anlage dienen (siehe auch Abschnitt 4.1.1, »Definition von »Innenauftrag««). Für den konkreten Reparaturfall wird zunächst ein Einzelauftrag eröffnet, auf dem sämtliche für diese Großreparatur anfallenden Aufwendungen gesammelt werden. Nach Abschluss dieses Auftrags, der auch noch Unteraufträge haben könnte, sind die gesamten Kosten für diese Großreparatur erkennbar. Die auf der Einzelauftragsnummer gesammelten Kosten werden monatlich oder nach Abschluss des Einzelauftrags auf die für die betreffende Kosten-stelle gültige Abgrenzungsauftragsnummer für Großreparaturen übernom-men.

Differenzierung der Auftragsarten in Auftragsgruppen

Wir können nur immer wieder betonen, wie bedeutend die Unter-gliederung der beschriebenen Auftragsarten in charakteristische Auf-tragsgruppen für eine vernünftige Abwicklung und Abrechnung der

Innenaufträge ist. Diese Unterteilung ist insbesondere bei den Einzelaufträgen wichtig, weil dort die einzelnen Auftragsgruppen hinsichtlich der organisatorischen Abwicklung, also in Bezug auf Ausstellung, Genehmigungspflicht und -verfahren, Wertgrenzen etc., doch recht unterschiedlich behandelt werden müssen.

Bei den Dauer- bzw. Abgrenzungsaufträgen ist die gruppenweise Untergliederung vor allem hinsichtlich der Abrechnung von Bedeutung. Folgende Auftragsgruppierungen wären denkbar:

▶ **Auftragsgruppierung Einzelaufträge für**

  ▶ geringwertige Wirtschaftsgüter

  ▶ Investitionen

  ▶ Instandhaltung, genehmigungspflichtig

  ▶ Instandhaltung, nicht genehmigungspflichtig

  ▶ Instandsetzung, genehmigungspflichtig

  ▶ Instandsetzung, nicht genehmigungspflichtig

  ▶ Änderungen bzw. Ergänzungen an bestehenden Gebäuden, Maschinen, Anlagen

  ▶ Betriebsumstellungen, -umzüge

  ▶ Werkzeuge, Vorrichtungen, Modelle

  ▶ Eigenanfertigungen (z. B. Paletten)

  ▶ Konstruktion, Entwicklung, Versuche

  ▶ Werbung, Marketing

  ▶ Arbeiten für Dritte

▶ **Auftragsgruppierung Daueraufträge mit Belastung von**

  ▶ einer einzigen Kostenstelle (z. B. Gabelstapler)

  ▶ mehreren Kostenstellen (z. B. Schmierkolonne)

  ▶ Kostenträgern (z. B. Reparaturen an Großwerkzeugen)

  ▶ Ergebnisobjekten (z. B. Werbekosten)

▶ **Auftragsgruppierung Abgrenzungsaufträge mit Deckung aus der**

  ▶ Kostenstellenrechnung (z. B. Großreparaturen)

  ▶ Kalkulation bzw. Kostenträgerrechnung (z. B. Kalkulationszuschläge)

  ▶ Ergebnisrechnung (z. B. Sondereinzelkosten des Vertriebs)

Die aufgeführten Auftragsgruppen sollten nur als allgemeiner Rahmenvorschlag verstanden werden. Sie sind selbst bei Industrieunternehmen an die spezifischen Anforderungen des jeweiligen Betriebs anzupassen und werden sicherlich bei einem Einzel- oder Projektfertiger anders als bei einem Serien- oder Fließfertiger aussehen. Bei Dienstleistungs- und Handelsunternehmen fallen bestimmte Auftragsgruppen weg, dafür kommen andere, in der Industrie nicht erforderliche Gruppen hinzu.

4.2.2 Auftragsarten

Wie Sie in den betriebswirtschaftlichen Ausführungen bereits erfahren haben, können Sie mit Innenaufträgen in SAP ERP folgende Aufgaben erledigen:

- Kosten auf Kostenstellen weiter differenzieren (statistische Aufträge)
- Kosten für Maßnahmen und Projekte, getrennt von den sonstigen Kostenstellenaufwendungen, erfassen und abrechnen (echte Aufträge)
- Kosten sammeln und zu einem späteren Zeitpunkt in der Anlagenbuchhaltung aktivieren (Anlagen im Bau)
- aperiodische Kosten, z.B. Urlaubsgeld oder Versicherungsprämien, über die einzelnen Monate im Jahr glätten

Nach der Beschreibung der technischen Grundlagen werden wir Ihnen jeden dieser vier Verwendungszwecke von Innenaufträgen mit Beispielen erläutern.

Bei der Bearbeitung von Kostenstellen konnten wir direkt in die entsprechenden Anwendungstransaktionen von SAP ERP einsteigen. Die Masken zur Erfassung von Kostenstellennummer, Kostenstellenbezeichnung und anderen Stammdatenfeldern funktionieren ohne weitere Einstellungen im System.

Bei den Innenaufträgen ist das anders. Da müssen Sie, bevor Sie Stammdaten anlegen können, einige grundsätzliche Überlegungen anstellen. Im Customizing müssen Grundeinstellungen vorgenommen werden. Customizing in SAP ERP heißt: Ausprägung des Systems entsprechend den Wünschen des Kunden. Kunde in diesem Zusammenhang sind Sie als Nutzer der SAP-Systeme.

Die erste Customizing-Einstellung, die Sie für die Pflege von Innen-
aufträgen benötigen, ist die *Auftragsart*. Die Transaktion hierzu heißt
KOT2_FUNCAREA und ist erreichbar mit SPRO • SAP REFERENZ-IMG
• CONTROLLING • INNENAUFTRÄGE • AUFTRAGSSTAMMDATEN • AUFTRAGS-
ARTEN DEFINIEREN (siehe Abbildung 4.1). Für unsere Beispiele haben
wir vier Auftragsarten angelegt:

Auftragsarten
definieren

- »B001 Becker Statistische Aufträge – Fahrzeuge«
- »B002 Becker – Marketing«
- »B003 Becker – Anlagen im Bau«
- »B004 Becker – Abgrenzungen«

Sicht "Auftragsarten" ändern: Übersicht

Neue Einträge   BC-Set: Feldwert Herkunft

Auftragsarten

Art	Bezeichnung	Typ	Fun...
B001	Becker Statistische Aufträge - Fahrzeuge	1	
B002	Becker - Marketing	1	
B003	Becker - Anlagen im Bau	1	
B004	Becker - Abgrenzungen	2	

Abbildung 4.1 Auftragsarten – Überblick

Mit einem Doppelklick auf eine Auftragsart oder mit dem Button
DETAIL gelangen Sie in das Detailbild zur Auftragsart (siehe Abbildung 4.2).

Der Auftragstyp wird bei der Anlage der Auftragsart abgefragt und ist
später nicht mehr änderbar. Bei den Beispielen dieses Kapitels benutzen wir zwei Auftragstypen:

Auftragstyp

- »1 Innerbetrieblicher Auftrag« (Auftragsarten »B001«, »B002«,
  »B003«)
- »2 Abgrenzungsauftrag« (Auftragsart »B004«)

Alle anderen Einstellungen zur Auftragsart sind nicht definiert. Wir
werden im Verlauf dieses Kapitels mehrmals auf die Definition der
Auftragsart zurückkommen. Die Bedeutung der einzelnen Felder
werden wir dort dann anhand von Beispielen verdeutlichen.

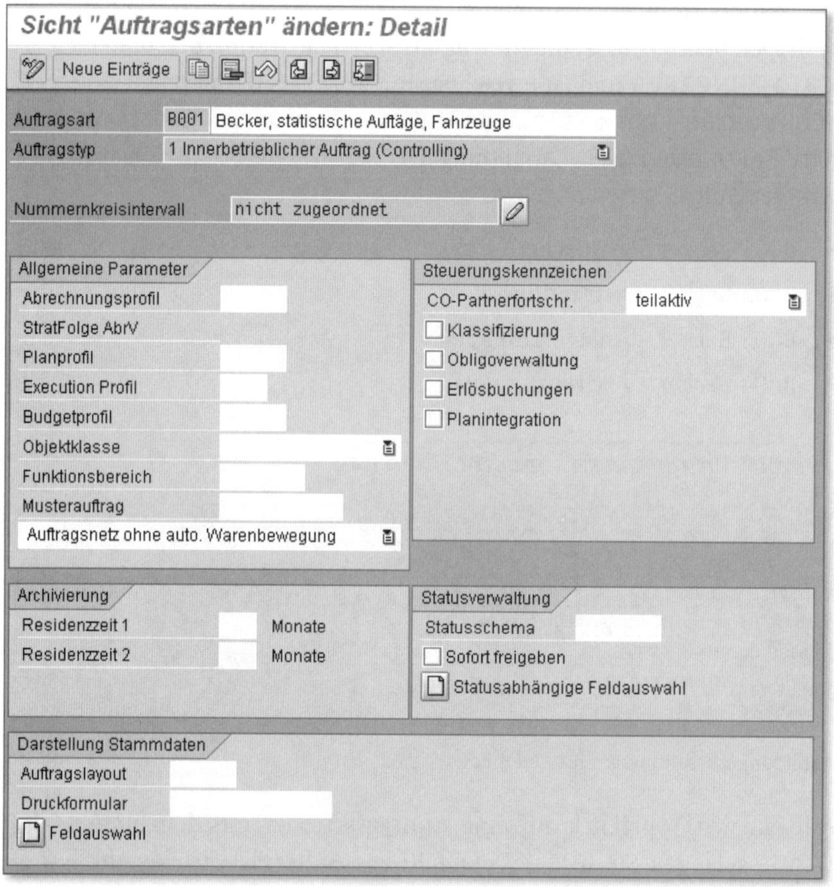

Abbildung 4.2 Auftragsart – Detail

4.2.3 Nummernkreis

Nach der Definition der Auftragsart ist die Festlegung eines Nummernkreises die zweite zwingende Einstellung, die Sie vornehmen müssen, um die Anlage von Auftragsstammdaten zu ermöglichen. Bei der Definition von Nummernkreisen entscheiden Sie sich zunächst für eine der folgenden Grundeinstellungen:

- externe Nummernvergabe
- interne Nummernvergabe

Externe Nummernvergabe: Bei der *externen Nummernvergabe* entscheidet der Benutzer beim Anlegen der Stammdaten, mit welchem Schlüssel der einzelne Auftrag im System identifiziert wird. Diese Art der Nummernvergabe haben Sie bereits beim Anlegen von Kostenstellen kennengelernt (siehe Kapitel 3, »Kostenstellen«). Beim Anlegen der Kostenstelle »Strom« z. B. hatten wir als Schlüssel »210« festgelegt. Die externe Nummernvergabe bei Aufträgen wird dann verwendet, wenn für eine begrenzte Anzahl von Objekten sprechende Schlüssel vergeben werden sollen. Extern vergebene Schlüssel können alphanumerisch sein, also zusammengesetzt aus Buchstaben und Ziffern.

In unserem Beispiel werden wir bei den Aufträgen der Auftragsart »B001 Fahrzeuge« die Vergabe von externen Nummern einstellen.

Bei der *internen Nummernvergabe* wird der Schlüssel vom System vergeben. Innerhalb eines vorgegebenen Nummernbands wird bei jeder neuen Anlage eines Auftragsstamms die nächste freie Nummer als Schlüssel festgelegt. Die interne Nummernvergabe für Aufträge ist insbesondere bei einer hohen Anzahl an Aufträgen zu empfehlen. Extern vergebene Nummern führen in diesem Fall erfahrungsgemäß schnell zum Sprengen der einmal festgelegten sprechenden Schlüssel. Was meinen wir damit?

Interne Nummernvergabe

> **Beispiel 6: Marketingkosten**
>
> Bei der Analyse von Marketingkosten bei einem erfolgreichen Markenartikelhersteller identifizierten wir einige Tausend verschiedene Verwendungszwecke des Marketingbudgets. Die Aufwendungen wurden zunächst nach Kategorien getrennt, wie z. B. Fernseh-, Radio- oder Plakatwerbung oder aber auch Verkaufsunterstützung, Merchandising, Messeauftritt und verschiedene andere. Außerdem sollten die Kosten detailliert den Produkten, Marken, Kunden, Ländern, Vertriebsverantwortlichen sowie verschiedenen anderen Begriffen zugeordnet werden. Im ersten Ansatz wurde jedem dieser Begriffe eine Stelle in einem 12-stelligen alphanumerischen Schlüssel zugeordnet. In der Buchhaltung hätte dann die Vergabe eines Kugelschreibers durch den Vertriebsverantwortlichen Schulze an den Kunden Peters, der nur Markenartikel der Marke »Kuchenglück« bezieht, dem Auftrag »AX13R0006003« zugeordnet werden müssen (man hört jetzt noch den Aufschrei der Kollegen Buchhalter von damals).
>
> Jetzt können wir zunächst einmal darüber streiten, ob eine solch feine Differenzierung von Kosten grundsätzlich sinnvoll ist. In diesem Fall wollte die Vertriebsabteilung ihre Außendienstler mit einer solchen Kontierung disziplinieren. Wenn wir übereinkommen, dass wir diese Anforderung mit CO-Innenaufträgen in SAP ERP umsetzen wollen, wäre die Vergabe von externen, 12-stelligen alphanumerischen Schlüsseln, wie im Beispiel, sicherlich eine schlechte Lösung.

Wir einigten uns dann darauf, die Aufträge mit interner Nummernvergabe anzulegen. Bei der Erstanlage wurden nicht alle denkbaren Kombinationen der genannten Begriffe als Aufträge erfasst, sondern nur die wichtigsten. Die Zuordnung zu Vertriebsverantwortlichem, Marke, Produkt etc. erfolgte dann über verschiedene Auftragsgruppen bzw. -hierarchien (vergleichbar mit den Kostenstellengruppen, die Sie bereits kennen). Statt mehrerer Tausend mussten so nur etwa 150 Aufträge angelegt werden. Kombinationen von neuen Begriffen wurden einfach in einem neuen Auftrag mit der nächsten fortlaufenden Nummer abgebildet.

Wir werden die Auftragsarten »B002«, »B003« und »B004« in den folgenden Systembeispielen mit dem gleichen Nummernband »1000000« bis »1999999« und interner Nummernvergabe versehen.

Nummernkreise pflegen

Nutzen wir jetzt das System zur Anlage von zwei Nummernkreisen:

▸ »B000« bis »B999« für Fahrzeuge mit externer Nummernvergabe

▸ »1000000« bis »1999999« für alle anderen Aufträge mit interner Nummernvergabe

Zur Pflege der Nummernkreise nutzen Sie die Transaktion KONK im Customizing SPRO • SAP Referenz-IMG • Controlling • Innenaufträge • Auftragsstammdaten • Nummernkreise für Aufträge pflegen (siehe Abbildung 4.3).

Abbildung 4.3 Nummernkreise pflegen

Intervalle

Sehen wir uns zunächst einmal an, was sich hinter den Buttons mit der Bezeichnung Intervalle verbirgt (siehe Abbildung 4.4). Zum Nummernkreisobjekt »Auftrag« sehen wir hier eine Gruppe mit dem Namen »Auftrag: externe Nummernvergabe«. Im Block Intervalle sehen Sie, dass für die Gruppe alle Bezeichner zwischen »A« und »12-mal Z« erlaubt sind.

Gruppen

Wenn wir in Abbildung 4.3 den Button Gruppen drücken, sehen wir, dass die Auftragsarten »1000«, »CP02«, »PP02« und »PS03« der Nummernkreisgruppe »Auftrag: externe Nummernvergabe« bereits zugeordnet sind (siehe Abbildung 4.5).

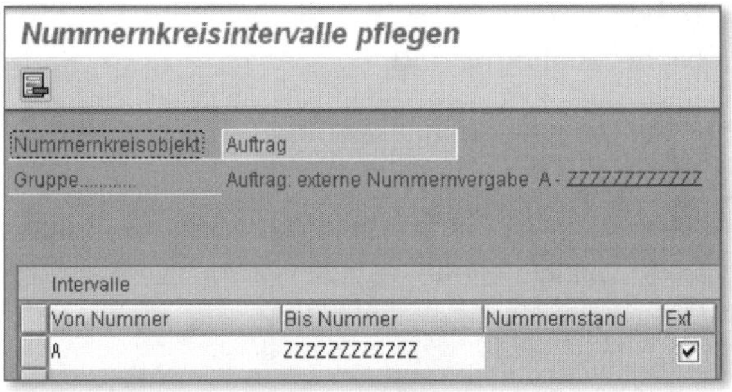

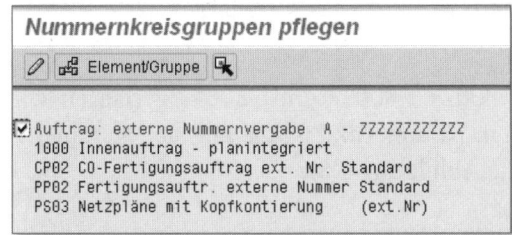

Abbildung 4.4 Nummernkreisintervalle

Nummernkreisgruppen pflegen

Element/Gruppe

```
☑Auftrag: externe Nummernvergabe  A - ZZZZZZZZZZZZZ
  1000 Innenauftrag - planintegriert
  CP02 CO-Fertigungsauftrag ext. Nr. Standard
  PP02 Fertigungsauftr. externe Nummer Standard
  PS03 Netzpläne mit Kopfkontierung    (ext.Nr)
```

Abbildung 4.5 Nummernkreisgruppe mit zugeordneten Auftragsarten

Die nicht zugeordneten Auftragsarten, hier unsere neue Auftragsart »B001«, sind im unteren Teil des Bildschirms zu sehen (siehe Abbildung 4.6).

Um die Auftragsart »B001« mit der Nummernkreisgruppe »Auftrag: externe Nummernvergabe« zu verknüpfen, markieren Sie den Nummernkreis mit einem Häkchen und die Auftragsgruppe (hier »B001«) mit dem Button ELEMENT MARKIEREN, um Nummernkreis und Auftragsart zu verknüpfen.

Nummernkreise und Auftragsarten verknüpfen

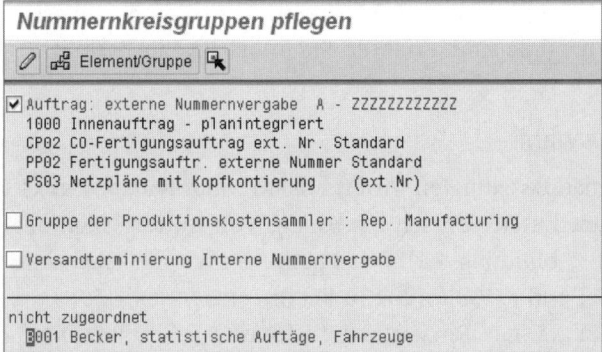

Abbildung 4.6 Nummernkreisgruppe und Auftragsart verknüpfen

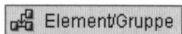 Der Button ELEMENT/GRUPPE ZUORDNEN fügt die beiden markierten Objekte zusammen (siehe Abbildung 4.7).

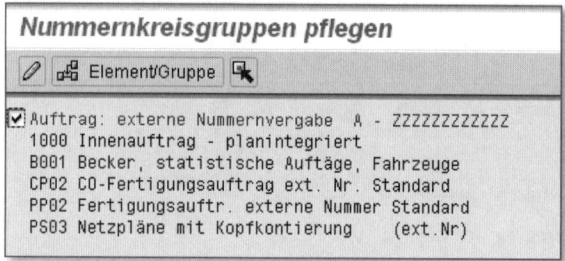

Abbildung 4.7 Auftragsart »B001« ist der Nummernkreisgruppe »externe Nummernvergabe« zugeordnet.

Mit den Auftragsarten »B002«, »B003« und »B004« verfahren wir ebenso. Sie werden einem Nummernkreis mit interner Nummernvergabe zugeordnet (siehe Abbildung 4.8).

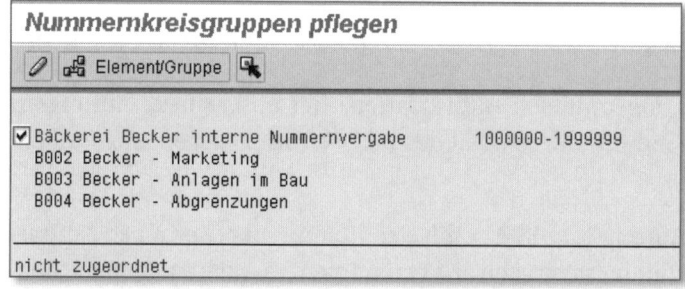

Abbildung 4.8 Auftragsarten mit interner Nummernvergabe

Mit der Pflege von Auftragsart und Nummernkreis haben wir die Minimalvoraussetzungen zur Anlage von Auftragsstammdaten erfüllt. Welche Einstellungen zur Anpassung der Bildschirmmasken darüber hinaus möglich sind, erfahren Sie im nächsten Abschnitt.

4.2.4 Feldauswahl

SAP-
Standardlayout

Mit den Minimaleinstellungen AUFTRAGSART und NUMMERNKREIS können wir einen ersten Versuch zur Anlage von Auftragsstammdaten wagen (siehe Abbildung 4.9). Dazu benutzen wir die Transaktionen KO01, KO02 und KO03 im Menü RECHNUNGSWESEN • CONTROLLING • INNENAUFTRÄGE • STAMMDATEN • SPEZIELLE FUNKTIONEN • AUFTRAG • ANLEGEN/ÄNDERN/ANZEIGEN.

Beim Anlegen müssen wir uns für eine Auftragsart entscheiden. Gut, dass wir die entsprechenden Vorarbeiten bereits geleistet haben. Wir wählen »B001 Becker Statistische Aufträge – Fahrzeuge«.

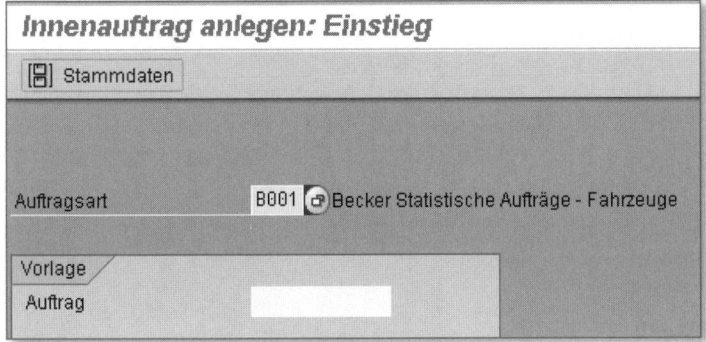

Abbildung 4.9 Innenauftrag anlegen

Mit der ⏎-Taste wird ein Bildschirm mit der Registerkarte ZUORDNUNGEN aufgerufen (siehe Abbildung 4.10). Für die Erfassung von Auftragsstammdaten hat sich SAP ein Standardlayout ausgedacht. Wir sehen hier das erste von fünf Detailbildern.

Registerkarte »Zuordnungen«

Im Feld AUFTRAG vergeben wir die Auftragsnummer – Sie erinnern sich: Für die Auftragsart »B001« hatten wir »externe Nummernvergabe« festgelegt. Die hier vergebene Auftragsnummer »B001« stimmt nur zufällig mit der Auftragsart »B001« überein. Selbstverständlich hätten wir innerhalb des Nummernbands »A« bis »12-mal Z« jeden freien Eintrag wählen können. Als BUCHUNGSKREIS ist »1000 Bäckerei Becker« gewählt. Die OBJEKTKLASSE wird vom System vorgegeben.

Was fällt uns zu dieser Stammdatenmaske ein? Erstens: Schön, dass wir mit wenigen Grundeinstellungen (AUFTRAGSART, NUMMERNKREIS) einen benutzbaren Bildschirm im System finden. Zweitens: Schade, dass zum Erfassen von drei Feldern ein Bildschirm mit 15 Feldern erscheint. Daran arbeiten wir in diesem Abschnitt noch!

Auf der nächsten Registerkarte STEUERUNG wird der Systemstatus mit dem Kürzel »EROF« für »Eröffnet« dargestellt (siehe Abbildung 4.11). Zur Statusverwaltung von Aufträgen geben wir Ihnen später mehr Informationen.

Registerkarte »Steuerung«

Innenauftrag anlegen: Stammdaten

AbrechnVorschr

| Auftrag | B001 | | Auftragsart | B001 |
| Kurztext | BMW 320d Touring OAL-UB 40 | | | |

Zuordnungen   Steuerung   Periodenabschl.   Allgem. Daten   Inv

Zuordnungen

Buchungskreis	
Geschäftsbereich	
Werk	
Funktionsbereich	
Objektklasse	GKOST Gemeinkosten
Profitcenter	

Abbildung 4.10 Innenauftrag – »Zuordnungen«

Die WÄHRUNG »EUR« wird automatisch aus dem Buchungskreis abgeleitet. Mit der Auftragsart »B001« sollen nur statistische Aufträge verwaltet werden, das entsprechende Kennzeichen setzen wir hier im
Abschnitt STEUERUNG. Jedem statistischen Auftrag muss eine ECHT
BEBUCHTE KOSTENSTELLE zugeordnet werden. Wir gehen davon aus,
dass wir mit den hier gezeigten Aufträgen die vielen Lieferfahrzeuge
der Bäckerei Becker verwalten wollen. Entsprechend wählen wir als
Kostenstelle »650 Versand«.

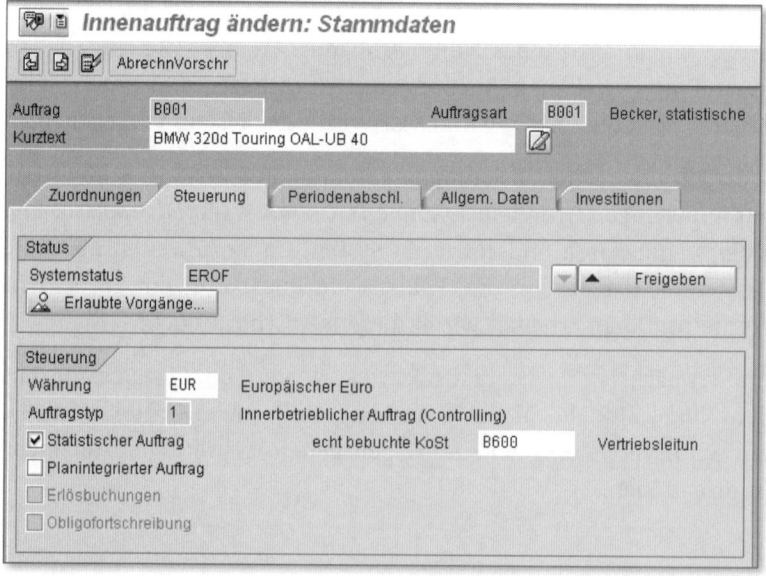

Abbildung 4.11 Innenauftrag – »Steuerung«

Zum Abschluss pflegen wir auf der Registerkarte ALLGEMEINE DATEN den für den Fuhrpark Verantwortlichen »G. Fischer« mit seiner Telefonnummer ein (siehe Abbildung 4.12).

Registerkarte »Allgemeine Daten«

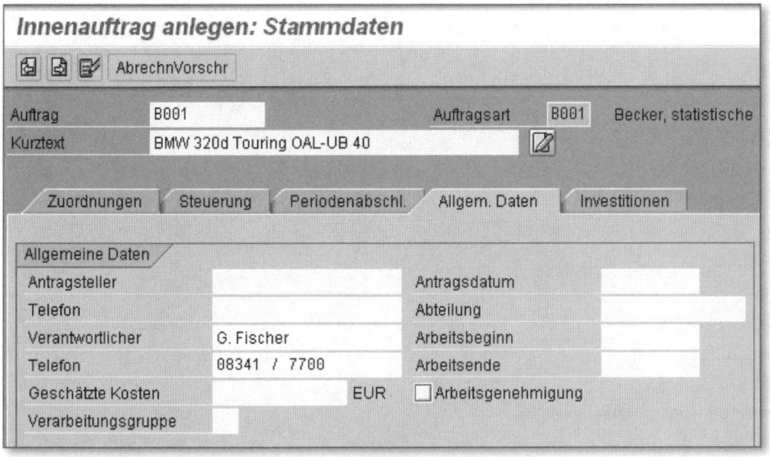

Abbildung 4.12 Innenauftrag – »Allgemeine Daten«

Nun hat sich viel Ballast auf dem Bildschirm gesammelt, den wir gleich eliminieren werden. Mit dem Standardlayout von SAP werden alle möglichen Felder des Auftragsstamms zur Pflege angeboten. Meist werden nicht alle angebotenen Felder bei jeder Auftragsart benutzt. Mit den Innenaufträgen werden massenhaft Stammdaten angelegt. Deshalb macht es Sinn, die Erfassungsmasken auf das unbedingt Notwendige zu reduzieren. Genau das werden wir jetzt tun, indem wir die Feldauswahl anpassen.

Als Alternative zum Standardlayout der Auftragsstammdaten können Sie für jede Auftragsart separat die für Sie notwendigen Felder auswählen. Nutzen Sie hierfür die bekannte Transaktion zur Pflege der Auftragsarten KOT2_FUNCAREA im Customizing SPRO • SAP REFERENZ-IMG • CONTROLLING • INNENAUFTRÄGE • AUFTRAGSSTAMMDATEN • AUFTRAGSARTEN DEFINIEREN (siehe Abbildung 4.13). Ganz unten im Abschnitt DARSTELLUNG STAMMDATEN finden Sie den Button FELDAUSWAHL.

Feldauswahl anpassen

Für jedes Feld steht Ihnen eine der Optionen AUSBLENDEN, ANZEIGEN, EINGABE oder MUSSEINGABE zur Verfügung (siehe Abbildung 4.14).

Optionen in der Feldauswahl

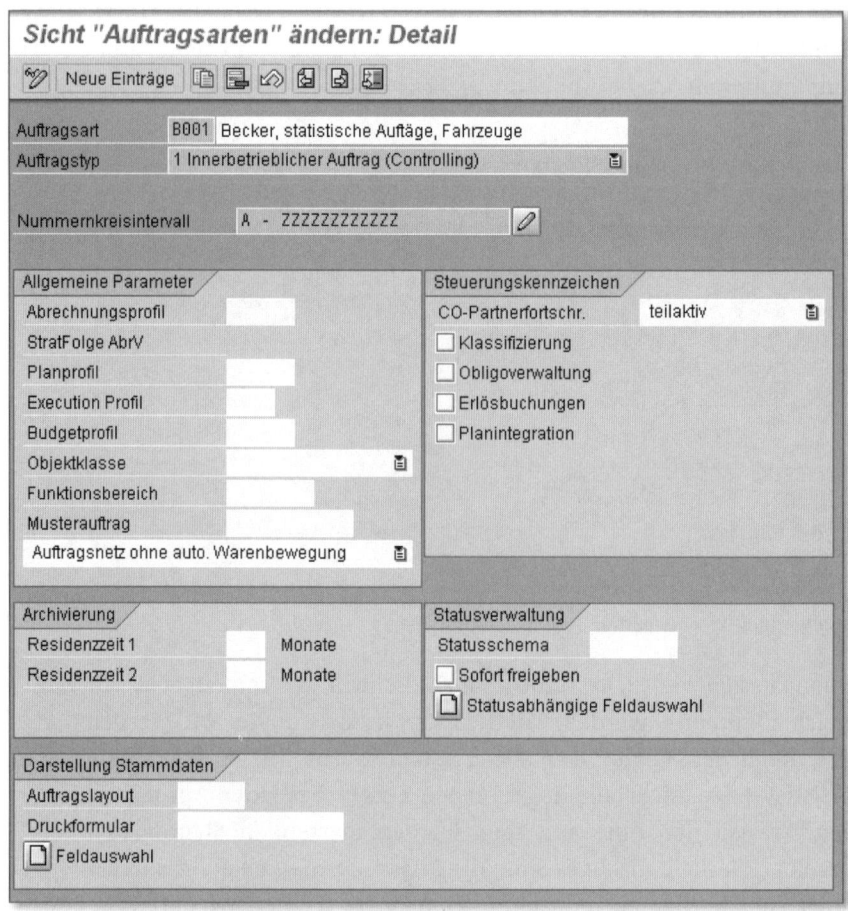

Abbildung 4.13 Auftragsart – »Feldauswahl«

Wir wollen die Eingabemöglichkeit auf sieben Felder reduzieren. Für alle anderen Felder wählen wir die Option AUSBLENDEN. Die Standardeinstellung EINGABE wird für sieben Felder ausgewählt:

- Kurztext

- Buchungskreis

- Systemstatuszeile

- Kennzeichen statistischer Auftrag

- echt bebuchte Kostenstelle

- Verantwortlicher

- Telefonnummer des Verantwortlichen

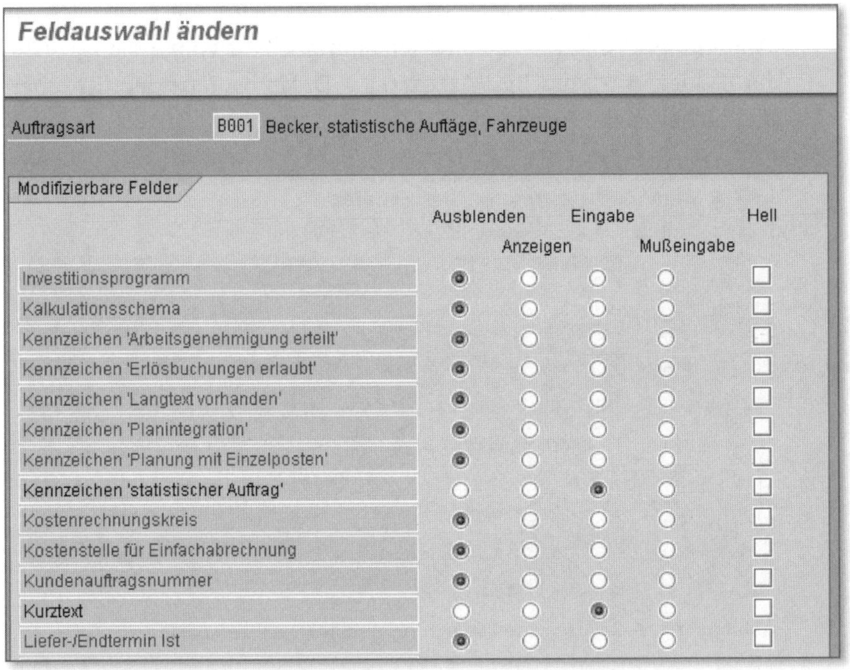

Feldauswahl ändern

Auftragsart	B001 Becker, statistische Aufträge, Fahrzeuge

Modifizierbare Felder

	Ausblenden	Anzeigen	Eingabe	Mußeingabe	Hell
Investitionsprogramm	◉	○	○	○	☐
Kalkulationsschema	◉	○	○	○	☐
Kennzeichen 'Arbeitsgenehmigung erteilt'	◉	○	○	○	☐
Kennzeichen 'Erlösbuchungen erlaubt'	◉	○	○	○	☐
Kennzeichen 'Langtext vorhanden'	◉	○	○	○	☐
Kennzeichen 'Planintegration'	◉	○	○	○	☐
Kennzeichen 'Planung mit Einzelposten'	◉	○	○	○	☐
Kennzeichen 'statistischer Auftrag'	○	○	◉	○	☐
Kostenrechnungskreis	◉	○	○	○	☐
Kostenstelle für Einfachabrechnung	◉	○	○	○	☐
Kundenauftragsnummer	◉	○	○	○	☐
Kurztext	○	○	◉	○	☐
Liefer-/Endtermin Ist	◉	○	○	○	☐

Abbildung 4.14 Feldauswahl für Auftragsstammdaten (Ausschnitt)

Sehen wir uns an, welche Auswirkungen die soeben gemachten Einstellungen auf den Stammdatenbildschirm haben. Wir nutzen jetzt die Transaktion KO02 im Menü RECHNUNGSWESEN • CONTROLLING • INNENAUFTRÄGE • STAMMDATEN • SPEZIELLE FUNKTIONEN • AUFTRAG • ÄNDERN und wählen den bereits angelegten Auftrag »B001« (siehe Abbildung 4.15). Hübsch! Jetzt sieht der Bildschirm schon deutlich übersichtlicher aus.

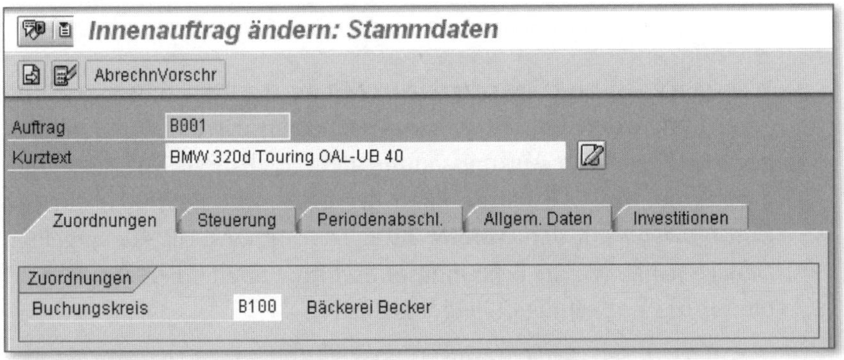

Auftragsstamm mit eigener Feldauswahl

Innenauftrag ändern: Stammdaten

AbrechnVorschr

Auftrag	B001
Kurztext	BMW 320d Touring OAL-UB 40

Zuordnungen	Steuerung	Periodenabschl.	Allgem. Daten	Investitionen

Zuordnungen

Buchungskreis	B100 Bäckerei Becker

Abbildung 4.15 Registerkarte »Zuordnungen« mit ausgewählten Feldern

Auch auf der Registerkarte STEUERUNG hat sich einiges getan (siehe Abbildung 4.16). Zu sehen sind jetzt nur noch die von uns ausgewählten Felder. Auch das Bild ALLGEMEINE DATEN ist jetzt deutlich übersichtlicher (siehe Abbildung 4.17).

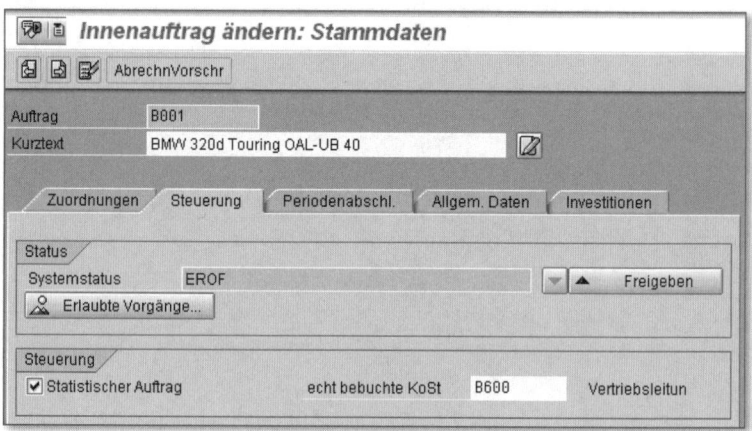

Abbildung 4.16 Registerkarte »Steuerung« mit ausgewählten Feldern

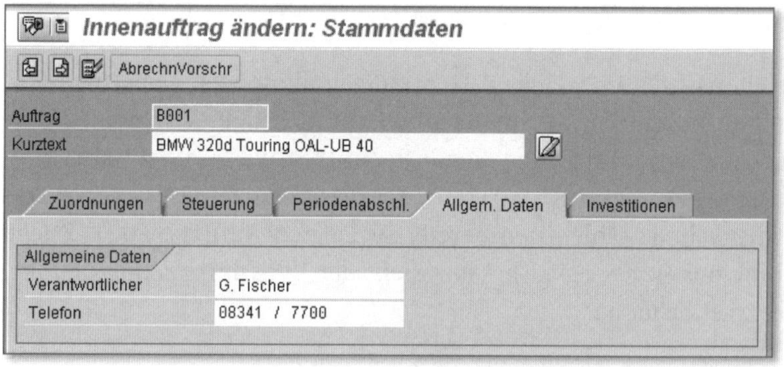

Abbildung 4.17 Registerkarte »Allgemeine Daten« mit ausgewählten Feldern

Was haben wir bis hierher erreicht? Mit den Customizing-Einstellungen AUFTRAGSART und NUMMERNKREIS haben wir die Voraussetzungen zur Pflege von Auftragsstammdaten geschaffen. Mit dem Standardlayout von SAP wurde dann der erste Auftrag »B001« für das Kraftfahrzeug mit dem »BMW 320d Touring OAL-UB 40« angelegt. Danach haben wir die Erfassungsbildschirme mit der Feldauswahl auf die für uns notwendigen Felder reduziert.

Geht's noch besser? Ja, klar! Anstatt unsere sieben Felder auf drei Bildschirmen verteilt zu sehen, wäre es doch schön, nur einen Bildschirm mit allen Daten vorzufinden. Die Funktion, mit der das im Standard von SAP ERP relativ einfach geht, heißt AUFTRAGSLAYOUT, und wird im folgenden Abschnitt beschrieben.

4.2.5 Auftragslayout

Mit einem selbst erstellten Auftragslayout wollen wir jetzt den bereits deutlich reduzierten Bildschirm weiter vereinfachen. Bisher müssen wir immer noch die drei Registerkarten ZUORDNUNGEN, STEUERUNG und ALLGEMEINE DATEN aufrufen, um alle Felder zu einem Auftrag zu füllen. Die von uns als relevant definierten Felder passen aber leicht auf einen einzigen Bildschirm. Also legen wir ein Auftragslayout an mit der entsprechenden Funktion im Customizing SPRO • SAP REFERENZ-IMG • CONTROLLING • INNENAUFTRÄGE • AUF-TRAGSSTAMMDATEN • BILDSCHIRMGESTALTUNG • AUFTRAGSLAYOUTS DEFINIEREN (siehe Abbildung 4.18). Wir nennen das Layout »Z001 Layout Becker Fahrzeuge«.

Layout anlegen

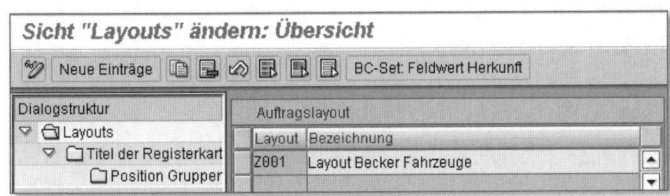

Abbildung 4.18 Layout für Auftragsstamm anlegen

Mit der Funktion TITEL DER REGISTERKARTEN aus der Dialogstruktur im linken Bildschirmbereich ordnen wir dem Layout eine einzige Registerkarte mit dem Titel ALLE DATEN zu (siehe Abbildung 4.19).

Titel der Registerkarten

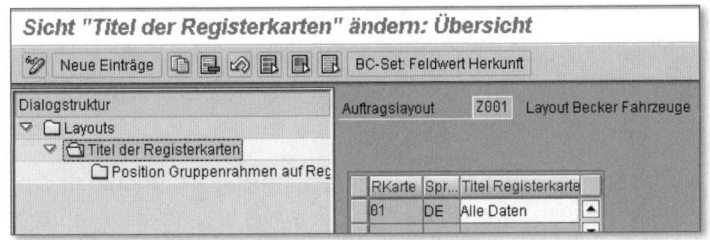

Abbildung 4.19 Eigene Registerkarte »Alle Daten« definieren

Zum Abschluss nutzen wir die Funktion POSITION GRUPPENRAHMEN AUF REGISTERKARTEN (siehe Abbildung 4.20). Hier legen wir in Bezug

»Position Gruppenrahmen auf Registerkarten«

auf unsere Registerkarte ALLE DATEN in der Spalte POSITION eine Reihenfolge fest. In jeder Zeile wird ein Gruppenrahmen angegeben. Gruppenrahmen sind die Kästchen, mit denen Felder auf den Stammdatenbildschirmen optisch verbunden werden. Wir können hier also nur ganze Gruppenrahmen ein- oder ausblenden und in eine Reihenfolge bringen. Die Auswahl und die Anordnung einzelner Felder sind mit dieser Funktion nicht möglich.

Die im vorigen Abschnitt vorgenommene Feldauswahl bleibt selbstverständlich gültig. Innerhalb der jetzt ausgewählten Gruppenrahmen werden also nur die Felder dargestellt, die wir bei der Feldauswahl mit der Option EINGABE gekennzeichnet hatten.

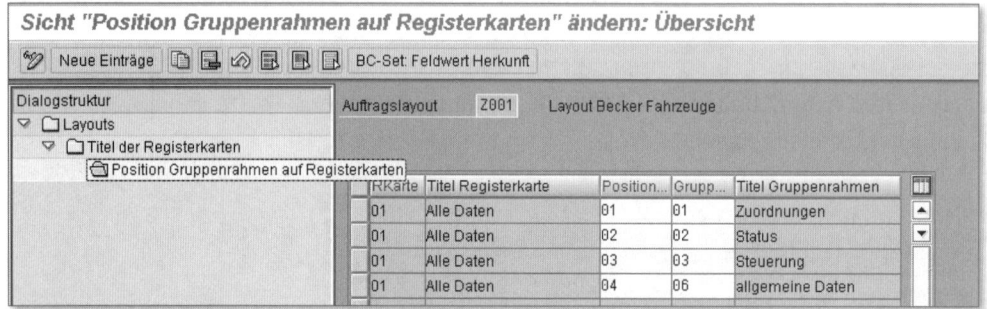

Abbildung 4.20 Gruppenrahmen mit der eigenen Registerkarte »Alle Daten« verknüpfen

Layout zuordnen

Fehlt noch etwas? Ach ja, bis jetzt »weiß« die Auftragsart ja noch nicht, dass wir mit unserem eigenen Layout »Z001« und nicht mehr mit dem SAP-Standardlayout arbeiten wollen. Also sollten wir die entsprechende Einstellung noch vornehmen. Wir nutzen wieder die bekannte Transaktion KOT2_FUNCAREA zum Pflegen der Auftragsarten im Customizing SPRO • SAP REFERENZ-IMG • CONTROLLING • INNENAUFTRÄGE • AUFTRAGSSTAMMDATEN • AUFTRAGSARTEN DEFINIEREN (siehe Abbildung 4.21). Im unteren Block DARSTELLUNG STAMMDATEN wird das gewünschte Layout im Feld AUFTRAGSLAYOUT erfasst.

Stammdaten mit individuellem Layout

Wenn wir jetzt nochmals in die Pflege der Auftragsstammdaten einsteigen, müsste das Layout »Z001« gezogen werden. Probieren wir's aus mit der bereits bekannten Transaktion KO02 im Menü RECHNUNGSWESEN • CONTROLLING • INNENAUFTRÄGE • STAMMDATEN • SPEZIELLE FUNKTIONEN • AUFTRAG • ÄNDERN und wählen wieder den Auftrag »B001« (siehe Abbildung 4.22).

Sicht "Auftragsarten" ändern: Detail

Neue Einträge

Auftragsart	B001 Becker, statistische Auftäge, Fahrzeuge
Auftragstyp	1 Innerbetrieblicher Auftrag (Controlling)

Nummernkreisintervall   A - ZZZZZZZZZZZZ

Allgemeine Parameter

Abrechnungsprofil	
StratFolge AbrV	
Planprofil	
Execution Profil	
Budgetprofil	
Objektklasse	
Funktionsbereich	
Musterauftrag	
Auftragsnetz ohne auto. Warenbewegung	

Steuerungskennzeichen

CO-Partnerfortschr.	teilaktiv
☐ Klassifizierung	
☐ Obligoverwaltung	
☐ Erlösbuchungen	
☐ Planintegration	

Archivierung

Residenzzeit 1		Monate
Residenzzeit 2		Monate

Statusverwaltung

Statusschema	
☐ Sofort freigeben	
☐ Statusabhängige Feldauswahl	

Darstellung Stammdaten

Auftragslayout	Z001	Layout Becker Fahrzeuge
Druckformular		

Feldauswahl

Abbildung 4.21 Auftragslayout »Z001« mit Auftragsart »B001« verknüpfen

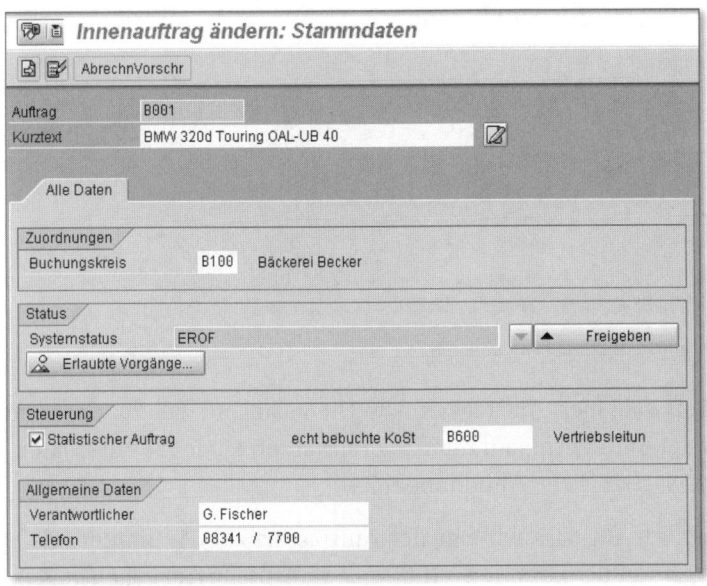

Innenauftrag ändern: Stammdaten

AbrechnVorschr

Auftrag	B001
Kurztext	BMW 320d Touring OAL-UB 40

Alle Daten

Zuordnungen

Buchungskreis	B100	Bäckerei Becker

Status

Systemstatus	EROF ▼ ▲ Freigeben
Erlaubte Vorgänge...	

Steuerung

☑ Statistischer Auftrag	echt bebuchte KoSt	B600	Vertriebsleitun

Allgemeine Daten

Verantwortlicher	G. Fischer
Telefon	08341 / 7700

Abbildung 4.22 Alle relevanten Stammdaten des Auftrags auf einer Bildschirmseite

Sehr schön! Nicht nur, dass wir überflüssige Felder mit der Funktion FELDAUSWAHL ausblenden konnten, zusätzlich ist es uns mit dem Auftragslayout gelungen, alle relevanten Felder auf einer Maske anzuzeigen.

Was können wir jetzt noch tun? Beim Anlegen von Auftragsstammdaten bekommen wir zwar nur noch unsere sieben relevanten Felder angeboten – alle auf einem Bildschirm –, aber die sind leer. Die Krönung wäre, wenn wir die Felder mit sinnvollen Standardwerten vorbelegen könnten. Wie das geht, erfahren Sie im nächsten Abschnitt.

4.2.6 Musterauftrag, Referenzauftrag

Die Erfassung von Auftragsstammdaten haben wir mit der Definition von Auftragsarten und Nummernkreisen sowie mit der Feldauswahl und einem eigenen Auftragslayout bereits weitgehend an unsere individuellen Bedürfnisse angepasst.

Auftrag anlegen ohne Vorschlagswerte

Sehen wir uns noch einmal an, wie das Anlegen von Auftragsstammdaten jetzt abläuft. Dazu steigen wir nochmals ein in die Transaktion KO01 im Menü RECHNUNGSWESEN • CONTROLLING • INNENAUFTRÄGE • STAMMDATEN • SPEZIELLE FUNKTIONEN • AUFTRAG • ANLEGEN (siehe Abbildung 4.23).

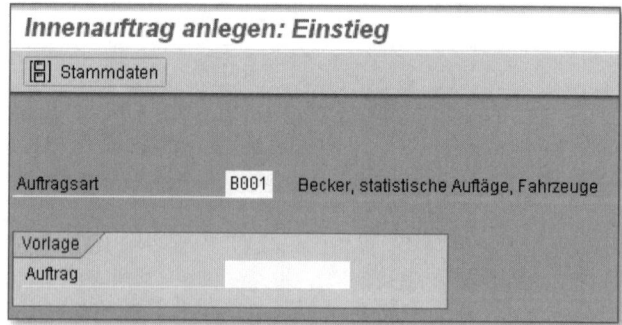

Abbildung 4.23 Innenauftrag anlegen

Nach Auswahl der Auftragsart »B001« gelangen wir zu unserem bekannten Bildschirm, auf dem alle relevanten Felder auf die Dateneingabe warten (siehe Abbildung 4.24).

Nehmen wir an, dass wir mit der Auftragsart »B001« immer Kraftfahrzeuge im Buchungskreis »1000« als statistische Aufträge zur Kostenstelle »650« verwalten wollen. Der Verantwortliche für den gesamten Fuhrpark, G. Fischer, ist auch für jedes neue Fahrzeug verantwortlich. Jeder Auftrag soll beim Anlegen gleich den Status »Frei« bekommen. Dann bleiben als Felder, die bei jedem Auftrag individuell zu pflegen sind, nur noch Auftrag (das ist die Auftragsnummer) und Kurztext (da hatten wir die Marke »BMW«, den Fahrzeugtyp »320d Touring« und das Kfz-Kennzeichen eingetragen). Alle anderen Felder könnten wir mit Standardwerten vorbelegen.

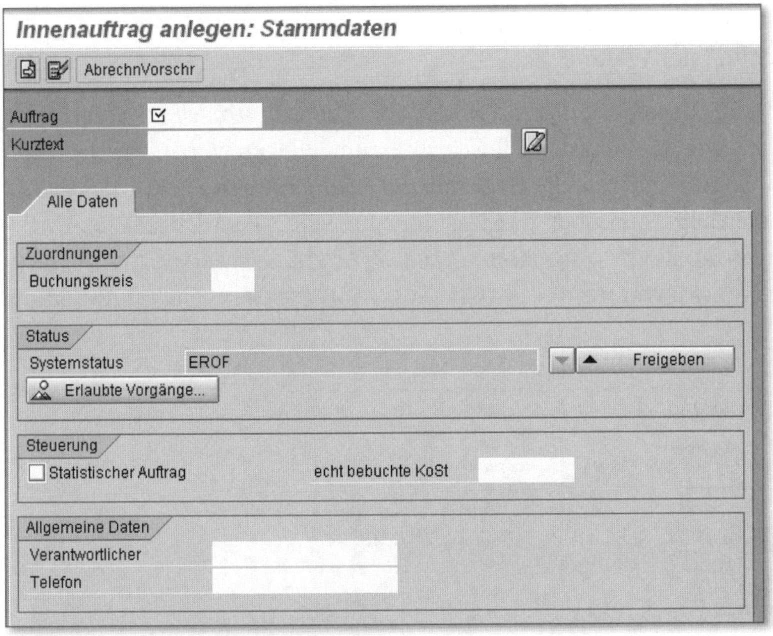

Abbildung 4.24 Alle relevanten Felder sind eingabebereit und leer.

Zum Vorbelegen von Stammdatenfeldern bei der Erfassung von Auftragsstammdaten stehen Ihnen zwei Funktionen zur Verfügung:

► Referenzauftrag

► Musterauftrag

Der *Referenzauftrag* ist nichts anderes als ein Innenauftrag, dessen Stammdaten bereits im System vorliegen. Der Anwender kann einen beliebigen vorhandenen Auftrag als Vorlage in den neuen Auftrag kopieren. Sie kopieren einen Referenzauftrag ganz einfach in einen neu anzulegenden Auftragsstamm, indem Sie im Einstiegsbild zur Auftragsanlage im Block VORLAGE, Feld AUFTRAG die gewünschte Auftragsnummer angeben (siehe die bereits beschriebene Abbildung 4.23).

Referenzauftrag

Referenzaufträge kann also jeder Anwender individuell als Kopiervorlage nutzen. Bei jedem neuen Anlegen eines Auftrags kann ein anderer Auftrag als Referenz herangezogen werden. Diese Freiheit für den Anwender kann gewünscht sein. Wenn Sie als Modulverantwortlicher Ihre Endanwender jedoch zwingen wollen, dass mit jedem neuen Auftrag zu einer bestimmten Auftragsart immer die gleichen Feldinhalte vorgeschlagen werden, oder wenn Sie Felder vorbelegen wollen, die der Benutzer gar nicht mehr ändern kann, dann ist nicht der Referenzauftrag, sondern der *Musterauftrag* das Mittel der Wahl.

Musterauftrag Die Transaktionen zum Pflegen von *Musteraufträgen* sehen genauso aus wie die Standardbildschirme zum Pflegen von normalen Auftragsstammdaten. Sie erreichen die Transaktionen KOM1 und KOM2 allerdings nur über das Customizing SPRO • SAP REFERENZ-IMG • CONTROLLING • INNENAUFTRÄGE • AUFTRAGSSTAMMDATEN • BILDSCHIRMGESTALTUNG • MUSTERAUFTRÄGE PFLEGEN (siehe Abbildung 4.25).

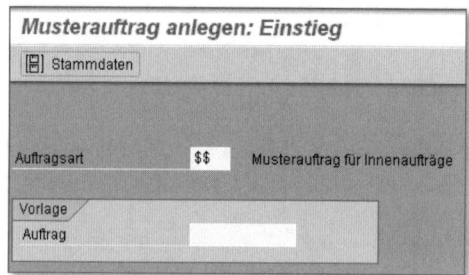

Abbildung 4.25 Musterauftrag anlegen

Die Auftragsart $$[1] für Musteraufträge wird von SAP ausgeliefert. Diese Auftragsart ist bei Auslieferung allerdings keinem Nummernkreis zugeordnet. Wie Sie einen Nummernkreis anlegen und mit einer Auftragsart verbinden, wissen Sie ja schon. Hier im System der Bäckerei Becker haben wir für die Musteraufträge einen Nummernkreis mit externer Nummernvergabe gewählt.

Musterauftrag – »Zuordnungen« Haben wir Ihnen zu viel versprochen? Die Bildschirmmasken für die Pflege von Musteraufträgen sind von den Funktionen zur Pflege von Auftragsstammdaten nicht zu unterscheiden (siehe Abbildung 4.26).

---

1 $$ ist kein Platzhalter, sondern tatsächlich der Schlüssel für die Auftragsart im SAP-System.

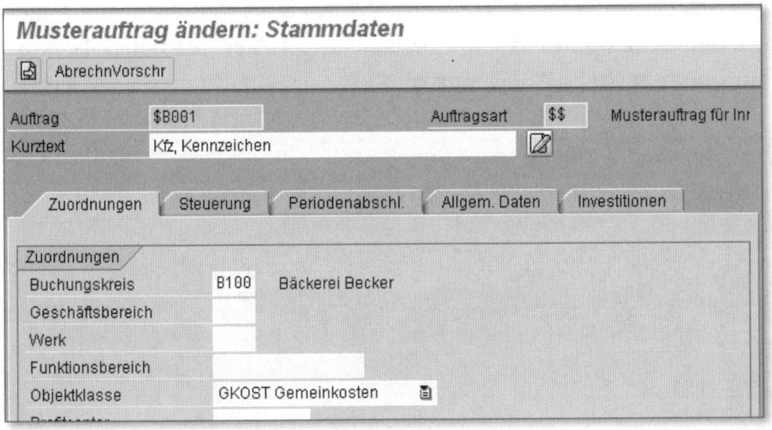

Abbildung 4.26 Musterauftrag – »Zuordnungen«

Die Auftragsnummer »$B001« haben wir manuell vorgegeben. Der Kurztext »Kfz, Kennzeichen« und der Buchungskreis »B100« sollen später bei der Anlage von Auftragsstammdaten als Vorschlagswerte erscheinen.

Auf der Registerkarte STEUERUNG setzen wir das Häkchen bei STATISTISCHER AUFTRAG und tragen als ECHT BEBUCHTE KOST die Kostenstelle »B600« ein (siehe Abbildung 4.27).

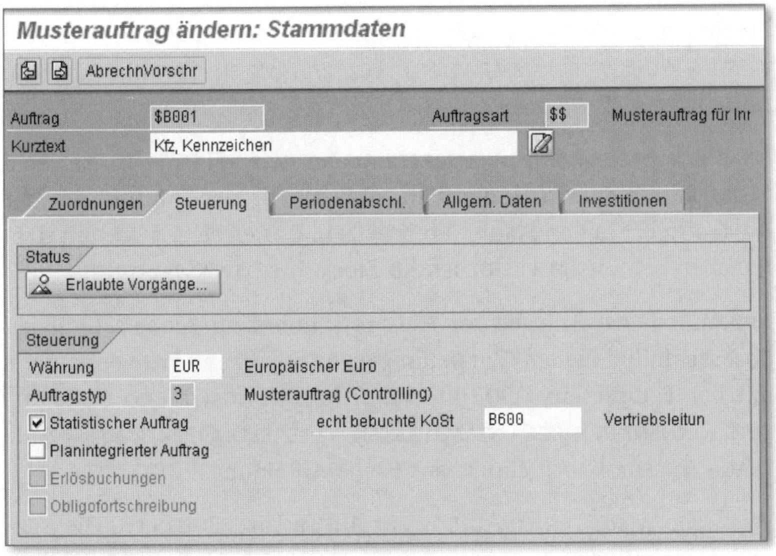

Musterauftrag – »Steuerung«

Abbildung 4.27 Musterauftrag – »Steuerung«

Musterauftrag –
»Allgemeine
Daten«

Auf der Registerkarte ALLGEMEINE DATEN zum Musterauftrag tragen wir den bekannten Fuhrparkmanager G. Fischer mit seiner Telefonnummer ein (siehe Abbildung 4.28).

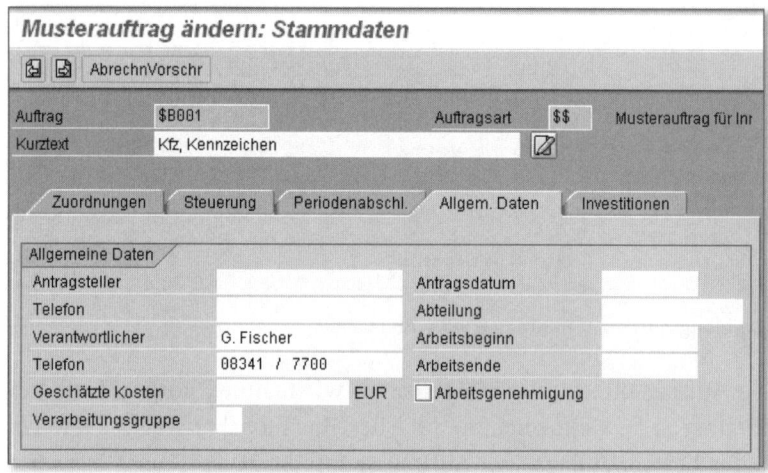

Abbildung 4.28 Musterauftrag – »Allgemeine Daten«

Auftragsart und
Musterauftrag
verknüpfen

Jetzt müssen wir bei der Auftragsart nur noch hinterlegen, dass bei der Neuanlage von Aufträgen dieser Musterauftrag »$B001« als Vorlage herangezogen werden soll. Dazu springen wir wieder in die Pflege der Auftragsarten mit der Transaktion KOT2_FUNCAREA im Customizing SPRO • SAP REFERENZ-IMG • CONTROLLING • INNENAUFTRÄGE • AUFTRAGSSTAMMDATEN • AUFTRAGSARTEN DEFINIEREN (siehe Abbildung 4.29).

Im Block ALLGEMEINE PARAMETER tragen wir »$B001« in das Feld MUSTERAUFTRAG ein. Außerdem wollten wir den Auftrag bei der Anlage sofort in den Status »Frei« setzen. Das erreichen wir mit dem Häkchen bei SOFORT FREIGEBEN im Block STATUSVERWALTUNG.

Auftrag mit
Musterauftrag
anlegen

Jetzt müsste das Anlegen von Auftragsstammdaten schon sehr genau unseren individuellen Vorstellungen entsprechen. Probieren wir's mit der Transaktion KO01 im Menü RECHNUNGSWESEN • CONTROLLING • INNENAUFTRÄGE • STAMMDATEN • SPEZIELLE FUNKTIONEN • AUFTRAG • ANLEGEN noch einmal aus (siehe Abbildung 4.28).

Übernahme von
Stammdaten aus
Musterauftrag

Wir legen wieder einen Auftrag zur Auftragsart »B001« an. Die Bildschirmdarstellung kennen wir schon. Neu ist, dass alle eingabebereiten Felder (außer der Auftragsnummer) bereits mit Vorschlagswerten gefüllt sind (siehe Abbildung 4.30).

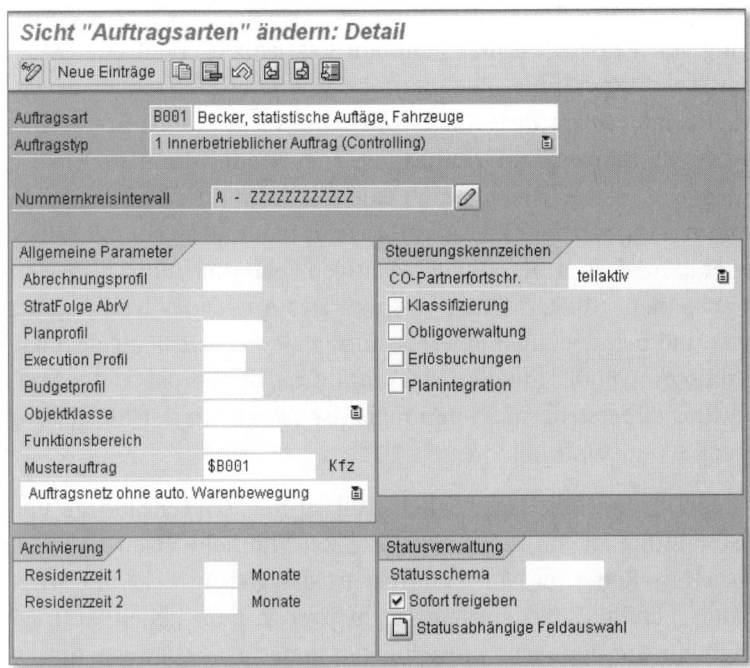

Abbildung 4.29 Auftragsart »B001«, Musterauftrag »$B001« eintragen und »Sofort freigeben« bei der »Statusverwaltung« setzen

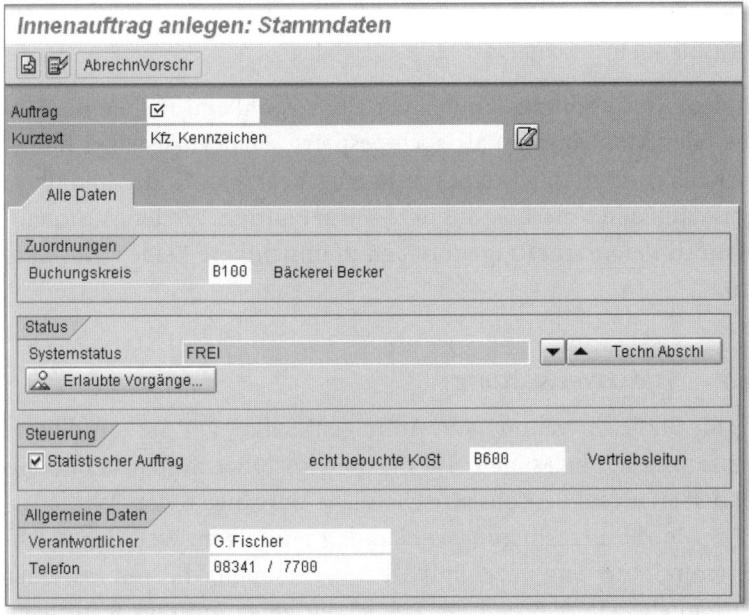

Abbildung 4.30 Innenauftrag mit vorbelegten Feldern aus dem Musterauftrag »$B001«

Am Beginn dieses Abschnitts hatten wir erwähnt, dass Sie die Vorbelegung von Feldern mit der Funktion REFERENZAUFTRAG oder MUSTERAUFTRAG vornehmen können. Den Referenzauftrag kann der Endanwender selbst auswählen – oder auch nicht. Der Musterauftrag wird in Verbindung zur Auftragsart vom Moduladministrator fest vorgegeben. Was passiert, wenn beide, der Anwender und der Administrator, tätig werden? Der Administrator meint es so gut mit seinen Anwendern, dass er bereits alle wichtigen Felder mit Vorschlagswerten aus einem Musterauftrag versorgt. Der Anwender weiß es aber besser und benutzt einen Referenzauftrag, den er selbst angelegt hat. Kann der Anwender mit dem Referenzauftrag die Vorgaben des Musterauftrags übersteuern? Ja und nein, das hängt von der Einstellung in der FELDAUSWAHL ab.

Nehmen wir an, wir legen einen Auftrag mit Referenzauftrag und Musterauftrag an. Im Referenzauftrag steht im Feld VERANTWORTLICHER »Herr Reff«, im Musterauftrag ist das gleiche Feld mit »Herr Muster« gefüllt. Welcher Name steht jetzt in dem neuen Auftrag? Prüfen wir drei mögliche Einstellungen in der FELDAUSWAHL für das Feld VERANTWORTLICHER:

▶ Eingabe oder Musseingabe: »Herr Reff«

▶ Anzeige: »Herr Muster«

▶ Ausblenden: » « (leer)

Mit dem Musterauftrag können wir also sowohl eingabebereite (Eingabe oder Musseingabe) als auch gesperrte Felder (Anzeige) füllen. Der Referenzauftrag schreibt nur in eingabebereite Felder und überlagert dann den Vorschlag aus dem Musterauftrag. Weder Musterauftrag noch Referenzauftrag schreiben in unsichtbare Felder (Ausblenden).

4.2.7 Statusverwaltung

Uff, die Statusverwaltung von Aufträgen! Sollen wir Sie mit diesem Thema wirklich belästigen? Da müssten wir über Systemstatus, Anwenderstatus und betriebswirtschaftliche Vorgänge reden. Wir müssten tief in die Berechtigungsverwaltung einsteigen, weil das Wechseln von Status eng verknüpft ist mit Personen, die nur zu einer bestimmten Zeit während der Lebenszeit eines Auftrags festgelegte Vorgänge ausführen dürfen. Wir sparen uns die Details und beschränken uns auf die vier Systemstatus, die standardmäßig ausgeliefert werden und für die kein weiteres Customizing notwendig ist.

Die vier Systemstatus sind: Systemstatus

- Eröffnet (EROF): Planung ist möglich.
- Frei (FREI): Planung, Istbuchung und Abrechnung ist möglich.
- Technisch abgeschlossen (TABG): Istbuchung und Abrechnung ist möglich.
- Abgeschlossen (ABGS): Jetzt geht fast nichts mehr.

Zusätzlich zu diesen frei wählbaren Status setzt das System automatische Status nach dem Ausführen bestimmter Aktivitäten wie z. B. »Abrechnungsvorschrift erfasst« (»ABRV«), »Abweichungen ermittelt« (»ABWE«) und »Warenbewegung erfolgt« (»WABE«). Die Aufträge im Controlling sind technisch eng verwandt mit den Fertigungsaufträgen in der Produktion. Dort ist eine differenzierte Statusverwaltung wichtig. Wir Controller bekommen die Statusverwaltung vom Modul Produktion quasi geschenkt, ob wir wollen oder nicht.

Verlassen wir die Statusverwaltung, und wenden wir uns einem ebenso unerfreulichen Thema zu, dem Löschen von Aufträgen.

4.2.8 Aufträge löschen

Dies ist ein ganz kurzer Abschnitt. Das Löschen von Auftragsstammdaten geht nämlich nicht. Bei den Kostenstellen hatten Sie noch einen kurzen Moment Zeit zum Löschen, und zwar den Moment zwischen dem Anlegen der Stammdaten und der ersten Buchung. Danach sind auch Kostenstellen nicht mehr löschbar. Ein einmal angelegter Auftrag dagegen bleibt selbst ohne Buchungen für immer und ewig im System. Nein – ganz so schlimm ist es auch wieder nicht. Unter bestimmten Voraussetzungen ist eine Archivierung dieser Daten möglich. Archivierung ist ein »Löschen de luxe«, das im SAP ERP-System eingerichtet ist. Dabei werden die Daten im produktiven System physisch gelöscht und in mehr oder weniger brauchbaren Archivdateien gesichert. Die Archivierung ist ein hochkomplexes Thema und würde den Rahmen dieses Buches sprengen. Archivierung von Aufträgen

Wenden wir uns lieber wieder den existierenden Aufträgen zu, und sehen wir uns an, wie wir sie benutzen können.

4.3 Abwicklung, Planung und Abrechnung der Innenaufträge

Wir haben uns in Abschnitt 4.2, »Grundeinstellungen im SAP-System«, mit betriebswirtschaftlichen Aspekten wie Auftragsarten und -gruppen, aber auch mit systemseitigen Themen wie externe oder interne Nummernvergabe, dem Anpassen der Bildschirmmasken an Ihre speziellen Anforderungen und dem Zugriff auf Muster- oder Referenzauftrag beschäftigt. In den folgenden Ausführungen wollen wir auf die praktische Abwicklung der Innenaufträge von der Auftragsvorbereitung bis zur Auftragsabrechnung eingehen.

4.3.1 Einzelaufträge

Auftrags-abwicklung

In Abschnitt 4.1.1, »Definition von »Innenauftrag««, haben wir wichtige Argumente, die für die Verwendung von Innenaufträgen sprechen, genannt. Für die Einzelaufträge sind davon vor allem die exakte Kostenerfassung und die detaillierte Kostenüberwachung maßgeblich.

Alle Einzelaufträge sollten grundsätzlich nach einem einheitlichen Schema abgewickelt werden (siehe auch Abschnitt 4.3.2, »Daueraufträge«, und Abschnitt 4.3.3, »Abgrenzungsaufträge«). Der nachfolgend beschriebene Ablauf gilt nur für die Innenaufträge. Für Kleinaufträge, die unter einer festzusetzenden Stunden- und/oder Wertgrenze bleiben, findet ein abgekürztes Verfahren mit vereinfachter Genehmigung und Direktverrechnung Kostenstelle/Kostenart Anwendung. Wir weisen außerdem darauf hin, dass das im Folgenden skizzierte Abwicklungsverfahren einen sofortigen Arbeitsbeginn in dringenden Fällen, z. B. bei Maschinenstillstand, nicht behindern darf. Wichtig ist – unabhängig von Genehmigungsverfahren –, möglichst rasch die Auftragsnummer zu vergeben und die Auftragseröffnung durchzuführen, damit die Stunden der ausführenden Kostenstellen, benötigte Materialien etc. tatsächlich auf den betreffenden Auftrag erfasst werden können.

Auftragsvor-bereitung

Innenaufträge werden von Mitarbeitern oder Leitern von Fachbereichen (Fachbereich heißt hier: Technik, Produktion, Vertrieb etc.) angefordert. Die genauen Aufgaben von Auftragsanforderer und Auftragsverantwortlichem sind im Folgenden festgehalten. Der Auftragsanforderer beschreibt die geplante Maßnahme und überstellt einen Genehmigungsantrag an den für die jeweilige Auftragsgruppe zuständigen Auftragsaussteller. Dieser ist für die Beschaffung aller notwendigen Daten, die Einhaltung der festgelegten Freigabeverfahren, die Erfassung im System sowie für das laufende Reporting zuständig.

Dem Auftragsaussteller bzw. Auftragsverantwortlichen fallen folgende Aufgaben zu:

Aufgaben des Auftragsverant-wortlichen

1. genaue Feststellung des Auftragsumfangs

2. Festlegung der an der Auftragsausführung zu beteiligenden internen und externen Stellen

3. Durchführung bzw. Beauftragung von Kostenvorschätzungen

4. Veranlassung von Wirtschaftlichkeits- und Vergleichsrechnungen (gegebenenfalls Erarbeitung von Alternativlösungen bzw. Einholung von Konkurrenzangeboten)

5. Abgabe eines voraussichtlichen Fertigstellungstermins

6. Weitergabe zur Genehmigung an die zuständige genehmigende Stelle (nach Wertgrenzen gestaffelt)

7. einfache Arbeitsvorbereitung

8. Koordination der Ausführung bei mehreren beteiligten (internen und/oder externen) Stellen

9. Terminabstimmung und -überwachung

10. Kostenüberwachung während der Auftragsausführung

11. Kontrolle der Endtermineinhaltung

12. Überprüfung der Auftragskosten und Vergleich mit den Planmengen und -werten, laufend und nach Auftragsabschluss

Auf einige Punkte, auf die Sie in jedem Fall genauer achten sollten, werden wir im Folgenden noch etwas näher eingehen.

Eine frühzeitige Information über die voraussichtlichen Kosten ist bei der Planung der Einzelaufträge unabdingbar. Der Anforderer muss die Möglichkeit haben, vor Beginn der Auftragsausführung nach billigeren Alternativlösungen zu fragen oder auch Konkurrenzangebote einholen zu lassen. Er muss dazu die Kostenvorschätzung und Termine vor Arbeitsbeginn erfahren und nicht nur die angefallenen Kosten nach Auftragsabschluss belastet bekommen, zu einem Zeitpunkt, zu dem er die Kosten nicht mehr beeinflussen kann.

Kostenvor-schätzung

Vom Auftragsverantwortlichen wird eine Kostenvorschätzung vorgenommen bzw. – falls von ihm nicht selbst durchführbar – bei einem Dritten veranlasst. Für diese Kostenvorschätzung stehen meist Istwerte vergleichbarer Aufträge aus der Vergangenheit zur Verfügung. Ziel muss es sein, dass für alle Aufträge Kostenvorschätzungen durchgeführt werden, die zumindest bei größeren Aufträgen nach Eigenleistungen der beteiligten Handwerkerstellen, nach Materialien vom Lager und Fremdlieferungen/-leistungen differenziert werden sollten.

Abschließend wird der mit der Kostenvorschätzung und den Terminen versehene Auftrag der für die Genehmigung zuständigen Stelle vorgelegt. Sobald die Genehmigung erteilt ist, kann die Auftragsnummer – manuell oder maschinell – vergeben und der Auftrag eröffnet werden.

Wichtig ist, dass jeder Innenauftrag mit einer Kostenvorschätzung versehen sein sollte (so detailliert wie möglich und nötig).

Auftrags-ausführung

Bei der Auftragsausführung ist zu beachten – und dies sollte vom Auftragsverantwortlichen auch kontrolliert werden –, dass wirklich alle Kosten des Auftrags auf die richtige Auftragsnummer erfasst werden.

Wichtig ist, dass alle mit dieser Maßnahme zusammenhängenden Kosten, eigen und fremd, dem Auftrag zugeordnet werden (und nicht, um die Kostenvorschätzung einzuhalten, Kosten auf andere Aufträge »verscho-ben« bzw. Kosten von anderen Maßnahmen übernommen werden, weil die Kostenvorschätzung noch Luft lässt).

Bei mehreren ausführenden Stellen fällt dem Auftragsverantwortlichen auch die Aufgabe zu, die Koordination aller beteiligten Stellen einschließlich der Fremdfirmen zu übernehmen. Hand in Hand mit dieser Koordination sollte zumindest bei den Aufträgen, an denen eigene Handwerker beteiligt sind, eine vereinfachte Arbeitsvorbereitung durchgeführt werden (wie viele Handwerker beizuziehen sind, welche Hilfsmittel einzusetzen und bei Handwerkern auch gleich mitzunehmen sind, zu welchem Zeitpunkt die Arbeit begonnen und wann sie fertig gestellt sein muss).

Auftragskontrolle

Parallel zur Auftragsausführung muss eine laufende Terminüberwachung vorgenommen werden. Genauso müssen auch die Kosten laufend überprüft werden, und zwar die positionsweise angefallenen

Kosten für sich und unter dem Aspekt der Gesamtkostenvorschätzung. Dabei sind auch die disponierten Kosten (Bestellobligo) zu berücksichtigen.

Die auf Innenaufträge übernommenen Istkosten können weiterverrechnet werden:

Auftrags-
abrechnung

▸ auf Kostenstellen

▸ auf andere Innenaufträge (z. B. vom Einzelreparaturauftrag auf den Abgrenzungsauftrag Großreparaturen)

▸ auf Anlagen im Bau

▸ auf Kostenträger (gegebenenfalls auch Ergebnisobjekte)

▸ auf Konten der Finanzbuchhaltung

Wichtig ist, dass sowohl Kostenstellen als auch andere Aufträge, Projekte sowie Anlagen im Bau oder Fibu-Konten angesprochen werden können und dass diese Verrechnung sowohl summarisch als auch kostenarten- oder kostenartengruppenweise durchgeführt werden kann. Die Weiterbelastung der Kosten pro Auftrag kann in verschiedenen Intervallen erfolgen: einmalig, pro Abrechnungsmonat, ab einem bestimmten Zeitpunkt pro Abrechnungsmonat sowie nach Auftragsabschluss. Außerdem kann sie auf beliebig viele Kostenstellen, Aufträge oder Konten vorgenommen werden, wobei für eine derartige Aufgliederung Prozentsätze oder feste Beträge angegeben werden können. Wichtig ist, dass pro Auftrag individuell festgelegt werden kann, ob die Abrechnung laufend, periodisch oder erst nach Auftragsabschluss erfolgen soll.

4.3.2 Daueraufträge

Die Abwicklung der Daueraufträge – dies gilt übrigens analog für die Abgrenzungsaufträge – ist wesentlich einfacher als die der Einzelaufträge, vor allem deshalb, weil diese Aufträge hauptsächlich Hilfsmittel der Controllingaktivitäten sind und aus diesem Grund nur von diesem Bereich vergeben werden sollten.

Auftrags-
abwicklung von
Daueraufträgen

Die Abwicklung der Daueraufträge (dies gilt auch für die Abgrenzungsaufträge) wird dadurch erleichtert, dass diese Aufträge ständig Gültigkeit haben. Im Gegensatz zu den Einzelaufträgen, die stets zeitlich befristet sind, laufen sie meist über Jahre und werden Monat für Monat automatisch abgerechnet.

Ein Großteil der Daueraufträge wird bereits in Zusammenhang mit der Kostenplanung bzw. rechtzeitig zum Start der Istabrechnung eröffnet. Wichtig ist, dass alle internen Stellen, die mit diesen Aufträgen in Berührung kommen – das sind vor allem die Sekundärstellen wie Betriebshandwerker oder Fuhrpark und Transportkolonne –, ein Verzeichnis sämtlicher für sie infrage kommenden Daueraufträge (und auch der Abgrenzungsaufträge) erhalten, und zwar nicht nur die Auftragsnummern, sondern auch eine Kurzbeschreibung der jeweiligen Inhalte.

Istkosten Daueraufträge

Wie bereits ausgeführt, werden die Istkosten der Daueraufträge monatlich in voller Höhe in die laufende Abrechnung übernommen. Zum besseren Verständnis nochmals ein Hinweis auf die bereits erläuterten Beispiele: Dies waren in Abschnitt 4.1, »Betriebswirtschaftliche Grundlagen«, die vielen unterschiedlichen Fahrzeugtypen und Fahrzeuge des Pharma-Großhändlers, für die man aus vielerlei Gründen keine so weitreichende Kostenstellendifferenzierung vornehmen konnte.

In Abschnitt 4.2.1, »Betriebswirtschaftliche Aspekte von Auftragsarten und -gruppen«, waren es die Kleinleistungen der Elektriker für das Auswechseln der Beleuchtungskörper, für die das Anlegen von Einzelaufträgen zu aufwendig gewesen wäre. Ähnlich gelagert waren die Wartungsarbeiten für die Monoschreiber gewesen (ebenfalls in Abschnitt 4.2.1), wo man nicht nur über Jahre hinweg sehen wollte, was diese Arbeit an Aufwand verursacht, sondern wo dann im Rahmen der GWA der werksübergreifende Vergleich für diese spezielle Wartungsarbeit erfolgreich genutzt werden konnte.

Es gibt sicherlich auch in Ihrem Unternehmen solche immer wiederkehrenden Arbeiten, meist für sich gesehen nur Kleinigkeiten, für die es sich nicht lohnt, Einzelaufträge anzulegen, die man aber trotzdem gerne für sich sehen möchte. Lassen Sie Ihrer Fantasie freien Lauf; es gibt bestimmt auch bei Ihnen Anwendungsmöglichkeiten.

4.3.3 Abgrenzungsaufträge

Definition Abgrenzungsaufträge

Die Abgrenzungsaufträge dienen – wie wir in Abschnitt 4.2.1 gehört haben – vor allem zur zeitlichen Abgrenzung aperiodisch anfallender Kosten. Die eigentliche Abrechnung wird auf die Innenaufträge verlagert. Als Beispiel wurden aus dem Bereich der Kostenstellenrechnung Großreparaturen angeführt (siehe Beispiel 5 in Abschnitt 4.2.1).

Im Gegensatz zu den Daueraufträgen, die monatlich mit ihrem Istkostenanfall weiterbelastet werden, findet für die Abgrenzungsaufträge keine Weiterverrechnung der Istkosten statt. Es werden vielmehr die kalkulatorischen »Abgrenzungswerte« Soll = Ist berücksichtigt. Bei den Abgrenzungsaufträgen handelt es sich nur zum geringeren Teil um Aufträge, auf die Istkosten direkt kontiert werden.

Kalkulatorische Verrechnung der Abgrenzungsaufträge

Beispiele dafür sind die Abgrenzungsaufträge für die Belegschaftsnebenkosten. Die Lohn- bzw. Gehaltsnebenkosten (Urlaubs- und Feiertagsentgelte, sonstige Soziallöhne und -gehälter sowie die gesetzlichen und freiwilligen Sozialaufwendungen) werden mit prozentualen Zuschlägen auf die Anwesenheitslöhne und -gehälter verrechnet. Die monatliche Verrechnung wird den Abgrenzungsaufträgen gutgeschrieben. Die tatsächlichen Istkosten landen direkt auf den Abgrenzungsaufträgen, die sich wegen des unregelmäßigen Kostenanfalls, denken Sie z. B. an Urlaubs- und Feiertagsentgelte, nicht unterjährig, sondern erst zum Jahresende ausgleichen sollten.

Istkosten Abgrenzungsaufträge

Auch auf Abgrenzungsaufträge der Kostenträger- oder Ergebnisrechnung können Istkosten direkt verrechnet werden, wie etwa Ausgangsfrachten, sofern diese in der Serien-/Fließfertigung nicht direkt weiterbelastet werden können (anders in der Einzelfertigung, wo sie mit dem Ist verrechnet werden müssen). Die Verrechnung der Ausgangsfrachten in der Ergebnisrechnung findet mit zum Teil kundenabhängigen kalkulatorischen Ansätzen statt (abhängig von Gewicht oder Volumen und Entfernungszonen). Auf den Abgrenzungsaufträgen werden die meist nicht kundenbezogenen Istfrachtkosten der kalkulatorischen Verrechnung gegenübergestellt.

Bei den meisten Abgrenzungsaufträgen resultiert aber der Istkostenanfall aus Abschlusskontierungen von Einzelaufträgen (siehe unser Beispiel 5 zu den Großreparaturen in Abschnitt 4.1.1, »Definition von »Innenauftrag««).

Ähnliche Anwendungen finden sich auch in der Kostenträger- und Ergebnisrechnung (siehe Kasten).

Anschaffungskosten einer Pressmatrize: 100.000,00 EUR

Nacharbeitungskosten
(zehn Nacharbeitungen à 5.000,00 EUR):   50.000,00 EUR

Gesamtkosten über die Nutzungszeit: 150.000,00 EUR

Nun kommt der heikle Punkt. Wenn Sie den Vertrieb fragen, verkauft er von diesem Artikel in den folgenden Jahren »leicht« 70.000 Stück. Der gewiefte Controller kennt seine »Pappenheimer« und geht von 50.000 Stück aus, sodass sich eine Quote von 3,00 EUR pro Stück ergibt.

Da diese Sonderwerkzeuge eine eigene Auftragsgruppe bilden und außerdem pro Sonderwerkzeug ein eigener Abgrenzungsauftrag vergeben ist, lassen sich die gedeckten Werkzeugkosten in Summe über die Auftragsgruppe und einzeln je Werkzeug gut überprüfen. Dass die Werkzeugkosten überdeckt sind, ist leider die Ausnahme.

Als Beispiel von Abgrenzungsaufträgen in der Ergebnisrechnung haben wir in diesem Abschnitt den – leider meist nur summarisch anstellbaren – Vergleich der effektiven Ausgangsfrachtkosten mit der kalkulatorischen Verrechnung kennengelernt. Kritischer sind die Ausgangsfrachten bei der Einzel-/Projektfertigung zu sehen. Dort muss organisatorisch sichergestellt werden, die effektiven Frachtkosten pro Auftrag bzw. pro Projekt – nicht selten fünfstellige Euro-Beträge – zu ermitteln und zuzuordnen.

Abschließend noch eine generelle Anmerkung zu den Innenaufträgen: Jede Auftragsart kann mit ihren speziellen Funktionalitäten die Aufgaben des Gemeinkosten-Controllings erheblich unterstützen. Manche Aussagen können ohne die Zwischenschaltung von Innenaufträgen nur sehr schwer oder überhaupt nicht gemacht werden.

4.4 Statistische Aufträge

In Bezug auf die Kostenverrechnung können wir in SAP ERP zwei grundsätzlich unterschiedliche Typen von Innenaufträgen unterscheiden: *statistischen Aufträge* und *echte Aufträge*. Wir nennen echte Innenaufträge deshalb »echt«, weil sie Kosten als Belastung »echt« tragen. Für die Weiterverrechnung von Kosten ist der echte Innenauftrag das Kontierungsobjekt. Statistische Aufträge dagegen werden immer zusätzlich zu einem echten Kontierungsobjekt, meist eine Kostenstelle, bebucht. Die Kostenverrechnung erfolgt ausschließlich vom echten Kontierungsobjekt. Betrachten wir zunächst die statistischen Aufträge genauer.

4.4.1 Grundeinstellungen

Mit den statistischen Aufträgen in SAP ERP können Sie Kosten, die im Controlling einer Kostenstelle zugeordnet sind, weiter differenzieren. Im folgenden Beispiel betrachten wir drei Lieferfahrzeuge, die von der Kostenstelle »Versand« verwaltet werden. Diese Kostenstelle plant die anfallenden Kosten für Treibstoff, Abschreibungen etc. ohne Differenzierung nach Fahrzeugen. Im Ist sollen die Fahrzeuge getrennt verwaltet werden, um so einen Kostenvergleich zwischen den einzelnen Fahrzeugen zu ermöglichen. Im Ist werden alle Buchungen innerhalb des Controllings parallel zu den Aufträgen auch noch der Versandkostenstelle zugeordnet. Die Weiterverrechnung der Fahrzeugkosten erfolgt ausschließlich summarisch mit der Kostenstelle als Sender. Eine Verrechnung der Aufträge ist nicht möglich, da die Kosten dort nur statistisch geführt werden – daher die Bezeichnung *statistischer Auftrag*.

Differenzierung von Kosten auf Kostenstellen

Lassen Sie uns anhand dieses Fahrzeugbeispiels nochmals auf einen wesentlichen Unterschied zwischen Dauer- und statistischen Aufträgen eingehen. Anfallseitig zeigen beide Auftragstypen kostenartenweise sämtliche Kosten auf, getrennt nach den einzelnen Fahrzeugen. Der Unterschied liegt in der Weiterbelastung.

Der Dauerauftrag hat eine feststehende Belastungskontierung, gebunden an den Auftrag, meist auf eine Kostenstelle (oder einen anderen Innenauftrag), gelegentlich auch mit einer prozentualen, aber feststehenden, gleichbleibenden Aufteilung auf mehrere Empfänger.

Verrechnung Dauerauftrag

Demgegenüber gilt beim statistischen Auftrag eine auf Istaufzeichnungen basierende wechselnde Weiterbelastung, so wie bei normalen Direktkontierungen Kostenstelle/Kostenart, die in diesem Monat ganz anders als im letzten Monat aussehen kann. Die Weiterverrechnung wird von der belasteten Kostenstelle mit einem gleichbleibenden Kostensatz je Leistungsart vorgenommen, unabhängig davon, wie viele Fahrzeugtypen unter dieser Leistungsart zusammengefasst sind. Will man trotzdem sehen, welche Kosten (Treibstoff, Instand-

Verrechnung statistischer Auftrag

haltung, AfA etc.) die einzelnen Typen verursacht haben, dann schaltet man je Typ einen statistischen Auftrag (bei wechselnden Belastungskontierungen) oder einen Dauerauftrag (bei gleichbleibender Belastungskontierung) zwischen (so funktionierte auch die Kostenzuordnung in Beispiel 1 in Abschnitt 4.1.1, »Definition von »Innenauftrag««).

Auftrag anlegen

In Abschnitt 4.2, »Grundeinstellungen im SAP-System«, haben wir uns sehr ausführlich mit der Pflege von Auftragsstammdaten auseinandergesetzt. Nur zur Erinnerung hier noch einmal das individuell angepasste Bild der Transaktionen KO01, KO02 und KO03 im Menü RECHNUNGSWESEN • CONTROLLING • INNENAUFTRÄGE • STAMMDATEN • SPEZIELLE FUNKTIONEN • AUFTRAG • ANLEGEN/ÄNDERN/ANZEIGEN (siehe Abbildung 4.31).

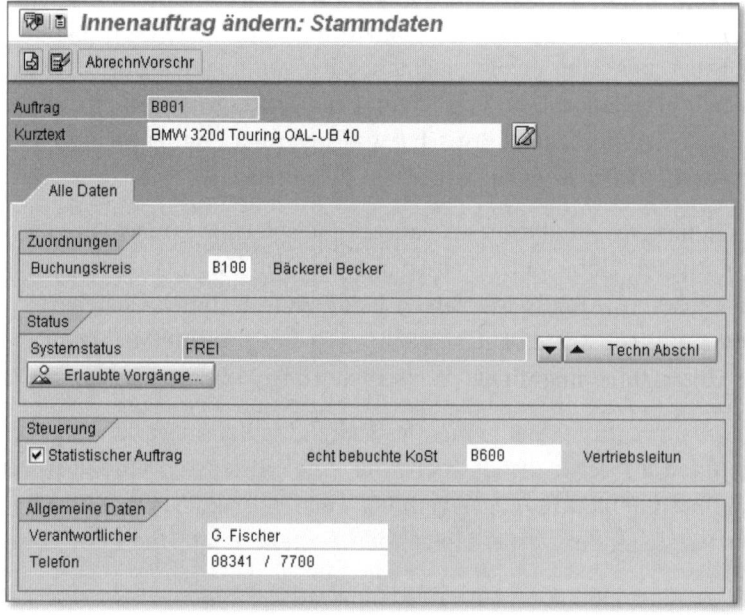

Abbildung 4.31 Statistischer Auftrag – Stammdaten

Auftragsstamm –
Sammelanzeige

Im folgenden Beispiel arbeiten wir mit drei Fahrzeugen, von denen jedes durch einen eigenen statistischen Auftrag repräsentiert wird. Für die Anzeige von Auftragsstammdaten für mehrere Aufträge bietet das System eine Sammelanzeige mit der Transaktion KOK3 im Menü RECHNUNGSWESEN • CONTROLLING • INNENAUFTRÄGE • STAMMDATEN • SPEZIELLE FUNKTIONEN • SAMMELBEARBEITUNG • SAMMELANZEIGE • STAMMDATEN (siehe Abbildung 4.32).

Innenauftrag anzeigen: Standard einzeilig

	Auftrag	Erfasser	Erf.datum	Kurztext
	B001	UBRUECK	03.11.2009	BMW 320d Touring OAL-UB 40
	B002	UBRUECK	03.11.2009	Opel Astra, OAL-D 773
	B003	UBRUECK	03.11.2009	Porsche 911, OAL-P 1

Abbildung 4.32 Innenaufträge – Sammelanzeige

Nach der Anlage der Stammdaten beginnt das richtige Leben. Im Controlling steht am Anfang des Lebens ...? Richtig – die Planung. Mit Planung sieht's bei statistischen Aufträgen ziemlich düster aus. Für sie ist nämlich keine Planung vorgesehen. Also können wir die voraussichtlichen Kosten für unsere Lieferfahrzeuge nur summarisch auf der Kostenstelle erfassen. Wie das geht, wissen Sie bereits aus Abschnitt 3.5.4. Wir ersparen Ihnen hier eine Wiederholung und steigen gleich ein in die Buchung von Istdaten.

Keine Planung von statistischen Aufträgen

4.4.2 Istbuchungen

Die Fahrer unserer drei Lieferautos haben Tankrechnungen bar bezahlt. Sie kommen mit den Quittungen zur Kasse der Bäckerei Becker und lassen sich ihre Auslagen ersetzen. Wir buchen alle drei Tankrechnungen auf einmal in der Buchhaltung. Die Buchhalter unter Ihnen, liebe Leser, mögen uns bitte diese Vereinfachung verzeihen. An dieser Stelle geht es nur um die Auswirkungen im Controlling. Mit der Erfassung der Auftragsnummern »B001«, »B002« und »B003« im FI-Beleg zieht das System automatisch die echt bebuchte Kostenstelle. Das ist, wie in den Auftragsstammdaten angegeben, immer »650 Versand«. Den resultierenden Beleg der Buchhaltung sehen wir uns mit der Transaktion FB03 im Menü Rechnungswesen • Finanzwesen • Hauptbuch • Beleg • Anzeigen an (siehe Abbildung 4.33).

Istbuchung auf statistische Aufträge

Das Ergebnis dieser Buchung können wir mit dem bekannten Kostenstellenbericht in der Transaktion S_ALR_87013611 im Menü Rechnungswesen • Controlling • Kostenstellenrechnung • Infosystem • Berichte zur Kostenstellenrechnung • Plan-Ist-Vergleiche • Kostenstellen: Ist/Plan/Abweichung überprüfen (siehe Abbildung 4.34).

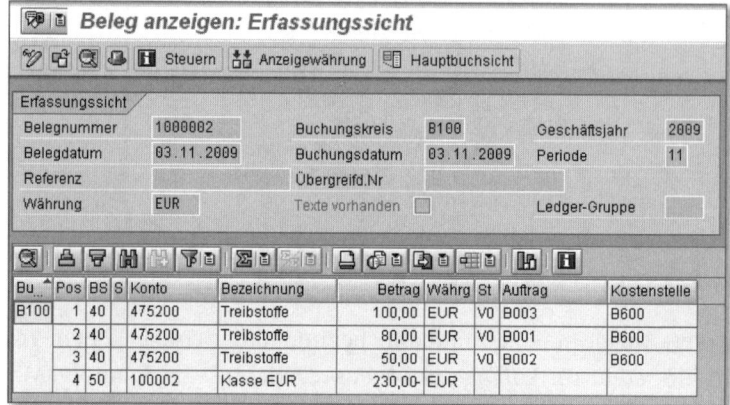

Abbildung 4.33 FI-Beleg mit Kontierungen auf Auftrag und Kostenstelle

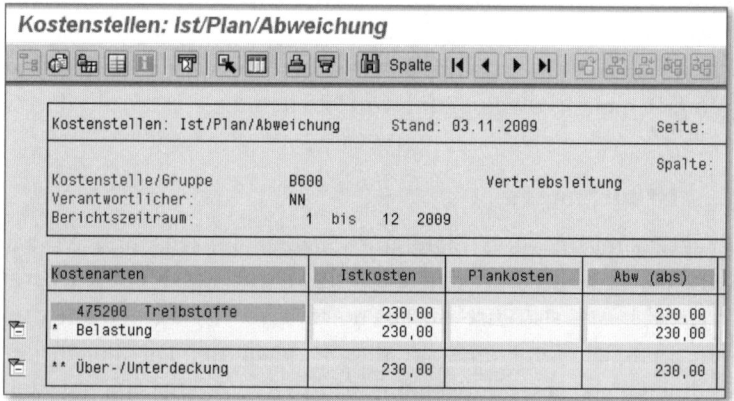

Abbildung 4.34 Kostenstellenbericht mit der Summe der Kosten aus allen drei Aufträgen

Kostenstellen-bericht Ist/Plan/ Abweichung

Die Treibstoffkosten von 150,00 EUR sind hier in Summe dargestellt. Die Abschreibung resultiert aus einem Anschaffungswert von 30.000,00 EUR für jedes Fahrzeug und einer linearen Abschreibung über fünf Jahre. Das ergibt einen Abschreibungsbetrag von 6.000,00 EUR pro Jahr oder 500,00 EUR pro Monat und Fahrzeug. Die Abschreibungen für alle drei Fahrzeuge (1.500,00 EUR) werden auf der Kostenstelle summiert.

Mit Detailberichten zur Kostenstelle könnten wir uns zu Einzelposten durchklicken und so die Kosten für jedes einzelne Fahrzeug mühsam nachvollziehen. Viel eleganter ist das Reporting in diesem Fall jedoch, wenn wir die Auftragsberichte aufrufen. Steigen wir ein mit der Darstellung der einzelnen Fahrzeuge jeweils auf einem Bild-

schirm mit der Transaktion S_ALR_87012993 im Menü RECHNUNGS-
WESEN · CONTROLLING · INNENAUFTRÄGE · INFOSYSTEM · BERICHTE ZU
INNENAUFTRÄGEN · PLAN-IST-VERGLEICHE · AUFTRAG: IST/PLAN/ABWEI-
CHUNG (siehe Abbildung 4.35).

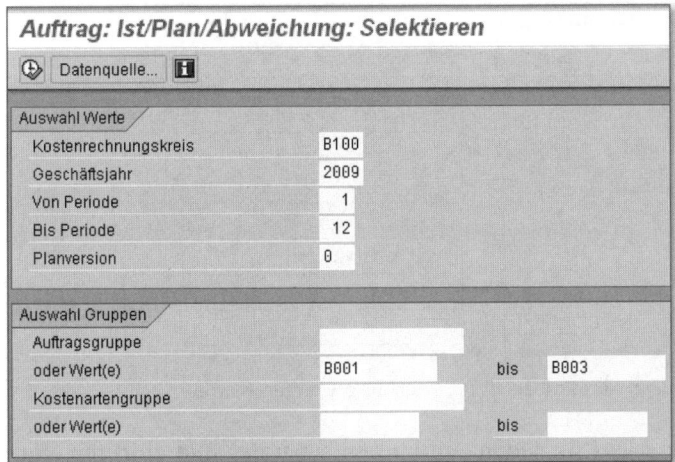

Abbildung 4.35 Auftragsbericht – Selektionen

Im Selektionsbild wählen wir KOSTENRECHNUNGSKREIS, GESCHÄFTS-
JAHR, PERIODE und den WERTEBEREICH der Aufträge »B001« bis
»B003«.

Auftragsbericht
Ist/Plan/
Abweichung

Das Einstiegsbild dieses Berichts zeigt uns nochmals die Summen für
Treibstoffkosten und Abschreibungen, wie wir sie von der Kostenstelle her kennen (siehe Abbildung 4.36).

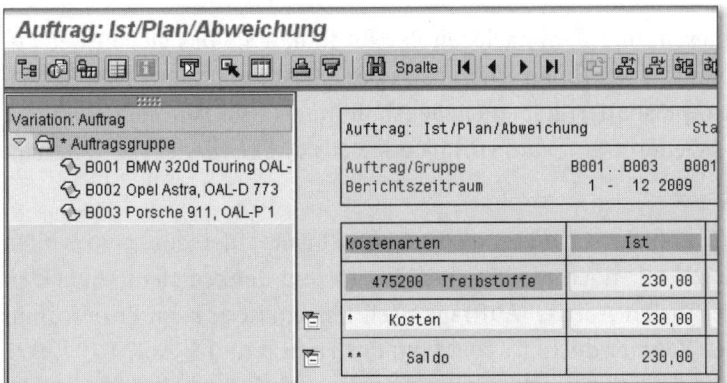

Abbildung 4.36 Auftragsbericht mit Summe der Kosten für alle drei Aufträge
und Variationsmöglichkeit (links)

Variation im Auftragsbericht

Im linken Teil des Bildschirms unter VARIATION: AUFTRAG haben Sie, anders als beim Bericht für die Kostenstelle, jetzt die Möglichkeit, jeden einzelnen Auftrag mit einem einfachen Mausklick sichtbar zu machen (siehe Abbildung 4.37).

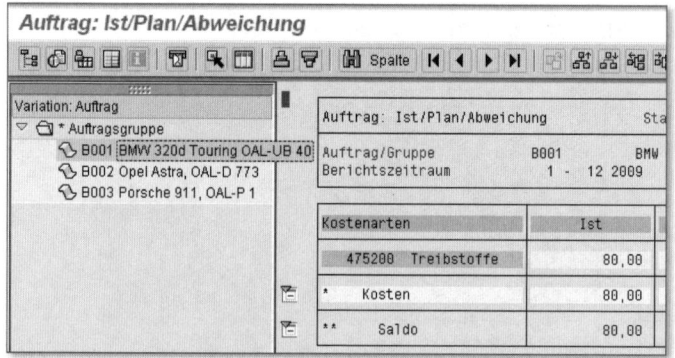

Abbildung 4.37 Auftragsbericht für einen ausgewählten Auftrag

Sie wollen nicht für jeden Auftrag ein separates Bild aufrufen, sondern in einer übersichtlichen Liste die Kosten aller Aufträge sehen? Kein Problem, auch hierfür bieten die Standardberichte einige Alternativen.

Bericht »Kostenarten nach Aufträgen«

Eine weitere Möglichkeit zur Darstellung der Aufträge finden Sie im Bericht »Kostenarten nach Aufträgen«. Diesen finden Sie in der Transaktion S_ALR_87012997 im Menü RECHNUNGSWESEN • CONTROLLING • INNENAUFTRÄGE • INFOSYSTEM • BERICHTE ZU INNENAUFTRÄGEN • PLAN-IST-VERGLEICHE • LISTE: KOSTENARTEN NACH AUFTRÄGEN (siehe Abbildung 4.38).

Bei diesem und dem nächsten Bericht finden Sie das gleiche Selektionsbild, das wir Ihnen schon beim Bericht AUFTRAG: IST/PLAN/ABWEICHUNG präsentiert haben (siehe Abbildung 4.35). Wir verzichten auf eine Wiederholung und springen jeweils direkt wieder zur Datenanzeige.

Bericht »Aufträge nach Kostenarten«

Sehr schön! Jetzt sind Sie also schon fast ganz zufrieden. Nun wollen Sie mich nur noch ein bisschen ärgern und denken sich: »Aber den umgekehrten Aufriss ›Aufträge nach Kostenarten‹ kann er bestimmt nicht.« Kann er doch! Das geht mit der Transaktion S_ALR_87012996 im Menü RECHNUNGSWESEN • CONTROLLING • INNENAUFTRÄGE • INFOSYSTEM • BERICHTE ZU INNENAUFTRÄGEN • PLAN-IST-VERGLEICHE • LISTE: AUFTRÄGE NACH KOSTENARTEN (siehe Abbildung 4.39).

Liste: Kostenarten nach Aufträgen
Spalte
Liste: Kostenarten nach Aufträgen Stand: 03.11.2009 16:
Auftragsgruppe B001..B003 Auftragsgruppe
Berichtszeitraum 1 - 12 2009
Aufträge/Kostenarten
Ist
475200 Treibstoffe 80,00
* B001 BMW 320d Touring OAL-UB 40 80,00
475200 Treibstoffe 50,00
* B002 Opel Astra, OAL-D 773 50,00
475200 Treibstoffe 100,00
* B003 Porsche 911, OAL-P 1 100,00
** Summe 230,00

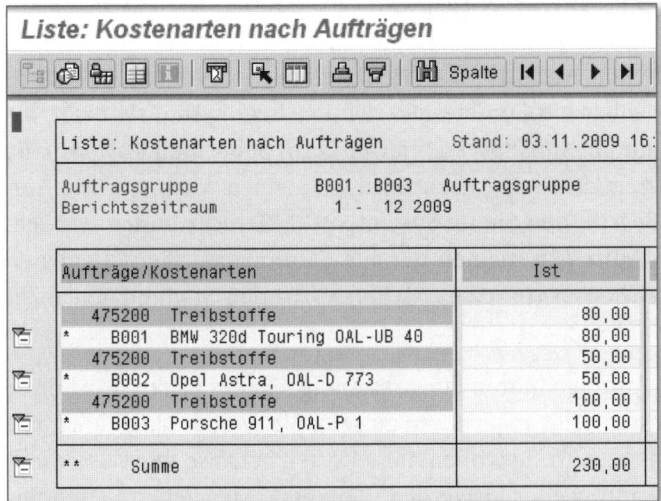

Abbildung 4.38 Auftragsbericht »Kostenarten nach Aufträgen«

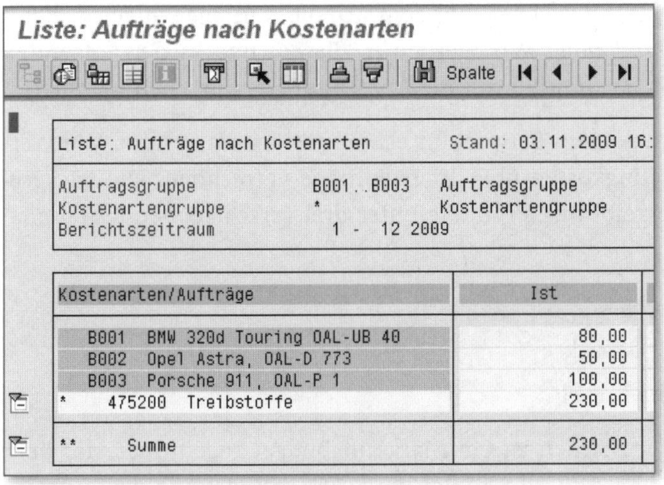

Liste: Aufträge nach Kostenarten
Spalte
Liste: Aufträge nach Kostenarten Stand: 03.11.2009 16:
Auftragsgruppe B001..B003 Auftragsgruppe
Kostenartengruppe * Kostenartengruppe
Berichtszeitraum 1 - 12 2009
Kostenarten/Aufträge
Ist
B001 BMW 320d Touring OAL-UB 40 80,00
B002 Opel Astra, OAL-D 773 50,00
B003 Porsche 911, OAL-P 1 100,00
* 475200 Treibstoffe 230,00
** Summe 230,00

Abbildung 4.39 Auftragsbericht »Aufträge nach Kostenarten«

Soeben haben Sie drei von etwa vierzig Standardberichten für Innenaufträge gesehen, die im System SAP ERP mit ausgeliefert werden. Mit den vierzig Standardberichten werden vermutlich die meisten Ihrer Anforderungen erfüllt. Falls Sie dennoch spezielle Wünsche an Auftragsberichte haben, die Sie im System nicht finden, helfen Ihnen Ihre SAP-Berater beim Erstellen individueller Berichte sicher gerne weiter.

4.5   Echte Innenaufträge

Die statistischen Aufträge, die wir Ihnen soeben vorgestellt haben, sind vergleichbar mit Zombies. So richtig lebendig sind sie nicht. Sie existieren nur als Anhängsel der jeweils echt bebuchten Kostenstelle. Die anderen, nicht statistischen Aufträge nennen wir hier echte Aufträge. Ein Begriff, den Sie im System SAP ERP nicht finden werden. Mit echten Aufträgen meinen wir alle CO-Innenaufträge, bei denen das Kennzeichen STATISTISCHER AUFTRAG in den Stammdaten nicht gesetzt ist.

Aufträge mit Eigenleben

Die echten Aufträge führen ein vollständig eigenes Leben, ganz ohne auf eine Kostenstelle angewiesen zu sein. Sie werden tatsächlich mit Kosten belastet, und sie wollen diese Kosten genauso wie Kostenstellen irgendwann wieder loswerden. Bei den Kostenstellen hatten wir Ihnen als Methode zum »Loswerden der Kosten« die Leistungsverrechnung vorgestellt und die Umlage zwar erwähnt, aber nicht weiter behandelt. Das Verfahren, mit dem sich die Aufträge entleeren, heißt *Auftragsabrechnung*. Wir werden in diesem und in den folgenden Abschnitten ausführlich auf die Abrechnung zu sprechen kommen.

Marken der Bäckerei Becker

Jetzt aber zu einem Beispiel für echte Aufträge im System. Wir werden Marketingkosten über Innenaufträge verrechnen. Die Bäckerei Becker vertreibt ihre Produkte unter drei verschiedenen Markennamen:

- ▶ Kuchenglück
- ▶ Berliner Gebäck
- ▶ Bayrische Brezel

Jeder dieser Marken ist ein Marketingbudget zugeordnet, das über einen eigenen Auftrag verfolgt wird. Die Abrechnung der Aufträge erfolgt direkt in die Ergebnisrechnung.

4.5.1   Grundeinstellungen

Auftrag anlegen

Wir beginnen mit der Pflege von Auftragsstammdaten mit den Transaktionen KO01, KO02 und KO03 im Menü RECHNUNGSWESEN • CONTROLLING • INNENAUFTRÄGE • STAMMDATEN • SPEZIELLE FUNKTIONEN • AUFTRAG • ANLEGEN/ÄNDERN/ANZEIGEN (siehe Abbildung 4.40).

Innenauftrag anlegen: Stammdaten

⌷ ⌷ AbrechnVorschr

| Auftrag | | Auftragsart | B002 | Becker - Marketing |
| Kurztext | Marke: Bayrische Brezel | ⌷ | |

| Zuordnungen | Steuerung | Periodenabschl. | Allgem. Daten | Investitionen |

Zuordnungen
Buchungskreis   1000   Bukrs Bäckerei Becker

Abbildung 4.40 Innenauftrag für Marketing anlegen

Beim Anlegen des Auftrags ist das Feld AUFTRAG grau hinterlegt, also für die Eingabe gesperrt. Das liegt daran, dass wir für die Auftragsart »B002 Becker – Marketing« eine interne Nummernvergabe hinterlegt hatten. Die Auftragsnummer für dieses Feld wird also nicht vom Benutzer vergeben, sondern vom System ermittelt. Beim ersten Speichern wird die nächste freie Nummer aus dem vorgegebenen Nummernkreis gezogen, hier »1000005« (siehe Abbildung 4.41).

Interne Nummernvergabe

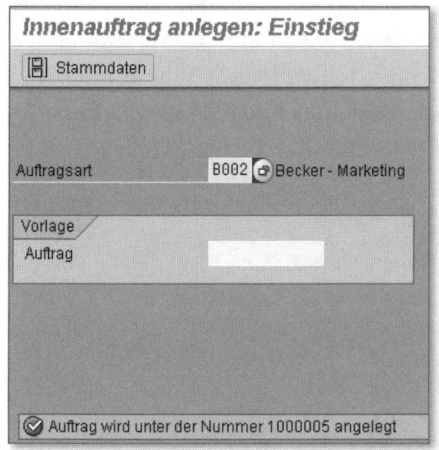

Abbildung 4.41 Beim Speichern des Innenauftrags wird die Nummer »1000005« vom System vergeben.

Bei Aufträgen mit intern vergebenen Nummern, insbesondere bei einer großen Zahl von Aufträgen, ist die Gefahr groß, den Überblick zu verlieren. Eine Möglichkeit, die Aufträge zu strukturieren und damit den Überblick zu behalten, bieten die Auftragsgruppen. Die Transaktionen zur Pflege von Auftragsgruppen sehen genauso aus wie die schon besprochenen für Kostenartengruppen und Kostenstel-

Auftragsgruppen

lengruppen. Die Transaktionen zur Pflege der Auftragsgruppen heißen KOH1, KOH2 und KOH3 im Menü RECHNUNGSWESEN • CONTROLLING • INNENAUFTRÄGE • STAMMDATEN • AUFTRAGSGRUPPE • ANLEGEN/ÄNDERN/ANZEIGEN (siehe Abbildung 4.42).

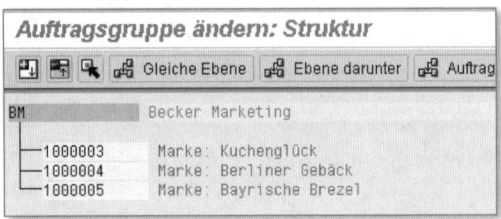

Abbildung 4.42 Auftragsgruppe für Marketingaufträge

4.5.2 Planung

Jetzt haben wir alle Voraussetzungen geschaffen, um mit der wirklichen Arbeit im Controlling zu beginnen – wir planen! Für die Planung von Kosten für Aufträge nutzen Sie die Transaktion KPF6 im Menü RECHNUNGSWESEN • CONTROLLING • INNENAUFTRÄGE • PLANUNG • KOSTENARTEN/LEISTUNGSAUFNAHMEN • ÄNDERN (siehe Abbildung 4.43). Das Bild sieht dem zur Kostenstellenplanung sehr ähnlich. Ein wichtiger Unterschied ist jedoch, dass hier keine Unterscheidung in fixe und variable Bestandteile vorgesehen ist. Sie planen für jede Kostenart auf diesem Auftrag die gesamten Kosten.

Abbildung 4.43 Auftragskosten planen

Auftragsabrechnung

Nach der Planung der Kostenbelastung wollen wir jetzt dafür sorgen, dass der Auftrag seine Kosten auch wieder loswird. Die Methode in SAP, die den Aufträgen dafür zur Verfügung steht, heißt *Auftragsabrechnung*. Die Auftragsabrechnung ist ein sehr mächtiges Werkzeug mit einer großen Anzahl an verschiedenen Ausprägungen. In diesem und in den folgenden Abschnitten werden wir Ihnen aus den vielen Möglichkeiten der Abrechnung nur eine kleine Auswahl zeigen können.

Beginnen wir mit den Einstellungen zur Abrechnung in die Ergebnisrechnung. Dabei werden die Kosten von einem Controllingobjekt, vom Auftrag, auf ein anderes Controllingobjekt, ein Ergebnisobjekt, verschoben. Der Vorgang ist in der Finanzbuchhaltung nicht sichtbar. Deshalb benötigen wir eine sekundäre Kostenart, in diesem Fall eine vom Typ »21 Abrechnung intern«. Kostenarten haben wir schon öfter in diesem Buch bearbeitet. Die entsprechenden Transaktionen finden wir immer noch unter KA06, KA02 und KA03 im Menü Rechnungswesen • Controlling • Kostenartenrechnung • Stammdaten • Kostenart • Einzelbearbeitung • Anlegen sekundär/Ändern/Anzeigen (siehe Abbildung 4.44).

Abrechnungskostenart pflegen

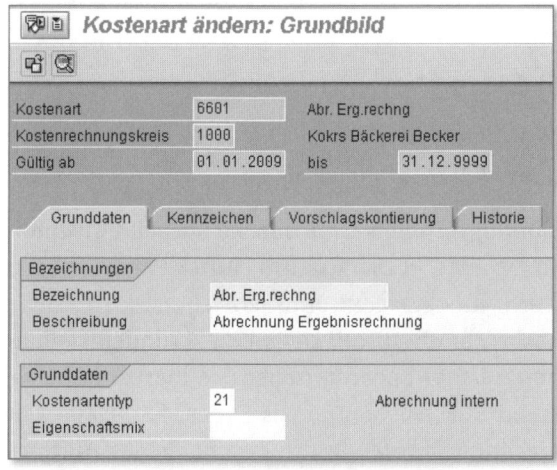

Abbildung 4.44 Abrechnungskostenart pflegen

Jetzt springen wir zurück in die Pflege der Auftragsstammdaten, um dort die Regeln für die Abrechnung zu hinterlegen (Parameter) und um dort den Abrechnungsempfänger einzutragen (Abrechnungsvorschrift). Der Einstieg in Abrechnungsvorschrift und Parameter erfolgt über die bekannte Transaktion KO02 im Menü Rechnungswesen • Controlling • Innenaufträge • Stammdaten • Spezielle Funktionen • Auftrag • Ändern, weiter im Transaktionsmenü mit Springen • Abrechnungsvorschrift und von dort aus wieder im Transaktionsmenü weiter mit Springen • Abrechnungsparameter (siehe Abbildung 4.45).

Abrechnungsparameter

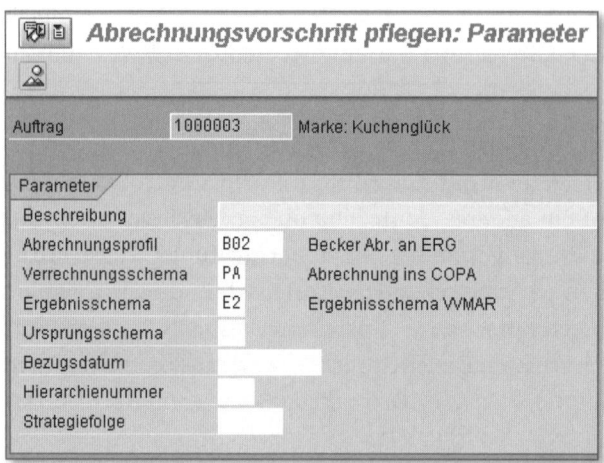

Abbildung 4.45 Abrechnungsvorschrift zur Abrechnung in die Ergebnisrechnung

Für die Abrechnung in die Ergebnisrechnung sind drei Einträge auf dem Bild der Parameter erforderlich:

- Abrechnungsprofil (hier »B02«)
- Verrechnungsschema (hier »PA«)
- Ergebnisschema (hier »E2«)

Abrechnungsprofil Die Pflege von Abrechnungsprofilen erreichen Sie über das Customizing SPRO • SAP REFERENZ-IMG • CONTROLLING • INNENAUFTRÄGE • IST-BUCHUNGEN • ABRECHNUNG • ABRECHNUNGSPROFILE PFLEGEN (siehe Abbildung 4.46). Im Abrechnungsprofil stehen die Grundeinstellungen für die Abrechnung. Unter anderem sehen Sie hier Vorschlagswerte für das VERRECHNUNGSSCHEMA und das ERGEBNISSCHEMA. Mit dem Eintrag des Abrechnungsprofils in die Parameter des Auftrags werden diese Vorschläge automatisch gezogen. Eine weitere Automatisierung erreichen Sie, wenn Sie das Abrechnungsprofil der Auftragsart »B002 Becker – Marketing« zuordnen. Dann wird gleich bei der Auftragsanlage das Profil mit Verrechnungs- und Ergebnisschema eingetragen. Der Benutzer braucht sich dann um das Bild PARAMETER in den Auftragsstammdaten nicht weiter zu kümmern.

Verrechnungs-schema Das Verrechnungsschema enthält die Regeln, nach denen die Auftragskosten bei der Abrechnung gruppiert und verschiedenen Empfängertypen zugeordnet werden. Empfängertypen sind außer den Ergebnisobjekten, die wir hier behandeln, z. B. Kostenstellen, andere Aufträge, Materialien. Für jeden Empfängertyp definieren wir die

Kostenart, mit der die abgerechneten Kosten auf dem Auftrag ausgewiesen werden. In unserem Beispiel wollen wir alle Kostenarten der Marketingaufträge an ein Ergebnisobjekt abrechnen. Zur Abrechnung soll eine sekundäre Kostenart benutzt werden. Genau das stellen wir jetzt im Customizing mit SPRO • SAP REFERENZ-IMG • CONTROLLING • INNENAUFTRÄGE • ISTBUCHUNGEN • ABRECHNUNG • VERRECHNUNGSSCHEMATA PFLEGEN ein (siehe Abbildung 4.47). Im VERRECHNUNGSSCHEMA »PA« haben wir genau eine Zuordnung angelegt: »010 Alle Kostenarten«.

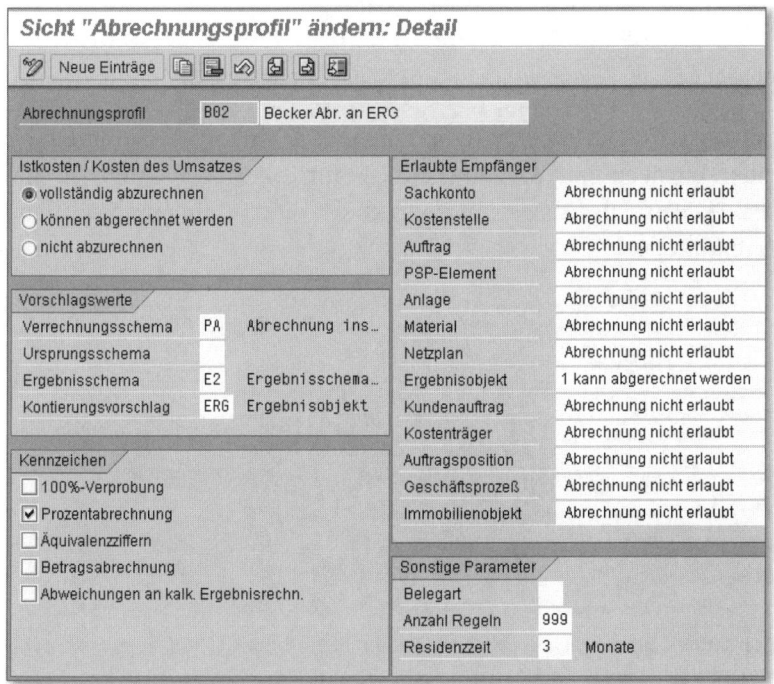

Abbildung 4.46 Abrechnungsprofil »B02«

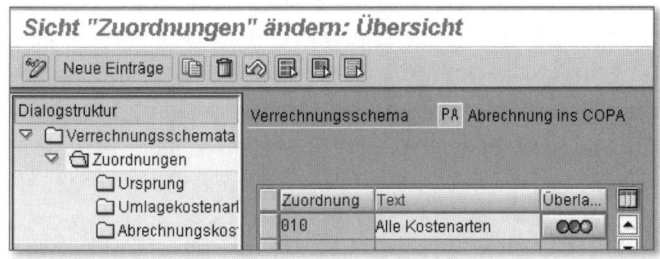

Zuordnungen im Verrechnungsschema

Abbildung 4.47 Verrechnungsschema »PA« – Zuordnungen

Im URSPRUNG ist die Kostenartenrange »0« bis »999999« angegeben, die alle Kostenarten umfasst (siehe Abbildung 4.48).

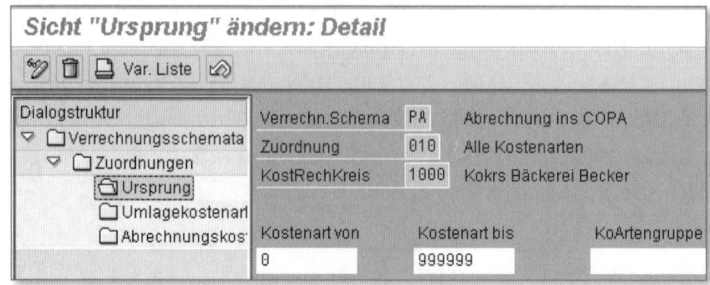

Abbildung 4.48 Verrechnungsschema »PA« mit Zuordnung »010« und »Ursprung«

Bei den ABRECHNUNGSKOSTENARTEN zur Zuordnung »010« finden wir einen einzigen EMPFÄNGERTYP: »ERG« für Ergebnisrechnung. In dieser Zeile ist als Abrechnungskostenart »6601« eingetragen (siehe Abbildung 4.49).

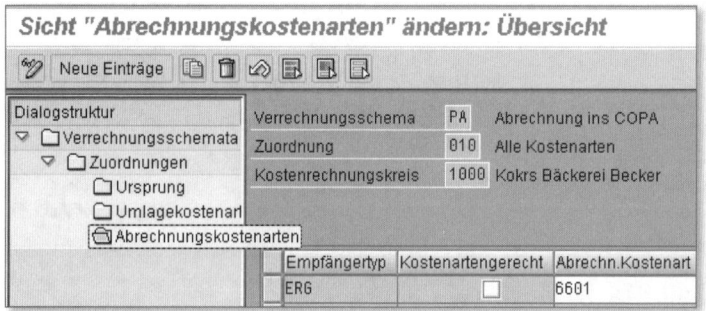

Abbildung 4.49 Verrechnungsschema »PA« mit Zuordnung »010«, »Empfängertyp« und »Abrechnungskostenart«

Damit ist das Customizing des Verrechnungsschemas abgeschlossen. Im VERRECHNUNGSSCHEMA haben wir die Regeln für die Senderseite der Abrechnung hinterlegt. Der Empfänger, die Ergebnisrechnung, hat eigene Regeln, nach denen die abgerechneten Kosten dort verbucht werden. Diese Regeln werden im ERGEBNISSCHEMA (hier »E2«) hinterlegt. Das Bild zur Pflege des Ergebnisschemas sieht ganz ähnlich aus wie das zur Pflege des Verrechnungsschemas. Zu erreichen ist das Ergebnisschema über das Customizing SPRO • SAP REFERENZ-IMG • CONTROLLING • INNENAUFTRÄGE • ISTBUCHUNGEN • ABRECHNUNG • ERGEBNISSCHEMATA PFLEGEN (siehe Abbildung 4.50).

Wieder pflegen wir eine einzige Zuordnung, »10 Gesamtkosten«, weil wir die gesamten Kosten des Auftrags einheitlich in der Ergebnisrechnung verbuchen wollen. Hier hätten Sie die Möglichkeit, die Auftragskosten zu splitten und in der Ergebnisrechnung, z. B. als Personal- und Sachkosten des Marketings, getrennt auszuweisen.

Zuordnungen im Ergebnisschema

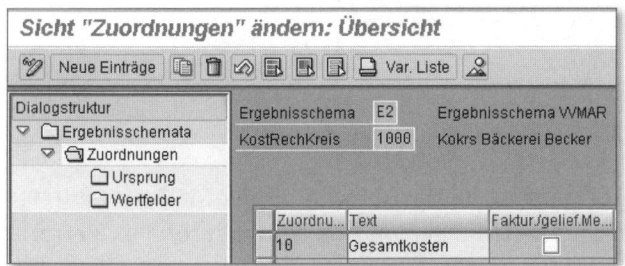

Abbildung 4.50 Zuordnung im Ergebnisschema »E2«

Auch beim Bild URSPRUNG des Ergebnisschemas glaubt man, das entsprechende Bild des Verrechnungsschemas wiederzuerkennen. Auch hier tragen wir eine Kostenartenrange ein, die alle Kostenarten umfasst (siehe Abbildung 4.51).

Ursprung im Ergebnisschema

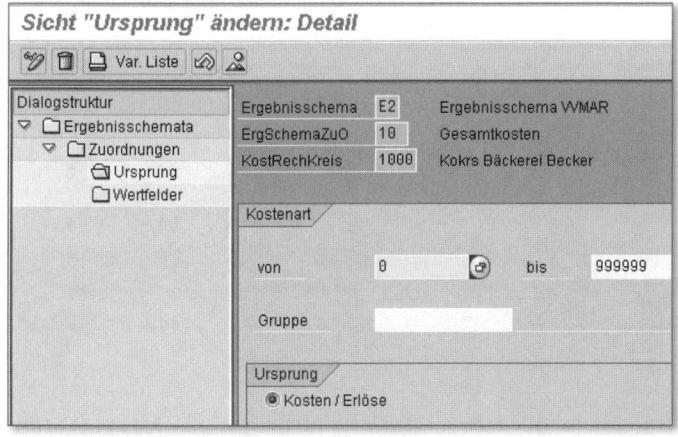

Abbildung 4.51 Ursprung im Ergebnisschema »E2« mit Zuordnung »10«

Jetzt ist aber Schluss mit den Gemeinsamkeiten! Ein Eintrag WERTFELDER war bei der Definition des Verrechnungsschemas nicht zu finden. Wertfelder sind die Zahlenspalten der Ergebnisrechnung. Für jede ZUORDNUNG in einem Ergebnisschema muss ein WERTFELD ausgewählt werden, wir entscheiden uns für »VVMAR Marketing« (siehe Abbildung 4.52).

Wertfelder im Ergebnisschema

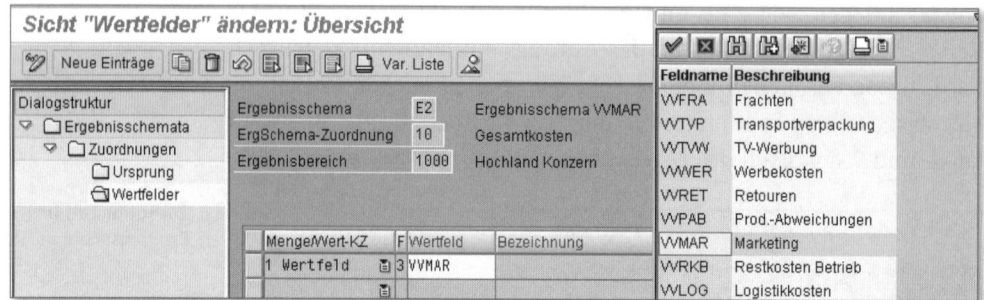

Abbildung 4.52 Ergebnisschema »E2« mit Zuordnung »10« – Wertfelder

Abrechnungs-
vorschrift

Damit ist das Customizing für die Abrechnung der Marketingaufträge abgeschlossen. Die Einstellungen im Abrechnungsprofil, im Verrechnungsschema und im Ergebnisschema gelten übergreifend für die Abrechnung aller Marketingaufträge. Was noch fehlt, ist die individuelle Identifikation des Ergebnisobjekts in jedem Auftrag. Dazu bewegen wir uns mit der Transaktion KO02 im Menü RECHNUNGSWESEN • CONTROLLING • INNENAUFTRÄGE • STAMMDATEN • SPEZIELLE FUNKTIONEN • AUFTRAG • ÄNDERN und weiter im Transaktionsmenü mit SPRINGEN • ABRECHNUNGSVORSCHRIFT vom Customizing weg wieder in die Stammdaten des Auftrags hinein (siehe Abbildung 4.53).

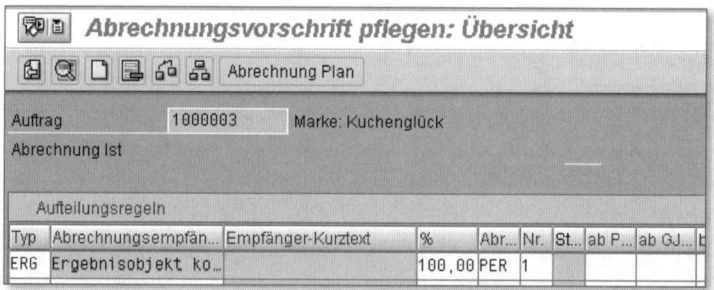

Abbildung 4.53 Abrechnungsvorschrift zum Innenauftrag

Detail zur
Abrechnungs-
vorschrift

Dem Auftrag ist in der Abrechnungsvorschrift eine einzige Aufteilungsregel zugeordnet, die den Auftrag vollständig (zu 100 %) an ein Ergebnisobjekt abrechnet. Das wussten wir ja schon. Aber woran erkennen wir, welches Ergebnisobjekt die Kosten erhalten soll? Der Doppelklick im Bild ABRECHNUNGSVORSCHRIFT führt uns zu den Details der AUFTEILUNGSREGEL (siehe Abbildung 4.54). Aber auch dieses Bild macht uns nicht schlauer.

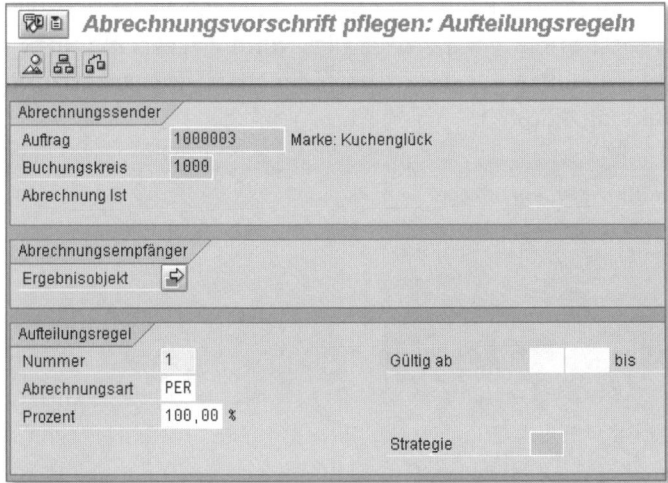

Abbildung 4.54 Aufteilungsregeln zur Abrechnungsvorschrift

Erst wenn wir hier den Button KONTIERUNG ANZEIGEN drücken, erhalten wir die gewünschte Information (siehe Abbildung 4.55). Die Abrechnungsvorschrift ordnet den Auftrag dem passenden Objekt in der Ergebnisrechnung zu, der Marke »Kuchenglück«. Die Marken werden in dieser Ergebnisrechnung über das Merkmal »Materialgruppe 2« (MATERIALGRP 2) mit dem Schlüssel »746« identifiziert.

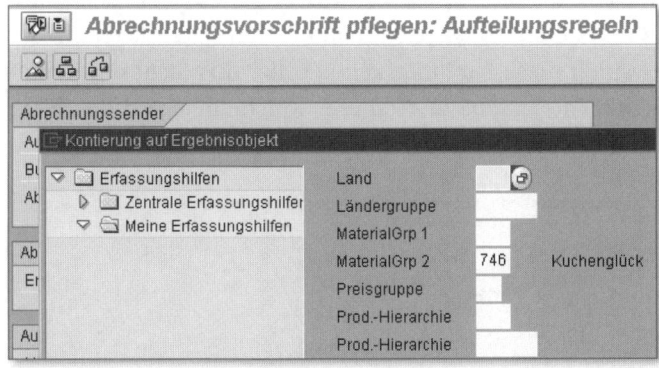

Abbildung 4.55 Abrechnungsvorschrift »Kontierung auf Ergebnisobjekt«

Jetzt haben wir aber genug vom Customizing und von der Stammdatenpflege, jetzt soll das System wieder einmal arbeiten. Wir erinnern uns, als Jahresplan hatten wir 10.000,00 EUR auf unserem Auftrag »1000003 Marke: Kuchenglück« erfasst. Diese 10.000,00 EUR sollen jetzt im Plan in die Ergebnisrechnung abgerechnet werden. Dazu nut-

Planabrechnung ausführen

zen wir die Transaktion KO9E oder KO9G im Menü Rechnungswesen • Controlling • Innenaufträge • Planung • Verrechnungen •
Abrechnung • Einzelverarbeitung oder Sammelverarbeitung
(siehe Abbildung 4.56).

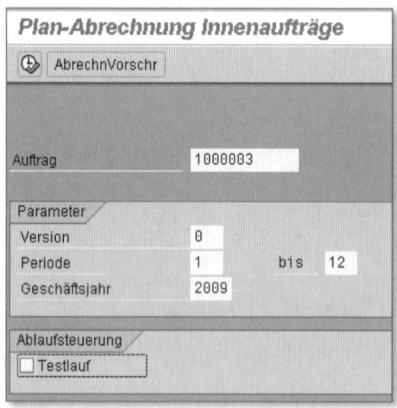

Abbildung 4.56 Planabrechnung eines Innenauftrags ausführen

Protokoll zur
Planabrechnung

Das Protokoll der Abrechnung zeigt uns den Abrechnungsbetrag
(»10.000,00 EUR«) und die Auftragsnummer (»1000003«), die durch
die Abrechnung entlastet wurde, sowie die Nummer des Ergebnisobjekts, das mit diesen Kosten belastet wurde (siehe Abbildung 4.57).
Die Nummer des Ergebnisobjekts (»ERG 0000028701«) dient ausschließlich zur systeminternen Identifikation von Datensätzen. In der
Anwendung spielt diese Nummer keine Rolle. Aus Sicht des Benut-
zers wäre sicher interessant zu erfahren, welche Belege durch diese
Abrechnung in der Ergebnisrechnung entstanden sind.

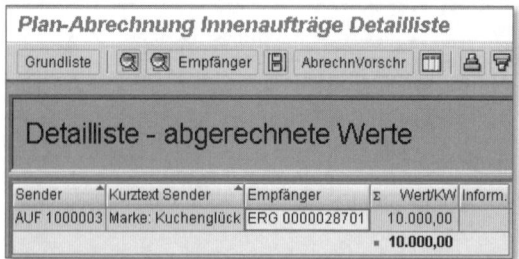

Abbildung 4.57 Protokoll zur Auftragsabrechnung

Merkmale in der
Ergebnisrechnung

Den Beleg, den die Auftragsabrechnung in der Ergebnisrechnung
erzeugt hat, finden wir mit der Transaktion KE25 im Menü Rechnungswesen • Controlling • Ergebnis- und Marktsegmentrech-

NUNG • INFOSYSTEM • EINZELPOSTENLISTE ANZEIGEN • PLAN (siehe Abbildung 4.58). Im oberen Teil dieses Blattes sind die Merkmale des Ergebnisobjekts zu sehen, u. a. in der letzten Zeile bei MATERIALGRP 2 die Nummer »746«, die innerhalb der Ergebnisrechnung unsere Marke »Kuchenglück« identifiziert.

Plan-Einzelposten anzeigen: Liste

Belegnr.	1000003300	Währungstyp	B0
Periode/Jahr	001.2009	Positionsnr.	
Ref.-Belegnr.	21804	Version	1
Vorgangsart	C		

Artikel		Bonusgruppe	
Buchungskreis	1000	Kundenbezirk	
Fakturaart		GeschBereich	0002
KundHierEbene01		KundHierEbene02	
KundHierEbene03		KundHierEbene04	
KundHierEbene05		KundHierEbene06	
Kundengruppe		Kunde	
KostRechKreis	1000	Preisgruppe	
Materialgruppe		Kundenklasse	
Regulierer		Land	
Warengruppe		MaterialGrp 1	
MaterialGrp 2	746	Plan/Istkennz	1

Abbildung 4.58 Plan-Einzelposten in der Ergebnisrechnung – Merkmale

Aber wo ist der Betrag? Ihn finden wir weiter unten auf dem Bild PLAN-EINZELPOSTEN: 833,33 EUR (siehe Abbildung 4.59). Aber wir hatten doch 10.000,00 EUR abgerechnet und nicht nur 833,33 EUR?! Ja schon, aber das war der Betrag für das ganze Jahr. In der Ergebnisrechnung wird für jede Periode ein einzelner Beleg generiert. Was wir hier sehen, sind die anteiligen Marketingkosten für Januar 2009. Ein Blick zurück, auf die zweite Zeile der Merkmale, bestätigt diese Aussage.

Wertfelder in der Ergebnisrechnung

Plan-Einzelposten anzeigen: Liste

Kalk. Vertrieb	0,00	EUR
Kalk. Verwaltung	0,00	EUR
Kalk. Zins Kundenfrd	0,00	EUR
Kalk. Zins Sachanlag	0,00	EUR
Kalk. Zins Sach.Werk	0,00	EUR
Logistikkosten	0,00	EUR
Marketing	833,33	EUR

Abbildung 4.59 Plan-Einzelposten in der Ergebnisrechnung – Wertfelder

Nach der Belastung des Auftrags im Plan und in der Abrechnung möchten Sie doch sicher wieder einmal einen Auftragsbericht sehen. Keine Angst, wir malträtieren Sie nicht wieder mit einer Auftragsorgie wie im vorigen Abschnitt. Ein Blick mit der Transaktion S_ALR_ 87012993 im Menü RECHNUNGSWESEN • CONTROLLING • INNENAUFTRÄGE • INFOSYSTEM • BERICHTE ZU INNENAUFTRÄGEN • PLAN-IST-VERGLEICHE • AUFTRAG: IST/PLAN/ABWEICHUNG genügt (siehe Abbildung 4.60).

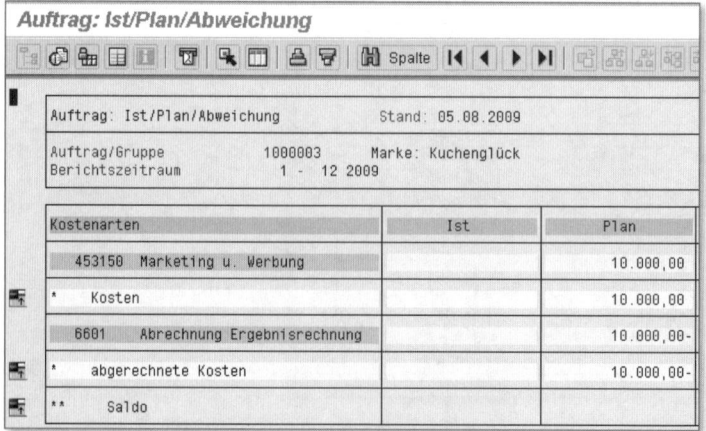

Abbildung 4.60 Auftragsbericht nach der Abrechnung

Wir sehen keine Überraschungen. 10.000,00 EUR sind sowohl als Belastung zur primären Kostenart »453150« ausgewiesen als auch unter ABGERECHNETE KOSTEN mit der im Customizing (VERRECHNUNGSSCHEMA, ABRECHNUNGSKOSTENARTEN) hinterlegten Kostenart »6601«. Entsprechend ist der Auftragssaldo null.

4.5.3 Istbuchungen

Was passiert auf unserem Auftrag im Ist? Betrachten wir einen FI-Beleg aus dem Monat April 2009 mit der Transaktion FB03 im Menü RECHNUNGSWESEN • FINANZWESEN • HAUPTBUCH • BELEG • ANZEIGEN (siehe Abbildung 4.61).

Am Ende des Monats starten wir die Istabrechnung mit den Transaktionen KO88 oder KO8G im Menü RECHNUNGSWESEN • CONTROLLING • INNENAUFTRÄGE • PERIODENABSCHLUSS • EINZELFUNKTIONEN • ABRECHNUNG • EINZELVERARBEITUNG oder SAMMELVERARBEITUNG (siehe Abbildung 4.62).

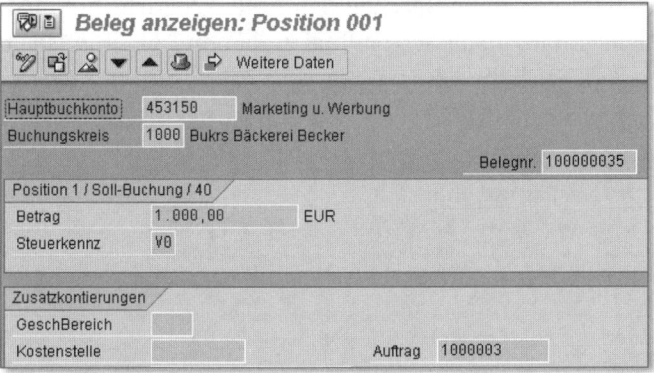

Abbildung 4.61 FI-Beleg zu einer Istbuchung mit Auftrag

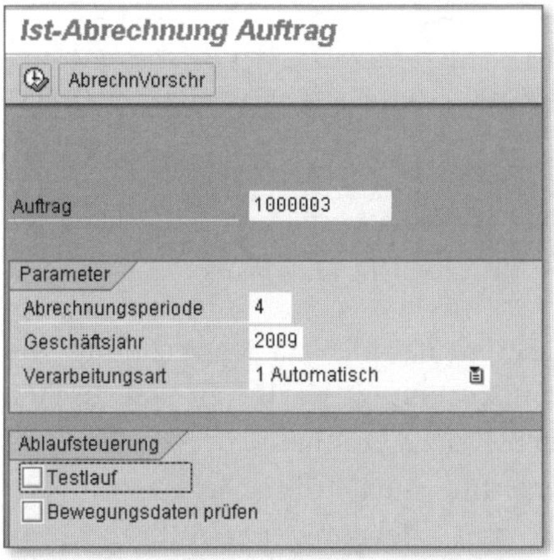

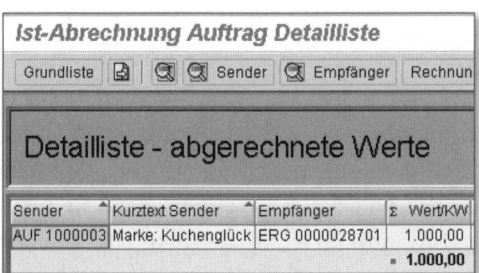

Abbildung 4.62 Istabrechnung ausführen

Die Istabrechnung nutzt die gleichen Stammdaten und Customizing-Einstellungen wie die Planabrechnung. Auch das Protokoll unterscheidet sich kaum vom soeben dargestellten (siehe Abbildung 4.63).

Protokoll zur Istabrechnung

Ist-Abrechnung Auftrag Detailliste

Grundliste			Sender	Empfänger	Rechnun

Detailliste - abgerechnete Werte

Sender	Kurztext Sender	Empfänger	Σ Wert/KW
AUF 1000003	Marke: Kuchenglück	ERG 0000028701	1.000,00
			▪ **1.000,00**

Abbildung 4.63 Protokoll zur Istabrechnung

Auftragsbericht
mit Plan- und
Istdaten

Jetzt werfen wir noch einen Blick auf den Auftragsbericht AUFTRAG: IST/PLAN/ABWEICHUNG – zum letzten Mal in diesem Abschnitt (siehe Abbildung 4.64). Auch die Istspalte zeigt die Daten, die wir erwartet hatten.

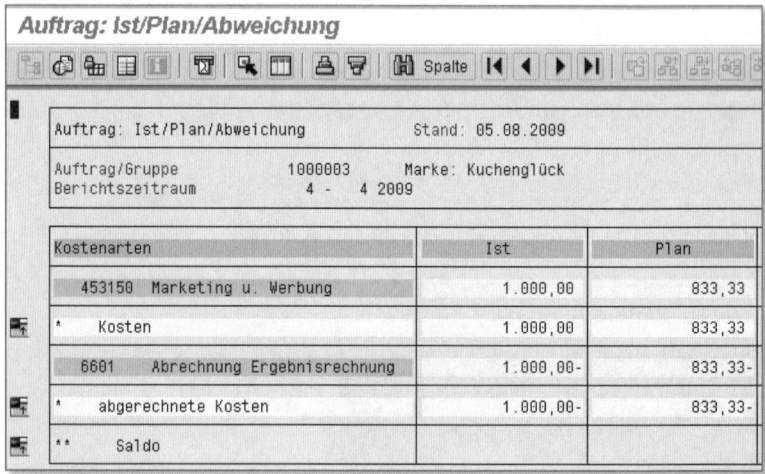

Abbildung 4.64 Auftragsbericht nach Istbuchung und Abrechnung

Das soll's gewesen sein in unserem Beispiel zur Verrechnung von Marketingkosten in die Ergebnisrechnung. Nach den statistischen Aufträgen für Fahrzeuge haben Sie hier CO-Innenaufträge mit einem echten Eigenleben kennengelernt. Auch die nächsten beiden Abschnitte beschäftigen sich mit »lebendigen« Aufträgen. In Abschnitt 4.6, »Anlagen im Bau«, liegt der Fokus auf der Abrechnung in die Anlagenbuchhaltung. Mit den Abgrenzungen im darauf folgenden Abschnitt beschäftigen wir uns dann wieder mit einem controllinginternen Thema. Nun also zur Abwicklung von Baumaßnahmen oder Projekten mit Abrechnung an Anlagen im Bau.

4.6 Anlagen im Bau

In diesem Abschnitt betrachten wir ein Modernisierungsprojekt bei der Bäckerei Becker. Der Backofen soll durch einen neuen ersetzt werden. Die Abwicklung der Kosten erfolgt, Sie ahnen es schon, über einen CO-Innenauftrag. In unserem Beispiel werden wir sowohl externe Kosten als auch die Leistung der betriebseigenen Elektriker als Belastung verbuchen. Bei der Abrechnung passiert etwas Spannendes, wir werden auf eine Anlage in der Anlagenbuchhaltung buchen, also nicht wie sonst Daten aus dem Buchhaltungsbereich empfangen, sondern einen der seltenen Fälle betrachten, bei dem wir Daten dorthin senden.

Wir beginnen wie gewohnt mit der Anlage eines Auftrags im Controlling mit den Transaktionen KO01, KO02 und KO03 im Menü RECHNUNGSWESEN • CONTROLLING • INNENAUFTRÄGE • STAMMDATEN • SPEZIELLE FUNKTIONEN • AUFTRAG • ANLEGEN/ÄNDERN/ANZEIGEN (siehe Abbildung 4.65). Wir nutzen dieses Mal die Auftragsart »B003 Becker – Anlagen im Bau«. Die Nummernvergabe erfolgte intern, es wurde der gleiche Nummernkreis genutzt wie bei den Marketingaufträgen im vorigen Abschnitt.

Auftrag anlegen

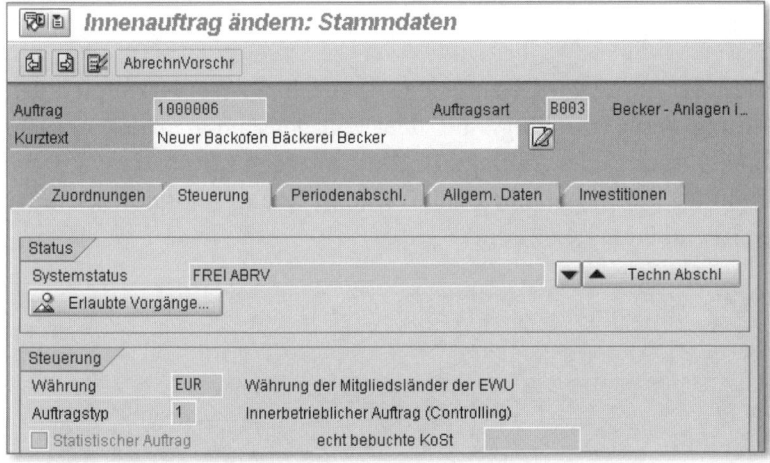

Abbildung 4.65 Innenauftrag – »Anlagen im Bau«

Schon mit der zweiten Funktion verlassen wir vertrautes Terrain und begeben uns in Feindesland – nein, so schlimm ist es auch wieder nicht, zumindest nicht immer. Zum Anlegen eines Anlagenstammsatzes in der Anlagenbuchhaltung nutzen wir eine Funktion des Moduls FI-AA – *Asset Accounting* (Anlagenbuchhaltung), und zwar die Transaktion AS03 im Menü RECHNUNGSWESEN • FINANZWESEN • ANLAGEN • ANLAGE • ANZEIGEN • ANLAGE (siehe Abbildung 4.66). Die Anlagennummer »400000000003« wurde wie unsere Auftragsnummer automatisch vom System vergeben. Die Anlagenklasse »4020 Anlagen im Bau« gibt die Kontenfindung »40200« vor, und die wiederum steuert z. B. das Konto zum Ausweis des Anlagenwerts in der Bilanz.

Anlagenstamm pflegen

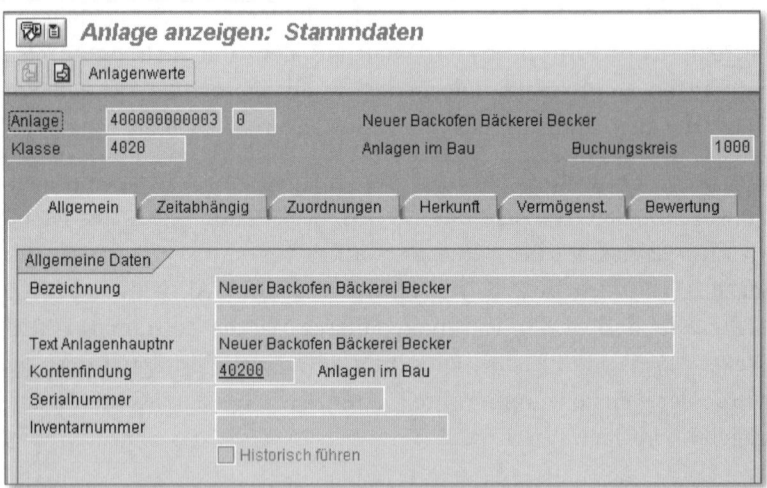

Abbildung 4.66 Anlagenstamm für »Anlagen im Bau«

Abrechnungs-
vorschrift
Jetzt aber hurtig wieder zurück ins Controlling. Wir verknüpfen den Auftrag des Controllings mit dem Anlagenstamm in der Abrechnungsvorschrift des Auftrags. Dorthin gelangen wir im Transaktionsmenü des Auftragsstamms mit SPRINGEN • ABRECHNUNGSVORSCHRIFT (siehe Abbildung 4.67).

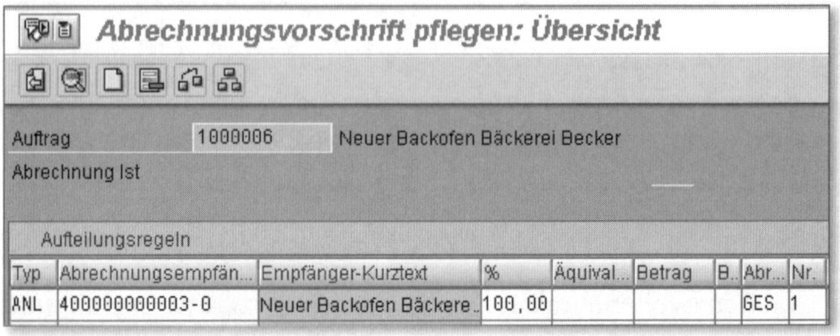

Abbildung 4.67 Abrechnungsvorschrift zum Innenauftrag für die Abrechnung an »Anlagen im Bau«

Abrechnungs-
parameter
Das nächste für die Abrechnung wichtige Bild, die ABRECHNUNGSPARAMETER, erreichen Sie im Transaktionsmenü der Abrechnungsvorschrift mit SPRINGEN • ABRECHNUNGSPARAMETER (siehe Abbildung 4.68). Die Bilder ABRECHNUNGSVORSCHRIFT und ABRECHNUNGSPARAMETER sind Ihnen bereits vertraut (siehe Abschnitt 4.5, »Echte Innenaufträge«). Das Abrechnungsprofil B03 und das Verrechnungsschema I6, die wir hier verwenden, kennen Sie allerdings noch nicht. Diese Customizing-Einstellungen sehen wir uns jetzt genauer an.

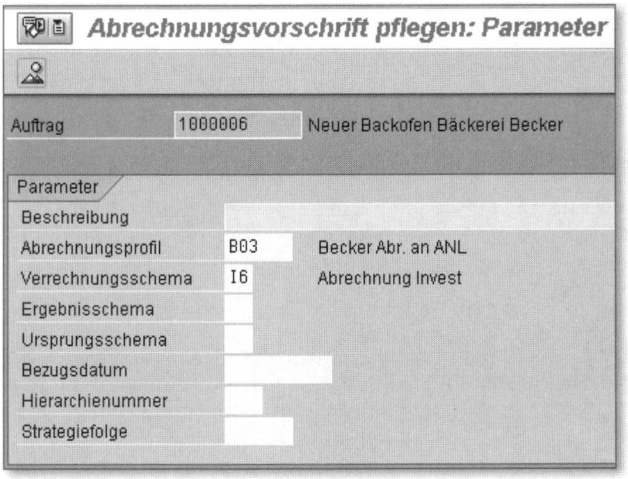

Abbildung 4.68 Parameter zur Abrechnungsvorschrift

Die Pflege von Abrechnungsprofilen erreichen Sie über das Customizing SPRO • SAP REFERENZ-IMG • CONTROLLING • INNENAUFTRÄGE • IST-BUCHUNGEN • ABRECHNUNG • ABRECHNUNGSPROFILE PFLEGEN (siehe Abbildung 4.69). Das Verrechnungsschema »I6« finden Sie im Block VORSCHLAGSWERTE entsprechend dem Verrechnungsschema »PA« im vorigen Abschnitt. Dort hatten wir ein Ergebnisschema »E2« benutzt, hier bei der Abrechnung auf Anlagen bleibt dieses Feld leer. Wichtig bei der Abrechnung auf Anlagen ist der Eintrag im Feld BELEGART im Block SONSTIGE PARAMETER. Der Eintrag »AA Anlagenbuchhaltung« gibt die Belegart für die Buchhaltungsbuchung vor.

Abrechnungsprofil

Die Pflege der Verrechnungsschemata finden Sie ebenfalls im Customizing SPRO • SAP REFERENZ-IMG • CONTROLLING • INNENAUFTRÄGE • ISTBUCHUNGEN • ABRECHNUNG • VERRECHNUNGSSCHEMATA PFLEGEN (siehe Abbildung 4.70). Anders als beim Verrechnungsschema, das wir zur Abrechnung der Marketingaufträge benutzt haben, finden wir hier zwei Zuordnungen. Die Belastungen durch primäre Kostenarten sollen bei der Abrechnung an Anlagen im Bau anders behandelt werden als die sekundären, deshalb die Trennung in »010 Primäre Kosten« und »020 Sekundäre Kosten« bei den ZUORDNUNGEN.

Verrechnungs-schema

Betrachten wir zunächst die ZUORDNUNG »010 Primäre Kosten« genauer. Im URSPRUNG sind jetzt die primären Kostenarten mit der Kostenartenrange »400000« bis »499999« ausgewählt (siehe Abbildung 4.71).

Ursprung für primäre Kosten

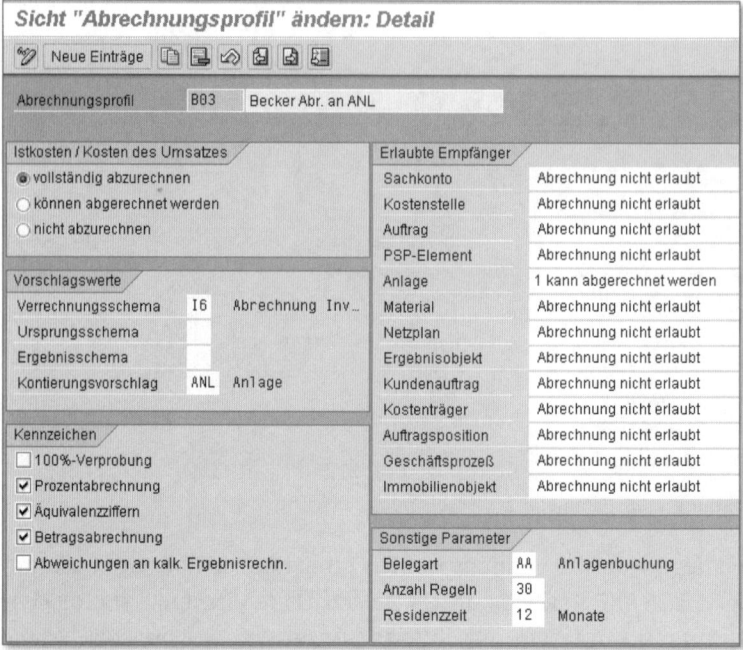

Abbildung 4.69 Verrechnungsschema »I6« und Kontierungsvorschlag »ANL« im Abrechnungsprofil »B03«

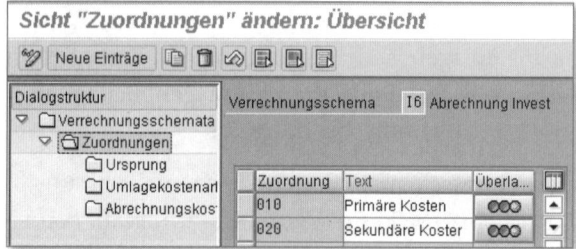

Abbildung 4.70 Verrechnungsschema mit getrennten Zuordnungen für primäre und sekundäre Kosten

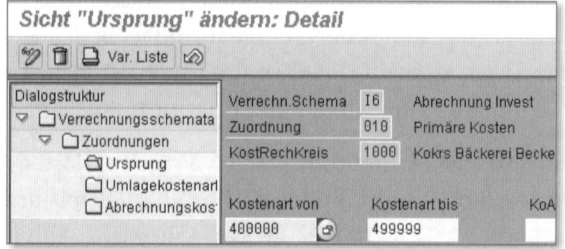

Abbildung 4.71 Ursprung für Verrechnungsschema »I6« mit Zuordnung »010«, primäre Kostenarten

Die Belastungen aus primären Kostenarten sollten bei der Abrechnung kostenartengerecht durchgeführt werden, zu erkennen am Häkchen in der Spalte KOSTENARTENGERECHT (siehe Abbildung 4.72). Kostenartengerecht heißt, dass die Belastungskostenarten unverändert bei der Abrechnung an die Anlage übergeben werden.

Abrechnungs-
kostenart für
primäre Kosten

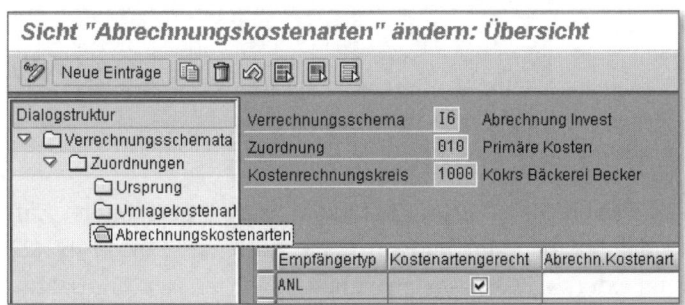

Abbildung 4.72 Abrechnungskostenarten für Verrechnungsschema »I6« mit Zuordnung »010«, kostenartengerecht

Für die sekundären Kostenarten, die als Belastung im Auftrag erscheinen, müssen wir ein anderes »Töpfchen« finden. Eine kostenartengerechte Abrechnung ist hier deshalb nicht möglich, weil die Anlagenbuchhaltung als Komponente des Finanzwesens nur primäre Kostenarten kennt, aber keine sekundären. Zunächst selektieren wir im URSPRUNG die sekundären Kostenarten, indem wir die Range »6000« bis »6999« eintragen (siehe Abbildung 4.73).

Ursprung für
sekundäre Kosten

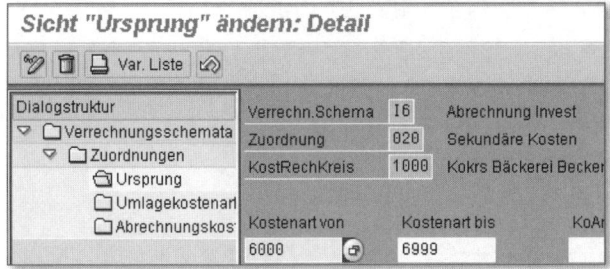

Abbildung 4.73 Ursprung für Verrechnungsschema »I6« mit Zuordnung »020«, sekundäre Kostenarten

Im Bild ABRECHNUNGSKOSTENARTEN verdichten wir alle Daten, die in der Zuordnung SEKUNDÄRE KOSTEN bei der Abrechnung aufgesammelt werden, auf eine Abrechnungskostenart »852000« (siehe Abbildung 4.74).

Abrechnungs-
kostenart für
sekundäre Kosten

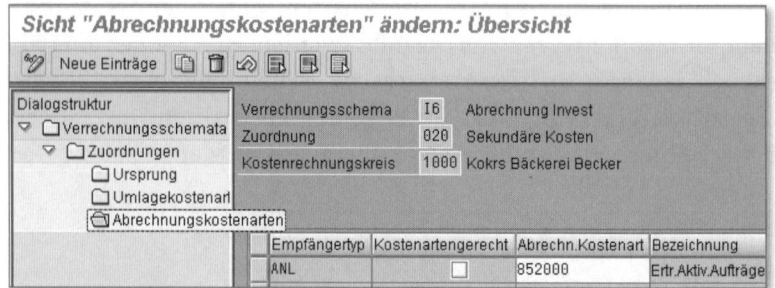

Abbildung 4.74 Abrechnungskostenart »852000« für Verrechnungsschema »I6« mit Zuordnung »020«

Kostenart für
Aktivierung aus
Abrechnung

Bei der Kostenart »852000 Ertrag aus Aktivierung abgerechneter Aufträge« handelt es sich um eine primäre Kostenart vom Typ »22 Abrechnung extern«. Diese Kostenart hatten wir mit den Transaktionen zur Pflege von primären Kostenarten KA01, KA02 und KA03 im Menü RECHNUNGSWESEN • CONTROLLING • KOSTENARTENRECHNUNG • STAMMDATEN • KOSTENART • EINZELBEARBEITUNG • ANLEGEN PRIMÄR/ ÄNDERN/ANZEIGEN bereits vorbereitet (siehe Abbildung 4.75).

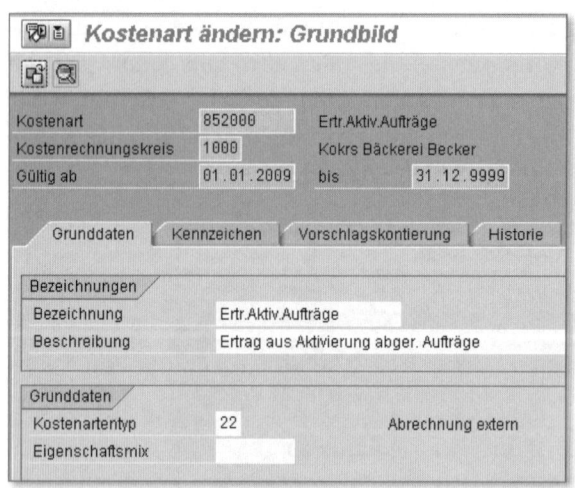

Abbildung 4.75 Kostenart zur Aktivierung von Eigenleistungen

Aktivierung als das
»Einfrieren« von
Aufwand

»Primäre Kostenart 852000« bedeutet, dass ein entsprechendes Sachkonto mit gleicher Nummer im Finanzwesen vorhanden ist. Das Konto »852000« in der Buchhaltung ist ein Erfolgskonto (GuV-Konto), das dem Bereich Bestandsveränderungen und damit der Gesamtleistung innerhalb der GuV zugeordnet wird. Was heißt das? Wir sprechen gerade über sekundäre Kostenarten, die auf einem Auftrag als Belastung erscheinen. Das sind z. B. Leistungen von internen Handwerkern, die am Bau einer Anlage beteiligt sind. Diese Handwerker verursachen Kosten, z. B. Lohn. Dieser Lohn wird in der GuV als Aufwand ausgewiesen. Mit dem Bau einer Anlage wird die Leistung der Handwerker aber nicht sofort »verbraucht«, sondern in den Anlagen quasi eingefroren. In der Anlage wartet die Leistung bzw. der entsprechende Wert darauf, per Abschreibung Stück für Stück wieder aufgetaut zu werden und so endgültig im Aufwand zu verschwinden. Den Vorgang des Einfrierens bilden wir hier mit dem FI-Konto »852000 Ertrag aus Aktivierung abgerechneter Aufträge« ab. Auf dem Ertrag auf diesem Konto verringern wir die Kosten der Betriebshandwerker in der GuV entsprechend ihren Leistungen beim Bau von Anlagen. Parallel dazu wird in der Bilanz ein entsprechender Bestandswert aufgebaut. War das zu kompliziert? Vielleicht wird's klarer, wenn wir uns die Buchungen auf dem Auftrag im Einzelnen ansehen.

Wir beginnen mit der Buchung einer Rechnung über 10.000,00 EUR, die ein Fremdhandwerker für seine Leistungen erstellt hat. Den Beleg finden wir in der Transaktion FB03 im Menü RECHNUNGSWESEN • FINANZWESEN • HAUPTBUCH • BELEG • ANZEIGEN (siehe Abbildung 4.76).

Istbuchung in der Buchhaltung

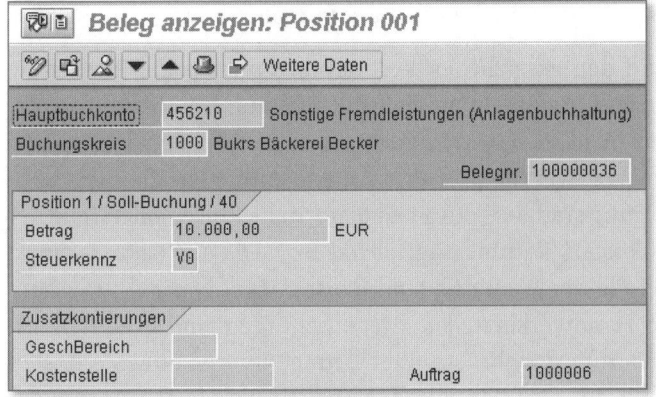

Abbildung 4.76 FI-Beleg für externe Dienstleistungen mit Kontierung auf Innenauftrag

Die Fremdhandwerker wurden durch unsere betriebseigenen Elektriker unterstützt. Die Elektriker haben in ihrer Leistungsaufzeichnung 20 Stunden notiert, die sie mit dem Aufbau des neuen Backofens beschäftigt waren. Diese 20 Stunden erfassen wir im Controlling mit

Verrechnung von Eigenleistungen

der Transaktion KB21N im Menü RECHNUNGSWESEN • CONTROLLING •
KOSTENSTELLENRECHNUNGEN • ISTBUCHUNGEN • LEISTUNGSVERRECH-
NUNG • ERFASSEN (siehe Abbildung 4.77).

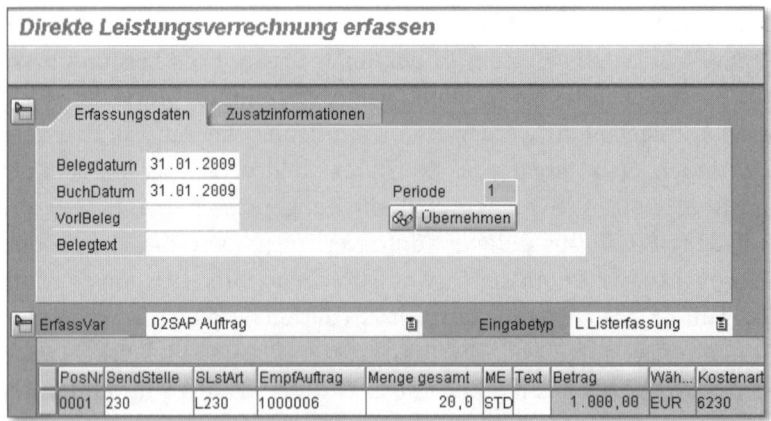

Abbildung 4.77 CO-Beleg für interne Leistungen mit Kontierung auf Innenauftrag

Bewertung von Eigenleistungen

Zur Bewertung der internen Leistung wird der Plantarif der Kostenstelle »230 Elektriker« herangezogen. Wir nehmen an, dass wir die
Elektrikerstunde bei der Planung mit 50,00 EUR bewertet hatten. So
erklärt sich der automatisch ermittelte Wert der Leistung von
1.000,00 EUR, zu erkennen in der Spalte BETRAG. Die Bewertung der
Eigenleistung wurde mit dem Plantarif vorgenommen.

Entsprechend den gesetzlichen Bestimmungen muss die Bewertung
aktivierter Eigenleistungen in der Buchhaltung zu Herstellkosten,
d.h. Ist- und nicht Plankosten, vorgenommen werden. Im Plantarif
der eigenen Handwerker sind aber Anteile enthalten, die nicht akti-
vierungspflichtig sind, wie etwa kalkulatorische Zinsen oder Teile der
Sozialstellenkosten (Kantine, Betriebsrat etc.). Die nicht aktivierungspflichtigen Teile der Plantarife sind meist höher als die Abweichungen auf den Handwerkerstellen. Steuerbehörden sind grundsätzlich
an der Aktivierung möglichst hoher Beträge interessiert, die Kosten
werden durch die resultierende AfA aus der aktivierten Anlage auf
mehrere Jahre verteilt; die Steuerlast im aktuellen Jahr wird höher.
Entsprechend sollte es möglich sein, sich mit den Steuerbehörden
und Wirtschaftsprüfern dahingehend abzustimmen, dass die nicht
aktivierungspflichtigen Teile der Plantarife gegen die Abweichungen
abgewogen werden und die Eigenleistung zu Plankostensätzen
bewertet werden darf.

Nach der Buchung von 10.000,00 EUR externen Kosten und internen Leistungen im Wert von 1.000,00 EUR können wir mit der Auftragsabrechnung starten. Dazu nutzen wir die Transaktion KO88 oder KO8G im Menü Rechnungswesen • Controlling • Innenaufträge • Periodenabschluss • Einzelfunktionen • Abrechnung • Einzelverarbeitung oder Sammelverarbeitung (siehe Abbildung 4.78).

Istabrechnung ausführen

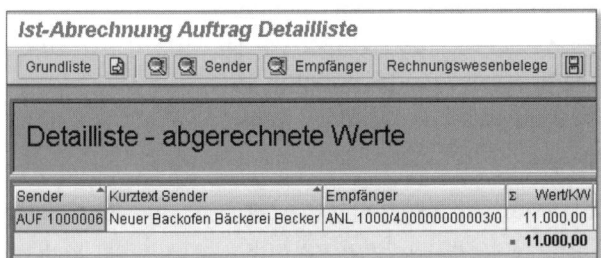

Abbildung 4.78 Protokoll zur Abrechnung des Innenauftrags an eine Anlage im Bau

Sehen wir uns im Auftragsbericht an, wie sich die Belastungsbuchungen und die soeben erfolgte Abrechnung auf dem Auftrag darstellen. Wir nutzen wieder einmal die Transaktion S_ALR_87012993 im Menü Rechnungswesen • Controlling • Innenaufträge • Infosystem • Berichte zu Innenaufträgen • Plan-Ist-Vergleiche • Auftrag: Ist/Plan/Abweichung (siehe Abbildung 4.79).

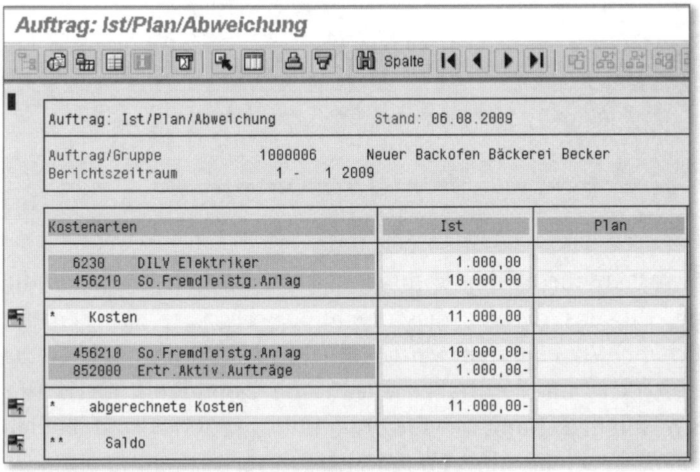

Auftragsbericht

Abbildung 4.79 Auftragsbericht nach Istbuchungen und Abrechnung

Auf der Belastungsseite unter Kosten erkennen wir die internen Leistungen in der Zeile zur sekundären Kostenart »6230 DILV Elektriker«. Die externe Rechnung erscheint als Belastung mit der Kostenart »456210 Sonstige Fremdleistungen Anlagen«. Die Abrechnung hat zwei Zeilen auf diesem Auftrag erzeugt. Die Fremdleistungen wurden entsprechend den Einstellungen im Verrechnungsschema kostenartengerecht abgerechnet. Den Abrechnungsbetrag für die internen Leistungen finden wir unter der Kostenart »852000« wieder.

Kontensaldo in der Buchhaltung

Wie haben sich die Buchungen der externen Rechnung und der Auftragsabrechnung auf das FI-Konto »456210« ausgewirkt? Überprüfen wir den Saldo des Kontos mit der Transaktion FS10N im Menü RECHNUNGSWESEN • FINANZWESEN • HAUPTBUCH • KONTO • SALDEN ANZEIGEN (siehe Abbildung 4.80).

Die Buchung der externen Rechnung hat eine Sollposition über 10.000,00 EUR ausgelöst. Durch die Abrechnung wurde der gleiche Betrag ins Haben gestellt. Der Saldo des Kontos ist null, es wirkt sich also nicht mehr in der GuV aus. Die Kosten sind aber angefallen. Wo bleiben sie in der Buchhaltung?

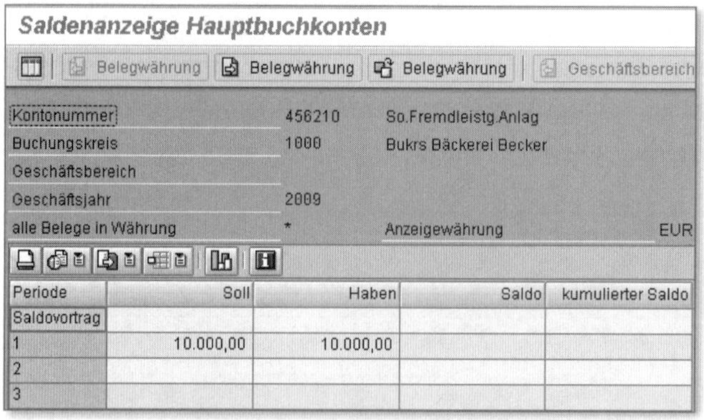

Abbildung 4.80 Saldo des Kontos »Sonstige Fremdleistungen Anlagen« in FI

Abrechnungsbeleg in der Buchhaltung

Der Antwort auf diese Frage kommen wir auf die Spur, wenn wir die Buchung, die uns die Auftragsabrechnung beschert hat, genauer untersuchen. Wir kommen weiter mit Doppelklick auf den Betrag 10.000,00 EUR auf der Habenseite (siehe Abbildung 4.81). Wir erkennen für die Konten »456210« und »852000« die beiden Buchungen, die wir als Abrechnungsposition auch schon auf unserem Auftrag gesehen hatten. Negative Beträge in der Buchhaltung von SAP ERP bedeuten Erträge in der GuV. Als Gegenbuchung über den gesamten Betrag von 11.000,00 EUR wird das Bestandskonto »29200« aus der Bilanz herangezogen.

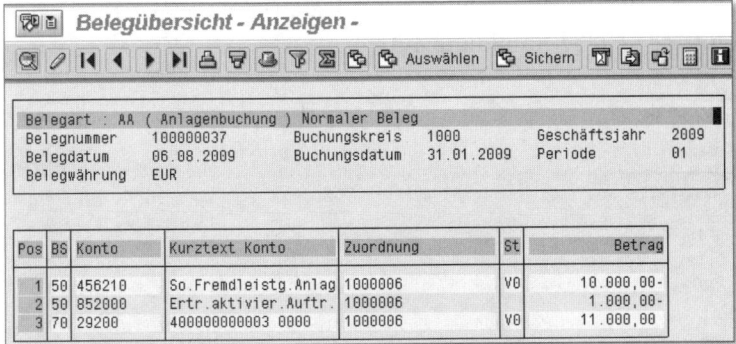

Abbildung 4.81 FI-Beleg zur Abrechnung der Eigenleistung

Als Kurztext für das Konto »29200« hat die Auftragsabrechnung hier die Anlagennummer »400000000003« eingetragen. Das ist die Anlage im Bau, an die wir abgerechnet haben. Die Bezeichnung im Kontenstamm für dieses Konto lautet: »Anlagen im Bau« (siehe Abbildung 4.82). Dieses Bestandskonto wurde über die Kontenfindung der bebuchten Anlage angezogen.

Bestandskonto in der Bilanz

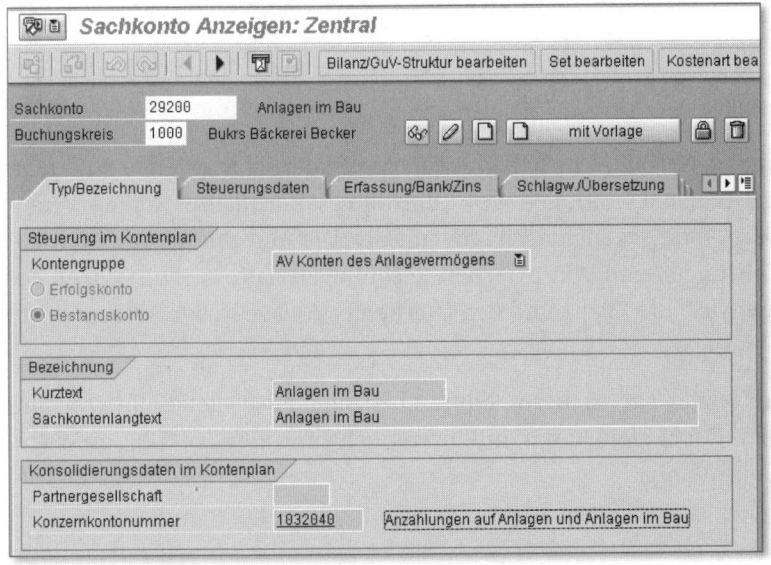

Abbildung 4.82 Stammdaten zum Bilanzkonto »Anlagen im Bau«

Die Abrechnung hat GuV- und Bilanzkonten in der Buchhaltung verändert. Die Bestandsbuchung auf dem Bilanzkonto »29200« wurde zusätzlich auf die Anlage kontiert. Das ist zu sehen, wenn wir jetzt den Anlagenstamm nochmals mit der Transaktion AW01N im Menü

Anlagenstamm nach Abrechnung

RECHNUNGSWESEN • FINANZWESEN • ANLAGEN • ANLAGE • ASSET EXPLO-RER aufrufen (siehe Abbildung 4.83).

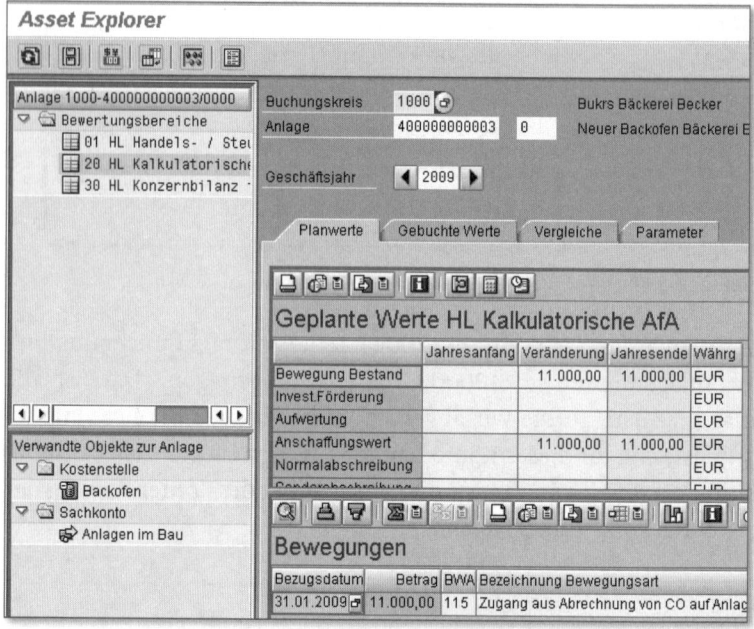

Abbildung 4.83 Bestandszugang bei der Anlage im Bau aus externen und internen Leistungen

Spannend, oder? Sie haben soeben einen der seltenen Fälle miterlebt, bei denen Funktionen des Controllings Buchhaltungsdaten verändern – und das auch noch recht massiv. Die Abrechnung von internen Leistungen und von externen Rechnungen hatte Auswirkungen auf die GuV, die Bilanz und den Wert einer Anlage in der Anlagenbuchhaltung.

Als letztes Thema dieses Kapitels behandeln wir jetzt die Abgrenzungen. Dabei bleiben wir auf unserem eigenen Terrain, d.h. im Modul Controlling.

4.7 Abgrenzungen

In der Buchhaltung treten diverse jährlich wiederkehrende Zahlungen auf. Beispielsweise werden Versicherungen, Strom und Weihnachtsgeld in dem Monat gebucht, dem die Rechnung bzw. die Zahlung zugeordnet wird. Die Mitarbeiter leisten allerdings im

November nicht deswegen mehr, weil sie das Weihnachtsgeld ausgezahlt bekommen. Genauso wenig unterscheidet sich die Nutzbarkeit eines Gebäudes in dem Monat, in dem die Versicherungsprämien fällig werden, von der Nutzbarkeit in allen anderen Monaten des Jahres. Deshalb wird im Controlling versucht, die Kosten über den Leistungszeitraum, also über das ganze Jahr, zu verteilen. Die Verteilung von Aufwand auf die Perioden des Jahres wird in der Betriebswirtschaft *Abgrenzung* genannt.

In SAP ERP sind drei unterschiedliche Verfahren zur Umsetzung der Abgrenzungen vorgesehen:

Abgrenzungs-
verfahren

▸ Abgrenzung per Plan = Ist (Versicherung)

▸ Abgrenzung per Soll = Ist (Strom)

▸ Abgrenzung per Zuschlag (Weihnachtsgeld)

Im Folgenden werden wir Ihnen diese drei Verfahren vorstellen. Wir werden dabei die in Klammern genannten Beispiele benutzen.

4.7.1 Abgrenzung per Plan = Ist

Bei der *Abgrenzung per Plan = Ist* gehen wir davon aus, dass wir die Verteilung von Aufwand aus der Buchhaltung auf die einzelnen Perioden als Festbeträge planen können. Die Plan = Ist-Abgrenzung wird immer dann genutzt, wenn die betrachteten Kosten zu 100 % fix sind. Typisches Beispiel für dieses Verfahren sind Versicherungsprämien. Versicherungen schicken ihre Rechnungen einmal im Jahr. Wir können im Plan eine Verteilung der Kosten auf die Perioden ganz einfach vornehmen, indem wir jedem Monat ein Zwölftel der geplanten Prämie zuordnen. Die Versicherungsprämie im folgenden Beispiel wird für die Feuerversicherung der Gebäude bezahlt. Diese Prämie wird ohne Zweifel völlig unabhängig von der Leistung des Unternehmens bezahlt, ist also zu 100 % fix.

Zur Umsetzung der Plan = Ist-Abgrenzung in SAP ERP müssen wir eine primäre Kostenart mit einem speziellen Kostenartentyp ausstatten. Dazu nutzen Sie die Transaktionen zur Pflege von Kostenarten KA01, KA02 und KA03 im Menü RECHNUNGSWESEN • CONTROLLING • KOSTENARTENRECHNUNG • STAMMDATEN • KOSTENART • EINZELBEARBEITUNG • ANLEGEN PRIMÄR, ÄNDERN, ANZEIGEN (siehe Abbildung 4.84).

Grund-
einstellungen

Abgrenzungs-
kostenart Der Kostenartentyp »4 Abgrenzung per Soll = Ist« wird nicht nur, wie der Name sagt, für die Abgrenzung per Soll = Ist benutzt, sondern auch für die Abgrenzung per Plan = Ist, die wir jetzt besprechen.

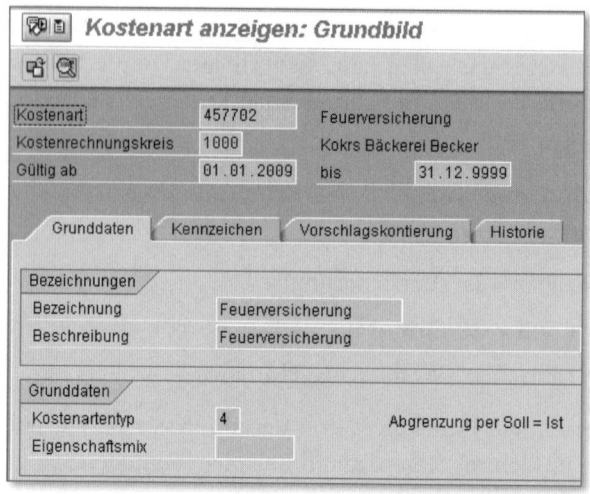

Abbildung 4.84 Stammdaten der Abgrenzungskostenart »Feuerversicherung«

Primäre laufende Kosten werden im Allgemeinen direkt auf Kostenstellen gebucht. Bei den abzugrenzenden Kosten, wie hier im Beispiel bei der Feuerversicherung, wollen wir aber nicht einmal im Jahr einen großen Betrag auf der Kostenstelle sehen und im Rest des Jahres gar nichts. Stattdessen wünschen wir uns bei den Istbuchungen in jeder Periode eine Übernahme der geplanten Kosten. Der tatsächliche Aufwand soll dann anderweitig gebucht werden – aber wo? Sie ahnen es schon, wir werden einen Innenauftrag verwenden.

Auftrag anlegen Wenn Sie das vorliegende Kapitel bis hierher gelesen haben, kennen Sie sich mit der Pflege von Innenaufträgen bereits bestens aus. Sie nutzen die Transaktionen KO01, KO02 und KO03 im Menü RECHNUNGSWESEN • CONTROLLING • INNENAUFTRÄGE • STAMMDATEN • SPEZIELLE FUNKTIONEN • AUFTRAG • ANLEGEN/ÄNDERN/ANZEIGEN (siehe Abbildung 4.85). Wichtig ist die Wahl einer Auftragsart mit dem richtigen Auftragstyp, nämlich »2 Abgrenzungsauftrag (Controlling)«.

Customizing
für Plan =
Ist-Abgrenzung Jetzt verknüpfen wir die soeben angelegten Stammdaten »Kostenart« und »Innenauftrag« mit der Transaktion KSAJ im Customizing SPRO • SAP REFERENZ-IMG • CONTROLLING • KOSTENSTELLENRECHNUNG • ISTBUCHUNGEN • PERIODENABSCHLUSS • ABGRENZUNGEN • SOLL=IST-VERFAHREN • SOLL=IST-ENTLASTUNG (siehe Abbildung 4.86).

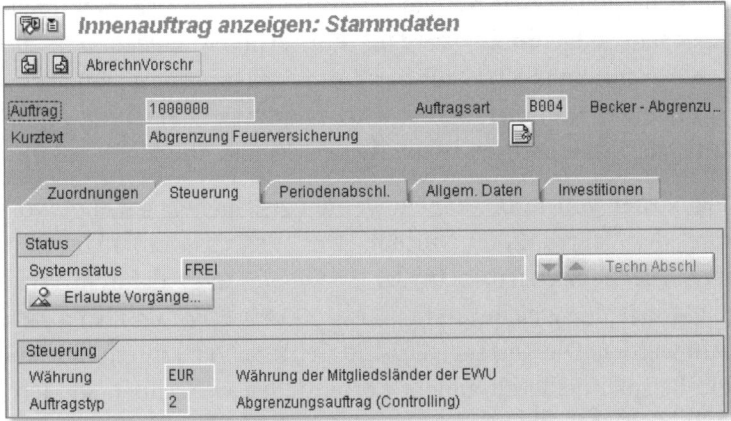

Abbildung 4.85 Stammdaten eines Innenauftrags für die Abgrenzung von Kosten

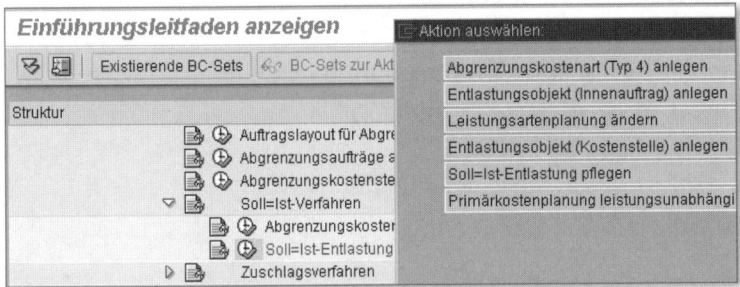

Abbildung 4.86 Einstieg ins Customizing der Abgrenzungen

Von dem Popup, das daraufhin erscheint, geht es weiter mit
SOLL=IST-ENTLASTUNG PFLEGEN (siehe Abbildung 4.87).

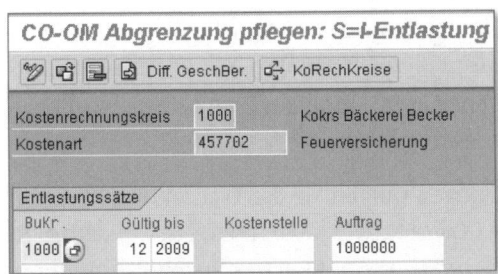

Abbildung 4.87 Entlastungsauftrag »1000000« mit
der Abgrenzungskostenart »457702« verknüpfen

Die Vorbereitung zur Abgrenzung einer Versicherungsprämie in den
Stammdaten und im Customizing ist somit abgeschlossen. Wir können mit der Planung beginnen.

Planung Die Versicherungsprämie für die Feuerversicherung soll dem Verwaltungsgebäude zugeordnet werden. Zur Planung nutzen wir die bekannte Transaktion KP06 aus der Kostenstellenrechnung im Menü RECHNUNGSWESEN • CONTROLLING • KOSTENSTELLEN • PLANUNG • KOSTENARTEN/LEISTUNGSAUFNAHMEN • ÄNDERN (siehe Abbildung 4.88).

Die Plankosten von 1.200,00 EUR werden gleichmäßig auf alle zwölf Monate des Jahres 2009 verteilt. Der VERTEILUNGSSCHLÜSSEL 1 GLEICHMÄSSIGE VERTEILUNG in der Spalte VS sorgt dafür, dass in jedem Monat der gleiche Betrag, also 100,00 EUR, als Plankosten gebucht werden. Die Kostenstelle »130 Gebäude Verwaltung« wird in diesem Beispiel nicht auf andere Kostenstellen verrechnet, sondern direkt in die Ergebnisrechnung überführt. Deshalb findet hier keine Leistungsplanung statt, zu erkennen am Symbol »#« (d.h. nicht zugeordnet) in der Spalte LEISTUNGSART (LstART).

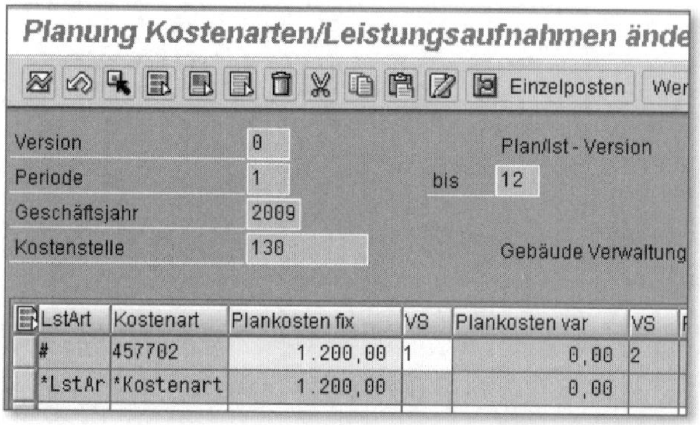

Abbildung 4.88 Planung von Kosten, die zur Abgrenzung vorgesehen sind

Die Planung ist somit auch abgeschlossen – manchmal geht's so einfach. Jetzt sehen wir uns an, wie wir Istbuchungen für primäre Kostenarten im Controlling generieren, ohne auf Zuarbeit der Kollegen in der Buchhaltung angewiesen zu sein.

Istbuchungen Zur Buchung von Abgrenzungen nutzen Sie die Transaktion KSA3 im Menü RECHNUNGSWESEN • CONTROLLING • KOSTENSTELLEN • PERIODENABSCHLUSS • EINZELFUNKTIONEN • ABGRENZUNG (siehe Abbildung 4.89).

Die Eingabe von Werten (hier 100,00 EUR pro Monat) der Kostenart oder des Abgrenzungsauftrags ist nicht erforderlich. Mit der Auswahl der Kostenstelle findet das System alle weiteren Angaben automatisch.

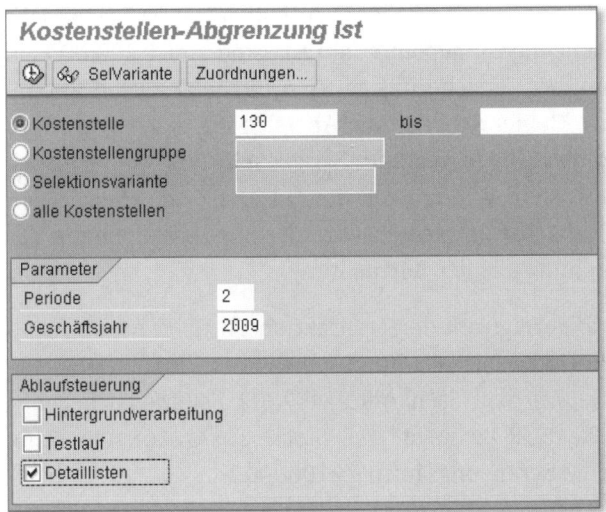

Abbildung 4.89 Abgrenzung für eine Kostenstelle ausführen

Wenn Sie beim Einstieg in die Abgrenzung das Häkchen bei DETAIL-LISTEN gesetzt haben, erhalten Sie dieses Protokoll (siehe Abbildung 4.90).

Istabgrenzung ausführen

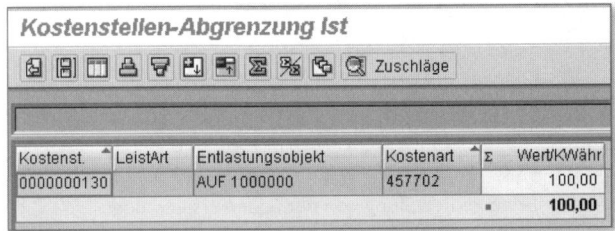

Abbildung 4.90 Protokoll zur Istabgrenzung

Die soeben beschriebene Abgrenzung führen Sie in jedem Monat aus und generieren so Istbuchungen im Controlling für die primäre Kostenart »457702 Feuerversicherung«.

Jetzt kommt der November des Jahres 2009. Die Versicherung schickt uns die Rechnung für die Prämie des laufenden Jahres. Im Rahmen einer Neuorganisation bei der Versicherung werden wir jetzt dem Geschäftsbereich Firmenkunden zugeordnet. Als Firmenkunde erhalten wir auf die bisher bezahlten Prämien einen Rabatt von 10 % (Sie merken schon, wir fantasieren ein wenig). Die Rechnung weist also 1.080,00 EUR statt der geplanten 1.200,00 EUR aus.

Tatsächliche Belastung

»Das geht nicht!«, ruft der Controller »Wir haben fast das ganze Jahr schon eine Abgrenzung für geplante Jahreskosten von 1.200,00 EUR gebucht. Die von der Versicherung müssen uns jetzt auch 1.200,00 EUR berechnen.« Kleiner Scherz – die Abweichung des Ist zum Plan ist die Regel und nicht die Ausnahme. Das gilt selbstverständlich auch für abgegrenzte Kosten. Wie wir mit der Differenz umgehen, erfahren Sie gleich. Zunächst betrachten wir allerdings die Buchung der Versicherungsrechnung in der Buchhaltung.

Buchhaltungsbeleg
Der Beleg wird angezeigt mit der Transaktion FB03 im Menü RECHNUNGSWESEN • FINANZWESEN • HAUPTBUCH • BELEG • ANZEIGEN (siehe Abbildung 4.91). Mit dem Sachkonto »457702 Feuerversicherung« wurden 1.080,00 EUR gebucht. Im Block ZUSATZKONTIERUNGEN erkennen Sie den Abgrenzungsauftrag »1000000«.

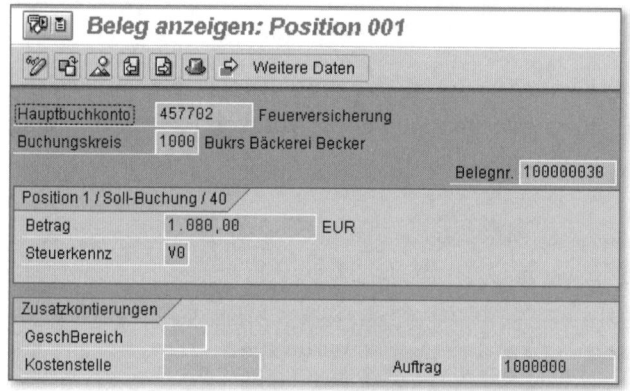

Abbildung 4.91 FI-Beleg für echte Rechnung von der Feuerversicherung

Kontensaldo in der Buchhaltung
Betrachten wir jetzt die Salden für dieses Sachkonto mit der Transaktion FS10N im Menü RECHNUNGSWESEN • FINANZWESEN • HAUPTBUCH • KONTO • SALDEN ANZEIGEN (siehe Abbildung 4.92). Die Abgrenzungsbuchungen über 100,00 EUR pro Monat sind in der Buchhaltung nicht zu sehen. Die einzige Buchung, die hier erscheint, ist die Originalrechnung über 1.080,00 EUR im November.

Kostenstellenbericht
Was hat sich im Laufe des Jahres auf der Kostenstelle getan? Den Bericht IST/PLAN/ABWEICHUNG haben wir schon kennengelernt. Zu finden ist er unter der Transaktion S_ALR_87013611 im Menü RECHNUNGSWESEN • CONTROLLING • KOSTENSTELLENRECHNUNG • INFOSYSTEM • BERICHTE ZUR KOSTENSTELLENRECHNUNG • PLAN-IST-VERGLEICHE • KOSTENSTELLEN: IST/PLAN/ABWEICHUNG (siehe Abbildung 4.93).

Periode	Soll	Haben	Saldo	kumulierter Saldo
Saldovortrag				
1				
2				
3				
4				
5				
6				
7				
8				
9				
10				
11	1.080,00		1.080,00	1.080,00
12				1.080,00
13				1.080,00
14				1.080,00
15				1.080,00
16				1.080,00
Summe	1.080,00		1.080,00	1.080,00

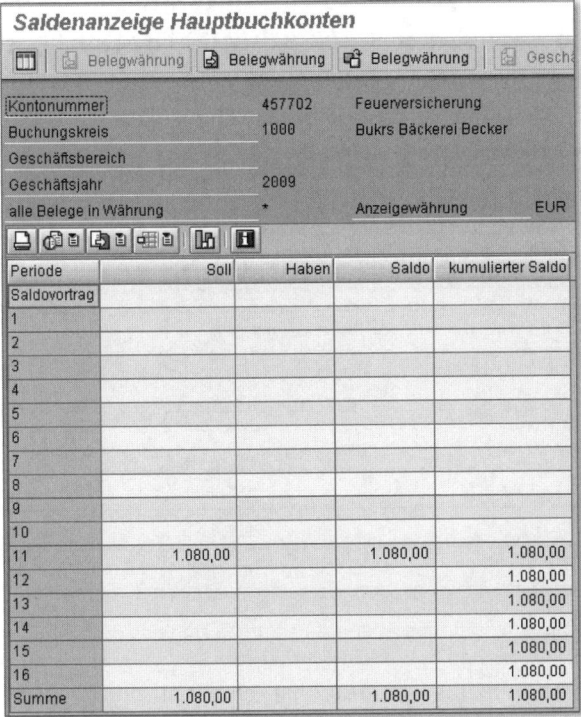

Abbildung 4.92 Aufwand für Feuerversicherung in FI

Kostenarten	Istkosten	Plankosten
457702 Feuerversicherung	1.200,00	1.200,00
* Belastung	1.200,00	1.200,00
** Über-/Unterdeckung	1.200,00	1.200,00

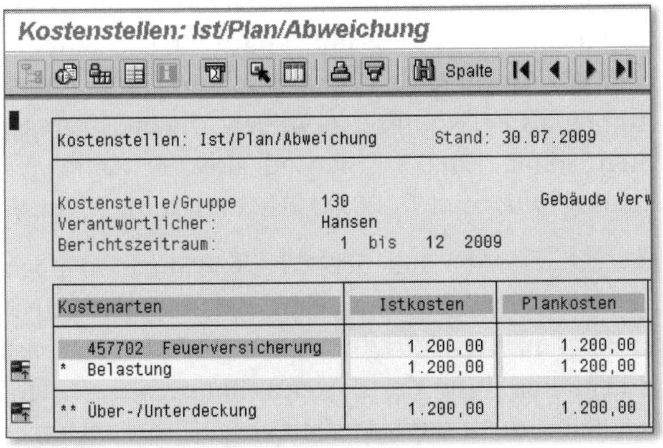

Abbildung 4.93 Kosten für Feuerversicherung in CO

Im Ist wurden zwölf Mal 100,00 EUR als Abgrenzung gebucht. Plan und Ist stimmen am Ende des Jahres genau überein. Die Rechnung der Versicherung über 1.080,00 EUR ist hier (noch) nicht zu sehen. Die wurde von der Buchhaltung auf den Abgrenzungsauftrag kontiert.

Auftragsbericht
mit
Kostenbelastung Was bietet der Abgrenzungsauftrag? Den entsprechenden Bericht erreichen Sie mit der Transaktion S_ALR_87012993 im Menü RECH-NUNGSWESEN • CONTROLLING • INNENAUFTRÄGE • INFOSYSTEM • BERICHTE ZU INNENAUFTRÄGEN • PLAN-IST-VERGLEICHE • AUFTRAG: IST/PLAN/ABWEICHUNG (siehe Abbildung 4.94).

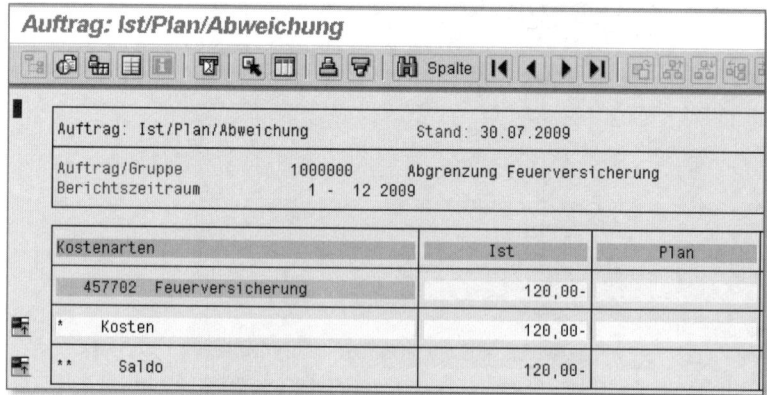

Abbildung 4.94 Auftragsbericht für den Abgrenzungsauftrag am Ende des Jahres

Jede monatliche Abgrenzungsbuchung hat eine Gutschrift (bzw. negative Kosten) über 100,00 EUR generiert – so ergibt sich eine Entlastung von 1.200,00 EUR für das Jahr 2009. Diese Gutschriften saldieren sich mit den Belastungen auf der Kostenstelle zu null. So ist sichergestellt, dass Finanzbuchhaltung und Controlling in Summe abstimmbar bleiben. Die Buchung der Versicherungsrechnung über 1.080,00 EUR wird hier als Belastung ausgewiesen. Die im Auftragsbericht dargestellten minus 120,00 EUR sind also der Saldo aus 1.080,00 EUR Belastung (plus) und 1.200,00 EUR Entlastung (minus).

Differenz
der Abrechnung
zum Ist

So richtig zufrieden können wir mit der aktuellen Situation noch nicht sein. Die Kostenstelle weist Istkosten aus, die um 120,00 EUR zu hoch sind. Der Abgrenzungsauftrag trägt diese 120,00 EUR, ist aber in das monatliche Reporting der Kostenrechnung nicht eingebunden. Wir hatten den Auftrag nur als technisches Hilfsmittel angelegt und nicht als Träger von »echten« Kosten. Also sollten wir versuchen, am Ende des Jahres den Saldo des Auftrags auf die Kostenstelle zu übertragen.

Istabrechnung
ausführen

Für die Kostenübertragung von Aufträgen auf Kostenstellen hat SAP im System SAP ERP die *Auftragsabrechnung* geschaffen. Sehen wir uns mit der Transaktion KO88 im Menü RECHNUNGSWESEN • CON-

TROLLING • INNENAUFTRÄGE • PERIODENABSCHLUSS • EINZELFUNKTIONEN • ABRECHNUNG • EINZELVERARBEITUNG an, wie diese Abrechnung funktioniert (siehe Abbildung 4.95).

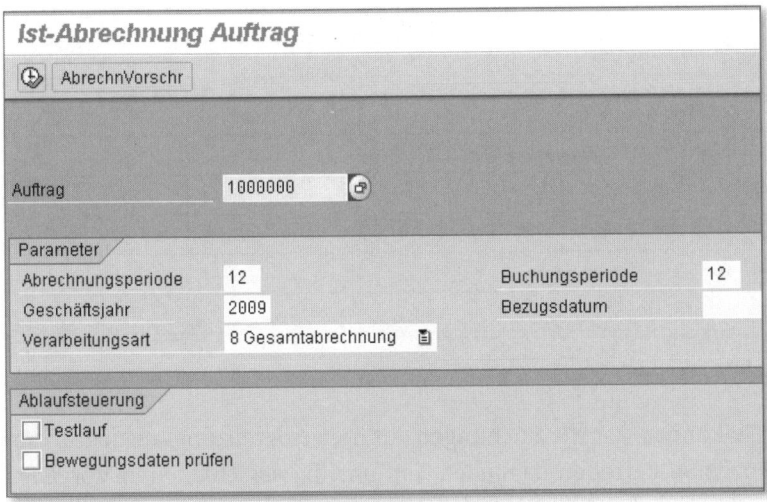

Abbildung 4.95 Istabrechnung des Abgrenzungsauftrags

In der Spalte EMPFÄNGER (EMPF) im Protokoll zur Abrechnung erkennen wir, dass der Saldo des Auftrags über minus 120,00 EUR an die Kostenstelle »130« verrechnet wurde (siehe Abbildung 4.96). — Protokoll zur Istabrechnung

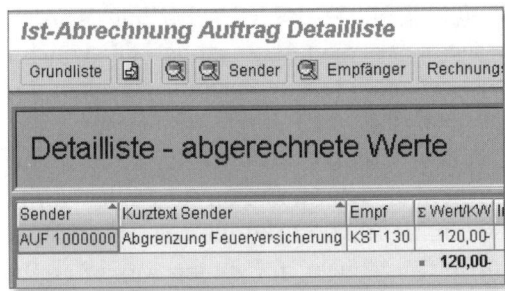

Abbildung 4.96 Protokoll zur Abrechnung

Die Abrechnung müsste die Auftragskosten beeinflusst haben. Rufen wir nochmals den Bericht AUFTRAG: IST/PLAN/ABWEICHUNG auf (siehe Abbildung 4.97). Als neue Zeilen werden jetzt abgerechnete Kosten von 120,00 EUR unter der bekannten Kostenart »457702 Feuerversicherung« ausgewiesen. Der Auftragssaldo ist null, so hatten wir uns das gewünscht. — Auftragsbericht nach Abrechnung

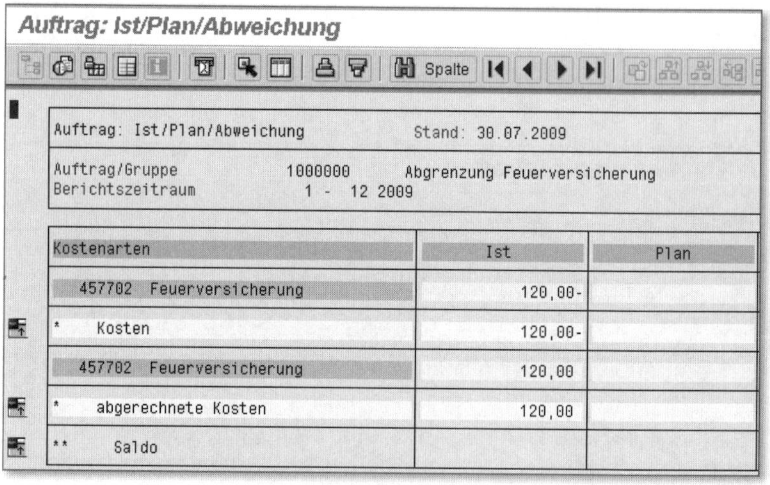

Auftrag: Ist/Plan/Abweichung

Auftrag: Ist/Plan/Abweichung	Stand: 30.07.2009	
Auftrag/Gruppe	1000000	Abgrenzung Feuerversicherung
Berichtszeitraum	1 - 12 2009	

Kostenarten	Ist	Plan
457702 Feuerversicherung	120,00-	
* Kosten	120,00-	
457702 Feuerversicherung	120,00	
* abgerechnete Kosten	120,00	
** Saldo		

Abbildung 4.97 Auftragsbericht für den Abgrenzungsauftrag nach der Abrechnung

Auftragsbericht mit Periodenaufriss

Wie können wir die Buchungen auf dem Abgrenzungsauftrag in den einzelnen Perioden darstellen, um uns die verschiedenen Vorgänge noch deutlicher vor Augen zu führen? Vielleicht gibt es ja einen passenden Bericht mit Periodenaufriss. Tatsächlich, der Bericht AUFTRAG: AUFRISS NACH PERIODE scheint unsere Anforderung zu erfüllen. Probieren wir's aus mit der Transaktion S_ALR_87013010 im Menü RECHNUNGSWESEN • CONTROLLING • INNENAUFTRÄGE • INFOSYSTEM • BERICHTE ZU INNENAUFTRÄGEN • WEITERE BERICHTE • AUFTRAG: AUFRISS NACH PERIODE (siehe Abbildung 4.98). In jeder Periode wurden minus 100,00 EUR als Entlastung aus dem Abgrenzungslauf gebucht. In den Monaten 1 bis 10 ist genau diese eine Buchung zu sehen. Im November wird die Abgrenzungsbuchung durch die Belastung aus der Versicherungsrechnung über 1.080,00 EUR überlagert, so ergibt sich der Saldo aus 980,00 EUR in diesem Monat. Im Dezember wurde zusätzlich zur Abgrenzung (minus 100,00 EUR) die Abrechnung des Gesamtsaldos (plus 120,00 EUR) gebucht, für diesen Monat ergibt sich so der Betrag von plus 20,00 EUR. Der Gesamtsaldo des Auftrags – kein Wert in der Zeile SUMME – ist null.

Kostenstellenbericht nach Abrechnung

Was hat sich nach der Abrechnung des Auftrags auf der Kostenstelle verändert? Werfen wir noch einmal einen Blick auf den Bericht KOSTENSTELLEN: IST/PLAN/ABWEICHUNG (siehe Abbildung 4.99). Die Istkosten am Ende des Jahres (1.080,00 EUR) entsprechen dem, was uns die Versicherung tatsächlich in Rechnung gestellt hat.

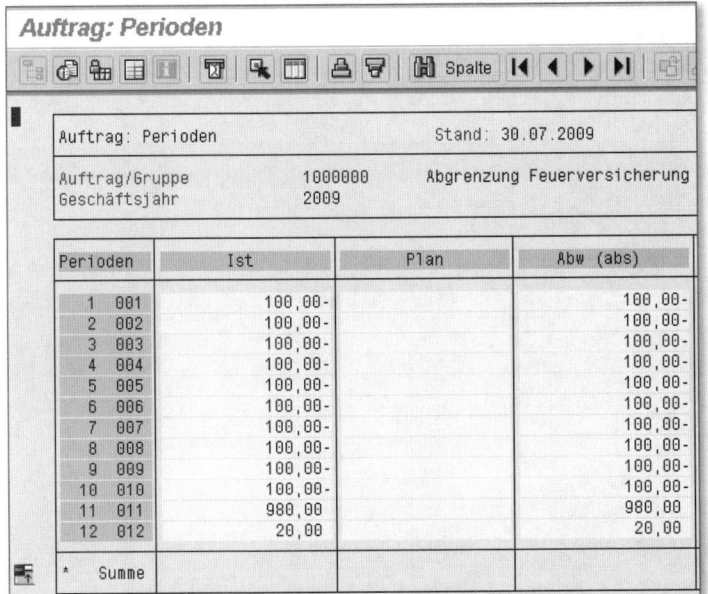

Abbildung 4.98 Periodenaufriss für den Abgrenzungsauftrag

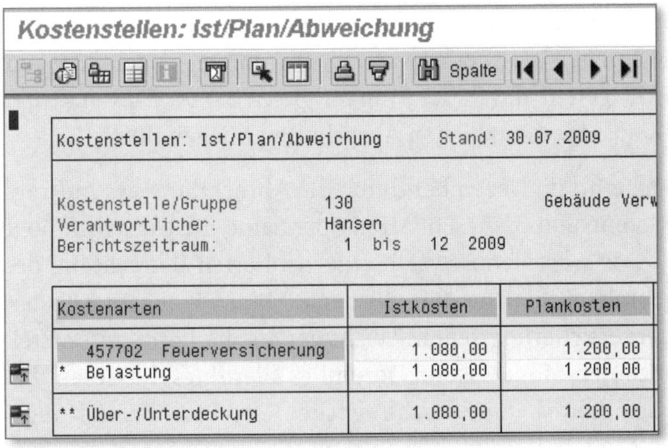

Abbildung 4.99 Kostenstellenbericht mit den »echten« Istkosten

Für die Kostenstellen finden wir ebenfalls einen hübschen Bericht mit Periodenaufriss unter der Transaktion S_ALR_87013640 im Menü RECHNUNGSWESEN · CONTROLLING · KOSTENSTELLENRECHNUNG · INFOSYSTEM · BERICHTE ZUR KOSTENSTELLENRECHNUNG · WEITERE BERICHTE · KOSTENSTELLEN: PERIODENAUFRISS IST/PLAN (siehe Abbildung 4.100).

Kostenstellenbericht mit Periodenaufriss

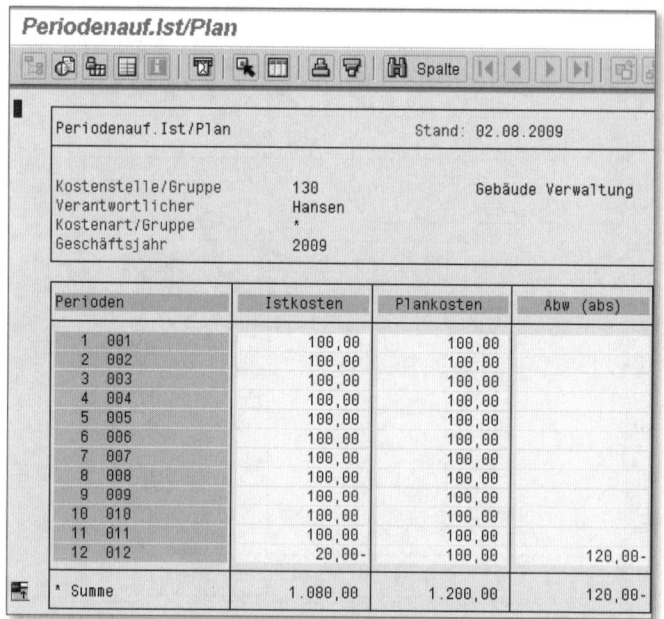

Abbildung 4.100 Kostenstellenbericht mit Periodenaufriss

Im Nachhinein wissen wir, dass die Abgrenzungsbuchungen in den einzelnen Monaten zu hoch waren. Wir hätten eigentlich nur 1.080,00 EUR geteilt durch 12 Monate gleich 90,00 EUR statt der 100,00 EUR aus der monatlichen Abrechnung buchen dürfen.

Die Differenz wird im Dezember durch die Abrechnung des Auftrags korrigiert. So entsteht in diesem Monat per Saldo die Gutschrift über 20,00 EUR. Das sieht dann zwar bei der isolierten Betrachtung des Monats Dezember schief aus, wir würden 20,00 EUR negative Kosten für die Feuerversicherung sehen. Wichtiger als die korrekte Darstellung des einzelnen Monats ist im Dezember allerdings die Gesamtbetrachtung des Jahres. Eine nachträgliche Korrektur bereits abgeschlossener Monate erfolgt nicht. Nur so ist sichergestellt, dass bereits analysierte und kommentierte Monatsberichte ihre Gültigkeit behalten.

Nachtrag zum Customizing
Was ist bisher geschehen? Für die Abgrenzung der Feuerversicherung hatten wir in SAP ERP eine primäre Kostenart mit dem passenden Kostenartentyp sowie einen Abgrenzungsauftrag angelegt. Mit einer übersichtlichen Customizing-Einstellung wurden Kostenart und Abgrenzungsauftrag verknüpft. Die Differenz aus abgegrenzten und echten Kosten hatten wir per Auftragsabrechnung auf die richtige

Kostenstelle übertragen. Das war, zumindest im Vergleich zu dem, was wir sonst im System SAP ERP gewohnt sind, sehr schlicht. Oder etwa zu einfach? Haben wir Ihnen etwas verschwiegen? Ja, wir geben es zu, die Einstellungen zur Abrechnung haben wir tatsächlich vorweg durchgeführt und die Dokumentation übersprungen. Das holen wir jetzt nach.

Abgrenzung und Auftragsabrechnung hängen in unserem Beispiel betriebswirtschaftlich zusammen. Die Abgrenzung wird auf die Kostenstelle »130 Gebäude Verwaltung« und auf den Abgrenzungsauftrag »100000« gebucht. Die Abrechnung des Auftragssaldos am Ende des Jahres erfolgt auf die gleiche Kostenstelle 130. Technisch besteht in SAP ERP allerdings kein Zusammenhang zwischen Abgrenzung und Abrechnung. Wir müssen in den Einstellungen zur Abrechnung dem Auftrag erst beibringen, dass er sich in Richtung der Kostenstelle »130« entleeren soll.

Werfen wir noch einmal einen Blick auf die Stammdaten des Abrechnungsauftrags »1000000«. Die Transaktion KO02 im Menü RECHNUNGSWESEN • CONTROLLING • INNENAUFTRÄGE • STAMMDATEN • SPEZIELLE FUNKTIONEN • AUFTRAG • ÄNDERN kennen Sie bereits. Wir blicken jetzt auf die Registerkarte PERIODENABSCHLUSS (siehe Abbildung 4.101). Mit Einträgen im Block ABRECHNUNG AN EINEN EMPFÄNGER könnten wir eine »Abrechnung light« einstellen.

Abrechnung an einen Empfänger

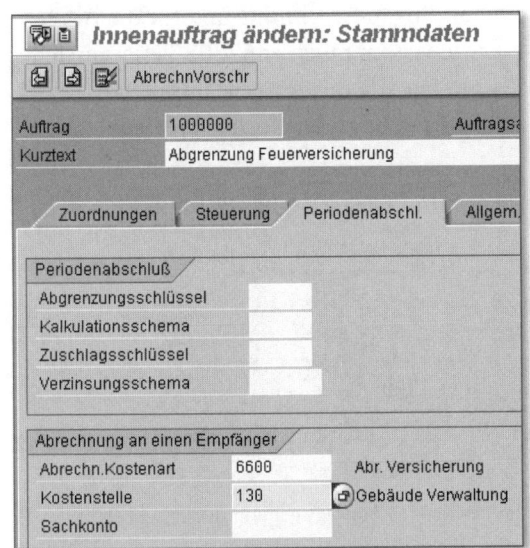

Abbildung 4.101 Stammdaten des Innenauftrags, Abrechnung an einen Empfänger

Generierte
Abrechnungs-
vorschrift Mit der Angabe einer Abrechnungskostenart (hier »6600«) und einer Kostenstelle (hier »130«) generiert das System automatisch eine Abrechnungsvorschrift. Diese Abrechnungsvorschrift können wir mit dem Button ABRECHNVORSCHR in Abbildung 4.101 anzeigen (siehe Abbildung 4.102). So einfach? Leider nein, das reicht immer noch nicht. Diese einfache Form der Abrechnung funktioniert in unserem Beispiel aus zwei Gründen nicht:

▸ Die Abrechnung an einen Empfänger ist immer eine periodische Abrechnung (ABRECHNUNGSART PER, Spalte ABR. in der Abrechnungsvorschrift).

▸ Die Abrechnung an einen Empfänger funktioniert nur mit einer zusätzlichen sekundären ABRECHNUNGSKOSTENART (ABRECHN.KOSTENART »6600« auf der Registerkarte PERIODENABSCHLUSS).

In unserem Beispiel wollen wir ausdrücklich keine periodische Abrechnung. Mit einer monatlichen Abrechnung würden wir die Entlastung aus der Abgrenzung, die auf dem Abrechnungsauftrag gebucht ist, wieder auf die Kostenstelle zurückbuchen. Damit würden sich die Kosten auf der Kostenstelle zu null saldieren (Belastung aus der Abgrenzung und Entlastung aus der Abrechnung). Die ganze Mühe wäre umsonst. Statt der periodischen Abrechnung benötigen wir hier die Gesamtabrechnung.

Außerdem ist das Beispiel so eingestellt, dass für die Planung, die Abgrenzung, die Buchung der Eingangsrechnung und für die Abrechnung immer die gleiche Kostenart, nämlich »457702 Feuerversicherung«, benutzt wird. Wir wollen für die Abrechnung keine abweichende Kostenart auf dem Auftrag oder der Kostenstelle ausweisen.

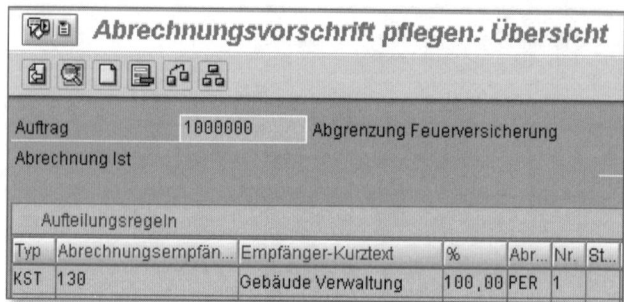

Abbildung 4.102 Aus den Stammdaten des Auftrags generierte Abrechnungsvorschrift

Die »Abrechnung light« mit Einträgen im Block ABRECHNUNG AN EINEN EMPFÄNGER kommt hier also nicht infrage. Wir müssen tiefer ins System einsteigen und uns die erforderlichen Parameter von Hand basteln.

Für die Abrechnung benötigen wir ein Abrechnungsprofil und ein Verrechnungsschema. Die Verknüpfung dieser beiden Strukturen mit unserem Auftrag »1000000« erfolgt in den Stammdaten. Von einer beliebigen Registerkarte in den Auftragsstammdaten aus klicken Sie auf den Button ABRECHNVORSCHR. Die bereits vorhandenen Abrechnungsvorschriften werden jetzt angezeigt. Zu den Abrechnungsparametern gelangen Sie dann, indem Sie im Transaktionsmenü die Funktion SPRINGEN • ABRECHNUNGSPARAMETER aufrufen (siehe Abbildung 4.103).

Abrechnungs-parameter

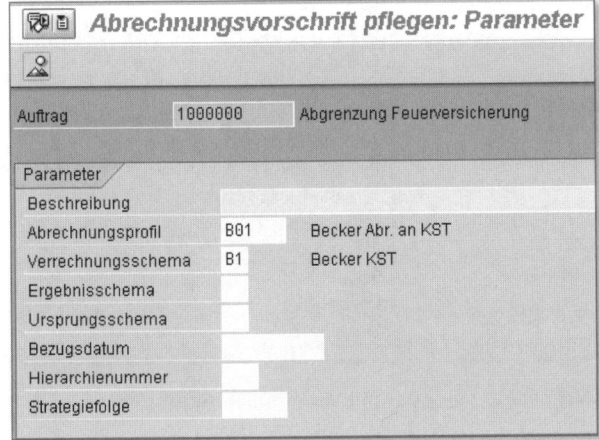

Abbildung 4.103 Parameter zur Abrechnungsvorschrift des Abgrenzungsauftrags

Das Abrechnungsprofil »B01 Becker Abr. an KST« und das Verrechnungsschema »B1 Becker KST« sind bereits vorbereitet.

Die Pflege von Abrechnungsprofilen erreichen Sie über das Customizing SPRO • SAP REFERENZ-IMG • CONTROLLING • INNENAUFTRÄGE • IST-BUCHUNGEN • ABRECHNUNG • ABRECHNUNGSPROFILE PFLEGEN (siehe Abbildung 4.104). An der Einstellung im Block ERLAUBTE EMPFÄNGER erkennen Sie, dass Aufträge, denen dieses Profil zugeordnet ist, nur an Kostenstellen abgerechnet werden können. Bei KENNZEICHEN haben wir die PROZENTABRECHNUNG gewählt. Bei der Verrechnung an mehrere Kostenstellen würden wir dementsprechend eine prozentu-

Abrechnungsprofil

ale Verteilung angeben. Mit dem Eintrag »999« im Feld SONSTIGE PARAMETER/ANZAHL REGELN legen wir fest, dass wir die Kosten bei der Abrechnung an maximal 999 verschiedene Kostenstellen verteilen können. Das sollte reichen. Wir wollen ja letztendlich nur an eine Kostenstelle abrechnen.

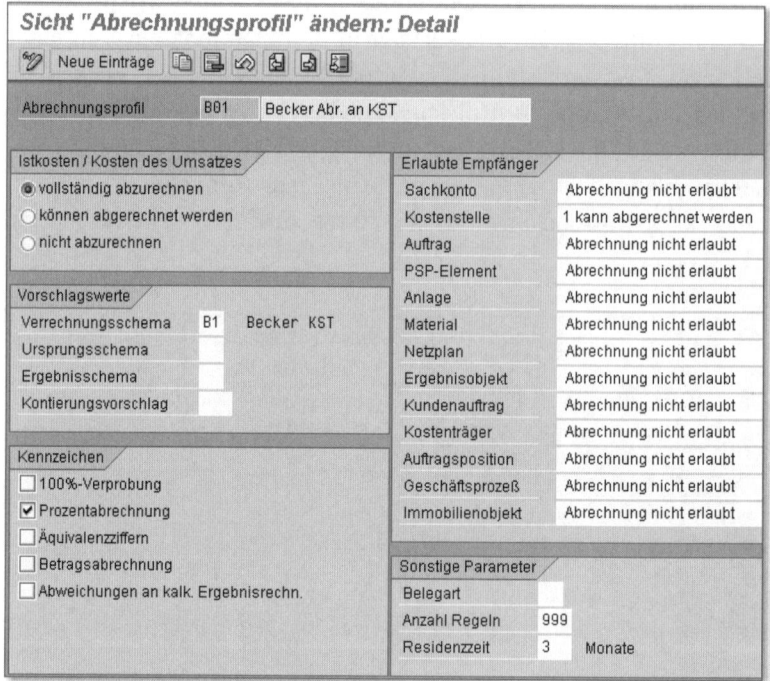

Abbildung 4.104 Abrechnungsprofil »B01« mit Verrechnungsschema »B1«

Verrechnungs-
schema

Deutlich aufwendiger sind die Einstellungen zum VERRECHNUNGS-SCHEMA. Mit dem Verrechnungsschema werden Kostenarten auf der Senderseite ausgewählt und gruppiert sowie Kostenarten für die Empfängerseite definiert. In unserem Beispiel wollen wir alle gebuchten Kostenarten auf dem Auftrag »1000000« abrechnen (wir haben nur eine einzige, nämlich »457702 Feuerversicherung«). Die Abrechnung soll genau unter dieser einen Kostenart durchgeführt werden. Die Pflege der Verrechnungsschemata erreichen Sie ebenfalls über das Customizing SPRO • SAP REFERENZ-IMG • CONTROLLING • INNENAUFTRÄGE • ISTBUCHUNGEN • ABRECHNUNG • VERRECHNUNGS-SCHEMATA PFLEGEN (siehe Abbildung 4.105).

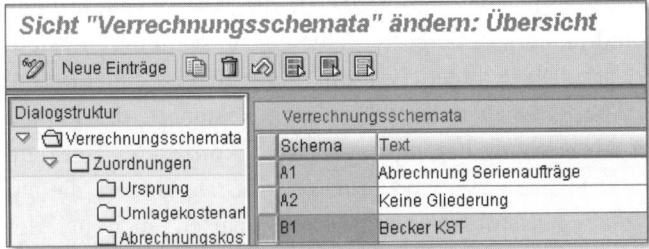

Abbildung 4.105 Verrechnungsschemata – Übersicht

Zunächst definieren Sie eine oder mehrere ZUORDNUNGEN. Jede Zuordnung entspricht einer Kombination aus Senderkostenarten (Ursprung) und Abrechnungskostenart. Für unser Beispiel genügt die Anlage einer einzigen Zuordnung, und zwar »010 Alle Kostenarten« (siehe Abbildung 4.106). | Zuordnungen

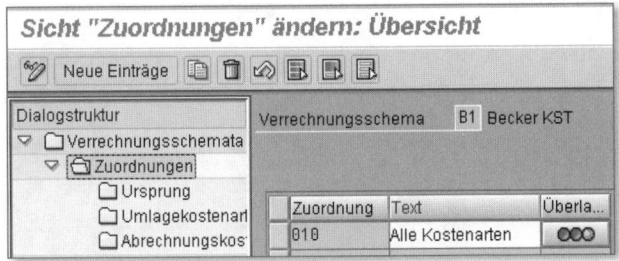

Abbildung 4.106 Zuordnung »Alle Kostenarten« zum Verrechnungsschema »B1«

Der Ordner URSPRUNG im linken Bildschirmbereich beschreibt die Kostenarten des Auftrags, die zur Abrechnung herangezogen werden sollen. Wir selektieren alles mit dem Eintrag von »0« bis »999999« (siehe Abbildung 4.107). | Ursprung

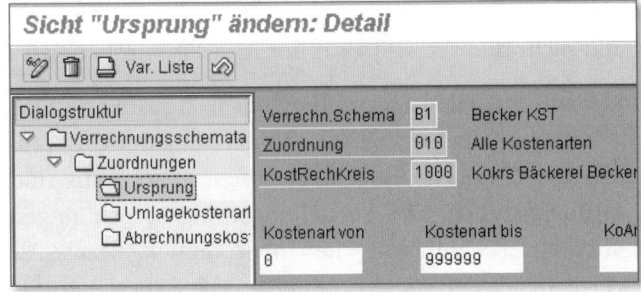

Abbildung 4.107 Verrechnungsschema »B1« mit Zuordnung »010« – »Ursprung«

Abrechnungs-
kostenart

Bei den Abrechnungskostenarten haben Sie die Möglichkeit, für jede Zuordnung und jeden Empfängertyp eine eigene sekundäre Kostenart zu hinterlegen. Diese tragen Sie dann in der Spalte ABRECHN.KOSTENART ein. Alternativ zu einer sekundären Kostenart, die für die Buchung der Abrechnung herangezogen wird, können Sie mit dem Häkchen in der Spalte KOSTENARTENGERECHT festlegen, dass die auf dem Auftrag als Belastung gebuchten Kostenarten auch bei der Abrechnung benutzt werden. Genau das wollen wir hier. Der EMPFÄNGERTYP »KST« steht für Kostenstelle. Das ist der einzige Empfängertyp, den wir im Abrechnungsprofil zugelassen hatten. Also genügt diese eine Zeile bei der Definition der Abrechnungskostenarten (siehe Abbildung 4.108).

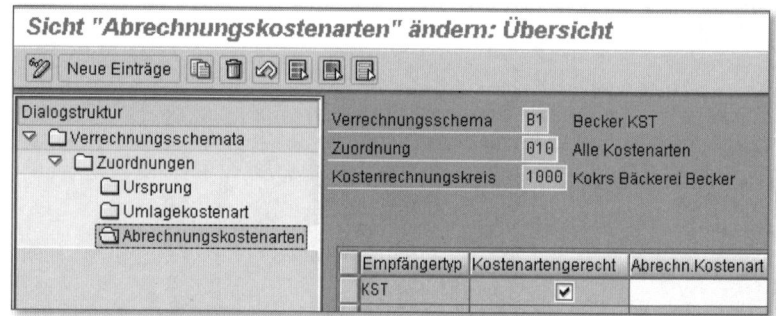

Abbildung 4.108 Verrechnungsschema »B1« mit Zuordnung »010« – Abrechnungskostenarten

Abrechnungs-
vorschrift

Jetzt sind wir fast fertig. Wir müssen nur einmal kurz in die Stammdaten des Auftrags zurückspringen und die Abrechnungsvorschrift pflegen. Wir rechnen zu 100 % an die Kostenstelle »130« ab. Als Abrechnungsart (ABR...) tragen wir »GES« für Gesamtabrechnung ein (siehe Abbildung 4.109). Damit definieren wir, dass bei der Abrechnung im Dezember der über das ganze Jahr aufgelaufene Saldo abgerechnet wird und nicht nur der Saldo aus der Abrechnungsperiode.

Und schon sind wir fertig. Die Abgrenzung von fixen Plankosten für die Feuerversicherung mit anschließender Abrechnung der Differenzen ist abgeschlossen. Die Einstellungen zur reinen Abgrenzung sind vergleichsweise übersichtlich. Die Einstellungen zu Abrechnungen haben Sie in diesem Abschnitt eher nebenbei kennengelernt. Als Modulverantwortlicher für das Controlling in SAP ERP sollten Sie diese Regeln kennen. Die Abrechnung von Aufträgen werden Sie nicht nur im Zusammenhang mit der Abgrenzung nutzen, sondern bei allen echten Buchungen auf CO-Innenaufträgen. Insofern ist das soeben vermittelte Wissen vielfältig wiederverwendbar.

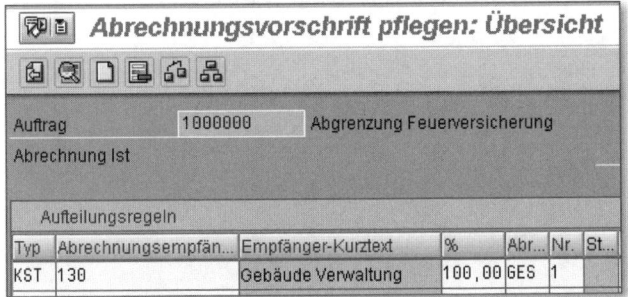

Abbildung 4.109 Abrechnungsvorschrift zum Abgrenzungsauftrag mit Gesamtabrechnung

4.7.2 Abgrenzung per Soll = Ist

Als erste Möglichkeit zur Abgrenzung von Kosten in SAP ERP haben Sie im vorigen Abschnitt das Plan = Ist-Verfahren kennengelernt. In diesem Abschnitt zeigen wir Ihnen ein Beispiel für eine Abgrenzung mit dem Soll = Ist-Verfahren. Technisch ist die Abgrenzung per Plan = Ist eng verwandt mit der *Abgrenzung per Soll = Ist*. Das Verfahren Plan = Ist eignet sich zur Abgrenzung von ausschließlich fixen Kosten. Bei Soll = Ist berücksichtigt die Abgrenzung die Kostenspaltung in fixe und variable Bestandteile. Als Beispiel für die Abgrenzung per Soll = Ist betrachten wir die Verrechnung von Stromkosten.

Die Grundeinstellungen bei der Abgrenzung per Soll = Ist unterscheiden sich nicht von den Grundeinstellungen, die wir Ihnen im vorigen Abschnitt vorgestellt haben. Auch hier benötigen wir eine primäre Kostenart mit dem Kostenartentyp »4 Abgrenzung per Soll = Ist«.

Grundeinstellungen

Die Kostenartenpflege finden Sie in den Transaktionen KA01, KA02 und KA03 im Menü RECHNUNGSWESEN • CONTROLLING • KOSTENAR-TENRECHNUNG • STAMMDATEN • KOSTENART • EINZELBEARBEITUNG • ANLEGEN PRIMÄR/ÄNDERN/ANZEIGEN (siehe Abbildung 4.110).

Abgrenzungskostenart

Auch mit der Anlage von Aufträgen, hier Abgrenzungsaufträgen, sind Sie bereits bestens vertraut. Zur Wiederholung nutzen wir nochmals die Transaktion KO03 im Menü RECHNUNGSWESEN • CONTROLLING • INNENAUFTRÄGE • STAMMDATEN • SPEZIELLE FUNKTIONEN • AUFTRAG • ANZEIGEN (siehe Abbildung 4.111).

Auftrag anlegen

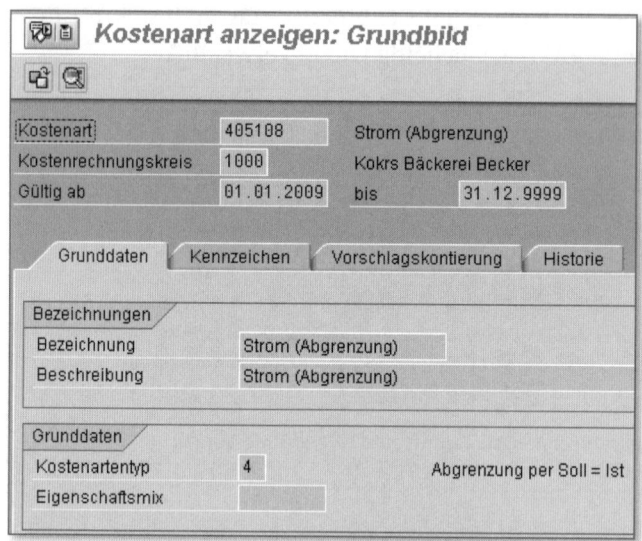

Abbildung 4.110 Abgrenzungskostenart für Strom

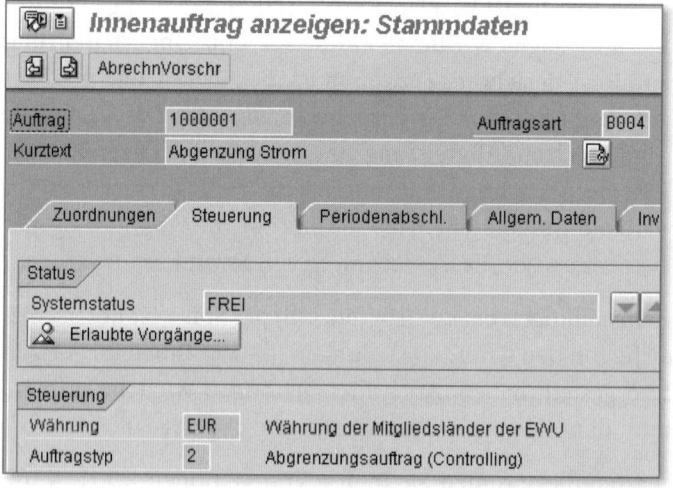

Abbildung 4.111 Stammdaten des Innenauftrags für die Abgrenzung von Strom

Customizing für
Soll = Ist-
Abgrenzung

Auch im Customizing ist die Abgrenzung per Soll = Ist nicht von der schon beschriebenen Plan = Ist-Abgrenzung zu unterscheiden. Wir nutzen wieder die Transaktion KSAJ im Customizing SPRO • SAP REFERENZ-IMG • CONTROLLING • KOSTENSTELLENRECHNUNG • ISTBUCHUNGEN • PERIODENABSCHLUSS • ABGRENZUNGEN • SOLL=IST-VERFAHREN • SOLL=IST-ENTLASTUNG (siehe Abbildung 4.112).

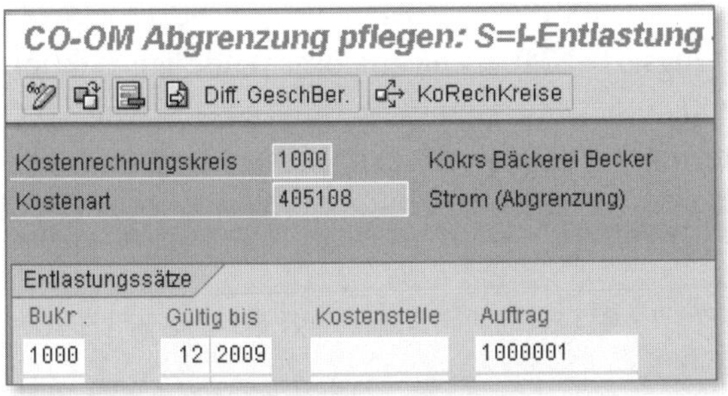

Abbildung 4.112 Verknüpfung der Abgrenzungskostenart mit einem Innenauftrag

Die Stammdatenpflege und das Customizing für eine Soll = Ist-Abgrenzung sind somit abgeschlossen. Der nächste Schritt ist die Erfassung der notwendigen Plandaten. Bei der Soll = Ist-Abgrenzung benötigen wir fixe und variable Plankosten. Eine Planung von variablen Kosten ist in SAP ERP nur im Zusammenhang mit der internen Leistungsverrechnung möglich. Bei der Planung einer Leistungsverrechnung beginnen wir zwingend mit der Mengenplanung des Kostenstellenoutputs. Dazu nutzen wir die Transaktion KP26 aus der Kostenstellenrechnung im Menü RECHNUNGSWESEN • CONTROLLING • KOSTENSTELLEN • PLANUNG • LEISTUNGSERBRINGUNG/TARIFE • ÄNDERN (siehe Abbildung 4.113).

Planung

Für die Kostenstelle »210 Strom« planen wir hier eine Jahresleistung von 120.000 kWh. Der Verteilungsschlüssel »1« in der Spalte VS gibt uns den Hinweis auf eine gleichmäßige Verteilung dieser Planmenge auf alle zwölf Monate des Jahres 2009. In jedem Monat erwarten wir also einen Stromverbrauch von 10.000 kWh.

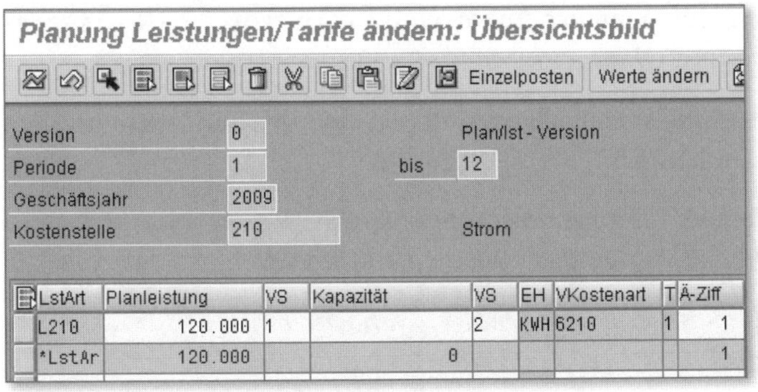

Planung der Leistungsabgabe

Abbildung 4.113 Leistungsplanung für die Stromkostenstelle

Danach planen wir die Kosten dieser Kostenstelle in Bezug auf die soeben geplante Leistungsart »L210«. Die entsprechende Transaktion heißt KP06 im Menü RECHNUNGSWESEN • CONTROLLING • KOSTENSTEL-LEN • PLANUNG • KOSTENARTEN/LEISTUNGSAUFNAHMEN • ÄNDERN (siehe Abbildung 4.114).

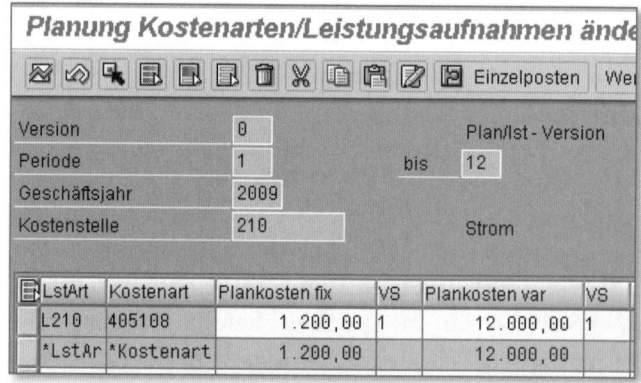

Abbildung 4.114 Kostenplanung für die Stromkostenstelle mit Bezug auf die Leistungsart »L210«

Planung der Kostenbelastung
Zum leichteren Verständnis des Beispiels planen wir hier nur externe Stromkosten für die eine Kostenart »405108 Strom (Abgrenzung)«, die wir soeben angelegt haben (siehe dazu Screenshot der Abbildung 4.112). Die fixen Kosten für den Strom, das ist der Leistungspreis, betragen 1.200,00 EUR. Für die geplanten 120.000 kWh nehmen wir einen Arbeitspreis von 12.000,00 EUR an, das sind die variablen Kosten.

Tarifermittlung
Nach der Planung von Mengen und Kosten folgt bei der internen Leistungsverrechnung ...? Richtig: die Tarifermittlung mit der Transaktion KSPI im Menü RECHNUNGSWESEN • CONTROLLING • KOSTENSTEL-LEN • PLANUNG • VERRECHNUNGEN • TARIFERMITTLUNG.

Die Zahlen sind so einfach gewählt, dass wir den Tarif leicht im Kopf ausrechnen können:

Fixe Kosten / Leistungsmenge = fixer Tarif
1.200,00 EUR / 120.000 kWh = 0,01 EUR/kWh

Variable Kosten / Leistungsmenge = variabler Tarif
12.000,00 EUR / 120.000 kWh = 0,10 EUR/kWh

Fixer Tarif + variabler Tarif = Gesamttarif
0,01 EUR/kWh + 0,10 EUR/kWh = 0,11 EUR/kWh

Das System kommt zum gleichen Ergebnis (siehe Abbildung 4.115).

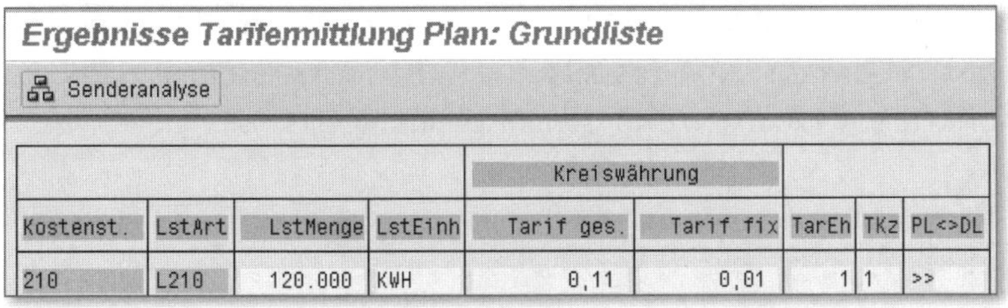

Ergebnisse Tarifermittlung Plan: Grundliste								
🖧 Senderanalyse								
				Kreiswährung				
Kostenst.	LstArt	LstMenge	LstEinh	Tarif ges.	Tarif fix	TarEh	TKz	PL<>DL
210	L210	120.000	KWH	0,11	0,01	1	1	>>

Abbildung 4.115 Ergebnis der Tarifermittlung für die Stromkostenstelle

Istbuchungen

Für ein aussagekräftiges Beispiel zur Soll = Ist-Verrechnung benötigen wir Istleistungsmengen auf unserer Stromkostenstelle. Sie sehen hier die Erfassung des Stromverbrauchs im Januar 2009 mit der Transaktion KB21N im Menü RECHNUNGSWESEN • CONTROLLING • KOSTENSTELLEN • ISTBUCHUNGEN • LEISTUNGSVERRECHNUNG • ERFASSEN (siehe Abbildung 4.116).

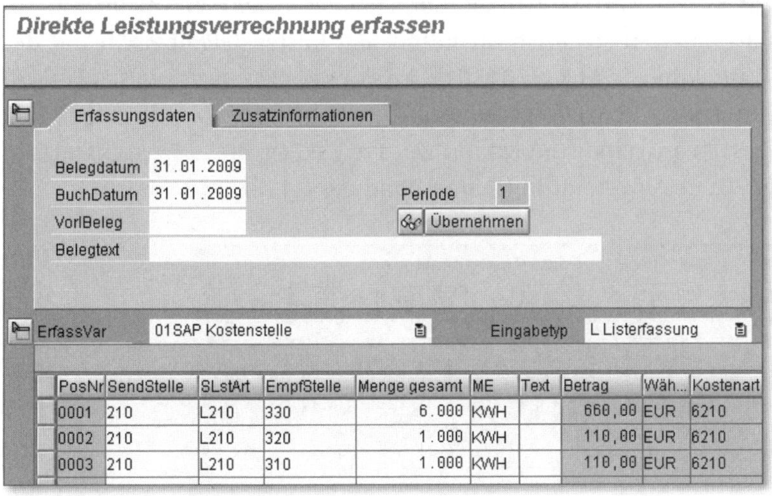

Direkte Leistungsverrechnung erfassen									
	Erfassungsdaten	Zusatzinformationen							
Belegdatum	31.01.2009								
BuchDatum	31.01.2009			Periode	1				
VorlBeleg				👓 Übernehmen					
Belegtext									
ErfassVar	01 SAP Kostenstelle			Eingabetyp	L Listerfassung				
PosNr	SendStelle	SLstArt	EmpfStelle	Menge gesamt	ME	Text	Betrag	Wäh...	Kostenart
0001	210	L210	330	6.000	KWH		660,00	EUR	6210
0002	210	L210	320	1.000	KWH		110,00	EUR	6210
0003	210	L210	310	1.000	KWH		110,00	EUR	6210

Abbildung 4.116 Interne Leistungsverrechnung für Strom auf drei Kostenstellen als Empfänger

Leistungsverrechnung im Januar

Am Ende des Monats hat der Strom-Subzähler des Backofens auf Kostenstelle »330« einen Stromverbrauch von 6.000 kWh gemessen. Für den Stromverbrauch der Kostenstellen »310 Backstube« und »320 Ruheraum« ergeben sich kalkulatorisch jeweils 1.000 kWh. Insgesamt leistet die Kostenstelle im Januar also 8.000 kWh, das sind 2.000 kWh weniger als geplant.

Istabgrenzung ausführen

Jetzt haben wir die Basis für die erste Abgrenzungsbuchung geschaffen. Wir steigen ein in die Abgrenzung der Kostenstelle »210« im Monat Januar 2009 mit der Transaktion KSA3 im Menü RECHNUNGSWESEN • CONTROLLING • KOSTENSTELLEN • PERIODENABSCHLUSS • EINZELFUNKTIONEN • ABGRENZUNG (siehe Abbildung 4.117).

Abbildung 4.117 Protokoll zur Istabgrenzung von Strom

Der Abgrenzungsbetrag beläuft sich auf 900,00 EUR. Geplant hatten wir aber 100,00 EUR pro Monat fixe Kosten und 1.000,00 EUR pro Monat variable Kosten, also insgesamt 1.100,00 EUR. Wie errechnet das System 900,00 EUR als Abgrenzungskosten? Vielleicht hilft ein Blick auf den schon so oft hilfreichen Kostenstellenbericht mit der Transaktion S_ALR_87013611 im Menü RECHNUNGSWESEN • CONTROLLING • KOSTENSTELLENRECHNUNG • INFOSYSTEM • BERICHTE ZUR KOSTENSTELLENRECHNUNG • PLAN-IST-VERGLEICHE • KOSTENSTELLEN: IST/PLAN/ABWEICHUNG (siehe Abbildung 4.118).

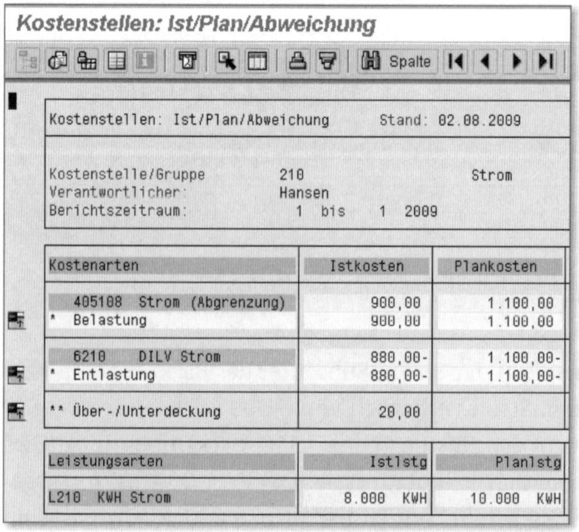

Abbildung 4.118 Kostenstellenbericht mit Plan- und Istkosten für die Stromkostenstelle

In der Zeile BELASTUNG finden wir bei ISTKOSTEN den Abgrenzungsbetrag von 900,00 EUR und bei den PLANKOSTEN 1.100,00 EUR. Als Entlastung im Ist wurde die Istmenge von 8.000 kWh mit dem geplanten Gesamttarif von 0,11 EUR/kWh multipliziert, das ergibt 880,00 EUR. Keine Zahl überrascht uns; keine Zahl hilft uns weiter.

Kostenstellenbericht Ist/Plan/Abweichung

Um den Abrechnungsbetrag von 900,00 EUR nachvollziehen zu können, benötigen wir die Formel zur Berechnung von Sollkosten, sie lautet:

Berechnung der Sollkosten

Plankst. fix + (Istleistg. × Plantarif var.) = Sollkosten
100,00 EUR + (8.000 kWh × 0,10 EUR/kWh) = 900,00 EUR

Stimmt genau! Die Sollkosten berücksichtigen, wie wir sehen, die im Vergleich zum Plan geringere Istleistung der Kostenstelle. Für die Ermittlung von Sollkosten müsste es doch im SAP-System einen Bericht geben, meinen Sie? Den gibt es auch, und zwar in der Transaktion S_ALR_87013625 im Menü RECHNUNGSWESEN • CONTROLLING • KOSTENSTELLENRECHNUNG • INFOSYSTEM • BERICHTE ZUR KOSTENSTELLENRECHNUNG • SOLL-IST-VERGLEICHE • KOSTENSTELLEN: IST/SOLL/ ABWEICHUNG (siehe Abbildung 4.119).

Aha! Jetzt verstehen wir, was die Betriebswirte mit Soll = Ist gemeint haben. Als Abgrenzungsbetrag im Ist wird der Betrag gebucht, den die Formel für die Sollkosten ermittelt.

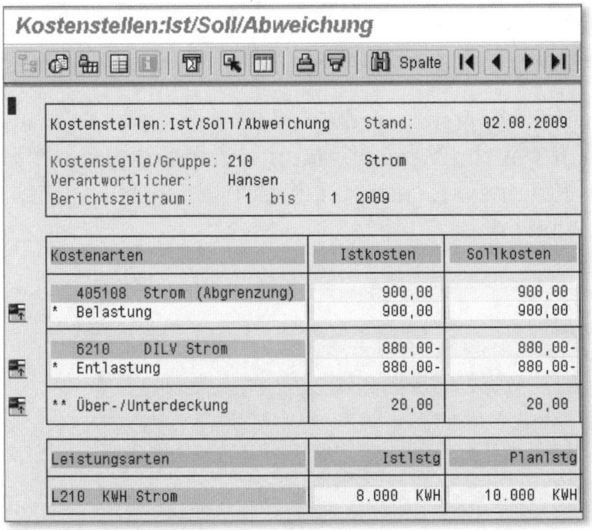

Kostenstellenbericht Ist/Soll/Abweichung

Abbildung 4.119 Kostenstellenbericht mit Soll- und Istkosten für die Stromkostenstelle

Leistungsverrechnung im Februar

Im Monat Januar mit einer Stromleistung unter Plan hat die Soll = Ist-Abgrenzung gut funktioniert. Was passiert im umgekehrten Fall, wenn die Istleistung höher ausfällt als geplant? Wir nehmen an, dass der Bedarf an Faschingskrapfen im Februar unerwartet hoch war und der Backofen der Bäckerei Becker fast rund um die Uhr eingesetzt wurde. Wir erfassen für den Februar 2009 einen Stromverbrauch für den Backofen von 12.000 kWh. Die Stromverbräuche für die anderen beiden Kostenstellen werden wieder kalkulatorisch mit je 1.000 kWh ermittelt. Die Transaktion KB21N zur Leistungserfassung kennen Sie schon (siehe Abbildung 4.120).

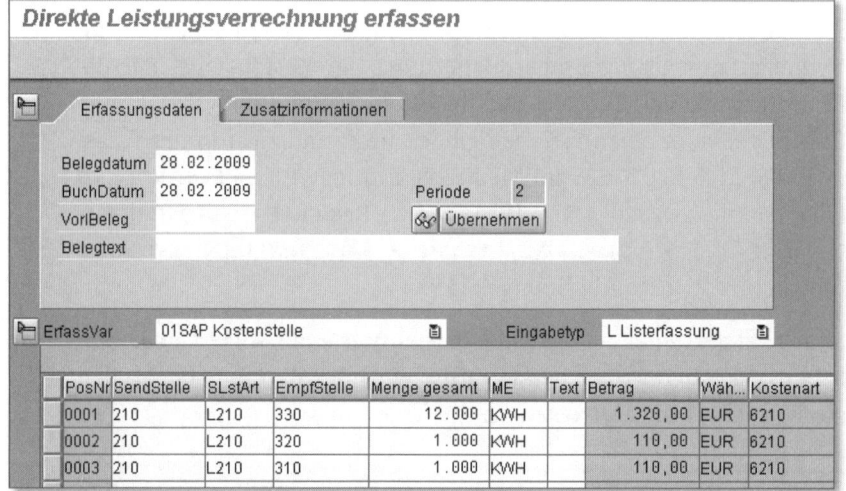

Abbildung 4.120 Leistungserfassung für die Stromkostenstelle im Februar 2009

Istabgrenzung für Februar

Wieder buchen wir die Abgrenzung, diesmal für den Monat Februar, mit der Transaktion KSA3 im Menü Rechnungswesen • Controlling • Kostenstellen • Periodenabschluss • Einzelfunktionen • Abgrenzung (siehe Abbildung 4.121).

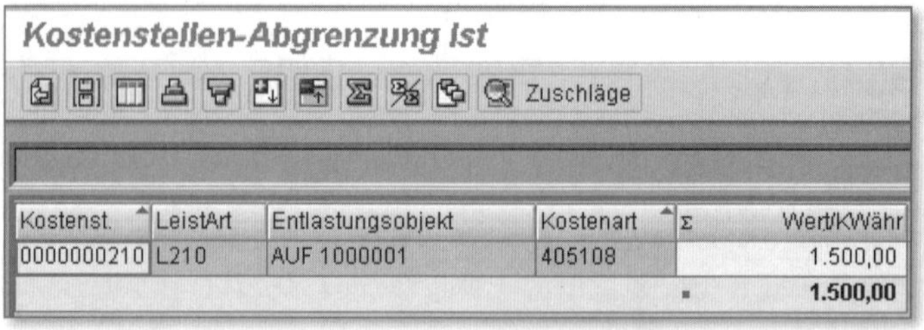

Abbildung 4.121 Istabgrenzung für Strom im Februar

Die Abgrenzungsbuchung von 1.500,00 EUR lässt sich auch hier wieder im Sollkostenbericht nachvollziehen: KOSTENSTELLEN: IST/SOLL/ABWEICHUNG (siehe Abbildung 4.122).

Kostenstelle im Februar

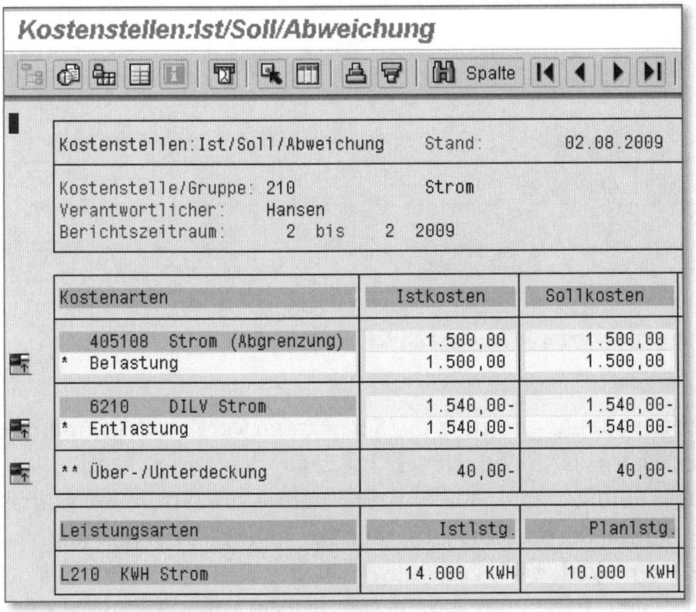

Kostenstellen:Ist/Soll/Abweichung	Stand:	02.08.2009
Kostenstelle/Gruppe: 210	Strom	
Verantwortlicher: Hansen		
Berichtszeitraum: 2 bis 2 2009		

Kostenarten	Istkosten	Sollkosten
405108 Strom (Abgrenzung)	1.500,00	1.500,00
* Belastung	1.500,00	1.500,00
6210 DILV Strom	1.540,00-	1.540,00-
* Entlastung	1.540,00-	1.540,00-
** Über-/Unterdeckung	40,00-	40,00-

Leistungsarten	Istlstg.	Planlstg.
L210 KWH Strom	14.000 KWH	10.000 KWH

Abbildung 4.122 Kostenstellenbericht für die Stromkostenstelle mit Soll- und Istkosten im Februar 2009

Jetzt haben wir uns so sehr auf die Kostenstelle Strom mit ihren Plan- und Sollkosten konzentriert, dass wir den Abgrenzungsauftrag fast aus den Augen verloren hätten.

Sehen wir mit der Transaktion S_ALR_87012993 im Menü RECHNUNGSWESEN • CONTROLLING • INNENAUFTRÄGE • INFOSYSTEM • BERICHTE ZU INNENAUFTRÄGEN • PLAN-IST-VERGLEICHE • AUFTRAG: IST/PLAN/ABWEICHUNG doch einmal nach, was sich da getan hat (siehe Abbildung 4.123).

Auftragsbericht

Für die Monate Januar und Februar weist der Bericht eine Gutschrift (negative Kosten) von 2.400,00 EUR aus. Das ist exakt die Gegenbuchung für die Stromabgrenzungen der beiden Monate mit 900,00 EUR und 1.500,00 EUR.

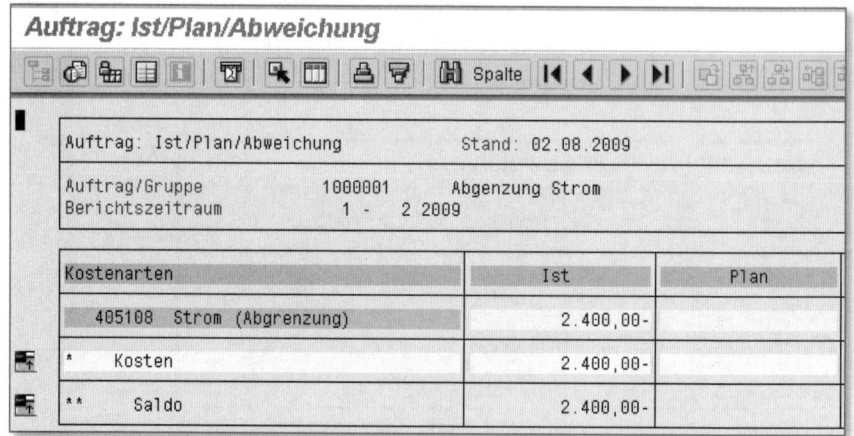

Abbildung 4.123 Abgrenzungsauftrag für Stromkosten für die Monate Januar bis Februar 2009

Ab hier bietet die Abgrenzung per Soll = Ist im Vergleich zur Abgrenzung per Plan = Ist nichts Neues. Im Laufe des Jahres werden wir Abschlagszahlungen und eine Endabrechnung vom Stromlieferanten auf den Auftrag buchen. Die Differenz aus abgegrenzten und tatsächlichen Kosten werden wir am Ende des Jahres abrechnen. Wie das im Einzelnen geht, haben wir bereits im vorigen Abschnitt ausführlich beschrieben.

4.7.3 Abgrenzung per Zuschlag

Jetzt kennen Sie zwei Verfahren zur Abgrenzung von Kosten. Was noch fehlt, ist der »Abgrenzungsklassiker«: Weihnachts- und Urlaubsgeld. Kein Beispiel wird in der betriebswirtschaftlichen Literatur zur Erklärung der Abgrenzung so sehr strapaziert wie dieses. Weihnachts- und Urlaubsgeld werden im November bzw. im Juni/Juli als zusätzlicher Lohn an die Mitarbeiter ausbezahlt. In der Kostenrechnung möchten wir diese Kosten über das Jahr verteilt auf Kostenstellen abgrenzen. Was wäre für die Berechnung des Abgrenzungsbetrags geeigneter als ein prozentualer Zuschlag auf den Grundlohn, der den einzelnen Kostenstellen zugeordnet ist? Hierfür benötigen wir das dritte und letzte Abgrenzungsverfahren, das uns die Software SAP ERP bietet: die *Abgrenzung per Zuschlag*.

Für das Beispiel Abgrenzung per Zuschlag verwenden wir drei Kostenarten:

▶ »431010 Lohn« (Typ 1)

▶ »431070 Urlaubsgeld« (Typ 3)

▶ »431080 Weihnachtsgeld« (Typ 3)

Grundeinstellungen

Die Kostenartenpflege haben Sie schon häufiger in diesem Buch kennengelernt. Sie ist zu finden in den Transaktionen KA01, KA02 und KA03 im Menü RECHNUNGSWESEN • CONTROLLING • KOSTENARTENRECHNUNG • STAMMDATEN • KOSTENART • EINZELBEARBEITUNG • ANLEGEN PRIMÄR/ÄNDERN/ANZEIGEN (siehe Abbildung 4.124).

Abgrenzungskostenarten

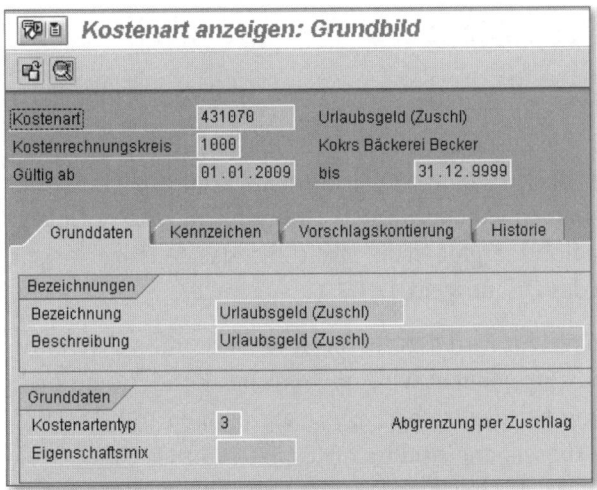

Abbildung 4.124 Abgrenzungskostenart für Urlaubsgeld

Beim Zuschlagsverfahren benötigen wir, wie auch schon bei der Plan = Ist- und der Soll = Ist-Abgrenzung, einen Auftrag als Kontierungsobjekt für die Gegenbuchung der Abgrenzungen. Zum Anzeigen des Auftrags, den wir für diesen Zweck angelegt haben, dient die Transaktion KO03 im Menü RECHNUNGSWESEN • CONTROLLING • INNENAUFTRÄGE • STAMMDATEN • SPEZIELLE FUNKTIONEN • AUFTRAG • ANZEIGEN (siehe Abbildung 4.125).

Auftrag anlegen

Beim Customizing für die Abgrenzung per Zuschlag kommt jetzt eine neue Funktion ins Spiel: die Definition eines Zuschlagsschemas. Im *Zuschlagsschema* definieren Sie eine Basis, das ist die Kostenart, die als Berechnungsbasis herangezogen werden soll. In unserem Beispiel ist die Basis die Kostenart »431010 Lohn«.

Customizing für Zuschlagsabgrenzung

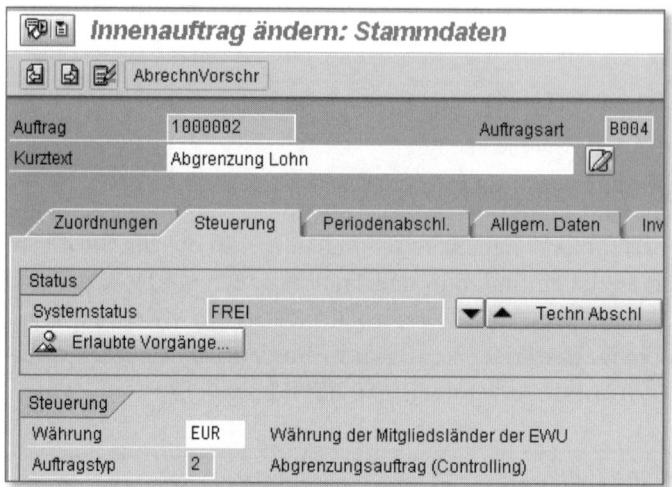

Abbildung 4.125 Innenauftrag für die Abgrenzung von lohnabhängigen Kosten

Danach legen wir die Zuschläge als Prozentsätze fest. Wir nehmen an, dass die Bäckerei Becker einen Monatslohn als Weihnachtsgeld auszahlt und einen halben Monatslohn als Urlaubsgeld. Als Prozentsatz vom Jahresgrundlohn ergibt sich damit für das Weihnachtsgeld 8,333 % und für das Urlaubsgeld 4,167 %.

In den Einstellungen zur ENTLASTUNG legen wir fest, mit welcher Kostenart die Abgrenzung gebucht wird und welches Kontierungsobjekt die Gegenbuchung bei der Istabgrenzung aufnehmen soll. Die Kostenarten für die Abgrenzung sind hier »431070« für das Urlaubsgeld und »431080« für das Weihnachtsgeld. Als Kontierungsobjekt für die Gegenbuchung zur Istabgrenzung wählen wir den Auftrag »1000002«.

Zuletzt werden wir das Zuschlagsschema noch unserem Kostenrechnungskreis »1000 Bäckerei Becker« zuordnen und das Customizing damit abschließen.

Zuschlagsschema Nun zu den Einstellungen im Einzelnen. Sie finden die Pflege der Zuschlagsschemata in der Transaktion KSAZ im Customizing SPRO • SAP REFERENZ-IMG • CONTROLLING • KOSTENSTELLENRECHNUNG • IST-BUCHUNGEN • PERIODENABSCHLUSS • ABGRENZUNGEN • ZUSCHLAGSVERFAHREN • ZUSCHLAGSSCHEMA DEFINIEREN (siehe Abbildung 4.126).

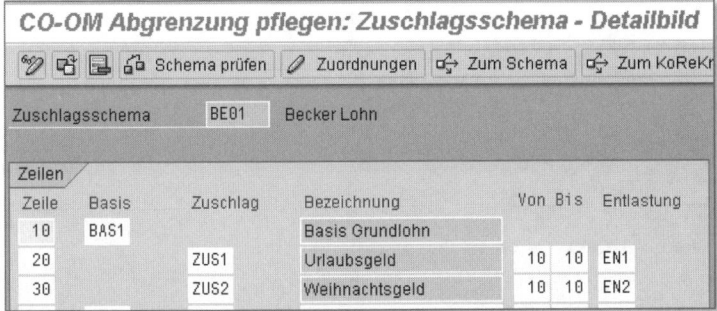

Abbildung 4.126 Zuschlagsschema für die Abgrenzung von lohnabhängigen Kosten

In der ersten Spalte ZEILE vergeben Sie Zeilennummern zur Identifikation der einzelnen Rechenschritte. Dabei hat sich eingebürgert, keine fortlaufenden Zeilennummern (1, 2, 3 etc.) zu vergeben, sondern Lücken freizulassen. Sie sehen hier die Zeilennummern »10«, »20« und »30«. Mit der Vergabe von »lückenhaften« Zeilennummern sind spätere Änderungen des Schemas leichter möglich, wenn diese Änderungen an definierten Stellen eingefügt werden müssen. Die Einträge in den Spalten BASIS, ZUSCHLAG und ENTLASTUNG werden wir gleich genauer betrachten. Im Allgemeinen gilt: Sie tragen hier Kürzel zur Identifikation detaillierter Customizing-Einstellungen ein, z. B. »BAS1«, »ZUS1« etc. Mit einem Doppelklick auf diese Kürzel werden die entsprechenden Objekte angelegt bzw. geändert, falls sie schon vorhanden sind.

Zeilen im Schema

Mit den Zeilennummern in den Spalten VON und BIS legen Sie fest, auf welche Zeilen Sie sich mit der aktuellen Rechenregel beziehen. In unserem einfachen Beispiel rechnen wir mit den Einträgen »10« und »10« in den Spalten VON und BIS Zuschläge auf eine einzelne Kostenart, den Grundlohn. Denkbar wäre jedoch auch, dass wir in einer mehrstufigen Zuschlagsrechnung Zwischenergebnisse ermitteln wollen und uns mit einem weiteren Zuschlag dann auf diese Zwischenergebnisse beziehen. In diesem Fall werden die korrekten Einträge in den Spalten VON und BIS besonders wichtig.

Betrachten wir die Definition der Basis »BAS1« genauer (siehe Abbildung 4.127). Mit der Angabe einer oder mehrerer Kostenarten ist die Definition der Basis abgeschlossen. Wir beziehen uns in der Basis auf nur eine Kostenart, nämlich auf »431010 Lohn«.

Basis im Zuschlagsschema

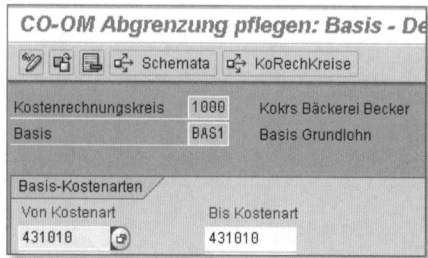

Abbildung 4.127 Basis im Zuschlagsschema »Becker Lohn«

Zuschlag im
Zuschlagsschema

Im Zuschlag »ZUS1« legen wir in mit einem Gültigkeitszeitraum den Prozentsatz für den Zuschlag im Plan und im Ist fest (siehe Abbildung 4.128). Hier zu sehen ist ein Zuschlag von 4,167 %, der die Zahlung des Urlaubsgelds abgrenzen soll. Im Zuschlag »ZUS2« (ohne Abbildung) ist als Prozentsatz 8,333 % für die Abgrenzung des Weihnachtsgelds hinterlegt.

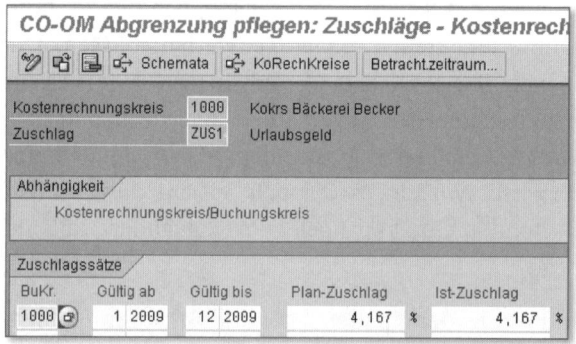

Abbildung 4.128 Zuschlag für Urlaubsgeld

Entlastung im
Zuschlagsschema

In der letzten Spalte des Zuschlagsschemas waren die Entlastungen aufgeführt. Die Entlastung »EN1« verweist zur Buchung des Urlaubsgelds auf die Kostenart »431070« (siehe Abbildung 4.129). In »EN2« ist zur Abbildung des Weihnachtsgelds die Kostenart »431080« angegeben (ohne Abbildung). Beide Entlastungen verweisen auf den Abgrenzungsauftrag »1000002«, den wir bei der Buchung von Istdaten benutzen werden.

Zuschlagsschema
und Kosten-
rechnungskreis
verknüpfen

Das Zuschlagsschema »BE01 Becker Lohn« wurde bisher ohne Bezug auf einen Kostenrechnungskreis angelegt. Die Verknüpfung ZU-SCHLAGSSCHEMA mit KOSTENRECHNUNGSKREIS erstellen wir jetzt mit dem Button ZUORDNUNGEN ÄNDERN (siehe Abbildungen 4.130 und 4.131).

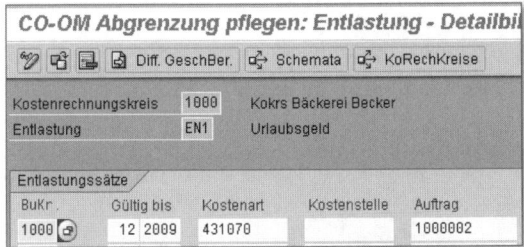

Abbildung 4.129 Entlastung im Zuschlagsschema »Becker Lohn« mit Abgrenzungskostenart und Innenauftrag

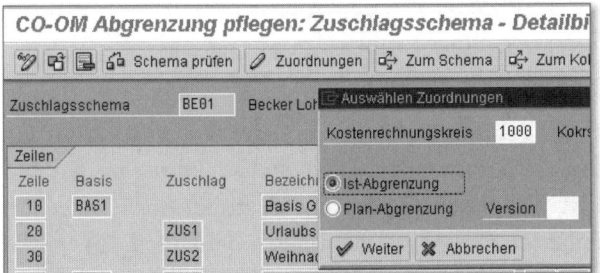

Abbildung 4.130 Zuordnung – Auswahl des Kostenrechnungskreises »1000« und des Werttyps »Ist«

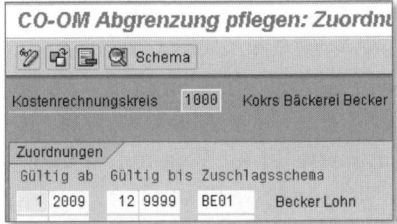

Abbildung 4.131 Zuordnung – Auswahl des Zuschlagsschemas »BE01«

Das Zuschlagsschema »BE01 Becker Lohn« wird sowohl im Ist als auch im Plan benutzt. Die Zuordnungen im Überblick werden sichtbar mit dem Button ZUORDNUNGEN ZUM SCHEMA (siehe Abbildung 4.132).

Das Customizing des Zuschlagsverfahrens ist deutlich aufwendiger als die Einstellungen zu den beiden erstgenannten Abgrenzungsmethoden Plan = Ist und Soll = Ist. Als kleinen Ausgleich für diesen Mehraufwand hilft uns die Abgrenzung beim Zuschlagsverfahren auch schon in der Planung und nicht erst bei den Istbuchungen, wie wir das bisher gewohnt waren.

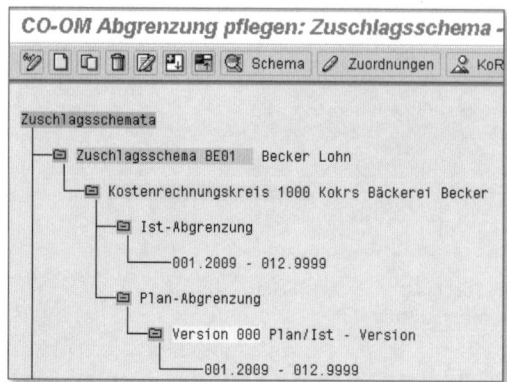

Abbildung 4.132 Übersicht der Zuordnungen des Zuschlagsschemas »BE01« zu Kostenrechnungskreis, Werttyp und Version

Planung Steigen wir ein in die Planung des Lohns, mit der wir die Abgrenzung per Zuschlag demonstrieren wollen. Die Unterscheidung in fixe und variable Kosten ist bei dieser Abgrenzungsmethode nicht relevant, die gesamten geplanten Kosten werden gleich behandelt. Zur einfacheren Darstellung verzichten wir deshalb im Folgenden auf die Kostenspaltung in der Planung.

Wir planen Lohnkosten auf der Kostenstelle »Backstube« mit der Transaktion KP06 im Menü RECHNUNGSWESEN • CONTROLLING • KOSTENSTELLEN • PLANUNG • KOSTENARTEN/LEISTUNGSAUFNAHMEN • ÄNDERN (siehe Abbildung 4.133). Mit 120.000,00 EUR Lohn können wir fünf Mitarbeiter beschäftigen, die jeweils 2.000,00 EUR pro Monat Grundlohn erhalten. Die Kostenart für die Planung ist die im Zuschlags-Customizing eingestellte Basis »431010 Lohn«.

Kostenstellen-Abgrenzung Plan

Kostenst.	LeistArt	Entlastungsobjekt	Kostenart	Σ	Wert/KWähr
0000000310		AUF 1000002	431070		5.000,40
		AUF 1000002	431080		9.999,60
				▪	15.000,00

Abbildung 4.133 Protokoll zur Istabgrenzung von Weihnachts- und Urlaubsgeld

Planabgrenzung ausführen Das war's, mehr brauchen wir bei der Planung nicht zu tun. Die Plankosten für Urlaubs- und Weihnachtsgeld werden von der Planabgrenzung automatisch berechnet. Abgrenzungsbuchungen haben wir bisher immer nur im Ist kennengelernt. Jetzt nutzen wir diese Funktion mit der Transaktion KSA8 im Menü RECHNUNGSWESEN • CONTROLLING • KOSTENSTELLENRECHNUNG • PLANUNG • PLANUNGSHILFEN • ABGRENZUNG erstmals auch im Plan (siehe Abbildung 4.134). Eine Jahresplansumme von 120.000,00 EUR entspricht monatlichen Lohnzahlungen von 10.000,00 EUR. Die Hälfte des Monatslohns, also 5.000,00 EUR, wird als Urlaubsgeld ausbezahlt. Dieser Betrag ist hier im Protokoll der Planabgrenzung für die Kostenart »431070« ausgewiesen, zumindest annähernd. Das Weihnachtsgeld ist mit 9.999,60 EUR in Bezug auf die Kostenart »431080« – abgesehen von einer kleinen Rundungsdifferenz – ebenfalls richtig ermittelt worden.

Das Protokoll zur Planabgrenzung weist als Entlastungsobjekt den Auftrag »1000002« aus. Das ist irreführend. Im Plan wird nämlich keine Entlastung gebucht, das wäre unsinnig. Die Abgrenzung im Plan bucht nur Belastungen auf der Kostenstelle »310 Backstube«.

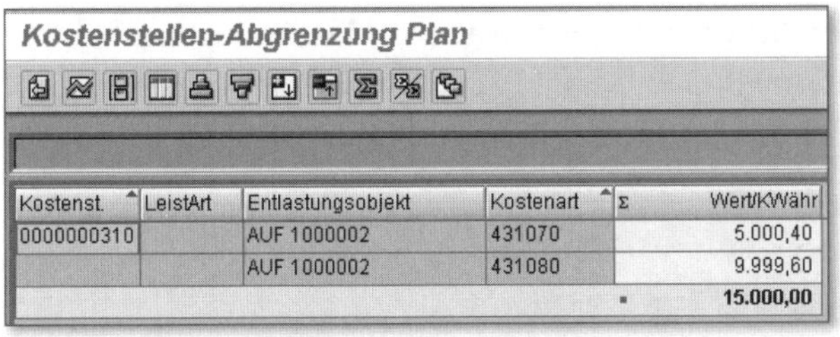

Kostenst.	LeistArt	Entlastungsobjekt	Kostenart	Σ	Wert/KWähr
0000000310		AUF 1000002	431070		5.000,40
		AUF 1000002	431080		9.999,60
				▪	**15.000,00**

Abbildung 4.134 Protokoll zur Abgrenzung von Weihnachts- und Urlaubsgeld im Plan

Überprüfen wir die Planung mit anschließender Planabgrenzung mit einem Blick auf den beliebten Kostenstellenbericht mit der Transaktion S_ALR_87013611 im Menü RECHNUNGSWESEN • CONTROLLING • KOSTENSTELLENRECHNUNG • INFOSYSTEM • BERICHTE ZUR KOSTENSTELLENRECHNUNG • PLAN-IST-VERGLEICHE • KOSTENSTELLEN: IST/PLAN/ABWEICHUNG (siehe Abbildung 4.135).

Kostenstellenbericht mit Plandaten

Bei den Abgrenzungen mit den Verfahren Plan = Ist und Soll = Ist konnten wir die abzugrenzenden Beträge aus den Plankosten bzw. aus den Plankosten in Verbindung mit Istleistungen ableiten. Das ist jetzt anders. Für die Buchung der Istabgrenzung mit dem Zuschlagsverfahren benötigen wir als Berechnungsbasis Istkosten, die mit der Kostenart »431010 Lohn« gebucht sind. Nehmen wir an, dass wir im Monat Januar 2009 nicht wie geplant fünf, sondern nur vier Arbeiter beschäftigt haben. Entsprechend fallen als Lohnkosten 8.000,00 EUR statt der geplanten 10.000,00 EUR an.

Istbuchungen

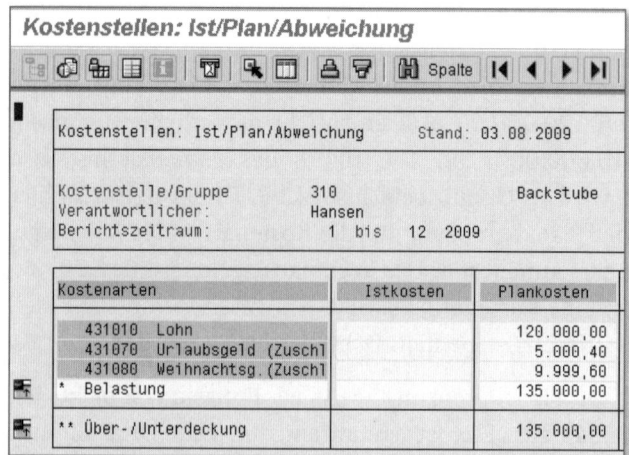

Abbildung 4.135 Kostenstellenbericht mit Plankosten für Lohn sowie Urlaubsgeld und Weihnachtsgeld aus der Zuschlagsrechnung

Buchhaltungsbeleg Die Buchung der Grundlöhne finden wir in der Finanzbuchhaltung mit der Transaktion FB03 im Menü RECHNUNGSWESEN • FINANZWESEN • HAUPTBUCH • BELEG • ANZEIGEN (siehe Abbildung 4.136).

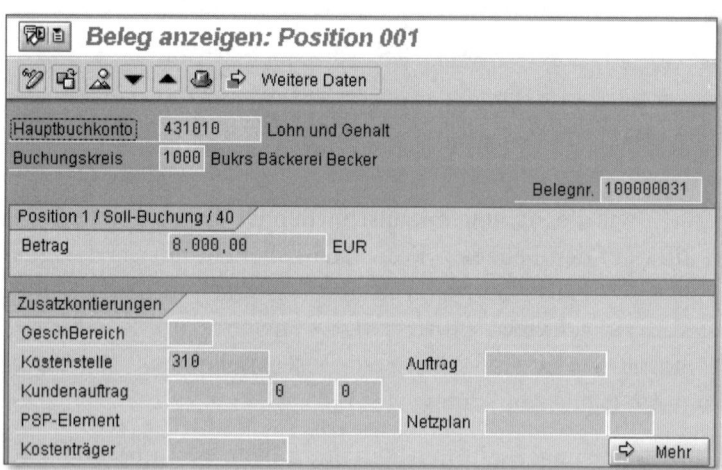

Abbildung 4.136 FI-Beleg für gebuchte Löhne auf Kostenstelle im Ist

Istabgrenzung ausführen Direkt im Anschluss können wir die Istabgrenzung für die Kostenstelle »310 Backstube« mit der Transaktion KSA3 im Menü RECHNUNGSWESEN • CONTROLLING • KOSTENSTELLEN • PERIODENABSCHLUSS • EINZELFUNKTIONEN • ABGRENZUNG starten (siehe Abbildung 4.137).

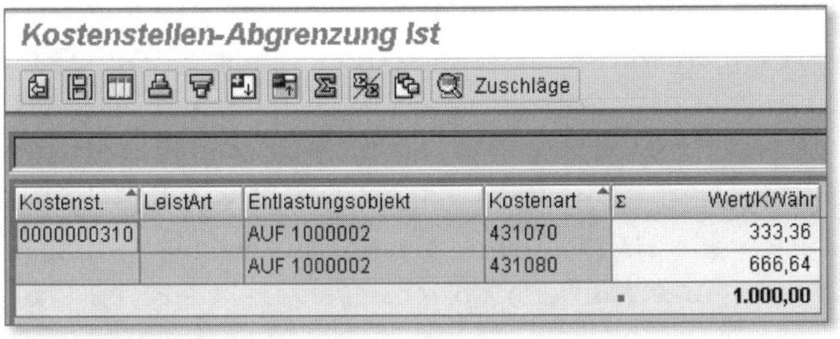

Kostenstellen-Abgrenzung Ist

Zuschläge

Kostenst.	LeistArt	Entlastungsobjekt	Kostenart	Σ	Wert/KWähr
0000000310		AUF 1000002	431070		333,36
		AUF 1000002	431080		666,64
				▪	**1.000,00**

Abbildung 4.137 Protokoll zur Abgrenzung von Urlaubs- und Weihnachtsgeld im Ist

Als Zuschlag auf die reduzierte Basis von 8.000,00 EUR werden 4,167 % oder 333,36 EUR Urlaubsgeld und 8,333 % oder 666,64 EUR Weihnachtsgeld ermittelt. Das Entlastungsobjekt Auftrag »1000002« ist jetzt korrekt protokolliert. Da es sich bei der Abgrenzung im Ist um eine Buchung handelt, die sich nur im Controlling abspielt, müssen wir innerhalb des Controllings ein Objekt finden, auf dem eine Belastung gebucht wird (hier Kostenstelle »310«), und ein anderes Objekt, das die Entlastungsbuchung in gleicher Höhe aufnimmt (hier Auftrag »1000002«). Nur so ist sichergestellt, dass die Rechenkreise Buchhaltung und Controlling am Ende der Periode abstimmbar bleiben.

Rufen wir nach den Istbuchungen nochmals unseren Bericht KOSTEN-STELLEN: IST/PLAN/ABWEICHUNG mit der Transaktion S_ALR_ 87013611 auf (siehe Abbildung 4.138). Für den Monat Januar erkennen wir Ist- und Plankosten für die drei in diesem Abschnitt besprochenen Kostenarten.

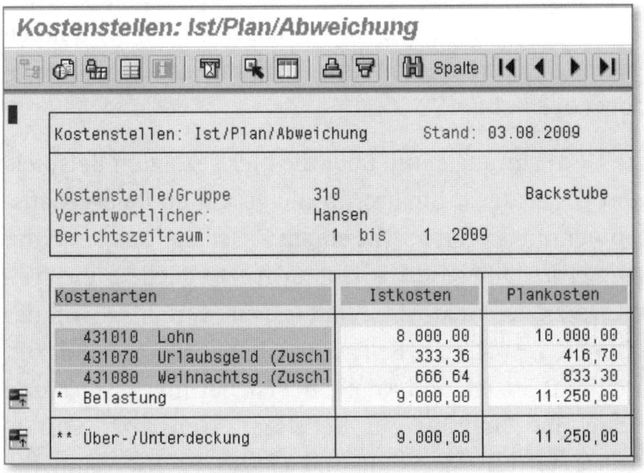

Kostenstellen-bericht mit Istbuchungen

Kostenstellen: Ist/Plan/Abweichung

Spalte

Kostenstellen: Ist/Plan/Abweichung   Stand: 03.08.2009

Kostenstelle/Gruppe   310   Backstube
Verantwortlicher: Hansen
Berichtszeitraum: 1 bis   1 2009

Kostenarten	Istkosten	Plankosten
431010 Lohn	8.000,00	10.000,00
431070 Urlaubsgeld (Zuschl	333,36	416,70
431080 Weihnachtsg. (Zuschl	666,64	833,30
* Belastung	9.000,00	11.250,00
** Über-/Unterdeckung	9.000,00	11.250,00

Abbildung 4.138 Kostenstellenbericht für Januar 2009 mit Plan- und Istkosten für Lohn und Abgrenzungen von Urlaubs- und Weihnachtsgeld

Auftragsbericht Die Istabgrenzung hat Buchungen auf dem Abgrenzungsauftrag generiert. Auch das sollten wir mit der Transaktion S_ALR_87012993 im Menü RECHNUNGSWESEN • CONTROLLING • INNENAUFTRÄGE • INFOSYSTEM • BERICHTE ZU INNENAUFTRÄGEN • PLAN-IST-VERGLEICHE • AUFTRAG: IST/PLAN/AB-WEICHUNG überprüfen (siehe Abbildung 4.139). Die negativen Kosten für Urlaubs- und Weihnachtsgeldabgrenzungen gleichen die Belastungen auf den Kostenstellen exakt aus. Im Plan, wir hatten es erwähnt, wurde der Abgrenzungsauftrag nicht bebucht.

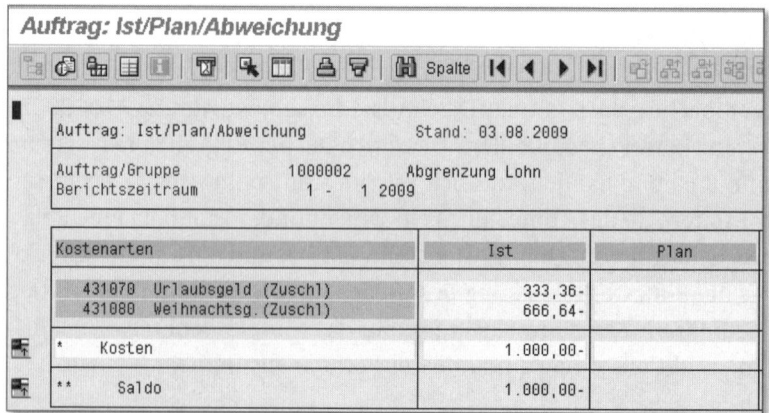

Abbildung 4.139 Abgrenzungsauftrag für Urlaubs- und Weihnachtsgeld mit Istbuchungen

Von hier an kennen Sie den Ablauf. Wie in Abschnitt 4.7.1 zur Plan = Ist-Abgrenzung ausführlich beschrieben, werden im Laufe des Jahres dem Abgrenzungsauftrag Istbuchungen aus der Finanzbuchhaltung zugeordnet. Die Differenz aus diesen tatsächlichen Zahlungen und den abgegrenzten Kosten wird dann auf dem Auftrag ausgewiesen und von dort abgerechnet.

Die abgegrenzte Verrechnung kann, über die hier gezeigten Beispiele Weihnachts- und Urlaubsgeld hinaus, für die gesamten Belegschaftsnebenkosten Anwendung finden. Mit einem Zuschlag (der bei Lohn über 60 % liegt) werden alle gesetzlichen, tarifvertraglichen und freiwilligen Nebenkosten kalkulatorisch mit einem Zuschlag auf das Anwesenheitsentgelt verrechnet. Belegschaftsnebenkosten sind z. B. Arbeitgeberanteile zur Sozial- und Krankenversicherung, Essens- und Fahrgeldzuschüsse und Beiträge zur Berufsgenossenschaft. Auf je einem Abgrenzungsauftrag für Lohn und Gehalt erfolgt dann die Gegenüberstellung der dorthin übernommenen Kosten mit der kalkulatorischen Verrechnung. Es gibt zwar unterjährig Abweichungen, doch sollten sich die Zuschläge zum Jahresende bei richtiger Zuschlagsermittlung bestätigen. Sollten unterjährig besondere Veränderungen eintreten, wie etwa eine durch Auszahlung des Urlaubs bedingte Reduzierung der Urlaubstage, kann auch im Ist mit einem anderen Prozentwert als im Plan abgegrenzt werden. In diesem Zusammenhang verweisen wir auch auf Abschnitt 3.4.4, »Durchführung der Kostenplanung«, in dem wir auf die Verrechnung der kalkulatorischen Belegschaftsnebenkosten in Verbindung mit Abgrenzungsaufträgen eingegangen sind.

4.8 Zusammenfassung

Innenaufträge sind neben den Kostenstellen das wichtigste Kontierungsobjekt im Gemeinkosten-Controlling. Betriebswirtschaftlich werden die Aufträge in Einzel-, Dauer- und Abgrenzungsaufträge unterteilt. Einzelaufträge stehen für zeitlich begrenzte Maßnahmen z. B. beim Bau von Maschinen oder in Forschungsprojekten. Daueraufträge sammeln Kosten ohne zeitliche Begrenzung, z. B. bei wiederkehrenden Instandhaltungsmaßnamen oder Aufwendungen im Bereich Marktforschung oder Public Relations, die jedes Jahr erneut anfallen. Mit Abgrenzungsaufträgen werden Kosten, die in einer Periode anfallen, auf alle Perioden verteilt, in denen die zugrunde liegende Leistung genutzt wird. Klassisches Beispiel für die Abgrenzung sind Urlaubs- oder Feiertagsentgelte, die jeweils in einem Monat des Jahres ausbezahlt werden, die allerdings in der Kostenrechnung in allen Monaten des Jahres berücksichtigt werden müssen. In der betrieblichen Praxis lassen sich diverse andere Beispiele für Abgrenzungen finden, wie z. B. eine Großreparatur, die bei einer Maschine alle drei Jahre anfällt.

Bei der technischen Umsetzung von Innenaufträgen in SAP ERP wählen Sie bei den Einzel- und Daueraufträgen, ob der Auftrag nur statistisch bebucht werden soll oder echt. Statistische Auftrtäge dienen sozusagen als zusätzliches Ordnungskriterium von Kostenstellenkosten. In diesem Fall landen die Kosten direkt auf der Kostenstelle, die mit dem Auftrag verbunden ist. Die Verrechnung der Kosten erfolgt dann ausschließlich von der Kostenstelle als Sender. Alternativ zum statistischen Auftrag werden echte Innenaufträge benutzt, die unabhängig von Kostenstellen als Kontierungsobjekt zur Verfügung stehen. Die Verrechnung der so gebuchten Kosten erfolgt mittels Auftragsabrechnung an andere Aufträge, Kostenstellen, Projekte oder in die Ergebnisrechnung.

Kapitel 5

Gemeinsam schaffen wir auch schwierige Projekte.

Mit Projekten werden komplexe Vorhaben aus allen Teilgebie-
ten eines Unternehmens abgewickelt und abgerechnet. Sie bie-
ten die Möglichkeit, Kosten, Termine und Kapazitäten sowie
die eingeplanten Finanzmittel zu verfolgen. Außerdem können
Prognosen der Kosten bezogen auf den Abschluss des Projekts
erstellt werden.

5 Projekte

Zur Verwaltung von Kosten für überschaubare Projekte haben Sie im
vorigen Kapitel die Innenaufträge kennen gelernt. Für große, komplexe Projekte reichen die Funktionen, die Innenaufträge bieten,
allerdings oft nicht aus. Dazu bietet die SAP ein eigenes Modul, das
Projektsystem.

5.1 Betriebswirtschaftliche Grundlagen

Bei der Definition der Innenaufträge wurde bereits auf die Projekte
für die Abwicklung, Verfolgung und Abrechnung komplexer Investi-
tions- und Instandhaltungsvorhaben, aber auch für die Kostenträgerrechnung in der Einzelfertigung hingewiesen (siehe Abschnitt 4.1,
»Betriebswirtschaftliche Grundlagen«). Die dort genannten Gruppen
sind jedoch nur typische Beispiele. Genauso sind Forschungs- und
Entwicklungsvorhaben, Werbe- oder Marketingkampagnen, ja selbst
Organisations-/DV-Projekte zu nennen.

Das *Deutsche Institut für Normung* definiert *Projekt* in DIN 69901 so:
»Vorhaben, das im Wesentlichen durch die Einmaligkeit der Bedin-
gungen in ihrer Gesamtheit gekennzeichnet ist«. Im Einzelnen dazu
anzuführen sind vor allem die Zielvorgabe, zeitliche, finanzielle, per-
sonelle und andere Restriktionen, die klare Abgrenzung gegenüber
anderen Vorhaben und eine spezifische Organisation.

In der Praxis wird eine einheitliche Auslegung des Begriffs *Projekt*
insofern vorgenommen, als dazu eine besondere Form der Ablaufor-

ganisation im Unterschied zu der konventionellen Auftragsorganisation der Innenaufträge zählt. Eine allgemeingültige Festlegung des Projektbegriffs ist aufgrund der unterschiedlichen Ausprägungen in den einzelnen Unternehmen schwer möglich. Doch die generelle Ausrichtung dürfte mit der allgemeinen Definition vorgegeben sein.

SAP-Projektsystem

Für die Organisation und Planung von Projekten verfügt SAP über ein eigenes ERP-Modul. Jedes Unternehmen muss für sich entscheiden, ob und für welche Anwendungen das Modul SAP PS – *Projektsystem* zum Einsatz kommt. Hat man sich für das Projektsystem entschieden, muss von verantwortlicher Stelle festgelegt werden, welche Vorhaben als Projekt abgewickelt werden sollen.

Nachdem, was die Abrechnungsfunktionen anbelangt, kein wesentlicher Unterschied zwischen Projekten und Aufträgen besteht, kann man Teilaufgaben jederzeit über Innenaufträge abwickeln. Dies wird in der Praxis auch so gemacht, weil der Innenauftrag mit weniger Bearbeitungsaufwand verbunden ist.

Unterschiede Innenaufträge/ Projekte

Da die Projekte einen vielschichtigen Umfang abdecken sollen, konzentrieren sich die nachfolgenden Ausführungen vor allem auf die prinzipiellen betriebswirtschaftlichen Deltas zwischen Innenaufträgen und Projekten. Dies sind im Wesentlichen:

- Auftragsvolumen
- Zeitdauer
- Komplexität
  - Beteiligung unterschiedlicher ausführender Kostenstellen und Fremdfirmen
  - Verknüpfung mit Teilprojekten sowie Innenhaupt- und Innenunteraufträgen
  - erhöhter Koordinationsbedarf
- Risiken
  - terminlich
  - funktional
  - finanziell
  - gegebenenfalls auch technisch

▶ Kopplung mit Netzplänen/Netzaufträgen einschließlich Meilensteinterminen

▶ detaillierte Prognoserechnungen mit Restkostenschätzungen und Terminaussagen

Projekte werden vielfach auch als Sammelbegriff für die Budgetverfolgung auf oberen Stufen oder sogar auf der obersten Stufe eingesetzt (z. B. für die Überwachung des gesamten Entwicklungs-, Instandhaltungs- und Investitionsbudgets). Budget-überwachung

5.1.1 Projektcontrolling

Von entscheidender Bedeutung für das Projektcontrolling sind: Voraussetzungen Projektcontrolling

▶ **Planung**
Die Planung umfasst eine richtige Strukturierung der Projekte in verantwortungsspezifische Teilziele in Verbindung mit überprüfbaren Kosten- und Terminmaßstäben.

▶ **Überwachung**
Überwachung meint die Erfassung der Istkosten und Istleistungen, mindestens in der Differenzierung der Planwerte.

▶ **Steuerung**
Die Steuerung bezieht sich auf die Ermittlung der Differenzen zwischen Plan- und Istdaten nach Abweichungsursachen.

Das Projektcontrolling ist ein Regelprozess, der über die Gesamtlaufzeit des Projekts ständig die Istdaten für das Gesamtprojekt, die Teilprojekte sowie die Haupt- und Unteraufträge mit den Zielgrößen vergleicht, Störgrößen meldet und Korrekturmaßnahmen erwartet.

Die Projektstrukturierung umschließt alle Aktivitäten und Maßnahmen, die zur Realisierung des Gesamtvorhabens und der einzelnen Teilaufgaben erforderlich sind. Ziel der Strukturierung ist das Aufbrechen eines komplexen Vorhabens in einzelne Arbeitspakete. Diese Pakete müssen in ihrem Umfang so differenziert werden, dass sie in Hinblick auf die zu erwartenden Kosten und Termine überschaubar sind und Aussagen zu gegenseitigen Abhängigkeiten getroffen werden können. Projektstrukturierung

Bestimmungs-
faktoren für die
Projektstruk-
turierung
Folgende Kriterien sind besonders zu bedenken:

▶ **Technische Kriterien**

Als technischer Aspekt ist vor allem die zweckorientierte Differenzierung nach Teilprojekten, aufgeteilt in Projektaufträge und -un-
teraufträge, zu nennen.

▶ **Organisatorische Kriterien**

Aus organisatorischer Sicht ist eine Untergliederung entsprechend
den unterschiedlichen Auftragsarten eines Projekts (z. B. Entwick-
lungs-, Konstruktions-, Instandhaltungs- oder Werkzeugaufträge)
mit zum Teil eigenen Berichtsschemata zu berücksichtigen.

▶ **Funktionale Kriterien**

Ein wichtiger Punkt bei der Strukturierung ist die Verantwortlichkeit. Jeder Teilauftrag muss eindeutig einem Verantwortlichen
zugeordnet werden. Die Benennung mehrerer zuständiger Personen für eine Teilaufgabe führt erfahrungsgemäß dazu, dass sich
keine dieser Personen mit der Aufgabe identifiziert.

▶ **Zeitliche Kriterien**

Bei langen Projektlaufzeiten müssen die Teilaufträge zusätzlich
auch zeitlich differenziert werden. Es ist nicht sinnvoll, für eine
Teilaktivität, die sich über die Gesamtlaufzeit des Projekts
erstreckt, einen einzigen Auftrag zu vergeben. Dies würde bei
mehreren zeitlich gleich gelagerten Unteraufträgen bedeuten, dass
man erst gegen Ende des Projekts einen Überblick über die
gesamte Kostensituation gewinnen kann.

Beispiel 1: Langfristiges Einzelfertigungsprojekt

In einem Unternehmen der Einzelfertigung, das SAP PS auch für die Kostenträgerrechnung einsetzt, wurde über einen Zeitraum von etwa drei
Jahren ein Produkt entwickelt und gefertigt, das dann für einen neunstel-
ligen Betrag verkauft wurde. An dem Projekt hing eine Reihe von Entwick-
lungs-, Werkzeug- und Fertigungsaufträgen, die zunächst nur nach funktionalen Aspekten gegliedert waren. Man hat dann – zum Glück noch
rechtzeitig – beschlossen, die »Langläufer« unter diesen Aufträgen nach
zeitlichen Gesichtspunkten aufzuteilen. Nur so war es möglich, zu jedem
beliebigen Zeitpunkt über Istkosten und Obligo hinaus gezielte Hochrechnungen auf die voraussichtlichen Gesamtkosten des Projekts vorzunehmen.

Eine sinnvolle zeitliche Differenzierung von Projekten setzt aber voraus, dass zu jedem einzelnen Arbeitspaket eine eindeutig formulierte

Aufgabenstellung vorliegt und dass Plan- und Istdaten konform gehen. Das heißt, dass Plandaten, die tiefer gehend strukturiert sind, als die Istdaten tatsächlich erfasst werden können, keine vergleichbaren Gegenposten finden können. Bei der Strukturierungstiefe ist außerdem wichtig, dass auf der untersten Ebene einer Projekthierarchie möglichst keine oder nur wenige Abhängigkeiten von anderen Arbeitspaketen bestehen sollten, damit jedes Teil-Los für sich bearbeitbar ist.

Die hier angeführten Kriterien für die Projektstrukturierung stellen eine Richtschnur dar, an der sich die Planung der Vorhaben orientieren sollte. Die Bereitstellung von Standardstrukturen im PS-System ist eine zusätzliche Hilfestellung, die aber nicht davon befreien darf, jedes Vorhaben individuell zu betrachten und zu gliedern. Es ist immer zu bedenken, dass der Strukturplan die Basis für alle Überwachungs- und Steuerungsaufgaben bildet. Eine klare, zielgerichtete Strukturierung ist eine wesentliche Voraussetzung für ein effizientes Projektcontrolling.

Grundsätzlich werden zwei Verfahrensweisen verwendet, um Projekte zu strukturieren. Ein Projekt kann wie folgt aufgegliedert werden (siehe auch Abschnitt 5.2, »Stammdaten in SAP ERP«), wobei beide Möglichkeiten auch kombinierbar sind:

▶ nach einem hierarchischen Aufbau (*Projektstrukturplan – PSP*)

▶ nach der Ablaufreihenfolge (*Netzplan*)

Der Projektstrukturplan, auf den wir in Abschnitt 5.2, »Stammdaten in SAP ERP«, noch näher eingehen werden, gibt im Wesentlichen die aufbauorganisatorische Strukturierung des Projekts wieder. Dagegen bildet der Netzplan, den Sie aus anderen Arbeitsgebieten und von Ihrem PC her kennen, die chronologische Darstellung der Teilaktivitäten einschließlich des erforderlichen Zeitaufwands und der gegenseitigen Abhängigkeiten ab. **PSP und Netzplan**

Als Nächstes wollen wir auf die einzelnen Planungsschritte, die für ein erfolgreiches Projektcontrolling notwendig sind, im Detail eingehen. Im Rahmen der Projektabwicklung steht zunächst die Planung der erforderlichen Ressourcen, Kosten und Termine im Vordergrund. Dabei gilt es, die Plandaten so differenziert wie möglich zu ermitteln und für die einzelnen Arbeitspakete einschließlich der vorzusehenden Meilensteine festzuhalten. Sie sind detailliert pro Arbeitspakt zu **Projektplanung** planen, wobei sich die Plandaten höherer Projektstufen dann rein additiv ergeben.

Selbstverständlich kann zunächst Top-down vorgegangen werden. Spätestens bei der Freigabe des Projekts muss jedoch die Planung Bottom-up vorliegen. Bei komplexen technischen Projekten ergibt sich durch eine parallele Abbildung in einem Netzplan die Möglichkeit, Vorgänger- und Nachfolgerbeziehungen zu definieren sowie den kritischen Pfad zu überwachen. Diese Netzplanung kann, sie muss aber nicht durchgeführt werden.

Projekt-Istdaten Die Istleistungen und Istkosten für Projekte unterscheiden sich im Prinzip nicht von den Istleistungen und -kosten der Innenaufträge (siehe Abschnitt 4.1, »Betriebswirtschaftliche Grundlagen«).

Hinzu kommen die Terminrückmeldungen, d.h. die Isttermine der Projektrealisierung, die ähnlich den Rückmeldungen des PPS-Systems den entsprechenden Planterminen gegenübergestellt werden, wobei die Termininformationen aber, falls mit einem Netzplan verknüpft, in diesen übernommen werden.

Berücksichtigt werden außerdem – rein informativ, ohne Auswirkung auf die Kosten – Zahlungen und Anzahlungen im Zusammenhang mit dem Projekt. Einbezogen in die Projektabrechnung wird ferner – aber das ist kein Unterschied zu den Innenaufträgen – das Bestellobligo.

Prognose-/ Hochrechnungen Ausgehend vom erreichten Projektstand und den bis dato angefallenen Kosten gilt es, zu jedem Zeitpunkt die Terminsituation abzuschätzen und die aus heutiger Sicht noch benötigten Leistungen und Kosten zu ermitteln. Dabei sollte man immer – in Zusammenarbeit mit den Projekt- und Teilprojektverantwortlichen – die noch ausstehenden Leistungen und Kosten abfragen und auf keinen Fall einen Fertigstellungsgrad erkunden, der in solchen Fällen meistens zu hoch eingeschätzt wird.

Zu den Plan- und Istdaten ist noch anzumerken, dass die Projekte in manchen Unternehmen mit einer detaillierten Mittel- bzw. Budgetdisposition und -verwaltung verknüpft sind.

Berichtswesen Controlling bedeutet, wie in Abschnitt 1.3.2, »Definition von Controlling«, beschrieben, generell den Vergleich mit einer Messlatte in Form von Plan- oder Solldaten, um aufgrund der Abweichungen entsprechende Gegensteuerungsmaßnahmen in die Wege leiten zu können.

Wie in der Kostenstellenrechnung oder bei den Innenaufträgen sind auch bei den Projekten Plan-Plan- und Plan-Ist-Vergleiche in beliebiger Detaillierung erstellbar.

Bei den Projekten können Sie beliebige Planstände abspeichern und damit auch miteinander vergleichen (auch mit ähnlichen, in der Vergangenheit realisierten Projekten). Die Planung wird vielfach so vorgenommen, dass zunächst recht grob auf aggregierten Ebenen geplant wird und erst sukzessive die Detaillierung dieser Planung fortschreitet. Diese Entwicklung des Plans von der Grobplanung bis zu einer differenzierten Feinplanung auf allen Ebenen stellt eine wichtige Ausgangsbasis für Folgeprojekte ähnlicher Struktur dar. Diese Plan-Plan-Vergleiche können auf allen Ebenen vom Unterauftrag bis hoch verdichtet zum Gesamtprojekt durchgeführt werden.

Plan-Plan-Vergleiche

Um die Leistungs-, Kosten- und Terminabweichungen auf den Teilaufträgen bis hin zum Gesamtprojekt gegenüber der Detailplanung aufzeigen zu können, sind summarische und verdichtete Plan-Ist-Vergleiche erforderlich. In diesen Vergleichen sind für jede Projektposition die Plankosten der freigegebenen Planversion, die bis dahin angefallenen Istkosten, die Obligowerte und die erwarteten Restkosten auszuweisen.

Plan-Ist-Vergleiche

Um den Projekt- und Teilprojektleitern die Möglichkeit zu geben, die Abweichungen selbst zu analysieren, sollten ergänzend Einzelnachweise sämtlicher Istkostenbelastungen einschließlich der Obligowerte mit Buchungstexten (falls vorhanden), Buchungsdatum und Belegnummer ausgegeben werden. Ohne diesen Einzelnachweis wäre der Projektverantwortliche bei der Abweichungsanalyse immer auf Auskünfte der buchenden Personen angewiesen.

Istkostennachweis der Projekte

Da in diese Plan-Ist-Vergleiche auch Terminvergleiche einbezogen sind, können sich die Projektverantwortlichen nicht nur einen Überblick über die aktuelle Kostensituation, sondern auch über die Einhaltung der Termine verschaffen. Wenn aktiv, können die Termine auch in die Netzpläne übernommen werden, um auch dort einen Überblick über die aktuelle Terminsituation und die kritischen Pfade auszuweisen.

5.1.2 Zusammenfassung

Als betriebswirtschaftliches Resümee zu den Projekten ist festzuhalten: Um eine Abrechnung korrekt durchzuführen, ist es nicht zwangsläufig erforderlich, mit Projekten zu arbeiten, selbst nicht bei einer Mischung von Haupt- und Unteraufträgen, bei Verdichtung über mehrere Stufen und bei alternativen Auftragshierarchien. Die Abrechnungsfunktionen werden von den Innenaufträgen genauso abgedeckt. Projekte sind dann sinnvoll, wenn es sich um komplexe Vorhaben handelt, die über einen längeren Zeitraum laufen und bei denen Planung und Verfolgung, eventuell sogar einschließlich Kopplung mit Netzplänen, von besonderer Bedeutung sind.

Unter einem Projekt können ferner unterschiedliche Auftragsarten vom Entwicklungs-, Werkzeug- über Investitions- bis hin zum Fertigungsauftrag zusammengefasst werden. Da es sich meist um kostenintensive und zeitaufwendige Vorhaben handelt, ist es wichtig, auf Details bereits gelaufener Projekte mit der gesammelten Historie zurückgreifen zu können (was bei Fertigungsprojekten der Einzelfertigung noch viel wichtiger ist).

Ausgeprägt sind ferner die Planungsaktivitäten, zunächst grob strukturiert (in der für eine Grobterminierung erforderlichen Differenzierung) und dann immer feiner detailliert, auch nach Geschäftsjahren und Perioden.

5.2 Stammdaten in SAP ERP

Nach der betriebswirtschaftlichen Einführung in das Projektcontrolling wenden wir uns jetzt wieder dem SAP-System zu.

Logistik oder Rechnungswesen? PS – Projektsystem (zur Planung, Steuerung und Verwaltung von Projekten) ist das einzige Modul, das nicht eindeutig einem Themenkomplex, sei es Logistik oder Rechnungswesen, im Menü von SAP ERP zugeordnet ist. Stattdessen gehört es beiden Bereichen an. Andere Module wie die Produktionsplanung, der Vertrieb, die Materialwirtschaft und natürlich auch das Controlling haben selbstverständlich Schnittstellen zueinander. Im Menübaum der Produktion finden Sie auch Funktionen, die originär dem Controlling zuzuordnen sind, und umgekehrt. Bei all diesen Modulen ist allerdings jeweils ein Schwerpunkt deutlich erkennbar. Produktion, Vertrieb und Materialwirtschaft sind Logistikmodule mit Verbindung zum Rechnungswesen. Controlling und Finanzwesen sind Module des Rechnungswesens mit Verbindung zur Logistik.

Mit dem Projektsystem von SAP ERP können Sie im Bereich Logistik Termine und Kapazitäten planen und dabei Engpässe erkennen und vermeiden. Sie können Materialbedarfe mit Lagerreservierungen und automatischen Bestellungen generieren sowie einige andere Funktionen ausführen, die zum Komplexesten zählen, was das SAP-System im Logistikbereich zu bieten hat. Im Hinblick auf die Funktionen des Rechnungswesens erscheint das Projektsystem auf den ersten Blick der Auftragsabwicklung sehr ähnlich. Bei näherer Betrachtung erkennt man allerdings, dass z. B. mit der Zahlungsabwicklung, der Budgetierung und der Integration mit dem Investitionsmanagement Funktionen im Projektsystem zur Verfügung stehen, die weit über das hier im Buch zu Innenaufträgen Beschriebene hinausgehen (siehe Kapitel 4, »Innenaufträge«).

Was wollen wir Ihnen damit sagen? Das Projektsystem ist ein Thema, das ein eigenes Buch füllt. Wir werden hier die Tür zum Modul PS nur einen Spalt weit aufstoßen. Wir werden Ihnen keine Logistikfunktionen zeigen und auch die meisten der Vorgänge, die dem Rechnungswesen zuzuordnen sind, nicht weiter darstellen. Wir beschränken uns – dem Titel dieses Buches entsprechend – auf Funktionen zur Verwaltung von Gemeinkosten. Die Verwendung des Projektsystems im Gemeinkosten-Controlling werden wir Ihnen in diesem Abschnitt anhand eines leicht nachvollziehbaren Beispiels nahebringen.

Im folgenden Beispiel bauen wir ein Haus. Für den Betriebsleiter soll auf dem Gelände der Bäckerei Becker ein Wohnhaus entstehen. Wir bilden den Bau des Hauses in vier Schritten ab:

Beispiel: Wohnhaus für den Betriebsleiter

▶ Aushub

▶ Keller

▶ Rohbau

▶ Innenausbau

Der Innenausbau wird in drei Schritte zerlegt:

▶ Heizung

▶ Wasser

▶ Elektrik

Haben Sie schon einmal ein Haus gebaut? Dann wissen Sie, dass wir hier – gelinde gesagt – nicht die ganze Wahrheit zeigen. Der Bau eines Wohnhauses ist natürlich viel komplizierter und wird sicher nicht mit sieben Projektschritten abzubilden sein. Abgesehen davon würden wir bei einem Projekt mit sieben Teilbereichen sicher nicht das Projektsystem von SAP zur Abwicklung einsetzen. Mit der Abbildung aller notwendigen Schritte wäre diese Baumaßnahme aber sicher ein Kandidat für das Modul PS. Also denken wir einerseits an die Schwierigkeiten bei der Organisation eines Hausbaus und beschränken uns andererseits für die Systembeispiele auf die sieben genannten Schritte.

Bei der Nutzung des Moduls PS in SAP ERP stehen Ihnen zunächst zwei Alternativen offen:

- ▶ Projektstrukturpläne
- ▶ Netzpläne

Projektstrukturplan mit PSP-Elementen

In Projektstrukturplänen verwalten Sie Kosten, also geplante und tatsächliche Gemeinkosten, Anzahlungen, Zahlungen, Budgets etc. Netzpläne werden Sie dann einsetzen, wenn Sie zusätzlich zur Kostenverwaltung die volle Funktionalität der Kapazitätsplanung und Terminierung nutzen wollen. Wir beschränken uns auf Kosten und nutzen deshalb einen Projektstrukturplan mit Projektstrukturplan-Elementen (PSP-Element).

Stammdaten für Projekt anlegen

Sie kennen die SAP-Software jetzt schon lange genug, um zu wissen, dass Sie in keinem Modul ohne die Anlage von Stammdaten auskommen. Das Projektsystem bildet diesbezüglich keine Ausnahme. Die Stammdaten von Projekten verwalten Sie mit der Transaktion CJ20N im Menü RECHNUNGSWESEN • PROJEKTSYSTEM • PROJEKT • PROJECT BUILDER (siehe Abbildung 5.1).

Im Block IDENTIFIKATION UND SICHTENAUSWAHL legen Sie bei PROJEKTDEFINITION einen Schlüssel (hier »H100«) und eine Bezeichnung (hier »Wohnhaus Betriebsleiter«) fest. Auf der ersten Registerkarte GRUNDDATEN erinnert der Block STATUS an die Stammdaten der Innenaufträge. Eine gewisse Verwandtschaft von Projekten und Innenaufträgen werden Sie, wie bereits erwähnt, noch häufiger in diesem Kapitel erkennen. Die Knöpfe zum Wechseln der Status direkt im Bildschirm, wie bei den Innenaufträgen, fehlen hier allerdings.

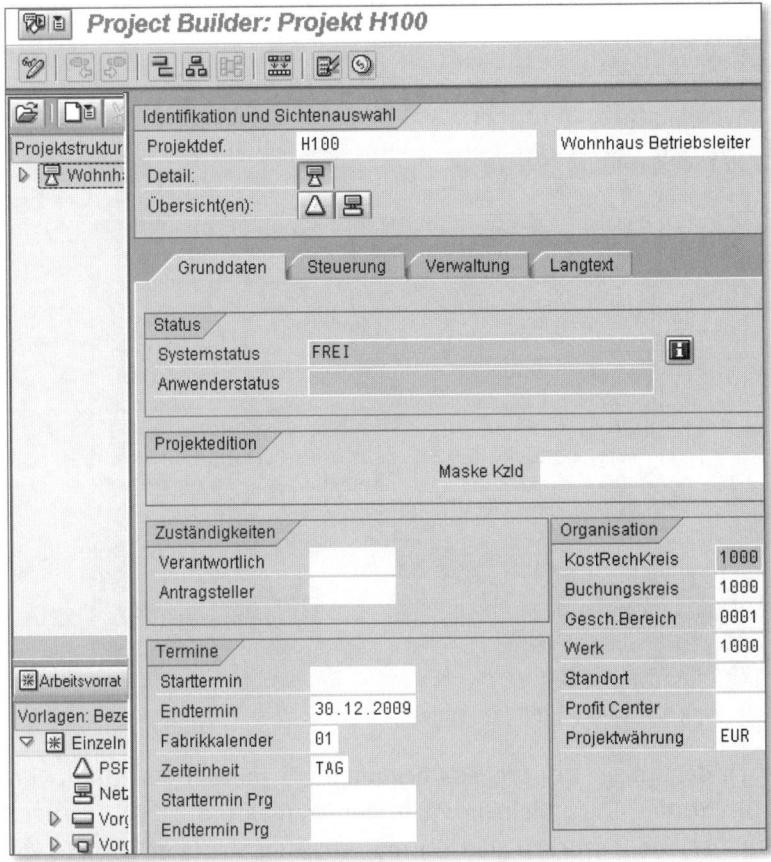

Abbildung 5.1 Stammdaten zum Projekt – Grunddaten

Hier im PROJECT BUILDER nutzen Sie für den Statuswechsel die Funktion BEARBEITEN • STATUS im Transaktionsmenü.

Auf der zweiten Registerkarte STEUERUNG ist u. a. das PROJEKTPROFIL zu sehen (siehe Abbildung 5.2). Alle Einträge auf dieser Seite wurden aus dem Projektprofil übernommen und in die Stammdaten des Projekts eingetragen. Bei der Vorbereitung dieses Beispiels haben wir das von SAP ausgelieferte Profil »0000001 Standard-Projektprofil« im Customizing auf das Profil »B000001 Standard-Projektprofil Becker« kopiert. Das Becker-Profil unterscheidet sich vom Standardprofil nur in den Einträgen zur Organisation (Kostenrechnungskreis, Buchungskreis etc.).

Stammdaten – Steuerung

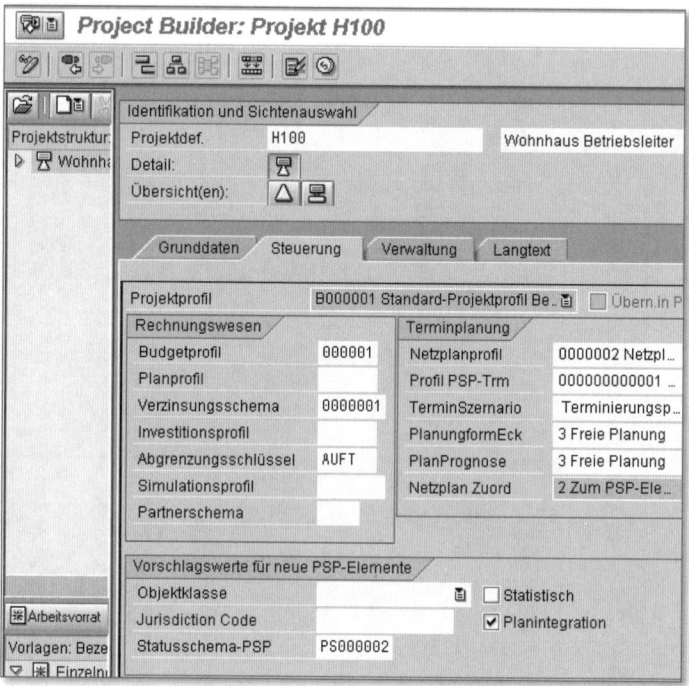

Abbildung 5.2 Stammdaten zum Projekt – Steuerung

Nach der Anlage des Projekts beginnen wir mit der Definition von Teilschritten. Dazu bleiben wir in der Transaktion CJ20N, PROJECT BUILDER, und drücken den Button ANLEGEN. In dem Dropdown-Menü, das daraufhin erscheint, wählen wir PSP-ELEMENT (siehe Abbildung 5.3).

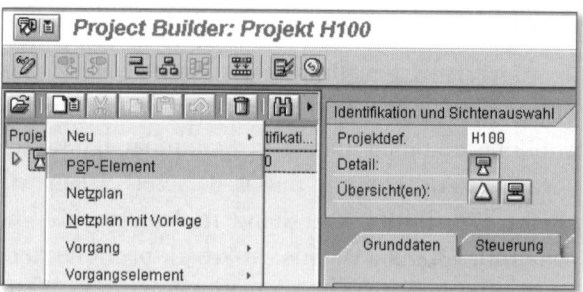

Abbildung 5.3 PSP-Element anlegen

Stammdaten für PSP-Element
Die Identifikation von Objekten in SAP ERP über Schlüssel und Text kennen Sie schon aus vielen Beispielen. Hier ist der Schlüssel für ein PSP-Element »H110«. Als Text sehen Sie »Aushub« (siehe Abbildung 5.4).

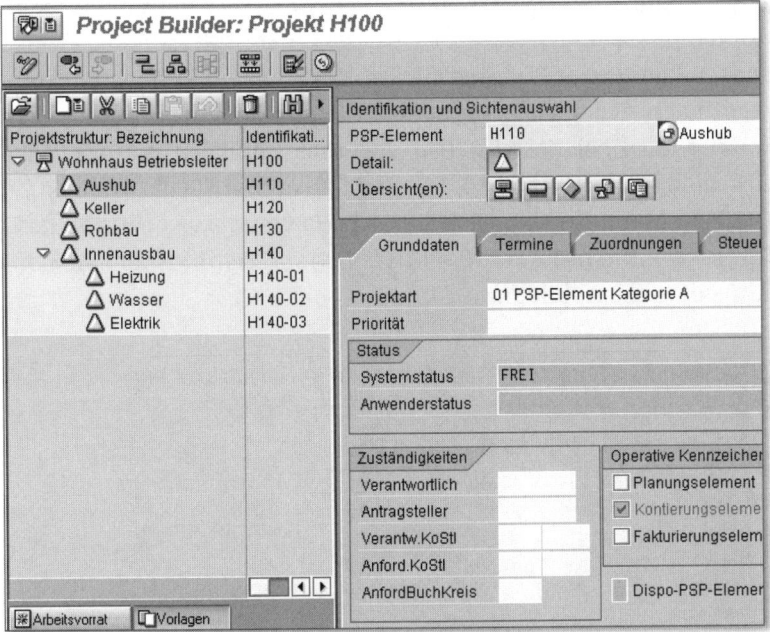

Abbildung 5.4 PSP-Element – Grunddaten

Den einzelnen Elementen ist jeweils eine eigene Statusverwaltung zugeordnet. Das Element »Aushub« ist dem Projekt H100 zugeordnet. Von dort hat es den Status »frei« geerbt. Beim Erben von Eigenschaften im Projektsystem darf der Erblasser, hier das Projekt H100, weiter am Leben bleiben. Das Vererben ist hier also nicht ganz wörtlich zu nehmen, sondern eher ein Kopieren »de luxe«. De luxe deshalb, weil auch spätere Statusänderungen im Projekt auf alle zugeordneten Elemente durchschlagen. Beim Zurücknehmen von Status funktioniert das Vererben allerdings nicht. Wenn das Projekt mit allen Elementen z. B. einmal den Status »Technisch abgeschlossen« hat und im Projekt der Status auf »Frei« zurückgesetzt wird, dann bleiben die Status der Elemente auf »Technisch abgeschlossen« stehen. Falls nötig, müssten Sie dann jedes einzelne Element im Status zurücksetzen.

Vererben von Status

Die Stammdaten für unser Projekt »Wohnhaus Betriebsleiter« und für sieben damit verbundene Projektstrukturplan-Elemente (PSP-Elemente) sind somit angelegt. Wir beginnen jetzt mit dem, was Controller am liebsten tun: Wir planen.

5.3   Planung im Projektsystem

Die Funktionen zur Planung von Projektkosten mit Kostenarten kommen Ihnen sicherlich bekannt vor. Die gleichen Planungstechniken werden auch bei Kostenstellen und Innenaufträgen genutzt (siehe Abschnitt 4.5.2, »Planung«). Für Projekte nutzen Sie die Transaktion CJR2 im Menü RECHNUNGSWESEN • PROJEKTSYSTEM • CONTROLLING • PLANUNG • KOSTEN IM PSP • KOSTENARTEN/LEISTUNGSAUFNAHMEN • ÄNDERN (siehe Abbildung 5.5).

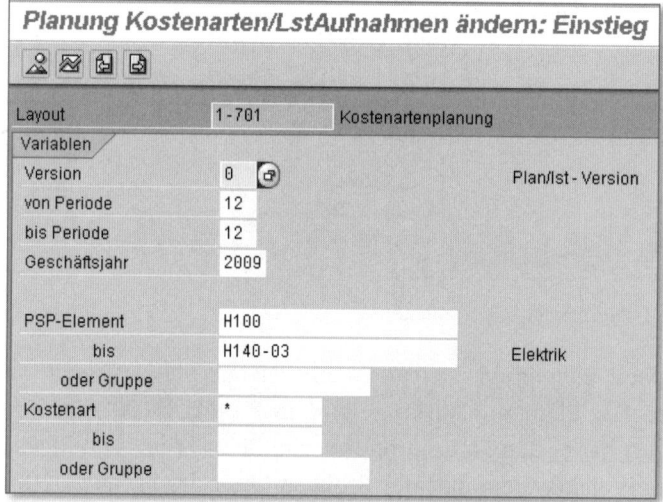

Abbildung 5.5 Kostenplanung – Einstieg

Planung im Periodenbild

Wie auch bei der Planung von Kostenstellen und Innenaufträgen können Sie wählen zwischen einem *Übersichtsbild* mit automatischer Aufteilung der Kosten auf die einzelnen Monate und einer monatsgenauen Planung im *Periodenbild* (siehe Abbildung 5.6). Für die einzelnen Phasen planen wir Kosten gemäß dem erwarteten Baufortschritt in den Monaten März bis September 2009.

Bericht mit Monatsaufriss

Zur Darstellung der Plandaten für die einzelnen Elemente, über die Monate des Jahres verteilt, suchen wir einen Bericht im System. Wir werden fündig unter der Transaktion S_ALR_87100186 im Menü RECHNUNGSWESEN • PROJEKTSYSTEM • INFOSYSTEM • CONTROLLING • KOSTEN • PLANBEZOGEN • HIERARCHISCH • PLANKOSTEN PRO MONAT (AKTUELLES GESCHÄFTSJAHR) (siehe Abbildung 5.7). Beim Innenausbau wurden jeweils 10.000 EUR für die PSP-Elemente »Heizung«, »Wasser« und »Elektrik« geplant. Die Werte im übergeordneten Element

»Innenausbau« und auf der Ebene des Gesamtprojekts (20.000 EUR im August und 10.000 EUR im September) werden automatisch ermittelt. Auf diesen Objekten sind keine eigenen Planwerte hinterlegt.

Planung Kostenarten/LstAufnahmen ändern: Peri

Version	0	Plan/Ist- Version
Geschäftsjahr	2009	
PSP-Element	H110	Aushub
Kostenart	456210	So.Fremdleistg.Anlag

P...		Plankosten ges.	Planverbr. ges.	EH	M.	L.
1			0,000			
2			0,000			
3		10.000,00	0,000			
4			0,000			
5			0,000			
6			0,000			

Abbildung 5.6 Kostenplanung – Übersicht

Recherche Plankosten pro Monat akt. Geschäftsjahr ausführen

Selektionsdatum

Plankosten pro Monat akt. Geschäftsjahr

Objekt		März	April	Mai	Juni	Juli	August	Septem...
▽ PRO H100	Wohnhaus Betriebslei	10.000	20.000	0	50.000	0	20.000	10.000
PSP H110	Aushub	10.000	0	0	0	0	0	0
PSP H120	Keller	0	20.000	0	0	0	0	0
PSP H130	Rohbau	0	0	0	50.000	0	0	0
▽ PSP H140	Innenausbau	0	0	0	0	0	20.000	10.000
PSP H140-01	Heizung	0	0	0	0	0	10.000	0
PSP H140-02	Wasser	0	0	0	0	0	0	10.000
PSP H140-03	Elektrik	0	0	0	0	0	10.000	0
Ergebnis		10.000	20.000	0	50.000	0	20.000	10.000

Abbildung 5.7 Projektbericht – Plankosten pro Monat

Zur Darstellung des gesamten Projekts im Überblick, ohne Aufriss nach Monaten und ohne Auswahl eines Geschäftsjahres, nutzen Sie die Transaktion S_ALR_87013532 im Menü RECHNUNGSWESEN • PROJEKTSYSTEM • INFOSYSTEM • CONTROLLING • KOSTEN • PLANBEZOGEN • HIERARCHISCH • PLAN/IST/ABWEICHUNG (siehe Abbildung 5.8).

Verdichteter Bericht für das Gesamtprojekt

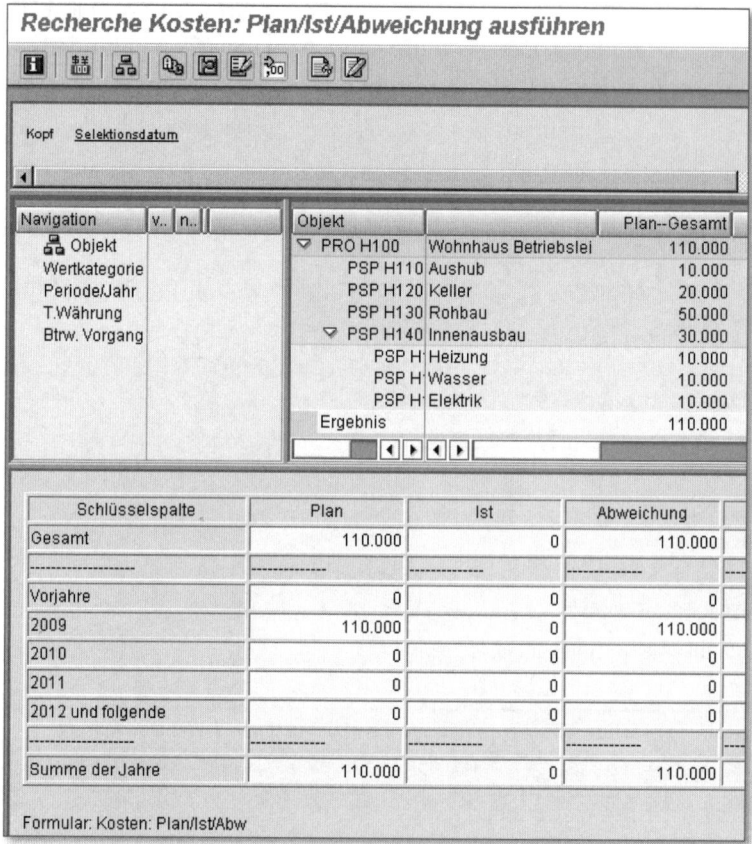

Abbildung 5.8 Projektbericht – Plan-Ist-Abweichung

Für unser Beispiel in diesem Kapitel soll diese schlichte Planung von Kosten genügen. Selbstverständlich hätten wir zusätzlich interne Leistungen von Kostenstellen abrufen oder Innenaufträge im Plan auf PSP-Elemente abrechnen können. Die entsprechenden Funktionen kennen Sie schon aus den vorigen Kapiteln.

5.4 Istbuchung

Aktivierung von Kosten

Für den Bau des Wohnhauses für den Betriebsleiter der Bäckerei Becker haben wir soeben eine rudimentäre Planung abgeschlossen. Beginnen wir nun mit Überlegungen zur Abwicklung im Ist. Die Kosten für den Hausbau werden wir sicherlich nicht sofort als Aufwand in der GuV der Buchhaltung darstellen. Stattdessen werden wir die Kosten für das neue Haus als Anlage in der Anlagenbuchhaltung aktivieren. Einen ganz ähnlichen Fall hatten wir schon bei der Einrichtung eines neuen Backofens besprochen (siehe Abschnitt 4.6, »Anlagen im Bau«). Ganz hervorragend wäre doch, wenn wir die gleichen Funktionen, mit denen wir Innenaufträge an Anlagen abgerechnet hatten, auch bei der Aktivierung von Projektkosten nutzen könnten. Können wir! Für PSP-Elemente stehen die gleichen Abrechnungsfunktionen zur Verfügung wie für Innenaufträge.

Wir erreichen die Einstellungen für die Abrechnung über die bekannte Transaktion CJ20N im Menü RECHNUNGSWESEN • PROJEKTSYSTEM • PROJEKT • PROJECT BUILDER. Dort wählen wir das Projekt aus und gehen weiter im Transaktionsmenü mit BEARBEITEN • KOSTEN • ABRECHNUNGSVORSCHRIFT und hier nochmals weiter mit SPRINGEN • ABRECHNUNGSPARAMETER (siehe Abbildung 5.9). Das Abrechnungsprofil »B03 Becker Abrechnung an Anlagen« und das Verrechnungsschema »I6 Abrechnung Investitionen« wurden bereits bei der Auftragsabrechnung ausführlich beschrieben (siehe Abschnitt 4.6, »Anlagen im Bau«).

Parameter für die Abrechnung

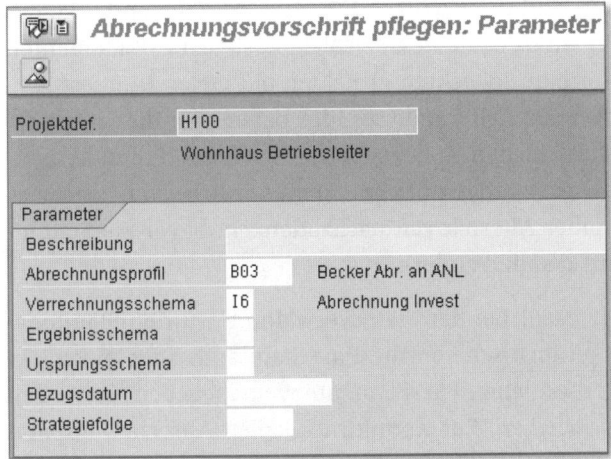

Abbildung 5.9 Projekt – Abrechnungsparameter

In der Anlagenbuchhaltung haben wir für das Wohnhaus bereits einen Stammsatz angelegt. Als Anlagennummer wurde uns vom System 400000000004 zugeteilt. Die Verknüpfung des Projekts H100 mit der Anlage erfolgt in der Abrechnungsvorschrift. Dorthin gelangen Sie ausgehend vom PROJECT BUILDER über das Transaktionsmenü mit BEARBEITEN • KOSTEN • ABRECHNUNGSVORSCHRIFT (siehe Abbildung 5.10).

Projekt mit Anlage verknüpfen

Jetzt haben wir allerdings noch ein Problem. Die Parameter für die Abrechnung und die Abrechnungsvorschrift sind für das Projekt H100 erfasst. Die Istkosten werden wir, wie die Plandaten, auf die einzelnen PSP-Elemente verteilt erfassen. Auf Projektebene können wir in Berichten zwar Summen darstellen, die tatsächlichen Kosten sind aber nur auf den einzelnen Elementen verfügbar.

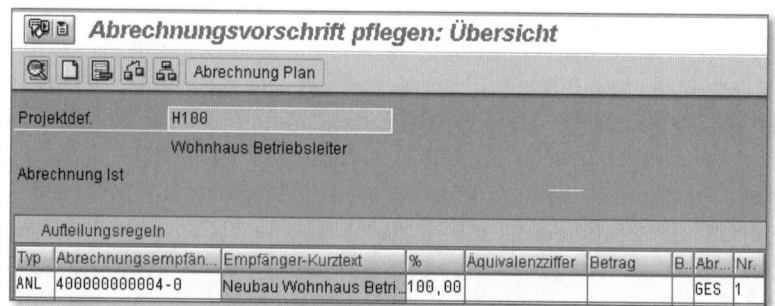

Abbildung 5.10 Projekt – Abrechnungsvorschrift

Vielleicht denken Sie jetzt: »Dann erfassen wir die Parameter und die Abrechnungsvorschrift doch einfach für jedes PSP-Element!«. Ja, das geht und wäre in unserem kleinen Beispiel mit sieben PSP-Elementen auch leicht umsetzbar. Bei echten Projekten mit vielen Hundert PSP-Elementen machen Sie sich mit dieser Idee bei den für die Stammdatenpflege verantwortlichen Kollegen sicherlich keine Freunde. Falls Sie selbst für die Stammdatenpflege verantwortlich sind, macht es erst recht Sinn, über Alternativen nachzudenken, bevor Sie Stammdaten massenhaft manuell ändern.

Stammdaten
vererben
Also denken wir nach! Bei der Statusverwaltung wurden Stammdatenänderungen automatisch vererbt. Eine Statusänderung im Projekt wurde an alle verbundenen PSP-Elemente weitergegeben. So wollen wir das jetzt auch haben. Per Knopfdruck sollen Abrechnungsparameter und -vorschrift auf alle PSP-Elemente kopiert werden. Wenn diese Funktion in SAP vererben und nicht kopieren heißt, soll's uns recht sein.

Abrechnungs-
vorschriften
generieren
Im Customizing finden wir eine Funktion, die uns weiterhilft: SPRO • SAP REFERENZ-IMG • PROJEKTSYSTEM • KOSTEN • AUTOMATISCHE UND PERIODISCHE VERRECHNUNGEN • ABRECHNUNG • ABRECHNUNGSVORSCHRIFT FÜR PROJEKTSTRUKTURPLAN-ELEMENT • STRATEGIEN ZUR GENERIERUNG DER ABRECHNUNGSVORSCHRIFT DEF. (siehe Abbildung 5.11). In der Standardauslieferung von SAP ERP ist dieses Bild leer. Wir

legen eine eigene Strategie »XX Übernahme vom übergeordneten Objekt« an.

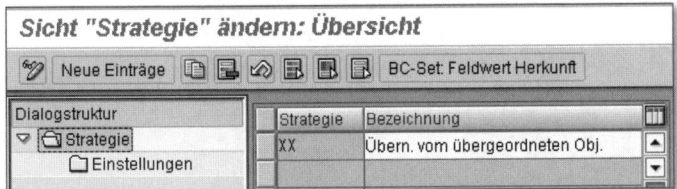

Abbildung 5.11 Strategie zur Generierung der Abrechnungsvorschrift

In den Einstellungen zur Strategie XX entscheiden Sie zunächst, welcher der folgenden Kategorien die Elemente zuzuordnen sind, für die Abrechnungsvorschriften generiert werden sollen (siehe Abbildung 5.12):

- Fakturierungselement (FAKTU…)
- Kontierungselement (KONTI…)
- keine Kontierung (KEINE …)

Auf das Projekt, das wir hier besprechen, sollen Kosten kontiert werden; entsprechend handelt es sich um ein Kontierungselement. Das Abrechnungsprofil »B03 Becker Abrechnung an Anlagen« ist Ihnen bereits bekannt. In der Spalte KONTTYP (Kontierungstyp) bietet das System fünf Eingabemöglichkeiten:

- Kein Empfänger
- 1, Ergebnisobjekt
- 2, Anfordernde Kostenstelle
- 3, Verantwortliche Kostenstelle
- 4, Übernahme der Vorschrift vom übergeordneten Objekt

Wir entscheiden uns für den Eintrag 4 »Übernahme der Vorschrift vom übergeordneten Objekt«, die Abrechnungsvorschrift soll also aus dem jeweils übergeordneten Objekt übernommen werden.

Diese Strategie zur Generierung von Abrechnungsvorschriften verknüpfen wir jetzt mit dem Projektprofil, das unserem Hausprojekt zugeordnet ist. Dazu wählen wir den Customizing-Pfad: SPRO • SAP REFERENZ-IMG • PROJEKTSYSTEM • KOSTEN • AUTOMATISCHE UND PERIODISCHE VERRECHNUNGEN • ABRECHNUNG • ABRECHNUNGSVORSCHRIFT FÜR PROJEKTSTRUKTURPLAN-ELEMENT • STRATEGIE DEM PROJEKTPROFIL ZUORDNEN (siehe Abbildung 5.13).

Strategie und Projektprofil verknüpfen

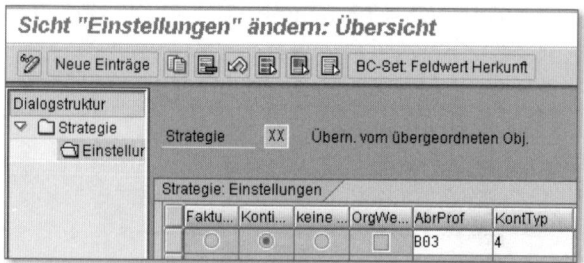

Abbildung 5.12 Strategie – Einstellungen

Abbildung 5.13 Projektprofil und Strategie verknüpfen

Generierungslauf
starten

Jetzt können wir mit dem Generieren der Abrechnungsvorschriften beginnen. Dazu verlassen wir das Customizing wieder. Die entsprechende Transaktion CJB2 finden wir im Anwendungsmenü RECHNUNGSWESEN • PROJEKTSYSTEM • CONTROLLING • PERIODENABSCHLUSS • EINZELFUNKTIONEN • ABRECHNUNGSVORSCHRIFT • EINZELVERARBEITUNG (siehe Abbildung 5.14).

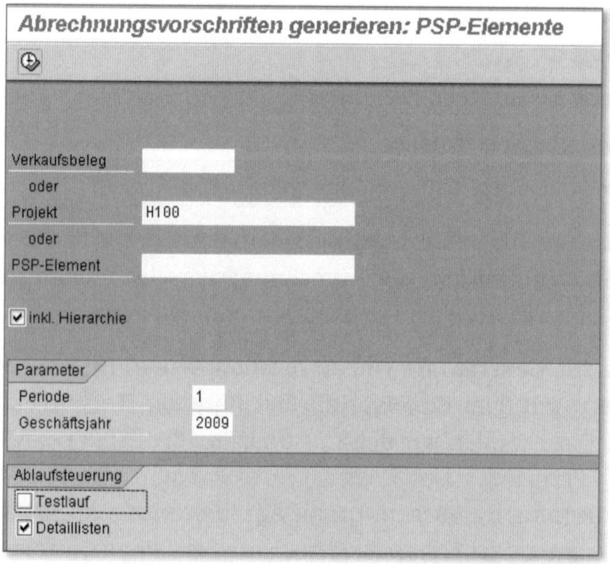

Abrechnungsvorschriften generieren: PSP-Elemente

Verkaufsbeleg

oder

Projekt H100

oder

PSP-Element

☑ inkl. Hierarchie

Parameter
Periode 1
Geschäftsjahr 2009

Ablaufsteuerung
☐ Testlauf
☑ Detaillisten

Abbildung 5.14 Abrechnungsvorschriften generieren – Einstieg

Das Protokoll zeigt an, welche Elemente mit welcher Strategie bearbeitet wurden (siehe Abbildung 5.15). Auch hier wird vererbt, ohne dass der Erblasser dafür sein Leben aushauchen musste.

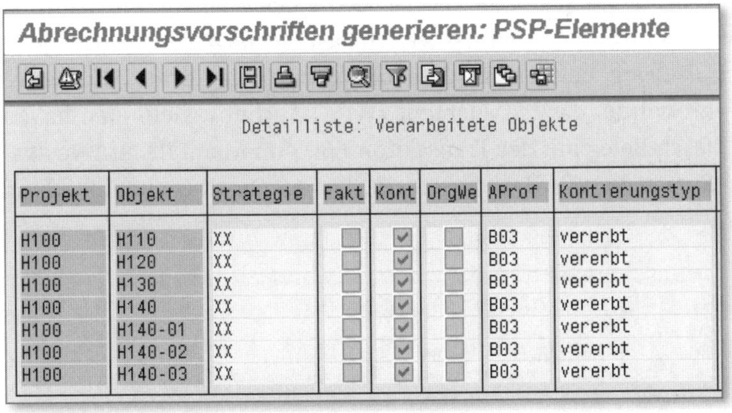

Abrechnungsvorschriften generieren: PSP-Elemente

Detailliste: Verarbeitete Objekte

Projekt	Objekt	Strategie	Fakt	Kont	OrgWe	AProf	Kontierungstyp
H100	H110	XX	☐	☑	☐	B03	vererbt
H100	H120	XX	☐	☑	☐	B03	vererbt
H100	H130	XX	☐	☑	☐	B03	vererbt
H100	H140	XX	☐	☑	☐	B03	vererbt
H100	H140-01	XX	☐	☑	☐	B03	vererbt
H100	H140-02	XX	☐	☑	☐	B03	vererbt
H100	H140-03	XX	☐	☑	☐	B03	vererbt

Abbildung 5.15 Abrechnungsvorschriften generieren – Protokoll

Überprüfen wir das Ergebnis der Generierung der Abrechnungsvorschriften, indem wir uns die Stammdaten eines PSP-Elements ansehen. Wir steigen wieder ein mit der Transaktion CJ20N im Menü RECHNUNGSWESEN • PROJEKTSYSTEM • PROJEKT • PROJECT BUILDER und wählen ein PSP-Element aus. Dann geht es weiter im Transaktionsmenü mit BEARBEITEN • KOSTEN • ABRECHNUNGSVORSCHRIFT (siehe Abbildung 5.16). Die Anlage 400000000004 wurde wunschgemäß als Empfänger der Abrechnung aus dem Projekt übernommen und im PSP-Element (hier »H110 Aushub«) eingetragen.

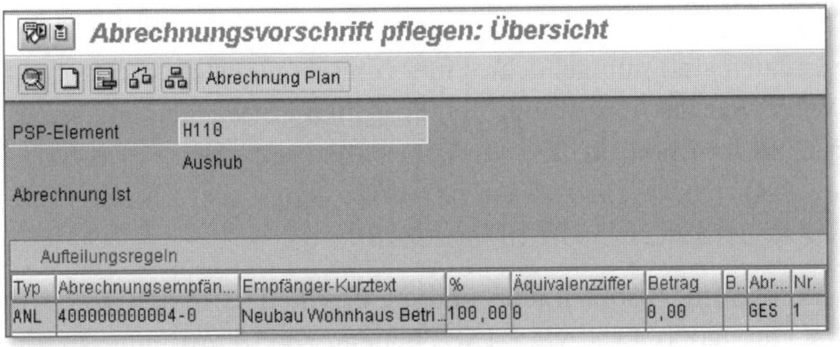

Abrechnungs-vorschrift im PSP-Element ansehen

Abrechnungsvorschrift pflegen: Übersicht

Abrechnung Plan

PSP-Element   H110
               Aushub

Abrechnung Ist

Aufteilungsregeln

Typ	Abrechnungsempfän...	Empfänger-Kurztext	%	Äquivalenzziffer	Betrag	B.	Abr...	Nr.
ANL	400000000004-0	Neubau Wohnhaus Betri...	100,00	0	0,00		GES	1

Abbildung 5.16 PSP-Element – Abrechnungsvorschrift

Jetzt sind die Vorbereitungen für Istbuchungen abgeschlossen. Nach dem Anlegen von Stammdaten hatten wir für die einzelnen Projektschritte Plankosten erfasst. Zur Abrechnung der Istkosten wurde auf

Istkosten erfassen

der obersten Ebene des Projekts eine Abrechnungsvorschrift erfasst und per Vererbung auf alle verbundenen PSP-Elemente übertragen.

Istkosten, die von außen per FI-Beleg ins System gelangen, können als Controllingobjekt einer Kostenstelle oder einem Innenauftrag zugeordnet werden. Aber das wissen Sie ja schon. Hier sehen Sie jetzt einen FI-Beleg, bei dem als Controllingobjekt eine dritte Alternative gewählt wurde, das PSP-Element »H110 Aushub«. Gefunden haben wir diesen Beleg mit der Transaktion FB03 im Menü Rechnungswesen • Finanzwesen • Hauptbuch • Beleg • Anzeigen (siehe Abbildung 5.17).

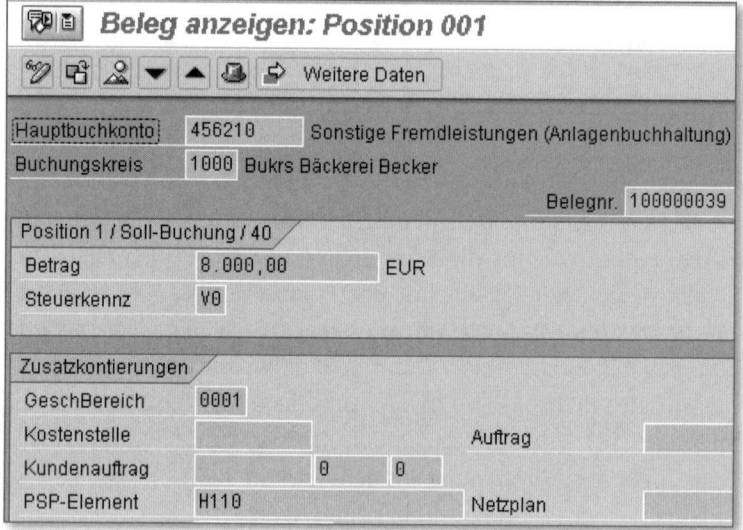

Abbildung 5.17 Istbuchung – FI-Beleg

Istabrechnung ausführen

Die Istdaten sind nun gebucht. Einer Abrechnung steht nichts mehr im Wege. Für die Abrechnung von Projekten nutzen Sie die Transaktion CJ88 im Menü Rechnungswesen • Projektsystem • Controlling • Periodenabschluss • Einzelfunktionen • Abrechnung • Einzelverarbeitung (siehe Abbildung 5.18).

Im Protokoll der Abrechnung erkennen wir, dass die Istkosten in Höhe von 8.000 EUR vom PSP-Element »H110 Aushub« an die Anlage der Anlagenbuchhaltung verrechnet wurden (siehe Abbildung 5.19). Die anderen PSP-Elemente tauchen hier nicht auf, weil keine Kosten gebucht waren und damit auch keine Abrechnung durchgeführt werden musste.

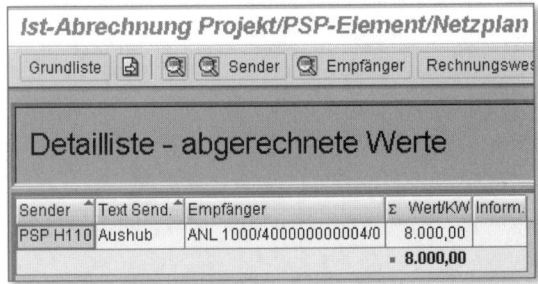

Abbildung 5.18 Abrechnung ausführen – Einstieg

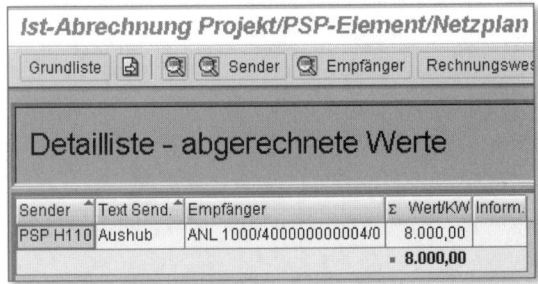

Abbildung 5.19 Protokoll zur Abrechnung – Detailliste

Nachdem wir die Istabwicklung mit FI-Buchung und Abrechnung abgeschlossen haben, lohnt wieder ein Blick auf den Projektbericht. Wir nutzen, wie auch schon im Vorfeld, die Transaktion S_ALR_87013532 im Menü RECHNUNGSWESEN • PROJEKTSYSTEM • INFOSYSTEM • CONTROLLING • KOSTEN • PLANBEZOGEN • HIERARCHISCH • PLAN/IST/ABWEICHUNG (siehe Abbildung 5.20).

Projektbericht mit Plan- und Istkosten

Die Plankosten sind unverändert, alles andere wäre eine Schande für das Controlling. Pläne nach Beginn der Istabwicklung zu ändern wird von den Fachabteilungen zwar regelmäßig gewünscht. Damit würden Sie allerdings jede Controllingarbeit mit aussagefähigen Plan-Ist-Vergleichen zunichtemachen. Also blicken wir auf die Istspalte. Für das PSP-Element »H110 Aushub« erkennen wir die bekannten 8.000 EUR aus der Istbuchung. Aber wo ist der Abrechnungsbetrag? Dieser Bericht ist auf den Projektverantwortlichen als Empfänger ausgerichtet. Der soll sich, so die Logik, die hier zugrunde liegt, um die Kostenbelastungen auf seinem Projekt kümmern und nicht um die rechnungsweseninternen Verschiebungen der Kosten. Dementsprechend weist dieser Bericht nur Belastungen aus und nicht die Entlastungen, die im Ist durch die Abrechnung gebucht wurden.

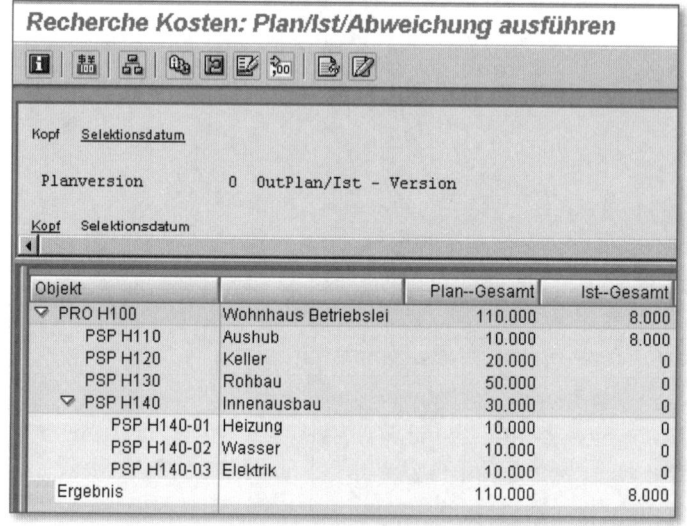

Abbildung 5.20 Hierarchiebericht – Plan-Ist-Abweichung mit Istbuchung

Projektbericht mit Kostenarten

Vielleicht finden wir noch einen anderen Bericht, der eher die Bedürfnisse des Controllings ausweist und sowohl Kostenbe- als auch Kostenentlastungen zeigt. So hatten wir das bei Kostenstellen und Auftragsberichten bisher immer gesehen (siehe z. B. Abschnitt 4.5.2, »Planung«). Versuchen wir's also mit der Transaktion S_ALR_87013543 im Menü RECHNUNGSWESEN • PROJEKTSYSTEM • INFOSYSTEM • CONTROLLING • KOSTEN • PLANBEZOGEN • NACH KOSTENARTEN • IST/PLAN/ABWEICHUNG ABSOLUT/ABW. % (siehe Abbildung 5.21).

Hm? Bezüglich des Layouts erinnert uns der Bericht schon sehr an das, was wir aus der Kostenstellenrechnung und vom Auftragswesen her kennen. Hier werden jetzt Be- und Entlastungen ausgewiesen, allerdings nicht in getrennten Blöcken, sondern saldiert. Die 8.000-EUR-Belastung wird hier im gleichen Feld dargestellt wie die Entlastung aus der Abrechnung in gleicher Höhe. So ergibt sich im Ist der Ausweis von null.

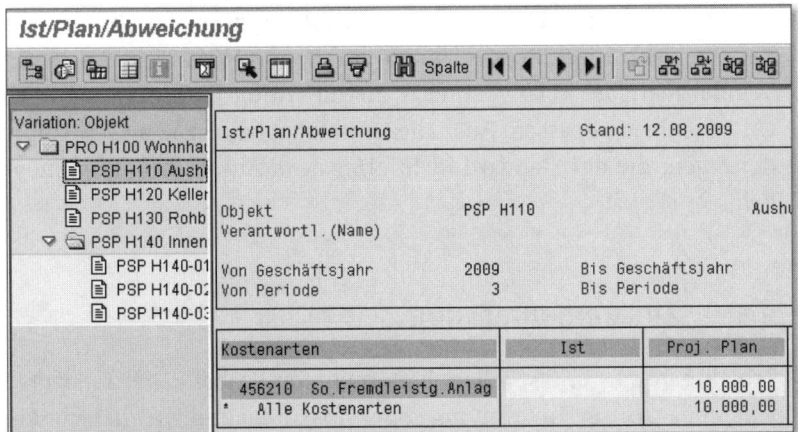

Abbildung 5.21 Projektbericht – Ist-Plan-Abweichung

Wir geben noch nicht auf. Nach einigem Stöbern im Berichtsbaum finden wir die Transaktion S_ALR_87013552 im Menü RECHNUNGS-WESEN • PROJEKTSYSTEM • INFOSYSTEM • CONTROLLING • KOSTEN • PLAN-BEZOGEN • NACH KOSTENARTEN • BE-/ENTLASTUNG IST (siehe Abbildung 5.22).

Projektbericht mit Be- und Entlastungen

Na ja! Jetzt sehen wir die Belastung und die Entlastung getrennt ausgewiesen, dafür fehlt die Detaillierung nach Kostenarten.

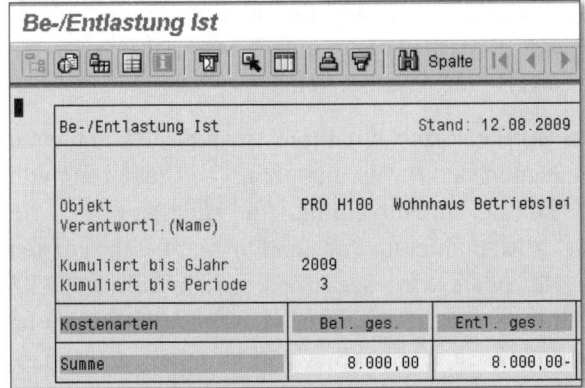

Abbildung 5.22 Projektbericht – Be-/Entlastung

357

Die hier gezeigten Berichte werden standardmäßig im System SAP ERP ausgeliefert. Die Beispiele sollen nur einen kleinen Einblick in die Möglichkeiten des Reportings liefern. Ein vollständiges und für die Führung eines Projekts hinreichendes Berichtswesen konnten wir hier nicht zeigen. Dazu sind die Anforderungen in den einzelnen Unternehmen, gerade im SAP Projektsystem, zu spezifisch. Mit den Berichtswerkzeugen Report Painter und Report Writer lassen sich die Standardberichte relativ einfach an die Anforderungen in Ihrem Unternehmen anpassen. Auch die Umsetzung von ganz neuen Anforderungen, die der Standard nicht einmal im Ansatz erfüllt, ist möglich.

5.5 Zusammenfassung

Projekte gibt es in fast jedem Unternehmen. Dabei kann unter Projekt genauso ein Investitions- oder Instandhaltungsvorhaben wie auch ein Entwicklungs- oder Forschungsauftrag verstanden werden. Auch Maßnahmen zur Umsetzung von Organisations- und DV-Lösungen sowie Aktivitäten im Marketing oder Vertrieb werden über Projekte abgebildet.

Zur Abwicklung, Verfolgung und Abrechnung all dieser Vorhaben wird im System SAP ERP das Modul SAP PS – *Projektsystem* genutzt. Dieses Modul bietet Funktionen zur Planung, Verrechnung und Darstellung von Kosten, also Funktionen aus dem Rechnungswesen, speziell aus dem Controlling. Darüber hinaus beinhaltet dieses Modul eine Vielzahl an Funktionen, die aus der Materialwirtschaft und der Produktion, also aus Logistikmodulen, bekannt sind. Beispiele hierfür sind Terminierung, Kapazitätsrechnungen, Materialbedarfsrechnungen und Materialverbrauchsbuchungen.

Projekte, als Projektstrukturpläne mit Projektstrukturelementen im System abgebildet, eignen sich für die hierarchische Gliederung von Projekten und zur Planung, zur Abrechnung und zum Reporting von Kosten. Mit der zusätzlichen, hier im Buch nicht näher beschriebenen Funktionalität der Netzpläne wird das Projektsystem von SAP ERP über die reine Kostenverfolgung hinaus auch zur operativen Planung und Steuerung von teilweise sehr großen und komplexen Maßnahmen genutzt.

Kapitel 6

Monatsabschluss

Der letzte Baustein der Kostenstellenrechnung und gleichzeitig eine wesentliche Grundlage des Gemeinkosten-Controllings ist die monatliche Abrechnung. Sie beginnt mit der Istkosten- und Istleistungsübernahme, der Abwandlung der Plan- zu Sollkosten und führt über die Innenauftragsabrechnung und den Soll-Istkosten-Vergleich zur Abweichungsanalyse und zu Kostendurchsprachen mit den Kostenstellenverantwortlichen und den Bereichs- und Werksleitungen.

6   Monatliche Abrechnung

In den Kapiteln 3, 4 und 5 haben wir uns mit Stammdaten, mit der Planung und Istbuchungen von Kostenstellen, Innenaufträgen und Projekten auseinander gesetzt. Jetzt werden wir die Kosten dieser drei Strukturen gemeinsam beleuchten und zwar aus der Sicht des Monatsabschlusses.

6.1   Betriebswirtschaftliche Grundlagen

Sie haben in Abschnitt 1.3, »Internes Rechnungswesen und Controlling«, beim Überblick über das interne Rechnungswesen und Controlling sowie bei den allgemeinen betriebswirtschaftlichen Ausführungen in Abschnitt 3.1, »Betriebswirtschafliche Grundlagen«, die Aufgabenstellungen der Kostenstellenrechnung aus Sicht der Abrechnung und des Controllings kennengelernt.

Für die Abrechnung ist die Kostenstellenrechnung das Medium, um die Gemeinkosten möglichst verursachungsgerecht weiterzuverrechnen. Aus Sicht des Controllings werden unter Einbeziehung der Innenauftrags- und Projektabrechnung die Voraussetzungen für das Gemeinkosten-Controlling geschaffen.

Teilschritte der monatlichen Abrechnung

Ausgehend von der Kostenplanung mit ihrer Kostendifferenzierung nach variablen und fixen Kostenbestandteilen, werden in einem ersten Schritt die variablen Plan- zu variablen Sollkosten abgewandelt.

Voraussetzung dafür sind die monatlichen Istleistungsartenmengen (Istbezugsgrößenmengen) je Kostenstelle/Leistungsart, deren Ermittlungsmöglichkeiten in Abschnitt 6.2, »Ermittlung der Istleistungsartenmengen«, geschildert werden. Auf Basis dieser Istleistungsartenmengen kann dann je Kostenstelle/Leistungsart kostenarten- bzw. kostenartengruppenweise die Sollkostenrechnung durchgeführt werden (siehe Abschnitt 6.3, »Sollkostenrechnung«).

Parallel dazu sind die Istkosten bereitzustellen und aufzubereiten (siehe Abschnitt 6.4, »Bereitstellung der Istkosten«). Dies geschieht zum Teil laufend (z. B. bei den Istkosten, die aus der Buchhaltung kommen), teilweise auch monatlich (wie etwa für die Daten aus der Lohnabrechnung).

Vor der monatlichen Kostenstellenrechnung ist die Innenauftragsabrechnung durchzuführen (siehe Abschnitt 6.5, »Innenauftragsabrechnung«), um die kostenstellenwirksamen Aufträge in der monatlichen Abrechnung berücksichtigen zu können.

Anschließend kann der Soll-Ist-Vergleich erstellt werden, in dem u. a. auch die Beschäftigungsgrade, die Fixkostendeckung sowie die Istkostensätze ausgewiesen werden sollen (siehe Abschnitt 6.6, »Soll-Ist-Kosten-Vergleich«).

Die Istkosten aller Teilgebiete werden, soweit dies nicht bereits in den vorgelagerten SAP-Modulen geschehen ist, für die monatliche Abrechnung aufbereitet und in einem sogenannten *Istkostennachweis* je Kostenstelle dokumentiert (siehe Abschnitt 6.7, »Istkostennachweis«).

Im Soll-Istkosten-Vergleich werden auch die Abweichungen der Kostenstellen dargestellt, die eine Aufteilung der Abweichungen in variable und fixe Anteile sowie eine Zuordnung zu den Leistungsarten bedingen (siehe Abschnitt 6.8, »Abweichungen im Gemeinkostenbereich«).

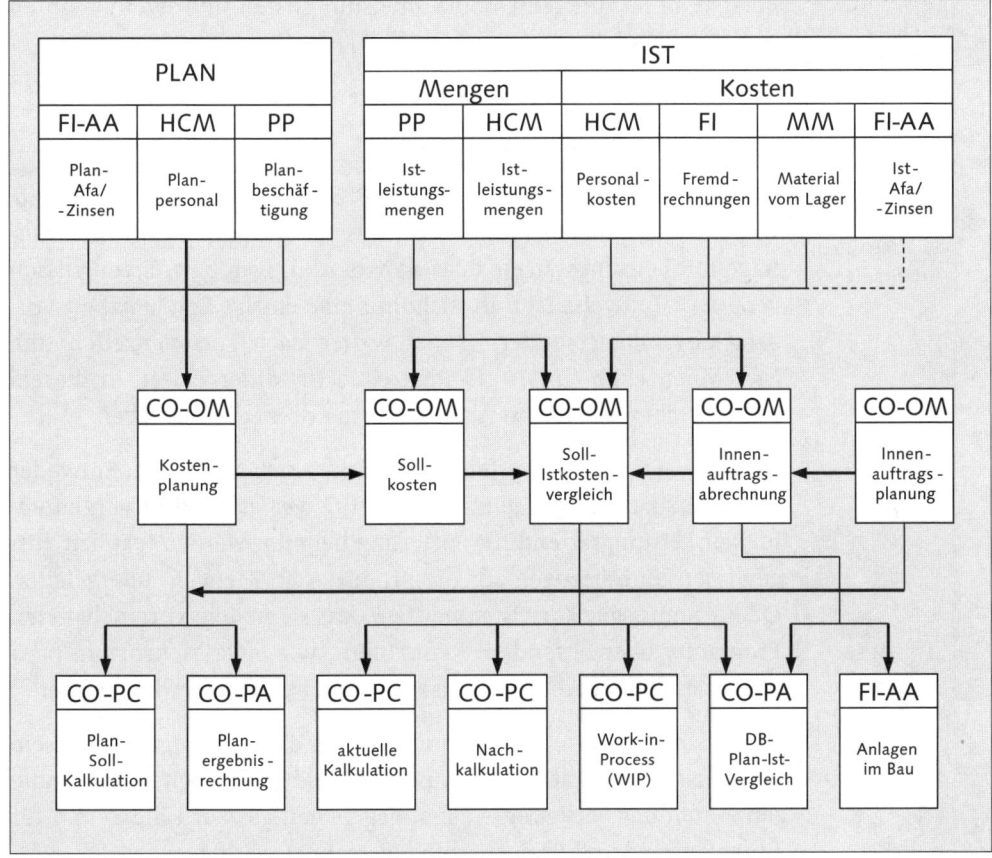

Abbildung 6.1 Integrationsmodell CO-Gemeinkostenrechnung

Die einzelnen Arbeitsschritte sind in dieser Reihenfolge abzuwickeln, um eine korrekte, die gegenseitigen Abhängigkeiten berücksichtigende Verarbeitung sicherzustellen. Die Integration der CO-Kostenstellenrechnung in die unmittelbare SAP-Umgebung wird aus Abbildung 6.1 ersichtlich.

6.2 Ermittlung der Istleistungsartenmengen

Die Istleistungsartenmengen, betriebswirtschaftlich eher unter dem Ausdruck Istbezugsgrößenmengen bekannt, werden entweder von CO als Summe aller Einzelleistungssätze des gleichen Herkunftsbegriffs *Kostenstelle/Leistungsart* ermittelt oder summarisch von außen eingegeben.

Bei den direkt rückgemeldeten Istleistungsdaten sind zwei Varianten zu unterscheiden:

► Istleistungsdaten aus dem PPS-System (PP)

► Istleistungsdaten, separat erfasst

Istleistungs-
artenmeldung auf
der Basis von
Arbeitsplänen

In der industriellen Fertigung ist das PPS-System der »Hauptlieferant« von Istleistungsdaten. Aus den Arbeitsplänen werden Fertigungsaufträge mit Leistungssätzen zulasten von Aufträgen bzw. Erzeugnissen generiert. Teilweise ist dort nicht nur eine einzige Zeit je Arbeitsvorgang abgebildet, sondern es ist weiter nach Personenzeiten (te), Maschinenzeiten (tmb) und Rüstzeiten (tr) differenziert. In diesem Fall entstehen aus einem Arbeitsvorgang drei Leistungssätze.

Bei einem Fremd-PPS-System ist Folgendes sicherzustellen: Entweder es werden zusätzliche Zeiten, die für CO wegen der dort vorgenommenen Leistungsartendifferenzierung benötigt werden, explizit ausgewiesen und, bezogen auf die produzierten Mengen, übergeleitet. Oder es muss gewährleistet werden, dass sie in dem vorgeschalteten Programm über besondere Kennziffern, wie etwa Mehrmann- oder Mehrmaschinenbedienung, maschinell gewonnen werden können.

Die PPS-Zeiten beziehen sich meist nur auf die Gutmengen. In diesem Fall müssten separat die für Ausschuss und Nacharbeit aufgewendeten Zeiten der Fertigungsstellen, gegebenenfalls auch die Zeiten für Innenaufträge und Projekte, hinzugerechnet werden.

Direkte Leistungs-
artenmengen

Während die Istleistungsartenmengen der Fertigungsstellen über das PPS-System rückgemeldet oder aus diesen Daten abgeleitet werden, kommen für andere Kostenstellen separat erfasste Leistungsartenmengen infrage. Dies gilt für die Handwerkerstellen, für Labors, Entwicklungs- und Konstruktionsbereiche, in der Einzelfertigung auch für Kalkulations- und Vertriebsstellen, aber auch für Fahrerstunden und gefahrene Kilometer bei Pkws und Lkws, für verrechnete Telefoneinheiten oder für die Anzahl an Kopien bei Kopiergeräten etc.

In beiden Fällen – sowohl bei der Rückmeldung über PPS-Systeme als auch bei separat erfassten Leistungsmengen – sollte sichergestellt sein, dass die Summe der Einzelsätze mit der summarischen Istleistungsartenmenge übereinstimmt.

Zu beachten ist außerdem, dass die Zeiten in den Arbeitsplänen und damit die Leistungsarten häufig auf Vorgabestunden lauten. Dagegen handelt es sich bei rückgemeldeten Zeiten für Ausschuss und Nacharbeit, für Innenaufträge oder Projekte und (dort, wo es noch Akkordlohn gibt) auch für im Akkorddurchschnitt bezahlte Zeiten um Iststunden. Diese Iststunden müssen mit dem durchschnittlichen Leistungsgrad in Vorgabezeiten umgerechnet werden, weil sie sonst zu niedrig bewertet würden – dies ist nur dann nicht nötig, wenn zwei Leistungsarten mit den Mengeneinheiten Vorgabe- und Iststunden vorgesehen sind.

Es kommt für die Fertigungsbereiche in der Industrie eine weitere Ermittlungsart hinzu, die unter dem Oberbegriff »retrograde Istleistungsartenermittlung« zusammengefasst wird.

Darunter ist Folgendes zu verstehen: In manchen Unternehmen oder in Teilbereichen von Unternehmen, in denen die Istleistung über PPS erfasst wird, ist es überhaupt nicht oder nicht mit vertretbarem Aufwand möglich, die Istleistungsartenmengen auftrags- oder artikelweise festzuhalten. Dies gilt vor allem für die Fließ- und Prozessfertigung, aber auch für spezielle Fertigungsbereiche in der Serienfertigung.

Beispielhaft sind vor allem Arbeitsvorgänge wie Glühen oder Härten zu nennen, wo unterschiedliche Artikel, auch verschiedener Aufträge, parallel geglüht oder gehärtet werden. Es lässt sich zwar, z. B. beim Glühen, der Soll-Platzbedarf über die Fläche oder das Volumen festlegen, im Ist lassen sich aber keine differenzierten Istwerte ermitteln. Ähnliches gilt für galvanische Anlagen, bei denen Artikel wahlweise parallel oder nacheinander bearbeitet werden, ohne dass die Istzeit auftrags- oder artikelweise festgehalten werden kann.

Als letztes Beispiel sei noch das Schleifen von Brillengläsern auf die individuellen Sehstärken des Kunden genannt, das heute häufig vom Optiker, früher aber generell vom Brillenhersteller gemacht wurde. Würde man die Istzeit auftragsweise erfassen wollen, würde dies mehr Zeit beanspruchen als der eigentliche Fertigungsvorgang dauert. In diesen Fällen ergibt sich die Istleistungsartenmenge je Kostenstelle/Leistungsart aus der Multiplikation der rückgemeldeten Istmengen mal dem jeweiligen Sollwert laut Arbeitsplan.

Retrograde Istleistungsarten-ermittlung

Nachteil dieses Ermittlungsverfahrens ist, dass die Leistungs- und die Verbrauchsabweichungen nicht getrennt ausgewiesen werden können (die Leistungsabweichung ist in der Verbrauchsabweichung enthalten).

Leistungsarten-ermittlung der indirekten Sekundärstellen

Eine Besonderheit stellt die Ermittlung der Istleistungsartenmengen für die indirekten sekundären Kostenstellen dar, die im Rahmen der Sollkostenrechnung (siehe Abschnitt 6.3) gewonnen werden. Deshalb wird auf sie im nächsten Abschnitt im Detail eingegangen.

Zusammenfassung: Istleistungs-artenmengen-Ermittlung

Zusammenfassend ist zur Ermittlung der Istleistungsartenmengen festzuhalten, dass die beste Lösung die direkte Erfassung ist, sei es über die Bewertung der gefertigten Mengen mit den Solldaten laut Arbeitsplan (z. B. für die Fertigungsstellen in der Industrie) oder über direkte Mengenerfassungen (z. B. für Handwerker und Entwickler).

Besteht die Möglichkeit einer direkten Erfassung nicht, dann bleibt nur die Möglichkeit der retrograden Ermittlung. In diesem Fall handelt es sich aber nicht um echte Istleistungsartenmengen, sondern um die Bewertung der Istmengen mit den Solldaten. Dieses letztgenannte Verfahren gilt analog für Dienstleistungs- und Handelsunternehmen sowie für die Teile der industriellen Fertigung, die mit der Prozesskostenrechnung arbeiten.

6.3   Sollkostenrechnung

Aufgabenstellung der Sollkosten-rechnung

Die Sollkostenrechnung dient dazu, die Kostenplanung, die im System als Jahreszwölftel hinterlegt ist, kostenstellenweise an die aktuelle Istbeschäftigung anzupassen. Die Istbeschäftigung schwankt, von Urlaubszeiten oder einem generellen Betriebsurlaub abgesehen, prinzipiell zwischen 18 und 23 Arbeitstagen pro Monat.

Selbstverständlich könnte man auch eine saisonalisierte Planung hinterlegen, doch müsste man dabei hellseherische Fähigkeiten besitzen, um bis zu eineinhalb Jahre vorher die tatsächliche Beschäftigungssituation der einzelnen Kostenstellen im Voraus zu bestimmen. In der Praxis hat sich jedenfalls die saisonalisierte Planung nicht durchgesetzt, zumal mit den dabei ermittelten, von Monat zu Monat schwankenden Fixkostensätzen sowieso nicht kalkuliert werden konnte, vor allem aber weil mit der Sollkostenrechnung eine weit bessere, aktuelle Anpassung an die effektive Beschäftigung der Periode vorgenommen werden kann.

Saisonalisierte Planwerte finden sich im Prinzip nur in der Budgetierung, die eine andere Zielsetzung als die Kostenplanung verfolgt. Dort werden z. B. Messen oder Ausstellungen in den Monaten geplant, in denen die Kosten tatsächlich anfallen.

Im ersten Schritt der Sollkostenrechnung werden die Sollkosten für alle direkten Leistungsarten ermittelt, und zwar sowohl für primäre als auch für sekundäre Kostenstellen. Hat eine Kostenstelle mehrere Leistungsarten, wird diese Rechnung selbstverständlich getrennt für jede Leistungsart angestellt.

Sollkosten-rechnung für direkte Leistungsarten

Dabei wird zunächst der jeweilige Beschäftigungsgrad nach folgender Formel ermittelt:

Ermittlung des Beschäftigungs-grads

Istleistungsartenmenge / Planleistungsartenmenge =
Beschäftigungsgrad

In % bedeutet das:

Istleistungsartenmenge / Planleistungsartenmenge × 100 =
Beschäftigungsgrad in %

Schritt 2 ist dann die Sollkostenrechnung selbst, die je Planposition wie folgt abläuft:

Ablauf der Sollkosten-rechnung

variable Plankosten × Beschäftigungsgrad =
variable Sollkosten
variable Sollkosten + fixe (Plan-)Kosten = Sollkosten

Auch diese Rechnung wird für jede Leistungsart individuell durchgeführt; nur für die monatliche Abrechnung, den Soll-Ist-Kostenvergleich, werden die Sollkosten positionsweise über alle Leistungsarten einer Kostenstelle aufaddiert und den Istkosten, die nur je Kostenstelle ermittelt werden, gegenübergestellt.

Die Aufteilung der Abweichungen bei mehreren Leistungsarten wird ebenso wie deren Aufteilung in variable und fixe Anteile in Abschnitt 6.8, »Abweichungen im Gemeinkostenbereich«, erläutert.

Die Ermittlung der Beschäftigungsgrade und die Sollkostenrechnung werden für alle direkten Leistungsarten nach den gleichen Formeln und in der gleichen Art und Weise durchgeführt, unabhängig davon, ob sich die Leistungsartenmenge aus der Summe der Einzelsätze ergibt, ob sie gesamthaft gemeldet oder retrograd errechnet wird. Die Ermittlung der Sollkosten wird in Abbildung 6.2 verdeutlicht.

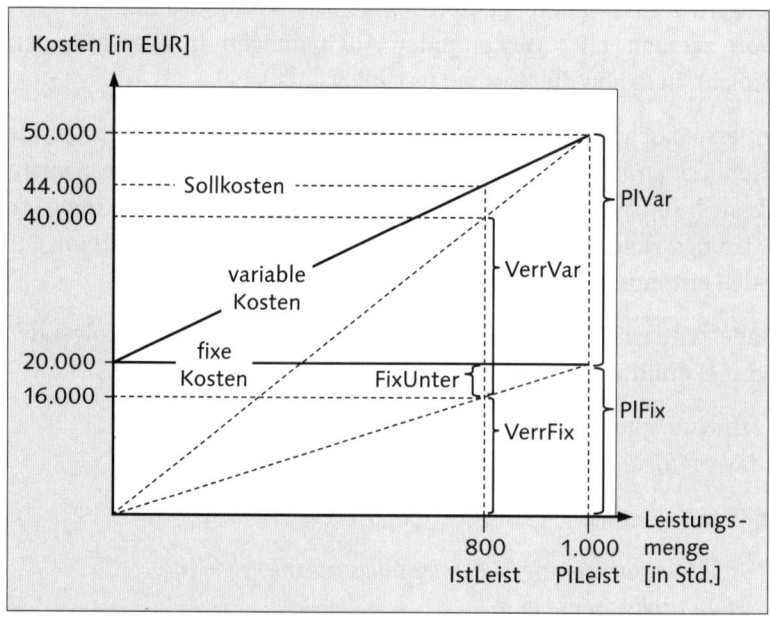

Abbildung 6.2 Sollkostenrechnung

Erläuterungen zu Abbildung 6.2:

Planleistung (PlLeist) = 1.000 Std.

Istleistung (IstLeist) = 800 Std.

variable Plankosten (PlVar) = 30.000 EUR

fixe Plankosten (PlFix) = 20.000 EUR

Plankostensatz, variabel (PlSatzVar) = PlVar / PlLeist = 30.000 EUR / 1.000 Std. = 30 EUR/Std.

Plankostensatz, fix (PlSatzFix) = PlFix / PlLeist = 20.000 EUR / 1.000 Std. = 20 EUR/Std.

verrechnete variable Kosten (VerrVar) = IstLeist × PlSatzVar = 800 Std. × 30 EUR/Std. = 24.000 EUR

verrechnete fixe Kosten (VerrFix) (= gedeckte Fixkosten) = IstLeist × PlSatzFix = 800 Std. × 20 EUR/Std. = 16.000 EUR

gesamte verrechnete Kosten =
VerrVar + VerrFix = 24.000 EUR + 16.000 EUR = 40.000 EUR

Fixkostenunterdeckung (FixUnter) =
PlFix – VerrFix = 20.000 EUR – 16.000 EUR = 4.000 EUR

Beschäftigungsgrad (in %) =
IstLeist / PlLeist x 100 = 800 Std. / 1.000 Std. x 100 = 80 %

Sollkosten =
PlanVar x Beschäftigungsgrad + PlanFix =
30.000 EUR x 80 % + 20.000 EUR = 44.000 EUR

Wie erfolgen aber die Ermittlung der Beschäftigungsgrade und die Sollkostenrechnung bei den indirekten Leistungsarten?

In Abschnitt 2.4, »Sekundäre Kostenarten«, und in Abschnitt 3.2.2, »Verrechnung der sekundären Kostenstellen«, wurde bereits darauf hingewiesen, dass bei bestimmten Kostenstellen wie etwa den betrieblichen Leitungsstellen oder auch beim Strom keine direkte Verrechnung stattfinden kann, wenn im Unternehmen keine Subzähler montiert sind. *Sollkosten-rechnung für indirekte Leistungsarten*

Es kann zwar im Rahmen der Kostenplanung gemeinsam mit dem Kostenstellenverantwortlichen und dem zuständigen Bereichsleiter eine von allen akzeptierte Planverteilung vorgenommen werden. Eine von Monat zu Monat wechselnde Istbelastung ist, aufgrund fehlender Subzähler (z. B. Strom) oder aufgrund Unwirtschaftlichkeit, jedoch nicht möglich.

Es werden aber bei der Sollkostenrechnung für die Kostenstellen mit direkter Leistungsart auch die anteilig dorthin verrechneten variablen Plankosten indirekter Stellen entsprechend abgewandelt. Diese variablen Sollkosten plus die auf den leistungsempfangenden Stellen fix gesetzten variablen Anteile der abgebenden Stelle (z. B. die auf der Empfängerstelle fix gesetzten Stromanteile für den Beleuchtungsstrom) werden als Deckung der Senderkostenstelle gutgeschrieben (daher bezeichnet man derartige Leistungsarten auch mit der Leistungsartenbenennung *Euro-Deckung*).

Die verrechneten Kosten, ins Verhältnis gesetzt zu den variablen Plankosten dieser indirekten Sekundärstellen, ergeben den Beschäftigungsgrad dieser Leistungsart. Mit diesem Beschäftigungsgrad wird dann dort genauso wie bei den Kostenstellen mit direkter Leistungs- *Deckungsrechnung* art die Sollkostenrechnung durchgeführt, die über alle Kosten dieser Kostenstelle die gleiche Summe ergeben muss wie die verteilten Kosten der Periode.

Die Durchführung der Deckungsrechnung soll nachfolgend an einem Beispiel, auch im Vergleich mit der Umlagerechnung und den unterschiedlichen Auswirkungen, gezeigt werden (siehe Abbildung 6.3).

Senderkostenstelle	Stromversorgung Planmenge 100.000 kWh Plankosten variabel 10.000 € = 0,10 €/kWh		
Empfängerkostenstelle	A	B	C
Planleistungsartenmenge	1.000 FST	500 FST	1.000 FST
Stromverbrauch	50.000 kWh	30.000 kWh	20.000 kWh
Stromkosten variabel	5.000 €	3.000 €	2.000 €
Stromkosten/ Planleistungsartenmenge	5,00 €/FST	6,00 €/FST	2,00 €/FST
Istleistungsartenmenge	1.200 FST	500 FST	800 FST
Beschäftigungsgrad	120%	100%	80%
Sollkosten Strom variabel	6.000 €	3.000 €	1.600 €
verrechnete Stromkosten	10.600 €		
Planstromkosten	10.000 €		
Istbeschäftigungsgrad	106%		
Stromkosten/ Istleistungsartenmenge	5,00 €/FST	6,00 €/FST	2,00 €/FST
FST = Fertigungsstunden			

Abbildung 6.3 Deckungsrechnung indirekter Sekundärstellen

Im Vergleich zur Deckungsrechnung indirekter Sekundärstellen sehen Sie in Abbildung 6.4 die Verrechnung per Umlage.

Senderkostenstelle	Stromversorgung Plankosten 10.000 €		
Empfängerkostenstelle	A	B	C
Planleistungsartenmenge	1.000 FST	500 FST	1.000 FST
Stromverbrauch	50.000 kWh	30.000 kWh	20.000 kWh
Stromkosten fix	5.000 €	3.000 €	2.000 €
Stromkosten/ Planleistungsartenmenge	5,00 €/FST	6,00 €/FST	2,00 €/FST
Istleistungsartenmenge	1.200 FST	500 FST	800 FST
Beschäftigungsgrad	120%	100%	80%
Sollkosten Strom fix	5.000 €	3.000 €	2.000 €
verrechnete Stromkosten	10.000 €		
Stromkosten/ Istleistungsartenmenge	4,17 €/FST	6,00 €/FST	2,50 €/FST
FST = Fertigungsstunden			

Abbildung 6.4 Umlagerechnung indirekter Sekundärstellen

Aus diesem Vergleich sind einige wesentliche Unterschiede zwischen der indirekten Leistungsverrechnung und der Umlage ersichtlich:

▶ Bei der Umlage können die Stromkosten der Senderkostenstelle, die auf den Empfängerstellen (z. B. Maschinen und maschinellen Anlagen) größtenteils variablen Charakter haben, nur als fixe Kosten verrechnet werden.

▶ Die Stromkosten sind damit in dem für Kalkulation und Ergebnisrechnung maßgeblichen variablen Kostensatz nicht enthalten.

▶ Außerdem schlägt – im Gegensatz zu den Stromkosten laut indirekter Leistungsverrechnung – der Anteil der Sekundärstellen in den Auswirkungen voll auf den Istkostensatz durch.

Wir schlagen vor, auch wegen der Probleme mit der Iterationsrechnung, die Sekundärstellen mit indirekten Leistungsarten nur über die indirekte Leistungsverrechnung abzuwickeln.

Wenn Sie Verwaltungsstellen, die im Prinzip nur Fixkosten beinhalten und die sich nicht auf andere Stellen, sondern voll in die Ergebnisrechnung verrechnen, per Umlage dorthin weiterbelasten wollen, dann ist dies auf jeden Fall weniger problematisch als bei den Sekundärstellen. Bei den Sekundärstellen kommt die gegenseitige Verrechnung mit anderen Sekundärstellen hinzu; sie haben – siehe unser Strombeispiel in Abbildung 6.3 – auch variable Kostenanteile, die auf den Empfängerkostenstellen ebenfalls variabel sind.

6.4 Bereitstellung der Istkosten

An Istkosten werden alle Kosten übernommen, deren Belastungskontierung auf Kostenstelle oder Innenauftrag lautet. Die Gemeinkosten, die zulasten Kostenträger, Projekten oder Ergebnisobjekten gehen (z. B. die Werbekosten), werden wie die Einzelkosten direkt in die entsprechenden Teilgebiete übernommen.

An Istkosten bereitzustellen sind zum einen die primären Istkosten (siehe Abschnitt 2.2, »Primäre originäre Kostenarten«), aber auch die primären kalkulatorischen Kosten, die im Rahmen der Sollkostenrechnung (siehe Abschnitt 6.3) ermittelt werden.

Primäre originäre
Istkosten Die primären originären Istkosten kommen aus vorgelagerten Arbeitsgebieten:

▶ *Personalkosten*: aus der Lohn- und Gehaltsabrechnung

▶ *über Lager geführte Gemeinkostenmaterialien*: aus der Materialabrechnung

▶ *Fremdrechnungen und Buchungsbelege*: aus der Kreditorenbuchhaltung

Kommen diese Werte aus anderen SAP-Modulen (HR, MM, FI etc.), werden im Vorsystem bereits alle Plausibilitätsprüfungen durchgeführt und die Daten schnittstellenfrei in CO übergeleitet. Kommen die originären Daten aus Nicht-SAP-Systemen, sind neben der Erstellung von Schnittstellenprogrammen auch alle Prüfungen vorzunehmen.

Abspaltung der
Preis-
abweichungen Eine weitere Anforderung an die Istkostenbereitstellung besteht darin, die Preisabweichungen gesondert auszuweisen. Im Rahmen der bisherigen betriebswirtschaftlichen Ausführungen zum Gemeinkosten-Controlling, insbesondere in Abschnitt 2.1.4 haben wir gelernt, dass zwischen Preis- und Mengenabweichungen zu unterscheiden ist. Davon können vom Kostenstellenverantwortlichen unmittelbar nur die Mengenabweichungen beeinflusst werden, während die Preisabweichungen ihren Ursprung in vorgelagerten Arbeitsgebieten haben und anteilig weiterbelastet sind.

Bestes Beispiel dafür sind die Preisabweichungen bei den Personalkosten. Wenn aufgrund einer generellen tarifvertraglichen Lohnerhöhung die Lohnkosten um einen bestimmten Prozentsatz steigen, liegt dies außerhalb der Beeinflussungsmöglichkeiten des Kostenstellenleiters.

Sie erinnern sich an unser Beispiel in Abschnitt 2.1.4, in dem eine klare Trennung nach Preis- und Mengenabweichungen vorgenommen wurde. Die Mengenabweichungen fallen in die Zuständigkeit des Kostenstellenleiters, die Preisabweichung allenfalls bei individuellen Lohnerhöhungen.

Preisabweichungen
bei Ressourcen-
planung Wie erfolgt dann im Rahmen von CO die Ermittlung der Preisabweichungen? Bei den Personal- und anderen Sachkosten kann sie dort, wo die Planung nach Ressourcen erfolgt ist, je Herkunftsbegriff (also z. B. LG1), ansonsten je Kostenart ermittelt werden.

Anders läuft es bei über Lager geführten Materialien, und zwar dann, wenn für diese Materialien Fest- oder Standardpreise gebildet sind und die Preisdifferenz nicht gleich gegen Ergebnis ausgebucht wird. In jedem Fall wird diese Preisdifferenz bereits in MM ermittelt und – wenn nicht direkt ausgebucht – CO zur Verfügung gestellt (dies ist für die Kostenträgerrechnung noch wichtiger als für den Gemeinkostenbereich). Damit stehen alle primären originären Kostenarten, nach Möglichkeit differenziert in Standardwert und Preisabweichung, für die Kostenstellen- und die vorgeschaltete Innenauftragsabrechnung zur Verfügung.

Zu den primären Istkosten zählen aber auch die primären kalkulatorischen Kosten. Dies sind in erster Linie die kalkulatorischen Abschreibungen und kalkulatorischen Zinsen.

Primäre kalkulatorische Kosten

Diese Werte könnten natürlich auch monatlich aus dem SAP-Modul FI-AA – *Asset Accounting* übernommen werden, doch wird dies in der Praxis aus zwei Gründen nur recht selten gemacht:

Der erste Grund dafür ist, dass meist unterjährig Veränderungen in der Kostenstellenrechnung nicht berücksichtigt werden, weil dies auch zu Abweichungen gegenüber den Planwerten führen würde (wobei häufig die Veränderungen des ersten Halbjahres bereits eingeplant sind).

Der zweite, gewichtigere, weil sachliche Grund betrifft die kalkulatorischen Abschreibungen, die auch einen variablen, verschleißabhängigen Anteil haben (denken Sie nur an Ihr Auto), der auch variabel geplant werden sollte und deshalb auch zu unterschiedlichen Sollkosten in den einzelnen Monaten führt, die so nicht in SAP FI-AA ermittelt werden.

Weitere primäre kalkulatorische Istkosten könnten kostenstellengebundene kalkulatorische Werkzeugkosten oder Großreparaturen sein.

Neben den Kostenstellen- oder innenauftragswirksamen Istkosten müssen ferner die Istleistungen bereitgestellt werden. Im Rahmen der Istleistungsübernahme je Leistungsart werden die Einzelleistungen, die in Summe die Istleistungsartenmenge ergeben, bewertet, und zwar mit den variablen und fixen Plankostensätzen sowie, falls das System so eingestellt ist, auch mit anteiligen Abweichungen. Istkosten und Istleistungen stehen damit für die im Folgenden beschrie-

Istleistungen

benen Teilgebiete, die Innenauftragsabrechnung und den Soll-Istkosten-Vergleich, bereit.

6.5 Innenauftragsabrechnung

In Kapitel 4, »Innenaufträge«, haben Sie die unterschiedlichen Auftragsarten und auch Vorschläge zur Unterteilung in Auftragsgruppen kennengelernt. Dabei wurden Sie auch über Details wie Auftragsstamm, die Statusverwaltung, Kostenvorschätzungen, den Istkostenanfall und Auftragsberichte informiert. Deshalb können wir uns in den nachfolgenden Ausführungen auf die Aktivitäten im Zusammenhang mit der monatlichen Kostenstellenabrechnung konzentrieren.

Einzelaufträge
Bei den Einzelaufträgen kann die Weiterverrechnung der Kosten entweder im Anfallmonat oder erst nach Auftragsabschluss vorgenommen werden. Ist die Verrechnungskontierung klar, geht man meist den Weg, die Kosten monatlich weiterzubelasten. Auf diese Weise vermeidet man größere Istkostenschwankungen.

Die Weiterverrechnung erfolgt mit getrennten Verrechnungskostenarten für die primären und die sekundären Kostenarten, differenziert nach Auftragsgruppen, um die Zuordnung zu den einzelnen Kostenblöcken (z. B. Instandhaltungsaufträge zum Block der Instandhaltungskosten oder Werkzeugaufträge zu den entsprechenden SIV-/BAB-Zeilen) korrekt vornehmen zu können. Unter diesen Verrechnungskostenarten werden die Istkosten auch in die monatliche Abrechnung übernommen.

Daueraufträge
Daueraufträge werden bei immer wiederkehrenden Lieferungen und Leistungen kurzfristig vor der Übernahme in die monatliche Abrechnung zwischengeschaltet. Damit werden die Kosten monatlich verrechnet, sind aber gleichzeitig auch über längere Zeit, Monate oder Jahre, sichtbar gemacht. Die bei den Einzelaufträgen für jeden Einzelfall erforderlichen Auftragsgenehmigungen, -eröffnungen und -abschlüsse entfallen, da die Aufträge permanent gültig sind. Die Daueraufträge werden jeweils in der laufenden Periode, und zwar meistens anfallskostenartenweise verrechnet, sodass Benzin unter der Kostenart »Treibstoffe«, Reparaturen unter »Instandhaltung« etc. ausgewiesen werden können, so wie auch die Planung differenziert wurde. Die Daueraufträge bedeuten demnach keinen besonderen Aufwand.

Die dritte Auftragsart, die Abgrenzungsaufträge, kommt als Abschlusskontierung von Einzelaufträgen (z. B. Großreparaturen) oder für besondere Kostenarten (z. B. kalkulatorische Belegschaftsnebenkosten) infrage. Im Gegensatz zu den Einzel- und Daueraufträgen werden aber von den Abgrenzungsaufträgen keine Istkosten auf die Kostenstellen verrechnet. Im Gegenteil, aus der Kostenstellenrechnung werden die dort mit der Sollkostenrechnung ermittelten Deckungsbeträge den Abgrenzungsaufträgen gutgeschrieben und an dieser Stelle gegen den Istkostenanfall saldiert.

Abgrenzungs-
aufträge

Bleiben als vierte Auftragsgruppe die statistischen Aufträge, die aber abrechnungstechnisch keine Rolle spielen, sondern lediglich eine zusätzliche Darstellungsebene für die Istkosten darstellen. Die Istkosten werden aber direkt von der mit den echten Kosten bebuchten Kostenstelle weiterverrechnet.

Statistische
Aufträge

Ein abschließendes Wort zu den Innenaufträgen. Der Titel dieses Buches lautet »Praxishandbuch Gemeinkosten-Controlling«. Wir sind der festen Überzeugung, dass ein aussagefähiges Gemeinkosten-Controlling ohne Innenaufträge nicht möglich ist. Wir können Ihnen deshalb nur raten, auf dieses Instrument auf keinen Fall zu verzichten.

6.6 Soll-Istkosten-Vergleich

Der Soll-Istkosten-Vergleich (SIV) stellt die wichtigste Auswertung der monatlichen Kostenstellenrechnung und des Gemeinkosten-Controllings dar. Im SIV werden je Kostenstelle, zeilenweise nach Kostenarten oder Kostenartengruppen, die Istkosten den an die Istbeschäftigung angepassten Plankosten (= Sollkosten) gegenübergestellt. Diese Gegenüberstellung von Ist- und Sollkosten erfolgt sowohl für die Kosten der Periode als auch für die kumulierten Kosten seit Geschäftsjahresbeginn. Der SIV bildet die Grundlage für Kosten- und Abweichungsanalysen sowie für Kostendurchsprachen mit den Verantwortlichen.

Zielsetzungen des
Soll-Istkosten-
Vergleichs

Die Hauptanforderungen an den monatlichen SIV sind:

Anforderungen an
den SIV

▸ die Sammlung aller direkt zulasten Kostenstellen kontierten und der über Innenaufträge dorthin verrechneten Gemeinkosten

▸ die Abspaltung der vom Kostenstellenverantwortlichen nicht beeinflussbaren Preisabweichungen (soweit dies möglich ist)

▸ die zeilenweise und summarische Darstellung von Ist- und Sollkosten mit der Verbrauchsabweichung, absolut und in Prozent, als Differenz

▸ der Ausweis kostenstellenbezogener Kennziffern wie

  ▹ Ist- und Planbeschäftigung sowie Beschäftigungsgrad in Prozent je Leistungsart

  ▹ die Ist- und Plankostensätze je Leistungsart

  ▹ die Fixkostenüber- oder -unterdeckung je Leistungsart

  ▹ der aus Sicht der Kostenstellenrechnung rein statistische Vergleich der im SIV Soll = Ist verrechneten Abgrenzungsaufträge mit den aus der Innenauftragsabrechnung übernommenen effektiven Istkosten der Abgrenzungsaufträge

Verbrauchs-abweichung

Zu diesen Anforderungen besteht noch folgender Erklärungsbedarf: Die Differenz zwischen Ist- und Sollkosten wird in der Kostenstellenrechnung als *Verbrauchsabweichung* bezeichnet. Verbrauchsabweichungen sollten an sich reine Mengenabweichungen sein, weil die Preisabweichungen vorweg abgespalten werden sollten. Dies gilt aber nicht generell, z. B. für Fremdrechnungen nur in Ausnahmefällen. Trotzdem hat sich der Begriff Verbrauchsabweichung für den Saldo Ist- minus Sollkosten eingebürgert.

Fixkostendeckung je Leistungsart

Die zweite Aussage, die Ihnen aufgefallen sein dürfte, bezieht sich darauf, dass nicht nur bei der Relation Ist- zu Planbeschäftigung (was noch verständlich ist), sondern auch bei den Kostensätzen bzw. der Fixkostendeckung immer der Zusatz »je Leistungsart« vorkam. An sich ist dies völlig klar, weil sich bei mehreren Leistungsarten innerhalb einer Kostenstelle sowohl die Beschäftigungsgrade und damit auch die Fixkostendeckung oder die Istkostensätze völlig unterschiedlich entwickeln können (auf die Fixkostendeckung kommen wir am Ende dieses Abschnitts noch zu sprechen).

Sie könnten jetzt fragen, warum der SIV dann nicht je Leistungsart erstellt wird. Diese Frage haben sich etliche Unternehmen gestellt. Es gab auch in namhaften Unternehmen Versuche, Istkostenkontierungen je Leistungsart vorzunehmen. Dies ging aber nur für ganz bestimmte Kostenarten und war von Kostenstelle zu Kostenstelle unterschiedlich zu sehen, weshalb man den Versuch wieder aufgegeben hat. Wir werden aber auf dieses Thema im Rahmen der Abweichungszuordnung zu den einzelnen Kostenarten einer Kostenstelle mit mehreren Leistungsarten nochmals zu sprechen kommen.

Am besten lassen sich die Details der SIV-Gestaltung am nachfolgenden praktischen Beispiel erläutern (siehe Abbildung 6.5).

Beispiel Soll-Istkosten-Vergleich

02		SOLL-ISTKOSTEN-VERGLEICH					Werk		Kostenstelle
03									
04		NC-Drehmaschinen		Klammer			01		421

06		SOLL-ISTKOSTEN-VERGLEICH NACH KOSTENARTEN							
07				APRIL			JANUAR	- APRIL	
08		Kostenarten	Istkosten	Sollkosten	Abweichung	in%	Istkosten kum.	Verbr.-Abw.kum.	in %
09		Fertigungslohn	71.015	69.762	1.253	2	265.312	2.627	1
10		Zusatzlohn	2.931	2.790	141	5	11.242	735	7
11		Hilfslohn Vorarbeiter/Einrichter	24.992	27.053	2.061-	8-	100.756	2.056-	2-
12		Hilfslohn Transport/Lager							
13		Hilfslohn Reinigung	1.178	1.289	111-	9-	5.101	149	3
14	1	Sonstiger Hilfslohn	29		29		116	116	
15		Zulagen	7.308	7.601	293-	4-	29.907	286	1
16		Mehrarbeitszuschläge	969	858	111	13	3.683	452	12
17		Kalk.Sozialaufwand Lohn	81.316	82.015	699-	1-	307.187	1.645	1
18		Gehalt	3.934	3.729	205	5	14.876	147	1
19		Kalk.Sozialaufwand Gehalt	3.163	2.984	179	6	11.901	118	1
20		Heizöl/Treibstoffe							
21	2	Werkzeuge	28.671	26.729	1.942	7	105.909	5.043	5
22		Kalk.verr.Betriebsmittel	8.539	8.539			32.154		
23		Sonstige Hilfs. u. Betriebsstoffe	3.142	2.655	487	18	9.894	202-	2-
24	3	Instandhaltung	24.955	31.108	6.153-	20-	121.904	3.551	3
25		Kalk.Instandhaltungskosten	14.784	14.784			55.668		
26		Ausschuß/Nacharbeit							
27	4	Fremdenergie							
28		Sonst.Eigen- und Fremdleistungen							
29		Steuern/Versicherungen							
30		Beiträge/Gebühren							
31	5	Porto/Telefon							
32		Werbung/Marketing							
33		Reise- u. Bewirtungskosten							
34		Sonst.Verwaltungskosten							
35	6	Kalk.Abschreibungen	74.960	74.960			299.840		
36		Kalk.Zinsen	16.307	16.307			65.228		
37		Kalk.Sozialkosten	4.817	4.817			19.268		
38		Kalk.Raumkosten	8.084	8.084			32.336		
39	7	Kalk.Energiekosten	14.204	14.204			56.816		
40		Kalk.Transportkosten							
41		Kalk.Leitungskosten	24.029	24.029			96.116		
42									
43		GESAMTKOSTEN I =Z 09-42	419.327	424.297	4.970-	1-	1.645.214	12.611	1

45		KOSTENARTENGRUPPEN UND ABWEICHUNGEN							
46		Kostenarten-Gruppe	Istkosten	Sollkosten	Abweichung	in%	Istkosten kum.	Verbr.-Abw.kum.	in %
47	1	Personalkosten =Z 09-19	196.835	198.081	1.246-	1-	750.081	4.219	1
48	2	Hilfs- u. Betriebsstoffe =Z 20-23	40.352	37.923	2.429	6	147.957	4.841	3
49	3	Instandhaltungskosten =Z 24-25	39.739	45.892	6.153-	13-	177.572	3.551	2
50	4	Sonst.Gemeinkosten =Z 26-28							
51	5	Versch.Gemeinkosten =Z 29-34							
52	6	Kalk.Kapitalkosten =Z 35-36	91.267	91.267			365.068		
53	7	Sonst.Kosten =Z 37-42	51.134	51.134			204.536		
54		GESAMTKOSTEN I =Z 09-42	419.327	424.297	4.970-	1-	1.645.214	12.611	1
55		Tarifabw. Lohn einschl. Soz.-Aufw.	9.487		9.487		9.487	9.487	
56		Tarifabw. Gehalt einschl. Soz.-Aufw.	356		356		356	356	
57		Preisdifferenzen	1.074		1.074		2.103	2.103	
58		Abweichungen fremder Stellen	266		266		1.117	1.117	
59		GESAMTKOSTEN II =Z 54-58	430.510	424.297	6.213	1	1.658.277	25.674	2

61	FIXKOSTEN-	Planfixkosten	Gedeckte Fixk.	Besch-Abweichg.	in%	Ged.Fixkosten kum.	Besch-Abw.kum.	in%
62	DECKUNG	91.915	101.107	9.192-	10-	380.712	13.052-	4-
63	DECKUNG	Istkosten	Verrechnete Kosten	Über/Unterdeckg.	in%	Istkosten kum.	Über/Unterdeckg.kum.	in%
64	STANDARDAUFTRÄGE		23.323	23.232-	100-	61.356	18.363	23-
65	BEZUGSGRÖSSEN UND KOSTENSÄTZE							
66	Bezugsgrößenart	IstBezugsgrM ng	PlnBezugsgrM ng			var.Plankostensatz	var.Istkostensatz	
67		4.620	4.200			71,96	73,12	

Abbildung 6.5 Soll-Istkosten-Vergleich

Unser Muster-SIV stammt aus einer Firma, die Getriebe und Behälter herstellt, und wurde für die Kostenstelle »421 NC-Drehmaschinen« des Werkes 1 erstellt. Im Kopf des Formulars sind Kostenstellennummer, -bezeichnung und -verantwortlicher sowie die Standard-Verdichtungsbereiche aufgeführt.

Die Zeilen 09 bis 43 sind für Kostenarten bzw. Kostenartengruppen vorgesehen. Bei Bedarf lassen sich diese Zeilen weiter aufreißen (im Istkostennachweis sind die Einzelkostenarten mit Summen je SIV-Zeile – und, wenn so ausgelegt, auch detailliert bis zum Einzelbeleg – zu sehen). Im SIV sind sie aus Platzgründen (um ein handliches Formular bzw. eine übersichtliche Maske zu bekommen) zusammengefasst.

In Zeile 43 werden die Summen der gesamten Kostenstelle gezeigt. Die Positionen dieser Gesamtkosten (GESAMTKOSTEN I) sind, was die Istkosten anbelangt, preisbereinigt abgebildet (um Ist und Soll mit vergleichbarem Preisansatz auszuweisen). Die Zeilen 47 bis 54 zeigen als Kurzinformation die Summen der einzelnen Kostenblöcke (siehe die zweite numerische Gruppierung nach den Zeilennummern). Die Summe der Zeile 54 muss mit der Summe der Einzelzeilen (Zeile 43) übereinstimmen.

In den Zeilen 55 bis 58 werden die von den effektiven Istkosten abgespaltenen Preisabweichungen nach Kostenartengruppen gezeigt. Zeile 59, mit GESAMTKOSTEN II tituliert, enthält demnach die gesamten Istkosten (logischerweise nur mit Istwerten, also ohne Sollkosten).

Horizontal sind zunächst die Kosten der laufenden Abrechnungsperiode mit Ist, Soll sowie Abweichungen, absolut und in Prozent, abgebildet. Bei mehreren Leistungsarten in einer Kostenstelle sind deren Sollkosten kostenartenweise in der Spalte SOLLKOSTEN aufaddiert, im System natürlich nach Leistungsarten differenziert abgespeichert. Im rechten Teil stehen die Kosten seit Beginn des Geschäftsjahres. Aus Platzgründen wird in diesem Beispiel auf die kumulativen Sollkosten verzichtet (die sich aber als Differenz zwischen Ist und Verbrauchsabweichungen jederzeit ermitteln lassen). Für das Gemeinkosten-Controlling sind diese Kumulativwerte sehr wichtig, weil sich im monatlichen Istkostenanfall zwangsläufig Kostenschwankungen ergeben, die sich kumulativ ausgleichen können. Die Rechenformeln für die Ermittlung der Verbrauchsabweichungen lauten:

Istkosten – Sollkosten = Verbrauchsabweichung

Verbrauchsabweichung / Sollkosten × 100 = Verbrauchsabweichung in %

Eine im SIV ausgewiesene Plusabweichung ist demnach ein Kosten-mehrverbrauch, eine Minusabweichung ein Minderverbrauch. Unser Beispiel betrifft eine Fertigungsstelle, in der insbesondere der Bereich der verschiedenen Gemeinkosten (Zeile 29 bis 34) nicht angesprochen wird. Umgekehrt sind bei einer kaufmännischen Stelle die Löhne oder Hilfs- und Betriebsstoffe nicht in dieser Vielfalt erforderlich. Größere Unternehmen haben dies so gelöst, dass es zwei Formulare, eines für technische, ein anderes für kaufmännische Stellen, gibt.

Im unteren Teil des Ausdrucks (Zeile 61 und 62) wird zunächst die Fixkostenüber- oder -unterdeckung gezeigt. Die Zeilen 63 und 64 geben in diesem Beispiel die Deckung der kostenstellenbezogenen Abgrenzungsaufträge Kalk. verr. Betriebsmittel (Zeile 22) und Kalk. Instandhaltungskosten (Zeile 25) wieder, die in den entsprechenden Zeilen Soll = Ist verrechnet werden (siehe Zeile 22 und 25). Im laufenden Monat sind keine Istkosten, die aus der Innenauftragsabrechnung rein statistisch in die Zeile 64 übernommen würden, angefallen. Kumulativ sind um rund 23 % weniger Istkosten angefallen, als kalkulatorisch verrechnet wurde. Zeile 67 zeigt die Beschäftigungssituation dieser Kostenstelle/Leistungsart sowie die für Kalkulation und Ergebnisrechnung wichtigen variablen (proportionalen) Kostensätze. Der Beschäftigungsgrad der laufenden Periode liegt bei 110 % (kumulativ bei 104 %). Und damit wieder zurück zu Zeile 62 Fixkostendeckung. Der Fixkostensatz stimmt im Prinzip nur bei einer Istbeschäftigung, die gleich der Planbeschäftigung ist.

Wenn in unserem Beispiel die Planfixkosten bei 91.915,00 EUR liegen und die Planbeschäftigung 4.200 Stunden beträgt, entspricht dies einem Fixkostensatz von 21,88 EUR/Std. Liegt die Istbeschäftigung bei 4.620 Stunden, würde der aktuelle Fixkostensatz bei 19,90 EUR/Std. liegen. Umgekehrt ergäbe sich bei einer Istbeschäftigung von 3.780 Stunden (= 90 %) ein Fixkostensatz von 24,32 EUR/Std. Da man aber die Fixkostensätze nicht von Monat zu Monat verändern kann – denken Sie an die Auswirkungen auf Kalkulation und Ergebnisrechnung –, sondern sie für das gesamte Geschäftsjahr unverändert in Höhe des Planansatzes beibehält, ergibt sich Monat für Monat ein

Delta, die sogenannte *Beschäftigungsabweichung*, die man pauschal in das Gesamtergebnis übernimmt.

Wir haben aufgrund unserer praktischen Erfahrung vorgeschlagen, SIV und Istkostennachweis (IKN) als firmenindividuell ausgelegte und differenzierte Batch-Auswertungen auszudrucken. Selbstverständlich besteht unabhängig davon die Möglichkeit, direkt per Bildschirm ins System einzusteigen und z. B. die Kosten bis auf den Einzelbeleg aufzureißen. Dies sollte jedes Unternehmen speziell für sich auslegen.

Manche Unternehmen gehen z. B. bei der Bildschirmversion des Soll-Istkosten-Vergleichs – ähnlich wie bei der Vertriebsergebnisrechnung – den Weg, Abweichungen per Ampelfunktion deutlich zu signalisieren, z. B. Abweichungen größer/kleiner eines bestimmten Prozentsatzes und/oder Wertes.

SIV als Batch-Ausdruck und als Online-Information

Noch einige generelle Anmerkungen zum Soll-Istkosten-Vergleich. Die SIV-Zeile, die man nicht nur in den Batch-Ausdrucken, sondern auch für Online-Informationen verwendet, stellt einen Kompromiss dar, um in übersichtlicher, komprimierter Form einen Überblick und Gesamteindruck zu bekommen. Jede im SIV angesprochene Kostenart aufzuführen, würde bei einer hohen zweistelligen, wenn nicht gar dreistelligen Anzahl an Kostenarten zu unübersichtlich werden. Aber selbstverständlich lassen sich die Werte je Kostenart darstellen. Man muss dazu nur wissen, dass Plan- und Istkostenarten nicht immer deckungsgleich sind. So plant man z. B. in Industrieunternehmen, die in der Fertigung noch mit Akkordentlohnung arbeiten, die Zusatzlöhne für Wartezeiten wegen Maschinenstillstand, fehlender Werkzeuge oder fehlenden Materials etc. in einer Summe je Kostenstelle/Leistungsart (meist in einer Größenordnung von 2 bis 5 % vom Fertigungslohn) und stellt dieser Planungskostenart die für das Ist vorgesehen detaillierten Kostenarten gegenüber. Ähnlich geht man bei anderen, wertmäßig nicht ins Gewicht fallenden Kostenarten, wie bei allgemeinen Hilfs- und Betriebsstoffen, vor.

Zu SIV-Zeilen zusammengefasst werden auch die verschiedenen Instandhaltungskostenarten, weil es oft reiner Zufall ist, abhängig von freien Ressourcen der eigenen Handwerker, ob eine Reparaturmaßnahme von eigenen oder fremden Handwerkern durchgeführt wird.

Per System lassen sich auch Soll-Istkosten-Vergleiche ohne Doppel-verrechnungen über beliebig viele Stufen abbilden, indem über eine fest definierte Standardhierarchie übergeprüft wird, ob die Leistung vom eigenen oder von einem fremden Bereich erbracht worden ist. Im SAP-System heißt die entsprechende Funktion *Binnenumsatzeliminierung*.

SIV ohne Doppelver-rechnungen

Wichtig bei allen Überlegungen zum Soll-Istkosten-Vergleich ist in jedem Fall die Abstimmung mit dem externen Rechnungswesen, auf die auf keinen Fall verzichtet werden darf, zumal der Aufwand dafür relativ gering ist und es zudem bekannt ist, wo hier Abweichungen auftreten können.

Abstimmung zum externen Rechnungswesen

In erster Linie gehen die Wertansätze bei den Abschreibungen (bilanziell bzw. kalkulatorisch), den Zinsen (effektiv gegenüber den kalkulatorisch verrechneten Zinsen), bei den Belegschaftsnebenkosten (Istaufwand gegenüber der kalkulatorischen prozentualen Verrechnung) und bei kalkulatorisch verrechneten Betriebsmitteln und Großreparaturen auseinander.

Diese Abstimmung ist, auch wenn sich Wertansätze und Abgrenzungen heute einander angenähert haben, zwingend erforderlich. Die Zeiten, in denen der Geschäftsführung von der Finanzbuchhaltung und dem Controlling unterschiedliche, nicht abgestimmte Monatsergebnisse vorgelegt wurden, sollten endgültig vorbei sein.

Zum Schluss noch einige formale Hinweise. Zum einen stellt es heute kein Problem mehr dar, Aussagen auch grafisch wiederzugeben (z. B. in Form von Säulen- oder Kuchendiagrammen). Ein weiterer Hinweis betrifft spezielle Kennzahlen, die mit den wertmäßigen Soll-Istkosten-Vergleichen an sich nicht direkt etwas zu tun haben, die aber mangels eigener Management Informations Systeme (MIS) in den SIV einbezogen werden sollten, gelegentlich – aus Platzgründen – auf einem separaten Blatt oder mit einer zusätzlichen Maske.

Dies können Mitteilungen wie aktueller Personal- und Krankenstand, Informationen zur Produktivität oder spezielle Relativziffern, z. B. Fertigungs- oder Maschinenstunden pro Tonne Ausbringung, und vieles mehr sein.

Schließlich ist noch darauf hinzuweisen, dass der SIV nicht nur für die einzelnen Kostenstellen erstellt wird, sondern auch für beliebig viele und beliebig stufige Hierarchien. Derartige Verdichtungen sind denk-

SIV nach Verdich-tungsbereichen

bar nach Verantwortlichkeiten, unter organisatorischen Aspekten, aus Abstimm- und Überleitungsüberlegungen, nach Art der Verrechnung (über Kostensätze in die Kalkulation, über Zuschläge, mithilfe der Prozesskostenrechnung oder über die stufenweise Kostende-ckungsrechnung in die Ergebnisrechnung) sowie mit Eliminierung der Doppelverrechnungen etc.

Zusammenfassend ist zu sagen, dass Soll-Istkosten-Vergleiche und die Innenauftragsabrechnung das wichtigste Ergebnis der monatlichen Abrechnung sind. Sie sind die Voraussetzung für alle weiterführenden Arbeitsgebiete wie Kostenträger- und Ergebnisrechnung, bilden aber auch die wesentliche Basis für das Gemeinkosten-Controlling.

6.7 Istkostennachweis

Der Istkostennachweis, abgekürzt IKN, stellt den Einzelnachweis aller Istkosten dar, die auf Innenaufträge oder Kostenstellen verrechnet wurden. Dabei werden in frei wählbarer Differenzierung die Istkosten nach individueller Festlegung pro Einzelposten, pro Kostenart oder nur pro Zeile des zugrunde liegenden SIV- oder Auftragsberichts ausgewiesen.

Dargestellt werden pro Position die effektiven Istkosten sowie – dort, wo es möglich ist – die preisbereinigten Istkosten. Sortierbegriffe sind die (SIV-)Zeilennummer, Kostenartennummer und -benennung sowie die Einzelpositionen, soweit möglich mit Menge, Preis/Ein-heit. Zudem zählen auch die jeweiligen Istkosten der Periode sowie pro Kostenart und Zeile auch die Kumulativkosten (ein Auszug aus einem derartigen IKN ist in Abbildung 6.6 festgehalten) dazu.

Der IKN soll

- ▶ einen revisionsfähigen Nachweis des Istkostenanfalls wiederge-ben,
- ▶ der Detailinformation des Kostenstellen-/Auftragsverantwortli-chen dienen und
- ▶ die Basis für Kostendurchsprachen und Abweichungsanalysen sein.

Getriebebau AG				Seite 10
87640 Biessenhofen				Buchungskreis 1001
KSt: 01 421 NC-Drehmaschinen Verantwortl.: Klammer				Monat 04/2004
Kostenart	Menge	Preis/ME	Istkosten	
Herkunft			Periode	Kumulativ
Masch.-Teile, Jakob, Stuttgart			479,00	
Masch.-Teile, Schöffel, Freising			483,85	
Elektroteile, Schick, Rosenheim			9.633,88	
** Summe Kostenart 00004562			10.596,73	9.543,13
00004585 Reparaturmaterial vom Lager				
Mat 85473, Hydr.Schlauch 3/4''	12,000	9,97	119,64	
Mat 65433, Wasserpumpe, 0,5 kW	1,000	164,23	164,23	
Mat 65502, Dichtring 2	4,000	4,18	16,72	
Mat 65831, Lagerbuchse 70	5,000	10,04	50,20	
Mat 87661, Spannhuelse 2	10,000	0,30	3,00	
Mat 54321, Stahlbuchse	5,000	2,74	13,70	
** Summe Kostenart 00004585			367,49	1.243,34

Abbildung 6.6 Istkostennachweis (Auszug)

Außerdem ist er mit seinen Detailinformationen und Kumulativkosten neben dem SIV und der Innenauftragsabrechnung eine wichtige Grundlage für Unwirtschaftlichkeitsuntersuchungen. Details eines derartigen IKN, erstellt für die Kostenstelle 421, sind ebenfalls Abbildung 6.6 zu entnehmen.

Dem Batch-Ausdruck sind wegen der Datenfülle und der damit zusammenhängenden Papierflut natürlich Grenzen gesetzt. Deswegen geht man in der praktischen Auslegung häufig den Weg, sich auf die wesentlichen Daten zu beschränken und sich parallel dazu die Einzelposten direkt im System anzusehen und anschließend Hardcopys von den relevanten Daten zu machen.

6.8   Abweichungen im Gemeinkostenbereich

Abweichungen signalisieren, dass der Plan bzw. das daraus abgeleitete Soll nicht eingehalten wird. Gewinnabweichungen im Gemeinkostenbereich (GK-Bereich), also Kosten- oder Leistungsminderverbräuche, werden gerne akzeptiert, Mehrverbräuche weniger. Gerade die Mehrverbräuche führen zu eingehenden Diskussionen, die nicht immer sachlich und zielführend ausgerichtet sind (siehe auch Abschnitt 6.9, »Kostenanalysen und Kostendurchsprachen«).

Teile der Abweichungen können vom Kostenstellenverantwortlichen nicht unmittelbar beeinflusst werden. Dies gilt insbesondere für Preisabweichungen, die im Wesentlichen außerhalb der Verantwortlichkeit der Kostenstellenleiter entstehen und, wenn weiterverrechnet, parallel zum Standardwert weiter gewälzt werden. Dies trifft auch für Sekundärstellen zu, wenn die Weiterbelastung dieser Kostenstellen einschließlich anteiliger Abweichungen vorgenommen wird.

Abweichungen können auch daraus resultieren, dass gerade bei der Erstplanung noch Planungs- und Kontierungsfehler auftreten oder dass bei einer analytischen Kostenplanung ein gewisser Anspannungsgrad zugrunde gelegt wurde. In jedem Fall ist den Abweichungen im Einzelnen nachzugehen. Dazu müssen die Abweichungen noch mit Abweichungsarten kenntlich gemacht werden (was in CO auch gewährleistet ist).

6.8.1 Abweichungsarten

Abweichungen
anfallseitig

Folgende Abweichungsarten sind für den Gemeinkostenbereich zu unterscheiden:

- Preisabweichungen
- Mengen-/Verbrauchsabweichungen
- Beschäftigungsabweichungen

Abweichungen
verrechnungsseitig

Hinzu kommen unter dem Aspekt der Weiterverrechnung zusätzliche Abweichungsarten:

- dispositive statt effektive Abweichungen
- Abweichungen aufgrund »politisch gesetzter« Preise
- Abweichungen sekundärer Stellen

Zu den anfallseitigen Abweichungen ist im Einzelnen anzumerken:

Preisab-
weichungen

Als *Preisabweichungen* werden zunächst die Differenzen zwischen den aktuellen Istpreisen pro Einheit und den im System hinterlegten Standard- oder Ressourcenpreisen, multipliziert mit den Mengen, ausgewiesen. Fehlen die Herkunftsbegriffe in der Planung oder ist überhaupt kein Plan vorhanden, können Preisabweichungen auch über aufgegebene Prozentwerte je Kostenart errechnet werden. Auf diese Möglichkeit muss z. B. bei generellen Lohn- und Gehaltserhöhungen zurückgegriffen werden, wenn keine Ressourcenplanung vorgenommen wurde. Nachteil dieser Lösung ist, dass nur nach Kostenarten, nicht auch nach Lohngruppen unterschieden werden kann. Damit lässt sich auch nur eine etwas ungenauere Preisbereinigung durchführen.

Während die Preisabweichungen bei Materialien vom Lager im Vorsystem (SAP MM) ermittelt werden (falls ein Standardpreis hinterlegt ist), werden die übrigen Preisabweichungen erst in CO ermittelt, sind aber vom Kostenstellen- oder Innenauftragsverantwortlichen nicht zu beeinflussen.

Im Soll-Istkosten-Vergleich werden Preisabweichungen im unteren separaten Teil ausgewiesen (siehe Zeile 55 bis 57 in Abbildung 6.5). Das heißt, dass die Istkosten im oberen Teil des SIV, soweit dies möglich ist, preisbereinigt gezeigt werden und somit Soll- und Istkosten auf annähernd vergleichbarer Preisbasis beruhen. In unserem Muster-SIV werden sie aufgrund der Basiskostenarten als TARIFABW. LOHN EINSCHLIESSL. SOZ.-AUFWENDUNGEN bzw. TARIFABW. GEHALT EINSCHLIESSL. SOZ.-AUFWENDUNGEN in den Zeilen 55 und 56 gezeigt. Die Zeile 57 PREISDIFFERENZEN enthält nur noch Preisabweichungen beim Material vom Lager oder sonstigen Gemeinkosten. Damit ist eine wesentliche Anforderung, nämlich Plan/Soll und Ist auf vergleichbarer Preisbasis auszuweisen, weitgehend erfüllt.

Nachdem wir die Preisabweichungen »nach bestem Wissen und Gewissen« eliminiert haben, sollte die verbleibende Differenz bei den einzelnen Kostenarten bzw. Kostenartengruppen primär eine Mengenabweichung sein. Sie ist es auch in erster Linie. Allerdings sind in geringem Umfang auch Preisabweichungen enthalten, nämlich dann, wenn keine konkrete Korrekturmöglichkeit besteht.

Mengen-/ Verbrauchs- abweichungen

Obwohl nicht generell für alle Planpositionen dieses Abspalten der Preisabweichungen möglich ist, bezeichnet man das Delta zwischen Ist und Soll als *Verbrauchs- oder Mengenabweichung*. Die Rechenformeln lauten:

Istkosten – Sollkosten = Verbrauchsabweichung (VA)

Verbrauchsabweichung : Sollkosten × 100 = VA in %

An sich müssten die Verbrauchsabweichungen variabler Natur sein, doch bleibt es in CO dem Anwender überlassen, sie auch im Verhältnis der Sollkosten in variabel und fix aufzuteilen. Dem Anwender ist schlecht vermittelbar, Verbrauchsabweichungen bei reinen Fixkostenstellen (z. B. Raumstellen) oder auch bei fixen Kostenarten einer Kostenstelle (z. B. Gehälter) als variabel auszuweisen. Daher kann jeder Anwender diese Entscheidung nur für sich treffen.

Die in der Praxis bevorzugte Variante ist die Aufteilung in variabel und fix im Verhältnis der Sollkosten. Wir werden auf diese Überlegung nochmals zurückkommen, wenn es darum geht, bei mehreren Leistungsarten für eine Kostenstelle die Abweichungen auf die Leistungsarten aufzuteilen, was für die Ermittlung von Istkostensätzen zwingend erforderlich ist.

Beschäftigungs-
abweichungen

Wir haben die *Beschäftigungsabweichungen* bereits in Abschnitt 6.6, »Soll-Istkosten-Vergleich«, als die Differenz zwischen Planfixkosten und den gedeckten Fixkosten einer Kostenstelle/Leistungsart kennengelernt. Nachdem der Fixkostensatz unterjährig unverändert beibehalten wird, ergeben sich für jede einzelne Kostenstelle/Leistungsart von Monat zu Monat unterschiedliche Fixkostendeckungen. Diese Über-/Unterdeckung, allgemein als Beschäftigungsabweichung bezeichnet, wird bei den meisten Unternehmen direkt gegen das Monatsergebnis ausgebucht. CO bietet aber auch die Möglichkeit, die Beschäftigungsabweichung entsprechend den Istleistungen der Periode weiterzuverrechnen.

Sie sehen diese Istkosten in ihrer Struktur in Abbildung 6.7. Sie kennen dieses Bild bereits aus den Erläuterungen zur Sollkostenrechnung (siehe Abbildung 6.2). Wir haben jetzt zusätzlich die Istkosten der Periode mit ihren Abweichungen – Preis-, Verbrauchs- und Beschäftigungsabweichungen – aufgenommen. Sie vermissen in Abbildung 6.7 vielleicht die im SIV-Ausdruck (siehe Abbildung 6.5) ausgewiesenen Abweichungen sekundärer Stellen. Wir werden darauf in Abschnitt 6.8.2, »Abweichungsverrechnung«, näher eingehen, da es sich bei diesen Abweichungen um weiterverrechnete, nicht um originäre Abweichungen handelt.

Eine letzte Anmerkung zu den anfallseitigen Abweichungen: Wenn Sie sich an unser SIV-Beispiel erinnern (siehe Abbildung 6.5), wurden dort im oberen Teil des Soll-Istkosten-Vergleichs (Zeile 09 bis 43) nur preisbereinigte Istkosten angesetzt. Auf diese Weise wurden Soll- und Istkosten mit vergleichbarem Wertansatz ausgewiesen. Das heißt, dass in den Istkosten bereits die Preisabweichungen ausgeklammert und »unterm Strich« in den Zeilen 55 bis 57 dargestellt wurden. Sie gehören aber zu den effektiven Istkosten dieser Kostenstelle.

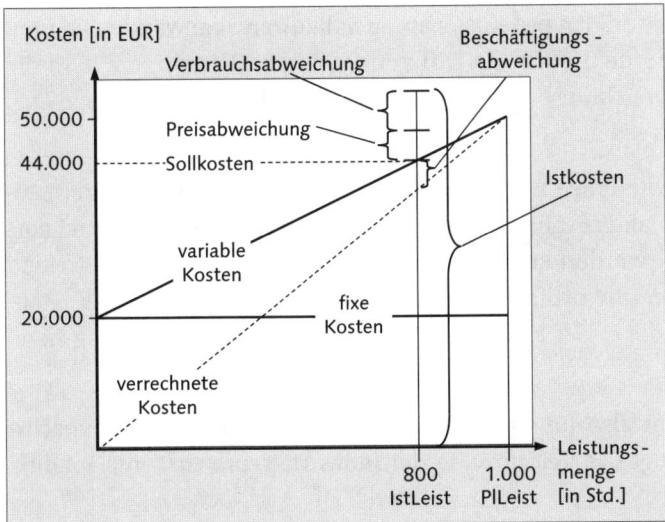

Abbildung 6.7 Istkostenstruktur

Anders verhält es sich mit Zeile 58 ABWEICHUNGEN FREMDER STELLEN. In den eigentlichen SIV-Zeilen wurden die dorthin verrechneten direkten und indirekten Sekundärkosten ohne anteilige Abweichungen, also nur mit Plankostensätzen bewertet, gezeigt. Auf diese Weise sind die ausgewiesenen Abweichungen bei der Empfängerstelle ebenfalls reine Mengenabweichungen.

Will der Anwender aber für die empfangenden Stellen echte Istkostensätze ermitteln, gehören die auf diese Stelle entfallenden anteiligen Abweichungen der jeweiligen Sekundärstelle hinzu. Aus Sicht der Empfängerstelle handelt es sich nicht um anfallseitige, sondern um verrechnete Abweichungen. Wir werden auf diese Abweichungen im folgenden Abschnitt zurückkommen.

6.8.2 Abweichungsverrechnung

Abweichungen ergeben sich für den Kostenstellenbereich aus der Gegenüberstellung:

Istkosten – Sollkosten = Abweichung

Wir haben dazu zwei Voraussetzungen kennengelernt: Erstens, Abweichungen bedingen immer einen Plan, an dem sich die Istmengen und Istkosten messen lassen. Zweitens muss dieser Plan pro Abrechnungsperiode (= Monat) der Istleistung entsprechen. Das heißt, dass der Plan pro Kostenart zu Sollkosten abgewandelt werden muss. Außerdem muss die Differenz zwischen Ist und Soll, also die Gesamtabweichung, nach Abweichungsursachen (Preis, Menge etc.) aufgelöst werden.

Die generelle Frage ist, ob man diese Abweichungen weiterverrechnen muss oder soll. Wir wissen, dass Abweichungen nur dort beeinflusst werden können, wo sie entstehen. Ich kann nicht einen Ergebnisverantwortlichen auf durchgerechnete Abweichungen ansprechen, die in der Kostenstellen- oder Kostenträgerrechnung angefallen sind.

Was spricht also für die Abweichungsverrechnung? Nun, zunächst einmal hängt das Verfahren in der Industrie sehr stark vom Produktionstyp ab.

Massen-/ Fließfertigung

Es bringt nichts, die Abweichungen in der Massen-/Fließfertigung durchzurechnen, zumal zum Zeitpunkt, an dem die Abweichungen ankommen würden, die Produkte schon lange das Werk verlassen haben. Für den Bereich des Gemeinkosten-Controllings ist es in derartigen Branchen uninteressant, zumal die Abweichungen dort wegen der hohen Automatisierung im Gemeinkostenbereich nicht besonders hoch ausfallen. Wenn, dann trifft es mehr die Produktkostenseite, für die man in Kalkulation und Ergebnisrechnung die Möglichkeit der Abweichungsverrechnung vorsehen sollte. Dies allerdings weniger auf der Gemeinkostenseite, sondern eher auf der Einzelmaterialseite.

Einzel-/Projekt- fertigung

Anders sieht es in der Einzel-/Projektfertigung aus. Würde ein derartiges Unternehmen, in dem ein Produkt Herstellkosten in sieben- bis neunstelliger Höhe (Euro) haben kann, diese Abweichungen nicht verrechnen, könnte dies verheerende Folgen haben. Deshalb wird man in diesen Unternehmen auf jeden Fall die Abweichungen von den Sekundärstellen über alle Stufen der Fertigung durchrechnen.

Serienfertigung

Der dritte Produktionstyp in der industriellen Fertigung ist die Serienfertigung. Die Mehrzahl der Unternehmen ist diesem Typ zuzuordnen. Hier kann keine allgemeingültige Regel aufgestellt werden. Wir können nur wiedergeben, dass viele Unternehmen hier den Weg gehen, die Abweichungen der Sekundärstellen gegen das Gesamtergebnis oder einzelne Profit-Center-Ergebnisse auszubuchen. Für den Bereich der Fertigung werden aber vielfach die anteiligen Abweichungen berücksichtigt.

Damit Sie, entsprechend dem Produktionstyp oder individuellen Vorstellungen in Ihrem Unternehmen, Abweichungen verrechnen können, stellen wir Ihnen im Folgenden die verschiedenen Verrechnungsmöglichkeiten kurz vor: Die Weiterverrechnung erfolgt stets getrennt nach variablen und fixen Kosten.

Beginnen wir mit den Abweichungen sekundärer Kostenstellen. In den Sekundärstellen wird anfallseitig ebenso wie bei allen anderen Kostenstellen nach Preis-, Mengen- und Beschäftigungsabweichungen unterschieden. In der Weiterverrechnung werden allerdings die Abweichungen zu je einem variablen und fixen Abweichungssatz zusammengefasst (ohne die Beschäftigungsabweichung, die im Standard nicht weiterverrechnet wird). Grund ist, dass Abweichungen nur bei der ausführenden, nicht aber bei den belasteten Kostenstellen analysiert und beeinflusst werden können.

Abweichungen sekundärer Kostenstellen

Die Weiterverrechnung der primären Stellen erfolgt fast ausschließlich auf Kostenträger- und Ergebnisobjekte. Ausnahmen sind allenfalls Innenaufträge, z. B. für Muster oder Versuche. Für die Weiterbelastung primärer Kostenstellen kommen neben den Plankostensätzen auch variable und fixe Abweichungssätze infrage.

Abweichungen primärer Kostenstellen

Auf zwei besondere Verrechnungsmöglichkeiten bei primären Stellen sei noch speziell hingewiesen.

Dies ist zum einen der Ansatz *dispositiver statt effektiver Abweichungssätze.* Abweichungen haben die unangenehme Eigenschaft, dass sie von Monat zu Monat schwanken, was bei der Weiterverrechnung mit Abweichungssätzen bei gleichen Mengen in verschiedenen Perioden zu unterschiedlichen Wertansätzen führen kann. Mengenmäßige Korrekturen im nächsten Monat würden zu nicht exakt übereinstimmenden Kostenbereinigungen führen. Deshalb gehen manche Unternehmen gerade für die Hilfsbetriebe den Weg, mit dispositiven statt effektiven Abweichungssätzen zu rechnen. Damit kommen von Monat zu Monat wechselnde Abweichungssätze erst gar nicht zur Anwendung.

Dispositive Abweichungen

389

Außerdem ist aus der monatlichen Verrechnungskontrolle je Kostenstelle, Verdichtungsbereich und für das Gesamtunternehmen die Über-/Unterdeckung aus dispositiv verrechneten und effektiven Abweichungen zu ersehen, die dann ins Gesamtergebnis übernommen werden kann.

»Politische Preise« Die zweite Variante betrifft die Weiterverrechnung mit »politischen Preisen«. Diese Variante betrifft weniger die Abweichungen als vielmehr die Plankostensätze (wobei sich daraus aber Abweichungen in Form von Über- oder Unterdeckungen ergeben) und gilt vor allem für die fixen Kosten.

Die variablen Kosten fallen im Prinzip bei jeder Beschäftigung (zumindest innerhalb einer bestimmten Bandbreite) in gleicher Höhe pro Leistungseinheit an. Anders verhält es sich mit den fixen Kosten. In vielen Unternehmen gibt es Spezialmaschinen, die nur saisonal und nur für bestimmte Produkte eingesetzt werden und die im Jahresdurchschnitt oft nur 50 bis 60 Stunden pro Monat laufen. Würde man – ein uraltes Problem der Vollkostenrechnung – diese Fixkosten auf diese geringe Leistungsmenge beziehen, käme ein Kostensatz heraus, der im Prinzip dazu führen würde, dass die Beschäftigung im nächsten Jahr noch weiter zurückgehen und der Gesamtkostensatz noch höher ausfallen würde. Deshalb legt man in solchen Fällen, unabhängig von dem durch das System ermittelten Planfixkostensatz, einen fiktiven Plankostensatz zugrunde, der auf einer einschichtigen oder eventuell sogar zweischichtigen Auslastung beruht, und setzt diesen Wert in Angebotskalkulationen an.

Abweichungen in der Primärkosten-rechnung Nachzutragen ist, dass die Abweichungsverrechnung auch für die Primärkostenkalkulation funktioniert. Sie erinnern sich an Abschnitt 3.4.5, in dem wir auf die Möglichkeiten in CO hingewiesen haben, die Weiterverrechnung auf die Produkte nicht nur mit den vom System ermittelten Fertigungskostensätzen vorzunehmen. Als weiteren Lösungsansatz hatten wir dort erläutert, wie diese Kostensätze in Primärkostenbestandteile aufgelöst werden können.

Im SAP-Modul für die Produktkostenrechnung (CO-PC) ist es möglich, auch die Abweichungen in diese Differenzierung durchzurechnen.

Abweichungs-nachverrechnung Außerdem können – was für manche Unternehmen der Einzel-/Projektfertigung ein wichtiges Kriterium ist – nach durchgeführter Kos-

tenstellenabrechnung die monatlichen Abweichungen im Ist nach-
verrechnet werden. Voraussetzung dafür ist – wie für die
Primärkostenrechnung –, dass mit direkter oder indirekter Leistungsverrechnung statt mit der Umlagerechnung gearbeitet wird.

Hinter der Forderung, die Abweichungen aufzuteilen, verbergen sich
zwei Aufgabenstellungen, die es abzudecken gilt:

▶ Aufteilung in variable und fixe Anteile

▶ Aufteilung der Abweichungen auf mehrere Leistungsarten einer
Kostenstelle

Die Aufteilung in variable und fixe Anteile ist dann unproblematisch,
wenn die Aufteilung aufgrund vorhandener Planwerte vorgenommen werden kann. Dann wird die Abweichung dieser Kosten im Verhältnis der Sollkosten gesplittet.

Aufteilung in
variable und fixe
Anteile

Kritischer wird es, wenn für die betreffende Kostenart keine Sollkosten vorhanden sind. Den Ausgangspunkt bilden generell die Sollkosten.

Für die Aufteilung der Abweichungen in fixe und variable Anteile gilt
für jede Kostenstelle/Leistungsart das Verhältnis der variablen und
fixen Soll- bzw. Plankosten in dieser Reihenfolge:

▶ Kostenart

▶ SIV-Zeile

▶ Kostenartengruppe

▶ Summe Leistungsart

Die gleichen Regeln gelten, wenn in der betreffenden Kostenstelle
mehrere Leistungsarten vorgesehen sind.

Aufteilung auf
mehrere
Leistungsarten

Analog wird bei den Sekundärstellen vorgegangen, wenn sie über
direkte oder indirekte Leistungsverrechnung verteilt sind, wobei
diese variablen und fixen Anteile im Verhältnis der Sollkosten an die
Empfängerkostenstellen weitergegeben werden.

Die Abweichungsverrechnung hängt von der Auslegung des Systems
in Ihrem Unternehmen ab. Die Aufteilung der Abweichungen in variabel und fix bzw. auf mehrere Leistungsarten einer Kostenstelle ist
natürlich nur dann erforderlich, wenn Abweichungen verrechnet
und nicht ausgebucht werden.

Zusammenfassend ist zum Thema Abweichungen festzuhalten, dass sie Bestandteile der monatlichen Istkosten und damit ergebniswirksam und wesentlicher Bestandteil der laufenden Controllingaktivitäten sind.

6.9 Kostenanalysen und Kostendurchsprachen

Das Thema dieses Abschnitts wird im Wesentlichen – wie schon die Überschrift besagt – betriebswirtschaftlicher Natur sein. Es geht also nicht um die »normalen« Funktionen der einzelnen Teilbereiche des Gemeinkosten-Controllings. Diese haben Sie sowohl theoretisch als auch systemmäßig in den bisherigen Kapiteln dieses Buches kennengelernt.

Systemmäßige
Hilfestellungen Selbstverständlich kann SAP ERP über die normalen Auswertungen hinaus Hilfestellungen geben, indem etwa über Ampelfunktionen die Abweichungen prozentual und/oder absolut gezeigt werden. Es können Quervergleiche von Kostenstellen oder Kostenstellengruppen angestellt werden, insbesondere wenn über Werke oder Bereiche hinweg Kostenstellen gleich oder ähnlich gelagert sind. Es lassen sich Plan-Plan-, Plan-Ist- oder Soll-Ist-Vergleiche über mehrere Jahre anstellen, Trends errechnen, Abweichungsspitzenreiter zeigen und vieles mehr. Dies gilt analog für Innenaufträge oder Projekte, und zwar auch in der Sortierung nach Verantwortlichen. Interessant ist ferner, Prozesse miteinander zu vergleichen und Prozesskosten bereichsübergreifend zu analysieren. Dies soll aber nicht das Thema dieser Ausführungen sein, im Zweifel kennen Sie solche Funktionen schon aus Ihrer bisherigen Arbeit.

Wir wollen uns in diesem Abschnitt mit den Controllingaufgaben beschäftigen, die sicher bei einem Neuanlauf anders zu sehen sind als in einem laufenden System.

6.9.1 Systemanlauf

Bereinigung von
Kontierungsfehlern Wenn Sie neu mit CO starten, dann stehen in den ersten Monaten die Bereinigung von Kontierungsfehlern und das betriebswirtschaftliche Vertrautmachen der Kostenstellen- und Innenauftragsverantwortlichen mit dem neuen System im Vordergrund. Daneben kostet es Ihren IT-Bereich viel Mühe, die Anwender systemseitig einzuweisen.

Ein Aufwand, den man nicht unterschätzen sollte, der sich aber – auf der Zeitachse – durch Schulung schon vor dem eigentlichen Systemstart etwas entzerren lässt.

Mit der Kostenplanung haben sich auch Veränderungen im Kostenartenplan und meist auch bei der Kostenstellengliederung ergeben. Die Innenaufträge sind im Zweifel ein völlig neues Instrumentarium. Auch damit müssen die Gemeinkostenverantwortlichen vertraut gemacht werden. Hierzu zählt vor allem die Abgrenzung für den Kontierenden, wann Belastungen zulasten der Kostenstelle, wann zulasten des Innenauftrags erfolgen müssen.

Mit Veränderungen vertraut machen

Bewährt hat sich in der Praxis die Ausgabe kleiner handlicher Kontierungsbüchlein mit einem Kostenstellen- und Kostenartenverzeichnis, das wichtige Erläuterungen z. B. zur Abgrenzung Kostenstelle/Innenauftrag enthält. Dieses Kontierungshandbuch sollte außerdem ein Verzeichnis der vergebenen Dauerauftragsnummern einschließlich einer kurzen Beschreibung des Auftragsumfangs enthalten.

Kontierungsrichtlinien

Aufgabe dieser Anlaufphase ist es ferner, die Kostenstellen-/Auftragsverantwortlichen mit viel Einfühlungsvermögen und Geduld an die Kostenverantwortung heranzuführen. Es muss ihnen vermittelt werden, dass sie künftig auch für Kosten und für ein umfassendes Gemeinkosten-Controlling verantwortlich sind.

Stärkung der Kostenverantwortlichkeit

6.9.2 Kostendurchsprachen

Die Kostendurchsprachen sollten im Prinzip institutionalisiert werden, was nicht ausschließt, dass auch fallbezogene Gespräche außerhalb dieses Terminrahmens geführt werden.

Institutionalisierte Kostendurchsprachen

An den fixierten Kostendurchsprachen, die vom Controlling gut vorzubereiten sind, sollten neben den jeweiligen Kostenstellen-/Innenauftragsverantwortlichen auch deren direkte Vorgesetzte sowie von Zeit zu Zeit, allein aus psychologischen Gründen, auch die Bereichs- oder Werksleiter teilnehmen.

Teilnehmer

Die Gespräche sollten in der Anfangsphase in kürzeren Intervallen angesetzt werden. Später ist ein vierteljährlicher Termin für Fertigungsstellen denkbar, während es bei Verwaltungsstellen ausreichend ist, solche Gespräche nur halbjährlich durchzuführen. Bei der Festlegung dieser Termine sind auch die Innenaufträge zu bedenken,

Intervalle für Kostendurchsprachen

gerade im Entwicklungs- oder Vertriebsbereich. Unabhängig von diesen fixierten Terminen müssen bei gravierenden Abweichungen auch kurzfristig angesetzte Besprechungen möglich sein.

Ergebnisse der Kostendurchsprachen Die Ergebnisse sind jeweils in einem kurzen Protokoll festzuhalten. Dieser Bericht sollte, was die Abweichungen anbelangt, die Ursachen aufzeigen und einzuleitende Maßnahmen mit Nennung der Verantwortlichen und der Termine, bis wann die Ursachen abzustellen sind, enthalten. Anlass für Besprechungen können auch kostenstellenübergreifende Maßnahmen sein. Bewährt haben sich dabei Themenschwerpunkte, wie etwa die Löhne oder Instandhaltungskosten über alle Kostenstellen hinweg.

Die Kostendurchsprachen müssen vom Controlling gut vorbereitet werden. Dazu gehört auch, dass Unterlagen, die nicht standardmäßig verteilt werden, z. B. differenzierende Auflistungen der relevanten Istkosten bis auf die Belegebene, vorweg mit dem Vermerk wichtiger Positionen zugestellt werden. Damit haben die Verantwortlichen auch die Möglichkeit, sich gründlich vorzubereiten. Die Effizienz der Gespräche wird dadurch wesentlich erhöht.

Vom Controlling sind die in den Durchsprachen festgelegten Maßnahmen und Termine zu verfolgen und schriftlich nachzuhalten. Die Gemeinkostenverantwortlichen müssen wissen, dass sich der Bereich Controlling im Detail um die Wahrnehmung der Controllingfunktionen durch die jeweiligen Verantwortlichen kümmert.

Notizen zu Planungsüberholungen Ziel der Kostendurchsprachen ist ferner, dass sich das Controlling – am besten fortlaufend und nach Kostenstellen sortiert – Notizen dazu macht, was bei der nächsten Planungsüberholung zu ergänzen oder zu ändern ist.

Wirtschaftlichkeits- und Investitionsrechnungen Der Vollständigkeit halber sei abschließend darauf hingewiesen, dass in Zusammenhang mit den Gemeinkosten auch die aktive Mitwirkung bei Wirtschaftlichkeits- und Investitionsrechnungen zu den Aufgaben des Controllings gehört.

6.10　Zusammenfassung

In diesem Kapitel 6, »Monatliche Abrechnung« haben Sie das Kernstück des Gemeinkosten-Controllings kennen gelernt. Im Controlling treiben wir einigen Aufwand mit der Pflege von Stammdaten, mit der Planung und der genauen Kontierung von Istdaten jeweils für Kostenarten, Kostenstellen, Innenaufträge, Prozesse und Projekte. All dieser Aufwand dient letztlich dem Zweck, Plan- und Sollkosten (siehe Abschnitt 6.3) den Istkosten gegenüber zu stellen. Dazu dient der Soll-Ist-Vergleich (SIV, siehe Abschnitt 6.6). Soll-Ist- bzw. Plan-Ist-Abweichungen (siehe Abschnitt 6.8) aus diesem Vergleich sollen möglichst beim Verursacher ausgewiesen werden, um so im Rahmen der Kostendurchsprache (siehe Abschnitt 6.9) zielgerichtet und schnell Maßnahmen zur Beseitigung dieser Abweichungen ermitteln und einleiten zu können.

Kapitel 7

Hier durchlaufen die Kosten einen ganz neuen Prozess.

*Die Prozesskostenrechnung dient dazu, die indirekten Leis-
tungsbereiche der Unternehmen transparenter darzustellen,
die Komplexitätskosten sichtbar zu machen, vor allem aber, sie
verursachungsgerechter den Produkten bzw. Ergebnisobjekten
zuzurechnen. Es handelt sich dabei nicht um ein neues Kosten-
rechnungssystem, sondern um eine sinnvolle betriebswirtschaftliche Nutzanwendung von SAP ERP.*

7 Prozesse

In den vorherigen Kapiteln haben wir Ihnen für Kostenarten, Kostenstellen, Innenaufträge und Projekte betriebswirtschaftliche Grundlagen vermittelt und Ihnen danach praktische Beispiele in SAP ERP
gezeigt. An diese Struktur wollen wir uns auch hier halten und Ihnen
die Prozesskostenrechnung näherbringen.

7.1 Betriebswirtschaftliche Grundlagen

In vielen Unternehmen hat sich in den letzten Jahren die Kostenstruktur erheblich geändert. Mit zunehmender Flexibilisierung und
Automatisierung der Fertigung, die verbunden war mit einer Verla-
gerung der Kosten von den direkten zu den indirekten Leistungsbe-
reichen, verstärkte sich der Zwang, für diese indirekten Leistungsbereiche korrekte und vor allem auch verursachungsgerechte
Kostenverrechnungen zu realisieren.

Änderungen in
Kostenstrukturen

Die konventionelle Verrechnung dieser Bereiche über *Zuschläge*
(Material- oder Vertriebsstellen) oder durch die Einbeziehung in die
Fertigungskostensätze (Fertigungsunterstützung) ist – trotz entsprechender Differenzierung der Zuschläge und trotz detaillierter Überlegungen bei den Fertigungsunterstützungskosten – dennoch nicht zielführend.

Material-gemeinkosten

So stiegen die MGK-Zuschläge (Materialgemeinkosten-Zuschläge), die früher im Schnitt bei etwa 3 bis 5 %, bezogen auf die Einzelmaterialkosten, lagen, in den letzten Jahren vielfach auf weit über 10 % an. Viele Unternehmen tragen dem insofern Rechnung, als sie mit mehreren unterschiedlichen Zuschlagssätzen rechnen. Tatsache ist aber, dass auch differenzierte MGK-Zuschläge nicht die tatsächliche Kostenverursachung wiedergeben können.

Fertigungsunterstützung

Die Kosten der Fertigungsunterstützung in der Industrie, im Wesentlichen die Kostenstellenbereiche Fertigungsplanung/Fertigungssteuerung, NC-Programmierung, innerbetrieblicher Transport und Qualitätslenkung/Qualitätssicherung, wurden in der Vergangenheit meist auf die Fertigungsstellen verrechnet und waren in den Kostensätzen dieser Stellen enthalten. Damit wurden diese Kosten ebenfalls mengenproportional – in der betriebswirtschaftlichen Theorie spricht man dabei von *volumenabhängiger Verrechnung* – weiterbelastet.

Das heißt, dass ein Erzeugnis, das eine doppelt so lange Fertigungszeit wie ein zweiter Artikel in Anspruch nimmt, bei dieser Verrechnungsart doppelt so hohe Kosten der Fertigungsunterstützung abbekommt, obwohl die fertigungsunterstützenden Leistungen nicht höher sein müssen als beim ersten Erzeugnis.

Vertriebs-gemeinkosten

Ähnliches gilt im Vertriebsbereich für die *Kundenauftragsabwicklung*, die bei einer wertbezogenen Berücksichtigung im Rahmen prozentualer Vertriebsgemeinkosten-Zuschläge auch volumenabhängig verrechnet wird, obwohl die Auftragsabwicklung eines Kleinauftrags der eines Großauftrags gleicht.

Am Beispiel der Kundenauftragsabwicklung lässt sich dies besonders deutlich visualisieren: In einem Unternehmen, das sehr viel mit unterschiedlichen Kundenauftragsmengen arbeiten muss, wurde ermittelt, dass der Kundenauftrag bzw. dort die Kundenauftragsposition – unabhängig vom Wert der ausgelieferten Ware – auftragsfixe Abwicklungsmethoden von ca. 130,00 EUR pro Auftragsposition verursacht. Diese Kosten fallen an, egal, welche Menge vom Kunden geordert wurde.

Kosten für Auftrags-abwicklung

Die Kosten der Kundenauftragsabwicklung waren bis dahin im Vertriebsgemeinkosten-Zuschlag enthalten. Hatte der Kunde ein Stück zu einem Verkaufspreis von 10,00 EUR/Stk. bestellt, sah die Ergebnisrechnung aus wie in Tabelle 7.1 dargestellt.

Verkaufserlös	+ 10,00 EUR
abzüglich Erlösschmälerungen	− 0,50 EUR
Nettoerlös	+ 9,50 EUR
abzüglich Herstellkosten	− 6,00 EUR
abzüglich Verwaltungs- und Vertriebskosten (30 % bezogen auf die Herstellkosten)	− 1,80 EUR
Nettoergebnis	+ 1,70 EUR

Tabelle 7.1 Kosten für Auftragsabwicklung im Vertriebskostengemein-Zuschlag

Hatte der Kunde nicht ein, sondern 1.000 Stück bestellt, war das Ergebnis mit 1.700,00 EUR trotzdem prozentual gleich. Korrekt müsste die Rechnung aber der Tabelle 7.2 entsprechen.

Kosten für Auftragsab-wicklung als Prozesskosten

	bei 1 Stück	bei 1.000 Stück
Nettoerlös	+ 9,50 EUR	+ 9.500,00 EUR
Herstellkosten	− 6,00 EUR	− 6.000,00 EUR
Nettoergebnis I	+ 3,50 EUR	+ 3.500,00 EUR
Kosten Kundenauftrags-abwicklung	− 130,00 EUR	− 130,00 EUR
Verwaltungs- und Vertriebs-kosten (geschätzt 15 %, bezo-gen auf die Herstellkosten)	− 0,90 EUR	− 900,00 EUR
Nettoergebnis	− 127,40 EUR	+ 2.470,00 EUR

Tabelle 7.2 Kosten für Auftragsabwicklung als Prozesskosten

Aus diesem Beispiel wird klar ersichtlich, dass die Verrechnung der Fertigungsunterstützung in den Kostensätzen der Fertigungsstellen bzw. für die Materialbereitstellung oder die Kundenauftragsabwicklung selbst durch Berücksichtigung in noch so differenzierten Zuschlägen nicht zu betriebswirtschaftlich richtigen Lösungen führen kann. Dies gilt sinngemäß für all diese Kostenstellenbereiche.

Bei den Entwicklungskosten ist die Problematik ähnlich. In den meisten Unternehmen werden die geplanten Entwicklungskosten des nächsten Geschäftsjahres in einem Entwicklungszuschlag berücksichtigt. Sie sind dann, bezogen auf die Herstell- oder Fertigungskosten, häufig in einem generellen Zuschlag zusammengefasst, allenfalls nach Produktgruppen differenziert. Nur wenige Unternehmen stellen

Entwicklungs-kosten

wirklich grundsätzliche Überlegungen zu einer exakteren Verrechnung der Entwicklungskosten an. Insofern besteht eine gewisse Parallelität zur Prozesskostenrechnung.

Komplexitäts-kosten Die Ähnlichkeit von Entwicklungs- und Prozesskostenstellen ist auch deshalb gegeben, weil bei beiden Aufgabenstellungen die Komplexitätskosten eine große Rolle spielen. So hat man z. B. schon vor vielen Jahren in einem großen deutschen Industrieunternehmen nachgewiesen, dass in einem der Werke etwa 80 % der Entwicklungs- und Konstruktionskapazität für – nicht extra bezahlte – Kundensonderwünsche und nur etwa 20 % der Zeit für die Weiterentwicklung der Erzeugnisse aufgewendet wurden. Die Entwicklungsstellen wurden dort, wie die Kosten der Materialbereitstellung, der Fertigungsunterstützung oder der Kundenauftragsabwicklung, rein volumenabhängig weiterverrechnet.

Was sind dann eigentlich die Komplexitätskosten? Unter diesem Begriff sind die höheren Kosten der indirekten Leistungsbereiche für aufwendigere Vorgänge bzw. Erzeugnisse zu verstehen. Bei der noch immer weitverbreiteten volumenabhängigen Verrechnung in Kosten- oder Zuschlagssätzen werden diese Effekte nicht oder zumindest nicht verursachungsgerecht berücksichtigt. Was hat nun dieses doch primär die Kalkulation betreffende Problem mit der Kostenstellenrechnung zu tun?

Im Prinzip sehr viel, weil es erstens gilt, für diese indirekten Bereiche auch zutreffende Leistungsarten zu wählen, und weil zweitens die Prozesskostenrechnung weitgehend mit den Mitteln der Kostenstellenrechnung durchgeführt wird. Diese Überlegungen gelten analog für alle Bereiche der Dienstleistungs- und Handelsunternehmen.

Cost Driver oder Prozesstreiber Maßgebend sind die *Cost Driver* (Kostenveranlasser, in SAP ERP *Prozesstreiber* genannt) dieser Kostenstellen, also z. B. die Anzahl Bestellvorgänge oder Wareneingänge in der Materialbeschaffung oder Fertigungs- bzw. Kundenaufträge.

Derartige Mengen kommen aber nur in Ausnahmefällen direkt in Betracht, nämlich dann, wenn es sich z. B. bei der Materialbereitstellung um identische Prozessinhalte und damit auch Prozesskosten handelt. Wenn bei der Materialbereitstellung zwischen lager- und nicht lagerhaltigem Material, nach Materialarten und/oder Materialgruppen unterschieden werden muss – was meistens der Fall ist –, kann nicht die Anzahl der Materialbereitstellungen als Leistungsart gewählt werden. In diesem Fall können nur die von den einzelnen Kostenstellen/Leistungsarten geleisteten Standardstunden als Leistungsart festgelegt werden.

Bei der Kostenplanung werden die zu planenden Kostenarten in leistungsmengeninduzierte und leistungsmengenneutrale Kostenbestandteile aufgelöst, eine Untergliederung, die im Prinzip der Differenzierung nach variablen und fixen Kosten in der Kostenplanung entspricht.

Leistungsmengeninduzierte und leistungsmengenneutrale Kosten

Das Problem der Prozesskostenrechnung liegt nicht in der Festlegung der Kostenstellen und Leistungsarten, sondern darin, die Ressourceninanspruchnahme für die einzelnen Prozesse als Voraussetzung für die Bewertung des Prozesses mit den Kostensätzen der beteiligten Kostenstellen/Leistungsarten zu schaffen. Das Prinzip ähnelt der Erstellung eines Arbeitsplans für ein Erzeugnis.

Daran scheitert in der Praxis auch meist die partielle Einführung der Prozesskostenrechnung. Hat man die Möglichkeit, auf eine aktuelle Gemeinkostenwertanalyse zugreifen zu können, ist damit eine wesentliche Voraussetzung gegeben. Ansonsten kann der Vorschlag nur lauten, sich zunächst auf die wichtigsten Prozesse zu beschränken. Gegebenenfalls ist auch in einer Diskussion mit den beteiligten Fachbereichen eine grobe Abschätzung des Aufwands vorzunehmen und von diesen Werten auszugehen (so kamen auch die genannten 130,00 EUR pro Position in unserem Beispiel für die Kundenauftragsabwicklung zustande).

Die Zielsetzungen des ABC – *ABC* steht für *Activity Based Costing*, ein Verfahren, das vor ca. 20 bis 25 Jahren in den USA entstanden ist – sind mit den Anforderungen an die Prozesskostenrechnung bei uns nur bedingt vergleichbar. Während sich die Rechnung bei uns im Wesentlichen auf die indirekten Leistungsbereiche konzentriert, war die Aufgabenstellung in Amerika ursprünglich eine andere, weil sie auch den Umfang der Fertigungskosten abzudecken hatte, die bei uns über die Bewertung der Arbeitspläne mit den individuellen Kostensätzen verrechnet werden.

Activity Based Costing und Prozesskostenrechnung

Es geht insbesondere darum, die kostenmäßig ständig zunehmenden indirekten Leistungsbereiche verursachungsgerechter zuzuordnen.

Zuordnung indirekter Leistungsbereiche

Deshalb lautet die Zielsetzung auch, die Prozesskalkulation für diese Bereiche in die Produktkalkulation zu integrieren.

Eine zweite grundsätzliche Aussage betrifft die Einordnung der Prozesskostenrechnung. Es handelt sich nicht, wie gelegentlich behauptet, um ein neues betriebswirtschaftliches Kostenrechnungskonzept. Sie ist vielmehr ein Teil der bekannten Kostenrechnungssysteme mit Kostenarten-, Kostenstellen-, Kostenträger- und Ergebnisrechnung. Die verursachungsgerechte Zuordnung der Gemeinkosten und das Gemeinkosten-Controlling – darum geht es im Wesentlichen bei der Prozesskostenrechnung – sind schon immer essenzielle Zielsetzungen der Kostenrechnung gewesen. Mit der Prozesskostenrechnung sollen diese Anforderungen nur verstärkt auf die immer gewichtiger werdenden indirekten Leistungsbereiche ausgeweitet werden.

Analytische Kostenplanung

Die sinnvolle Differenzierung erfolgt (wie bei den anderen primären Stellen) nach Kostenarten, mit der Festlegung von direkten Leistungsarten für die betreffenden Kostenstellen und der Durchführung einer analytischen Kostenplanung mit einer Untergliederung in leistungsmengeninduzierte (= variable) und leistungsmengenneutrale (= fixe) Kosten für diese Bereiche sowie mit der Erstellung monatlicher Soll-Istkosten-Vergleiche.

Verrechnung in die Kostenträgerrechnung

Neu ist die Verrechnung dieser Bereiche in der Kostenträgerrechnung. Sie werden nicht mehr über Zuschläge bzw. durch Einbeziehung in die Fertigungskostensätze berücksichtigt, sondern laufen direkt über die entsprechenden Prozesse in die Produktkalkulationen ein.

Beispiel: Kalkulation einer Welle

Diese Zusammenhänge, dargestellt für den Fall einer industriellen Kalkulation, aber analog für Dienstleistungs- und Handelsunternehmen geltend, sollen am nachfolgenden Beispiel verdeutlicht werden (siehe Abbildung 7.1).

Plankalkulation mit Prozessen

Kalkuliert wird eine Welle (T06001), für die zunächst die Stückliste (Materialkosten) und der Arbeitsplan (Fertigungskosten) bewertet werden. Entgegen der bisher üblichen Handhabung werden die Materialbereitstellungs- und Fertigungsunterstützungskosten nicht mehr per Zuschlag oder durch Einbeziehung in die Kostensätze, sondern durch separate Prozesskalkulationen berücksichtigt.

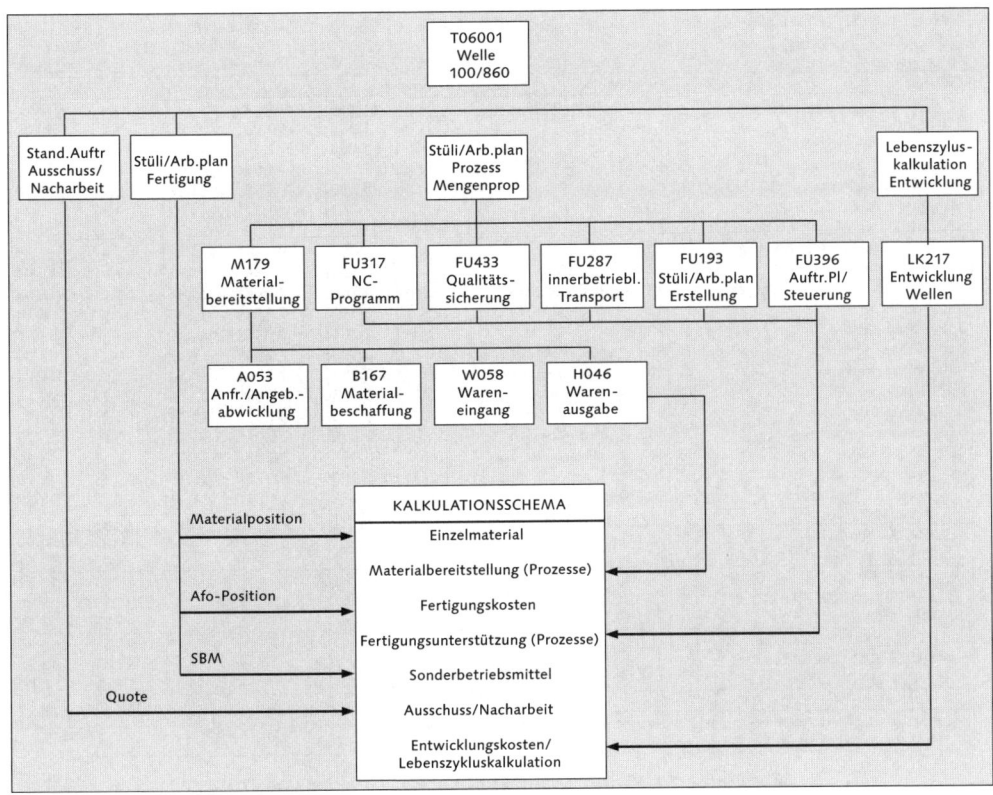

Abbildung 7.1 Kalkulationsstruktur mit Prozessen

Bei den Materialbereitstellungskosten handelt es sich um einen zwei-stufigen Prozess. In den Hauptprozess »M179« laufen vier Teilpro-zesse ein, von der Anfragen-/Angebotsabwicklung (A053) bis zur Warenausgabe (H046). Die Fertigungsunterstützungsprozesse von der NC-Programmierung (FU317) bis zur Auftragsplanung/-steue-rung (FU396) sind in diesem Beispiel einstufig geplant.

Die Sonderbetriebsmittel werden über eine Quote verrechnet (Anschaffungs- und Nachbearbeitungskosten, dividiert durch die Standzeit des Werkzeugs), die Entwicklungskosten wiederum über eine Lebenszykluskalkulation (Entwicklung plus laufende Weiterent-wicklung, dividiert durch die voraussichtliche Gesamtverkaufs-menge) verrechnet, sodass als Zuschlag nur noch anteilige Ausschuss- und Nacharbeitskosten übrig bleiben.

Sonderbetriebs-mittel und Entwicklungs-kosten

Artikel	T06001 - WELLE 100/860							Kalk.Menge	1		
								Kalk.ME			Stück
Artikelgruppe	TEILE							Planlosgröße			160 Stück

AFO	TEXT	KZ	Herkunft	Bezugsgrößen			Kostensatz		Kosten	
				Benennung	ME	Menge	gesamt	variabel	gesamt	variabel
010	Rundstahl 115/875	M	L10002		STCK	1,000	290,00	290,00	290,00	290,00
	Materialbereitstellung	P	M179		VRG	0,0063	6.882,99	5.041,22	43,02	31,51
	NC-Programmierung	P	FU317		VRG	0,0001	3.943,93		0,39	
	Qualitätssicherung	P	FU433		VRG	0,100	107,63	71,86	10,76	7,19
	Innerbetrieblicher Transport	P	FU287		VRG	0,0063	1.523,32	1.243,33	9,52	7,77
	Stücklisten-/Arbeitsplanerstellung	P	FU193		VRG	0,0001	4.183,82		0,42	
	Auftragsplanung-/steuerung	P	FU296		VRG	0,0063	802,80	632,33	5,02	3,95
010	NC-Drehen	F	421	Vorgabe-Std.	VST	2,633	93,84	71,96	247,08	189,47
020	Spitzendrehen, kleine Maschine	F	432	Vorgabe-Std.	VST	0,200	60,06	45,41	12,01	9,08
030	Fräsen	F	454	Vorgabe-Std.	VST	0,117	73,53	53,30	8,60	6,24
030	Fräsen (SBM)	S	300012		STCK	1,000	33,10		33,10	33,10
040	Glühen/Härten	O	551	Ofen-Std. über 800	OS2	0,133	76,04	37,93	10,11	5,04
040	Glühen/Härten	O	551	Stand.Fert.-Std.	SFO	0,217	41,91	40,14	9,09	8,71
050	Glühen/Härten	O	551	Ofen-Std. bis 800	OS1	0,093	62,02	29,56	5,77	2,75
050	Glühen/Härten	O	551	Stand.Fert.-Std.	SFO	0,200	41,91	40,14	8,38	8,03
060	Schleifen Personal	F	442	Vorgabe-Std.	VST	0,350	34,01	30,78	11,90	10,77
060	Schleifen Maschine	F	442	Maschinen-Std.	MST	0,467	38,87	15,63	18,15	7,30
060	Schleifvorrichtung (SBM)	S	300013		STCK	1,000	65,75	65,75	65,75	65,75
	Ausschuss/Nacharbeit	Z	800009		%	-	4,35	4,07	37,37	33,20
	Entwicklungskosten	L	LK217		VRG	0,00001	1.265.000		12,65	
	MATERIALKOSTEN								290,00	290,00
	MATERIALBEREITSTELLUNG								43,02	31,51
	FERTIGUNGSUNTERSTÜTZUNG								26,11	18,91
	FERTIGUNGSKOSTEN								297,75	222,86
	OFENKOSTEN								33,36	24,53
	SONDERBETRIEBSMITTEL								98,85	98,85
	AUSSCHUSS/NACHARBEIT								37,37	33,20
	ENTWICKLUNGSKOSTEN								12,65	0,00
	SUMME HERSTELLKOSTEN								839,11	719,86

Legende: M = Materialkosten, F = Fertigungskosten, O = Ofenstunden, S = Sonderbetriebsmittel, Z = Zuschlag
P = Prozesskosten, L = Lebenszykluskosten

Abbildung 7.2 Plankalkulation mit Berücksichtigung von Prozessen

Abbildung 7.2 zeigt die Plankalkulation für die Welle T06001 einschließlich der separaten Berücksichtigung der Prozesskosten. Die Kalkulationsmenge ist ein Stück, die Planlosgröße 160 Stück. Letztere ist wichtig, weil ein Teil der Prozesse sich auf den Fertigungsauftrag bezieht. So gilt der Prozess »M179 Materialbereitstellung« für den Cost-Driver-Fertigungsauftrag, weshalb unter Leistungsartenmenge, bezogen auf die Kalkulation von einem Stück, der Quotient 1 durch 160 = 0,00625 steht. Der gleiche Anteil ist auch bei den Prozessen »FU287 Innerbetrieblicher Transport« und »FU396 Auftragsplanung/-steuerung« zu finden, die ebenfalls für die Plan-Fertigungslosgröße von 160 Stück gelten. Für die NC-Programmierung ist der Wert 0,0001 vorgegeben, weil davon ausgegangen wird, dass das Programm nach gefertigten 10.000 Stück erneuert wird (was gut 60 Fertigungsaufträgen entspricht).

Der gleiche Wert gilt für den Prozess »FU193 Stücklisten-/Arbeitsplanerstellung«. Beim Prozess »FU433 Qualitätssicherung« wird von der Kontrolle jedes zehnten Artikels ausgegangen.

Die Fertigungszeiten gelten für jeweils ein Stück. Bei den Sonderbetriebsmitteln (Afo »030 Fräsen« und Afo »060 Schleifen«) sind Quoten pro Stück vorgesehen.

Abbildung 7.3 entspricht vom Aufbau und der zeilenweisen Differenzierung Abbildung 7.2; die Gesamtkosten sind aber noch in die drei Kategorien *mengenproportional*, *auftragsbezogen* und *lebenszyklusbezogen* untergliedert. Die beiden Abbildungen zeigen beispielhaft die Integration der Prozess- in die Produktkalkulationen.

Untergliederung der Prozesskosten

Artikel T06001 - WELLE 100/860								Kalk.Menge	1
								Kalk.ME	Stück
Artikelgruppe TEILE								Planlosgröße	160 Stück

AFO	TEXT	KZ	Herkunft	Kosten		mengenproportional		auftragsbezogen		lebenszyklus-
				gesamt	variabel	gesamt	variabel	gesamt	variabel	bezogen
010	Rundstahl 115/875	M	L10002	290,00	290,00	290,00	290,00			
	Materialbereitstellung	P	M179	43,02	31,51			43,02	31,51	
	NC-Programmierung	P	FU317	0,39						0,39
	Qualitätssicherung	P	FU433	10,76	7,19	10,76	7,19			
	Innerbetrieblicher Transport	P	FU287	9,52	7,77	9,52	7,77			
	Stücklisten-/Arbeitsplanerstellung	P	FU193	0,42						0,42
	Auftragsplanung-/steuerung	P	FU296	5,02	3,95			5,02	3,95	
010	NC-Drehen	F	421	247,08	189,47	247,08	189,47			
020	Spitzendrehen, kleine Maschine	F	432	12,01	9,08	12,01	9,08			
030	Fräsen	F	454	8,60	6,24	8,60	6,24			
030	Fräsen (SBM)	S	300012	33,10	33,10	33,10	33,10			
040	Glühen/Härten	O	551	10,11	5,04	10,11	5,04			
040	Glühen/Härten	O	551	9,09	8,71	9,09	8,71			
050	Glühen/Härten	O	551	5,77	2,75	5,77	2,75			
050	Glühen/Härten	O	551	8,38	8,03	8,38	8,03			
060	Schleifen Personal	F	442	11,90	10,77	11,90	10,77			
060	Schleifen Maschine	F	442	18,15	7,30	18,15	7,30			
060	Schleifvorrichtung (SBM)	S	300013	65,75	65,75	65,75	65,75			
	Ausschuss/Nacharbeit	Z	800009	37,37	33,20	37,37	33,20			
	Entwicklungskosten	L	LK217	12,65						12,65
	MATERIALKOSTEN			290,00	290,00	290,00	290,00			
	MATERIALBEREITSTELLUNG			43,02	31,51			43,02	31,51	
	FERTIGUNGSUNTERSTÜTZUNG			26,11	18,91	20,28	14,96	5,02	3,95	0,81
	FERTIGUNGSKOSTEN			297,75	222,86	297,75	222,86			
	OFENKOSTEN			33,36	24,53	33,36	24,53			
	SONDERBETRIEBSMITTEL			98,85	98,85	98,85	98,85			
	AUSSCHUSS/NACHARBEIT			37,37	33,20	37,37	33,20			
	ENTWICKLUNGSKOSTEN			12,65						12,65
	SUMME HERSTELLKOSTEN			839,11	719,86	777,61	684,40	48,04	35,46	13,46

Legende: M = Materialkosten, F = Fertigungskosten, O = Ofenstunden, S = Sonderbetriebsmittel, Z = Zuschlag
P = Prozesskosten, L = Lebenszykluskosten

Abbildung 7.3 Plankalkulation mit Untergliederung der Prozesskosten

Vorweg geht es aber darum, die Prozesskalkulation für die einzelnen Prozesse oder Teilprozesse aufzubauen. Wir möchten Ihnen dies am Beispiel der Materialbereitstellung aufzeigen. In Abbildung 7.4 wird zunächst der Geschäftsprozess »Materialbereitstellung« mit insgesamt vier Teilprozessen schematisch dargestellt.

Prozesse und Teilprozesse

Kosten der Haupt-
und Teilprozesse

Abbildung 7.5 zeigt die Kosten dieses Haupt- oder Primärprozesses mit seinen vier Teilprozessen. Als Kalkulations-(oder CD-)Menge sind 10 Fertigungsaufträge Wellen (FAW) festgelegt.

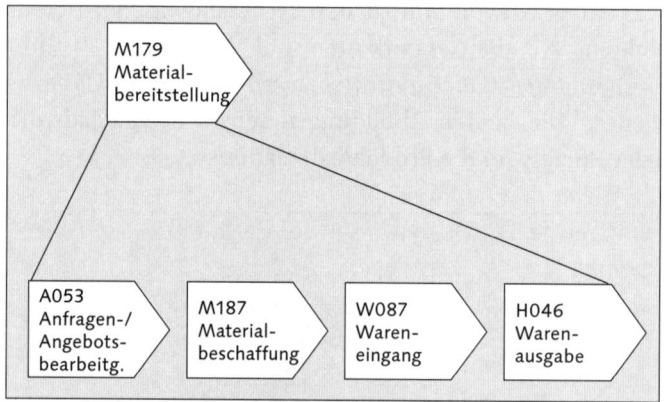

Abbildung 7.4 Geschäftsprozess »Materialbereitstellung«

Getriebebau AG		KOSTENPLAN					Verantw: Ernst		Blatt
Prozess		W086 Bereitstellung Lagermaterial					CD:FAW		1
Cost Driver		Fertigungsaufträge Wellen					CD-Menge: 10 FAW		
Funktion		Herkunft		Bedarf/	Kostensätze		Plankosten € / Mon.		
Nr	Benennung	Proz.	CD	CD-Menge	ges.	var.	ges.	var.	fix
6.1	Anfrage/Angebot bearb.	A053	ALB	6,400	249,00	186,00	1.594	1.190	403
6.2	Materialbeschaffung	B187	MBF	6,400	385,00	266,00	2.464	1.702	762
6.3	Wareneingang	W087	WEK	12,800	241,00	180,00	3.085	2.304	781
6.4	Warenausgabe	H046	FAW	10,000	323,00	244,00	3.230	2.440	790
Weiterverrechnung: auf Prozess					Plankosten		10.372	7.637	2.736
Prozessverantwortlicher / Prozessplaner					CD-Menge		10 FAW	Bereitstellung LM	
					Kostensätze		1.037,24	763,68	273,56

Abbildung 7.5 Kosten des Prozesses »Materialbereitstellung«

Mengen der
Teilprozesse

Die Mengen bei den vier Teilprozessen ergeben sich daraus, dass für die Wellenaufträge für die Anfrage-/Angebotsbearbeitung bzw. die Materialbeschaffung von 250 Wellen-Rohlingen (Stangenmaterial) ausgegangen wird. Dies ergibt eine Menge von 0,64 pro Fertigungsauftrag bzw. von 6,40 Vorgängen je 10 Fertigungsaufträgen (160 / 250 × 10). Beim Wareneingang werden jeweils 125 Wellen-Rohlinge angeliefert, sodass 10 Fertigungsaufträge 12,80 Wareneingängen entsprechen. Die Warenausgabe erfolgt je Fertigungsauftrag, sodass für 10 Aufträge 10 Warenausgaben erforderlich sind.

Der Kostenverursacher Fertigungsaufträge Wellen (FAW) gilt in unserem Beispiel für den übergeordneten Hauptprozess. Für die Teilprozesse, exemplarisch den Wareneingang, können dies selbstverständlich auch andere, unterschiedliche Cost Driver sein. Beim Wareneingang ist nach lager-/nicht lagerhaltigem Material, nach A-, B- und C-Kriterien sowie nach Materialgruppen, wie z. B. Stangenmaterial für die Wellenfertigung, zu unterscheiden.

Insofern kommt die in der Fachliteratur oft angesprochene Ermittlungsmethode, die Kosten der Kostenstelle durch die Anzahl der Vorgänge zu dividieren, nicht oder nur in den allerseltensten Fällen infrage. Zum einen sind meistens mehrere Kostenstellen an einem Teilprozess beteiligt; zum anderen, was viel kritischer ist, werden von einer Kostenstelle/Leistungsart unterschiedliche Haupt- und/oder Teilprozesse bedient. Wenn, wie das Beispiel in Abbildung 7.6 zeigt, nach unterschiedlichen Kriterien zu differenzieren ist, Prozess also nicht gleich Prozess ist, kann diese einfache Rechnung nicht funktionieren. In unserem Beispiel für den Wareneingang ist, wie die Zeile COST DRIVER zeigt, nach Kaufteilen (Ersatzteilen etc.), nach Kategorien sowie nach lager-/nicht lagerhaltigem Material zu unterscheiden. Damit scheidet, selbst wenn über Materialarten und Materialgruppen entsprechende Verbrauchsmengen erfasst werden, diese Methode aus, weil die Kosten nicht in der Differenzierung festgehalten werden können.

Ermittlung der Kostensätze

Zurück zu unserem Teilprozess »Wareneingang«. Cost Driver ist der Wareneingang Kaufteile, Kategorie A, lagerhaltig. Für diesen Teilprozess sind, ähnlich wie in einem Arbeitsplan, die erforderlichen Vorgänge in chronologischer Reihenfolge, von der Materialannahme bis zur Materialbestandsführung, festgehalten. Fixiert ist auch die jeweilige Ressourceninanspruchnahme. Sie ergibt, bewertet mit den Kostensätzen der ausführenden Kostenstellen/Leistungsarten, die Kosten je Vorgang und summiert die Gesamtkosten des Teilprozesses. Die Beispielkostenstellen sind »300 Beschaffung«, »301 Rohmateriallager«, »303 Wareneingangsprüfung« und »419 Innerbetrieblicher Transport« mit den Leistungsarten »SFM Stand-Fertigungs-Stunden Materialwirtschaft (MW)«, »SPF Stand-Stapler-Stunden Fertigungsunterstützung (FU)«, »SAM Stand-Anlagen-Stunden (MW)« und »SSM Stand-Sachbearbeiter-Stunden (MW)«.

Wareneingang

Getriebebau AG		KOSTENPLAN					Verantw: Ernst		Blatt
Prozess		W087 Wareneingang					CD: WEK		1
Cost Driver		Wareneingang Kaufteile, Kategorie A, Lager					CD: Menge: 100 WEK		
Funktion		Herkunft		Bedarf/	Kostensätze		Plankosten €/Mon.		
Nr	Benennung	KST	LA	CD-Meng	ges.	var.	ges.	var.	fix
51.	Materialentnahme								
51.1	Rohmaterialprüfung	301	SFM	65,000	60,70	45,31	3.946	2.945	1.000
51.2	Innerbetriebl. Transport	419	SPF	32,500	64,83	51,87	2.107	1.686	421
52.	WE-Prüfung								
52.1	WE-Prüfung	303	SFM	62,500	70,58	55,79	4.411	3.487	924
		303	SAM	31,250	54,12	19,53	1.691	610	1.081
52.2	Innerbetriebl. Transport	419	SPF	62,500	64,83	51,87	4.052	3.242	810
53.	Reklam./Retouren								
53.1	Reklam. Beschaffung	300	SSM	1,250	68,62	59,56	86	74	11
53.2	Reklam. Rohmat. Lag.	301	SFM	7,515	60,70	45,31	456	341	116
53.3	Reklam. Innerb. Trans.	419	SPF	3,760	64,83	51,87	244	195	49
54.	Einlagern								
54.1	Einlagern Rohmaterial	301	SFM	75,000	60,70	45,31	4.553	3.398	1.154
54.2	Einlagern Innerb. Transp.	419	SPF	37,500	64,83	51,87	2.431	1.945	486
55.	Materialbestandsführung								
55.1	Materialbestandsführung	300	SSM	1,830	68,82	59,56	126	109	17
Weiterverrechnung: auf Prozess					Plankosten		24.102	18.032	6.070
Prozessverantwortlicher / Prozessplaner					CD-Menge		100 WEK Wareneingang		
					Kostensätze		241,02	180,32	60,70

Abbildung 7.6 Vorgangskalkulation Teilprozess »Wareneingang«

Ressourcen-verbrauch

Gerade an diesem Beispiel sehen Sie, wie aufwendig es ist, den Ressourcenverbrauch für die einzelnen Vorgänge zu ermitteln. Andererseits kann die gelegentlich immer wieder angesprochene Variante der Division der Kosten einer Kostenstelle/Leistungsart durch die Cost-Driver-Anzahl allenfalls in Ausnahmefällen funktionieren. Wir werden aber mittelfristig wegen der zunehmenden Gewichtung der indirekten Leistungsbereiche nicht umhinkommen, die Kosten der Prozesse detailliert zu ermitteln und zu überwachen.

Eine exakte Zuordnung der Kosten indirekter Leistungsbereiche findet in der Industrie bereits in der angesprochenen Einzel- und Projektfertigung statt. Dort werden heute schon in Bereichen wie der Arbeitsvorbereitung oder der Vorkalkulation, aber auch in der Materialbereitstellung und der Kundenauftragsgewinnung und -abwicklung Stunden geschrieben und den einzelnen Projekten zugerechnet.

Dienstleis-tungsbereich

Im Dienstleistungsbereich werden ebenfalls vorgangsbezogene Standardzeiten ermittelt und sowohl als Leistungsarten für die monatliche Kostenstellenrechnung als auch für produktbezogene Vorgangskalkulationen genutzt. Die prozessbezogene Weiterbelastung kommt als leistungsmengeninduzierte Verrechnung für alle repetitiven Tätigkeiten in Betracht. Leistungsmengenneutrale Kosten werden bei geringerem Umfang über die Fixkostensätze berücksichtigt oder, bei größerem Umfang, über eigene Leistungsarten verrechnet, z. B. direkt auf entsprechende Verdichtungsbegriffe in die Ergebnisrechnung.

Abschließend noch einige generelle Anmerkungen. Wir empfehlen nicht, außer für eine – wirklich eng befristete – Übergangszeit, die Prozesskostenrechnung als »statistische« Nebenrechnung zu führen, weil sie zumindest teilweise redundante Datenhaltung voraussetzt und weil vor allem die Integration in die eigentlichen Kostenrechnungssysteme und damit die Abstimmbarkeit fehlt.

Statistische
Nebenrechnung

Wir raten ferner von einer Art *Divisionskalkulation* ab, da von einer Kostenstelle/Leistungsart meist mehrere Prozesse, auch verschiedenartige, bedient werden und eine direkte Zuordnung der Kosten zu den einzelnen Prozessen nicht möglich ist.

Divisions-
kalkulation

Wir wissen, dass die als Voraussetzung erforderliche Erstellung der den Arbeitsplänen vergleichbaren Vorgangspläne sehr zeit- und kostenaufwendig ist. Andererseits sind neben der sicher nicht unerheblichen Aufwandsseite auch die Vorteile einer solchen Lösung zu sehen.

Dies sind neben der verursachungsgerechten Zuordnung aller Gemeinkosten und einem nachhaltigen Gemeinkosten-Controlling auch die höhere Transparenz für die indirekten Leistungsbereiche, eine mögliche Optimierung der Prozesse, die Ermittlung und Einordnung der Komplexitätskosten und eine direkte Integration dieser Kosten in die Produktkalkulation bzw. in die Vertriebsergebnisrechnung.

7.2 Grundeinstellungen

Bei der Beschreibung des Projektsystems in Kapitel 5, »Projekte«, hatten wir angemerkt, dass die Software in verschiedenen Unternehmen höchst unterschiedlich eingesetzt wird. Das Gleiche gilt für die Prozesskostenrechnung, in der völlig andere Schwerpunkte gesetzt werden, je nachdem

Systembeispiel

▶ in welcher Branche Ihr Unternehmen tätig ist,

▶ wie hoch der Anteil der Gemeinkosten indirekter Leistungsbereiche an den Gesamtkosten ist und

▶ welche Teile der SAP-Software Sie bereits nutzen.

Wir zeigen Ihnen nun einen kleinen Ausschnitt der technischen Möglichkeiten der Prozesskostenrechnung von SAP ERP, indem wir das folgende Szenario zugrunde legen: Die Bäckerei Becker hat an mehreren Standorten erfolgreich Backstuben mit Öfen, Rührern, Arbeitstischen etc. eingerichtet. Als zusätzlicher Geschäftsbereich neben der Herstellung und dem Vertrieb von Backwaren soll das so erworbene Projekt-Know-how vermarktet werden. Die Bäckerei Becker bietet im neuen Geschäftsbereich Projektgeschäft anderen Bäckereien an, die Betreuung von Bäckerei-Neu- und -Umbauten zu übernehmen. Von der Konzeption über die Ausschreibung bis hin zur schlüsselfertigen Übergabe sorgt das Unternehmen dafür, dass die Bäckereien im ganzen Land mit den modernsten Maschinenparks ausgestattet werden.

Das Controlling des Projektgeschäfts der Bäckerei Becker sieht sicherlich ganz anders aus als das Controlling des Backwarenherstellers Bäckerei Becker. Für einen Ausschnitt des Controllings im Projektgeschäft nutzen wir die Prozesskostenrechnung. Der Geschäftsprozess »Auftrag abwickeln« nutzt Leistungen der Kostenstellen »Konstruktion«, »Arbeitsvorbereitung« und »Buchhaltung«. Per Umlage werden die Kosten des Prozesses in die Ergebnisrechnung verrechnet (siehe Abbildung 7.7). Die folgenden Abschnitte beschreiben, wie die Prozesskostenrechnung im System SAP ERP umgesetzt wird.

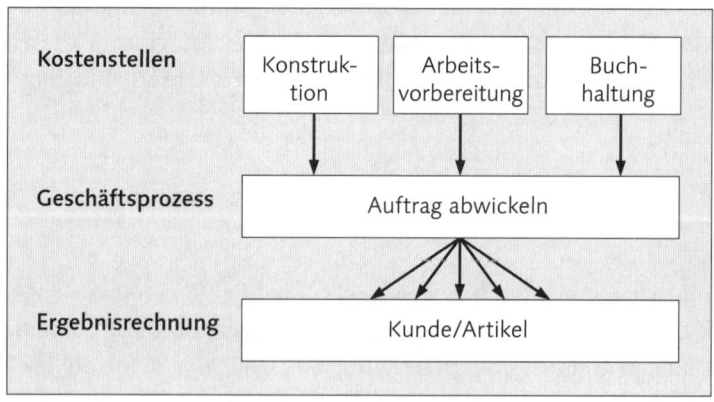

Abbildung 7.7 Beispielablauf der Prozesskostenrechnung

Customizing im
Kostenrechnungs-
kreis

Beginnen wir mit der Darstellung des Beispiels im System SAP ERP. Um die Prozesskostenrechnung zu nutzen, müssen zwei Voraussetzungen erfüllt sein. Zunächst prüfen wir im Customizing, ob die Prozesskostenrechnung überhaupt für unseren Kostenrechnungskreis aktiviert wurde und damit die erste Voraussetzung gegeben ist. Dazu

nutzen wir die Transaktion OKKP im Customizing SPRO • CONTROL-
LING • PROZESSKOSTENRECHNUNG • PROZESSKOSTENRECHNUNG IM KOS-
TENRECHNUNGSKREIS AKTIVIEREN (siehe Abbildung 7.8). Die Prozesskostenrechnung ist aktiv, sowohl für die parallele als auch für die
integrierte Rechnung.

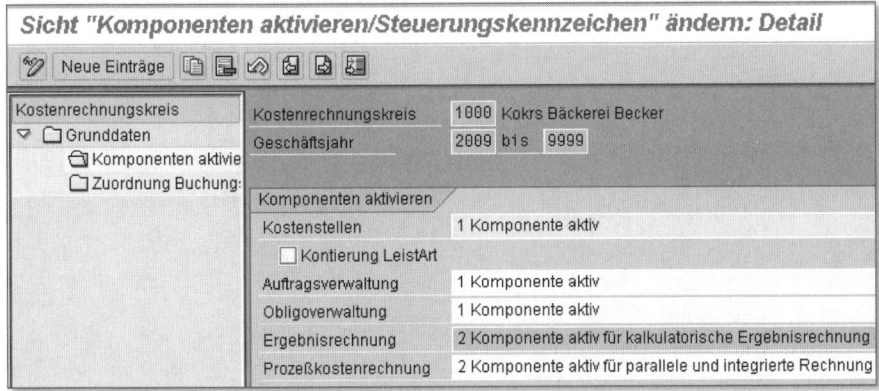

Abbildung 7.8 Prozesskostenrechnung aktivieren

Die zweite Voraussetzung ist die Festlegung einer Standardhierarchie
der Geschäftsprozesse. Für diese Einstellung nutzen wir die Transaktion 0KW1 im Customizing SPRO • CONTROLLING • PROZESSKOSTEN-
RECHNUNG • STANDARDHIERARCHIE ZUM KOSTENRECHNUNGSKREIS PFLE-
GEN (siehe Abbildung 7.9).

Standardhierarchie setzen

Sicht "Kokrs.-Einstellungen für die Prozeßkostenrechn

🖉 🖉 📑 📑 📑	BC-Set: Feldwert Herkunft			
KKrs	Bezeichnung	StdHierarchie	Hierarchie Beschreibung	ALE aktiv
0001	SAP			☐
1000	Kokrs Bäckerei Becker	B01		☐

Abbildung 7.9 Standardhierarchie für die Prozesskostenrechnung festlegen

Jetzt beginnt die Arbeit in der Anwendung. Wie immer in SAP ERP
ist der erste Schritt beim Nutzen einer Komponente die Pflege von
Stammdaten. Die zentralen Stammdaten der Prozesskostenrechnung
sind die Geschäftsprozesse. Sie werden bearbeitet mit den Transaktionen CP01, CP02, CP03 und CP04 im Menü RECHNUNGSWESEN • CON-
TROLLING • PROZESSKOSTENRECHNUNG • STAMMDATEN • GESCHÄFTSPRO-
ZESS • EINZELBEARBEITUNG • ANLEGEN/ÄNDERN/ANZEIGEN/LÖSCHEN
(siehe Abbildung 7.10).

Stammdaten zum Geschäftsprozess

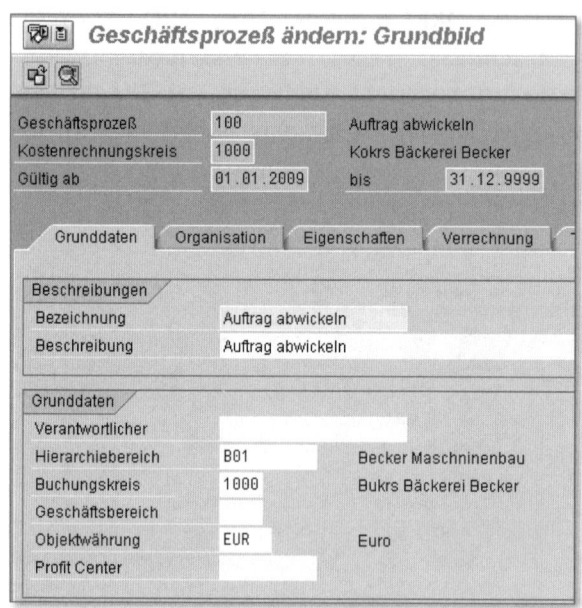

Abbildung 7.10 Geschäftsprozess anlegen

Standardhierarchie pflegen

Durch den Eintrag »B01« im Feld HIERARCHIEBEREICH der Prozessstammdaten ist der Geschäftsprozess automatisch der Standardhierarchie zugeordnet. Das können wir mit den Transaktionen CPH4N und CPH5N im Menü RECHNUNGSWESEN • CONTROLLING • PROZESSKOSTENRECHNUNG • STAMMDATEN • STANDARDHIERARCHIE • ÄNDERN/ANZEIGEN überprüfen (siehe Abbildung 7.11).

Abbildung 7.11 Prozesshierarchie pflegen

Für dieses einfache Beispiel beschränken wir uns auf einen einzigen Prozess. Auf die Trennung in Haupt- und Teilprozesse verzichten wir.

Die beteiligten Kostenstellen »Konstruktion«, »Arbeitsvorbereitung« und »Buchhaltung« werden ihre Leistungen direkt an diesen Prozess »Auftrag abwickeln« verrechnen.

7.3 Belastung und Verrechnung

Zur Verrechnung von Kostenstellenleistungen auf Geschäftsprozesse muss die Leistungsartenplanung auf den Kostenstellen abgeschlossen sein. Die Planung von Leistungen und Tarifen auf Kostenstellen hatten wir bereits ausführlich dargestellt (siehe Abschnitte 3.5, »Planung in SAP ERP«). Für die neuen Kostenstellen des Geschäftsbereichs Projektgeschäft innerhalb der Bäckerei Becker zeigen wir hier nur das Ergebnis der Leistungsplanung mit der Transaktion KP26 im Menü RECHNUNGSWESEN • CONTROLLING • KOSTENSTELLENRECHNUNG • PLANUNG • LEISTUNGSERBRINGUNG/TARIFE • ÄNDERN (siehe Abbildung 7.12).

Leistungsarten von Kostenstellen planen

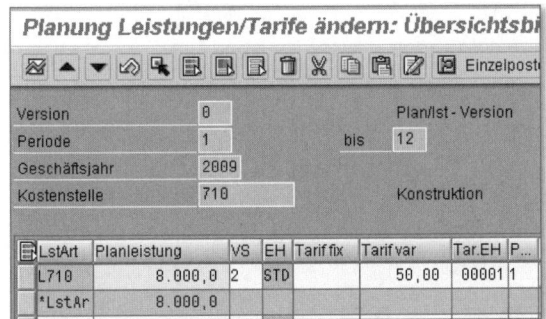

Abbildung 7.12 Leistungsplanung der Kostenstelle »Konstruktion«

Für die drei beteiligten Kostenstellen wurden Leistungsarten mit Tarifen geplant. Das Ergebnis sehen Sie im Überblick mit der Transaktion KSBT im Menü RECHNUNGSWESEN • CONTROLLING • KOSTENSTELLENRECHNUNG • INFOSYSTEM • BERICHTE ZUR KOSTENSTELLENRECHNUNG • TARIFE • KOSTENSTELLEN: LEISTUNGSARTENTARIFE (siehe Abbildung 7.13).

Jetzt starten wir mit der ersten Funktion der Komponente Prozesskostenrechnung. Wir planen die Leistungsaufnahme des Geschäftsprozesses »Auftrag abwickeln«. Dazu nutzen wir die Transaktion CP06 im Menü RECHNUNGSWESEN • CONTROLLING • PROZESSKOSTENRECHNUNG • PLANUNG • KOSTEN/LEISTUNGS-/PROZESSAUFNAHMEN • ÄNDERN (siehe Abbildung 7.14).

Leistungsaufnahme des Prozesses

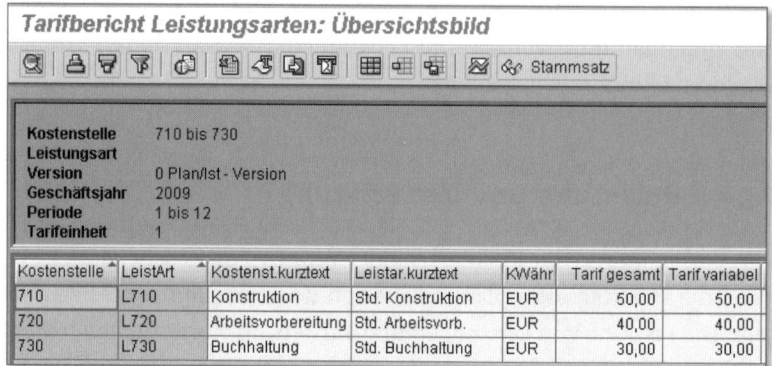

Abbildung 7.13 Tarife der Kostenstellen

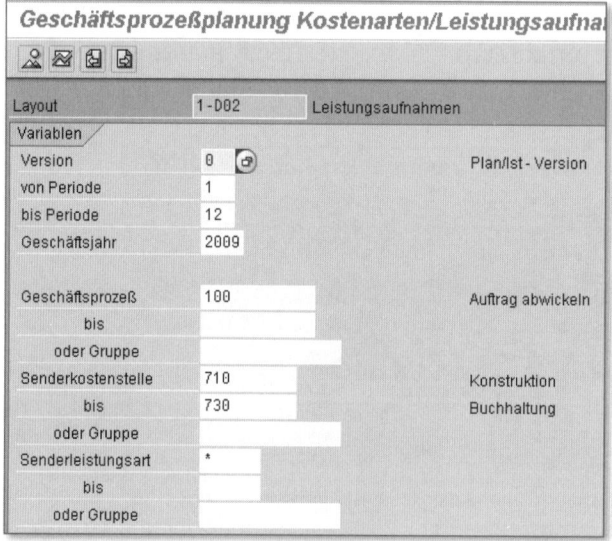

Abbildung 7.14 Einstieg in die Planung der Leistungsaufnahme eines Prozesses

Die gesamten geplanten Leistungen der Kostenstellen »710 Konstruktion«, »720 Arbeitsvorbereitung« und »730 Buchhaltung« werden dem Geschäftsprozess »100 Auftrag abwickeln« zugeordnet (siehe Abbildung 7.15).

Prozessbericht Wie stellt sich diese Planung der Leistungsaufnahme durch den Prozess in einem Kostenbericht dar? Diese Frage beantwortet die Transaktion S_ALR_87011762 im Menü RECHNUNGSWESEN • CONTROLLING • PROZESSKOSTENRECHNUNG • INFOSYSTEM • BERICHTE ZUR PROZESSKOSTENRECHNUNG • PLAN-IST-VERGLEICHE • GESCHÄFTSPROZESSE MIT VERRECHNUNGSPARTNERN (NACH KOSTEN) (siehe Abbildung 7.16).

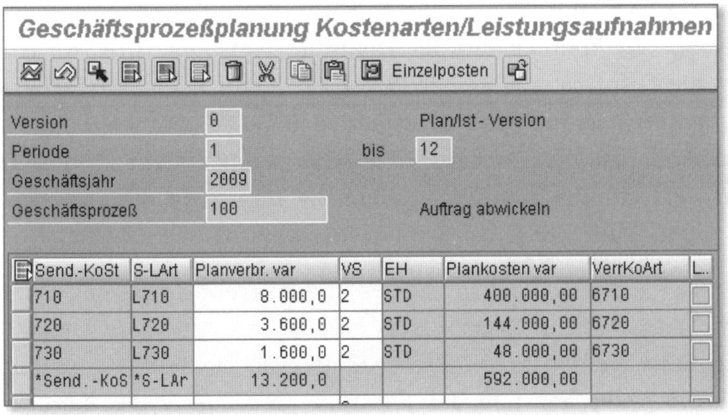

Geschäftsprozeßplanung Kostenarten/Leistungsaufnahmen

Version	0			Plan/Ist - Version				
Periode	1		bis	12				
Geschäftsjahr	2009							
Geschäftsprozeß	100			Auftrag abwickeln				

Send.-KoSt	S-LArt	Planverbr. var	VS	EH	Plankosten var	VerrKoArt	L..
710	L710	8.000,0	2	STD	400.000,00	6710	
720	L720	3.600,0	2	STD	144.000,00	6720	
730	L730	1.600,0	2	STD	48.000,00	6730	
*Send.-KoS	*S-LAr	13.200,0			592.000,00		

Abbildung 7.15 Planung der Leistungsaufnahme eines Prozesses

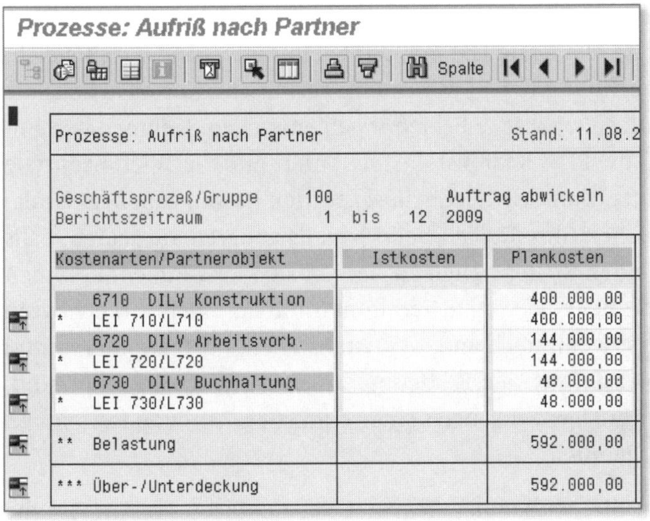

Prozesse: Aufriß nach Partner

```
Prozesse: Aufriß nach Partner               Stand: 11.08.2

Geschäftsprozeß/Gruppe    100         Auftrag abwickeln
Berichtszeitraum          1  bis  12  2009
```

Kostenarten/Partnerobjekt	Istkosten	Plankosten
6710 DILV Konstruktion		400.000,00
* LEI 710/L710		400.000,00
6720 DILV Arbeitsvorb.		144.000,00
* LEI 720/L720		144.000,00
6730 DILV Buchhaltung		48.000,00
* LEI 730/L730		48.000,00
** Belastung		592.000,00
*** Über-/Unterdeckung		592.000,00

Abbildung 7.16 Bericht Prozess nach Planung Leistungsaufnahme

Für die drei Kostenstellen »Konstruktion«, »Arbeitsvorbereitung« und »Buchhaltung« wurden primäre Kosten in Höhe von insgesamt 592.000,00 EUR geplant. Mit der Leistungsartenplanung und der Tarifermittlung wurden Stundensätze für die Kostenstellen errechnet. Die Planung der Leistungsaufnahme in der Prozesskostenrechnung verschiebt die Kosten vollständig auf den Geschäftsprozess »Auftrag abwickeln«.

Genauso wie bei Kostenstellen und Innenaufträgen versuchen wir bei den Geschäftsprozessen, Kostenbelastungen als Entlastung in gleicher Höhe weiterzuverrechnen. Den Geschäftsprozessen stehen zur

Entlastung der Geschäftsprozesse

Kostenentlastung die gleichen Methoden zur Verfügung wie den Kostenstellen. Wir könnten mit der Definition von *Prozesstreibern* (so heißen die Cost Driver in SAP ERP) und Prozessmengen eine Tarifermittlung durchführen. Die so entstandenen Tarife könnten dann an Produkte oder andere Geschäftsprozesse verrechnet werden. Alternativ zur Verrechnung von Kosten wäre die Umlage in die Ergebnisrechnung möglich. Diese werden wir hier nutzen.

Umlage in die Ergebnisrechnung Zur Umlage eines Geschäftsprozesses in die Ergebnisrechnung müssen wir zunächst die Regeln erfassen, nach denen diese Umlage durchgeführt werden soll. Diese Umlageregeln heißen Zyklen. Mit dem Wort Zyklus entsteht der Eindruck, dass hier zyklische, also irgendwie kreisförmige Verrechnungen durchgeführt werden sollen. Das ist auch richtig in Bezug auf die Umlage von Kosten zwischen Kostenstellen. Dort können z. B. durch die Verrechnung von der Telefonzentrale an alle Kostenstellen, die telefonieren, und durch gleichzeitige Verrechnung der EDV-Kostenstelle an alle Kostenstellen, die einen PC nutzen, zyklische Beziehungen entstehen. Nehmen wir einmal an, dass die EDV-Kostenstelle telefoniert und die Telefonzentrale einen PC nutzt. Dann wird jede dieser beiden Kostenstellen im Umlagelauf versuchen, ihre Kosten beim jeweils anderen abzuladen. Falls nur diese beiden Kostenstellen an der Umlage teilnehmen, kommen wir auch mit beliebig vielen Iterationen nie zu einem brauchbaren Ergebnis. Erst wenn noch andere Kostenstellen, die telefonieren und PCs nutzen, z. B. aus der Fertigung, an der Umlage beteiligt sind, kommt der Umlagezyklus nach einer endlichen Zahl von Iterationen zu einem Ergebnis.

Jetzt wissen Sie, woher der Begriff UMLAGEZYKLUS kommt. Ist die Umlage von Geschäftsprozessen in die Ergebnisrechnung nun genauso zyklisch mit Berechnungen in mehreren Iterationen? Nein, das ist sie nicht. Die Umlage von Geschäftsprozessen in die Ergebnisrechnung ist ein einmaliger Vorgang, ganz ohne Iterationen. Alle Umlagen nutzen in SAP ERP aber ähnliche Layouts bei der Erfassung der Rechenregeln und bei der Ausführung. Deshalb heißen die Rechenregeln der Umlagen immer Zyklus, ob sie nun kreisförmige Berechnungen durchführen oder nicht.

Umlagezyklus pflegen Genug der Vorrede, sehen wir uns den Zyklus zur Umlage in die Ergebnisrechnung im System an, und zwar mit den Transaktionen KEU7, KEU8 und KEU9 im Menü RECHNUNGSWESEN • CONTROLLING •

ERGEBNIS- UND MARKTSEGMENTRECHNUNG • PLANUNG • PLANUNGSINTE-
GRATION • KOSTENSTELLEN-/PROZESSPLANUNG ÜBERNEHMEN • UMLAGE
und dann weiter im Transaktionsmenü mit ZUSÄTZE • ZYKLUS • ANLE-
GEN/ÄNDERN/ANZEIGEN (siehe Abbildung 7.17).

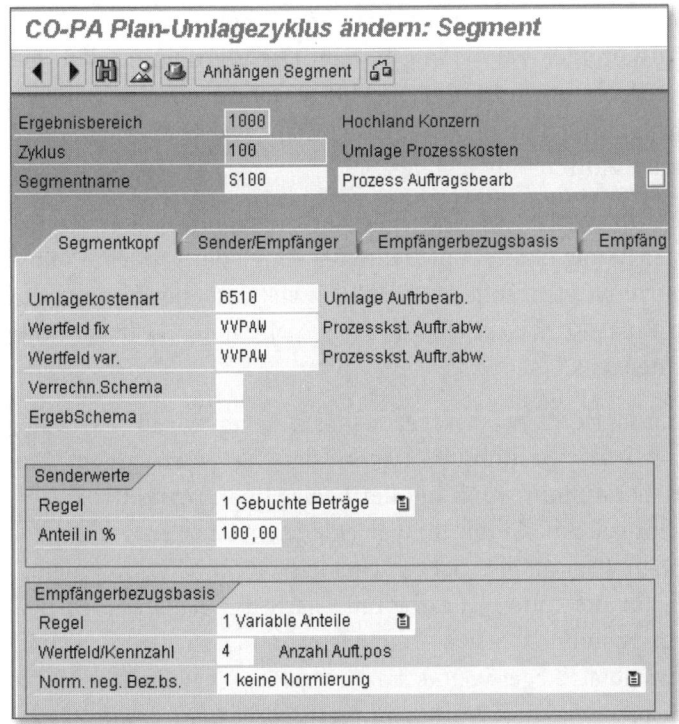

Abbildung 7.17 Umlagezyklus – »Segmentkopf«

Ein Umlagezyklus enthält immer ein oder mehrere Segmente. In Seg- »Segmentkopf« im
menten werden Senderobjekte zusammengefasst, die mit den glei- Zyklus
chen Regeln verrechnet werden sollen. In unserem Beispiel haben
wir genau ein Senderobjekt, den Geschäftsprozess »Auftrag bearbeiten«. Entsprechend findet die Diskussion über die Anzahl der Segmente im Zyklus ein schnelles Ende: Die Anzahl ist »1«. Für das einzige Segment des Zyklus ist die erste Registerkarte SEGMENTKOPF
dargestellt (siehe Abbildung 7.17).

Das erste Feld, UMLAGEKOSTENART, enthält die Kostenart, mit der die
Entlastungsbuchung auf dem Geschäftsprozess dargestellt wird.
Dabei handelt es sich um eine sekundäre Kostenart vom Typ »42
Umlage«.

Auf der Empfängerseite der Ergebnisrechnung werden die Kosten und Erlöse nicht nach Kostenarten strukturiert, sondern nach Merkmalen und Wertfeldern. Merkmale sind Schlüsselbegriffe zum Kunden, zum Artikel oder zur Unternehmensorganisation. Die Wertfelder sind entweder Mengenfelder wie z. B. Absatz oder Anzahl an Auftragspositionen oder Betragsfelder wie Umsatz, Herstellkosten, Vertriebskosten oder Verwaltungskosten. Das Wertfeld, in dem die Kosten des Prozesses »Auftragsabwicklung« landen sollen, wird ebenfalls im Segmentkopf angegeben. Ausgewählt wurde hier »VVPAW Prozesskosten Auftragsabwicklung«.

Im Block SENDERWERTE auf dieser Registerkarte können Sie festlegen, ob ein fester Betrag oder ein prozentualer Anteil der gebuchten Kosten umgelegt werden soll. Hier haben wir uns entschieden, die gebuchten Kosten des Geschäftsprozesses vollständig, also zu 100 % zu verrechnen.

Im nächsten Block, EMPFÄNGERBEZUGSBASIS, haben wir die Auswahl, den Umlagebetrag bestimmten Merkmalen fest zuzuordnen. Das macht z. B. dann Sinn, wenn bei der Umlage von Marketingkosten feste prozentuale Anteile an die verschiedenen Marken verrechnet werden sollen. Hier im Beispiel entscheiden wir uns allerdings dafür, die Kosten für die Auftragsbearbeitung nach der geplanten Anzahl der Auftragspositionen in der Ergebnisrechnung zu verteilen, und wählen deshalb als Regel VARIABLE ANTEILE. Die Verteilung der Kosten soll entsprechend den Werten im Wertfeld »4 Anzahl Auftragspositionen« erfolgen (siehe in Abbildung 7.17 unter WERTFELD/KENNZAHL).

»Sender/Empfänger« im Zyklus

Verlassen wir jetzt den Segmentkopf, und werfen wir einen Blick auf die zweite Registerkarte, und zwar SENDER/EMPFÄNGER (siehe Abbildung 7.18). Hier erkennen wir als Sender unseren Geschäftsprozess »100 Auftrag abwickeln« und als Empfänger eine Artikelrange »0 bis 9999«, mit der alle Fertigwaren identifiziert werden.

Umlage ausführen

Die Definition des Umlagezyklus ist damit abgeschlossen. Die Regeln des Zyklus können wir jetzt verwenden, um die Umlage auszuführen. Dazu nutzen wir die Transaktion KEUB im Menü RECHNUNGSWESEN • CONTROLLING • ERGEBNIS- UND MARKTSEGMENTRECHNUNG • PLANUNG • PLANUNGSINTEGRATION • KOSTENSTELLEN-/PROZESSPLANUNG ÜBERNEHMEN • UMLAGE (siehe Abbildung 7.19).

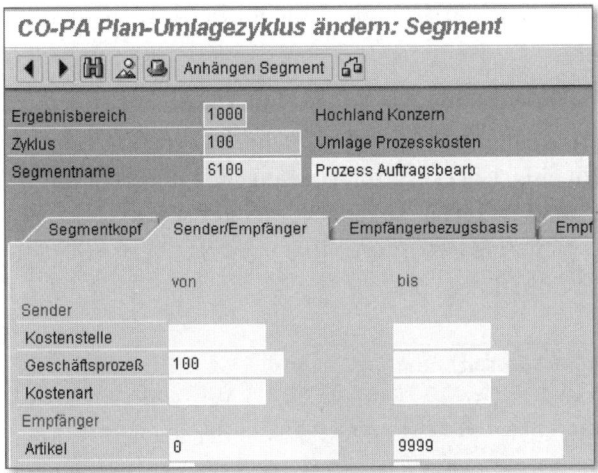

Abbildung 7.18 Umlagezyklus – »Sender/Empfänger«

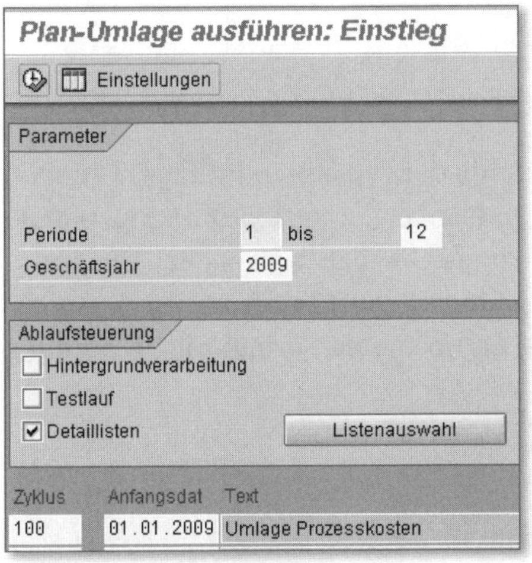

Abbildung 7.19 Umlage ausführen

Jetzt möchten wir Ihnen gerne in einem Bericht zeigen, wie die auf diese Weise verrechneten Kosten in der Ergebnisrechnung angekommen sind, genauso wie wir das bisher in diesem Buch immer getan haben. Leider wird's an dieser Stelle etwas schwierig, weil wir Sie nicht zu Standardberichten führen können, die Sie in Ihrem System nachvollziehen können.

In der Ergebnisrechnung gibt es nämlich keine Standardberichte. Die Merkmale und Wertfelder werden kundenindividuell bei jeder Einführung der Ergebnisrechnung neu festgelegt. Auf Basis dieser indi-

Berichte in der Ergebnisrechnung

421

viduellen Einstellungen müssen die Ergebnisberichte dann erst »gestrickt« werden.

Kürzen wir die Sache also ab! Der Bericht zur Darstellung der Auftragsabwicklungskosten in der Ergebnisrechnung wurde von uns unter dem Namen »BE01 Becker Projekte« angelegt und ist abrufbar mit der Transaktion KE30 im Menü RECHNUNGSWESEN • CONTROLLING • ERGEBNIS- UND MARKTSEGMENTRECHNUNG • INFOSYSTEM • BERICHT AUSFÜHREN (siehe Abbildung 7.20).

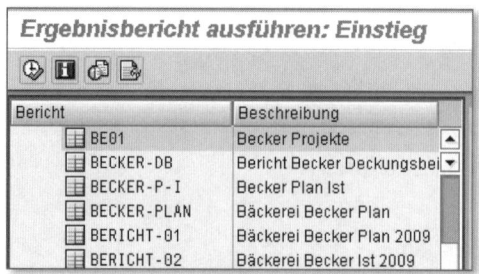

Abbildung 7.20 Ergebnisbericht ausführen

Im Ergebnisbericht sind die Anzahl der geplanten Auftragspositionen dargestellt sowie die bekannten Plankosten in Höhe von 592.000,00 EUR, die von den Kostenstellen via Geschäftsprozess per Umlage in die Ergebnisrechnung gelangt sind (siehe Abbildung 7.21). Außerdem ist bei KOSTEN PRO AUFTRAG noch eine Formel zur Berechnung dieser Kennzahl hinterlegt.

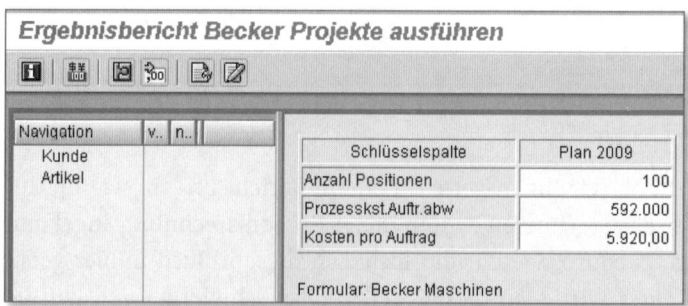

Abbildung 7.21 Prozesskosten in der Ergebnisrechnung

Prozessbericht mit Be- und Entlastungen Was hat sich durch die Umlage des Geschäftsprozesses im Prozessbericht verändert? Vergewissern wir uns nochmals mit GESCHÄFTSPROZESSE MIT VERRECHNUNGSPARTNERN (NACH KOSTEN) mit der Transaktion S_ALR_87011762 (siehe Abbildung 7.22).

Abbildung 7.22 Prozesskostenentlastung durch Umlage

Da Sie mit Kostenstellen, Innenaufträgen und Projekten und dem Prinzip der Kostenbe- und -entlastung bereits bestens vertraut sind, überrascht Sie dieser Bericht nicht. Der Gesamtbetrag, der als Kostenbelastung von drei Kostenstellen auf dem Geschäftsprozess zu sehen ist, wird nun zusätzlich als Entlastung aus der Umlage dargestellt. Der Saldo des Prozesses ist damit null.

Ein Beispiel zur Istabwicklung des Prozesses ersparen wir Ihnen, wir würden im Wesentlichen Ausführungen aus den vorigen Kapiteln wiederholen (siehe Abschnitt 3.2, »Kostenstellentypen und ihre Verrechnung«, und Abschnitt 6.4, »Bereitstellung der Istkosten«).

Was haben wir jetzt bei der Bearbeitung des Geschäftsprozesses »100 Auftrag abwickeln« gesehen? Kosten wurden von Kostenstellen per Leistungsverrechnung auf diesen Prozess gebucht. Per Umlage hat sich der Prozess in Richtung Ergebnisrechnung entlastet. Wären diese Funktionen nicht auch mit einer Kostenstelle abzubilden gewesen? Technisch ja, betriebswirtschaftlich nein. Bei der Entwicklung der Prozesskostenrechnung in SAP ERP wurden viele Funktionen »recycelt«, die schon für die Kostenstellenrechnung programmiert waren. Deshalb sind sich viele Masken und Abläufe sehr ähnlich. Über die hier dargestellten Funktionen hinaus bieten die Geschäftsprozesse

Kostenstellen versus Geschäftsprozesse

allerdings vor allem mit der sogenannten *Template-Verrechnung* einige exklusive Möglichkeiten. Beim Durchgriff per Template-Verrechnung auf Logistikdaten (Aufträge, Bestellungen, Stücklisten etc.) müssen die entsprechenden Module aktiviert sein. Beispiele oder Beschreibungen hierzu würden den Rahmen dieses Buches sprengen. Betriebswirtschaftlich handelt es sich bei »Auftrag abwickeln« selbstverständlich nicht um eine Kostenstelle, sondern um einen Prozess im Unternehmen. Insofern macht die Nutzung der Prozesse auch dann Sinn, wenn Sie, wie hier, Funktionen nutzen, die genauso auch bei Kostenstellen zur Verfügung stehen.

7.4 Zusammenfassung

Die Prozesskostenrechnung wird genutzt, um erstens eine eventuell rudimentär ausgeprägte Kosten- und Leistungsrechnung bei der Kalkulation und der Kostenträgerrechnung zu ersetzen und um zweitens sich wiederholende Aktivitäten in Verwaltung oder Vertrieb besser zu analysieren. Drittens wird die Prozesskostenrechnung genutzt, um abteilungsübergreifende Abläufe im Unternehmen mit ihren vollen Kosten fassbar zu machen. Für Geschäftsprozesse werden Cost Driver ermittelt, vergleichbar mit den Leistungsarten aus der Kostenstellenrechnung.

Die technischen Funktionen der Komponente Prozesskostenrechnung in SAP ERP sind zum großen Teil aus der Kostenstellenrechnung übernommen. Leistungsverrechnungen von Kostenstellen auf Prozesse und zwischen Prozessen sind ebenso möglich wie z. B. Umlagen in die Ergebnisrechnung. Mit dem Durchgriff auf Daten der Logistikmodule entfaltet die Prozesskostenrechnung ihren wahren Nutzen.

In Abschnitt 2.2, »Grundeinstellungen«, haben wir Ihnen eine Umlage in die Ergebnisrechnung vorgestellt. Diese Lösung hat den Nachteil, dass die Kosten beim Leistungsempfänger fix werden; sie sollte daher nur eine Übergangslösung zu einer verursachungsgerechten Prozesskostenrechnung darstellen.

Kapitel 8

Überraaaschung!

Zu einem vollständigen Controlling gehören Kosten und Erlöse. Bisher haben wir uns auf die Kosten konzentriert. Sehen wir uns jetzt an, wie wir die Erlöse zusätzlich ins Spiel bringen.

8 Ergebnisrechnung und Profit-Center-Rechnung

Die Ergebnisrechnung und die Profit-Center-Rechnung wurden im System SAP ERP implementiert, um Ergebnisse, Gewinn und Profit auszuweisen. Um in einem Geschäftsbereich, bei einem Kunden oder für einen Artikel Gewinn zu erzielen, muss das Unternehmen entsprechende Erlöse erwirtschaften. Thema dieses Buches sind jedoch Gemeinkosten und nicht Erlöse. Damit wird klar, dass wir uns mit Ergebnisrechnung und Profit-Center-Rechnung von unserem Kernthema entfernen. Trotzdem wagen wir einen kurzen Blick auf diese Komponenten, behalten dabei aber immer die Gemeinkosten im Auge.

8.1 Ergebnis- und Marktsegmentrechnung

Im ersten Abschnitt dieses Kapitels beschäftigen wir uns mit der Ergebnisrechnung, das ist die Komponente CO-PA im System SAP ERP. Der vollständige Name *Ergebnis- und Marktsegmentrechnung* dieser Komponente taucht nur im Anwendungsmenü und in der Dokumentation des SAP-Systems auf. Im allgemeinen Sprachgebrauch wird der Begriff *Ergebnisrechnung* verwendet. Auch hier im Buch schreiben wir Ergebnisrechnung.

Beim Einrichten der Ergebnisrechnung in SAP ERP entscheiden Sie ganz zu Beginn, ob Sie eine *kalkulatorische* oder eine *buchhalterische* Ergebnisrechnung betreiben wollen. Theoretisch können Sie sich für eine der beiden Varianten entscheiden oder beide Formen der Ergebnisrechnung parallel im System führen. Mit ihren Stärken voll nutzbar wird die Komponente allerdings nur in der kalkulatorischen Vari-

Kalkulatorische versus buchhalterische Ergebnisrechnung

ante. Dabei wird das Korsett der Buchhaltungskonten (im Controlling die Kosten- und Erlösarten) über Bord geworfen und durch eine betriebswirtschaftlich sinnvolle Gliederung der Kosten in Wertfelder ersetzt. *Wertfelder* werden definiert für Bereiche im Unternehmen wie Fertigung, Vertrieb, Verwaltung und zudem differenziert nach variablen und fixen Kosten. Standard- und Plankosten werden getrennt von Abweichungen nach Abweichungskategorien dargestellt. Außerdem bietet nur die kalkulatorische Ergebnisrechnung (wie der Name schon sagt) Funktionen für kalkulatorische Ansätze bei den Kosten. Wir beschäftigen uns im Folgenden ausschließlich mit einer kalkulatorischen Ergebnisrechnung.

Wertfelder Eben hatten wir schon erwähnt, dass wir in der kalkulatorischen Ergebnisrechnung auf die Gliederung der Kosten nach Kostenarten oder Kostenartengruppen verzichten. Begriffe wie Personalkosten, Abschreibungen, Energie etc. suchen wir in der Standardausführung zur Differenzierung unserer Gemeinkosten vergeblich. Stattdessen werden mit den Wertfeldern der Ergebnisrechnung die Kosten und Erlöse nach den genannten funktionalen und betriebswirtschaftlichen Kriterien gegliedert. Die Strukturierung der Kosten nach Wertfeldern schließt es nicht aus, Primärkostensätze mit durchgerechneten Primärkosten über alle Sekundär- und Primärstellen in Kalkulation und Ergebnisrechnung zu rechnen.

Merkmale Zur Selektion und Gruppierung von Kosten haben Sie in den klassischen Komponenten die Begriffe *Kostenstelle*, *Innenauftrag*, *Projekt* und *Geschäftsprozess* kennengelernt. Kostenstelle, Innenauftrag etc. sind in den entsprechenden SAP-Komponenten fest vorgegeben. Datenstrukturen, Erfassungsmasken und Berichte werden im System fertig ausgeliefert. Das ist bei der Ergebnisrechnung anders. Hier finden Sie nur einen Werkzeugkasten, mit dem Sie sich Ihre Anwendung individuell für Ihr Unternehmen zusammenbauen. Die Strukturen zur Selektion und Gruppierung von Daten in der Ergebnisrechnung heißen *Merkmale*.

Artikel und Kunde Grundgerüst für die firmenindividuellen Merkmale sind *Artikel* und *Kunde* aus den Vertriebsbelegen Auftrag und Rechnung. Die wesentliche Datenquelle ist also das Modul SAP SD – *Vertrieb* und nicht, wie wir das bei den bisher besprochenen Komponenten gewohnt waren, das Modul FI – *Finanzwesen*. Einige organisatorische Merkmale wie »Kostenrechnungskreis« und »Buchungskreis« sowie »Artikelnummer« und »Kundennummer« sind in der Ergebnisrechnung immer verfügbar. Darüber hinaus besteht die Möglichkeit, aus drei Quellen weitere Merkmale zu generieren:

▶ Artikel- und Kundenstamm (z. B. Materialgruppe, Produkthierarchie, Land, Kundenbezirk)

▶ Auftrags- bzw. Rechnungsbeleg (z. B. Auftragsart, Fakturaart, Verkaufsbüro)

▶ Selbst definierte Merkmale, die Sie aus Stammdaten oder Belegfeldern individuell ableiten (z. B. Ländergruppe, abgeleitet aus dem Land des Kunden, oder Business Unit, abgeleitet aus der Kunden- bzw. Artikelkombination)

Quellen für Merkmale

Mit den üblicherweise zwischen 20 und 40 Merkmalen der Ergebnisrechnung können Sie Ihre Daten speziell für Ihr Unternehmen fein differenziert darstellen. Aber Vorsicht, mit der großen Zahl an Merkmalen steigt die Gefahr, die Daten zu stark zu differenzieren und damit die Wirksamkeit der Zahlen eher zu verringern als zu erhöhen.

Lassen wir es dabei bewenden, wir wollen hier keinen Leitfaden zum Einrichten einer Ergebnisrechnung präsentieren. Ziel dieses Kapitels ist, Ihnen die grundlegenden Strukturen der Ergebnisrechnung zu vermitteln. Danach werden wir am Beispiel der Vertriebskosten zeigen, wie Gemeinkosten in die Strukturen der Ergebnisrechnung überführt werden können.

8.1.1 Grundeinstellungen

In den vorangegangenen Kapiteln konnten wir bei jeder Komponente des Controllings (fast) sofort mit der Pflege von Stammdaten (Kostenstellen, Innenaufträge etc.) beginnen. Das ist jetzt anders. Mit dem »Werkzeugkasten« Ergebnisrechnung müssen wir uns erst einmal ein funktionierendes System bauen. Die Merkmale und Wertfelder werden individuell für Ihr Unternehmen in einem Ergebnisbereich festgeschrieben.

Datenstrukturen der Ergebnisrechnung

Sie nutzen hierfür die Transaktion KEA0 im Customizing SPRO • SAP REFERENZ-IMG • CONTROLLING • ERGEBNIS- UND MARKTSEGMENTRECHNUNG • STRUKTUREN • ERGEBNISBEREICH DEFINIEREN • ERGEBNISBEREICH PFLEGEN, und fahren fort mit dem Button ANZEIGEN im Block DATENSTRUKTUR (siehe Abbildung 8.1).

Merkmale

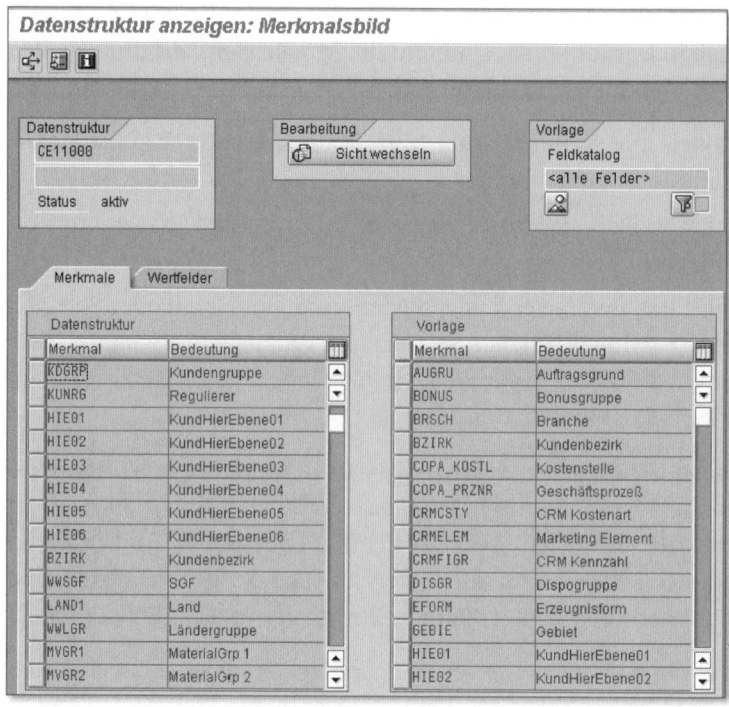

Abbildung 8.1 Merkmale in der Ergebnisrechnung

Auf der ersten Registerkarte sehen wir eine Auswahl der Merkmale, die in der Ergebnisrechnung für die Bäckerei Becker verfügbar sind.

Wertfelder   Mit der zweiten Registerkarte werden die Wertfelder gepflegt (siehe Abbildung 8.2).

Berichte der Ergebnisrechnung   Zu den firmenindividuellen Datenstrukturen mit Merkmalen und Wertfeldern müssen Sie sich die passenden Berichte ebenfalls selbst erstellen. Standardberichte, wie wir sie bisher vorgestellt haben, suchen Sie in der Ergebnisrechnung vergeblich.

Zur Darstellung der Daten der Ergebnisrechnung haben wir den Bericht »Bäckerei Becker Plan« für Sie vorbereitet. Er wird angezeigt mit der Transaktion KE30 im Menü RECHNUNGSWESEN • CONTROLLING • ERGEBNIS- UND MARKTSEGMENTRECHNUNG • INFOSYSTEM • BERICHT AUSFÜHREN (siehe Abbildung 8.3). Im ersten Aufriss werden die Plandaten für ABSATZ, UMSATZ, ROHWARE, VERPACKUNG und FERT. VAR. (Fertigungskosten variabel) für drei Kunden dargestellt.

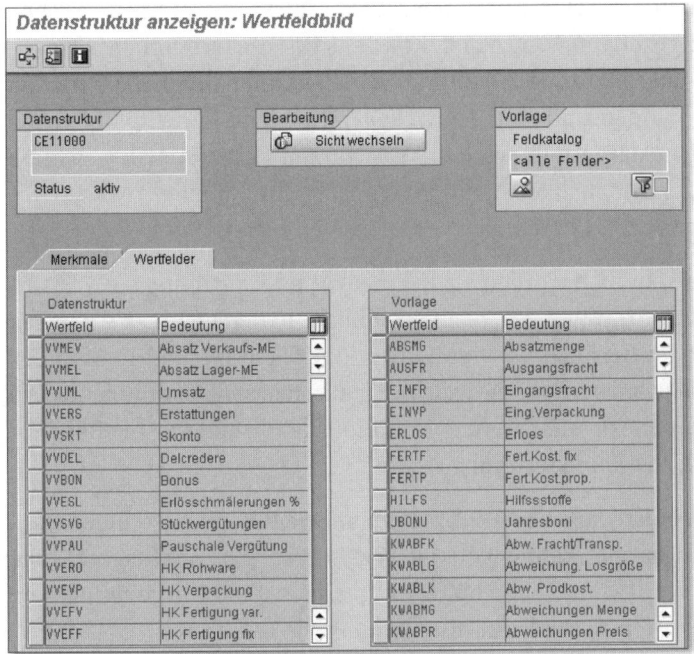

Abbildung 8.2 Wertfelder in der Ergebnisrechnung

Ergebnisbericht Bäckerei Becker Plan ausführen

Navigation	Kunde	Absatz	Umsatz	Rohware	Verpackung	Fert.var.
Kunde	Dupont, Paris	15.000	78.000	25.822	7.621	15.828
Land	Maier, Berlin	50.000	212.000	82.235	25.402	45.259
Artikel	Peters, Hamburg	40.000	178.000	65.660	20.322	42.208
MaterialGrp 2	Ergebnis	105.000	468.000	173.717	53.345	103.295

Abbildung 8.3 Ergebnisbericht mit Aufriss nach Kunde

Mit der Selektion des Kunden Peters können seine Daten detailliert nach Artikeln dargestellt werden (siehe Abbildung 8.4).

Ergebnisbericht Bäckerei Becker Plan ausführen

Navigation	v..	n..	Text	Artikel	Absatz	Umsatz	Rohware	Verpackung
▽ Kunde				Nusskuchen	20.000	86.000	31.230	10.161
110795	▲		Peters, Hamb...	Schokoladenkuchen	20.000	92.000	34.430	10.161
Land				Ergebnis	40.000	178.000	65.660	20.322
Artikel								
MaterialGrp 2								

Abbildung 8.4 Ergebnisbericht Detail – Artikel eines Kunden

Die beiden gezeigten Ansichten sind Beispiele. Selbst mit den wenigen hier gezeigten Merkmalen KUNDE, LAND, ARTIKEL und MATERIAL-GRP 2 (Materialgruppe 2; steht für Marke) können durch die Variation der Selektionen und Aufrisse viele verschiedene Berichte online am Bildschirm dargestellt werden. Sie können sich vorstellen, welche unzähligen Möglichkeiten ein Ergebnisbericht mit einer realistischen Anzahl von 20, 30 oder gar 40 Merkmalen bietet.

Selbstverständlich werden Sie in einer realen Umgebung die Wertfelder ABSATZ, UMSATZ etc. nicht so schlicht nebeneinander darstellen wie hier im Beispiel. Sie werden Deckungsbeiträge und Kennzahlen für Standardkosten und Abweichungen ausweisen. Damit bieten sich weitere, nahezu unbegrenzte Variationsmöglichkeiten im Berichtswesen der Ergebnisrechnung.

Die Ergebnisrechnung ist im System angelegt. Sie haben einen individuellen Bericht kennengelernt. Wir kehren jetzt zum eigentlichen Thema zurück und beschäftigen uns mit der Übertragung von Gemeinkosten in die Ergebnisrechnung.

8.1.2 Indirekte Leistungsverrechnung im Plan

Zur Verrechnung von Gemeinkosten in die Ergebnisrechnung betrachten wir die Kostenstelle »610 Vertriebsleitung« der Bäckerei Becker. Auf dieser Kostenstelle werden ausschließlich Fixkosten geplant. Bei der Verrechnung im Plan sollen die Kosten gleichmäßig auf alle Artikel nach Absatzmenge (Stück) verteilt werden.

Später, bei der Verrechnung im Ist, wollen wir die geplanten Kosten nach der gleichen Regel verteilen, die wir im Plan benutzt haben. Die Abweichungen sind von der Vertriebsleitung zu verantworten und sollen deshalb in der Ergebnisrechnung gesondert dargestellt werden.

Für die Verrechnung der Plankosten und der geplanten Kosten im Ist werden wir die indirekte Leistungsverrechnung von der Kostenstelle in die Ergebnisrechnung nutzen. Die Abweichung auf der Kostenstelle im Ist wird per Umlage in die Ergebnisrechnung transferiert.

Bei der Verrechnung der Kostenstellen im Ist sollen entsprechend der unterschiedlichen Verantwortlichkeiten geplante Kosten von den Abweichungen separiert werden. Um diese Anforderung zu erfüllen, müssen bereits im Plan die notwendigen Voraussetzungen geschaffen werden. Wir benötigen im Plan eine Leistungsverrechnung, mit deren Tarif wir dann im Ist die geplanten Kosten verrechnen können.

Wir entscheiden uns für eine Leistungsverrechnung in einer etwas abgewandelten Variante. Bisher hatten wir Ihnen die Leistungsverrechnung gemäß gemessener Mengen vorgestellt. Sie erinnern sich an die Verrechnung von Stromkosten gemäß der Leistungsart »Kilowattstunden«? Für die Kostenstelle »Vertriebsleitung« finden wir keine mess- oder zählbare Leistungseinheit. Wir »erfinden« eine Leistungsart und nennen sie »Vertrieb 100 %«, abgeleitet von der Verrechnung im Plan, bei der 100 % der Kostenstelle berücksichtigt werden. Eine Leistungseinheit LE steht dabei für 100 %. Bei der Leistungsverrechnung soll im Plan und im Ist die gleiche künstliche Menge eins verrechnet werden. Wir wollen nicht, wie beim Strom, in jedem Monat Leistungsmengen erfassen, sondern die festgelegte Menge einmal in einer Verrechnungsregel hinterlegen. Diese Anforderungen sind in SAP ERP mit der *indirekten Leistungsverrechnung* abgebildet.

Zur Umsetzung der indirekten Leistungsverrechnung werden wir Ihnen die folgenden Schritte präsentieren:

▶ Stammdaten der Leistungsart anlegen

▶ Kostenstelle und Leistungsart im Plan verknüpfen

▶ Zyklus für die Leistungsverrechnung pflegen

▶ Zyklus für die Leistungsverrechnung ausführen

▶ Kosten planen

▶ Tarifermittlung ausführen

▶ Daten im Ergebnisbericht darstellen

Für die Pflege der Leistungsartenstammdaten nutzen Sie die Transaktionen KL01, KL02 und KL03 im Menü RECHNUNGSWESEN • CONTROLLING • KOSTENSTELLENRECHNUNG • STAMMDATEN • LEISTUNGSART • ANLEGEN/ÄNDERN/ANZEIGEN (siehe Abbildung 8.5). Die Leistungsart für die indirekte Leistungsverrechnung muss bei der Stammdatenpflege mit dem Typ »2 indirekte Ermittlung, indirekte Verrechnung« ausgestattet sein.

Stammdaten der Leistungsart

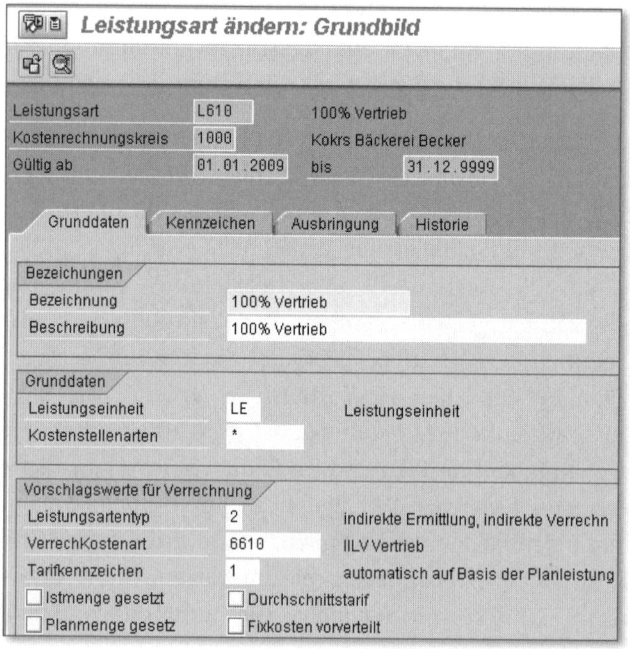

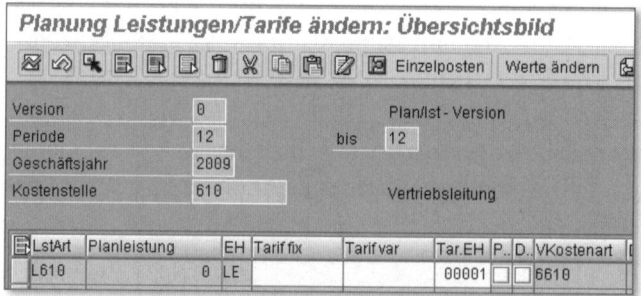

Abbildung 8.5 Leistungsartentyp »2 indirekte Ermittlung, indirekte Verrechnung«

Kostenstelle und
Leistungsart im
Plan verknüpfen

Danach verknüpfen wir Kostenstelle und Leistungsart für ein definiertes Planjahr (hier 2009) mit der Transaktion KP26 im Menü RECHNUNGSWESEN • CONTROLLING • KOSTENSTELLENRECHNUNG • PLANUNG • LEISTUNGSERBRINGUNG/TARIFE • ÄNDERN (siehe Abbildung 8.6). Sie erinnern sich an das Bild aus Abschnitt 3.5.4, »Primäre Kostenarten«? Beachten Sie, dass die Spalte PLANLEISTUNG jetzt grau hinterlegt ist. Die Erfassung der Planmenge ist hier also nicht möglich. Das liegt am Leistungsartentyp der Leistungsart »L610«. Der Leistungsartentyp »2 indirekte Erfassung, indirekte Verrechnung« lässt keine manuelle Planung zu.

Abbildung 8.6 Leistungsart und Kostenstelle verknüpfen

Und jetzt pflegen wir wieder einen Zyklus, der kein echter Zyklus ist. Bei der Beschreibung der Umlage des Geschäftsprozesses in die Ergebnisrechnung in Abschnitt 7.3, »Belastung und Verrechnung«, sind wir ausführlich auf das sprachliche Verwirrspiel der »unechten« Zyklen eingegangen. Diese Ausführungen werden wir hier nicht wiederholen. Wir nehmen die Masken, wie sie sind, und pflegen Zyklen für die indirekte Leistungsverrechnung der Vertriebskostenstelle in die Ergebnisrechnung mit den Transaktionen KEG7, KEG8 und KEG9 im Menü RECHNUNGSWESEN • CONTROLLING • ERGEBNIS- UND MARKTSEGMENTRECHNUNG • PLANUNG • PLANUNGSINTEGRATION • INDIREKTE LEISTUNGSVERRECHNUNG und dann weiter im Transaktionsmenü mit ZUSÄTZE • ZYKLUS • ANLEGEN/ÄNDERN/ANZEIGEN (siehe Abbildung 8.7).

Zyklus für die Leistungsver- rechnung pflegen

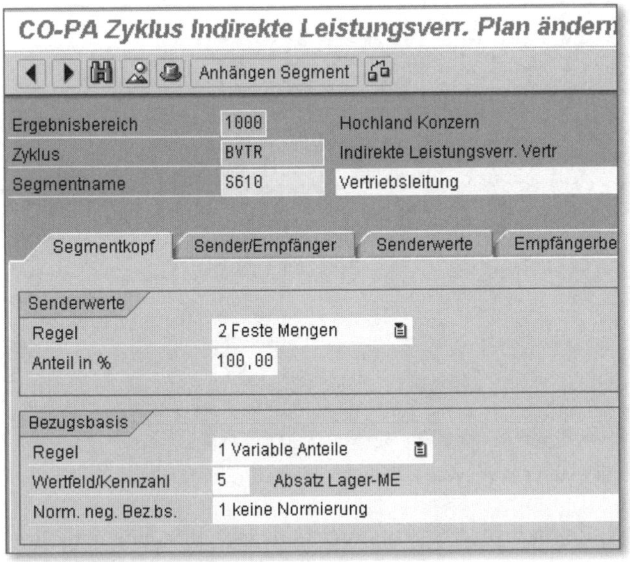

Abbildung 8.7 Indirekte Leistungsverrechnung – »Segmentkopf«

Sie sehen den Zyklus »BVTR Indirekte Leistungsverrechnung Vertrieb«. Im ersten Registerblatt SEGMENTKOPF definieren wir mit dem Eintrag »2 Feste Mengen« im Feld REGEL, dass wir die Leistungsmenge hier im Zyklus fest hinterlegen wollen. Der Wert zur Leistungsart wird später auf dem Registerblatt SENDERWERTE hinterlegt. Die Regel »1 Variable Anteile« im Block BEZUGSBASIS deutet darauf hin, dass die Kosten entsprechend gespeicherter Daten in der Ergebnisrechnung verteilt werden sollen. Gleich im nächsten Feld WERTFELD/KENNZAHL sehen wir, woher das System die Verteilungsbasis

Indirekte Leistungs- verrechnung – »Segmentkopf«

ziehen soll, nämlich aus dem Wertfeld »5 Absatz Lagermengeneinheit«. Die Lagermengeneinheit für den Kuchen der Bäckerei Becker
ist Stück. Die Kosten werden also mit dieser Regel nach geplanten
»Stück Kuchen« gleichmäßig in der Ergebnisrechnung verteilt.

Die zweite Registerkarte des Zyklus, SENDER/EMPFÄNGER, gibt an,
woher die Kosten kommen (Kostenstelle und Leistungsart) und
wohin sie geschrieben werden sollen (Merkmale in der Ergebnisrechnung). Sender ist die Kostenstelle »610 Vertriebsleitung« mit der Leistungsart »L610 Vertrieb 100 %«, die wir soeben angelegt haben. Empfänger sind alle Fertigartikel der Bäckerei Becker (siehe Abbildung
8.8).

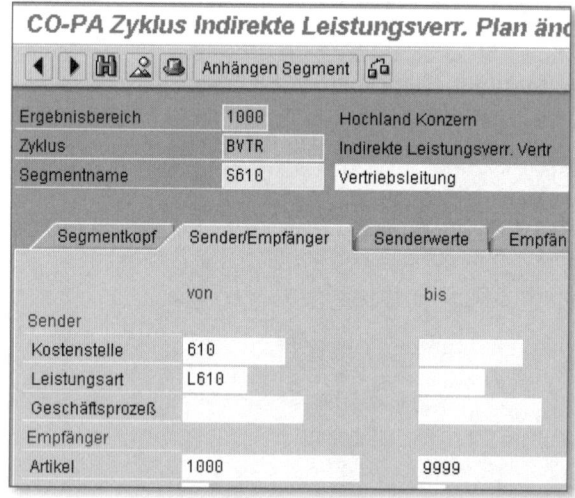

Abbildung 8.8 Indirekte Leistungsverrechnung – »Sender/Empfänger«

Jetzt, im dritten Registerblatt SENDERWERTE, tragen wir, wie erwähnt,
die fiktive Leistungsmenge der Vertriebsleitung ein. Die Leistungsmenge »1« repräsentiert die 100 %-Verrechnung (siehe Abbildung
8.9).

Im vierten Registerblatt, in der EMPFÄNGERBEZUGSBASIS, spezifizieren
wir im Block SELEKTIONSKRITERIEN genauer, wie die Verteilungsbasis
in der Ergebnisrechnung gespeichert ist (siehe Abbildung 8.10).

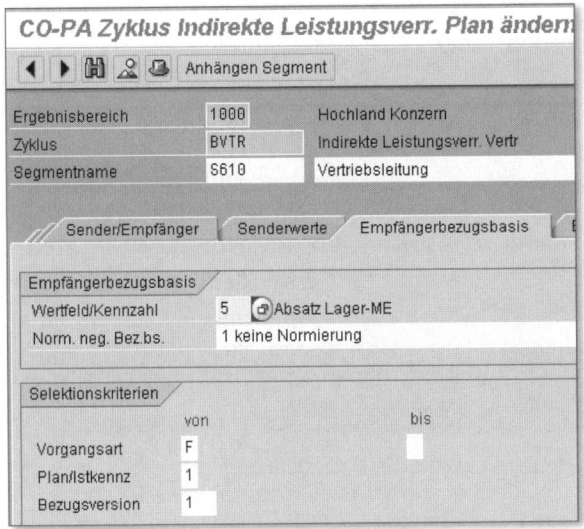

Abbildung 8.9 Indirekte Leistungsverrechnung – »Senderwerte«

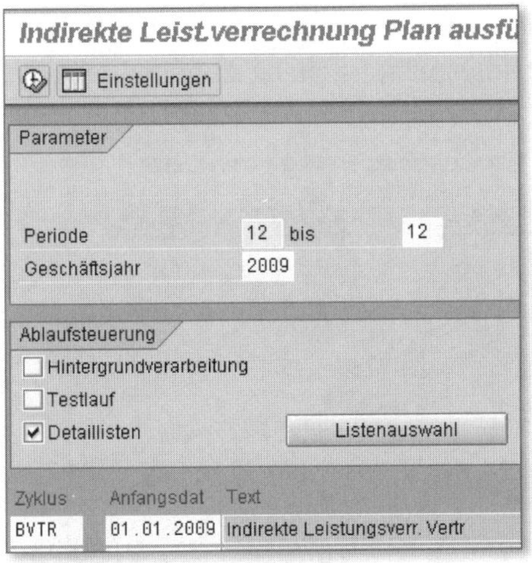

Abbildung 8.10 Indirekte Leistungsverrechnung – »Empfängerbezugsbasis«

Die Rechenregeln für die indirekte Leistungsverrechnung wurden im Zyklus »BVTR Indirekte Leistungsverrechnung Vertrieb« hinterlegt. Wir können diese Regeln jetzt benutzen und die Leistungsverrechnung im Plan für den Monat 12.2009 ausführen. Dazu nutzen wir die Transaktion KEGB im Menü RECHNUNGSWESEN • CONTROLLING • ERGEBNIS- UND MARKTSEGMENTRECHNUNG • PLANUNG • PLANUNGSINTE-GRATION • INDIREKTE LEISTUNGSVERRECHNUNG (siehe Abbildung 8.11).

Zyklus für die Leistungs-verrechnung ausführen

437

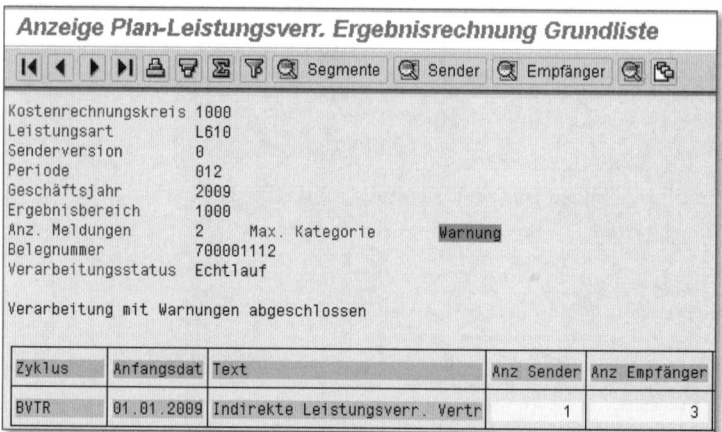

Abbildung 8.11 Indirekte Leistungsverrechnung ausführen

Protokoll zur indirekten Leistungs-verrechnung Das Protokoll der Leistungsverrechnung weist in der Spalte ANZAHL SENDER einen Sender aus, das ist die Kostenstelle »610«. In der Spalte ANZAHL EMPFÄNGER steht die Zahl »3«. Daraus können wir, mit der Kenntnis des Zyklus, schließen, dass für diesen Monat der Verkauf von drei verschiedenen Artikeln geplant ist (siehe Abbildung 8.12).

Anzeige Plan-Leistungsverr. Ergebnisrechnung Grundliste

Segmente   Sender   Empfänger

```
Kostenrechnungskreis 1000
Leistungsart         L610
Senderversion        0
Periode              012
Geschäftsjahr        2009
Ergebnisbereich      1000
Anz. Meldungen       2      Max. Kategorie      Warnung
Belegnummer          700001112
Verarbeitungsstatus  Echtlauf

Verarbeitung mit Warnungen abgeschlossen
```

Zyklus	Anfangsdat	Text	Anz Sender	Anz Empfänger
BVTR	01.01.2009	Indirekte Leistungsverr. Vertr	1	3

Abbildung 8.12 Indirekte Leistungsverrechnung – Protokoll

Empfänger im Detail Betrachten wir die Details zu den Empfängern einmal genauer. Mit Klick auf den Button EMPFÄNGER sehen wir, welche Artikel mit welchen Mengen in der Ergebnisrechnung geplant wurden (siehe Abbildung 8.13). Die Planmengen für die Artikel 1400, 1401 und 1402 sind in der Spalte BEZUGSBASIS in tausendstel Stück ausgewiesen. Diese drei Zahlen werden vom System genutzt, um die geplante Leistungsmenge »1« in der Spalte PLANLEISTUNG auf die drei Artikel aufzuteilen. Wichtig ist hier die Erkenntnis, dass wir mit der Ausführung des Zyklus zur indirekten Leistungsverrechnung keinerlei Kostendaten bewegt haben. Wir haben »nur« ein Mengengerüst für die Verteilung von Kosten generiert. Die Planung der Kosten mit anschließender Tarifermittlung können wir jetzt nachholen.

Anzeige Plan-Leistungsverr. Ergebnisrechnung Empfängerliste

⁣	Grundliste		Segmente		

Zyklus   BVTR   Indirekte Leistungsverr. Vertr
Anfangsdatum 01.01.2009
Periode   012

ungültig	Periode	Kostenst.	VerrKArt	BuKr	Artikel	Planleistung	Bezugsbasis
☐	12	610	6610	1000	1400	0,524	4.583.332
☐	12	610	6610	1000	1401	0,190	1.666.667
☐	12	610	6610	1000	1402	0,286	2.500.000
*	12					1	
**						1	

Abbildung 8.13 Indirekte Leistungsverrechnung – Empfängerliste

Vor der Kostenplanung werfen wir noch einmal einen Blick auf die Funktion zur Planung der Leistungsmengen, also auf die Transaktion KP26 im Menü LEISTUNGSERBRINGUNG/TARIFE • ÄNDERN (siehe Abbildung 8.14). Jetzt erkennen wir den bekannten Wert »1« in den Spalten PLANLEISTUNG und DISPONIERTE LEISTUNG. Beide Einträge sind das Ergebnis der indirekten Leistungsverrechnung.

Planleistung aus der Leistungsverrechnung

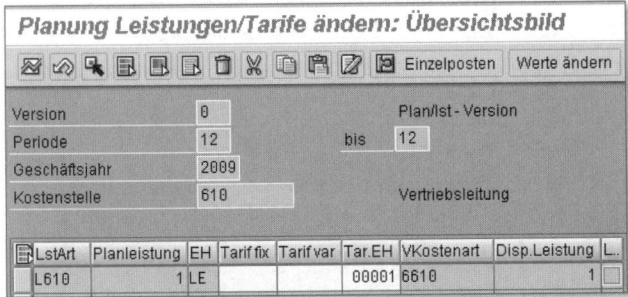

Planung Leistungen/Tarife ändern: Übersichtsbild

⁣	Einzelposten	Werte ändern

Version	0		Plan/Ist-Version
Periode	12	bis 12	
Geschäftsjahr	2009		
Kostenstelle	610		Vertriebsleitung

LstArt	Planleistung	EH	Tariffix	Tarifvar	Tar.EH	VKostenart	Disp.Leistung	L..
L610	1	LE			00001	6610	1	☐

Abbildung 8.14 Leistungsart mit disponierter Leistung und mit Planleistung

Aber jetzt zurück in bekanntes Terrain. Die Funktion zur Planung von primären Kosten haben wir hier im Buch bereits öfter benutzt. Im System heißt sie Transaktion KP06 im Menü RECHNUNGSWESEN •

Kosten planen

CONTROLLING · KOSTENSTELLENRECHNUNG · PLANUNG · KOSTENARTEN/
LEISTUNGSAUFNAHMEN · ÄNDERN (siehe Abbildung 8.15). Zur Kostenart »432010« planen wir Personalkosten in Höhe von 8.000,00 EUR
für den Monat 12.2009. Als Abschreibungen unter der Kostenart
»490011« erwarten wir 2.000,00 EUR.

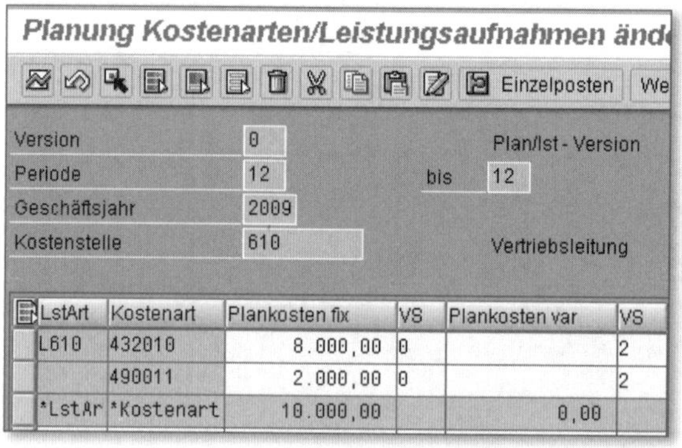

Abbildung 8.15 Kostenplanung für Kostenstelle, Leistungsart und Kostenart

Tarifermittlung ausführen

Die Planmenge »1« der Leistungsart »L610« hat uns das System mit
der indirekten Leistungsverrechnung ermittelt. Die Kosten in Höhe
von insgesamt 10.000,00 EUR zur Kostenstelle »610« haben wir soeben manuell erfasst. Jetzt berechnen wir den Preis pro Leistungseinheit mit der Tarifermittlung in der Transaktion KSPI im Menü RECH-
NUNGSWESEN · CONTROLLING · KOSTENSTELLENRECHNUNG · PLANUNG ·
VERRECHNUNGEN · TARIFERMITTLUNG. Das Ergebnis der Tarifermittlung für eine einzelne Kostenstelle können wir überprüfen, indem
wir nochmals in die Pflege der Leistungen/Tarife einsteigen (siehe
Abbildung 8.16). Der Wert 10.000,00 EUR in der Spalte TARIF FIX
wurde als Ergebnis der Tarifermittlung automatisch hier eingetragen.

Abbildung 8.16 Ergebnis der Tarifermittlung

Das Ausführen der indirekten Leistungsverrechnung in Kombination mit dem Tarif zur Leistungsart müsste sich in der Ergebnisrechnung ausgewirkt haben. Wir erwarten, dass die geplanten Kosten des Vertriebs auf drei Artikel verteilt wurden. Das überprüfen wir mit einem weiteren Bericht in der Ergebnisrechnung, den wir für diesen Zweck für Sie vorbereitet haben. Sie kennen die Transaktion KE30 »Bericht ausführen« bereits. Diesmal nutzen wir sie für den Bericht »Becker Vertriebskosten« (siehe Abbildung 8.17). Im Protokoll zur indirekten Leistungsverrechnung waren als Empfänger die Artikelnummern 1400, 1401 und 1402 angegeben. Jetzt sehen wir die passenden Artikelbezeichnungen »Schokoladenkuchen«, »Nusskuchen« und »Marmorkuchen«. In der Spalte ABS.PLN (Absatz Plan) sind die geplanten Verkaufsmengen ausgewiesen, die Spalte VTR.PLN (Vertriebskosten Plan) zeigt die erwartungsgemäß verteilten Kosten des Vertriebs.

Ergebnisbericht

Ergebnisbericht Becker Vertriebskosten ausführen

Navigation	Artikel	Abs.Pln	Vtr.Pln
Kunde	Schokoladenkuchen	4.583 ST	5.240,00 EUR
Land	Nusskuchen	1.667 ST	1.900,00 EUR
Artikel	Marmorkuchen	2.500 ST	2.860,00 EUR
MaterialGrp 2	nicht zugeordnet	0 *	0,00 EUR
		------------	------------
	Summe	8.750 *	10.000,00 EUR

Abbildung 8.17 Ergebnisbericht nach Mengen- und Kostenplanung

8.1.3 Indirekte Leistungsverrechnung im Ist

Die Planung der Kostenstelle »610 Vertriebsleitung« mit primären Kosten in Verbindung mit einer indirekten Leistungsverrechnung haben wir soeben abgeschlossen. Die Verrechnung im Plan hätten wir mit einer Umlage statt der indirekten Leistungsverrechnung mit dem gleichen Ergebnis deutlich einfacher erreichen können. Die zusätzliche Anforderung, die Istkosten nach Plan und Abweichung getrennt zu verrechnen, hätten wir allerdings mit der Umlage nicht abdecken können. Im Ist profitieren wir von der Arbeit, die wir im Plan zusätzlich geleistet haben.

Machen wir uns ein Bild von der Kostenstelle »610 Vertriebsleitung« nach abgeschlossener Planung und nach der Buchung von Istkosten

Istkosten auf der Kostenstelle

im Monat 12.2009. Wir nutzen den bekannten Kostenstellenbericht in der Transaktion S_ALR_87013611 im Menü RECHNUNGSWESEN • CONTROLLING • KOSTENSTELLENRECHNUNG • INFOSYSTEM • BERICHTE ZUR KOSTENSTELLENRECHNUNG • PLAN-IST-VERGLEICHE • KOSTENSTELLEN: IST/PLAN/ABWEICHUNG (siehe Abbildung 8.18).

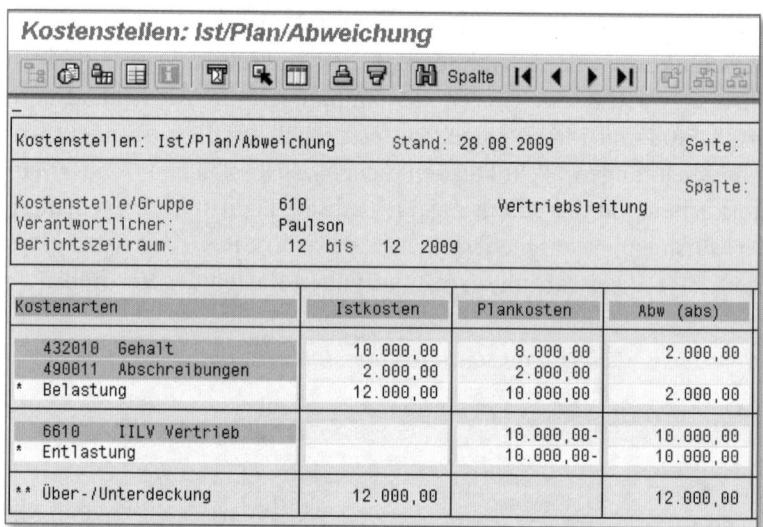

Abbildung 8.18 Kostenstelle mit Plan- und Istkosten

Die manuell geplanten Kosten für Gehalt und Abschreibungen sind genauso zu sehen wie die Entlastung im Plan durch die indirekte Leistungsverrechnung unter der sekundären Kostenart »6610 IILV Vertrieb«. Die Istbuchung für Abschreibungen trifft den geplanten Wert mit 2.000,00 EUR exakt. Beim Gehalt wurden zusätzliche Prämien ausgeschüttet, sodass wir hier im Ist 2.000,00 EUR mehr als geplant, nämlich 10.000,00 EUR, vorfinden. Eine Entlastung im Ist wurde noch nicht gebucht, das wollen wir jetzt tun.

Zyklus für indirekte Leistungsverrechnung im Ist		Wie auch im Plan benötigen wir im Ist Rechenregeln, nach denen die indirekte Leistungsverrechnung durchgeführt werden soll, also einen Zyklus. Für die Istbuchungen muss ein eigener Zyklus angelegt werden. Beim Anlegen kopieren wir den bereits gezeigten Planzyklus »BVTR« auf den neuen Zyklus »BVTRI Indirekte Leistungsverrechnung Vertrieb Ist«. Die entsprechenden Transaktionen heißen KEG1, KEG2 und KEG3 im Menü RECHNUNGSWESEN • CONTROLLING • ERGEBNIS- UND MARKTSEGMENTRECHNUNG • ISTBUCHUNGEN • PERIODENABSCHLUSS • KOSTENSTELLEN-/PROZESSKOSTEN ÜBERNEHMEN • INDIREKTE

LEISTUNGSVERRECHNUNG und dann weiter im Transaktionsmenü mit ZUSÄTZE • ZYKLUS • ANLEGEN/ÄNDERN/ANZEIGEN (siehe Abbildung 8.19).

Die Einträge in den Registerkarten SEGMENTKOPF, SENDER/EMPFÄNGER und SENDERWERTE übernehmen wir ohne Änderung aus der Kopiervorlage.

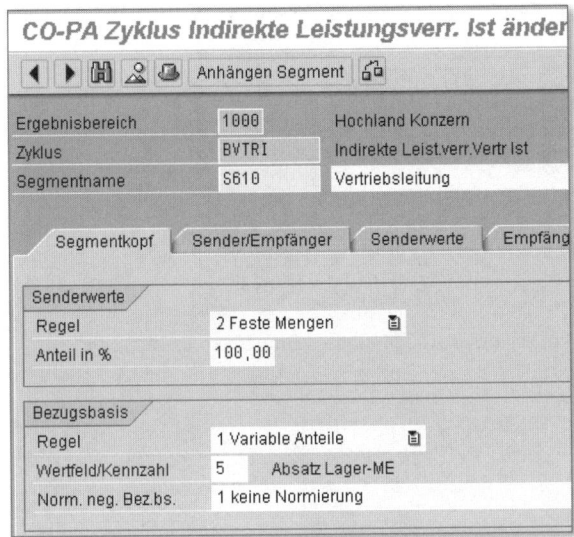

Abbildung 8.19 Indirekte Leistungsverrechnung – Zyklus im Ist

Bei der Detaillierung der EMPFÄNGERBEZUGSBASIS nehmen wir bei PLAN/ISTKENNZEICHEN und bei BEZUGSVERSION kleine Änderungen vor (siehe Abbildung 8.20).

Leistungsver-
rechnung im Ist –
Empfänger-
bezugsbasis

Die Kosten sollen jetzt nach den Istabsätzen verteilt werden (PLAN/ISTKENNZEICHEN gleich »0«). Bei Istdaten erübrigt sich die Angabe einer Version, die Istdaten gibt es nur einmal, das Feld BEZUGSVERSION bleibt deshalb leer.

Auch das Bild zum Ausführen der indirekten Leistungsverrechnung im Ist kommt Ihnen bekannt vor, es ähnelt dem Bild zum Ausführen von Umlagen (siehe Abschnitt 7.3, »Belastung und Verrechnung«). Sie finden es unter der Transaktion KEG5 im Menü RECHNUNGSWESEN • CONTROLLING • ERGEBNIS- UND MARKTSEGMENTRECHNUNG • IST-BUCHUNGEN • PERIODENABSCHLUSS • KOSTENSTELLEN-/PROZESSKOSTEN ÜBERNEHMEN • INDIREKTE LEISTUNGSVERRECHNUNG (siehe Abbildung 8.21).

Leistungsver-
rechnung im
Ist ausführen

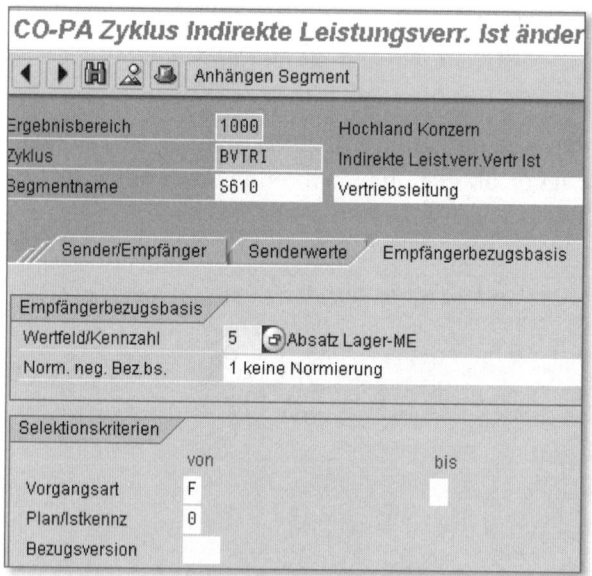

Abbildung 8.20 Indirekte Leistungsverrechnung – »Empfängerbezugsbasis«

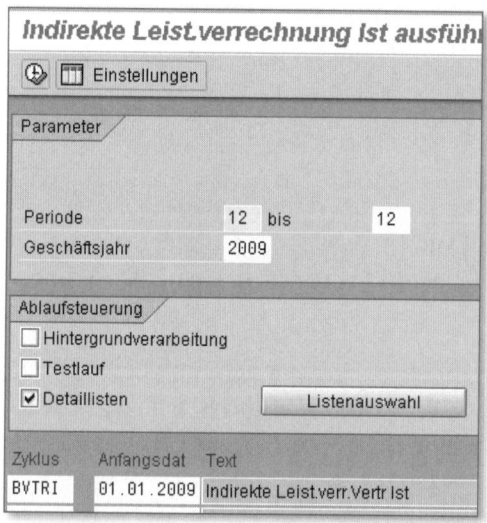

Abbildung 8.21 Indirekte Leistungsverrechnung im Ist ausführen

Ergebnisbericht nach Leistungsverrechnung im Ist

Sehen wir uns an, was die soeben durchgeführte indirekte Leistungsverrechnung in der Ergebnisrechnung ausgelöst hat. Wir nutzen wieder den Ergebnisbericht »Becker Vertriebskosten« mit der Transaktion KE30 »Bericht ausführen« (siehe Abbildung 8.22).

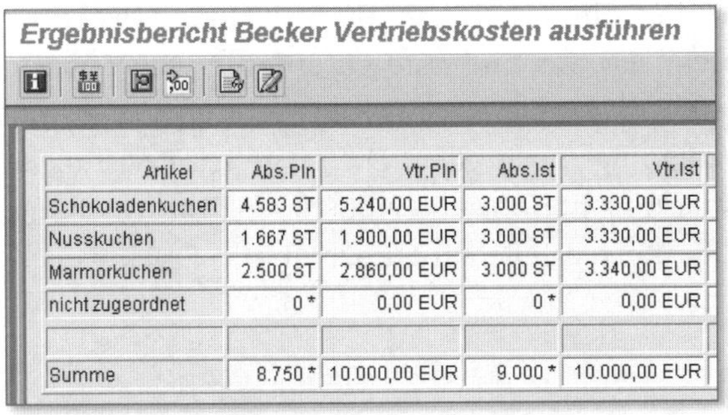

Ergebnisbericht Becker Vertriebskosten ausführen

Artikel	Abs.Pln	Vtr.Pln	Abs.Ist	Vtr.Ist
Schokoladenkuchen	4.583 ST	5.240,00 EUR	3.000 ST	3.330,00 EUR
Nusskuchen	1.667 ST	1.900,00 EUR	3.000 ST	3.330,00 EUR
Marmorkuchen	2.500 ST	2.860,00 EUR	3.000 ST	3.340,00 EUR
nicht zugeordnet	0 *	0,00 EUR	0 *	0,00 EUR
Summe	8.750 *	10.000,00 EUR	9.000 *	10.000,00 EUR

Abbildung 8.22 Ergebnisbericht nach Leistungsverrechnung im Ist

Im Ist wurden von den drei Artikeln »Schokoladenkuchen«, »Nusskuchen« und »Marmorkuchen« jeweils 3.000 Stück abgesetzt (Spalte ABS.IST). Entsprechend gleichmäßig (bis auf Rundungsdifferenzen) fällt die Verteilung der Vertriebskosten aus (Spalte VTR.IST). Beachten Sie, dass wir hier eine Leistungseinheit der Leistungsart »L610 Vertrieb 100 %« mit einem Tarif von 10.000,00 EUR pro Leistungseinheit verrechnen, also Werte, die bei der Planung entstanden sind. Das heißt, dass Sie die indirekte Leistungsverrechnung nach der Buchung von Istmengen in der Ergebnisrechnung durchführen können, ohne auf den Abschluss der Kostenstelle in diesem Monat warten zu müssen. Die echten Istkosten beeinflussen diese Verrechnung nicht.

Was hat sich auf der Kostenstelle getan? Den Kostenstellenbericht finden wir immer noch unter der Transaktion S_ALR_87013611 »Kostenstellen: Ist/Plan/Abweichung« (siehe Abbildung 8.23).

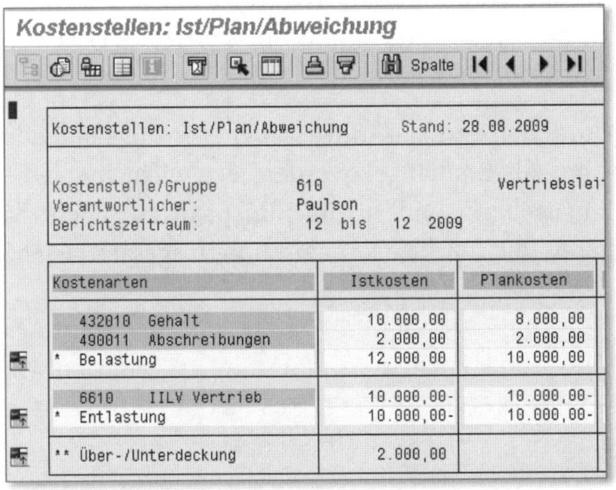

Kostenstellenbericht nach Leistungsverrechnung im Ist

Kostenstellen: Ist/Plan/Abweichung

```
Kostenstellen: Ist/Plan/Abweichung        Stand: 28.08.2009

Kostenstelle/Gruppe       610               Vertriebslei
Verantwortlicher:         Paulson
Berichtszeitraum:         12  bis  12  2009
```

Kostenarten	Istkosten	Plankosten
432010 Gehalt	10.000,00	8.000,00
490011 Abschreibungen	2.000,00	2.000,00
* Belastung	12.000,00	10.000,00
6610 IILV Vertrieb	10.000,00-	10.000,00-
* Entlastung	10.000,00-	10.000,00-
** Über-/Unterdeckung	2.000,00	

Abbildung 8.23 Kostenstelle nach Leistungsverrechnung im Ist

Die Entlastung im Ist in Höhe von 10.000,00 EUR stimmt exakt mit den Plankosten überein, das war eine erste Anforderung zur Verrechnung dieser Kostenstellenkosten in die Ergebnisrechnung. So richtig zufrieden sind wir allerdings noch nicht. Die zu hohen Belastungen im Ist sind als Unterdeckung in Höhe von 2.000,00 EUR ausgewiesen. Diesen Betrag will die Kostenstelle auch noch an die Ergebnisrechnung loswerden.

8.1.4 Umlage der Abweichungen

Nach der indirekten Leistungsverrechnung von geplanten Kosten im Ist von der Vertriebskostenstelle in die Ergebnisrechnung ist eine Abweichung in Höhe von 2.000,00 EUR übrig geblieben. Diese Mehrkosten sollen separat in der Ergebnisrechnung ausgewiesen werden, ohne Zuordnung zu den einzelnen Artikeln. Dazu nutzen wir die *Umlage*.

Zyklus für Umlage | Wie Zyklen angelegt und ausgeführt werden, wissen Sie ja schon. Bei den Umlagen von Kostenstellen in die Ergebnisrechnung im Ist nutzen Sie dafür die Transaktionen KEU1, KEU2 und KEU3 im Menü RECHNUNGSWESEN • CONTROLLING • ERGEBNIS- UND MARKTSEGMENTRECHNUNG • ISTBUCHUNGEN • PERIODENABSCHLUSS • KOSTENSTELLEN-/PROZESSKOSTEN ÜBERNEHMEN • UMLAGE und dann weiter im Transaktionsmenü mit ZUSÄTZE • ZYKLUS • ANLEGEN/ÄNDERN/ANZEIGEN (siehe Abbildung 8.24).

Unter der Umlagekostenart »6500 Umlage Verwaltung + Vertrieb« wird auf der Kostenstelle die Entlastung ausgewiesen. Die Kostenbelastung erscheint in der Ergebnisrechnung im Wertfeld VERTRIEBSKOSTEN ABWEICHUNGEN.

Umlagezyklus – »Sender/Empfänger« | Bei der Definition der SENDER/EMPFÄNGER geben wir die sendende Kostenstelle »610« an. Als Empfänger werden jetzt nicht mehr die einzelnen Artikel angegeben, sondern (im Bild nicht zu sehen, da weiter unten stehend) die Verkaufsorganisation insgesamt (siehe Abbildung 8.25).

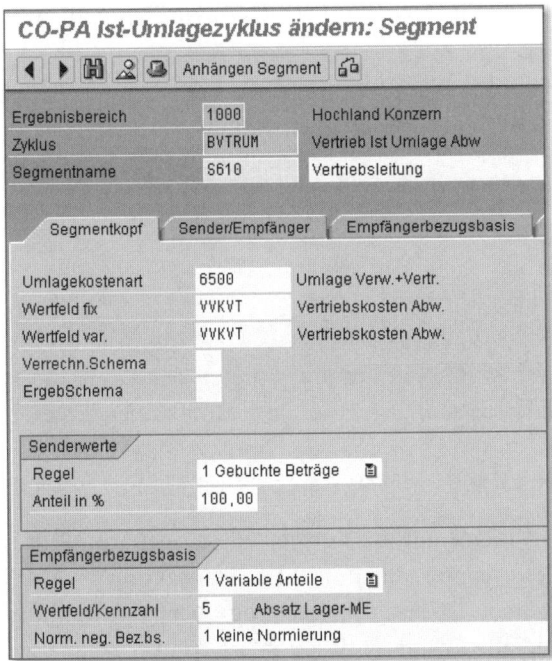

Abbildung 8.24 Umlagezyklus zur Verrechnung der Abweichungen

CO-PA Ist-Umlagezyklus ändern: Segment

◀ ▶ 🔛 ⚲ 🖨 Anhängen Segment 🔂

Ergebnisbereich	1000	Hochland Konzern
Zyklus	BVTRUM	Vertrieb Ist Umlage Abw
Segmentname	S610	Vertriebsleitung

Segmentkopf | **Sender/Empfänger** | Empfängerbezugsbasis

	von	bis
Sender		
Kostenstelle	610	
Geschäftsprozeß		
Kostenart		
Empfänger		
Artikel		
Bonusgruppe		

Abbildung 8.25 Umlagezyklus – »Sender/Empfänger«

Nach dem Ausführen der Umlage müssten auch die 2.000,00 EUR Abweichungen in der Ergebnisrechnung dargestellt sein. Sehen wir also mit der Transaktion KE30 »Bericht ausführen« nach (siehe Abbil-

Ergebnisbericht nach Umlage

447

dung 8.26). Die Spalte Vtr.IstAbw (Vertrieb Ist Abweichungen) zeigt den erwarteten Betrag.

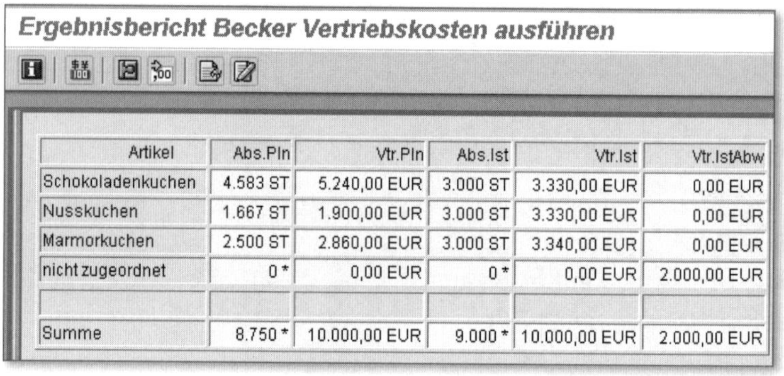

Ergebnisbericht Becker Vertriebskosten ausführen

Artikel	Abs.Pln	Vtr.Pln	Abs.Ist	Vtr.Ist	Vtr.IstAbw
Schokoladenkuchen	4.583 ST	5.240,00 EUR	3.000 ST	3.330,00 EUR	0,00 EUR
Nusskuchen	1.667 ST	1.900,00 EUR	3.000 ST	3.330,00 EUR	0,00 EUR
Marmorkuchen	2.500 ST	2.860,00 EUR	3.000 ST	3.340,00 EUR	0,00 EUR
nicht zugeordnet	0 *	0,00 EUR	0 *	0,00 EUR	2.000,00 EUR
Summe	8.750 *	10.000,00 EUR	9.000 *	10.000,00 EUR	2.000,00 EUR

Abbildung 8.26 Ergebnisbericht nach Umlage

Kostenstellen-bericht nach Umlage

Und wie hat sich die Umlage auf die Kostenstelle ausgewirkt? Diese Frage beantwortet ein letzter Blick in die Transaktion S_ALR_87013611 »Kostenstellen: Ist/Plan/Abweichung« (siehe Abbildung 8.27). Auch im Ist sind alle Kosten entlastet.

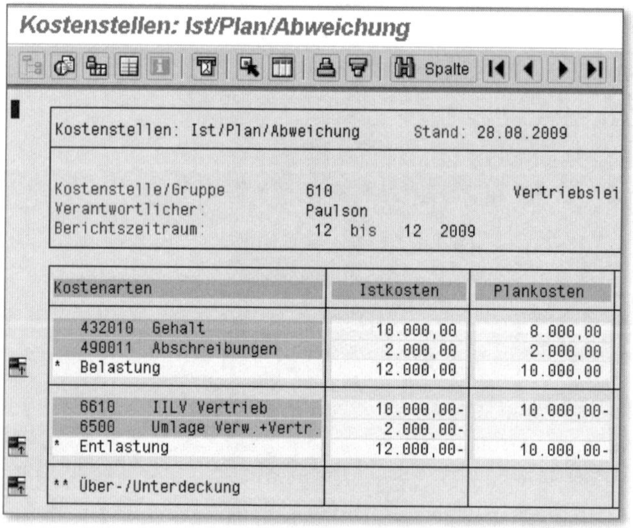

Kostenstellen: Ist/Plan/Abweichung

Kostenstellen: Ist/Plan/Abweichung   Stand: 28.08.2009

Kostenstelle/Gruppe	610	Vertriebslei
Verantwortlicher:	Paulson	
Berichtszeitraum:	12 bis 12 2009	

Kostenarten	Istkosten	Plankosten
432010 Gehalt	10.000,00	8.000,00
490011 Abschreibungen	2.000,00	2.000,00
* Belastung	12.000,00	10.000,00
6610 IILV Vertrieb	10.000,00-	10.000,00-
6500 Umlage Verw.+Vertr.	2.000,00-	
* Entlastung	12.000,00-	10.000,00-
** Über-/Unterdeckung		

Abbildung 8.27 Kostenstelle nach Umlage der Abweichungen

8.1.5   Zusammenfassung

In der Ergebnisrechnung werden Erlösinformationen aus Vertriebsbelegen mit Kosten aus Controllingkomponenten verknüpft. Bei der kalkulatorischen Ergebnisrechnung wird die Strukturierung der Kosten nach Kostenarten zugunsten von Wertfeldern aufgegeben. Außerdem neu im Vergleich zu den Komponenten der Gemeinkostenrechnung ist die Nutzung von eigenen und abgeleiteten Merkmalen zusätzlich zu den bekannten Objekten Kostenstelle, Innenauftrag etc. Die zusätzlichen Merkmale werden aus Stammdaten (Artikel, Kunde) oder aus Vertriebsbelegen übernommen oder abgeleitet.

Die Ergebnisrechnung ist die technische Grundlage für ein zentrales Steuerungsinstrument im Controlling, die *Deckungsbeitragsrechnung*. Bei der Übergabe von Kosten aus den vorgelagerten Bereichen in die Ergebnisrechnung muss für eine aussagefähige Deckungsbeitragsrechnung die Trennung nach fixen und variablen Bestandteilen sowie nach geplanten Werten und Abweichungen im Ist streng beachtet werden. Zur Umsetzung dieser Trennung bei Fixkostenstellen in der Verwaltung und im Vertrieb kann eine indirekte Leistungsverrechnung in Kombination mit einer Restumlage hilfreich sein.

8.2 Profit-Center-Rechnung

Das englische Wort *Profit* kann mit *Ergebnis* übersetzt werden. Deshalb liegt scheinbar auf der Hand, dass die *Profit-Center-Rechnung* ähnliche Aufgaben erfüllt wie die Ergebnisrechnung, die wir im vorigen Abschnitt beleuchtet haben. Allerdings nur scheinbar. Beide Komponenten beschäftigen sich mit dem Ausweis von Ergebnissen. Erlöse und Kosten werden aus vorgelagerten Bereichen übernommen und verknüpft. Sowohl in der betriebswirtschaftlichen Zielsetzung als auch in der technischen Ausprägung unterscheiden sich diese beiden Komponenten von SAP ERP allerdings deutlich.

Ergebnisrechnung versus Profit-Center-Rechnung

Für die *Ergebnis- und Marktsegmentrechnung* (und jetzt macht die vollständige Bezeichnung Sinn) gilt, dass sie an den Strukturen des Marktes ausgerichtet ist. Die Merkmale werden aus den Vertriebsbelegen abgeleitet. Artikel, Marken, Kunden, Kundenbezirke und Länder sind die zentralen Strukturen, an denen sich die Ergebnisrechnung orientiert. Bei der Strukturierung von Kosten werden nicht die aus der Buchhaltung abgeleiteten Kostenarten benutzt, sondern *Wertfelder*. Wertfelder werden ausschließlich für die Ergebnisrechnung angelegt; sie decken die firmenspezifische Anforderung an die Deckungsbei-

Kennzeichen der Ergebnisrechnung

tragsrechnung ab. In der Ergebnisrechnung werden kalkulatorische Kosten berücksichtigt.

Kennzeichen der Profit-Center-Rechnung

Für die *Profit-Center-Rechnung* gilt: Die Gliederung der Kosten nach Strukturen des Marktes ist nicht möglich. Die interne Quelle von Kosten (Kostenstelle, Innenauftrag, Projekt etc.) kann nur bedingt ermittelt werden. Wertfelder wie in der Ergebnisrechnung sind hier unbekannt, stattdessen stehen in der Profit-Center-Rechnung wieder die bekannten Kostenarten zur Verfügung.

Das klingt nicht allzu spannend. Merkmale wie in der Ergebnisrechnung gibt es nicht, und die Gliederung von Kosten nach Kostenarten kennen wir schon aus allen Komponenten der Gemeinkostenrechnung. Wozu also dient die Komponente Profit-Center-Rechnung?

Unternehmensführung mit Profit-Centern

Erlauben Sie uns, dass wir zur Beantwortung dieser Frage etwas weiter ausholen. Manche Unternehmensführungskonzepte gehen davon aus, dass die Leistung von Managern im Unternehmen durch die Übertragung von Ergebnisverantwortung gefördert wird. Nach dieser Philosophie sind die Aufgaben der Fertigung mit der Produktion allein nicht erfüllt, der Vertrieb ist nicht nur für den Absatz verantwortlich und das Marketing nicht nur für Marketing und PR. Alle Manager sollen selbst Unternehmer im Unternehmen sein und ihre Leistungen an die Kollegen »verkaufen«. Die Leistung jedes Einzelnen wird dann am Ergebnisbeitrag seines Bereichs gemessen; aus einem Cost Center wird so ein firmeninternes Profit-Center.

Das naheliegende Problem bei der betriebswirtschaftlichen Umsetzung einer Profit-Center-Rechnung in der soeben skizzierten Form sind die Festlegung der Preise sowie die Definition von Auftraggebern und Auftragnehmern. Die Preise für den unternehmensinternen Waren- und Dienstleistungsverkehr heißen *Transferpreise*. Zu welchem Transferpreis soll die Fertigung ihre Waren an den Vertrieb verkaufen? Vielleicht finden Sie auf diese Frage noch eine vernünftige Antwort. Wenn Sie aber dem Vertriebsmann sagen, dass er dem Marketing seine Leistungen zum Transferpreis »abkaufen« muss, wird es schon deutlich schwieriger. Was ist die Leistung, was ist der Preis des Marketings?

Profit-Center in der Verwaltung

Ganz absurd wird die konsequente Einführung von Profit-Centern, wenn die Verwaltungsbereiche mit einbezogen werden. Bei einem Unternehmen wurde im Zuge der Einführung von Profit-Centern dadurch schon einmal fast die Innenrevision abgeschafft. Vorgabe aus der Geschäftsleitung war, dass jede Abteilung nur noch auf der Basis konkreter Aufträge arbeiten durfte. Da keiner die Innenrevision haben wollte, stand sie plötzlich völlig ohne Aufträge da. Der Fehler wurde rechtzeitig erkannt, die Innenrevision konnte weiterarbeiten, auch ohne von den einzelnen Abteilungen angefordert zu werden.

Sie merken schon, wir haben unsere Zweifel. Dennoch werde ich Ihnen die Profit-Center-Rechnung in ihren Grundzügen vorstellen. Zusätzlich zum eigentlichen Zweck, nämlich der Abbildung von Profit-Centern, kann die Profit-Center-Rechnung in SAP ERP nämlich für zwei eher technische Zwecke nützlich sein. Dies sind die

- Segmentberichterstattung und die
- Verdichtung von Gemeinkosten und Erlösen im Plan.

Die *Segmentberichterstattung* ist eine Anforderung an Kapitalgesellschaften, die beim Erstellen des Geschäftsberichts erfüllt werden muss. Segmente in Geschäftsberichten sind meist Produktlinien oder Regionen, in denen das Unternehmen tätig ist. Für jedes Segment soll eine eigene GuV und Bilanz erstellt werden. Bei einer groben Gliederung entsprechend den Anforderungen des externen Rechnungswesens kann die Profit-Center-Rechnung durchaus sinnvoll sein. Die Transferpreise werden dann von der Unternehmensleitung festgelegt. Preisverhandlungen zwischen den betroffenen Managern sind nicht notwendig.

Wichtig für die Segmentberichterstattung ist die Ermittlung der Kapitalbindung in den einzelnen Segmenten. Zusätzlich zu einem GuV-Ergebnis mit Aufwand und Ertrag (Erlösen und Kosten) muss eine Segmentbilanz erstellt werden. Das Umlaufvermögen (Bestände, Finanzkonten) und das Anlagevermögen (Maschinen, Grundstücke, Fuhrpark etc.) werden entsprechend der Segmentdefinition aufgegliedert. Diese Aufteilung sollte bei einer entsprechend groben Gliederung der Segmente gelingen. Die Profit-Center-Rechnung von SAP ERP unterstützt die Zuordnung von Anlagepositionen. Damit stellt die Profit-Center-Rechnung Funktionen zur Verfügung, die weit über das hier im Buch behandelte Gemeinkosten-Controlling hinausgehen. Jetzt wird auch klar, warum die Profit-Center-Rechnung in SAP ERP nicht dem Modul CO – *Controlling* zugeordnet wurde, sondern mit dem Kürzel EC-PCA *Enterprise Controlling – Profit-Center Accounting* im Unternehmenscontrolling beheimatet ist. Im Unternehmenscontrolling ist z. B. auch die buchhalterische Konsolidierung zu finden.

Segmentberichterstattung

Verdichtung von
Gemeinkosten und
Erlösen im Plan

Nun aber zu dem Teil der Profit-Center-Rechnung, den wir Ihnen an einem Systembeispiel demonstrieren wollen. Bei der Jahresplanung mit SAP ERP im Controlling werden Plandaten in unterschiedlichen Komponenten erzeugt. In Bezug auf Kostenstellen, Innenaufträge, Projekte, Geschäftsprozesse und nicht zuletzt in der Ergebnisrechnung werden Erlös- und Kosteninformationen hinterlegt. In vielen Unternehmen werden diese Einzelpläne zum Abschluss der Planung in einer Plan-GuV verdichtet. Oft wird externen Interessenten (Banken, Eigenkapitalgebern) nur dieser verdichtete Plan zur Verfügung gestellt. Anstatt zur Erzeugung der Plan-GuV die Plandaten aus den einzelnen Komponenten herunterzuladen oder abzutippen und dann in einer Microsoft Excel-Datei zu verknüpfen, können Sie auch die Profit-Center-Rechnung in SAP ERP nutzen.

8.2.1 Grundeinstellungen

Systemein-
stellungen für die
Profit-Center-
Rechnung

Im folgenden Systembeispiel werden wir Plandaten aus der Kostenstellenrechnung und von Innenaufträgen verknüpfen und zu einem Profit-Center verdichtet darstellen. Diesen Vorgang zeigen wir in den folgenden Schritten:

▸ Grundeinstellungen im Customizing

▸ Stammdaten anlegen

▸ Plandaten übernehmen

▸ Berichte der Profit-Center-Rechnung

Customizing im
Kostenrechnungs-
kreis

Zur Aktivierung der Profit-Center-Rechnung müssen im Customizing zwei Einstellungen vorgenommen werden. Zunächst prüfen wir, ob für den Kostenrechnungskreis der Bäckerei Becker die Profit-Center-Rechnung aktiviert ist. Mit der Transaktion OKKP sehen wir das Häkchen bei PROFIT-CENTER im Customizing SPRO • SAP REFERENZ-IMG • CONTROLLING • CONTROLLING ALLGEMEIN • ORGANISATION • KOSTENRECHNUNGSKREIS PFLEGEN (siehe Abbildung 8.28).

Customizing in der
Profit-Center-
Rechnung

Nun benötigen wir einige Grundeinstellungen speziell für die Profit-Center-Rechnung. Diese werden mit der Transaktion OKE5 im Customizing SPRO • SAP REFERENZ-IMG • CONTROLLING • PROFIT-CENTER-RECHNUNG • GRUNDEINSTELLUNGEN • EINSTELLUNGEN FÜR DEN KOSTENRECHNUNGSKREIS • EINSTELLUNGEN FÜR DEN KOSTENRECHNUNGSKREIS PFLEGEN vorgenommen (siehe Abbildung 8.29).

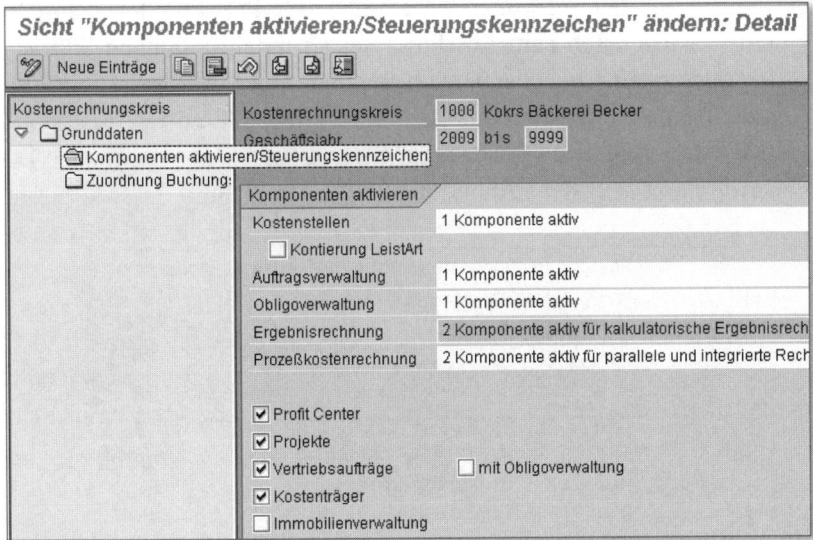

Abbildung 8.28 Einstellungen im Kostenrechnungskreis – Profit-Center

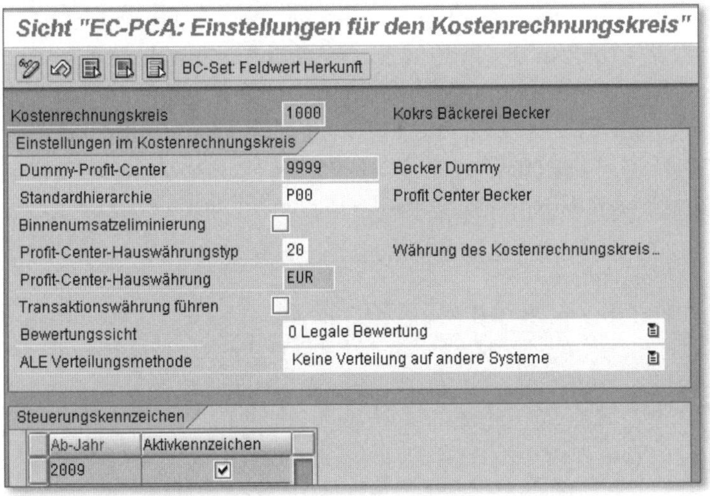

Abbildung 8.29 Einstellungen zur Profit-Center-Rechnung

Das Dummy-Profit-Center 9999 dient als Sammelbecken für Kosten und Erlöse, die keinem anderen Profit-Center zugeordnet sind. Das Dummy-Profit-Center ist in den meisten Umgebungen eine Abstimmposition und sollte bei korrekter Pflege aller Stammdaten keine Werte tragen. Die Standardhierarchie für die Profit-Center, hier P00, entspricht dem, was sie als Standardhierarchie bei den Kostenstellen kennengelernt haben (siehe Abschnitt 3.3.1, »Kostenstellen«).

Customizing der Planversion

In unserem Beispiel wollen wir Plandaten in Profit-Centern verdichten. Dazu müssen zum Abschluss der Grundeinstellungen Einträge im Customizing der Planversion vorgenommen werden. Diese Einstellungen erreichen Sie im Customizing mit SPRO • SAP REFERENZ-IMG • CONTROLLING • CONTROLLING ALLGEMEIN • ORGANISATION • VERSIONEN PFLEGEN (siehe Abbildung 8.30).

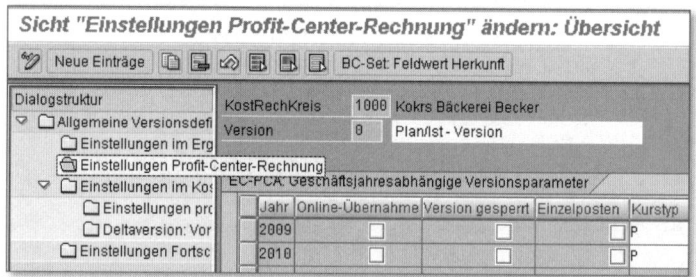

Abbildung 8.30 Einstellungen in der Planversion

Stammdaten zum Profit-Center

Jetzt verlassen wir das Customizing und widmen uns der Anwendung. Wie bei den Komponenten der Gemeinkostenrechnung beginnt die Arbeit in der Profit-Center-Rechnung mit der Pflege von Stammdaten. Profit-Center-Stammdaten werden gepflegt mit den Transaktionen KE51, KE52 und KE53 im Menü RECHNUNGSWESEN • CONTROLLING • PROFIT-CENTER-RECHNUNG • STAMMDATEN • PROFIT-CENTER • ANLEGEN/ÄNDERN/ANZEIGEN (siehe Abbildung 8.31).

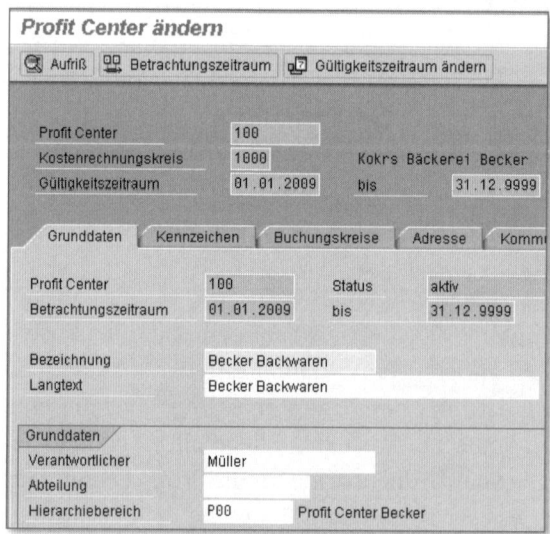

Abbildung 8.31 Profit-Center – Stammdaten

Die Zuordnung von Profit-Centern zur Standardhierarchie erfolgt, wie eben gesehen, in den Stammdaten oder über die Hierarchiepflege mit den Transaktionen KCH1, KCH5N und KCH6N im Menü RECH-NUNGSWESEN • CONTROLLING • PROFIT-CENTER-RECHNUNG • STAMMDA-TEN • STANDARDHIERARCHIE • ANLEGEN/ÄNDERN/ANZEIGEN (siehe Abbildung 8.32). Von Hierarchie kann hier im Beispiel nicht wirklich die Rede sein. Die drei Profit-Center »100 Becker Backwaren«, »200 Becker Projekte« und »9999 Becker Dummy« sind direkt dem obersten Knoten »P00 Profit-Center Becker« zugeordnet. Selbstverständlich wäre hier, wie bei Hierarchien für Kostenstellen, Innenaufträge und Kostenarten, auch eine Strukturierung über mehrere Stufen möglich.

Standardhierarchie

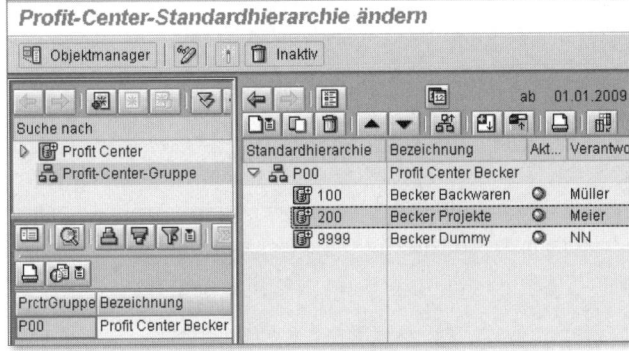

Abbildung 8.32 Profit-Center – Standardhierarchie

Die Profit-Center-Rechnung ist im Customizing aktiviert. Stammdaten und Stammdatenhierarchie für das Profit-Center sind angelegt. Jetzt verlassen wir die Profit-Center-Rechnung und verknüpfen die Stammdaten aus den anderen Komponenten mit Profit-Centern. Für Kostenstellen z. B. nutzen wir hierzu die Transaktion KS02 im Menü RECHNUNGSWESEN • CONTROLLING • KOSTENSTELLENRECHNUNG • STAMMDATEN • KOSTENSTELLE • EINZELBEARBEITUNG • ÄNDERN (siehe Abbildung 8.33). Die Kostenstelle »330 Backofen« ist jetzt mit dem Profit-Center »100 Becker Backwaren« verbunden.

Verknüpfung Kostenstelle und Profit-Center

Auch bei den Innenaufträgen finden wir in den Stammdaten ein Feld, mit dem die Verbindung zur Profit-Center-Rechnung hergestellt wird. Den Auftrag »1000003 Marke: Kuchenglück« verknüpfen wir ebenfalls mit Profit-Center »100 Becker Backwaren« und nutzen dafür die Transaktion KO02 im Menü RECHNUNGSWESEN • CONTROL-LING • INNENAUFTRÄGE • STAMMDATEN • SPEZIELLE FUNKTIONEN • AUF-TRAG • ÄNDERN (siehe Abbildung 8.34).

Verknüpfung Innenauftrag und Profit-Center

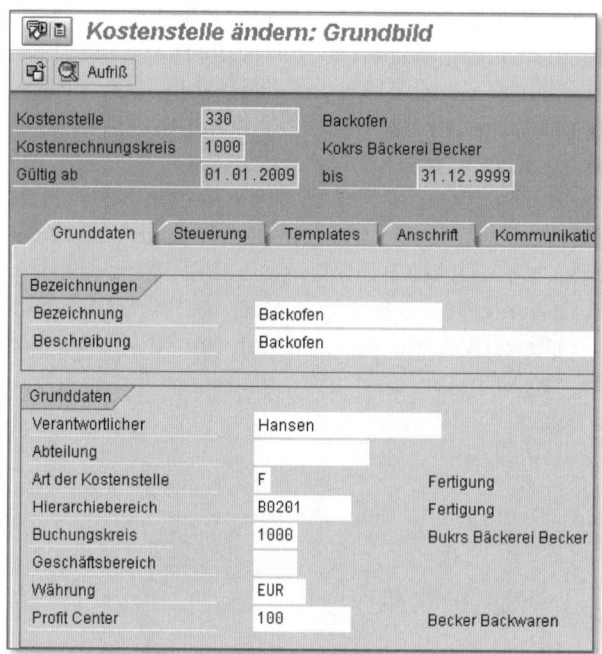

Abbildung 8.33 Zuordnung der Kostenstelle »Backofen« zum Profit-Center »Becker Backwaren«

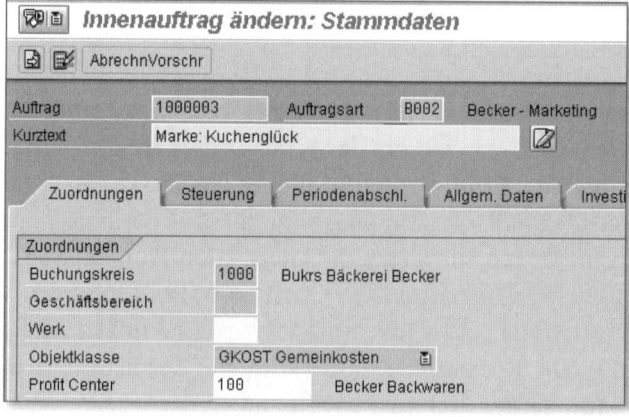

Abbildung 8.34 Innenauftrag – Zuordnung zum Profit-Center

Stammdaten-
verknüpfungen
überprüfen

Mit der Stammdatenpflege in den benachbarten Komponenten können Sie, wie eben an zwei Beispielen gezeigt, Kostenstellen, Innenaufträge, Projekte und Geschäftsprozesse Profit-Centern zuordnen. Zusätzlich, aus der Sicht der Profit-Center-Rechnung, haben Sie die Möglichkeit, Objektzuordnungen zu Profit-Centern in Übersichten

darzustellen. Nutzen Sie hierfür die Transaktion 1KE4 im Menü
RECHNUNGSWESEN • CONTROLLING • PROFIT-CENTER-RECHNUNG •
STAMMDATEN • ZUORDNUNGSÜBERSICHT und dann weiter im Transaktionsmenü mit ZUORDNUNGSÜBERSICHT • KOSTENSTELLEN • KOSTEN-
STELLEN ZU PROFIT-CENTER (siehe Abbildung 8.35).

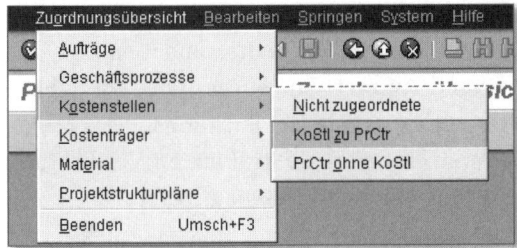

Abbildung 8.35 Zuordnungsübersicht auswählen

Hier im Beispiel sind alle Kostenstellen dargestellt, die mit dem Profit-Center »100 Becker Backwaren« verbunden sind (siehe Abbildung 8.36). Fehler bei der Zuordnung können direkt von hier aus korrigiert werden. Mit dem Doppelklick auf eine Zeile erreichen Sie die Stammdatenpflege des gewählten Objekts.

Protokoll zur
Zuordnung
Profit-Center/
Kostenstelle

EC-PCA: Kostenstellen zu Profit Centern

```
EC-PCA: Zuordnungsübersicht
Zugeordnete Kostenstellen zu einem Profit Center

Kostenrechnungskreis 1000          Kokrs Bäckerei Becker
Profit Center        0000000100    Becker Backwaren
Kostenstellenart     alle Kostenstellenarten

Anzahl der angezeigten Kostenstellen: 23
```

⚠	BuKr	KArt	Kostenst.	Bezeichnung	Gültig ab	Gültig bis
⬤⬤⬤	1000	F	310	Backstube	01.01.2009	31.12.9999
⬤⬤⬤	1000	F	320	Ruheraum	01.01.2009	31.12.9999
⬤⬤⬤	1000	F	330	Backofen	01.01.2009	31.12.9999
⬤⬤⬤	1000	H	110	Grundstück	01.01.2009	31.12.9999
⬤⬤⬤	1000	H	120	Gebäude Betrieb	01.01.2009	31.12.9999
⬤⬤⬤	1000	H	130	Gebäude Verwaltung	01.01.2009	31.12.9999
⬤⬤⬤	1000	H	210	Strom	01.01.2009	31.12.9999
⬤⬤⬤	1000	H	220	Wasser	01.01.2009	31.12.9999
⬤⬤⬤	1000	H	230	Elektriker	01.01.2009	31.12.9999
⬤⬤⬤	1000	H	240	Schlosser	01.01.2009	31.12.9999
⬤⬤⬤	1000	H	250	Betriebsleitung	01.01.2009	31.12.9999
⬤⬤⬤	1000	H	260	Arbeitsvorbereitung	01.01.2009	31.12.9999

Abbildung 8.36 Mehrere Kostenstellen mit Zuordnungen zu Profit-Centern

Vergleichbare Varianten zur Überprüfung der Stammdatenzuordnung sind auch für Innenaufträge, Geschäftsprozesse, Projekte etc. verfügbar.

8.2.2 Plandatenübernahme

Das Customizing und die Stammdatenpflege für die Profit-Center-Rechnung sind damit abgeschlossen. Profit-Center sind niemals echte Kontierungsobjekte. Sie sind immer so etwas wie zusätzliche Schattenobjekte und tragen »nur« statistische Buchungen. Das Profit-Center »100 Becker Backwaren« fungiert als Struktur zur Verdichtung von Gemeinkosten aus Kostenstellen und Innenaufträgen.

Datenübernahme von Kostenstellen und Innenaufträgen

Wir starten den Lauf zur Übernahme von Plandaten in die Profit-Center-Rechnung mit der Transaktion 1KE0 im Menü RECHNUNGSWESEN • CONTROLLING • PROFIT-CENTER-RECHNUNG • PLANUNG • PLANDATEN-ÜBERNAHME • CO-PLANDATEN (siehe Abbildung 8.37).

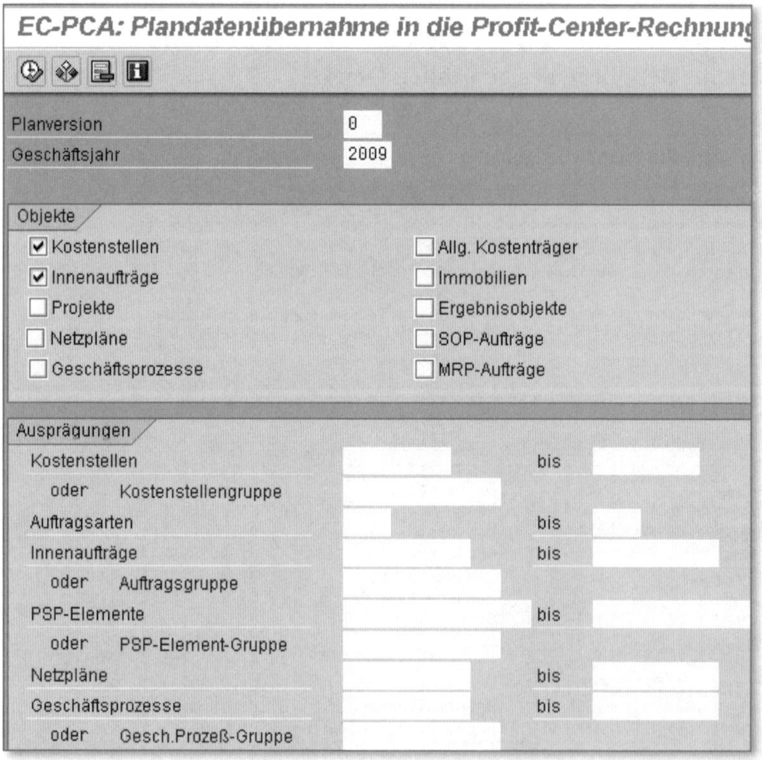

Abbildung 8.37 Plandatenübernahme – Einstieg

Im Protokoll werden die bearbeiteten Objekte mit den Planungsgebieten (Abgrenzung, Primärkostenplanung, Leistungsverrechnung etc.) in Verbindung mit Profit-Centern gezeigt (siehe Abbildung 8.38).

Protokoll zur Datenübernahme

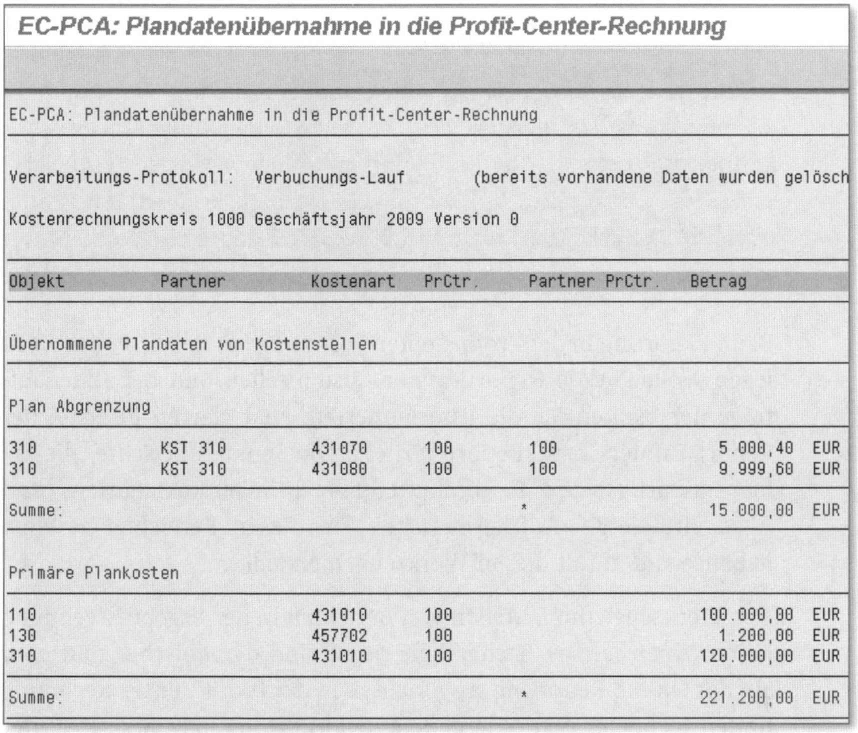

```
EC-PCA: Plandatenübernahme in die Profit-Center-Rechnung


EC-PCA: Plandatenübernahme in die Profit-Center-Rechnung


Verarbeitungs-Protokoll: Verbuchungs-Lauf      (bereits vorhandene Daten wurden gelösch

Kostenrechnungskreis 1000 Geschäftsjahr 2009 Version 0


Objekt          Partner        Kostenart  PrCtr.    Partner PrCtr.  Betrag


Übernommene Plandaten von Kostenstellen


Plan Abgrenzung

310             KST 310        431070     100       100              5.000,40  EUR
310             KST 310        431080     100       100              9.999,60  EUR

Summe:                                        *                     15.000,00  EUR


Primäre Plankosten

110                            431010     100                     100.000,00  EUR
130                            457702     100                       1.200,00  EUR
310                            431010     100                     120.000,00  EUR

Summe:                                        *                   221.200,00  EUR
```

Abbildung 8.38 Plandatenübernahme – Protokoll

Das war's auch schon. Mehr brauchen wir für die Versorgung der Profit-Center-Rechnung mit Plandaten nicht zu tun. Wir können uns jetzt ansehen, welche Daten durch die Stammdatenverknüpfung und den Übernahmelauf generiert wurden.

8.2.3 Reporting

Mit der Profit-Center-Rechnung hier im Beispiel wollen wir »nur« eine Verdichtung der Controllingplandaten in eine GuV-Struktur der Buchhaltung erzeugen. Die Buchhaltung kennt keine sekundären Kostenarten. Also versuchen wir, bei den folgenden Profit-Center-Berichten die Anzeige auf die geplanten primären Kostenarten zu beschränken. Dazu erzeugen wir eine Kontengruppe in der Profit-Center-Rechnung. Wir nutzen die Transaktionen KDH1, KDH2 und

Kontengruppen

KDH3 im Menü Rechnungswesen • Controlling • Profit-Center-
Rechnung • Stammdaten • Kontengruppe • Anlegen/Ändern/
Anzeigen (siehe Abbildung 8.39).

Abbildung 8.39 Kontengruppen für Profit-Center-Rechnung

Beim Reporting in der Profit-Center-Rechnung hat sich SAP nicht festlegen wollen. Vom Reporting der Kostenstellen und der Innenaufträge her kennen Sie die listorientierten, eher starren Berichte des
Report Painters bzw. Report Writers. Die Standardberichte, die Sie
hier im Buch (siehe z. B. Abschnitt 3.5.4, »Primäre Kostenarten«, und
Abschnitt 4.4.3, »Auftragsberichte«) in diesen Bereichen gesehen
haben, wurden mit diesen Werkzeugen erstellt.

Das Werkzeug zum Erstellen von Berichten in der Ergebnisrechnung
heißt *Recherche*. Die Rechercheberichte sind dynamischer und eher
auf das Online-Reporting ausgerichtet. In der Profit-Center-Rechnung
finden Sie beides. Sowohl mit dem Report Painter bzw. Report Writer
als auch mit der Recherche können Standardberichte erzeugt werden.
Wir werden uns zunächst einen Rechercheberichte und dann einen
Report-Painter-Bericht ansehen.

Recherchebericht Einen Recherchebericht für die Analyse von Profit-Center-Daten
direkt am Bildschirm starten wir mit der Transaktion S_ALR_
87013326 im Menü Rechnungswesen • Controlling • Profit-Center-Rechnung • Infosystem • Berichte zur Profit-Center-Rechnung • Interaktives Reporting • PrCtr-Gruppe: Plan/Ist/Abwei-
chung (siehe Abbildung 8.40).

Aufriss nach Die primären Plankosten für die beiden Profit-Center »100 Becker
Profit-Center Backwaren« und »200 Becker Projekte« werden jeweils in Summe
dargestellt (siehe Abbildung 8.41).

Aufriss nach Konto Nach der Selektion des Profit-Centers »100 Becker Backwaren« wählen wir den Aufriss nach Kontonummer (siehe Abbildung 8.42).

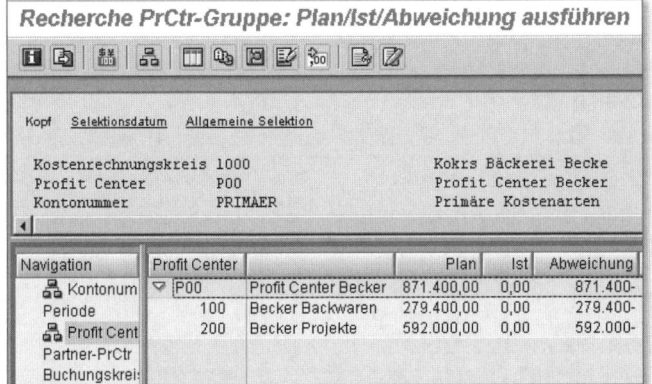

Abbildung 8.40 Online-Bericht ausführen – Einstieg

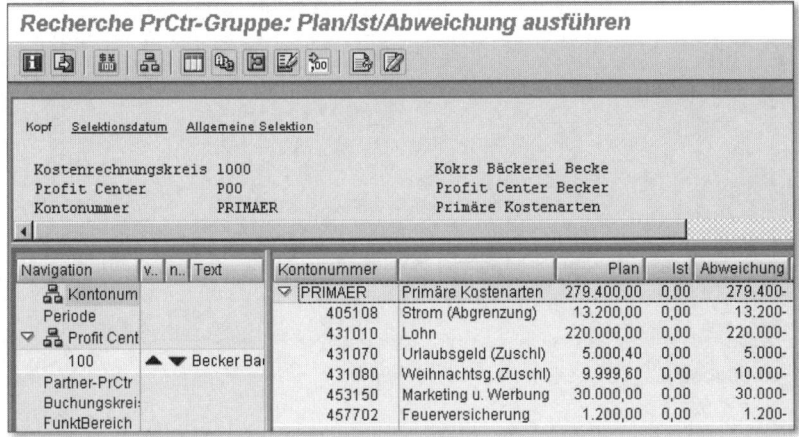

Abbildung 8.41 Recherchebericht für Profit-Center

Recherche PrCtr-Gruppe: Plan/Ist/Abweichung ausführen

Kopf Selektionsdatum Allgemeine Selektion

Kostenrechnungskreis 1000   Kokrs Bäckerei Becke
Profit Center   P00   Profit Center Becker
Kontonummer   PRIMAER   Primäre Kostenarten

Navigation	v..	n..	Text	Kontonummer		Plan	Ist	Abweichung
Kontonum				▽ PRIMAER	Primäre Kostenarten	279.400,00	0,00	279.400-
Periode				405108	Strom (Abgrenzung)	13.200,00	0,00	13.200-
▽ Profit Cent				431010	Lohn	220.000,00	0,00	220.000-
100	▲ ▼		Becker Ba	431070	Urlaubsgeld (Zuschl)	5.000,40	0,00	5.000-
Partner-PrCtr				431080	Weihnachtsg.(Zuschl)	9.999,60	0,00	10.000-
Buchungskrei				453150	Marketing u. Werbung	30.000,00	0,00	30.000-
FunktBereich				457702	Feuerversicherung	1.200,00	0,00	1.200-

Abbildung 8.42 Recherchebericht – Details für das Profit-Center
»100 Becker Backwaren«

Diese Anzeige kann mit wenigen Mausklicks in Microsoft Excel übertragen und dort zu einer präsentablen Plan-GuV aufbereitet werden.

Listorientierter Bericht Die hier gezeigten Daten wären auch mit den listorientierten Standardberichten der Profit-Center-Rechnung darstellbar. Anstatt die Anzeige jedoch zu wiederholen, wählen wir einen Bericht mit detaillierten Informationen mit der Transaktion S_ALR_87009726 im Menü RECHNUNGSWESEN • CONTROLLING • PROFIT-CENTER-RECHNUNG • INFOSYSTEM • BERICHTE ZUR PROFIT-CENTER-RECHNUNG • LISTORIENTIERTE BERICHTE • PRCTR-GRUPPE: PLAN/IST/ABWEICHUNG NACH HERKUNFT (siehe Abbildung 8.43). Jetzt sehen wir für die Plankosten unseres Profit-Centers »100 Becker Backwaren« nicht nur den Aufriss nach Kostenarten, sondern zusätzlich auch die Herkunft, und zwar »2 Kostenstelle« bzw. »3 Gemeinkostenauftrag«.

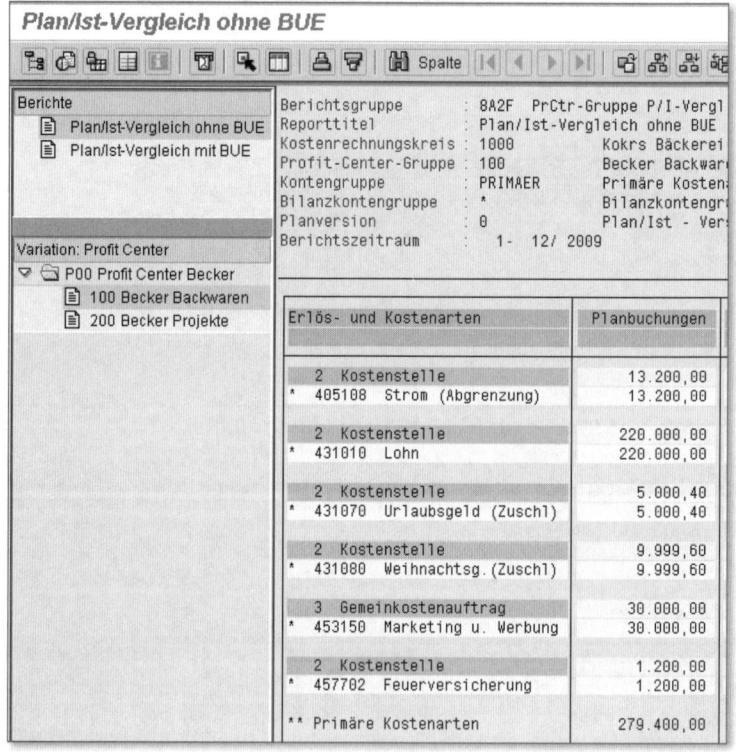

Abbildung 8.43 Listbericht für Profit-Center

Standardberichte und individuelle Erweiterungen In den Standardberichten bietet das System eine Auswahl an listorientierten Report-Painter- bzw. Report-Writer-Berichten sowie einige Recherancheberichte, die auf das Online-Reporting ausgerichtet sind.

Selbstverständlich haben Sie die Möglichkeit, eigene Report-Painter-, Report-Writer- oder Rechercheberichte zu erzeugen, wenn Ihre speziellen Anforderungen im Standard nicht abgedeckt sind. Diesbezüglich unterscheidet sich die Profit-Center-Rechnung nicht von dem, was die anderen bisher besprochenen Komponenten in SAP ERP bieten.

8.2.4 Zusammenfassung

Die Profit-Center-Rechnung wird für die Abbildung firmeninterner Bereiche, die an eigenen Bereichsergebnissen gemessen werden sollen, genutzt. Oft ist bei Profit-Centern in diesem Sinne die Festlegung der Preise für den firmeninternen Waren- und Dienstleistungsverkehr ein zentrales Problem. Durch die Verhandlung dieser Transferpreise kann das Unternehmen gelähmt werden. Der gewünschte Effekt einer Leistungssteigerung durch Ergebnisverantwortung wird möglicherweise überlagert.

Als technisches Hilfsmittel genutzt wird die Profit-Center-Rechnung bei der Erstellung von Segmentberichten im externen Rechnungswesen und zur Verdichtung von Plandaten aus dem Controlling zu einer Plan-GuV nach den Vorgaben aus der Buchhaltung. Bei der Nutzung der Profit-Center-Rechnung im letztgenannten Sinn werden die Plandaten aus den vorgelagerten Komponenten (Kostenstellen, Innenaufträge, Projekte, Ergebnisrechnung) in Profit-Centern zusammengefasst und stehen so für ein umfassendes Reporting zur Verfügung.

8.3 Zusammenfassung

Wir haben Ihnen in diesem Kapitel die Ergebnisrechnung mit SAP CO-PA bzw. SAP EC-PCA vorgestellt. In der praktischen Anwendung hat es sich bewährt, beide Module parallel einzusetzen: CO-PA (siehe Abschnitt 8.1) als Vertriebsergebnisrechnung nach dem Umsatzkostenverfahren, ohne durchgerechnete Abweichungen und in mehrdimensionalen Verdichtungen; parallel dazu die Profit-Center-Rechnung (siehe Abschnitt 8.2) nach dem Gesamtkostenverfahren, mit durchgerechneten Abweichungen einschließlich Ausweis der Bestandsveränderungen.

Kapitel 9

Und jetzt im Galopp in die schöne neue Welt!

Und zum Schluss noch ein Ausflug in eine schöne neue Welt bei SAP. Wenn Ihnen SAP ERP »zu eng« wird, dann helfen Ihnen BW und die BI-integrierte Planung vielleicht weiter.

9 SAP NetWeaver BW und BI-integrierte Planung

In den vorangegangenen Kapiteln haben wir Ihnen das Gemeinkostencontrolling mit SAP ERP vorgestellt. In diesem letzten Kapitel verlassen wir SAP ERP und sehen uns an, welchen zusätzlichen Nutzen zwei weitere Softwarebausteine von SAP für die Gemeinkostenrechnung und das Controlling im Allgemeinen haben können. Diese beiden Komponenten heißen SAP NetWeaver Business Warehouse (BW) und BI-integrierte Planung (BI-IP).

9.1 SAP NetWeaver BW

BW steht für *Business Warehouse*. Dabei handelt es sich um eine Datenbankplattform mit OLAP-Technologie. OLAP ist die Abkürzung für *Online Analytical Processing* im Gegensatz zu OLTP, *Online Transaction Processing*. Ein OLTP-System wie z. B. SAP ERP ist dahingehend optimiert, dass sehr viele Benutzer gleichzeitig kleine Datenmengen speichern können. Mit einem OLAP-System wie SAP NetWeaver BW arbeiten vergleichsweise weniger Benutzer. Diese sind eher an der Auswertung umfangreicher und komplexer Datenbestände interessiert als am Wegschreiben einzelner Buchungssätze.

OLTP versus OLAP

SAP NetWeaver BW ist eine moderne Plattform zum Aufbau eines unternehmensweiten Data Warehouses. Damit sollen bereichsübergreifende Informationen sowohl im Detail als auch sehr schnell hoch verdichtet dargestellt werden. Mögliche Argumente für die Einführung eines Data Warehouses zusätzlich zum operativen System SAP ERP sind:

Gründe für die Nutzung von BW

- Beschleunigung der Auswertungen
- Integration von Daten aus verschiedenen ERP-Modulen
- Integration von Daten aus verschiedenen ERP-Systemen
- Integration von Daten aus Fremdsystemen
- Vereinheitlichung der Reportingoberfläche
- Reduzierung der Belastung auf dem ERP-System
- Nutzung neuer DV-Technologien beim Erstellen der Benutzeroberfläche, insbesondere der Internettechnologie (Web)

Redundante Datenhaltung

Ein produktives Data Warehouse wie SAP NetWeaver BW ist immer ein selbstständiges System. Daten aus den Vorsystemen werden in SAP NetWeaver BW kopiert, mit allen Problemen, die eine redundante Datenhaltung mit sich bringt. Aus den Vorsystemen werden bereichsabhängig tägliche, wöchentliche oder monatliche Kopien der Originaldaten erzeugt. Das erste Problem ist also ein Zeitverzug zwischen dem Entstehen der Daten und der Verfügbarkeit auf dem System, das für die Auswertung vorgesehen ist. Zweitens findet bei der Kopie fast immer eine Selektion oder Bearbeitung der Daten statt. Die Abstimmung von Datenquelle mit dem -ziel ist eine sowohl inhaltliche als auch organisatorisch schwierige Aufgabe. Drittens treten bei der Benutzung von Computern immer wieder Fehler auf. Je komplexer die Umgebung, desto höher die Fehlerwahrscheinlichkeit und desto schwieriger die Analyse von Fehlern. Ein SAP ERP-System allein ist schon ein komplexes Gebilde, das für sich betrachtet schon alles andere als fehlerfrei ist. Entsprechend schwierig ist die Verknüpfung von verschiedenen ERP-Systemen oder gar das Einbinden von Daten aus gänzlich externen Quellen.

Unternehmensweites Data Warehouse

Was wollen wir damit sagen? Einige gute Gründe sprechen für den Aufbau eines Data Warehouses in einer modernen IT-Landschaft. Mit einer einfachen Kopie von Daten innerhalb einiger Tage ist allerdings nichts erreicht. Der Aufbau eines laufend aktualisierten Datenbestands und die Entwicklung von nutzbringenden Analysewerkzeugen benötigen Zeit und Ressourcen. Nur so werden die Probleme beherrschbar. Der aus unserer Sicht zielführende Weg beim Aufbau eines unternehmensweiten Data Warehouses lässt sich am besten zusammenfassen mit dem Schlagwort »start small – think big«. Suchen Sie sich einen eng umrissenen Bereich im Quellsystem, und beginnen Sie mit einer einfachen Kopie. Sammeln Sie Erfahrungen bei der Datenübertragung und der Nutzung von Reportingwerkzeugen. Bringen Sie diesen ersten Datentopf produktiv zum Einsatz, und integrieren Sie dann nach und nach weitere Datenquellen.

Im Folgenden kümmern wir uns nicht um die Verknüpfung von Systemen oder um Einstellungen, die für die Datenübernahme notwendig sind. Dieser Bereich liegt in der Verantwortung der IT-Abteilung. Wir zeigen Ihnen ein Analysewerkzeug von SAP NetWeaver BW, den *Business Explorer Analyzer* (BEx) der von Fachabteilungen, insbesondere vom Controlling, gerne genutzt wird.

9.1.1 Business Explorer Analyzer (BEx)

Die Bäckerei Becker hat sich für die Einrichtung eines Data Warehouses entschieden. Nach der Prüfung verschiedener Alternativen soll als technische Plattform SAP NetWeaver BW genutzt werden. Eine weise Entscheidung, vor allem weil als wichtigste Datenquelle das SAP ERP-System des Unternehmens angezapft wird. Die Übernahme von Daten aus SAP ERP kann kein Anbieter von Data-Warehouse-Software so gut wie SAP selbst. Diese Tatsache tröstet über manche Unzulänglichkeit beim Handling an der Oberfläche hinweg.

Datenübernahme aus SAP ERP

Das BW-System ist eingerichtet und funktioniert. Als erste Datenquelle werden die Plandaten von Kostenstellen im Data Warehouse dargestellt. Das Einrichten des Datenziels im BW-System und die Erstellung von Übernahmeprogrammen bereiten keine Probleme. Es wurde lediglich ein sogenannter *Business Content* aktiviert. Der Business Content besteht aus einer Datenstruktur und aus einer Sammlung von Programmen und Einstellungen für die Datenübertragung von SAP ERP in SAP NetWeaver BW, die mit SAP NetWeaver BW ausgeliefert wird. Business Contents stehen für praktisch alle Module und Komponenten des Standard-ERP-Systems von SAP zur Verfügung.

Für dieses Beispiel haben wir die drei Kostenstellen »Backstube«, »Ruheraum« und »Backofen« mit rudimentären Plandaten versorgt. Wir verzichten hier auf eine betriebswirtschaftlich sinnvolle Planung mit Leistungsarten, Tarifermittlung und Kostenspaltung und beschränken uns auf die Planung von primären Kostenarten auf den genannten Kostenstellen. Hier geht es nicht um die Wiederholung der betriebswirtschaftlichen Diskussion aus den vorangegangen

Einfaches Beispiel

Kapiteln, sondern um die Darstellung der neuen technischen Funktionalität in SAP NetWeaver BW.

Wie sieht also unsere Kostenstelle in SAP ERP aus? Nutzen wir mit der Transaktion S_ALR_87013613 im Menü RECHNUNGSWESEN • CONTROLLING • KOSTENSTELLENRECHNUNG • INFOSYSTEM • BERICHTE ZUR KOSTENSTELLENRECHNUNG • PLAN-IST-VERGLEICHE • BEREICH: KOSTENARTEN einen Bericht zur Darstellung von Plan- und Istdaten im Überblick (siehe Abbildung 9.1).

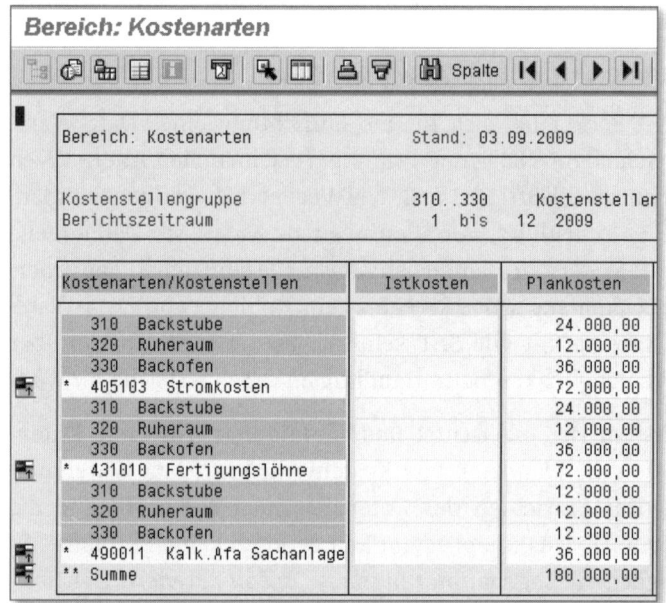

Abbildung 9.1 Bericht mit »Kostenarten« und »Kostenstellen« in SAP ERP

Berichte in SAP ERP

Sie kennen die Art der Darstellung. Für ein listorientiertes Reporting sind diese Berichte durchaus brauchbar. Sie wissen, dass wir in diversen Standardberichten alternative Darstellungen für Kostenstellen, Kostenarten, Be-/Entlastungen, Periodenaufrisse, Betrags- und Mengenfelder im System SAP ERP vorfinden. Was in ERP jedoch nicht geht, ist die schnelle und flexible Online-Analyse von Daten nach beliebigen Aufrissen, d.h. kreuz und quer.

Die soeben dargestellten Plandaten für Kostenstellen wurden in das BW-System der Bäckerei Becker übernommen. Datenziel in SAP NetWeaver BW ist der InfoProvider 0COOM_C02, »CO-OM: Kosten und Verrechnungen«, aus dem Business Content.

Zur Anzeige von BW-Daten liefert SAP standardmäßig ein in Micro-soft Excel integriertes Werkzeug, den *Business Explorer Analyzer* (BEx). BEx ist als Werkzeug für Endanwender bei IT-Abteilungen und Systemhäusern gleichermaßen unbeliebt. Aus Sicht der IT-Abteilungen ist die Gefahr groß, dass Anwender mit diesem mächtigen Werkzeug und dem direkten Zugriff auf die Daten Unsinn anrichten. Systemhäuser verkaufen lieber individuell entwickelte Web-Reporting-Tools, als dass sie das Know-how des direkten Datenzugriffs aus der Hand geben. Beide Positionen sind durchaus verständlich. BEx ist, da stimmen wir zu, nur bedingt geeignet als Reportinginstrument in der Hand von Gelegenheits-Usern. Gelegenheits-User sind Kostenstellen-verantwortliche oder Außendienstmitarbeiter, die ein- oder zweimal im Monat auf ihre Daten zugreifen. Auch Manager in mittleren und oberen Ebenen verrennen sich eventuell in den umfangreichen Möglichkeiten, die ihnen BEx bietet.

Für und wider BEx

Trotzdem zeigen wir Ihnen den Business Explorer Analyzer gerne. Sie sind Power-User im Controlling und kennen Ihre Daten im Zweifelsfall besser als jeder Mitarbeiter in der EDV. Sie sind Profi im Umgang mit Microsoft Excel und finden sich schnell mit dem Tool zurecht. Lassen Sie sich von den Kollegen in der EDV und von Beratern nicht beirren. Sie werden schnell Gefallen am Business Explorer Analyzer finden.

Die Darstellung von BW-Daten mit dem Business Explorer Analyzer in Microsoft Excel zeigen wir Ihnen in den folgenden Schritten:

MS Excel-Reporting mit BEx

- ▶ Query anlegen
- ▶ Merkmale auswählen
- ▶ Kennzahlen selektieren
- ▶ Query speichern und nach Microsoft Excel übernehmen
- ▶ Navigation in Microsoft Excel

Query anlegen

Technisch ist BEx ein Add-In für Microsoft Excel für den Zugriff auf BW-Systeme. Excel mit aktiviertem BEx unterscheidet sich vom Standard-Excel nur durch eine zusätzliche Iconleiste unter ADD-INS mit dem Namen BEX ANALYZER (siehe Abbildung 9.2).

Erweiterung von Microsoft Excel

Abbildung 9.2 Zusätzliche Iconleiste »BEx Analyzer« in Microsoft Excel zum Zugriff auf BW-Daten

Neue Query anlegen ▦ Beim Zugriff auf BW-Daten müssen wir dem System mitteilen, welche Merkmale und Kennzahlen aus welchem InfoProvider angezeigt werden sollen. Diese Angaben werden in einer Query gespeichert. Mit der Funktion BEx ANALYSIS TOOLBOX: EXTRAS • NEUE QUERY ANLEGEN legen Sie eine neue Query an (siehe Abbildung 9.3).

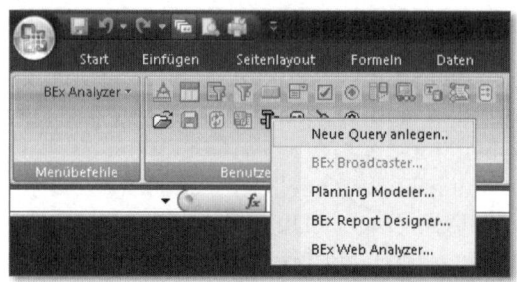

Abbildung 9.3 Query Designer öffnen

Verbindung zum BW-Server Erst jetzt wird die Verbindung zu einem SAP-Server hergestellt, genauer gesagt zum BW-System HBT (siehe Abbildung 9.4).

Abbildung 9.4 Anmelden am SAP NetWeaver BW-System

Neue Query ▯ Im folgenden Bild BEx QUERY DESIGNER wählen Sie die Funktion NEUE QUERY (siehe Abbildung 9.5).

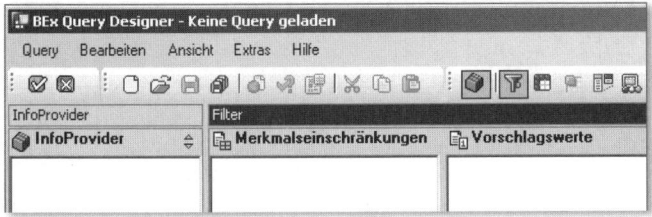

Abbildung 9.5 Einstieg in den BEx Query Designer

Querys werden immer in Bezug auf einen InfoProvider angelegt. Wir wählen »CO-OM: Kosten und Verrechnungen« (siehe Abbildung 9.6).

InfoProvider auswählen

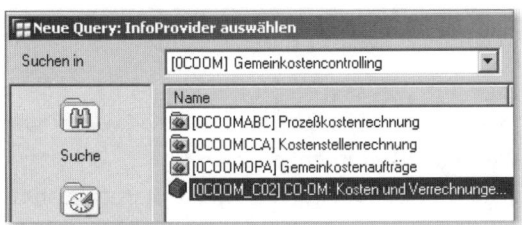

Abbildung 9.6 InfoProvider auswählen

In der linken Spalte des Bildschirms sind jetzt alle Kennzahlen und Merkmale des InfoProviders verfügbar. Die einzelnen Merkmale werden in SAP NetWeaver BW nach Dimensionen gruppiert (siehe Abbildung 9.7).

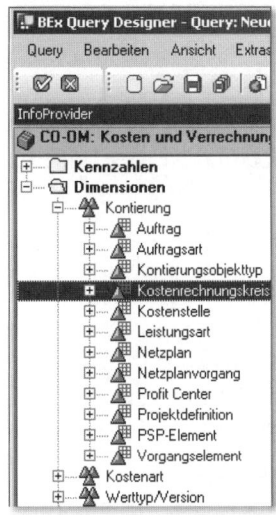

Abbildung 9.7 Kennzahlen und Dimensionen mit Merkmalen zum InfoProvider »CO-OM: Kosten und Verrechnungen«

473

Hier ist die Dimension Kontierung aufgeklappt. Sie sehen u.a. die Merkmale:

- Auftrag
- Auftragsart
- Kostenrechnungskreis
- Kostenstelle
- Leistungsart
- Profit-Center
- PSP-Element

Alles Begriffe, die Ihnen aus diesem Buch als Objekte des Controllings von SAP ERP bekannt sind.

In der Dimension Kostenart sind die Merkmale Kostenart sowie Be-/Entlastungskennzeichen zusammengefasst. Hinter Werttyp/Version verbergen sich die Merkmale Werttyp (u.a. mit den Ausprägungen »Ist«, »Plan« und »Soll«) und Version (zur Verschlüsselung der Planversion). Mit dem Merkmal Währungstyp, dem einzigen Merkmal in der gleichnamigen Dimension, wählen Sie, ob Sie die Beträge in Transaktionswährung, Objektwährung oder Kostenrechnungskreiswährung sehen wollen.

Hinter Kennzahlen verbergen sich Betrag, Betrag fix, Betrag variabel sowie Menge.

Merkmale und Kennzahlen auswählen

Filterwerte festlegen

Ein wichtiges Merkmal bei der Betrachtung von Controllingdaten ist der Werttyp, also die Unterscheidung nach Plan und Ist. Der Werttyp ist der Dimension Werttyp/Version zugeordnet. Im Folgenden sollen nur Plandaten angezeigt werden, also übernehmen wir mit Drag & Drop den Wert »Plan« in den Block Filter – Merkmalseinschränkungen (siehe Abbildung 9.8).

Genauso verfahren wir mit dem Wert »Kokrs Bäckerei Becker« des Merkmals Kostenrechnungskreis und dem Eintrag »Plan/Ist-Version« zum Merkmal Version. Auch diese Einträge werden in die Merkmalseinschränkungen übernommen (siehe Abbildung 9.9).

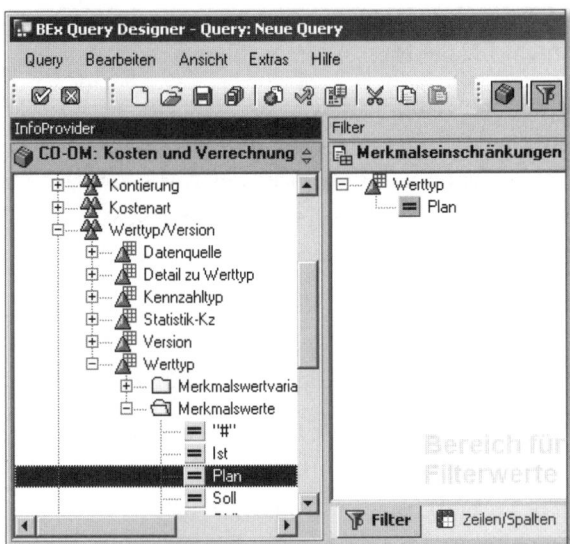

Abbildung 9.8 Filter für das Merkmal »Werttyp – Plan«

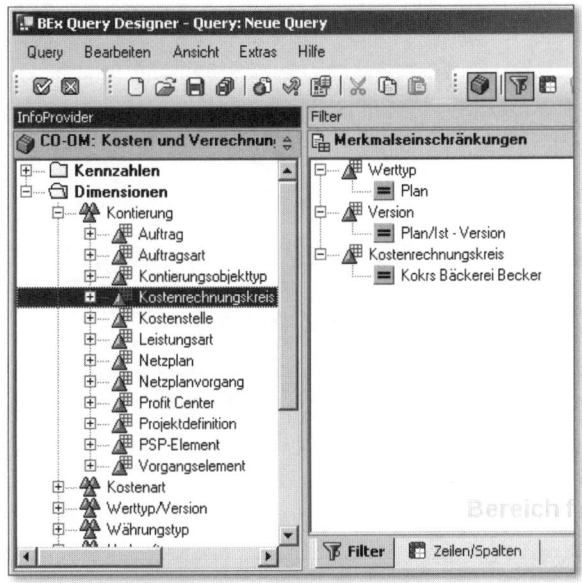

Abbildung 9.9 Zusätzliche Merkmalseinschränkungen zur »Version« und zum »Kostenrechnungskreis«

Merkmale können später in Microsoft Excel für die Navigation benutzt werden, oder sie werden beim Ausführen der Query einmalig als Filter verwendet. WERTTYP, VERSION und KOSTENRECHNUNGS-

Merkmale für die Navigation festlegen

KREIS stehen im Block MERKMALSEINSCHRÄNKUNGEN und sind somit in Microsoft Excel nicht für die Navigation verfügbar.

Weitere Merkmale aus den Dimensionen KONTIERUNG, KOSTENART und ZEIT sind für die Navigation vorgesehen und werden deshalb in der Registerkarte ZEILEN/SPALTEN in die Blöcke FREIE MERKMALE oder ZEILEN gezogen. Zunächst wählen wir WÄHRUNGSTYP und GESCHÄFTSJ./PERIODE und verschieben diese Merkmale in den Block FREIE MERKMALE.

KOSTENSTELLE, SENDER/EMPFÄNGER und KOSTENART sollen beim ersten Aufruf der Query die Zeilen strukturieren. Also ziehen wir diese drei Merkmale in den Block ZEILEN.

Dann wählen wir aus den Kennzahlen den Eintrag BETRAG aus und ziehen ihn in das Feld SPALTEN (siehe Abbildung 9.10).

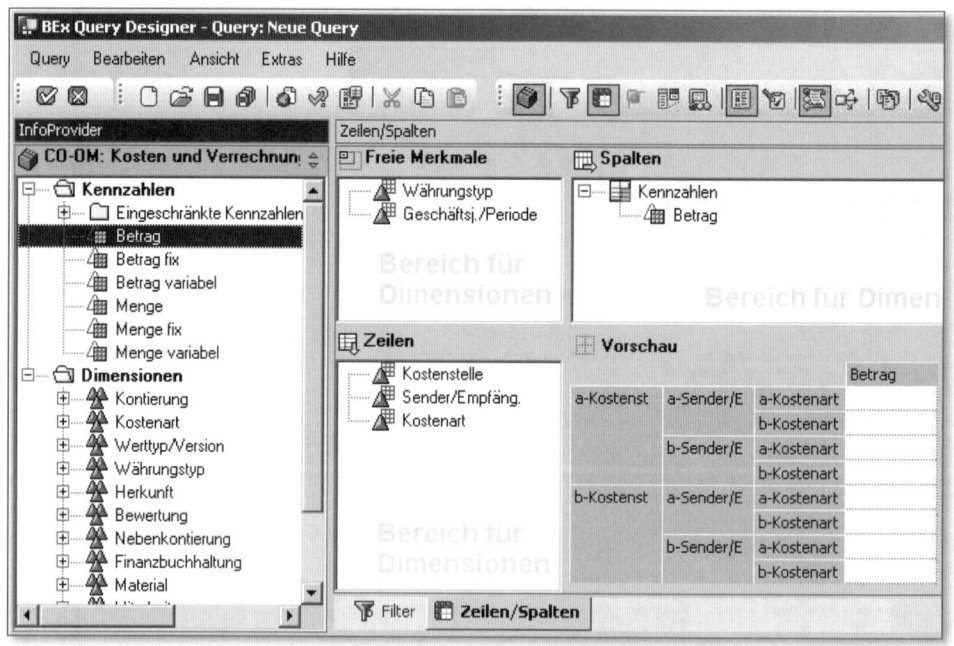

Abbildung 9.10 Definition von »Freien Merkmalen«, »Zeilen« und »Spalten«

Query speichern Vor dem Ausführen muss die Query gesichert werden. Dazu nutzen Sie den Button SPEICHERN. Sie werden nach einem technischen Namen und einer Beschreibung für die Query gefragt. Die Definition der Query wird auf dem BW-Server abgelegt und steht dort für die Ausführung bereit (siehe Abbildung 9.11).

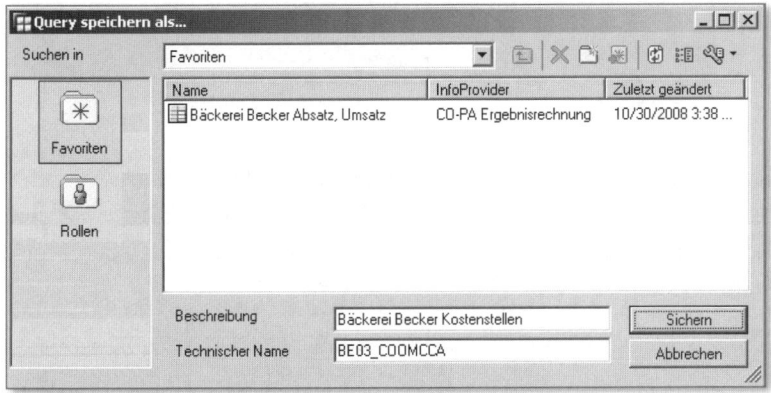

Abbildung 9.11 Query speichern unter dem Namen »Bäckerei Becker Kosten-stellen«

9.1.2 Datenanalyse in Microsoft Excel

Jetzt geht's richtig los. Wir wollen die soeben gebaute Query nutzen, um Daten aus SAP NetWeaver BW in Microsoft Excel anzuzeigen. Mit dem Button AUSFÜHREN lösen Sie drei Schritte aus, die automatisch ablaufen:

Query ausführen

▸ neues Microsoft Excel-Arbeitsblatt anlegen

▸ Querydefinition als Visual-Basic-Code in dieses Arbeitsblatt über-nehmen

▸ Query ausführen

Die Struktur der dargestellten Daten entspricht dem, was wir in der Querydefinition festgelegt hatten. Im Zeilenaufriss sehen wir KOS-TENSTELLE und KOSTENART, die einzige Spalte des Berichts wird durch die Kennzahl BETRAG gebildet (siehe Abbildung 9.12).

Wir sind mit Abbildung 9.12 schon ziemlich nahe an dem SAP ERP-Bericht in Abbildung 9.1, den wir ihnen am Anfang dieses Kapitels vorgestellt hatten. Im SAP ERP-Bericht in Abbildung 9.1 werden allerdings zuerst die Kostenarten dargestellt und dann erst nach Kos-tenstellen aufgerissen. Das können wir mit BEx auch! Ziehen Sie ein-fach in Abbildung 9.12 die Zelle »G15 Kostenart« nach links auf die Zelle F15. Schwups – nach einem kurzen Flackern des Bildschirms ändert sich die Reihenfolge im Aufriss (siehe Abbildung 9.13).

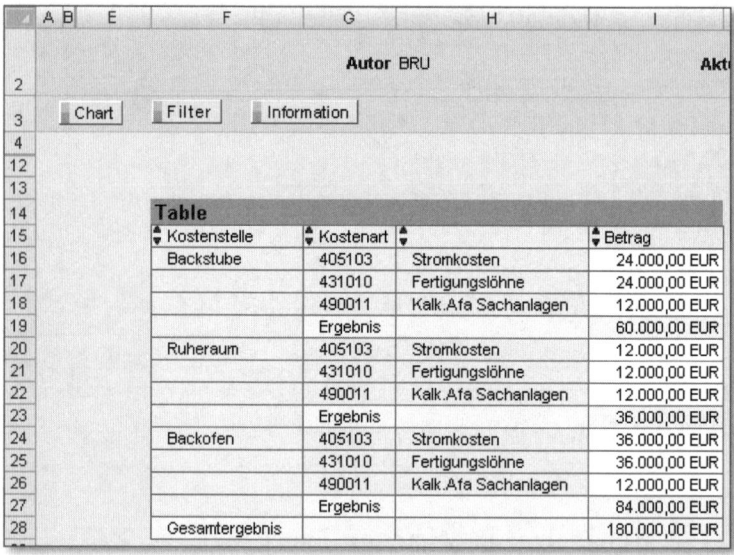

Abbildung 9.12 Erster Aufriss mit »Kostenstelle« und »Kostenart« in den Zeilen

Kostenart		Kostenstelle	Betrag
405103	Stromkosten	Backstube	24.000,00 EUR
		Ruheraum	12.000,00 EUR
		Backofen	36.000,00 EUR
		Ergebnis	72.000,00 EUR
431010	Fertigungslöhne	Backstube	24.000,00 EUR
		Ruheraum	12.000,00 EUR
		Backofen	36.000,00 EUR
		Ergebnis	72.000,00 EUR
490011	Kalk.Afa Sachanlagen	Backstube	12.000,00 EUR
		Ruheraum	12.000,00 EUR
		Backofen	12.000,00 EUR
		Ergebnis	36.000,00 EUR
Gesamtergebnis			180.000,00 EUR

Abbildung 9.13 Aufriss mit »Kostenart« und »Kostenstelle« in den Zeilen

So weit, so schön. Was haben wir bisher erreicht? Für weitere Analysen oder die »hübsche« Darstellung der Zahlen sind Kostenstellendaten mit BEx direkt in Microsoft Excel verfügbar und müssen nicht von SAP ERP mit Download-Funktionen nach Microsoft Excel übertragen werden. Das ist ganz nett, weil es uns ein paar Mausklicks erspart.

Dann haben wir durch schlichtes Verschieben einer Zelle in Microsoft Excel die Zeilenstruktur des Berichts umgebaut. Dieser Umbau eines Berichts während der Navigation in den Daten geht mit den Report-Painter- und Report-Writer-Berichten, die im Gemeinkosten-Controlling von SAP ERP verfügbar sind, nicht. Aber beide Aufrisse, »Kostenstelle nach Kostenart« und »Kostenart nach Kostenstelle«, sind als Standardberichte in SAP ERP bereits verfügbar. Also ist BEx ganz nett, bietet er aber nichts wirklich Neues? Moment, gehen wir noch einen Schritt weiter.

Durch das Verschieben der Zelle »F15 Kostenart« in Abbildung 9.13 auf die Zelle »I15 Betrag« erhalten Sie, wieder nach einem kurzen Flackern des Bildschirms, eine Kreuztabelle aus Kostenstelle und Kostenart (siehe Abbildung 9.14).

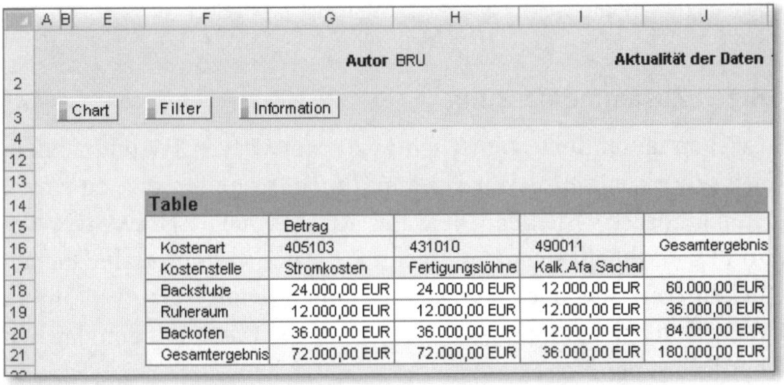

	Betrag			
Kostenart	405103	431010	490011	Gesamtergebnis
Kostenstelle	Stromkosten	Fertigungslöhne	Kalk.Afa Sachan	
Backstube	24.000,00 EUR	24.000,00 EUR	12.000,00 EUR	60.000,00 EUR
Ruheraum	12.000,00 EUR	12.000,00 EUR	12.000,00 EUR	36.000,00 EUR
Backofen	36.000,00 EUR	36.000,00 EUR	12.000,00 EUR	84.000,00 EUR
Gesamtergebnis	72.000,00 EUR	72.000,00 EUR	36.000,00 EUR	180.000,00 EUR

Abbildung 9.14 Kreuztabelle aus Kostenstelle und Kostenart

Eine solche Kreuztabelle aus Kostenstellen in den Zeilen und Kostenarten in den Spalten könnten Sie zwar auch mit den Funktionen des Report Painters in SAP ERP nachbauen. Dafür müssten Sie dann allerdings einige Kopfstände machen, und Stunden oder gar Tage an Arbeit investieren.

Weitere Funktionen, die Ihnen hier im *Business Explorer Analyzer* (BEx) zur Verfügung stehen, sehen Sie, wenn Sie den Button FILTER drücken und für ein Merkmal das Kontextmenü (rechte Maustaste) aufrufen (siehe Abbildung 9.15). Sie können, direkt hier im Microsoft Excel-Arbeitsblatt, Filterwerte auswählen, Aufrisse in Zeilen und Spalten einfügen, Sortierkriterien und Eigenschaften ändern (z. B. Darstellung von Schlüssel oder Bezeichnung) und vieles mehr.

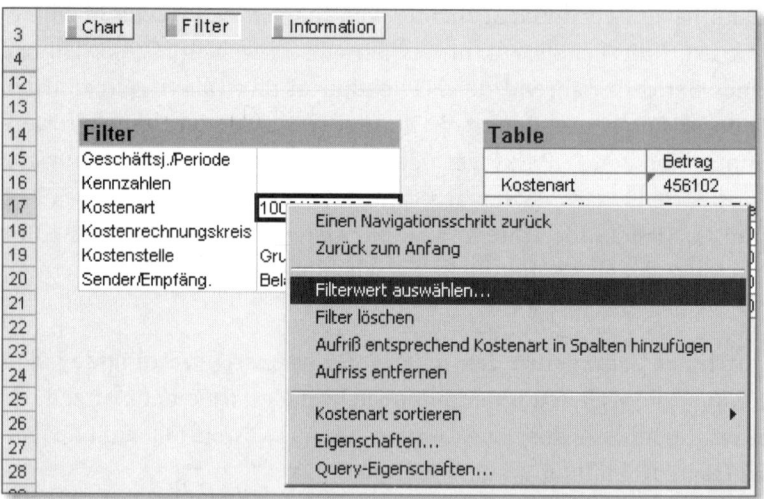

Abbildung 9.15 Kontextmenü in BEx zum Merkmal »Kostenart«

9.1.3 Zusammenfassung

So viel an dieser Stelle zum Thema SAP NetWeaver BW und zu dem Analysewerkzeug BEx. Wir konnten Ihnen, so hoffen wir, zu einem ersten Eindruck verhelfen. Die wahre Macht von SAP NetWeaver BW und BEx erschließt sich dann, wenn Sie Daten aus unterschiedlichen Quellen (verschiedene ERP-Module oder Fremdsysteme) in Ihrem BW-System zur Verfügung haben und auf alle Daten mit der gleichen Oberfläche zugreifen können.

SAP NetWeaver BW ist ein Reporting- und Analysewerkzeug. Daten, die in anderen Systemen, z. B. SAP ERP, entstanden sind, werden in SAP NetWeaver BW kopiert und stehen dort für Auswertungen zur Verfügung. Schon bald nach der Verfügbarkeit von SAP NetWeaver BW bemängelten insbesondere die Controller diese Einschränkung »anschauen – aber nicht anfassen«. Sie wollten die aus verschiedenen Systemen oder SAP-Komponenten gesammelten und verdichteten Daten als Basis für die Planung, für Simulationen oder für Forecasts nutzen. Funktionen zur manuellen Erfassung von Daten direkt in die BW-Strukturen hinein sowie automatische Planungsfunktionen wurden gefordert. Diese Funktionen zur manuellen Planung sowie eine umfangreiche Sammlung an automatischen Funktionen zum Bearbeiten und Erzeugen von Plandaten stehen mit der Komponente BI-integrierte Planung zur Verfügung.

9.2   BI-integrierte Planung

Mit SAP NetWeaver BW haben Sie im vorigen Abschnitt ein Komponente kennen gelernt, die komfortable und einheitliche Auswertungen von Daten ermöglicht. Auswertungen von Daten sind eine wichtige Aufgabe im Controlling, allerdings nur die »halbe Miete«. Controller wollen auch planen und simulieren, d. h. Daten verändern. Auch für das Verändern von Daten gibt es in der schönen neuen Welt von SAP eine Komponente, sie heißt: Business Intelligence-integrierte Planung, kurz *BI-integrierte Planung*.

9.2.1   Betriebswirtschaft

Der Bäcker Becker hat das Jahr 2009, sein erstes Jahr als Unternehmer, erfolgreich hinter sich gebracht. Bei allen operativen Prozessen wurde das Controlling mit der Software ERP von SAP unterstützt.

Im Frühjahr 2010 beginnt unser Unternehmer mit Überlegungen zur weiteren Zukunft seiner Firma. Das Geschäft läuft so gut, dass er sich vorstellen kann, in den kommenden Jahren jeweils bis zu 20 % mehr Kuchen zu verkaufen. Mit den dadurch bedingten größeren Volumina, so plant er, können die Rohwaren und Verpackungen billiger beschafft werden. Das senkt dann die Kosten pro Stück. Für diese Expansion müsste natürlich noch einmal in die Produktionskapazität investiert werden. Außerdem wären zusätzliche Ausgaben für Marketing notwendig, und ein Mitarbeiter für Marketing und Vertrieb müsste eingestellt werden. Das alles kostet Geld – und wo geht man hin, wenn man Geld braucht? Zur Bank!

Strategische Überlegungen

Bei seiner Bank wird Herr Becker freundlich begrüßt und zum erfolgreichen Start seines Unternehmens beglückwünscht. Auf die Bitte um einen zusätzlichen Kredit von 200.000,00 EUR reagiert die Bank deutlich reservierter. Sie möchte einen Geschäftsplan für die kommenden Jahre sehen. Die detaillierte Planung des Jahres 2010 ist der Bank sehr willkommen; allerdings interessiert sie sich nicht für Einzelheiten wie Leistungsmengen auf Kostenstellen, sondern für eine zusammengefasste Darstellung in der Form einer Gewinn-und-Verlust-Rechnung (GuV). Plan-GuV für das Jahr 2010 und die kommenden vier Jahre müssen vorgelegt werden, sagt der Herr im Geldinstitut, dann könne man sich über ein zusätzliches finanzielles Engagement seines Hauses gerne unterhalten.

So geht der Bäcker nach Hause und überlegt, wie er die Anforderung der Bank mit SAP ERP abbilden soll. Bald reift die Erkenntnis, dass eine solche strategische Planung über mehrere Jahre in diesem System nicht mit angemessenem Aufwand umsetzbar ist. Außerdem sind die Annahmen zu vage.

Um auf unser Beispiel zurückzukommen: Herr Becker steht vor einer Anforderung, die fast jeder Controller schon einmal von der Geschäftsleitung gehört hat: »Wir wissen zwar noch nicht genau, was wir an wen verkaufen wollen und was das kosten wird – aber rechnen Sie doch schon einmal. Wir wollen die Auswirkungen verschiedener Annahmen ›simulieren‹.«

Im folgenden Abschnitt erfahren Sie, wie die Simulation von Gewinn-und-Verlust-Rechnungen mit Microsoft Excel und daran anschließend mit der *BI-integrierten Planung* von SAP durchgeführt wird.

9.2.2 Planung mit Microsoft Excel

Mit dem Wunsch, die Gewinn-und-Verlust-Rechnungen der Jahre 2010 bis 2014 zu simulieren, widmet sich Herr Becker der Software, die alle Controller beherrschen wie ihre Muttersprache: Microsoft Excel. So versucht er, mit der Tabellenkalkulation seine Planung aufzusetzen.

Grundlage für die Planung sind die Plandaten der Ergebnisrechnung und der Kostenstellenrechnung für das Jahr 2010. Dort finden wir:

- Absätze
- Verkaufspreise und Umsätze
- Kostensätze und Kosten für variable Kosten (Rohware, Verpackung, Fertigung, Fracht)
- fixe Kosten (Personal, Abschreibung, Verwaltung, Marketing)

Für die Jahre 2011 bis 2014 möchte Herr Becker keine absoluten Werte planen, sondern nur jährliche prozentuale Veränderungen für Absatz, Verkaufspreise und variable Kostensätze. Das Tabellenblatt soll dann aus den Veränderungen die Werte für jedes einzelne Jahr ermitteln. Mit den errechneten Absätzen und den errechneten Preisen und Kostensätzen in jedem Planjahr werden dann die Umsätze und die Kosten als Betrag ermittelt.

Absatz

Die Planung des Absatzes in Microsoft Excel ist in Abbildung 9.16 dargestellt. Die Absätze in der Spalte 2010 St. mit der Zuordnung zu KUNDE und ARTIKEL wurden aus der Ergebnisrechnung von SAP ERP übernommen. Die Absätze für die folgenden Jahre werden durch Veränderungen geplant, dargestellt in den Spalten DELTA 2011, DELTA 2012 etc. Die grau hinterlegten Zellen sind für die Eingabe bereit. Alle anderen Werte werden errechnet.

Entwicklung der Verkaufsmengen

	A	C	E	G	H	J	K	M	N	P	Q
1	**Absatz**										
2	Kunde	Artikel	2010 St.	Δ 2011	2011 St.	Δ 2012	2012 St.	Δ 2013	2013 St.	Δ 2014	2014 St.
3	Dupont, Paris	Schokoladenkuche	15.000	10%	16.500	10%	18.150	10%	19.965	10%	21.962
4	Maier, Berlin	Marmorkuchen	30.000	5%	31.500	5%	33.075	5%	34.729	5%	36.465
5	Maier, Berlin	Schokoladenkuche	20.000	20%	24.000	20%	28.800	20%	34.560	20%	41.472
6	Peters, Hamburg	Nusskuchen	20.000	10%	22.000	10%	24.200	10%	26.620	10%	29.282
7	Peters, Hamburg	Schokoladenkuche	20.000	20%	24.000	20%	28.800	20%	34.560	20%	41.472
8	Summe		105.000		118.000		133.025		150.434		170.653

Abbildung 9.16 Absatzplanung in Microsoft Excel

Bei der Absatzplanung wird angenommen, dass die Marke »Berliner Gebäck« (Marmorkuchen), eine Marke des Kunden Maier, jährlich um 5 % wächst. Der Absatz nach Frankreich und der Absatz von »Nusskuchen« in Deutschland werden jährlich um 10 % wachsen. Beim Zugpferd der Bäckerei in Deutschland, dem »Schokoladenkuchen«, sind Absatzsteigerungen von 20 % erreichbar.

Umsatz

Bei der Planung des Umsatzes werden die Verkaufspreise des Jahres 2010 aus der Ergebnisrechnung von SAP ERP abgeleitet (siehe Abbildung 9.17). Für die folgenden Jahre werden prozentuale Änderungen der Preise geplant. Aus den neuen Preisen und den gerade ermittelten Absätzen werden die Umsätze für die einzelnen Jahre berechnet, wie z. B. in Zelle I12.

Entwicklung der Verkaufspreise

Der Preis für die Handelsmarke »Berliner Gebäck« (Marmorkuchen) wird sich nicht verändern. In Frankreich (Kunde Dupont, Paris) erwarten wir eine jährliche Steigerung der Verkaufspreise von 2 %. Im Heimatmarkt Deutschland sollte für die Marke »Kuchenglück« (Schokoladenkuchen und Nusskuchen) zusätzlich zu den geplanten Absatzsteigerungen eine Preissteigerung von jährlich 3 % möglich sein. Herr Becker sieht hier offensichtlich ein erhebliches Potenzial.

	A	C	E	G	H	I	J	K
1	**Absatz**							
2	Kunde	Artikel	2010 St.	Δ 2011	2011 St.		Δ 2012	2012 St.
3	Dupont, Paris	Schokoladenkuche	**15.000**	10%	16.500		10%	18.150
4	Maier, Berlin	Marmorkuchen	**30.000**	5%	31.500		5%	33.075
5	Maier, Berlin	Schokoladenkuche	**20.000**	20%	24.000		20%	28.800
6	Peters, Hamburg	Nusskuchen	**20.000**	10%	22.000		10%	24.200
7	Peters, Hamburg	Schokoladenkuche	**20.000**	20%	24.000		20%	28.800
8	Summe		105.000		118.000			133.025
9								
10	**Umsatz**							
11	Kunde	Artikel	2010 /St	Δ 2011	2011 /St	2011 €	Δ 2012	2012 /St
12	Dupont, Paris	Schokoladenkuche	**5,200**	2%	5,304	=H12*H3	2%	5,410
13	Maier, Berlin	Marmorkuchen	**4,000**	0%	4,000	126.000	0%	4,000
14	Maier, Berlin	Schokoladenkuche	**4,600**	3%	4,738	113.712	3%	4,880

Abbildung 9.17 Umsatzplanung in Microsoft Excel

Variable Kosten

Rohware Die Planung der variablen Kosten funktioniert im Prinzip wie die Planung der Umsätze (siehe Abbildung 9.18). Die Kostensätze für 2010 werden aus der operativen Planung von SAP ERP übernommen (Spalte 2010/St.). In den Spalten DELTA 2011, DELTA 2012 etc. sind die jährlichen Veränderungen dargestellt. Die Kostensätze für Rohware werden allerdings nicht in Bezug auf Kunden geplant, sie sind nur vom Artikel abhängig. Entsprechend ist die Ermittlung des Absatzes zur Fortschreibung der Kosten etwas komplizierter als bei der Umsatzplanung (siehe Zelle I21).

	A	C	E	G	H	I	J	K
1	**Absatz**							
2	Kunde	Artikel	2010 St.	Δ 2011	2011 St.		Δ 2012	2012
3	Dupont, Paris	Schokoladenkuche	**15.000**	10%	16.500		10%	18.
4	Maier, Berlin	Marmorkuchen	**30.000**	5%	31.500		5%	33.
5	Maier, Berlin	Schokoladenkuche	**20.000**	20%	24.000		20%	28.
6	Peters, Hamburg	Nusskuchen	**20.000**	10%	22.000		10%	24.
7	Peters, Hamburg	Schokoladenkuche	**20.000**	20%	24.000		20%	28.
8	Summe		105.000		118.000			133.
18								
19	**Rohware**							
20	Artikel		2010 /St	Δ 2011	2011 /St	2011 €	Δ 2012	2012
21	Schokoladenkuchen		**1,72147**	-1%	1,704	=(H\$3+H\$5+H\$7)*H21	-1%	1,
22	Marmorkuchen		**1,56150**	-1%	1,546	48.695	-1%	1,
23	Nusskuchen		**1,59350**	-1%	1,578	34.706	-1%	1,
24	Summe					193.326		

Abbildung 9.18 Planung der Kosten für Rohware in Microsoft Excel

Wir nehmen hier an, dass durch den höheren Verbrauch die Kostensätze für Rohware bei allen Artikeln in jedem Jahr um je 1 % sinken werden.

Weitere variable Kosten in der Bäckerei Becker sind:

▶ Verpackung

▶ Energie

▶ Personal

▶ Frachten

Die Planung dieser Kosten unterscheidet sich nicht von der Planung der Rohware (siehe Abbildung 9.19).

	A	E	G	H	I	J	K	M	N
26	**Verpackung**								
27	Artikel	2010 /St	Δ 2011	2011 /St	2011 €	Δ 2012	2012 /St	Δ 2013	2013 /St
28	Schokoladenkuche	**0,50807**	**-1%**	0,503	32.443	**-1%**	0,498	**-1%**	0,493
29	Marmorkuchen	**0,50807**	**-1%**	0,503	15.844	**-1%**	0,498	**-1%**	0,493
30	Nusskuchen	**0,50807**	**-1%**	0,503	11.066	**-1%**	0,498	**-1%**	0,493
31	Summe				59.353				
32									
33	**Energie**								
34	Artikel	2010 /St	Δ 2011	2011 /St	2011 €	Δ 2012	2012 /St	Δ 2013	2013 /St
35	Schokoladenkuche	**0,34767**	**2%**	0,355	22.873	**1%**	0,358	**0%**	0,358
36	Marmorkuchen	**0,34767**	**2%**	0,355	11.171	**1%**	0,358	**0%**	0,358
37	Nusskuchen	**0,34767**	**2%**	0,355	7.802	**1%**	0,358	**0%**	0,358
38	Summe				41.846				
39									
40	**Personal var.**								
41	Artikel	2010 /St	Δ 2011	2011 /St	2011 €	Δ 2012	2012 /St	Δ 2013	2013 /St
42	Schokoladenkuche	**0,70753**	**-5%**	0,672	43.354	**0%**	0,672	**0%**	0,672
43	Marmorkuchen	**0,45750**	**-5%**	0,435	13.691	**0%**	0,435	**0%**	0,435
44	Nusskuchen	**0,70753**	**-5%**	0,672	14.787	**0%**	0,672	**0%**	0,672
45	Summe				71.832				
46									
47	**Frachten**								
48	Land	2010 /St	Δ 2011	2011 /St	2011 €	Δ 2012	2012 /St	Δ 2013	2013 /St
49	Frankreich	**0,200**	**5%**	0,210	3.465	**5%**	0,221	**5%**	0,232
50	Deutschland	**0,100**	**5%**	0,105	10.658	**5%**	0,110	**5%**	0,116
51	Summe				14.123				

Abbildung 9.19 Weitere variable Kosten in Microsoft Excel

Wie bei der Rohware sollte auch bei der Verpackung durch die höheren Einkaufsmengen eine Preisreduktion von jährlich 1 % möglich sein. Die neuen Maschinen, die wir anschaffen wollen, können einige manuelle Schritte maschinell erledigen, dadurch steigt der Energiebedarf je produzierte Einheit. Dieser höhere Energiebedarf zeigt sich in einer Steigerung der Energiekosten um 2 % bzw. um 1 % in den Jahren 2011 und 2012. Beim Personal profitieren wir im Jahr 2011 von den Rationalisierungseffekten aus den neuen Maschinen. Die Personalkosten je Einheit sinken einmalig um 5 % und bleiben dann unverändert. Bei den Frachten erwarten wir durch Ökosteuern und Autobahnmaut erhebliche Kostensteigerungen um 5 % pro Jahr.

Fixe Kosten

Versicherungen, Abschreibung und Marketing

Bei der Planung der fixen Kosten werden die Beträge des Jahres 2010 aus Kostenstellen und CO-Innenaufträgen abgelesen. Für die weiteren Jahre werden aus prozentualen Veränderungen die neuen Kosten Jahr für Jahr errechnet (siehe Abbildung 9.20). Absätze werden hier nicht berücksichtigt.

	A	F	I	L	O	R
54	**fixe Kosten**	2010 €	2011 €	2012 €	2013 €	2014 €
55	Personal	**35.000**	**70.000**	**70.000**	**70.000**	**70.000**
56	Verwaltung	**5.000**	**5.000**	**5.000**	**5.000**	**5.000**
57	Abschreibungen	**12.000**	**15.000**	**15.000**	**15.000**	**15.000**
58	Marketing	**30.000**	**50.000**	**70.000**	**70.000**	**70.000**

Abbildung 9.20 Fixe Kosten in Microsoft Excel

Beim Personal werden die Kosten für die Mitarbeiter im Vertrieb mit einer Kostensteigerung um 100 % im Jahr 2011 berücksichtigt. Die Verwaltungskosten bleiben konstant. Durch die zusätzlichen Investitionen in Produktionsmaschinen steigen die Abschreibungen auf 15.000,00 EUR. Beim Marketing gehen wir mit einer Steigerung des Budgets auf 50.000,00 EUR und dann auf 70.000,00 EUR in die Offensive. Nur so sind die geplanten Steigerungen bei Absatz und Verkaufspreisen erreichbar.

Gewinn-und-Verlust-Rechnung

Automatische Berechnung der GuV

Aus den gezeigten Teilplänen lassen sich jetzt sehr einfach Gewinn-und-Verlust-Rechnungen für die Jahre 2010 bis 2014 ableiten (siehe Abbildung 9.21).

	A	F	I	L	O	R
60	**Gewinn- und Verlustrechnung**					
61		2010	2011	2012	2013	2014
62	Umsatz	468.000	538.378	621.986	721.602	840.619
63						
64	Rohware	-173.396	-193.326	-216.221	-242.580	-272.995
65	Verpackung	-53.347	-59.353	-66.241	-74.161	-83.287
66	Energie	-36.505	-41.846	-47.646	-53.881	-61.123
67	Personal (var.)	-66.790	-71.832	-81.557	-92.866	-106.043
68	Personal (fix)	-35.000	-70.000	-70.000	-70.000	-70.000
69	Frachten	-12.000	-14.123	-16.667	-19.726	-23.412
70	Versicherungen	-5.000	-5.000	-5.000	-5.000	-5.000
71	Abschreibungen	-12.000	-15.000	-15.000	-15.000	-15.000
72	Marketing	-30.000	-50.000	-70.000	-70.000	-70.000
73						
74	Gewinn	43.962	17.899	33.655	78.390	133.759
75	Rendite	9,4%	3,3%	5,4%	10,9%	15,9%

Abbildung 9.21 Gewinn-und-Verlust-Rechnung in Microsoft Excel

Nach einem Ertragsrückgang in den Jahren 2011 und 2012 erwarten wir im Jahr 2013 einen Gewinn von fast 80.000,00 EUR. Im Jahr 2014 wird nach dem vorliegenden Plan die Rendite auf 15,9 % erhöht. Diese Zahlen erfreuen jede Bank.

9.2.3 Planung mit der BI-integrierten Planung

Dieses Buch heißt nicht »Businessplan mit Microsoft Excel«, sondern »Praxishandbuch Gemeinkosten-Controlling mit SAP«. Sie haben recht, wenn Sie jetzt erwarten, dass wir Ihnen die Umsetzung des gezeigten Szenarios mit SAP zeigen. Das geht – wir hatten es schon erwähnt – nicht mit Modulen von SAP ERP. Für die technische Unterstützung von Planungen dieser Art bietet SAP die Komponente BI-integrierte Planung (BI-IP).

Die BI-integrierte Planung bietet, anders als SAP ERP, keine vorgefertigten betriebswirtschaftlichen Lösungen für den praktischen Einsatz. Stattdessen ist die BI-integrierte Planung ein Werkzeugkasten, mit dem Sie Funktionen entwickeln können, die den individuellen Planungsprozess in Ihrem Unternehmen unterstützen. Die betriebswirtschaftlichen Beispiele, die sogenannten *Business Contents*, die von SAP in der BI-integrierten Planung mit ausgeliefert werden, taugen gut als technische Referenz, für echte Planungen werden sie jedoch nie benutzt. Selbst das soeben gezeigte einfache Beispiel der Bäckerei Becker ist im Business Content nicht umsetzbar.

BI-IP – ein frei definierbarer Werkzeugkasten

Begreifen wir die Möglichkeiten der BI-integrierten Planung als Chance. Sie können die strategische Planung passend für Ihr Unternehmen maßschneidern. Sie entscheiden, welche Stellschrauben den Erfolg wirklich beeinflussen, und können ohne die Restriktionen von Organisationseinheiten und Stammdaten Ihre Simulationen durchführen.

Die technische Basis eines BI-Systems ist die gleiche, auf der auch SAP ERP aufsetzt (siehe Abbildung 9.22). Das Look and Feel beim Einstieg ist vergleichbar mit dem, was uns bereits aus dem Modul CO vertraut ist. Die Menüs, die Datenbasis und die Funktionen von SAP NetWeaver BW sind allerdings nicht vergleichbar mit bereits Bekanntem. Als Anwender haben wir es hier mit einem vollständig neuen System zu tun.

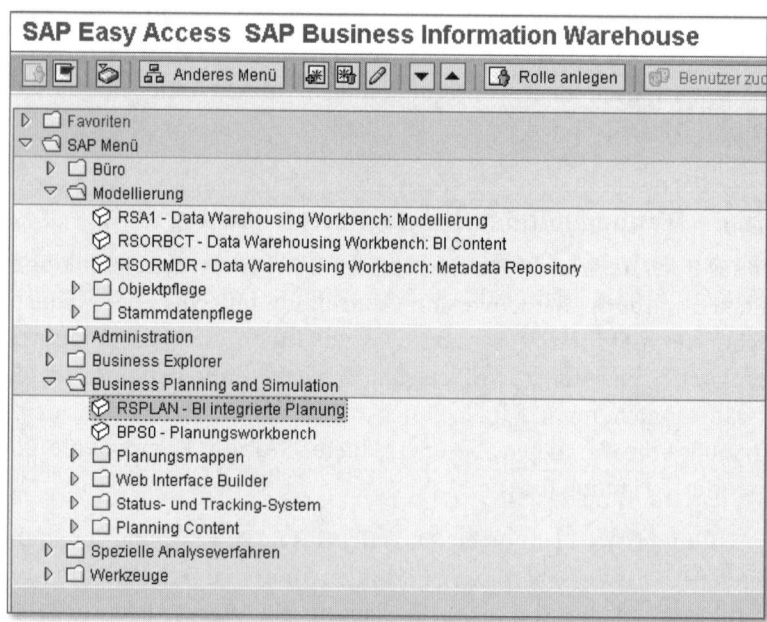

SAP Easy Access SAP Business Information Warehouse

- ▷ 🗋 Favoriten
- ▽ 🗀 SAP Menü
  - ▷ 🗋 Büro
  - ▽ 🗀 Modellierung
    - ⬡ RSA1 - Data Warehousing Workbench: Modellierung
    - ⬡ RSORBCT - Data Warehousing Workbench: BI Content
    - ⬡ RSORMDR - Data Warehousing Workbench: Metadata Repository
    - ▷ 🗋 Objektpflege
    - ▷ 🗋 Stammdatenpflege
  - ▷ 🗋 Administration
  - ▷ 🗋 Business Explorer
  - ▽ 🗀 Business Planning and Simulation
    - ⬡ RSPLAN - BI integrierte Planung
    - ⬡ BPS0 - Planungsworkbench
    - ▷ 🗋 Planungsmappen
    - ▷ 🗋 Web Interface Builder
    - ▷ 🗋 Status- und Tracking-System
    - ▷ 🗋 Planning Content
  - ▷ 🗋 Spezielle Analyseverfahren
  - ▷ 🗋 Werkzeuge

Abbildung 9.22 SAP-Menü im BI-System

InfoProvider anlegen

Bevor wir mit den Funktionen der BI-integrierten Planung beginnen, müssen wir zuerst eine BW-Datenstruktur, einen InfoProvider, anlegen.

Kennzahlenmodell versus Kontenmodell

In Abschnitt 9.1, »SAP NetWeaver BW«, haben wir Ihnen einen BEx-Report gezeigt, der auf den Kostenstellendaten von SAP ERP basiert. Aus SAP ERP werden die Daten in einen InfoProvider von SAP Net-Weaver BW kopiert. Das Reporting setzt dann auf diesem InfoProvider auf.

Die Datenstruktur des InfoProviders »CO-OM: Kosten und Verrechnungen« orientiert sich an der Datenbasis in SAP ERP. Hier wird ein Kontenmodell abgebildet. Die Kostenart ist in diesem Zusammenhang ein Synonym für »Konto«.

Ergebnisrechnung im Kennzahlen-modell

Ganz anders ist die Struktur in SAP ERP in der Ergebnisrechnung. Dort ist ein Kennzahlenmodell abgebildet. Beim Kennzahlenmodell werden in einer Zeile Merkmale wie KUNDE, LAND und ARTIKEL gespeichert. In der gleichen Zeile finden sich Kennzahlen z. B. für UMSATZ, ROHWARE, VERPACKUNG und FRACHTEN (siehe Abbildung 9.23).

	A	B	C	D	E	F	G
1	**Merkmale**			**Kennzahlen**			
2	**Kunde**	**Land**	**Artikel**	**Umsatz**	**Rohware**	**Verpackung**	**Frachten**
3	Dupont, Paris	FR	Schokoladenkuchen	78.000	25.822	7.621	3.000
4	Maier, Berlin	DE	Marmorkuchen	120.000	47.805	15.241	3.000

Abbildung 9.23 Beispiel für ein Kennzahlenmodell

Bei der Gemeinkostenrechnung werden in der Praxis Hunderte Kostenarten verwaltet. Die Abbildung der Kostenarten in einem Kennzahlenmodell, bei dem jede Kostenart zu einer eigenen Spalte führt, wäre nicht handhabbar.

Kostenarten und GuV im Kontenmodell

Das Gleiche gilt für eine Gewinn-und-Verlust-Rechnung (GuV) in der Buchhaltung. Deshalb wird bei der GuV-Planung mit der *BI-integrierten Planung* ein Kontenmodell in der Datenbasis installiert. Dabei enthält der InfoProvider nur eine generische Kennzahl BETRAG und ein zusätzliches Merkmal POSITION. Die Ausprägungen des Merkmals POSITION identifizieren das Konto (siehe Abbildung 9.24).

	A	B	C	D	E
1	**Merkmale**				**Kennzahl**
2	**Kunde**	**Land**	**Artikel**	**Position**	**Betrag**
3	Dupont, Paris	FR	Schokoladenkuchen	Umsatz	78.000
4	Dupont, Paris	FR	Schokoladenkuchen	Rohware	25.822
5	Dupont, Paris	FR	Schokoladenkuchen	Verpackung	7.621
6	Dupont, Paris	FR	Schokoladenkuchen	Frachten	3.000
7	Maier, Berlin	DE	Marmorkuchen	Umsatz	120.000
8	Maier, Berlin	DE	Marmorkuchen	Rohware	47.805
9	Maier, Berlin	DE	Marmorkuchen	Verpackung	15.241
10	Maier, Berlin	DE	Marmorkuchen	Frachten	3.000

Abbildung 9.24 Beispiel für ein Kontenmodell

Grundsätzlich könnten die GuV und die CO-Ergebnisrechnung sowohl mit dem Kontenmodell als auch mit dem Kennzahlenmodell in BI abgebildet werden. Die Wahl des Datenmodells ergibt sich aus praktischen Erwägungen und hängt von der Zahl der Kennzahlen bzw. Konten ab. Daten, die in einem Kennzahlenmodell in BI gespeichert sind, können mit Funktionen der BI-integrierten Planung in ein Kontenmodell überführt werden und umgekehrt.

Im folgenden Beispiel streben wir die Planung einer GuV an und werden deshalb auf einem InfoProvider im Kontenmodell aufsetzen.

InfoProvider

Zum Anlegen und Pflegen von InfoProvidern wählen Sie in einem BI-System die Transaktion RSA1 im Menü MODELLIERUNG • DATA WARE-

HOUSING WORKBENCH: MODELLIERUNG (siehe Abbildung 9.25). Der InfoProvider MLPBE »MLP Becker« wurde von uns bereits angelegt. MLP steht für Mittel- und Langfristplanung.

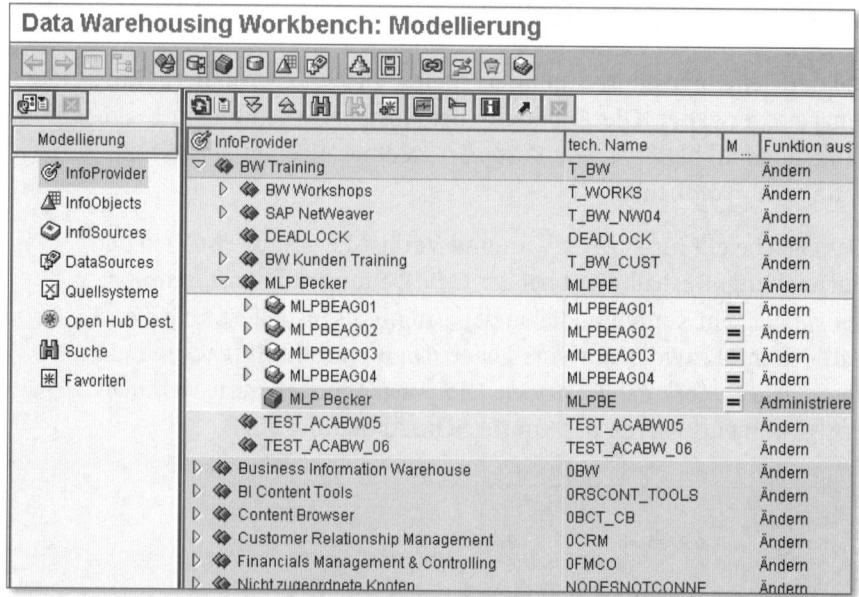

Abbildung 9.25 Pflege des InfoProviders – Einstieg

Mit einem Doppelklick auf den InfoProvider MLPBE werden die Details sichtbar (siehe Abbildung 9.26).

Merkmale   Wir finden sechs Merkmale:

▶ **Version**
Das ist das Kennzeichen für unterschiedliche Planungsversionen.

▶ **Kundennummer, Länderschlüssel, Materialnummer und Materialgruppe**
Diese Merkmale kennen Sie bereits aus dem Microsoft Excel-Beispiel in Abschnitt 4.2.2, »Planung mit Microsoft Excel«.

▶ **Planposition**
Sie wird für die Unterscheidung der Dateninhalte im Kontenmodell verwendet.

Alle Merkmale beginnen im technischen Namen mit 0 (0VERSION, 0CUSTOMER etc.). Daran erkennen Sie, dass wir ausschließlich Standardmerkmale verwendet haben, die so von SAP ausgeliefert werden.

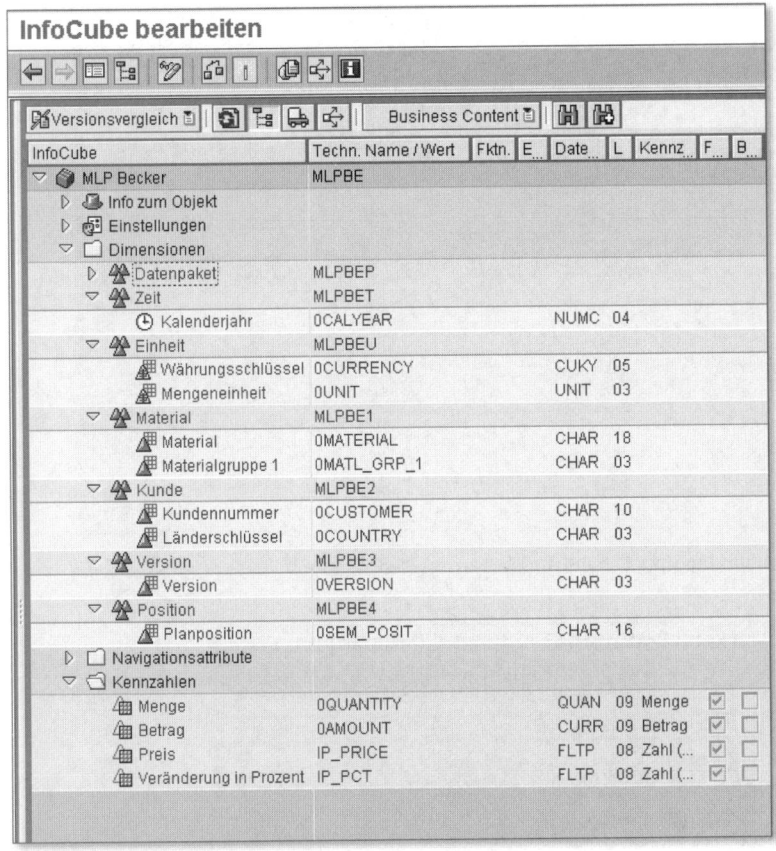

Abbildung 9.26 Details zum Provider »MLP Becker«

Betrachten wir nun einmal das Merkmal PLANPOSITION genauer (siehe Abbildung 9.27). Als Referenzmerkmal ist 0MEASURE angegeben.

Details zu
»Planposition«

Die Inhalte des Merkmals PLANPOSITION bzw. 0MEASURE sehen Sie nach einem Klick auf den Button PFLEGEN. Für dieses Beispiel haben wir elf Ausprägungen für 0MEASURE erfasst (siehe Abbildung 9.28). Zu diesen elf Planpositionen werden im Anschluss Plandaten erfasst und berechnet.

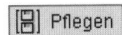 Pflegen

Bei der Beschreibung des Kontenmodells haben wir gesagt, dass wir eine generische Kennzahl BETRAG verwenden werden. Durch die Ausprägung des Merkmals PLANPOSITION wird definiert, ob BETRAG einen Wert für UMSATZ, ROHWARE, VERPACKUNG etc. enthält.

Kennzahlen

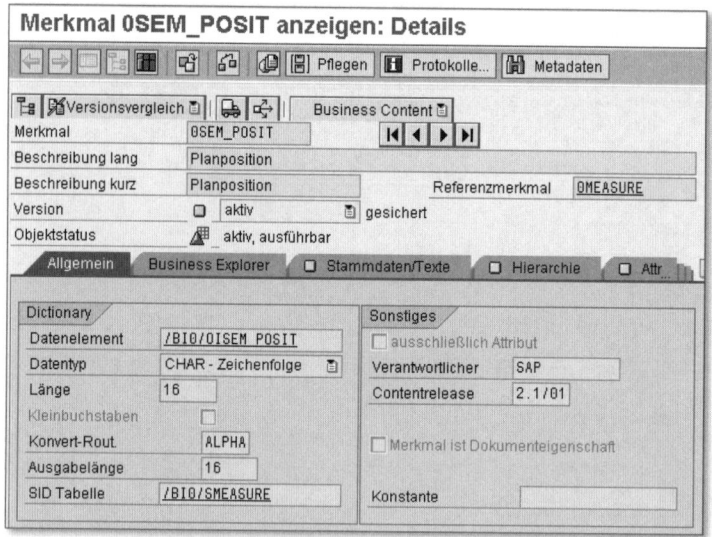

Abbildung 9.27 Details zum Merkmal »Planposition«

Merkmal 0MEASURE - Stammdaten pflegen: Liste

Kennzahl	SP	Beschreibung kurz
IP0001	DE	Absatz
IP0002	DE	Umsatz
IP0003	DE	Rohware
IP0004	DE	Verpackung
IP0005	DE	Energie
IP0006	DE	Personal var.
IP0007	DE	Personal fix
IP0008	DE	Frachten
IP0009	DE	Verwaltung
IP0010	DE	Abschreibungen
IP0011	DE	Marketing

Abbildung 9.28 Werte zum Merkmal »Planposition«

Zusätzlich zu BETRAG sehen Sie beim InfoProvider MLPBE die Kennzahlen MENGE, PREIS und VERÄNDERUNG IN PROZENT (siehe Abbildung 9.26). In der Kennzahl BETRAG können nur Werte mit der zusätzlichen Angabe der Währung (hier EUR) erfasst werden. Für die Planung des Absatzes benötigen wir die Kennzahl MENGE. Die Entwicklung von Absatz, Verkaufspreisen und Kostensätzen soll als prozentuale Veränderung von Jahr zu Jahr geplant werden. Diese Information wird gespeichert in VERÄNDERUNG IN PROZENT. Für die Verkaufspreise und die Kostensätze der variablen Kosten ist die Kennzahl PREIS vorgesehen.

Abhängig vom Eintrag im Merkmal PLANPOSITION werden unterschiedliche Kennzahlen benutzt:

Planposition und Kennzahl

- **Absatz**
  - Menge
  - Veränderung in Prozent
- **Umsatz**
  - Preis
  - Veränderung in Prozent
  - Betrag
- **Rohware, Verpackung etc. (alle variablen Kosten)**
  - Preis
  - Veränderung in Prozent
  - Betrag
- **Abschreibung, Versicherung etc. (alle fixen Kosten)**
  - Betrag

Die Kennzahlen MENGE und BETRAG wurden aus dem SAP-Standard übernommen, VERÄNDERUNG IN PROZENT und PREIS sind selbst definiert.

Zur Speicherung von Preisen bietet der SAP-Standard bereits einige Kennzahlen. Warum haben wir für dieses Beispiel die neue Kennzahl IP_PRICE angelegt? Mit Doppelklick auf die Kennzahl PREIS gelangen Sie in das Detailbild (siehe Abbildung 9.29).

Details zu »Preis«

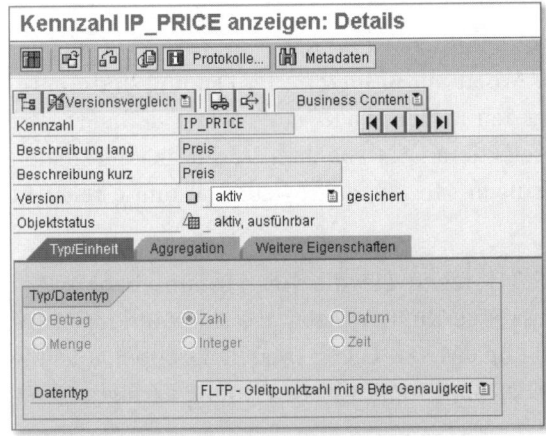

Abbildung 9.29 Details zur Kennzahl »Preis«

Im SAP-Standard sind alle Preisfelder mit dem Datentyp CURR »Währungsfeld« definiert. Das hat zur Folge, dass Preise immer mit glatten Cent-Beträgen im System gespeichert werden. In unserem Beispiel werden die Preise allerdings nicht immer vom Anwender erfasst, stattdessen sollen für die Jahre 2011 bis 2014 die Preise aus den prozentualen Veränderungen berechnet werden. Das Runden der Rechenergebnisse auf ganze Cent würde im Ergebnis zu unnötigen Ungenauigkeiten führen. Deshalb speichern wir die Preise mit dem Datentyp FLTP »Gleitpunktzahl«, d. h. mit 15 gültigen Stellen, unabhängig von der Dimension der gespeicherten Zahl.

Die Datenbasis ist somit angelegt. Bis jetzt haben wir ausschließlich Funktionen des Data Warehouses in BI benutzt. Beginnen wir nun mit dem eigentlichen Thema dieses Abschnitts, der BI-integrierten Planung.

Planning Modeler

Der *Planning Modeler* der BI-integrierten Planung ist eine Webanwendung, mit der diverse Customizing-Einstellungen für die Planung angelegt und verwaltet werden. Sie erreichen den Planning Modeler aus dem SAP-System mit der Transaktion RSPLAN im Menü BUSINESS PLANNING AND SIMULATION • BI-INTEGRIERTE PLANUNG und dann weiter mit dem Button MODELER STARTEN. Daraufhin öffnet sich der Modeler im Internetbrowser (siehe Abbildung 9.30). In der ersten Registerkarte des Modelers, in INFOPROVIDER, haben wir den Provider MLPBE ausgewählt, in dem wir unsere Planung ablegen wollen.

Aggregationsebene

Voraussetzung für die Arbeit mit BI-integrierter Planung sind Aggregationsebenen. Sie werden in Bezug auf InfoProvider definiert. Mit Aggregationsebenen selektieren Sie aus dem Vorrat an Merkmalen und Kennzahlen diejenigen, die für die jeweilige Planung relevant sind.

Hier, in Abbildung 9.31, sehen Sie die Aggregationsebene MLP-BEAG01 »Aggregationsebene Kunde, Material«. Alle Merkmale, bis auf 0COUNTRY (Land) und 0MATL_GRP_1 (Materialgruppe), und alle Kennzahlen sind selektiert und somit für die Planung verfügbar.

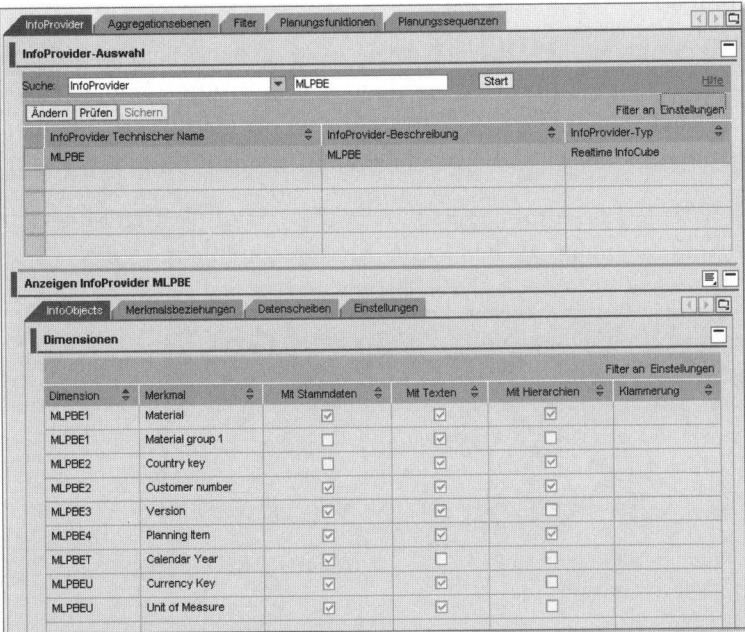

Abbildung 9.30 Planning Modeler – »InfoProvider«

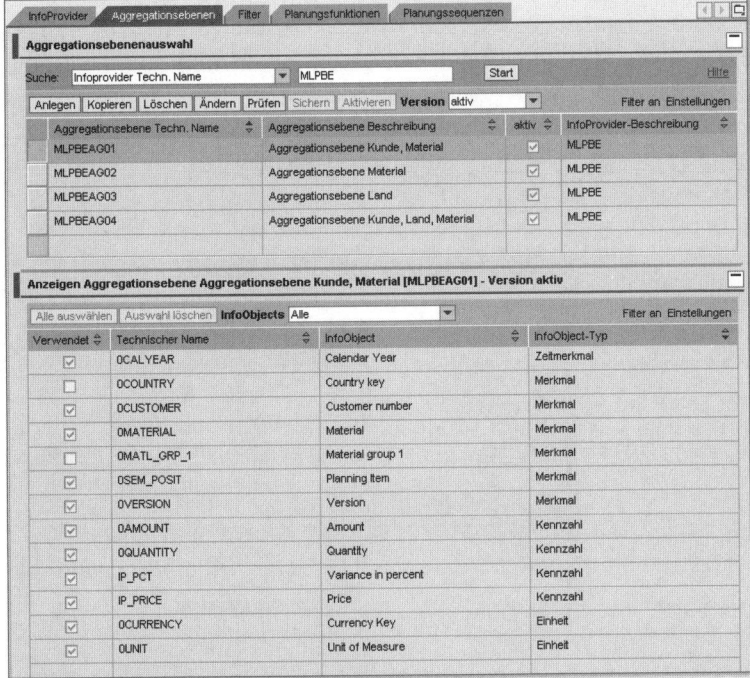

Abbildung 9.31 Aggregationsebene

Planquery

In Abschnitt 9.1, »SAP NetWeaver BW«, haben Sie den *Business Explorer Analyzer* (BEx) als Werkzeug zur Auswertung von Daten kennengelernt. Jetzt nutzen wir BEx, um Daten via Microsoft Excel zu erfassen und im SAP InfoProvider MLPBE zu speichern.

Mit dem Start des Business Explorer Analyzers öffnet sich Microsoft Excel mit einer zusätzlichen Iconleiste (siehe Abbildung 9.32).

Abbildung 9.32 Iconleiste »BEx Analyzer« in Microsoft Excel zum Zugriff auf SAP NetWeaver BW

Extras

Wir legen eine neue Planquery MLPBE »Absatz« mit EXTRAS • NEUE QUERY ANLEGEN an. Wichtig ist, dass wir die Query in Bezug auf eine Aggregationsebene, hier MLPBEAG01, anlegen, sonst bekommen wir keine eingabebereiten Zellen in Microsoft Excel. Wir wählen Merkmale für den Filter und definieren Zeilen und Spalten (siehe Abbildung 9.33).

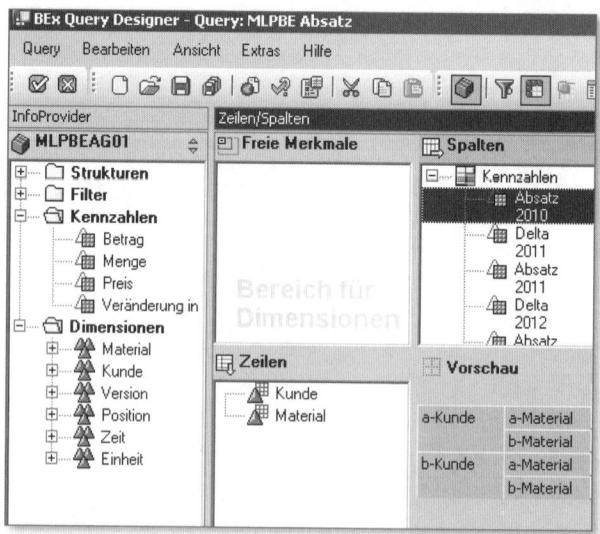

Abbildung 9.33 BEx Query Designer mit einer Query für die Mehrjahresplanung

Bei den Eigenschaften für die Selektion von ABSATZ 2010 markieren wir unter PLANUNG die Option DATEN KÖNNEN DURCH BENUTZEREINGABEN ODER PLANUNGSFUNKTIONEN GEÄNDERT WERDEN (siehe Abbildung 9.34).

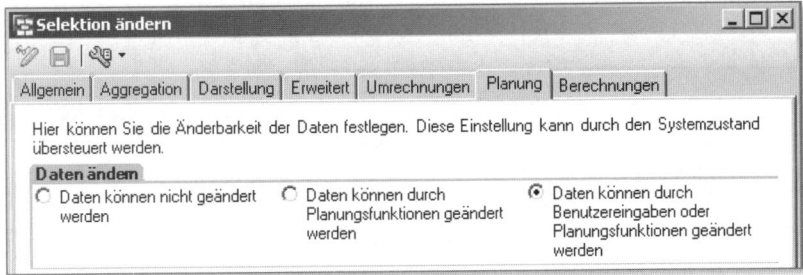

Abbildung 9.34 Option zur Planung

Mit der BEx-Funktion ANALYSETABELLE EINFÜGEN verknüpfen wir die Query MLPBE »Absatz« mit einer Microsoft Excel-Arbeitsmappe (siehe Abbildung 9.35). Das Ergebnis der Analysetabelle ist in Microsoft Excel als DataProvider DB_1 verfügbar und wird im Zellbereich A6:K16 zu sehen sein.

Analysetabelle

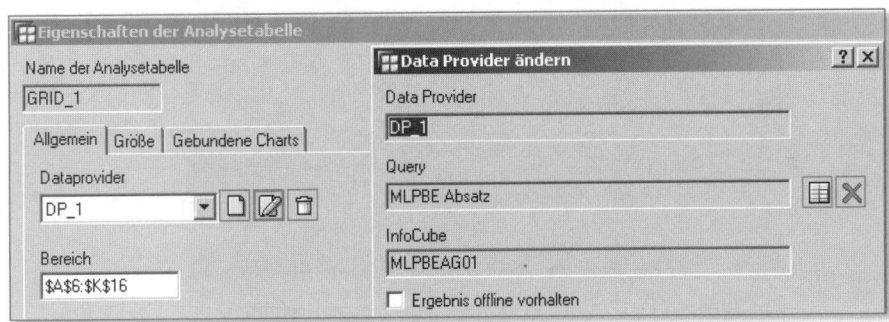

Abbildung 9.35 Analysetabelle anlegen

Das Ergebnis dieser Aktion ist eine Planquery in Microsoft Excel (siehe Abbildung 9.36). Na, das sieht doch schon gar nicht schlecht aus! Dieses Bild kennen Sie aus dem Beispiel in Abschnitt 4.2.2, »Planung mit Microsoft Excel«. Neu ist hier, dass die Daten nicht in Microsoft Excel gespeichert werden, sondern im BI-System im DataProvider MLPBE. Microsoft Excel ist jetzt nur die Benutzerschnittstelle zum Anzeigen und zum Erfassen der Daten. In der Spalte ABSATZ 2010 und in allen Deltaspalten können wir Planzahlen manuell erfassen.

	A	B	C	D	E	F	G	H	I
1	*Absatz*								
2									
3	Sichern								
4	Absatz								
5									
6	Kunde	Material	Absatz 2010	Delta 2011	Absatz 2011	Delta 2012	Absatz 2012	Delta 2013	Absatz 2013
7	Dupont, Paris	Schokoladenkuchen	15,000 ST	10.0	16,500 ST	10.0	18,150 ST	10.0	19,965 ST
8		Ergebnis	**15,000 ST**	**10.0**	**16,500 ST**	**10.0**	**18,150 ST**	**10.0**	**19,965 ST**
9	Meier, Berlin	Marmorkuchen	30,000 ST	5.0	31,500 ST	5.0	33,075 ST	5.0	34,729 ST
10		Schokoladenkuchen	20,000 ST	20.0	24,000 ST	20.0	28,800 ST	20.0	34,560 ST
11		Ergebnis	**50,000 ST**	**25.0**	**55,500 ST**	**25.0**	**61,875 ST**	**25.0**	**69,289 ST**
12	Peters, Hamburg	Nusskuchen	20,000 ST	10.0	22,000 ST	10.0	24,200 ST	10.0	26,620 ST
13		Schokoladenkuchen	20,000 ST	20.0	24,000 ST	20.0	28,800 ST	20.0	34,560 ST
14		Ergebnis	**40,000 ST**	**30.0**	**46,000 ST**	**30.0**	**53,000 ST**	**30.0**	**61,180 ST**
15	Gesamtergebnis		**105,000 ST**	**65.0**	**118,000 ST**	**65.0**	**133,025 ST**	**65.0**	**150,434 ST**

Abbildung 9.36 Planquery in Microsoft Excel

Button einfügen

In der Zelle A3 in Abbildung 9.36 sehen Sie den Button SICHERN. Diesen Button haben wir mit der BEx-Funktion BUTTON EINFÜGEN generiert (siehe Abbildung 9.37). Mit diesem Button wird nicht die Microsoft Excel-Datei gespeichert, sondern die Daten werden im InfoProvider gesichert.

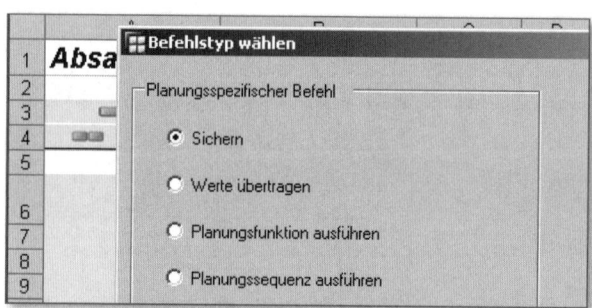

Abbildung 9.37 Button zum Sichern von Plandaten generieren

Planungsfunktionen

Die Absätze für 2011, 2012 etc. in Abbildung 9.36 sollen jeweils aus dem Absatz des Vorjahres und aus der Veränderung berechnet werden. Dazu richten wir eine Planungsfunktion ein, mit der die Berechnung in der SAP-Datenbasis durchgeführt wird. Eine einfache Microsoft Excel-Formel zur Berechnung der Absätze 2011, 2012 etc. genügt nicht, weil wir die Daten für weitere Berechnungen im InfoProvider verfügbar machen müssen.

Planning Modeler

Springen wir zunächst zurück in den Planning Modeler auf die Registerkarte PLANUNGSFUNKTIONEN (siehe Abbildung 9.38). Die Planungsfunktion MLPBE_PF01 »Absatz berechnen« ist eine Planungsfunktion vom Typ »Formula«. Mit diesem Funktionstyp stellt die BI-integrierte Planung eine Makrosprache (FOX) zur Verfügung, mit der beliebig komplexe Operationen in der Datenbasis programmiert werden können.

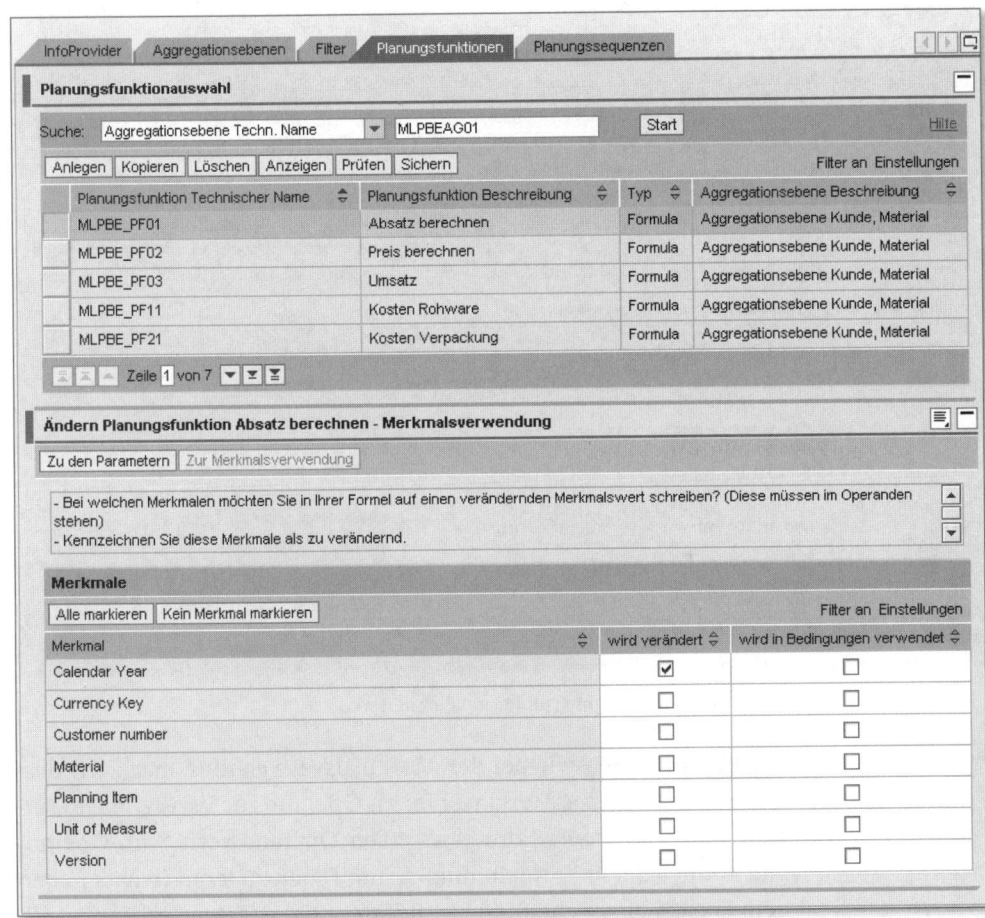

Abbildung 9.38 Planungsfunktion »Merkmalsverwendung«

Wir wählen zunächst unter MERKMALSVERWENDUNG die Merkmale, auf die wir im Programm zugreifen wollen. Für unsere Aufgabe reicht der Zugriff auf das Merkmal 0CALYEAR (Kalenderjahr).

Operand bei FOX-Formeln

Im Bild PARAMETER zur Planungsfunktion MLPBE_PF01 erfassen wir den Programmcode (siehe Abbildung 9.39). Ganz unten sehen Sie einen wichtigen Hinweis auf die Gestaltung dieser Funktion:

```
Operand: {Kennzahlname, 0CALYEAR}
```

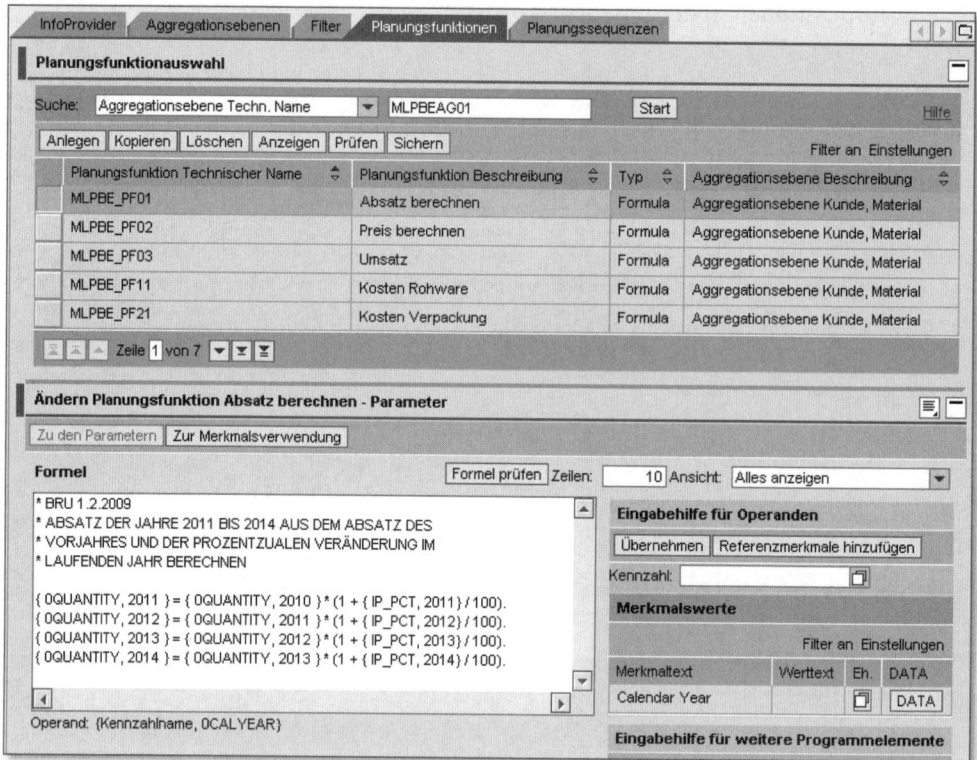

Abbildung 9.39 Planungsfunktion »Parameter«

0CALYEAR hatten wir bei der Merkmalsverwendung markiert, deshalb steht uns dieses Merkmal hier als Operand zur Verfügung. KENNZAHLNAME ist in jeder Formel als erster Operand verfügbar. Operanden können Sie in Formeln nutzen, um Daten zu lesen (rechts neben dem Gleichheitszeichen) oder um Daten in die Datenbank zu schreiben (links neben dem Gleichheitszeichen).

Beispiel 1

Schreibe 500 als Absatz für das Jahr 2010 in die Datenbank:
```
{0QUANTITY,2010} = 500.
```

Beispiel 2

Berechne die Summe aus dem Absatz der Jahre 2009 und 2010 und schreibe diesen Wert als Absatz für das Jahr 2011 in die Datenbank:

```
{0QUANTITY,2011} = {0QUANTITY,2009} + {0QUANTITY,2010}.
```

Beispiel 3

Oder wie hier in der Planungsfunktion MLPBE_PF01: Berechne die prozentuale Veränderung des Absatzes zum Jahr 2010 und schreibe diesen Wert als Absatz für das Jahr 2011 in die Datenbank. Die Veränderung ist in der Kennzahl IP_PCT gespeichert:

```
{0QUANTITY,2011} =
{0QUANTITY,2010} * (1 + {IP_PCT,2011} / 100).
```

»Ja, und was ist mit dem Rest? Was passiert mit den Merkmalen KUNDE, MATERIAL und allen anderen?«, fragen Sie uns jetzt zu Recht. Die werden beim Ausführen der Planungsfunktion »geblockt«, d.h., die Funktion wird für alle vorkommenden Merkmalskombinationen durchlaufen. »Wirklich für alle?« Wieder eine berechtigte Frage. Wenn Sie z. B. verschiedene Planversionen haben, wollen Sie die Planungsfunktionen sicher jeweils nur für eine bestimmte Version ausführen und nicht für alle. Zur Einschränkung z. B. auf eine Planversion nutzen Sie Filter, die Sie im Planning Modeler auf der entsprechenden Registerkarte definieren, oder Sie nutzen einen DataProvider in Microsoft Excel.

Blockbildung

Genau so haben wir es hier gemacht. In der zuvor beschriebenen Query MLPBE »Absatz« ist die Planversion 1 bei den Merkmalseinschränkungen ausgewählt. Diese Query hatten wir als Analysetabelle mit dem Namen DP_1 in Microsoft Excel eingefügt. Jetzt richten wir in Microsoft Excel einen Button ein, der die soeben beschriebene Planungsfunktion MLPBE_PF01 »Absatz berechnen« mit Bezug auf diese Analysetabelle DB_1 (= Query MLPBE »Absatz«) ausführt (siehe Abbildung 9.40). Der so generierte Button steht mit der Bezeichnung ABSATZ in Abbildung 9.36 in der Zelle A4 zur Verfügung.

Button für Planungsfunktion

Jetzt kennen Sie alles, was Sie in der BI-integrierten Planung brauchen, um eine Planung in Microsoft Excel als Frontend-Tool einzurichten. Am Beispiel der Absatzplanung haben wir Ihnen eine Aggregationsebene, eine Planquery und eine Planungsfunktion gezeigt.

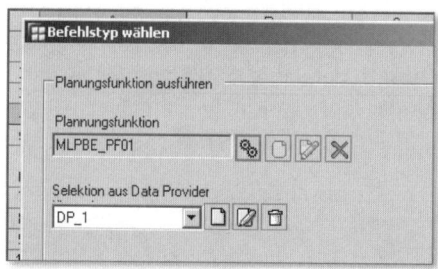

Abbildung 9.40 Button mit Planungsfunktion generieren

Werfen wir nun einen Blick auf weitere ausgewählte Teilpläne bei der Mittel- und Langfristplanung in der Bäckerei Becker.

Weitere Teilpläne

Umsatz
In die Arbeitsmappe für die Umsatzplanung haben wir zwei Analysetabellen eingefügt. Im oberen Bereich, in den Zeilen 11 bis 16, sehen Sie die Preisplanung mit einer Query, die in der Spalte PREIS 2010 und in allen Deltaspalten eingabebereit ist (siehe Abbildung 9.41). Die Planungsfunktion, die mit dem Button PREISE in der Zelle A4 aufgerufen wird, funktioniert genau so wie die Funktion für die Absatzplanung, die wir uns im vorigen Abschnitt angesehen haben.

	A	B	C	D	E	F	G	H	I
1	**Umsatz**								
2									
3	Sichern								
4	Preise								
5									
11	Kunde	Material	Preis 2010	Delta 2011	Preis 2011	Delta 2012	Preis 2012	Delta 2013	Preis 2013
12	Dupont, Paris	Schokoladenkuchen	5.200	2,0	5.304	2,0	5.410	2,0	5.518
13	Meier, Berlin	Marmorkuchen	4.000	0,0	4.000	0,0	4.000	0,0	4.000
14		Schokoladenkuchen	4.600	3,0	4.738	3,0	4.880	3,0	5.027
15	Peters, Hambu	Nusskuchen	4.300	3,0	4.429	3,0	4.562	3,0	4.699
16		Schokoladenkuchen	4.600	3,0	4.738	3,0	4.880	3,0	5.027
17									

Abbildung 9.41 Teilplan »Umsatz« – Preise

In den Zeilen 26 bis 36 des gleichen Arbeitsblatts ist der berechnete Umsatz zu sehen (siehe Abbildung 9.42).

Die Planungsfunktion zur Berechnung des Umsatzes wird mit dem Button UMSATZ (Zelle A19 in Abbildung 9.42) gestartet. Für diese Funktion ist die PLANPOSITION im Bild MERKMALSVERWENDUNG markiert. Dadurch ergibt sich als Operand:

```
Operand: {Kennzahlname, 0SEM_POSIT}
```

19	Umsatz						
20							
26			Umsatz 2010	Umsatz 2011	Umsatz 2012	Umsatz 2013	Umsatz 2014
27	Kunde	Material	EUR	EUR	EUR	EUR	EUR
28	Dupont, Paris	Schokoladenkuchen	78,000	87,516	98,193	110,172	123,614
29		Ergebnis	78,000	87,516	98,193	110,172	123,614
30	Meier, Berlin	Marmorkuchen	120,000	126,000	132,300	138,915	145,861
31		Schokoladenkuchen	92,000	113,712	140,548	173,717	214,715
32		Ergebnis	212,000	239,712	272,848	312,632	360,575
33	Peters, Hambu	Nusskuchen	86,000	97,438	110,397	125,080	141,716
34		Schokoladenkuchen	92,000	113,712	140,548	173,717	214,715
35		Ergebnis	178,000	211,150	250,945	298,797	356,430
36	Gesamtergebnis		468,000	538,378	621,986	721,602	840,619

Abbildung 9.42 Berechneter Umsatz

Wir wollen hier für jeden Kunden, jeden Artikel und jedes Jahr den Umsatz als Ergebnis aus Preis mal Absatz berechnen (siehe Abbildung 9.43). Sollen wir, wenigstens für eine Zelle, nachrechnen, ob's stimmt?

Absatz für Dupont, Schokoladenkuchen, im Jahr 2010: 15.000 Stück
Preis für Dupont, Schokoladenkuchen, im Jahr 2010: 5,20 EUR/Stück
Umsatz = Preis × Absatz =
5,20 EUR/Stück × 15.000 Stück = 78.000,00 EUR

Ja, es stimmt!

```
* BRU 1.2.2009
* UMSATZ BERECHNEN AUS PREIS MAL ABSATZ

{ 0AMOUNT, IP0002 } = { IP_PRICE, IP0002 } * {0QUANTITY, IP0001 }.
```

Operand: {Kennzahlname, 0SEM_POSIT}

Abbildung 9.43 Formel für Umsatz

Bei der Planung der Rohwarenpreise (oder Kostensätze) planen wir in Bezug auf die Materialien und nicht wie bei Absatz und Umsatz mit Bezug auf Kunde und Material (siehe Abbildung 9.44). **Rohwarenkosten**

Die Funktion hinter dem Button PREIS in Abbildung 9.44 rechnet richtig, wie wir wieder an einem Beispiel überprüfen:

Absatz für Dupont, Schokoladenkuchen, im Jahr 2010: 15.000 Stück
Rohwarenpreis für Schokoladenkuchen im Jahr 2010: 1,72147 EUR/ Stück
Kosten = Preis × Absatz =
1,72147 EUR/Stück × 15.000 Stück = 25.822,00 EUR

503

	A	B	C	D	E	F	G	H	I	J
1	*Rohware*									
2										
3	Sichern									
4	Preis									
5										
6	Material	Preis 2010	Delta 2011	Preis 2011	Delta 2012	Preis 2012	Delta 2013	Preis 2013	Delta 2014	Preis 2014
7	Schokoladenku	1.72147	-1.0	1.70426	-1.0	1.68721	-1.0	1.67034	-1.0	1.65364
8	Nusskuchen	1.59350	-1.0	1.57757	-1.0	1.56179	-1.0	1.54617	-1.0	1.53071
9	Marmorkuchen	1.56150	-1.0	1.54589	-1.0	1.53043	-1.0	1.51512	-1.0	1.49997
10										

Abbildung 9.44 Teilplan »Rohware« – Preise

Und das ist genau der Wert, den wir in Abbildung 9.45 für Dupont im Jahr 2010 sehen.

12	Kosten						
13							
14			Kosten 2010	Kosten 2011	Kosten 2012	Kosten 2013	Kosten 2014
15	Kunde	Material	EUR	EUR	EUR	EUR	EUR
16	Dupont, Paris	Schokoladenkuchen	25,822	28,120	30,623	33,348	36,316
17		Ergebnis	25,822	28,120	30,623	33,348	36,316
18	Meier, Berlin	Marmorkuchen	46,845	48,695	50,619	52,618	54,697
19		Schokoladenkuchen	34,429	40,902	48,592	57,727	68,580
20		Ergebnis	81,274	89,598	99,211	110,345	123,276
21	Peters, Hambur	Nusskuchen	31,870	34,706	37,795	41,159	44,822
22		Schokoladenkuchen	34,429	40,902	48,592	57,727	68,580
23		Ergebnis	66,299	75,609	86,387	98,886	113,402
24	Gesamtergebnis		173,396	193,326	216,221	242,580	272,995

Abbildung 9.45 Rohwarenkosten

Wie muss die Planungsfunktion gestaltet werden, um dieses korrekte Ergebnis zu ermitteln? Wir erinnern uns, dass die Rohwarenpreise mit Bezug auf das Material gespeichert sind, die Absätze aber zusätzlich zum Material- einen Kundenbezug haben. Bei der Formel verwenden wir deshalb nicht nur die Position (oSEM_POSIT), sondern auch den Kunden (oCUSTOMER) als Operanden (siehe Abbildung 9.46). Wir programmieren eine Schleife über alle Kunden:

```
FOREACH CUSTOMER.
```

Damit haben wir die Möglichkeit, für jeden vorhandenen Kunden die Rohwarenkosten zu berechnen:

```
{ OAMOUNT, CUSTOMER, IP0003 }
```

Dies geschieht, indem wir den Absatz für diesen Kunden

```
{ OQUANTITY, CUSTOMER, IP0001 }
```

mit dem Preis (= Kostensatz) ohne Kundenbezug # multiplizieren.

```
{ IP_PRICE, #, IP0003 }
```

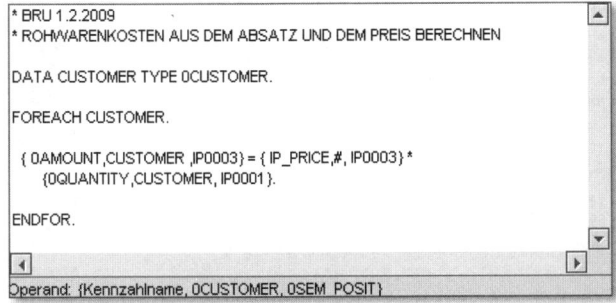

```
* BRU 1.2.2009
* ROHWARENKOSTEN AUS DEM ABSATZ UND DEM PREIS BERECHNEN

DATA CUSTOMER TYPE 0CUSTOMER.

FOREACH CUSTOMER.

  { 0AMOUNT,CUSTOMER ,IP0003} = { IP_PRICE,#, IP0003} *
    {0QUANTITY,CUSTOMER, IP0001 }.

ENDFOR.
```
```
Operand: {Kennzahlname, 0CUSTOMER, 0SEM_POSIT}
```

Abbildung 9.46 Formel für Rohware

Der Teilplan für die fixen Kosten ist schlicht im Vergleich zum bisher Gezeigten. Die Daten werden in Bezug auf die Planpositionen PERSO-NAL FIX, VERWALTUNG, ABSCHREIBUNGEN und MARKETING manuell in einer Planquery erfasst (siehe Abbildung 9.47). Eine Planungsfunktion ist hier nicht erforderlich.

Fixe Kosten

	A	B	C	D	E	F
1	**fixe Kosten**					
2						
3	Sichern					
4						
5	**Planposition**	2010	2011	2012	2013	2014
6	Personal fix	35,000 EUR	70,000 EUR	70,000 EUR	70,000 EUR	70,000 EUR
7	Verwaltung	5,000 EUR	5,000 EUR	5,000 EUR	5,000 EUR	5,000 EUR
8	Abschreibungen	12,000 EUR	15,000 EUR	15,000 EUR	15,000 EUR	15,000 EUR
9	Marketing	30,000 EUR	50,000 EUR	70,000 EUR	70,000 EUR	70,000 EUR

Abbildung 9.47 Teilplan »fixe Kosten«

9.2.4 Auswertung

Für die Auswertung der Planung in Form einer Gewinn-und-Verlust-Rechnung nutzen wir den Business Explorer Analyzer, der uns auch schon für die Datenerfassung zur Verfügung stand (siehe Abbildung 9.48). Die Query, die wir jetzt anlegen, kann direkt auf dem InfoProvider MLPBE aufsetzen, weil wir keine Daten mehr in die Datenbasis schreiben, sondern diese »nur noch« lesen wollen.

Business Explorer Analyzer

	A	B	C	D	E	F	G
1	*Gewinn- und Verlustrechnung*						
2							
3		Kalend	2010	2011	2012	2013	2014
4	▼ Umsatz	EUR	468,000	538,378	621,986	721,602	840,619
5	Rohware	EUR	173,396	193,326	216,221	242,580	272,995
6	Verpackung	EUR	53,347	59,353	66,241	74,161	83,287
7	Energie	EUR	36,505	41,846	47,646	53,881	61,123
8	Personal	EUR	101,790	141,832	151,557	162,865	176,043
9	Frachten	EUR	12,000	14,123	16,667	19,726	23,412
10	Verwaltung	EUR	5,000	5,000	5,000	5,000	5,000
11	Abschreibung	EUR	12,000	15,000	15,000	15,000	15,000
12	Marketing	EUR	30,000	50,000	70,000	70,000	70,000
13	Kosten	EUR	424,038	520,479	588,331	643,213	706,860
14	Gewinn	EUR	43,962	17,899	33,655	78,390	133,759
15	Rendite	%	9.4	3.3	5.4	10.9	15.9

Abbildung 9.48 Gewinn-und-Verlust-Rechnung für 2010 bis 2014

9.2.5 Zusammenfassung

In diesem Abschnitt haben Sie einen ersten Einblick in die BI-integrierte Planung von SAP bekommen. Schon dieser erste Blick macht klar, wie mächtig das Werkzeug ist. Mit der BI-integrierten Planung ist die strategische Finanzplanung in jedem Unternehmen individuell umsetzbar.

Einmal geschriebene und getestete Funktionen erzeugen zuverlässig reproduzierbare Ergebnisse. In Planungsszenarien mit vielen beteiligten Personen können mit den Planquerys die Vorgaben klar strukturiert werden. Die Plandaten, die die BI-integrierte Planung in der Datenbasis erzeugt, können mit allen Funktionen einer mehrdimensionalen Datenbank analysiert werden.

9.3 Zusammenfassung

SAP NetWeaver BW einschließlich des Reportingwerkzeugs Business Explorer Analyzer (BEx) bietet zusammen mit den Planungsfunktionen der BI-integrierten Planung (BI-IP) zusätzlich zum System SAP ERP eine sinnvolle und zeitsparende Unterstützung bei der Arbeit im Controlling.

Mit SAP NetWeaver BW können Daten aus dem Controlling, die in SAP ERP oder in anderen Quellen entstanden sind, genauso visualisiert und analysiert werden wie Daten aus anderen Modulen oder Bereichen. Als Frontend-Werkzeug liefert SAP den in Microsoft Excel integrierten Business Explorer Analyzer. BW-Daten können darüber hinaus mit dem Web Application Designer oder mit verschiedenen Tools von Drittanbietern zur Anzeige gebracht oder in Anwendungen integriert werden.

Aufsetzend auf den Datenstrukturen von SAP NetWeaver BW werden Planungsmasken und automatische Planungsfunktionen in BI-IP erstellt und ausgeführt. Die BI-integrierte Planung ist das geeignete Werkzeug, um eine erweiterte Planung im Finanz- und Controlling-bereich an die individuellen Anforderungen in Ihrem Unternehmen anzupassen.

Anhang

A   Wichtige Transaktionscodes

Rechnungswesen · Finanzwesen ...

AS01: Anlagen · Anlage · Ändern · Anlage

AS03: Anlagen · Anlage · Anzeigen · Anlage

AW01N: Anlagen · Anlage · Asset Explorer

AFAB: Anlagen · Periodische Arbeiten · Abschreibungslauf · Durchführen

FS00: Hauptbuch · Stammdaten · Einzelbearbeitung · Zentral

FB03: Hauptbuch · Beleg · Anzeigen

FBL3N: Hauptbuch · Konto · Posten anzeigen/ändern

FS10N: Hauptbuch · Konto · Salden anzeigen

Rechnungswesen · Controlling · Kostenartenrechnung ...

KA01: Stammdaten · Kostenart · Einzelbearbeitung · Anlegen primär

KA02: Stammdaten · Kostenart · Einzelbearbeitung · Ändern

KA03: Stammdaten · Kostenart · Einzelbearbeitung · Anzeigen

KA06: Stammdaten · Kostenart · Einzelbearbeitung · Anlegen Sekundär

KAH1: Stammdaten · Kostenartengruppe · Anlegen

KAH2: Stammdaten · Kostenartengruppe · Ändern

KAH3: Stammdaten · Kostenartengruppe · Anzeigen

Rechnungswesen · Controlling · Kostenstellenrechnung ...

KA01: Stammdaten · Kostenart · Einzelbearbeitung · Anlegen primär

KA02: Stammdaten · Kostenart · Einzelbearbeitung · Ändern

KA03: Stammdaten · Kostenart · Einzelbearbeitung · Anzeigen

KA06: Stammdaten · Kostenart · Einzelbearbeitung · Anlegen sekundär

KA23: Stammdaten · Kostenart · Sammelbearbeitung · Anzeigen

KS01: Stammdaten · Kostenstelle · Anlegen

KS02: Stammdaten · Kostenstelle · Ändern

KS03: Stammdaten • Kostenstelle • Anzeigen

KSH1: Stammdaten • Kostenstellengruppe • Anlegen

KSH2: Stammdaten • Kostenstellengruppe • Ändern

KSH3: Stammdaten • Kostenstellengruppe • Anzeigen

KA13: Stammdaten • Leistungsart • Sammelbearbeitung • Anzeigen

KPR2: Stammdaten • Ressourcen • Anlegen/Ändern

KP06: Planung • Kosten/Leistungsaufnahmen • Ändern

KP26: Planung • Leistungserbringung/Tarife • Ändern

KP04: Planung • Planerprofil

KSA8: Planung • Planungshilfen • Abgrenzung

KP97: Planung • Planungshilfen • Kopieren • Plan in Plan

S_ALR_87099918: Planung • Planungshilfen • Übernahmen • AfA/Zinsen AM

KPU1: Planung • Planungshilfen • Umwerten • Kosten

KPSI: Planung • Planungshilfen • Planabstimmung

KSS4: Planung • Verrechnungen • Splittung.

KB21N: Istbuchungen • Leistungsverrechnung • Erfassen

KSA3: Periodenabschluss • Einzelfunktionen • Abgrenzung

S_ALR_87013611: Infosystem • Berichte zur Kostenstellenrechnung • Plan-/Ist-Vergleiche • Kostenstellen: Ist/Plan/Abweichung

S_ALR_87013613: Infosystem • Berichte zur Kostenstellenrechnung • Plan-Ist-Vergleiche • Bereich: Kostenarten

S_ALR_87013625: Infosystem • Berichte zur Kostenstellenrechnung • Soll-Ist-Vergleiche • Kostenstellen: Ist/Soll/Abweichung

KSBL: Infosystem • Berichte zur Kostenstellenrechnung • Planungsberichte • Kostenstellen: Planungsübersicht

S_ALR_87013629: Infosystem • Berichte zur Kostenstellenrechnung • Planungsberichte • Leistungsarten: Abstimmung

S_ALR_87013630: Infosystem • Berichte zur Kostenstellenrechnung • Planungsberichte • Leistungsarten: Empfänger Plan

KSBT: Infosystem • Berichte zur Kostenstellenrechnung • Tarife • Kostenstellen: Leistungsartentarife

S_ALR_87013640: Infosystem • Berichte zur Kostenstellenrechnung • Weitere Berichte • Kostenstellen: Periodenaufriss Ist/Plan

Rechnungswesen • Controlling • Innenaufträge

KO01: Stammdaten • Spezielle Funktionen • Auftrag • Anlegen

KO02: Stammdaten • Spezielle Funktionen • Auftrag • Ändern

KO03: Stammdaten • Spezielle Funktionen • Auftrag • Anzeigen

KOK3: Stammdaten • Spezielle Funktionen • Sammelbearbeitung • Sammelanzeige • Stammdaten

KOH1: Stammdaten • Auftragsgruppe • Anlegen

KOH2: Stammdaten • Auftragsgruppe • Ändern

KOH3: Stammdaten • Auftragsgruppe • Anzeigen

KO9E: Planung • Verrechnungen • Abrechnung • Einzelverarbeitung

KO9G: Planung • Verrechnungen • Abrechnung • Sammelverarbeitung

KO88: Periodenabschluss • Einzelfunktionen • Abrechnung • Einzelverarbeitung

KO8G: Periodenabschluss • Einzelfunktionen • Abrechnung • Sammelverarbeitung

S_ALR_87012996: Infosystem • Berichte zu Innenaufträgen • Plan-Ist-Vergleiche • Liste: Aufträge nach Kostenarten

S_ALR_87012997: Infosystem • Berichte zu Innenaufträgen • Plan-Ist-Vergleiche • Liste: Kostenarten nach Aufträgen

S_ALR_87013010: Infosystem • Berichte zu Innenaufträgen • Weitere Berichte • Auftrag: Aufriss nach Periode

Rechnungswesen • Controlling • Prozesskostenrechnung ...

CP01: Stammdaten • Geschäftsprozess • Einzelbearbeitung • Anlegen

CP02: Stammdaten • Geschäftsprozess • Einzelbearbeitung • Ändern

CP03: Stammdaten • Geschäftsprozess • Einzelbearbeitung • Anzeigen

CP04: Stammdaten • Geschäftsprozess • Einzelbearbeitung • Löschen

CPH4N: Stammdaten • Standardhierarchie • Ändern

CPH5N: Stammdaten • Standardhierarchie • Anzeigen

CP06: Planung • Kosten/Leistungs-/Prozessaufnahmen • Ändern

S_ALR_87011762: Infosystem • Berichte zur Prozesskostenrechnung • Plan-Ist-Vergleiche • Geschäftsprozesse mit Verrechnungspartnern (nach Kosten)

Rechnungswesen • Controlling • Ergebnis- und Marktsegmentrechnung …

KE30: Infosystem • Bericht ausführen

KE25: Infosystem • Einzelpostenliste anzeigen • Plan

KE24: Infosystem • Einzelpostenliste anzeigen • Ist

KEG7: Planung • Planungsintegration • Indirekte Leistungsverrechnung; Zusätze • Zyklus • Anlegen

KEG8: Planung • Planungsintegration • Indirekte Leistungsverrechnung; Zusätze • Zyklus • Ändern

KEG9: Planung • Planungsintegration • Indirekte Leistungsverrechnung; Zusätze • Zyklus • Anzeigen

KEGB: Planung • Planungsintegration • Indirekte Leistungsverrechnung

KEU7: Planung • Planungsintegration • Kostenstellen-/Prozessplanung übernehmen • Umlage; Zusätze • Zyklus • Anlegen

KEU8: Planung • Planungsintegration • Kostenstellen-/Prozessplanung übernehmen • Umlage; Zusätze • Zyklus • Ändern

KEU9: Planung • Planungsintegration • Kostenstellen-/Prozessplanung übernehmen • Umlage; Zusätze • Zyklus • Anzeigen

KEUB: Planung • Planungsintegration • Kostenstellen-/Prozessplanung übernehmen • Umlage

Rechnungswesen • Projektsystem …

CJ20N: Projekt • Project Builder

CJ88: Controlling • Periodenabschluss • Einzelfunktionen • Abrechnung • Einzelverarbeitung

CJB2: Controlling • Periodenabschluss • Einzelfunktionen • Abrechnungsvorschrift • Einzelverarbeitung

CJR2: Controlling • Planung • Kosten im PSP • Kostenarten/Leistungsaufnahmen • Ändern

S_ALR_87013532: Infosystem • Controlling • Kosten • Planbezogen • Hierarchisch • Plan/Ist/Abweichung

S_ALR_87100186: Infosystem • Controlling • Kosten • Planbezogen • Hierarchisch • Plankosten pro Monat (aktuelles Geschäftsjahr)

S_ALR_87013552: Infosystem • Controlling • Kosten • Planbezogen • Nach Kostenarten • Be-/Entlastung Ist

S_ALR_87013543: Infosystem • Controlling • Kosten • Planbezogen • Nach Kostenarten • Ist/Plan/Abweichung absolut/Abw. %

Customizing in SAP ERP: SPRO • SAP Referenz-IMG • Controlling ...

KEA0: Ergebnis- und Marktsegmentrechnung • Strukturen • Ergebnisbereich definieren • Ergebnisbereich pflegen

KOT2_FUNCAREA: Innenaufträge • Auftragsstammdaten • Auftragsarten definieren

KOM1: Innenaufträge • Auftragsstammdaten • Bildschirmgestaltung • Musteraufträge pflegen • CO-Musterauftrag anlegen

KOM2: Innenaufträge • Auftragsstammdaten • Bildschirmgestaltung • Musteraufträge pflegen • CO-Musterauftrag ändern

KONK: Innenaufträge • Auftragsstammdaten • Nummernkreise für Aufträge pflegen

KSAJ: Kostenstellenrechnung • Istbuchungen • Periodenabschluss • Abgrenzungen • Soll=Ist-Verfahren • Soll=Ist-Entlastung

KSAZ: Kostenstellenrechnung • Istbuchungen • Periodenabschluss • Abgrenzungen • Zuschlagsverfahren • Zuschlagsschema definieren

SAPLCOZ3: Kostenstellenrechnung • Planung • Ressourcenplanung • Bewertungsvariante zu Version zuordnen

KPR8: Kostenstellenrechnung • Planung • Ressourcenplanung • Bewertungsvarianten definieren

KPRA: Kostenstellenrechnung • Planung • Ressourcenplanung • Kalkulationsschemata zu Bewertungsvariante zuordnen

OKKP: Prozesskostenrechnung • Prozesskostenrechnung im Kostenrechnungskreis aktivieren

0KW1: Prozesskostenrechnung • Standardhierarchie zum Kostenrechnungskreis pflegen

Transaktionscodes in einem BW-System

RSA1: Modellierung • Data Warehousing Workbench: Modellierung

RSPLAN: Business Planning and Simulation • BI Integrierte Planung

B   Glossar

Abrechnung Methode zur Verrechnung von Aufträgen (Innenaufträge, Fertigungsaufträge, Produktkostensammler) auf Kostenstellen oder in die Ergebnisrechnung

Absatz Menge verkaufter Materialien

Abschreibung periodischer (monatlicher oder jährlicher) Wertverlust von Maschinen oder Gebäuden

Aktiva Vermögenswerte und Bestände eines Unternehmens

Anlage Maschine oder Gebäude, die bzw. das vom Unternehmen genutzt wird

Arbeitsplan Stammdatum der Produktion; gibt an, auf welchen Arbeitsplätzen die Produktion eines Materials welche Leistung in welcher Menge in Anspruch nimmt

Arbeitsplatz Stammdatum der Produktion; Ort, an dem Materialien bearbeitet werden

Aufwand Geld, das ein Unternehmen ausgibt, z. B. für Rohstoffe, Personal, Energie, Wertverlust von Maschinen (hier Synonym für Kosten)

Bilanz Darstellung von Aktiva und Passiva, also von Vermögenswerten, Beständen, Schulden und Eigenkapital eines Unternehmens

Buchungskreis Organisationseinheit, die rechtlich selbstständig ist und einen eigenen Abschluss in der Finanzbuchhaltung erstellt

CO-Innenauftrag siehe Innenauftrag

Controllingobjekt Sammelbegriff für Kostenstelle, Innenauftrag, Fertigungsauftrag, Produktkostensammler und Ergebnisobjekt

CO-Objekt kurz für Controllingobjekt

Customizing Anpassung des ERP-Systems an den Kundenwunsch; mit »Kunde« ist hier den Nutzer von SAP ERP gemeint, also der SAP-Kunden

Dimension Gruppierung von Merkmalen

Ergebnis Umsatz minus Kosten (hier Synonym für Gewinn)

Ergebnisbereich Organisationseinheit für die Erstellung von Ergebnisrechnungen im Controlling

Ergebnisobjekt Kombination von Merkmalen in der Ergebnisrechnung

Erlös Geld, das ein Unternehmen durch den Verkauf seiner Produkte oder Dienstleistungen einnimmt (hier Synonym für Umsatz)

ERP integrierte Software von SAP für alle betriebswirtschaftlichen Belange in Unternehmen unterschiedlichster Branchen

Fertigungsauftrag Stammdatum im Controlling und in der Produktion zur Sammlung von Materialkosten und Leistungen; wird genutzt, wenn in der Produktion die Komponenten Einzelfertigung oder Werkstattfertigung eingesetzt werden

FI-Konto Stammdatum im Finanzwesen zur Gliederung von GuV und

Bilanz (hier Synonym für Sachkonto)

Gewinn Umsatz minus Kosten (hier Synonym für Ergebnis)

Gewinn-und-Verlust-Rechnung Darstellung von Erlös, Aufwand und Gewinn aus Sicht der Finanzbuchhaltung

GuV kurz für Gewinn-und-Verlust-Rechnung

Innenauftrag Stammdatum im Controlling; Projekt oder Maßnahme, das Kosten verursacht

Innenauftrag, echt wird unabhängig von einer Kostenstelle mit Kosten belastet

Innenauftrag, statistisch »Anhängsel« einer Kostenstelle zur zusätzlichen Gliederung von Kosten

Ist tatsächlich eingetretene Absätze, Erlöse, Kosten und Leistungen

Kalkulation Zusammenstellung der Kosten, die bei der Herstellung eines Produkts anfallen

Kennzahl Datenspalte für Absatz, Umsatz oder Kosten (in CO-PA: Wertfeld; in SAP NetWeaver BW: Kennzahl)

Komponente Baustein der Software SAP ERP

Kosten Geld, das ein Unternehmen ausgibt, z. B. für Rohstoffe, Personal, Energie, Wertverlust von Maschinen (hier Synonym für Aufwand)

Kosten, fix Kosten, die unabhängig von der produzierten Menge entstehen

Kosten, variabel Kosten, die proportional zur Produktionsmenge steigen und fallen

Kostenart, primär Stammdatum im Controlling; Kopie derjenigen FI-Konten, die Aufwand oder Erlös repräsentieren

Kostenart, sekundär Stammdatum im Controlling; wird angelegt, um Verrechnungen zwischen Controllingobjekten zu ermöglichen

Kostenplanung Bestimmung des planmäßigen Gemeinkostenanfalls für alle Kostenstellen/Leistungsarten

Kostenrechnungskreis Organisationseinheit, in der Kostenstellen und Innenaufträge geführt werden

Kostensatz Kosten einer Kostenstelle/Leistungsart (variabel und fix), dividiert durch die Leistungsartenmenge

Kostenstelle Stammdatum im Controlling; Ort des Kostenanfalls

Kostenstelle, primär Verrechnung auf Erzeugnisse oder Ergebnisobjekte

Kostenstelle, sekundär Verrechnung auf andere Kostenstellen

Kostenträgerrechnung Ermittlung und Verrechnung der Kosten der erzeugten Materialien

Leistungsart Stammdatum im Controlling; Verrechnungseinheit für Leistungen von Kostenstellen

Leistungsverrechnung Methode zur Verrechnung von Kosten auf der Basis von Leistungsarten

Material Sammelbegriff für Waren, die ein Unternehmen einkauft, herstellt, weiterverarbeitet oder verkauft

Merkmal Schlüssel zur Identifikation von Plandaten; Beispiele:

Kunde, Material, Land, Produktgruppe

Modul Hauptbaustein der Software SAP ERP

Organisationseinheit Element in einer Unternehmensstruktur

Passiva Schulden und Eigenkapital eines Unternehmens

Plan Vorschau auf Absätze, Erlöse, Kosten und Leistungen

Planungsebene Struktur, in der Merkmale und Kennzahlen bzw. Wertfelder für die Planung ausgewählt werden

Planungslayout Erfassungsmaske für die manuelle Planung

Planungsmethode Funktion zur manuellen oder automatischen Veränderung von Plandaten

Planungspaket Struktur, in der Merkmalwerte für die Planung selektiert werden

Produktkostensammler Stammdatum im Controlling und in der Produktion zur Sammlung von Materialkosten und Leistungen; wird genutzt, wenn in der Produktion die Komponente Serienfertigung eingesetzt wird

Prozesskostenrechnung Methode zur Ermittlung und verursachungsgerechten Verrechnung der Kosten indirekter Leistungsbereiche

Sachkonto Stammdatum im Finanzwesen zur Gliederung von GuV und Bilanz (hier Synonym für FI-Konto)

SAP Systeme, Anwendungen und Produkte in der Datenverarbeitung; deutsches Softwarehaus mit Sitz in Walldorf, Baden-Württemberg

Soll Messlatte für Kosten und Leistungen in allen Teilbereichen des internen Rechnungswesens

Sparte grobe Gliederung von Waren oder Dienstleistungen aus Sicht des Vertriebs

Stückliste Stammdatum der Produktion; gibt an, welche Komponenten in welcher Menge für die Herstellung eines Materials eingesetzt werden

Umlage, in die Ergebnisrechnung Methode zur Verrechnung von Kostenstellen in die Ergebnisrechnung

Umlage, zwischen Kostenstellen Methode zur Verrechnung von Kosten zwischen Kostenstellen

Umsatz Geld, das ein Unternehmen durch den Verkauf seiner Produkte oder Dienstleistungen einnimmt (hier Synonym für Erlös)

Werk Organisationseinheit, die Materialien einkauft, lagert, produziert oder verkauft

Wertfeld Datenspalte für Absatz, Umsatz oder Kosten (in CO-PA: Wertfeld; in SAP NetWeaver BW: Kennzahl)

Zyklus speichert die Rechenregeln, nach denen die Umlagen ausgeführt werden

C   Die Autoren

Uwe Brück ist selbstständiger Unternehmensberater, Referent und Autor, von ihm stammt u. a. das »Praxishandbuch SAP-Controlling«, einer der Bestseller bei SAP PRESS. Er berät international tätige Unternehmen bei der Gestaltung und der technischen Umsetzung ihrer Prozesse im Controlling.

Uwe Brück war von 1991 bis 2001 bei der Hochland AG in Heimenkirch (Allgäu) beschäftigt. Das Unternehmen produziert und vermarktet Käse als einer der führenden Hersteller in Europa.

Während der ersten sechs Jahre bei Hochland war er im Bereich Informationstechnologie beschäftigt. Im Zuge der Einführung von SAP R/3 wechselte er 1997 in den Bereich Controlling, wo er zunächst in der Zentrale im Allgäu die Leitung der Abteilung übernahm. Als Bereichsleiter Controlling folgte dann in den Jahren 2000 und 2001 eine Position mit Verantwortung für die Controllingsysteme und das Berichtswesen aller neun Standorte in sechs Ländern Europas.

Sie können Uwe Brück unter *www.uwebrueck.de* kontaktieren.

Alfons Raps ist als selbstständiger Unternehmensberater tätig. Zuvor war er Mitglied der Geschäftsleitung und schließlich geschäftsführender Gesellschafter der Unternehmensberatung Plaut. Er hat in seiner Tätigkeit als verantwortlicher Betriebswirt für die Plaut-Gruppe die Entwicklung der Abrechnungs- und Controllingfunktionen in den SAP-Systemen RK (R/2) bzw. CO (R/3) maßgeblich mitgestaltet. In den Jahren von 1992 bis 1999 hielt er außerdem Vorlesungen zum Thema Controlling an der Universität Erlangen-Nürnberg.

Index

Das Standardwerk für FI-Anwender

Alle Aufgaben im Finanzwesen
verständlich erklärt

Mit vielen Tipps und Hinweisen für
die tägliche Arbeit

4., erweiterte Auflage

Heinz Forsthuber, Jörg Siebert

Praxishandbuch SAP-Finanzwesen

Im Fokus dieses Buches zum SAP-Finanzwesen (FI) stehen die praktischen
Anforderungen der täglichen Arbeit. Sie erhalten Einblicke in die Prozesse
und Werteflüsse sowie die Integration mit anderen SAP-Modulen. Das Buch
macht Sie Schritt für Schritt mit den FI-Funktionen vertraut, seien es Belege,
Kontenberichte, spezielle Buchungen, automatische Verfahren, Abschluss-
arbeiten oder die Anlagenbuchhaltung. Die 4. Auflage berücksichtigt alle
Neuerungen in SAP ERP 6.0, z.B. das neue Hauptbuch. Die herausnehmbare
Referenzkarte enthält die wichtigsten Transaktionscodes für den Schnellzugriff.

ca. 660 S., 4. Auflage, mit Referenzkarte, 59,90 Euro, 99,90 CHF
ISBN 978-3-8362-1556-5, April 2010

>> www.sap-press.de/2330

MITMACHEN & GEWINNEN!

Sagen Sie uns Ihre Meinung und gewinnen Sie einen von 5 SAP PRESS-Buchgutscheinen, die wir jeden Monat unter allen Einsendern verlosen. Zusätzlich haben Sie mit dieser Karte die Möglichkeit, unseren aktuellen Katalog und/oder Newsletter zu bestellen. Einfach ausfüllen und abschicken. Die Gewinner der Buchgutscheine werden persönlich von uns benachrichtigt. Viel Glück!

▶ **Wie lautet der Titel des Buches, das Sie bewerten möchten?**

▶ **Wegen welcher Inhalte haben Sie das Buch gekauft?**

▶ **Haben Sie in diesem Buch die Informationen gefunden, die Sie gesucht haben? Wenn nein, was haben Sie vermisst?**
- ☐ Ja, ich habe die gewünschten Informationen gefunden.
- ☐ Teilweise, ich habe nicht alle Informationen gefunden.
- ☐ Nein, ich habe die gewünschten Informationen nicht gefunden.
   Vermisst habe ich:

▶ **Welche Aussagen treffen am ehesten zu?** (Mehrfachantworten möglich)
- ☐ Ich habe das Buch von vorne nach hinten gelesen.
- ☐ Ich habe nur einzelne Abschnitte gelesen.
- ☐ Ich verwende das Buch als Nachschlagewerk.
- ☐ Ich lese immer mal wieder in dem Buch.

▶ **Wie suchen Sie Informationen in diesem Buch?** (Mehrfachantworten möglich)
- ☐ Inhaltsverzeichnis
- ☐ Marginalien (Stichwörter am Seitenrand)
- ☐ Index/Stichwortverzeichnis
- ☐ Buchscanner (Volltextsuche auf der Galileo-Website)
- ☐ Durchblättern

▶ **Wie beurteilen Sie die Qualität der Fachinformationen nach Schulnoten von 1 (sehr gut) bis 6 (ungenügend)?**
☐ 1 ☐ 2 ☐ 3 ☐ 4 ☐ 5 ☐ 6

▶ **Was hat Ihnen an diesem Buch gefallen?**

▶ **Was hat Ihnen nicht gefallen?**

▶ **Würden Sie das Buch weiterempfehlen?**
☐ Ja   ☐ Nein
Falls nein, warum nicht?

▶ **Was ist Ihre Haupttätigkeit im Unternehmen?** (z.B. Management, Berater, Entwickler, Key-User etc.)

▶ **Welche Berufsbezeichnung steht auf Ihrer Visitenkarte?**

▶ **Haben Sie dieses Buch selbst gekauft?**
- ☐ Ich habe das Buch selbst gekauft.
- ☐ Das Unternehmen hat das Buch gekauft.

KATALOG & NEWSLETTER

www.sap-press.de

Ja, bitte senden Sie mir kostenlos
den neuen Katalog. Für folgende
SAP-Themen interessiere ich mich
besonders: (Bitte Entsprechendes ankreuzen)

☐ Programmierung
☐ Administration
☐ IT-Management
☐ Business Intelligence
☐ Logistik
☐ Marketing und Vertrieb
☐ Finanzen und Controlling
☐ Personalwesen
☐ Branchen und Mittelstand
☐ Management und Strategie

➤ Ja, ich möchte den
SAP PRESS-Newsletter abonnieren.
Meine E-Mail-Adresse lautet:

Absender

Firma

Abteilung

Position

Anrede   Frau ☐   Herr ☐

Vorname

Name

Straße, Nr.

PLZ, Ort

Telefon

E-Mail

Datum, Unterschrift

Teilnahmebedingungen und Datenschutz:
Die Gewinner werden jeweils am Ende jeden Monats ermittelt und schriftlich benachrichtigt. Mitarbeiter der Galileo Press GmbH und deren Angehörige sind von der Teilnahme ausgeschlossen. Eine Barablösung der Gewinne ist nicht möglich. Der Rechtsweg ist ausgeschlossen. Ihre freiwilligen Angaben dienen dazu, Sie über weitere Titel aus unserem Programm zu informieren. Falls sie diesen Service nicht nutzen wollen, genügt eine E-Mail an **service@galileo-press.de**. Eine Weitergabe Ihrer persönlichen Daten an Dritte erfolgt nicht.

Antwort

SAP PRESS
c/o Galileo Press
Rheinwerkallee 4
53227 Bonn

Bitte
freimachen!

SAP PRESS